[日]市村均 日本学研 Plus 编著
曹子月 肖亮 译

科学

小档案 大科学

看世界

中国青年出版社

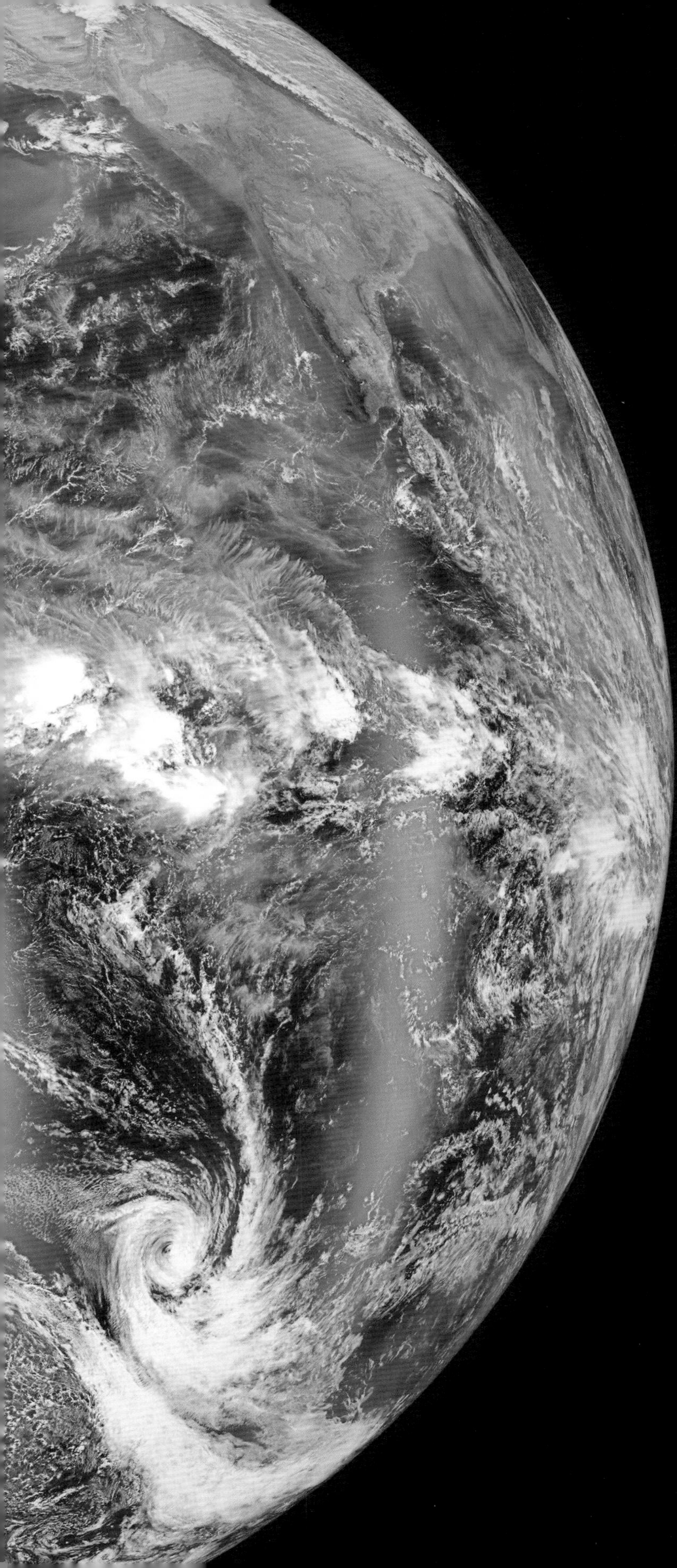

前 言

我们的周围有很多不可思议的事情。

带着兴趣去探究身边不可思议的自然事物，是学习自然科学的最佳途径。

这部自然科学事典，满载着解开自然界之谜的线索。

我们在小学和初中所学的自然科学知识的基础上，加入了少许“为什么”的内容，用放大的照片和有趣的图画来详细地解说这些自然现象。

当遇到发生在眼前的不可思议的现象时，首先让我们仔细地观察，然后借助这本事典进行实验或做详细的调查。

当解开一个个的疑问之后，你会发现眼前的世界有了些许不同。

如果一个喜欢自然科学的孩子由此诞生了，我们将感到无比欣慰。

图源：NASA/NOAA

1 生命

2 地球 119

3 物质 217

水与空气 219

水溶液的性质 238

物质的燃烧方式与气体 260

4 能源

封面照片

背景▶　高积云

小照片▶　封面（从内侧起逆时针顺序）

DNA（模式图）

锹甲

冥王星

管鼻鯙（chún）

肥皂泡

自然

银杏树

烧瓶、烧杯、量筒

红眼树蛙（中美洲）

冰的结晶

菊石

燃烧

▶　封底（从内侧起逆时针顺序）

木星

栗嘴巨嘴鸟（中美洲）

红紫柄小菇

旋转秋千

白斑躄（bì）鱼

1

生命

生物的类群与进化

在地球上，
被命名的生物
就有大约200万种，
但实际存在的生物种类的数量是
这个数字的十倍甚至百倍。
这些生物到底是从
哪里来的呢？

无论是动物还是植物，它们的祖先是相同的！

地球诞生于距今46亿年前。生物诞生于地球8亿岁之后。据说最初的生物生存在高温海水中。

生物最大的特征是靠分裂或繁衍后代来增加自己的同类。蒲公英、鼠妇、鬣（liè）蜥、熊猫和人类均是如此。现在地球上存在的数百万种生物，都是由38亿年前诞生的一种生物分化而来的。

像这种生物不断增加同类的同时分化成不同种类的过程，叫作进化。在这期间也有众多的生物如恐龙等灭绝、消失。如今地球上存在的生物，无论哪种都是从灭绝危机中死里逃生，从38亿年前存续下来的最顽强的生物。

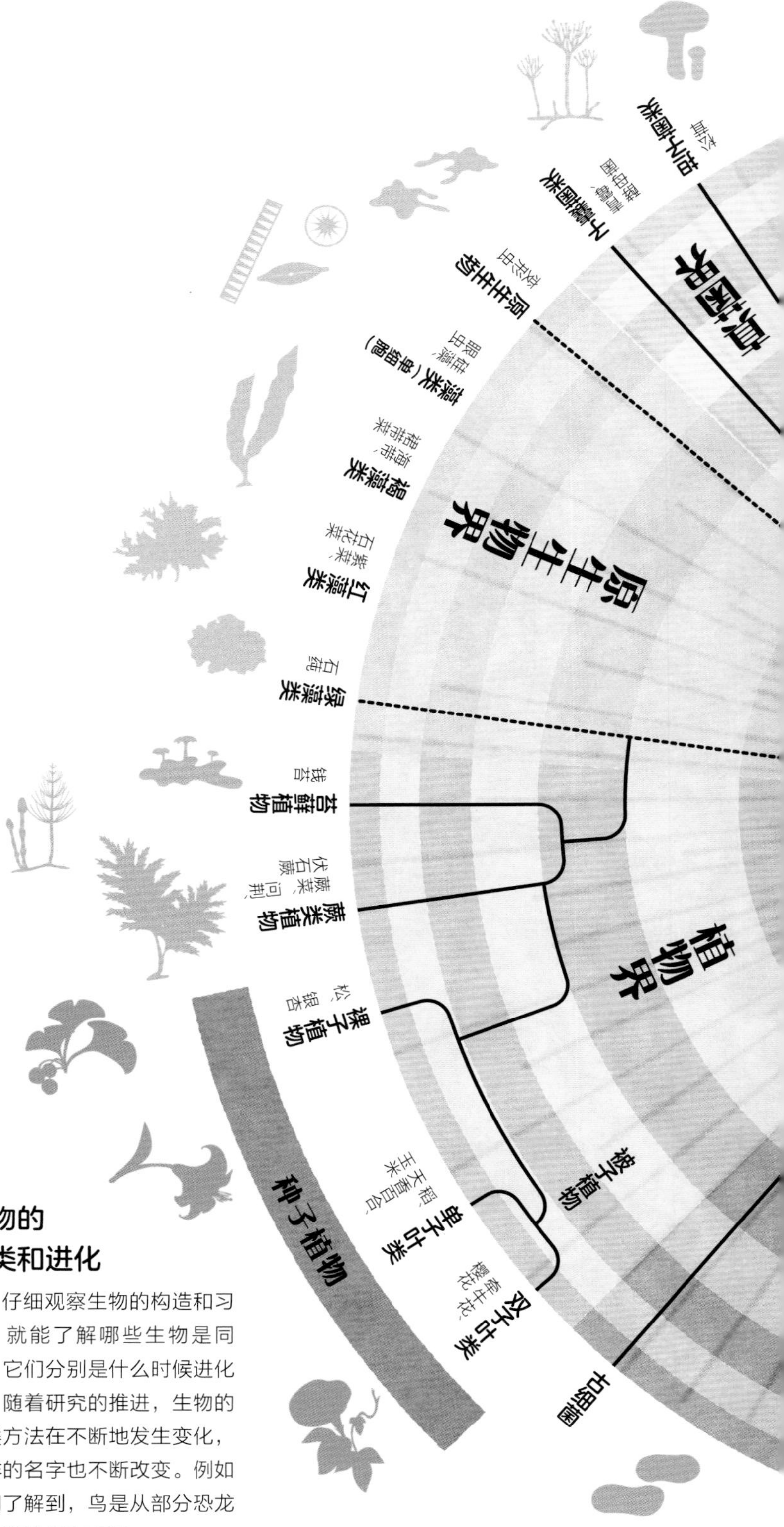

生物的分类和进化

仔细观察生物的构造和习性，就能了解哪些生物是同类，它们分别是什么时候进化的。随着研究的推进，生物的分类方法在不断地发生变化，类群的名字也不断改变。例如我们了解到，鸟是从部分恐龙中分离进化而来的。

* 附图是生物的类群和进化的研究不断进步的示意图。除此图之外，也有其他不同的学说。

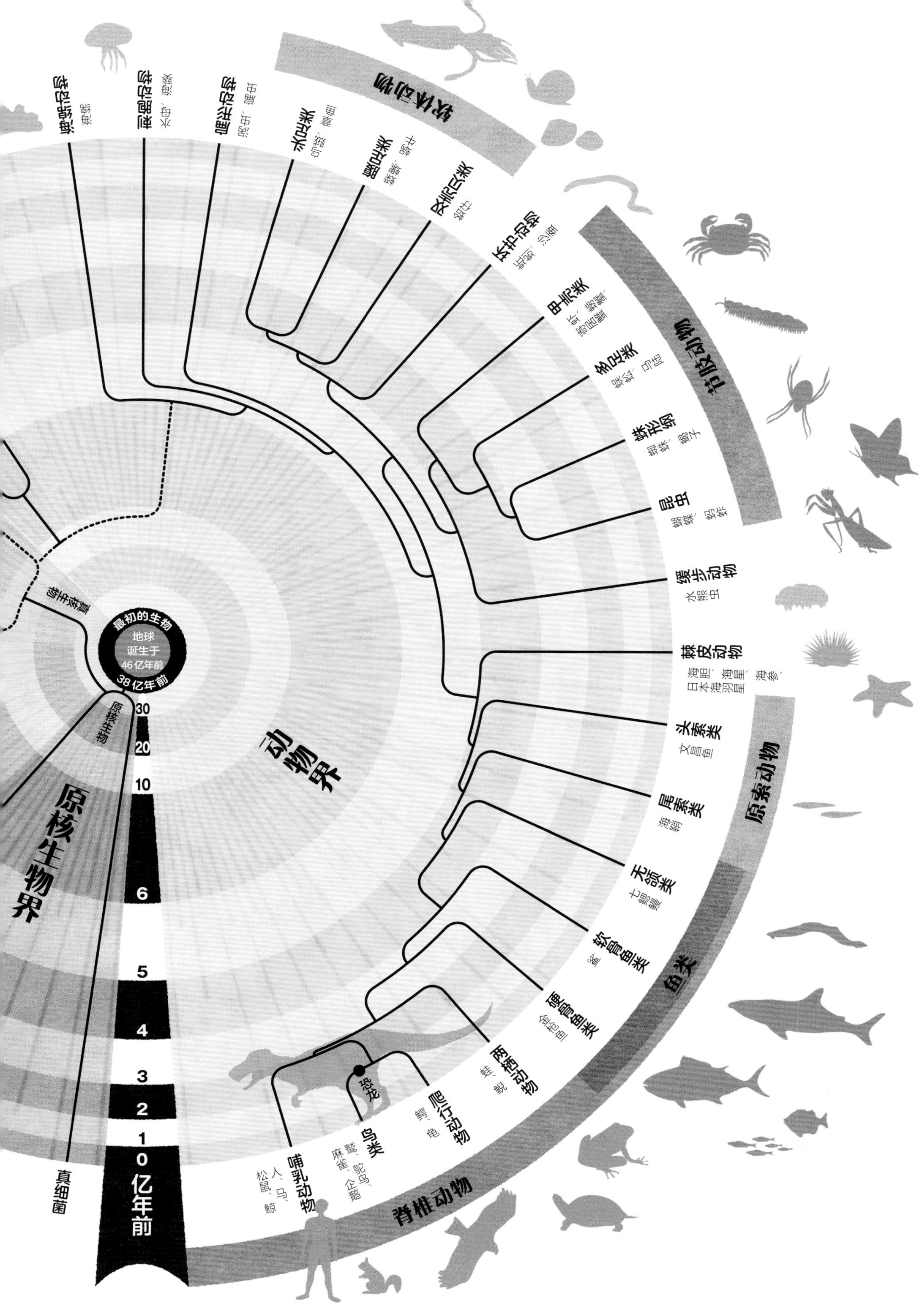
海绵动物
海绵
刺胞动物
水母、海葵
扁形动物
涡虫、血吸虫
软体动物
双壳类
腹足类
头足类
乌贼
环节动物
蚯蚓、沙蚕
节肢动物
甲壳类
虾、螃蟹、寄居蟹
多足类
蜈蚣、马陆
蛛形纲
蜘蛛、蝎子
昆虫
蝴蝶、蚂蚱
缓步动物
水熊虫
棘皮动物
海胆、海星、海参、日本海羽星
原索动物
头索类
文昌鱼
尾索类
海鞘
鱼类
无颌类
七鳃鳗
软骨鱼类
鲨
硬骨鱼类
金枪鱼
两栖动物
蛙、鲵
爬行动物
鳄、龟
恐龙
鸟类
麻雀、鹫、鸵鸟、企鹅
哺乳动物
人、马、鲸、松鼠
脊椎动物
动物界
真核生物
原核生物界
原核生物
真细菌
最初的生物
地球
诞生于
46亿年前
38亿年前
30
20
10
6
5
4
3
2
1
0
亿年前

生物间的联系与自然

生物为了存活下去必须要做的，
就是捕食别的生物。
众多的生物在自然界这个复杂的舞台上，
不断上演着捕食与被捕食的场景，
这是生物之间的联系。

生存即是捕食

植物利用照射到地球上的太阳光、水和二氧化碳来进行了不起的光合作用（P66），以获得自身生长所必需的养分。

这些植物的蜜被昆虫吸食，果实被松鼠吃掉，叶和茎供鹿和牛等食用。再进一步讲，蛙捕食昆虫、狐狸捕食松鼠、狼捕食鹿，以此保障自身的生长发育。而这些肉食动物最终也会死去，它们的身体又被鹫食用，残骸被土里的昆虫吃掉，也可为霉菌和蘑菇提供养分，最终化为黄土。

然后这些黄土，又开始孕育植物。

像这样的生物之间“捕食-被捕食”的关系就是食物链。无论是森林、草原、沙漠，还是珊瑚礁、深海等，在地球上，食物链随处可见。

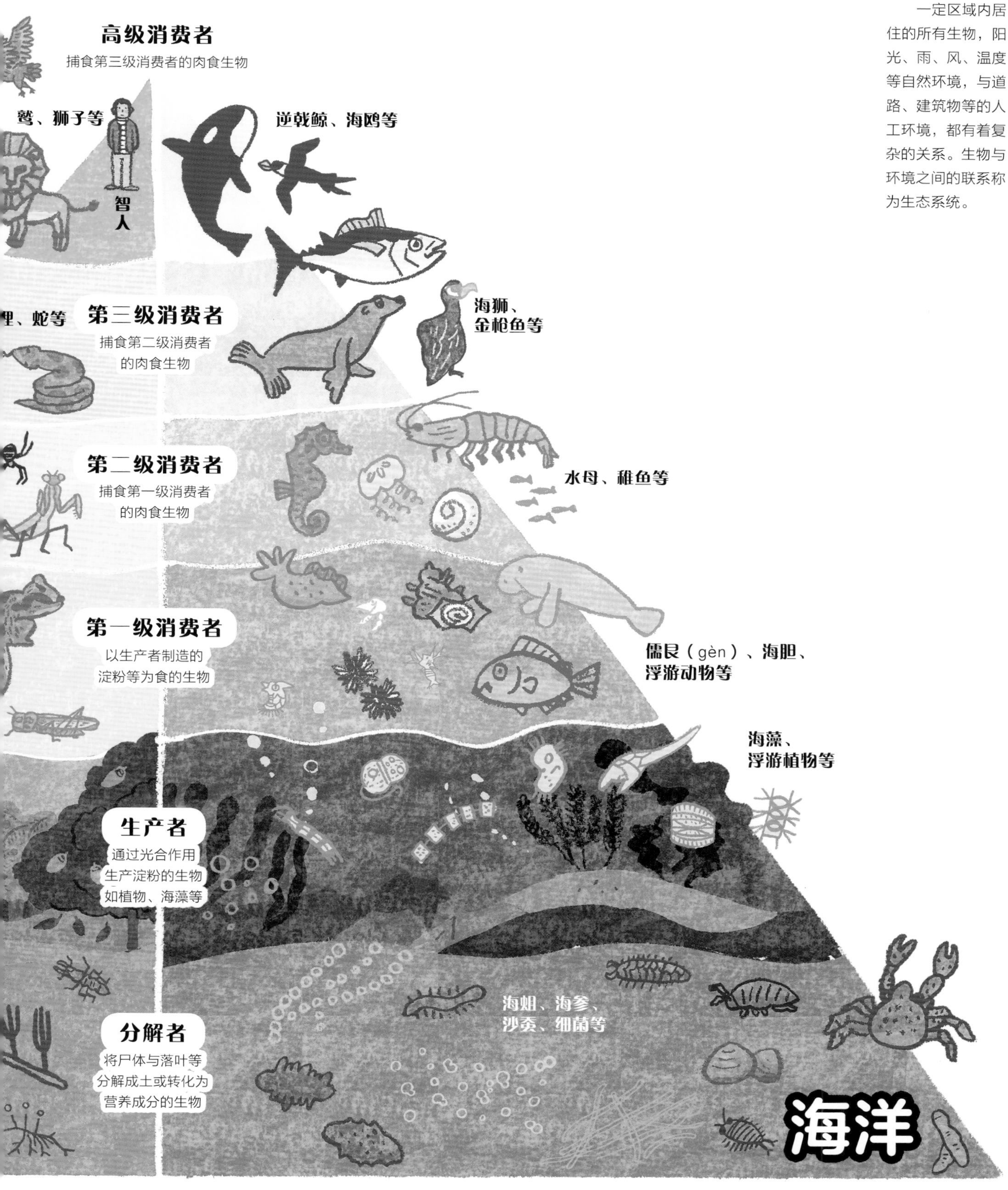

生态系统

一定区域内居住的所有生物，阳光、雨、风、温度等自然环境，与道路、建筑物等的人工环境，都有着复杂的关系。生物与环境之间的联系称为生态系统。

生活在东南亚热带雨林的兰花螳螂，以与兰花酷似的身形蒙蔽敌人的双眼，可用前足（类似镰刀）瞬间捕捉到靠近花朵的虫子。

动物们的世界 1

—无脊椎动物—

图中淡黄色的花朵是一种兰花。
你能发现这其中藏匿着一只昆虫吗？
左下方与花朵同一颜色的兰花螳螂
正翘起它的腹部潜伏着。
无论是镰刀般的前足还是中后足，
都如同兰花的花瓣一样。
本章以地球上最成功的动物类群
——昆虫为中心，介绍无脊椎动物的
身体结构和生活习性

据目前所知，
地球上约有80万种昆虫生息繁衍，
但实际存在的种数是这个数字的4倍左右。
让我们来比较一下身边昆虫的身体结构吧。

昆虫的身体构造

头部有复眼、触角、口器

头部有一对（两只）由许多小眼组成的复眼，也有拥有1~3个单眼的昆虫。此外，头部还有一对有节的触角。口器的形状依据昆虫种类的不同有各种不同的变化（P20）。

从胸部生出6只足

胸部分成三节，每一节对应生出一对足，6只足全部都从胸部生出。昆虫的四只或两只翅膀也是从胸部的节生出的。昆虫的胸部有带动翅膀扇动的强有力的肌肉（P22）。

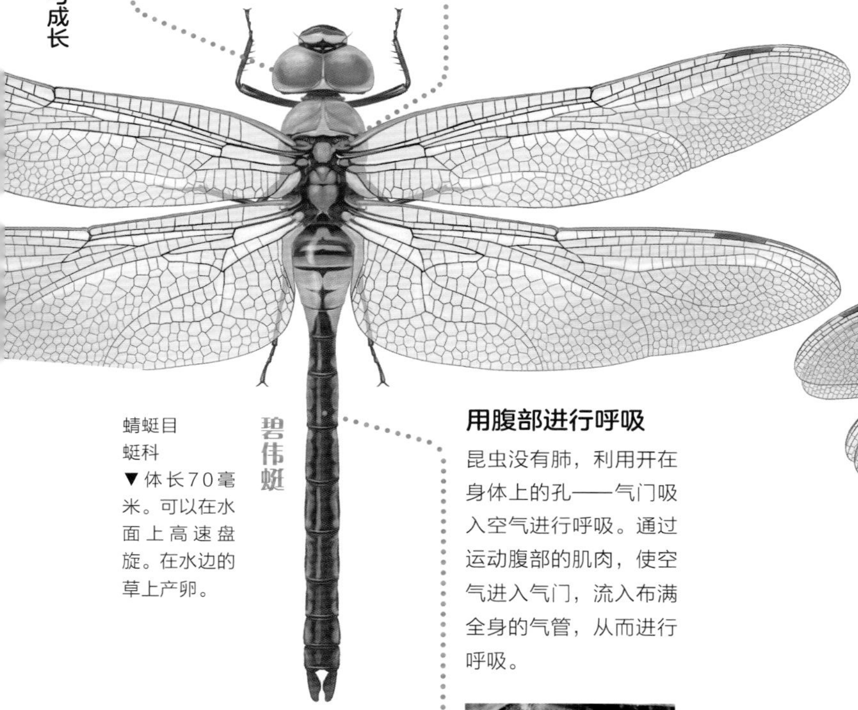

碧伟蜓

蜻蜓目
蜓科
▼体长70毫米。可以在水面上高速盘旋。在水边的草上产卵。

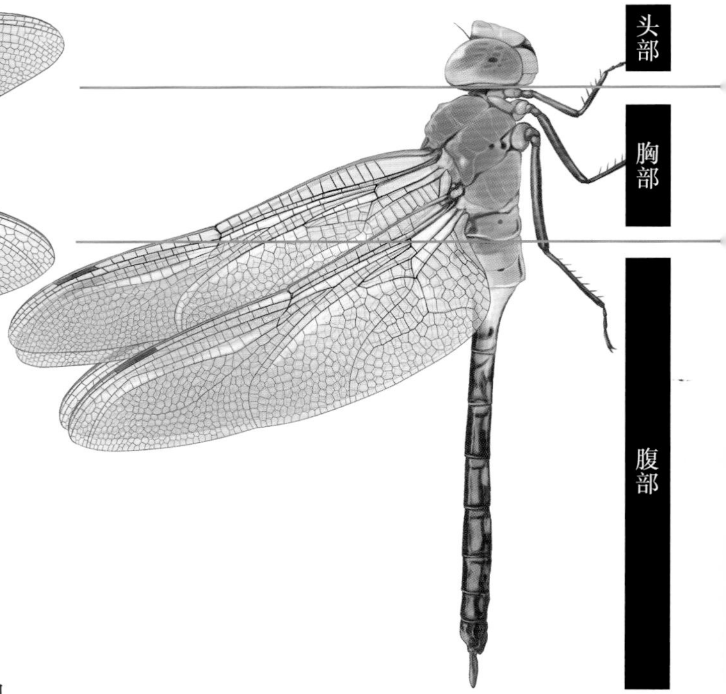

用腹部进行呼吸

昆虫没有肺，利用开在身体上的孔——气门吸入空气进行呼吸。通过运动腹部的肌肉，使空气进入气门，流入布满全身的气管，从而进行呼吸。

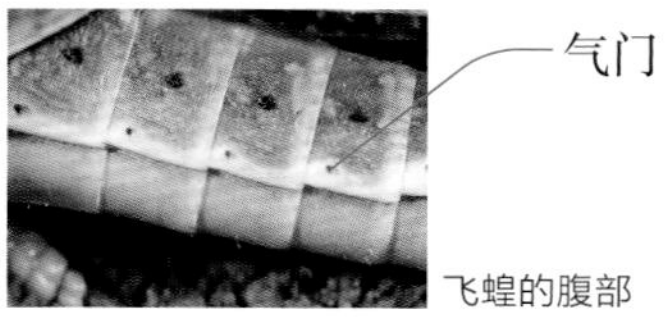

飞蝗的腹部

昆虫的身体分为三个部分

碧伟蜓的“头部”有一对大眼睛（复眼）。捉过蜻蜓的人会知道，这个大脑袋可以灵活转动改变朝向。接着就是有翅膀附于背部而显得十分精彩的“胸部”。从胸部开始，如棍棒一样长长的“腹部”伸展开来。

昆虫身体的一大特征是分为三个部分，即“头部”“胸部”和“腹部”。瓢虫的身体呈圆形，因此头部、胸部、腹部

昆虫是地球上最成功的生物

昆虫属于身体有节的节肢动物这一较大的类群，也是其中繁衍生息较为繁荣的生物。地球上所有的动物类群中，有3/4是昆虫。在我们身边也能时常看到它们的踪影。此处介绍生活中常见的碧伟蜓、七星瓢虫、东方蜜蜂、菜粉蝶、鸣鸣蝉、双叉犀金龟（独角仙）。虽然它们的身形不同，但都是昆虫。

是怎样的？

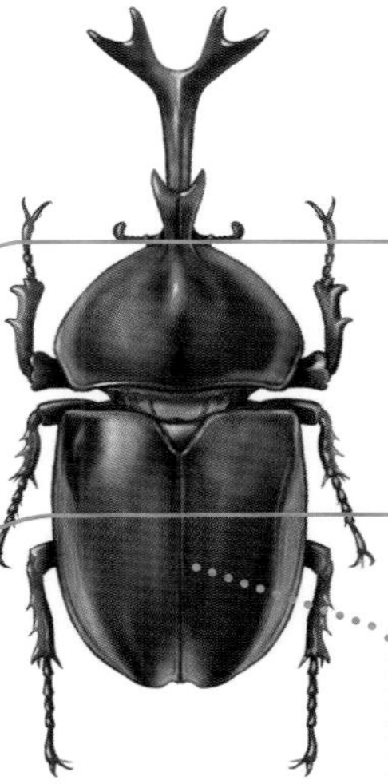

双叉犀金龟

鞘翅目
金龟科
▼是最具有代表性的甲虫。雄性有发达的头角。在阔叶树树林中吸食树木的汁液。

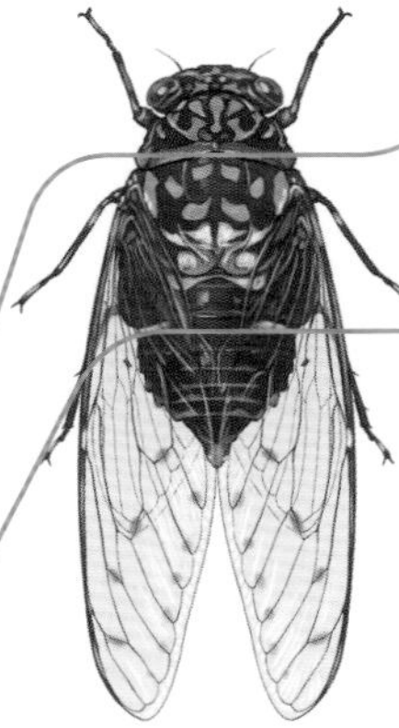

鸣鸣蝉

半翅目
蝉科
▼体长35毫米左右。在夏季出现。雄蝉会发出“吱……哇……吱……哇……”的鸣叫。若虫在地下生活大约6年。

菜粉蝶

鳞翅目
粉蝶科
▼幼虫以卷心菜等十字花科植物为食。

东方蜜蜂

膜翅目
蜜蜂科
▼体长10~13毫米。建立以蜂王为中心的复杂群体，在蜂巢内贮藏蜂蜜。

七星瓢虫

鞘翅目
瓢虫科
▼体长约8毫米，分布范围较广，从亚洲到欧洲均有分布。它们是捕食蚜虫的益虫。

之间的界线不太分明。但捉住后将其身体翻过来便可以清楚地看到划分身体的三个部分。

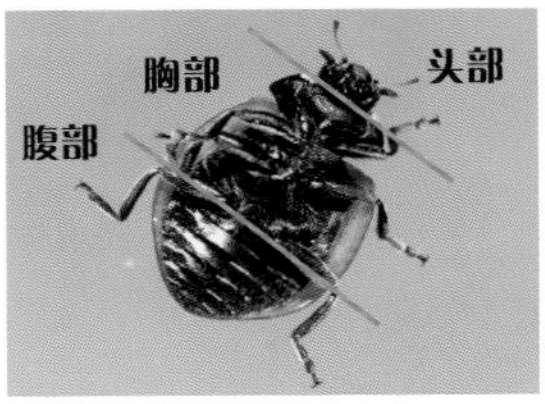

昆虫的骨骼在哪里？

昆虫的身体有硬壳覆盖。壳会分节，因此昆虫的身体能进行一定程度的弯曲。这是蛙与双叉犀金龟的X光照片。由此可见，蛙的身体中心有脊柱，双叉犀金龟的头部、胸部、腹部甚至6只足均有壳覆盖，而没有脊柱。

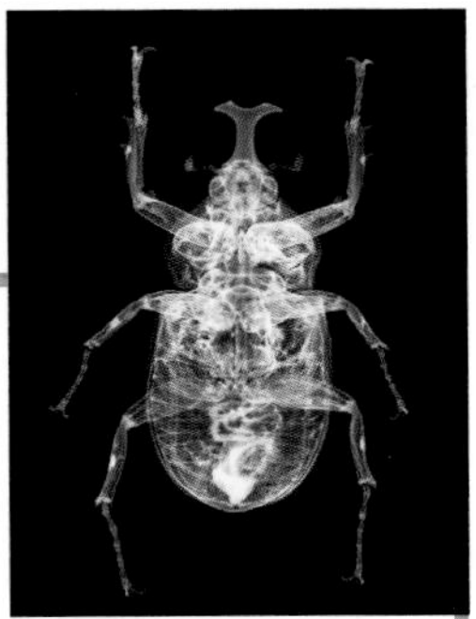

双叉犀金龟

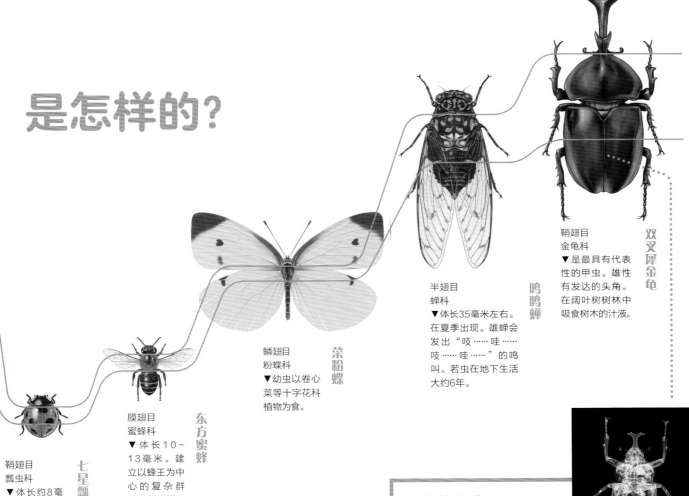

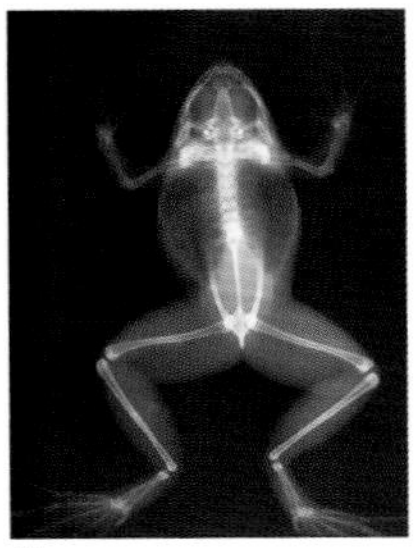

蛙

昆虫眼中的世界是什么样的？

你有近距离观察过蜻蜓的眼睛吗？昆虫这一类生物拥有由许多小眼聚在一起形成的复眼。

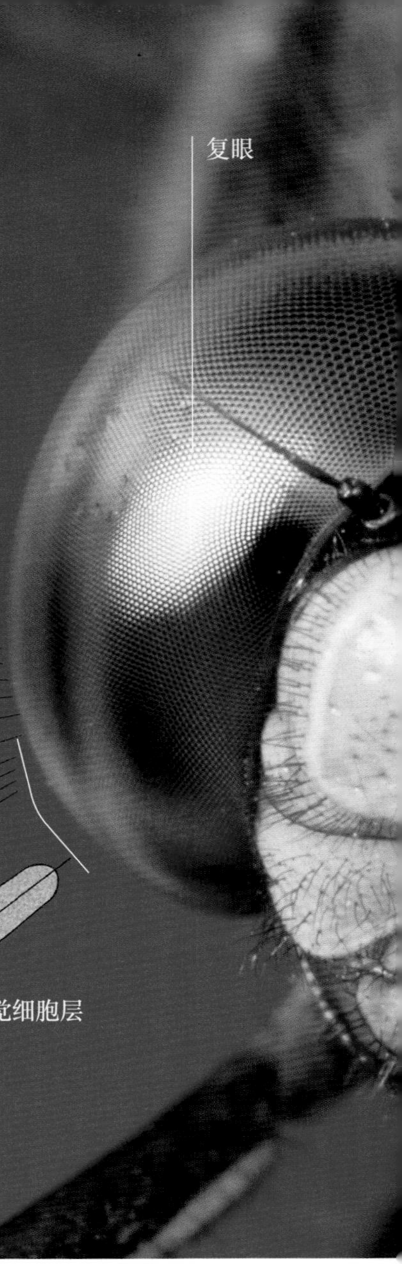

放大后的复眼（碧伟蜓）

复眼的构造

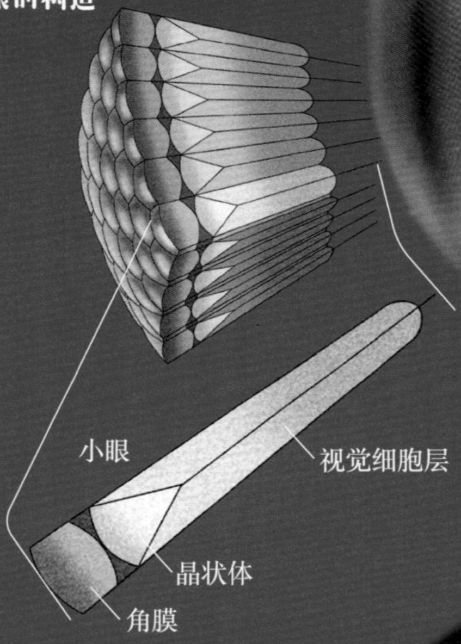

利用复眼可以迅速捕捉到物体的动向！

蜻蜓拥有由50000个小眼聚集而成的一对复眼。

假设人的视力为1.0的话，那么苍蝇或蜂的视力只有0.01~0.02。昆虫的眼睛并不能清楚地看到物体，而是如同在电光屏上看景色快速地流转一样看外面的世界。

即使如此，苍蝇和蜂还是能顺利从敌人面前逃脱，敏捷地捕获猎物。因为圆圆的、隆起的复眼能够同时看清前后、左右、上下等所有方向的情况。而且，昆虫的复眼能够无一遗漏地捕捉到每一瞬的变化。人能够看到动态的图像，但是苍蝇的眼睛是以一幅幅画像不断切换的模式来看外面的世界的。

昆虫“眼睛”图鉴

昆虫眼睛的形状和布局，是与其吃什么食物、怎么吃、躲避什么天敌、怎样保护自身这些事情密切相关的。

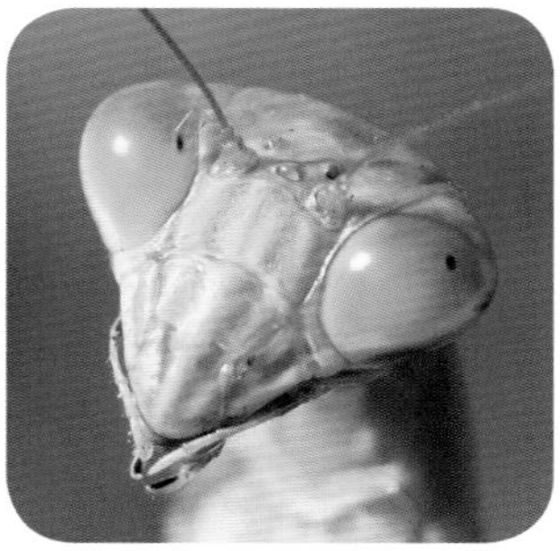

大螳螂

螳螂目螳螂科▼螳螂的复眼呈倒三角形，隆起于头的两侧。这使它能够在广阔的视野内发现猎物。

锹甲

鞘翅目锹甲科▼锹甲的复眼向头内凹陷，两只眼睛分布在头的两侧，距离较远。由于小眼的分界线不鲜明，因此看起来像是单眼。

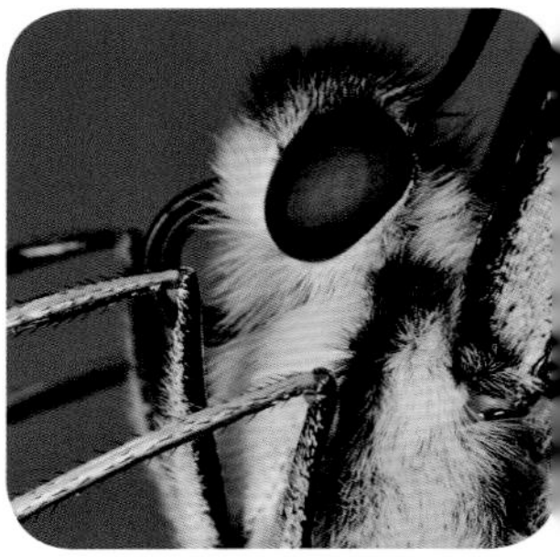

柑橘凤蝶（凤蝶）

鳞翅目凤蝶科▼凤蝶复眼的分布使其视野比较开阔。为了搜寻到花蜜，凤蝶的复眼中拥有能够分辨花色的构造。

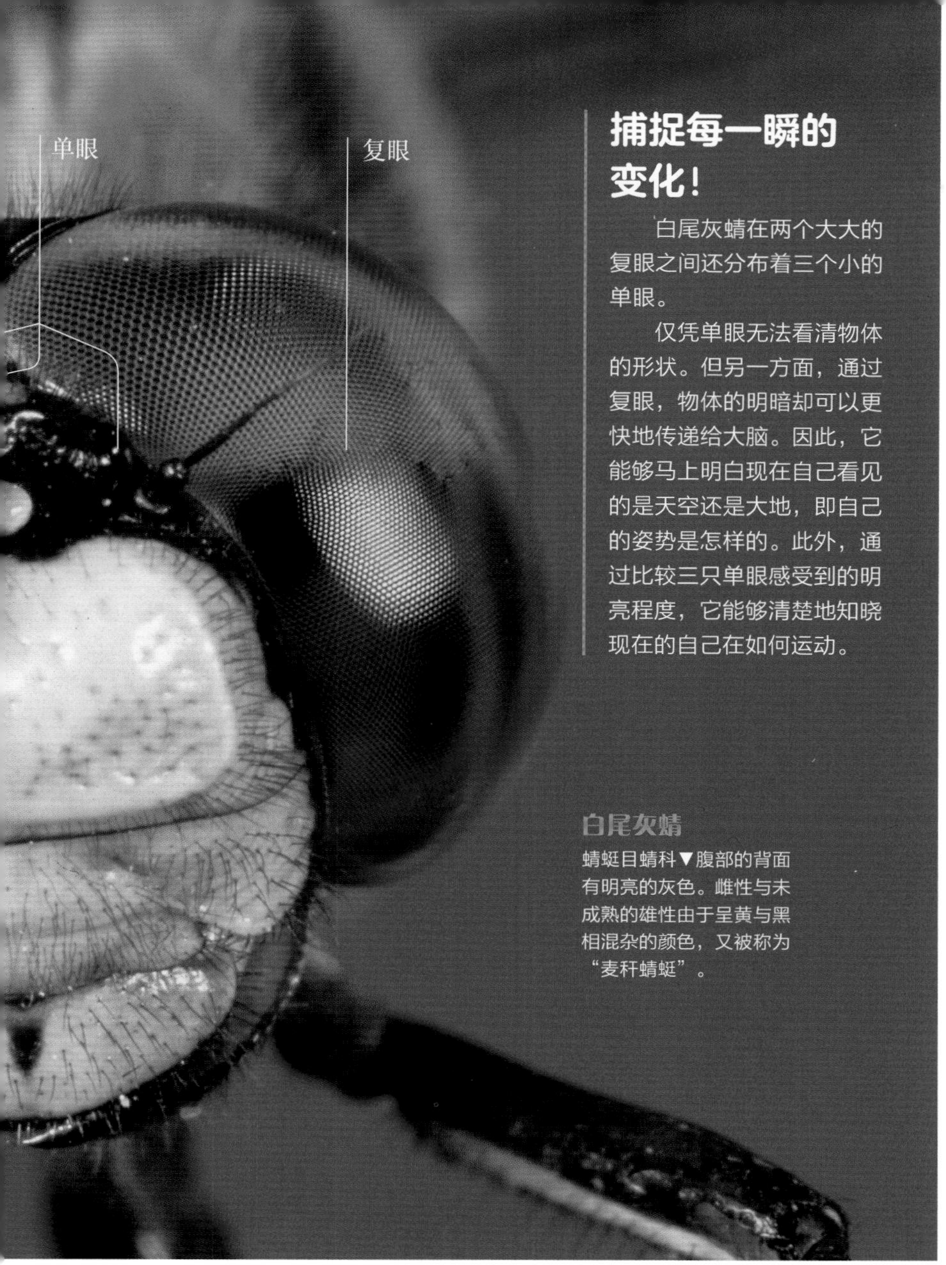

捕捉每一瞬的变化！

白尾灰蜻在两个大大的复眼之间还分布着三个小的单眼。

仅凭单眼无法看清物体的形状。但另一方面，通过复眼，物体的明暗却可以更快地传递给大脑。因此，它能够马上明白现在自己看见的是天空还是大地，即自己的姿势是怎样的。此外，通过比较三只单眼感受到的明亮程度，它能够清楚地知晓现在的自己在如何运动。

白尾灰蜻

蜻蜓目蜻科▼腹部的背面有明亮的灰色。雌性与未成熟的雄性由于呈黄与黑相混杂的颜色，又被称为“麦秆蜻蜓”。

牛虻

双翅目虻科▼头部基本上都由复眼组成，这些复眼在光的反射下呈现出漂亮的颜色。牛虻没有单眼。成虫吸食家畜的血液。

白条天牛

鞘翅目天牛科▼长长的触角的根部下方有较大的复眼。由于白条天牛在夜间活动，因此复眼较大且发达。

源氏萤

鞘翅目萤科▼小眼大约有2500个，比蜻蜓的小眼数量少很多，但有一只小眼非常大。对同伴发出的光芒十分敏感。

凤蝶能看见人类看不到的色彩！

人类的眼睛可以分别感知到红、绿、蓝三种色光，能看到由这三种色光组合而成的各种色彩（P286）。然而昆虫能够辨识出人类感知不到的色彩。

例如，凤蝶有6种感光细胞，其中的几种感光细胞能分辨出红光、绿光、蓝光以及人类不能感知到的紫外线。凤蝶依靠这四种颜色信息来辨识物体的色彩。

对于下面的花朵，人类只能看出它的整体是黄色的，但其实花的中心部分吸收了紫外线，向蝴蝶传达着花蜜的信息。由于凤蝶能够感知到紫外线，因此能够清楚地知道花朵上是否存在着花蜜。

版权 © 福冈达人

西洋芥菜

与油菜种类相近的蔬菜。由于花的中心与脉络吸收了紫外线，因此在紫外线下摄影时我们能看到花的中心部分呈现黑色，正如凤蝶看到的一样。

昆虫的嘴形为什么都不一样？

仔细观察昆虫的口器，你会发现不同种类的昆虫为了与自身捕食活动相适应而拥有不同的形状。对昆虫的口器进行大方向的分类，可分为吸食花蜜与汁液等液体的口器和咀嚼叶片与虫子等固体的口器这两大类。

吸食

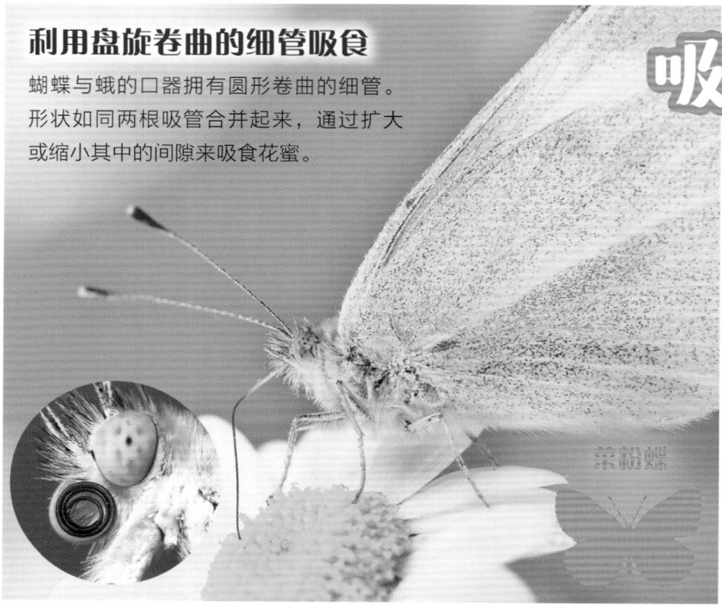

利用盘旋卷曲的细管吸食

蝴蝶与蛾的口器拥有圆形卷曲的细管。形状如同两根吸管合并起来，通过扩大或缩小其中的间隙来吸食花蜜。

用毛刷舔食

成虫拥有如同毛刷般的橙色口器，接触到树木后将口器浸入树木汁液中吸食。幼虫拥有咀嚼的口器，可以食用土中腐烂的树木。

通过刺入直的细管吸食

蝉也拥有长长的口器，隐藏在腹侧。细管有两层，刺入树木中后，通过活动形似鼻子部分的肌肉来吸食树木的汁液。

溶解后吸食

蝇拥有唇瓣这种折叠式的口器。伸出唇瓣尝过后若味道中意，便从口器的前端分泌出消化液，将食物溶解后吸食分解的汁液。

吸食液体的口器

昆虫不用嘴进行呼吸，无需将空气与液体同时吸入体内。因此，吸食液体的昆虫逐渐形成了与食物种类及食物存在场所相适应的易吸食的口器形状。口器形状可分为两种，一种是如同细管一样，刺入花和植物来吸食花蜜与汁液，另一种是如同毛刷一样，舔食树液与动物体液。

咀嚼

拥有尖锐牙齿的食肉生物

蜻蜓的上颚排列着尖锐的牙齿，捕捉到空中的虫子后能够直接将其咬碎。

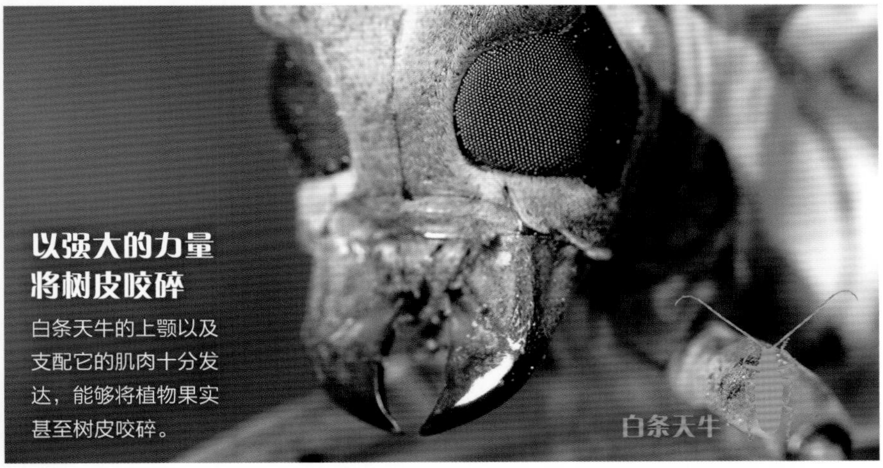

以强大的力量将树皮咬碎

白条天牛的上颚以及支配它的肌肉十分发达，能够将植物果实甚至树皮咬碎。

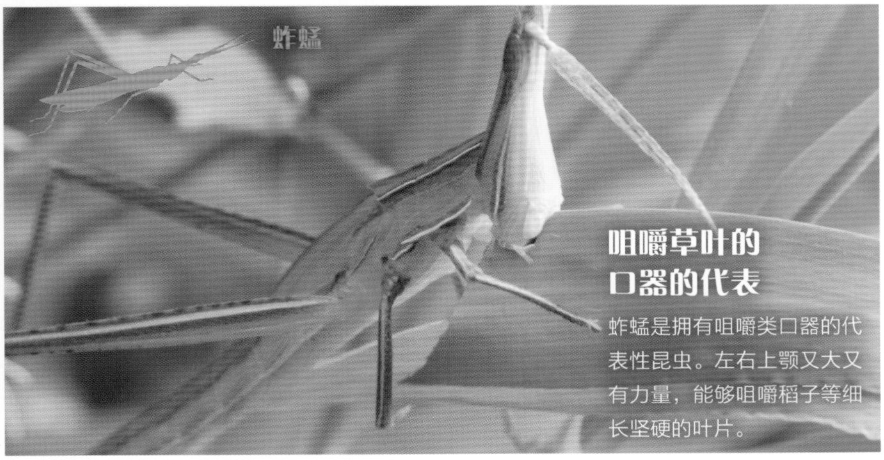

咀嚼草叶的口器的代表

蚱蜢是拥有咀嚼类口器的代表性昆虫。左右上颚又大又有力量，能够咀嚼稻子等细长坚硬的叶片。

咀嚼固体的口器

拥有咀嚼类口器的生物有蝗虫、天牛、蜻蜓、螳螂等。与吸食类口器拥有众多形状不同，咀嚼类口器的基本形状都是一对附有尖锐牙齿的上颚和下颚。人类的颌分上下来咀嚼食物，而昆虫的颚分左右，能通过左右颚来夹取食物。

口器的各种用途

大自然中也有除了摄食之外将口器用于其他用途的昆虫。此外，也有昆虫成虫后因不再需要摄食而口器退化。

运送食物和卵

蚂蚁拥有较大的颚。它们像人类使用手一样，用上颚来运送食物，或照看卵、幼虫、虫蛹，还用它来扔垃圾。

为产卵打洞

象鼻虫正如其名，有着像大象鼻子一般的长长的口器。柞栎象的口器尤其长，可以借此在橡果上打洞进行产卵。

成虫口器退化

蚕蛾是一种能从其茧中抽取出蚕丝而被人类饲养的蛾类。幼虫具有口器进食桑叶，但成虫口器已退化，不进食只产卵，直到生命终结。

昆虫为什么会飞？

地球上第一个在空中飞翔的生物就是昆虫。
昆虫在此之后分化为不同的类群，
并繁衍至今。
让我们从昆虫的翅膀和足来窥探它们的秘密吧。

一致运动的翅膀、散乱运动的翅膀

许多昆虫在成虫后能够凭借翅膀在空中飞翔。昆虫的翅膀位于后背胸段，前翅和后翅各一对，共4只。但是蝇、虻和蚊这一类只有两只翅膀。

昆虫的翅膀通常重叠着藏在背侧，但蜻蜓和蜉蝣这两类昆虫的翅膀只能合起来竖着立在后背上。

也有些昆虫如同双叉犀金龟一样，只有前翅很坚硬。

白带凤蝶

锯锹形虫

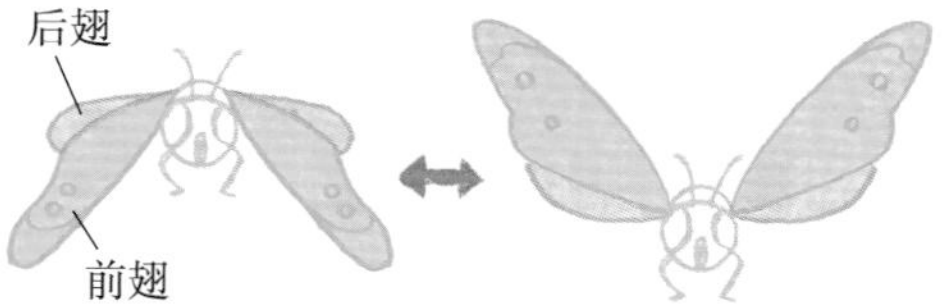

蝴蝶盘旋着寻找花蜜与产卵的场所。前翅与后翅如同一只翅膀一样一致运动。它们通过慢慢地扇动翅膀使身体上下飞舞。

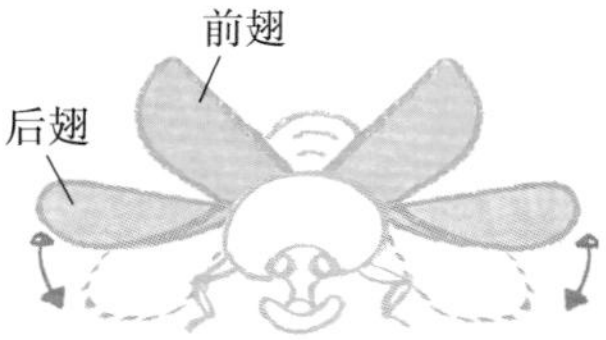

前翅十分坚硬，只有后翅扇动。前翅伸展可以使其在空中维持易于飘浮的姿势，平时用来保护后翅和柔软的身体。

足的形状也各不相同！

昆虫的足依其种类不同有各种不同的形状，也具有各种不同的作用。有的可用来行走并擅长跳跃，有的只用来紧紧抓住物体，还有的用来袭击敌人。

东亚飞蝗

前足与中足基本只用来行走，但最长的后足拥有强劲的肌肉，能够完成大幅度的跳跃。

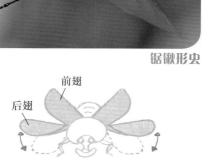

菜粉蝶

具有6只各分成5节的细足。足的前端有小小的倒钩，能够使菜粉蝶紧紧抓住花与叶片来支撑身体。

昆虫振翅的秘密

胸部和翅膀作为一个整体，在胸部有发达的纵向肌肉，肌肉收缩时背侧的翅膀下垂，肌肉舒张则翅膀抬起。昆虫振翅时会快速重复上述动作，据说某些蝇类的振翅频率可达每秒1000次。

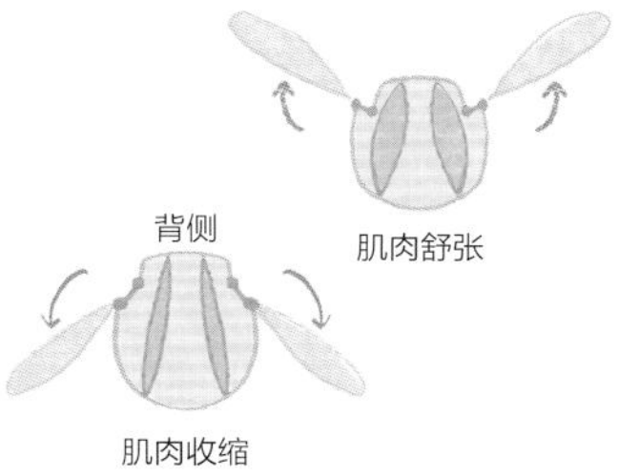

熊蜂

蜂类的前后翅有类似挂钩一样的结构相联结，整体如同一只翅膀一样地运动，擅长悬停*。

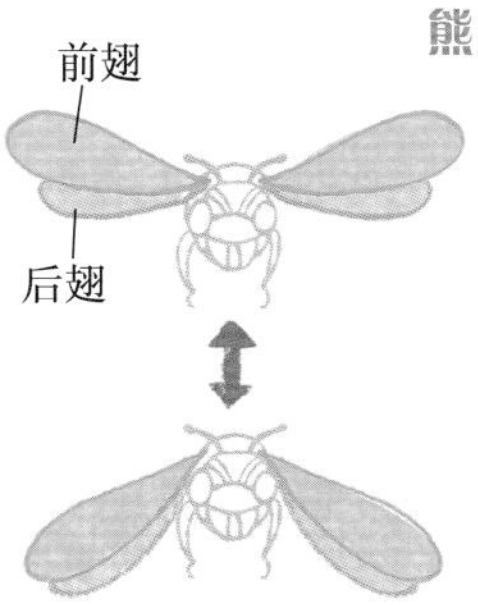

*即在空中停止前进的飞行状态。

巨圆臀大蜓

能够在一定区域内来来往往，顺利捕捉虫子等食物。不仅能快速飞行，4只翅膀还能各自行动，因此能够十分敏捷地转换方向。也能做到悬停。

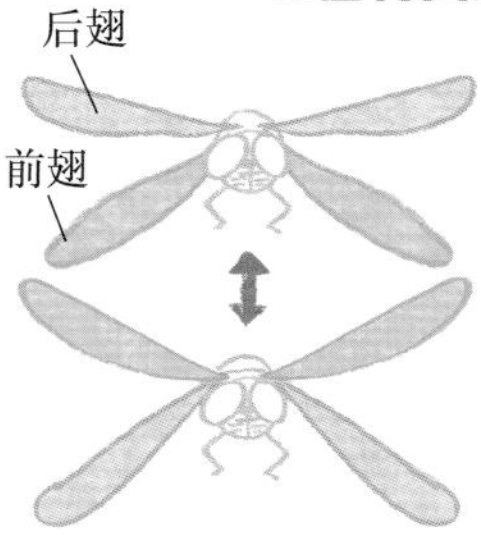

门氏食蚜蝇

蝇、虻、蚊这几类昆虫在不断进化中变成只用两只前翅来飞行。后翅演变为“平衡器”这一小器官，用于在飞行中调整姿势，使自己能自由快速地飞行。

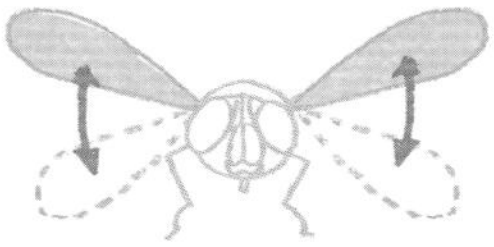

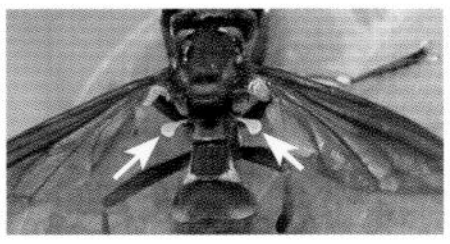

胸黑眼蝇的平衡器
版权 © 川边透

大螳螂

前足巨大，具有像镰刀一样尖锐的前端，能够轻松捕获猎物，也可以用来行走。

龙虱

生活在池塘或沼泽、水田等地。后足扁平，具有如同毛刷一般的毛，能够像船桨划水一样在水中游动。

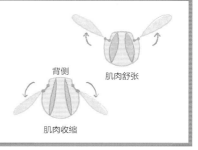

蝼蛄

几乎一生都在土里生活。前足粗壮，有如同鼹鼠一样的掌形，可用尖锐的齿来挖掘通道。

昆虫之间是怎么交流的？

蚂蚁和蜂是群居动物，
生活中有各自的分工，
也会与同伴合作。
然而，
它们到底是怎样与
同伴进行交流的呢？

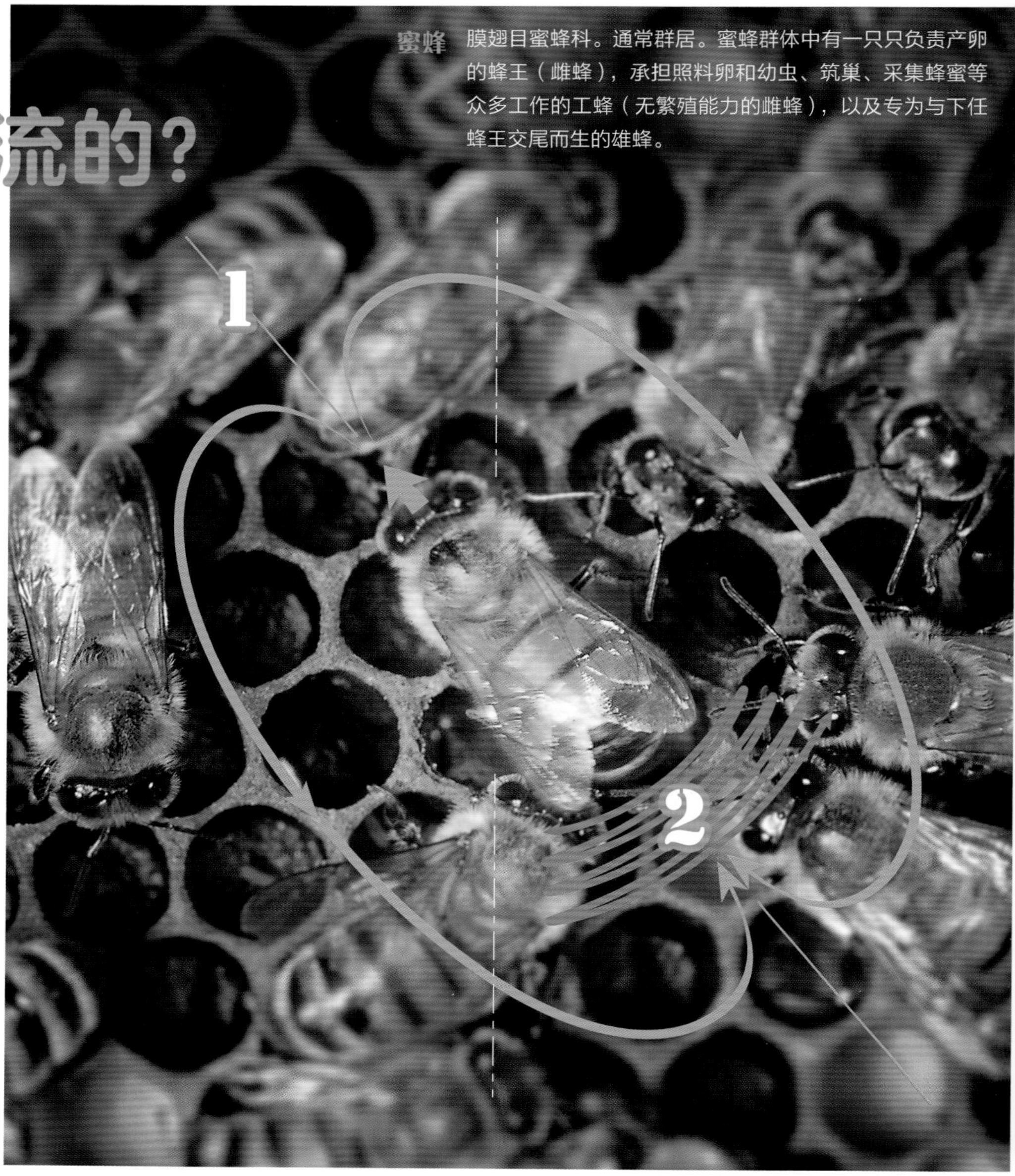

蜜蜂 膜翅目蜜蜂科。通常群居。蜜蜂群体中有一只只负责产卵的蜂王（雌蜂），承担照料卵和幼虫、筑巢、采集蜂蜜等众多工作的工蜂（无繁殖能力的雌蜂），以及专为与下任蜂王交尾而生的雄蜂。
1
2

蜜蜂通过舞蹈告知花蜜的位置

一旦发现能成为食物的花蜜，蜜蜂会暂时将其贮存在身体中被称为蜜胃的地方，然后飞回蜂巢。接着，它会通过舞蹈向蜂巢内的同伴告知花蜜存在的地方。即一边按照8字形转圈，一边在8字的上下两个半圆交汇处快速地扭动腹部。

在舞蹈时，蜜蜂前进的方向，提示着在与太阳成多少度角的地方存在着花蜜。而花蜜所在的地方越远，蜜蜂扭动腹部的时间就会越长。

1 告知食物的方向 舞蹈的朝向

如果花蜜所在的方向是与太阳成40°角的左侧，则蜜蜂的身体会与巢板的垂直线成40°倾斜，通过跳舞向同伴告知花蜜的方向。

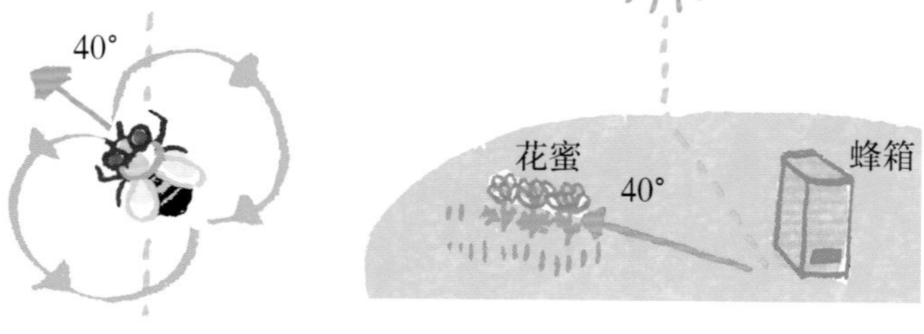

由于蜜蜂的眼睛能够看到光的振动方向，因此无论天气怎样都能知晓太阳的方向。

2 告知花蜜与蜂箱的距离 舞蹈的时间

距离有花蜜的地方越远，蜜蜂扭动腹部的时间就会越长。

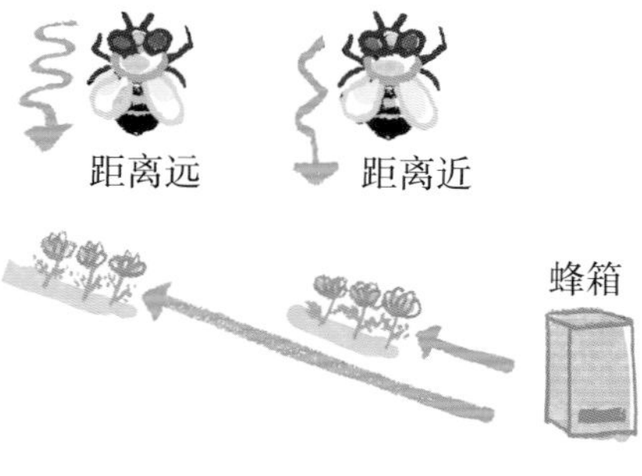

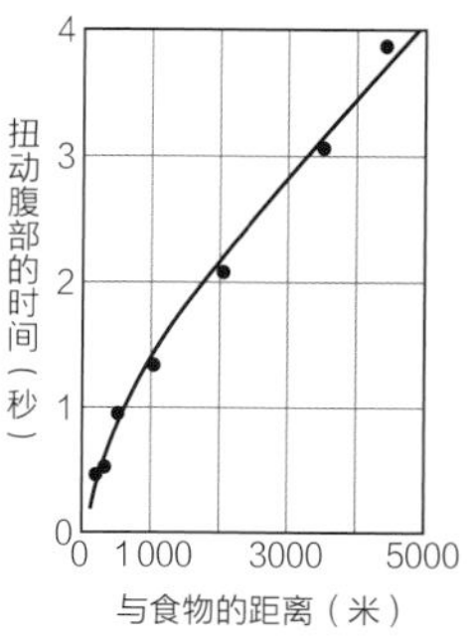

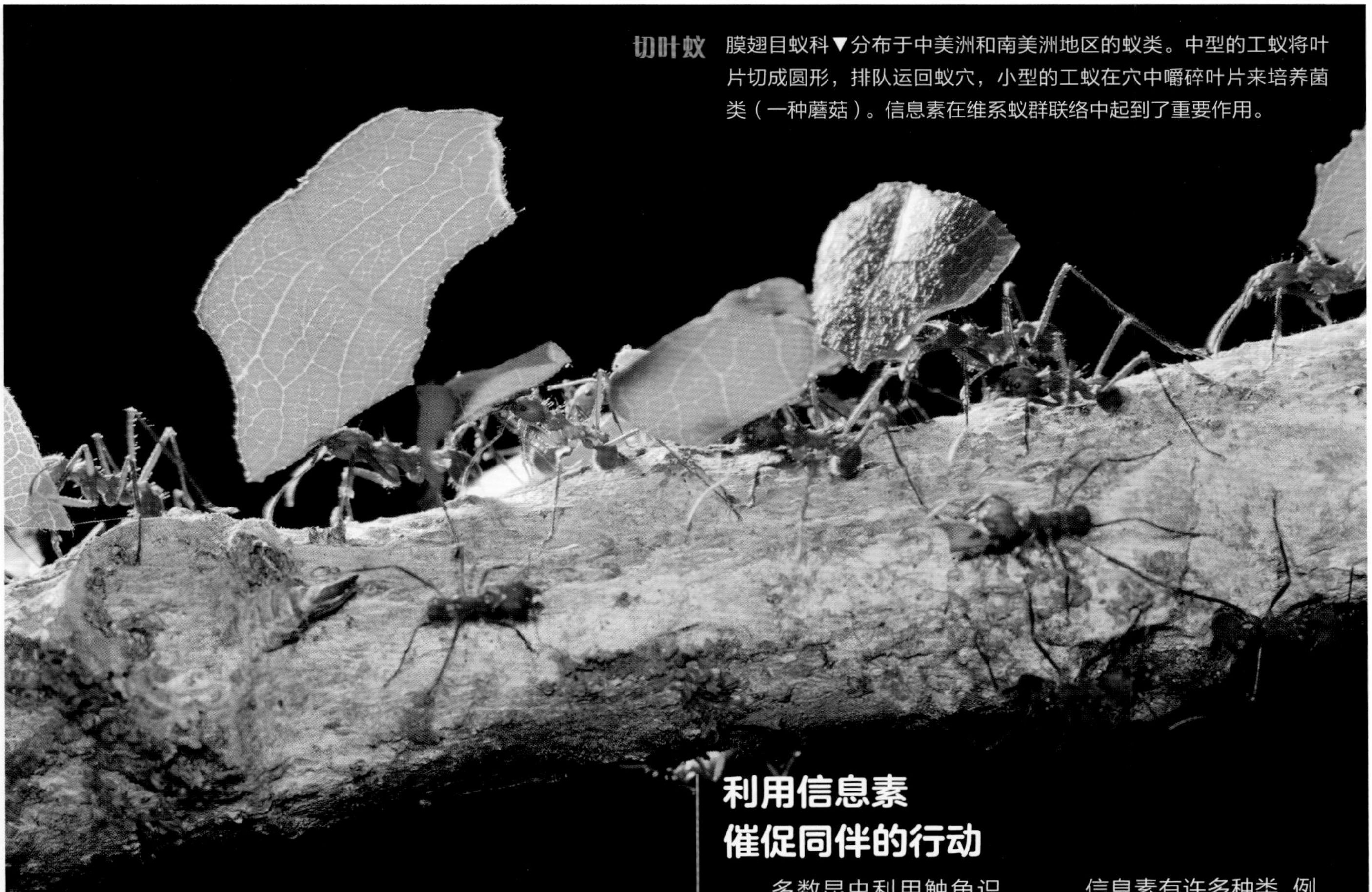

切叶蚁 膜翅目蚁科▼分布于中美洲和南美洲地区的蚁类。中型的工蚁将叶片切成圆形，排队运回蚁穴，小型的工蚁在穴中嚼碎叶片来培养菌类（一种蘑菇）。信息素在维系蚁群联络中起到了重要作用。

利用信息素催促同伴的行动

多数昆虫利用触角识别气味。蜂、蚁等生物能从身体中释放出我们人类不能识别的微弱气味。感受到同伴发出的气味后，它们便会像开启了开关的机器一般按规律行动。这种微弱的气味我们称之为信息素。

信息素有许多种类，例如召集同伴的集合信息素、指示通往食物所在地的示踪信息素、雌性招引雄性前来交尾的性信息素、告知同伴危险的告警信息素，以及推动建造巢穴等工作的建造信息素等。

利用示踪信息素找到最短距离

发现食物的蚂蚁会释放作为路标的信息素，探寻蚁穴的位置然后返回。

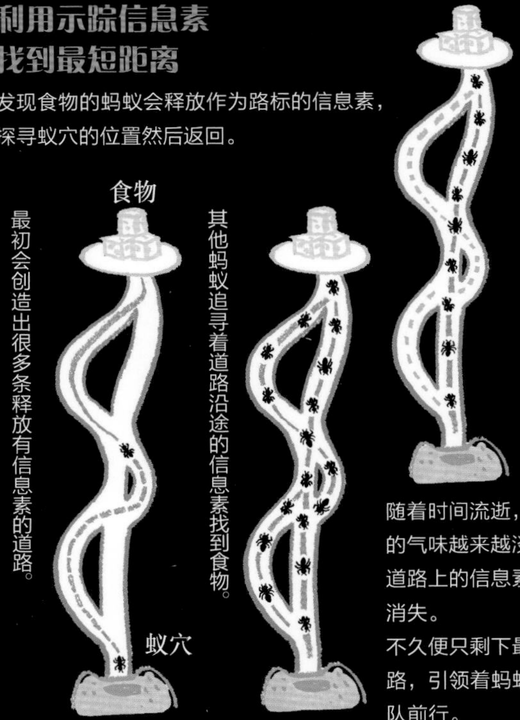

食物
蚁穴
最初会创造出很多条释放有信息素的道路。
其他蚂蚁追寻着道路沿途的信息素找到食物。

随着时间流逝，信息素的气味越来越淡，绕远道路上的信息素会慢慢消失。
不久便只剩下最近的道路，引领着蚂蚁一路纵队前行。

利用信息素狩猎

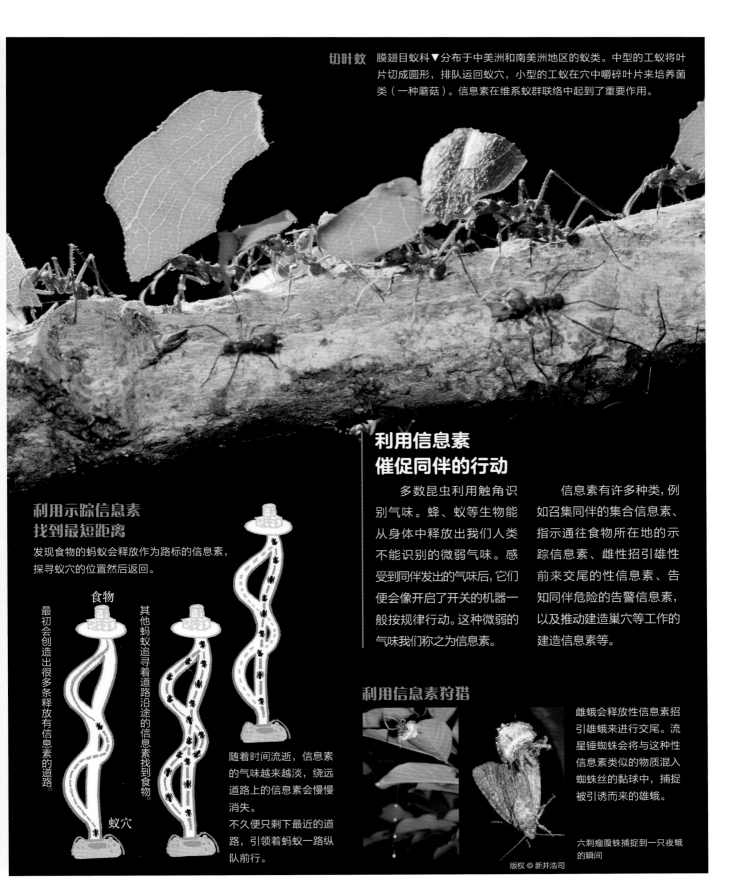

雌蛾会释放性信息素招引雄蛾来进行交尾。流星锤蜘蛛会将与这种性信息素类似的物质混入蜘蛛丝的黏球中，捕捉被引诱而来的雄蛾。

六刺瘤腹蛛捕捉到一只夜蛾的瞬间

蝴蝶和双叉犀金龟是如何成长的？

蝴蝶、蚂蚁、双叉犀金龟等昆虫，在成为成虫前都曾有一段时期为蛹。像这样的成长方式，我们称为完全变态。

将卵一个一个地产出并附着在能成为幼虫寄主植物的树叶上。卵的直径为1毫米左右，在快要孵化时会变黑。

成虫从蛹的头部与胸部的部分破蛹而出。蛹吊在树枝上使体液输送到翅膀，不久就可以起飞了。

蝴蝶的成长

不同种类的蝴蝶都有固定的供幼虫食用的植物（寄主植物）。菜粉蝶的幼虫爱吃甘蓝等十字花科的植物，凤蝶（柑橘凤蝶）的幼虫爱吃柑橘类植物的叶片，它们的成虫也会在那里产卵。

从卵中孵化出来的蝴蝶幼虫，每经历一次蜕皮就会成长一次。体形不再变大后就会蜕皮成蛹。不久蛹的背部裂开，羽化成一只与幼虫形态迥异的成虫。

孵化后的幼虫先将卵的外壳吃掉，然后开始进食叶片。

经历了两次蜕皮的幼虫。以貌似鸟类粪便的外形蒙骗敌人的眼睛。

经历了第4次蜕皮后变身为与叶子同一颜色的青虫。胸部有类似眼睛的花纹。

成为5龄虫后不久就将自己的身体用几条丝固定，准备变成蛹。

在蛹中身体的大部分都将瓦解，然后生成新的体形。一般蛹一周左右就能羽化，但夏季较晚出生的幼虫会以蛹的形态过冬。

日本弓背蚁

膜翅目蚁科
体长7～13毫米（工蚁）、17毫米（蚁后）

蚁后进行婚飞后，翅自然脱落，潜入土中产卵。

卵在大约25天后孵化，变成透明的幼虫。早先出生的工蚁负责照料。

成为幼虫10日后吐丝成白茧，在其中蜕皮成为蛹。

经过20日左右工蚁从蛹中出生，照料蚁后和卵。随着工蚁数量的增多，渐渐生出有翅膀的雄蚁，雄蚁与下一任蚁后飞出蚁穴进行婚飞，产出下一代。

双叉犀金龟

鞘翅目金龟科　体长38～53毫米

雌性钻入落叶之下，于地面的低洼处产出3～4毫米大小的卵。卵经过两周左右孵化。

幼虫通过食用8～11月的落叶或木屑过冬。这期间经历两次蜕皮，成为体长100毫米左右的3龄虫。

到春天后将周围的土固定、建造巢穴，之后在其中不再活动。经过第3次蜕皮成为与成虫外形相似的蛹，19～25日左右羽化。

从蛹中脱出羽化。成虫使用如毛刷一般的口器舔食树的汁液。在成为成虫40～50日左右，会聚集在树的汁液处寻找交尾对象。

蝉和蜻蜓是如何成长的？

蝉、蜻蜓、蝗虫等昆虫，
不经历蛹的阶段而从若虫直接变为成虫。
这种不经历蛹期的成长方式
称为不完全变态。

将卵一个一个地产出并附着在能成为若虫寄主植物的树木中。卵直径1毫米左右，快要孵化时会变黑。

黑胡蝉的一生

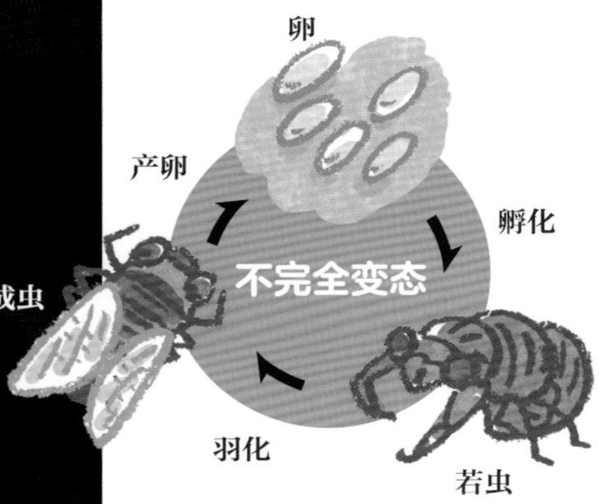

附着在蜕下的壳上，等待翅膀伸展、变硬，之后飞离。成虫能存活两周左右。

以卵的形态过冬。于来年的5月左右孵化成为1毫米大小的若虫，若虫从树上爬下潜入土中。

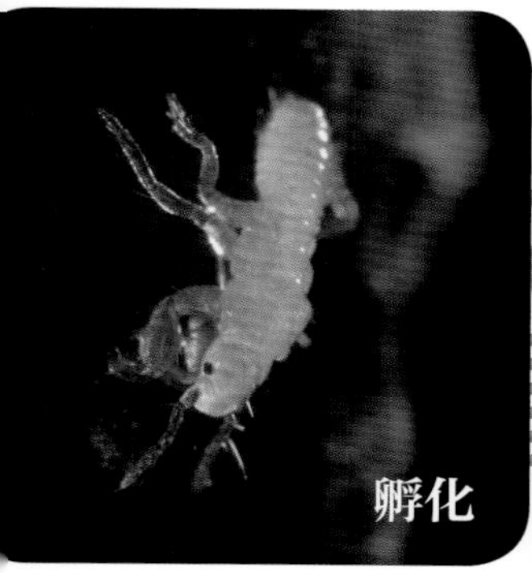
孵化

若虫（4龄）

若虫在地下吸食树根的养分，历经5年时间反复蜕皮4次。

蝉的成长

雌蝉将卵产在树枝之中。孵化的若虫潜入地下吸取树根的养分成长。黑胡蝉和鸣鸣蝉的若虫在地下生活6~7年。之后若虫不成蛹，而是钻出地面，蜕皮羽化，成为成虫。蝉的成虫为了繁衍后代，只有两周左右的生命。

若虫（5龄）

夏季的夜晚，5龄若虫不经历蛹期，用发达的前足挖掘地面钻出土地。

羽化

攀上附近的树木，在树叶的背面垂挂着。不久后从若虫的背部裂开钻出成虫。

东亚飞蝗 直翅目蝗科

雄性长约35毫米、雌性约50毫米

产卵

卵

雌性在交尾结束后用腹部在草地中掘土挖洞，一次性产下50~100个由气泡包裹的卵组成的块状物。

若虫

卵在土中以“前若虫”这种覆盖一层薄皮的状态孵化。然后即刻将薄皮蜕下成为1龄虫，钻出地面。食用禾本科植物的叶片成长，经历4次蜕皮后成为终龄虫。

变成成虫（羽化）

终龄幼虫附在草叶的背面进行最后的蜕皮，羽化成为成虫。成虫也食用空地或河滩上生长的禾本科植物的叶片。

负子蝽 半翅目负蝽科 全长20毫米

卵

生存在池塘、水田等地，5~6月间交尾后的雌虫将卵一个一个地产出并附着在雄虫的背部，共产卵10~60个。

若虫

12日后孵化，若虫在6~7周的时间内经历4次蜕皮成长。若虫没有翅膀，无法飞行。

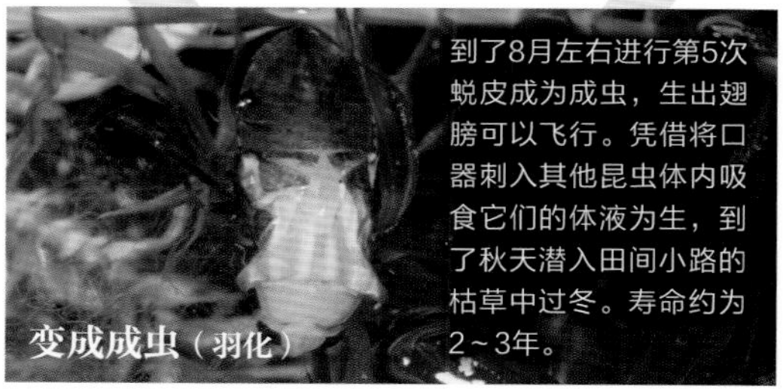
变成成虫（羽化）

到了8月左右进行第5次蜕皮成为成虫，生出翅膀可以飞行。凭借将口器刺入其他昆虫体内吸食它们的体液为生，到了秋天潜入田间小路的枯草中过冬。寿命约为2~3年。

蜘蛛与昆虫有什么不同？

蜘蛛与蜈蚣和昆虫同属节肢动物，却与昆虫隶属于不同的类群。让我们来看看它们与昆虫有哪些不同。

悦目金蛛
蜘蛛目园蛛科▼
雌性20~25毫米，雄性5~6毫米。

雌性蜘蛛占据圆形蜘蛛网的中心，头部朝下静待猎物的到来。有猎物被网困住后，用纺器排出的丝将其一圈圈地缠绕起来，最终吃掉。

蜘蛛的种类

世界上约有30000种蜘蛛。分布在除海洋以外的所有角落，捕食活虫。所有的蜘蛛都能从腹部排出丝。从敌人面前逃走时、张网捕捉猎物时、守卫巢穴和卵时，都会使用到排出的丝。

不仅有张网捕捉猎物的蜘蛛，还有来回走动突然发起攻击的蜘蛛以及潜伏在土中捕捉地面上走动的昆虫的蜘蛛等各种各样的蜘蛛。

多数蜘蛛都是雌性比雄性个头大，雌性产卵繁衍后代。

蜘蛛的身体

蜘蛛和昆虫一样，通过蜕皮来成长，但不像昆虫一样变态发育后身形明显改变。

螯肢
刺入猎物体内注射毒素。
头胸部
头部和胸部为一体，没有翅膀。
腹部
腹部没有节。下侧有用来呼吸的器官。
触肢 作用同昆虫的触角。
单眼
多数蜘蛛拥有4对（8只）单眼。蜘蛛没有复眼。
足（步足）
有4对（8只）足。
纺器
一般有3对（6个）纺器，从此处排出丝。

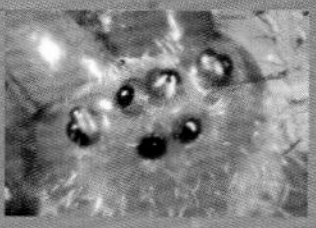

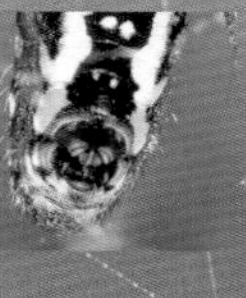

横纹金蛛

蜘蛛狩猎的方法

张网捕捉猎物

蜘蛛目园蛛科▼雌性35毫米，雄性7~8毫米。到了秋天雌性成熟后腹部会变红，十分显眼。此种蜘蛛张的网最为复杂。

蜘蛛目园蛛科▼雌性30毫米，雄性20毫米。是织圆形蛛网的代表蜘蛛。傍晚张网，第二天早晨收网。

来回走动捕捉猎物

蜘蛛目蟹蛛科▼雌性5~6毫米，雄性3~4毫米。隐藏在花朵的阴影处等待猎物出现，捕食昆虫。

在地下伏击猎物

蜘蛛目螲蛸（dié dāng）科▼雌性12~20毫米，雄性10~15毫米。盖住纵向洞穴在地面上的开口，伏击捕食昆虫。

分布于陆地上的节肢动物

蝎子（蛛形纲蝎目）

蝎子是与蜘蛛类群相近，但比蜘蛛诞生时期还要早的节肢动物。前有螯肢，后有尾刺，多数有毒。雌性可与雄性产出的精球相交受精，在体内完成受精卵的胚胎发育产出幼虫。

蜈蚣（多足亚门唇足纲）

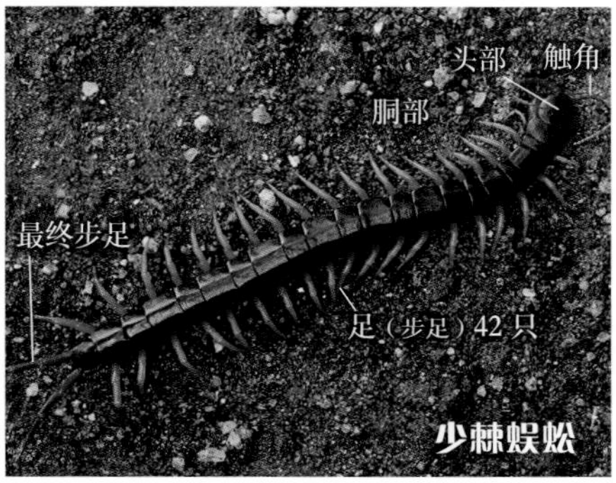

蜈蚣的身体一节对应一对（两只）足（步足），身体的环节依据种类不同数量也不同。有的蜈蚣蜕皮后环节数增加，有的环节数不增加。也有的蜈蚣在土中捕食昆虫和蜘蛛等，具有被蜇后令人产生疼痛的毒素。卵生，从幼虫变成成虫需经历变态发育。

马陆（多足亚门倍足纲）

生存在森林、公园、住宅区等地带的土中，能将食入的腐烂树叶转换为土。卵生，以在幼虫向成虫的变态发育中增加体节数为特征。一般身体一节对应有两对（4只）足（步足）。

跳蚤和螨虫

跳蚤是有6只足的昆虫。螨虫是具有8只足的与蜘蛛相近的节肢动物。

跳蚤（昆虫纲蚤目）

完全变态发育，吸食哺乳动物等生物的血液。无翅，眼睛为简单的单眼，多数没有眼睛。身长1~9毫米，大小不等，雌性体形大于雄性。

螨虫（蛛形纲蜱螨目）

不完全变态发育，种类繁多，分布于土中、动植物体表等各个角落。平均大小为0.4~0.7毫米。也有吸食人类血液的螨虫，但多数无害。

虾与蟹是什么样的生物?

虾和蟹是隶属于节肢动物门甲壳亚门这一类群的生物。它们在身体构造与生活习性方面有着怎样的特征呢?

虾和蟹是甲壳类生物在海中的代表。甲壳类生物除虾、蟹之外，还有藤壶、水蚤、居住于陆地的鼠妇等众多类群，据说现在地球上大约有50000种甲壳类生物。

甲壳类生物的身体分为头部、胸部、腹部三个部分，表面覆盖有坚硬的甲壳。海中生存的甲壳类生物用鳃呼吸，在陆地上生存的则用气管呼吸。

虾

在头、胸、腹三个部分中，头部与胸部以甲壳相连，腹部向后伸展。用于行走的足（步足）有5对（10只），此外依据种类不同，有的虾的触角和颚足非常发达。尤其是螯虾等生物，螯足十分强大，常用于攻击和威慑。

虾的身体

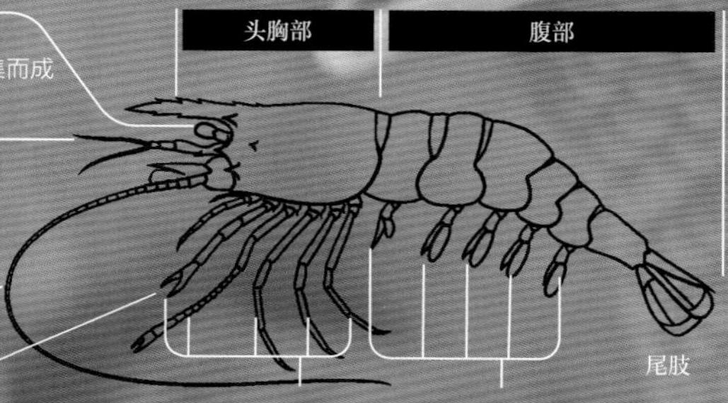

克氏原螯虾也是虾的一种

克氏原螯虾

十足亚目螯虾科▼
体长10厘米　从受精卵开始经历两周左右发育，出生时与亲代同一形状。夏季反复蜕皮，秋季大量进食储备过冬。特征是有很大的螯足。

莱伯虾

十足目对虾科▼居住在水深30～120米的斜面上，是与武装杜氏海葵共生的虾。体长10厘米以上。

寄居蟹

柔毛寄居蟹

十足目寄居蟹科▼甲壳长15毫米。

寄居蟹所属的歪尾类是介于虾与蟹之间的类群，具有一对（两只）螯足和4对（8只）步足。通常腹部向右卷曲入螺壳中，以保护自己的身体。椰子蟹、帝王蟹等都是寄居蟹所属的歪尾类同类。

蟹

毛足圆轴蟹

十足目地蟹科▼甲壳宽50毫米。居住在海岸附近的陆地上。在5～12月份大潮时出海产卵。卵即刻变为溞（sāo）状幼体。

世界上大约有5000种蟹，腹部蜷缩得很短是蟹的特征。卵全部堆积于雌蟹腹部进行孵化。世界上最大的蟹是甘氏巨螯蟹，螯肢伸展开来可达3米。

▼蟹的溞状幼体

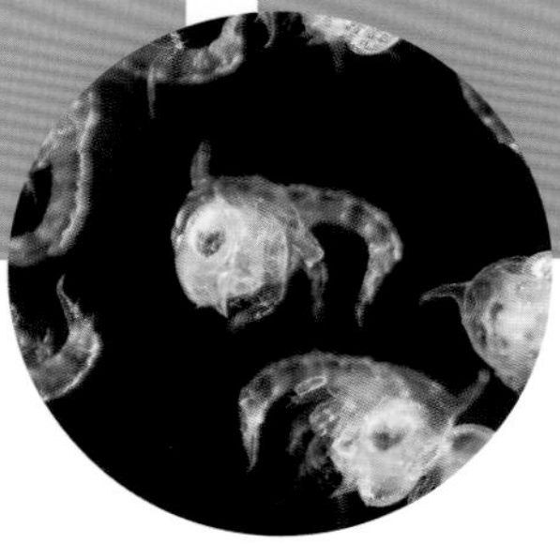

溞状幼体

海中的虾和蟹等，会生出从卵开始就与上一代形体不同的幼体。作为浮游生物漂浮在海中，经过多次形体变化变态发育为幼体。

寄居蟹的身体

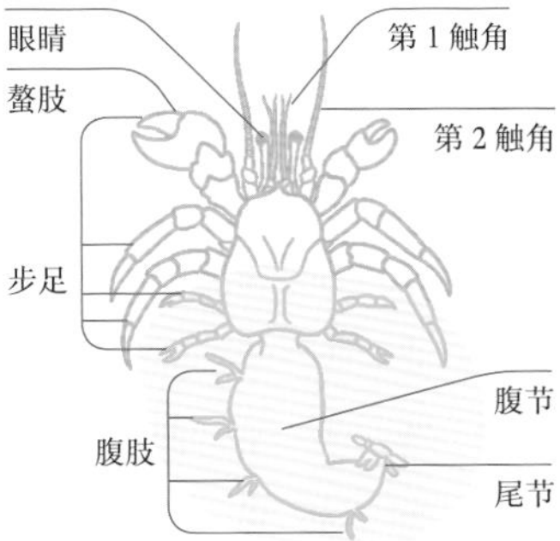

蟹的身体

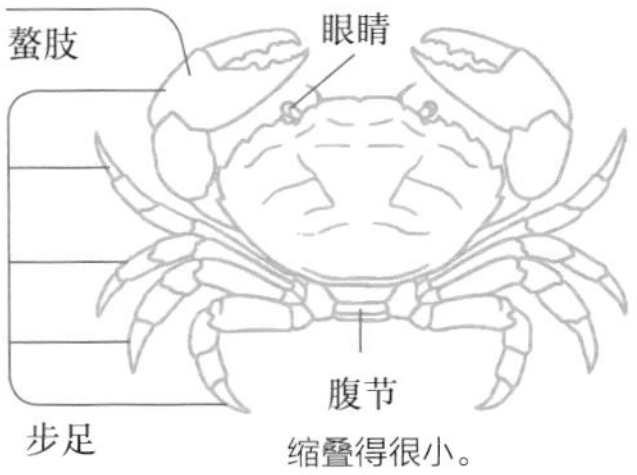

蟹的鳃

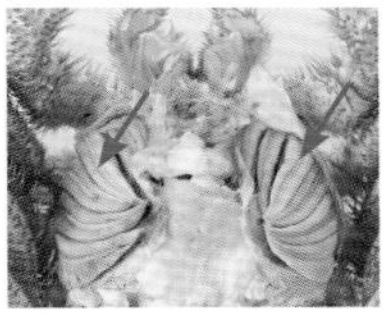

鳃是从水中吸取氧气进行呼吸的器官。将煮过的蟹壳扒开后，可以看到两侧如同蕨叶般并排分布着的鳃。由于多数存在寄生虫，通常不能食用。

甲壳类生物

巨藤壶

无柄目藤壶科▼全长5～50毫米。以形如富士山的外壳附着在岩石上，通过伸出触须一般的足捕食浮游生物。

龟足

有柄目铠茗荷科▼全长约50毫米。生存于海岸岩石的缝隙中。涨潮时伸出触须一般的足捕食浮游生物。

球潮虫

等足目球潮虫科▼体长约15毫米。生存于庭院铺石下或森林中，以枯叶为食。背部较硬，被捉住后会蜷成一团。

鼠妇

等足目潮虫科▼体长约10毫米。生存于庭院铺石下或森林中，以枯叶为食。背部较软，无法蜷成一团。比球潮虫步速快。

海蟑螂

等足目海蟑螂科▼体长约40毫米。于海岸的岩场等处群居。其移动速度快，无法入海。触角和尾部（尾叉）较长。

蜗牛跟乌贼、章鱼是亲戚吗？

蜗牛和蝾螺属于软体动物门腹足纲，它们被统称为螺类。
而贝类是软体动物中最为繁盛的类群。

蜗牛是居住于陆地上的螺

软体动物的身体分为三部分：有眼睛与触角的头部、由外套膜包裹的内脏和能够伸缩的“足”。坚硬的贝壳由外套膜分泌的钙质构成。

软体动物多数靠鳃吸取溶解在水中的氧气。蜗牛由于进化为陆生生物，鳃退化而具有简单的肺，通过外套膜上网状分布的血管吸取氧气。

筑岛巴蜗牛

同蜗牛科▼壳高20～24毫米，直径30～40毫米。

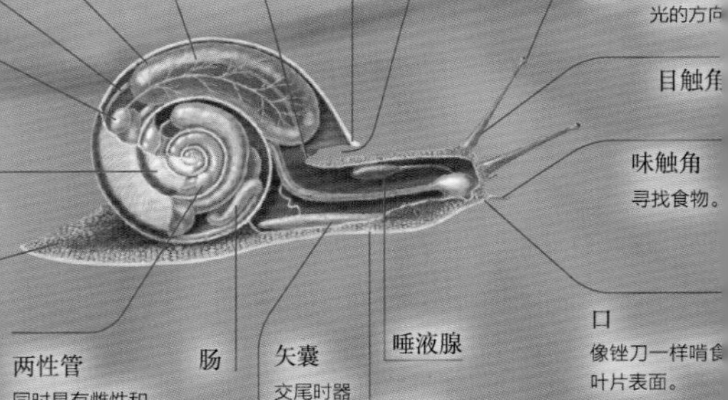

蜗牛的身体构造

螺

螺类是软体动物中种类最多的，世界上有85000多种。可作为寿司食材的蝾螺和鲍鱼也是螺类生物。此外，无壳的蛞蝓也是螺类。

蝾螺

蝾螺科▼壳高100毫米。分布于水深20～30米的海中。主要以海带、裙带菜等藻类为食。

蛞蝓科▼体长60毫米。进化过程中原本的蜗牛的壳逐渐缩小并最终消失。蛞蝓也是居住在陆地上的螺类。

防御力很强的双壳贝

韩国文蛤
帘蛤科▼壳大小为100毫米。居住于面向外海的泥沙底层。壳的花纹多种多样。

双壳贝由于没有头部，因此没有触角也没有眼睛。敌人来临时会利用闭壳肌将壳紧紧关闭，保护自己柔软的躯体。伸出壳外的只有用于移动的足和水流进出的管道。

双壳贝的身体构造（文蛤）

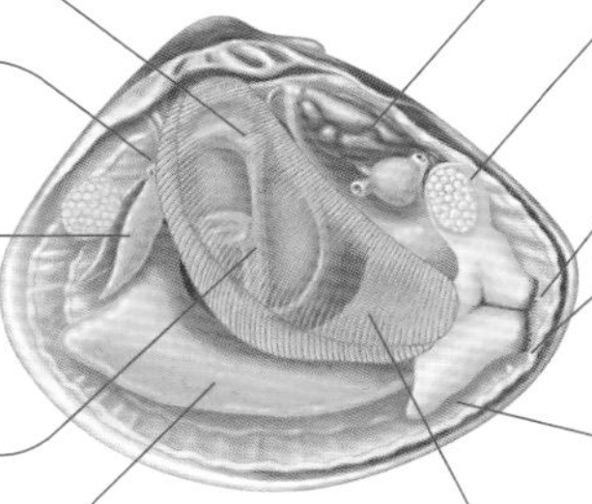

竹蛏（chēng）
竹蛏科▼壳的大小为110毫米。潜埋在海湾之间的潮间带*的泥沙深处。将盐放入露出水管的穴口，其即跃出。

*潮间带
在涨潮与退潮期间高潮线和低潮线之间的海岸。生存着许多海洋生物。

壳消失的软体动物——乌贼、章鱼

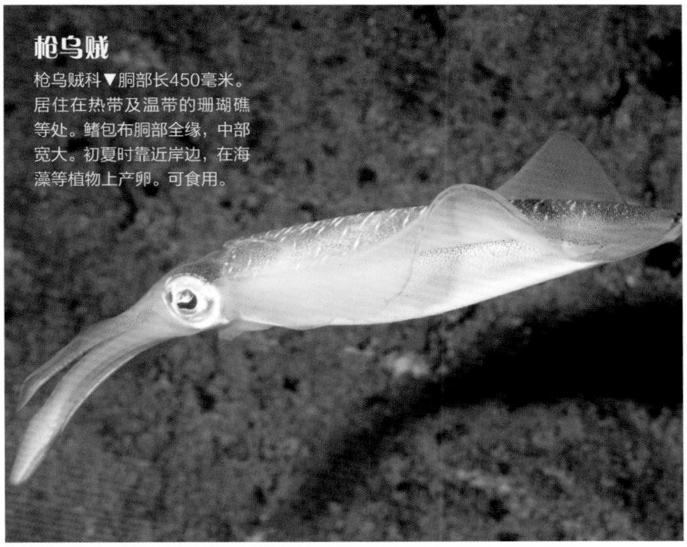
枪乌贼
枪乌贼科▼胴部长450毫米。居住在热带及温带的珊瑚礁等处。鳍包布胴部全缘，中部宽大。初夏时靠近岸边，在海藻等植物上产卵。可食用。

乌贼和章鱼是不需要壳的软体动物，它们的贝壳退化或消失了。它们游泳速度较快，活动自如，因此不需要坚硬的外壳保护自己。乌贼和章鱼的身体分为胴部、头部、足部三个部分，由于具有吸盘的足直接从头部生出，又被称为头足纲生物。

头足纲生物的身体构造（鱿鱼）

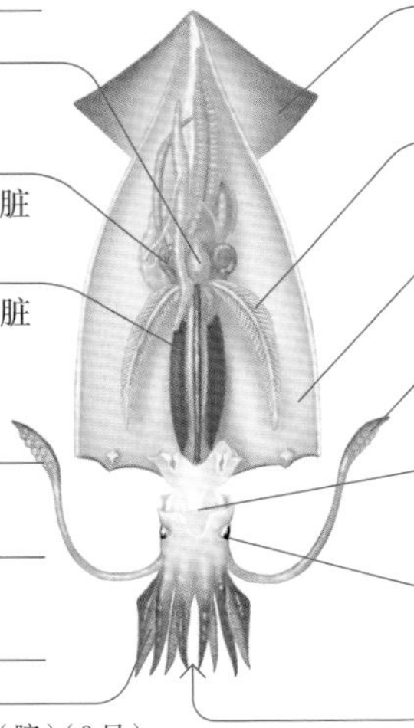

胴部
头部
足
胃
心脏
肝脏
鳍 辅助游泳，保持身体稳定。
鳃
外套膜
触腕（2只）
前端有吸盘可捕捉猎物。章鱼无此结构。
漏斗
凭漏斗喷水推进运动。
眼睛 单眼，非常发达。
足（腕）（8只）
乌贼和章鱼也是8只足。
口
位于足的根部，有撕碎猎物的坚硬的喙。

章鱼
章鱼科▼全长600毫米。居住在温带至热带的潮间带的岩石缝隙中。夜间捕食蟹类、虾和贝类等。可以改变颜色与形状，与周围环境融为一体，很好地隐藏起来。

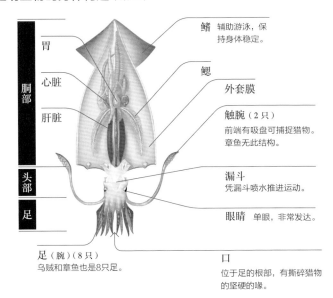

各种各样的无脊椎动物

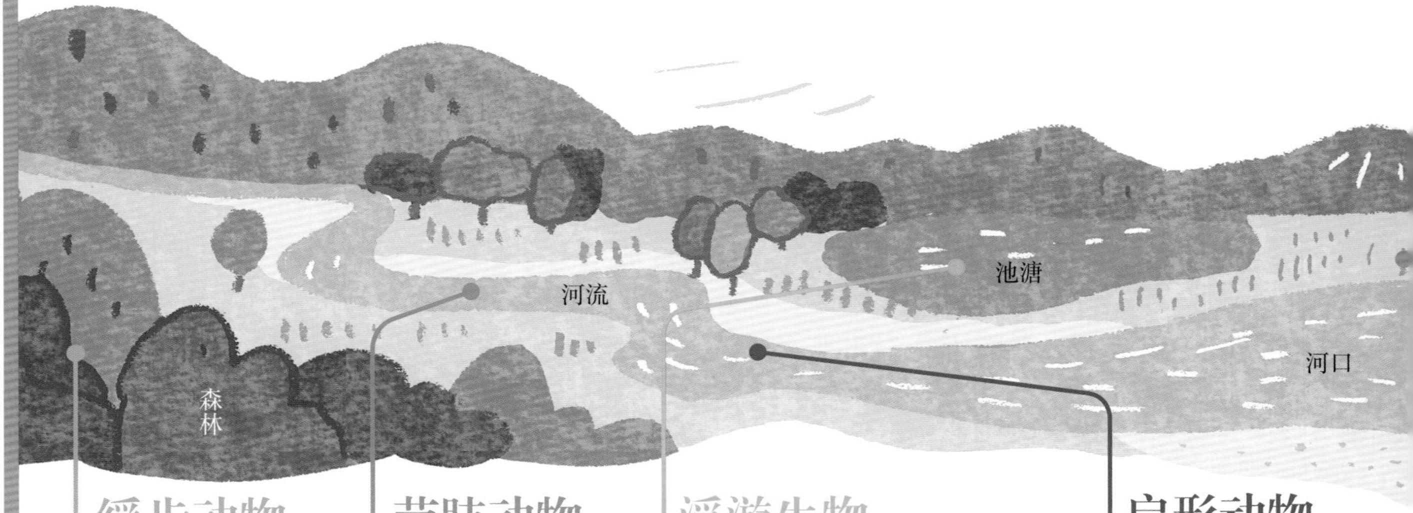

缓步动物

体长1毫米以下的小型动物，有头、4个体节和8只足。居住于淡水、海水或有湿气的土壤中。进化地位接近于节肢动物。

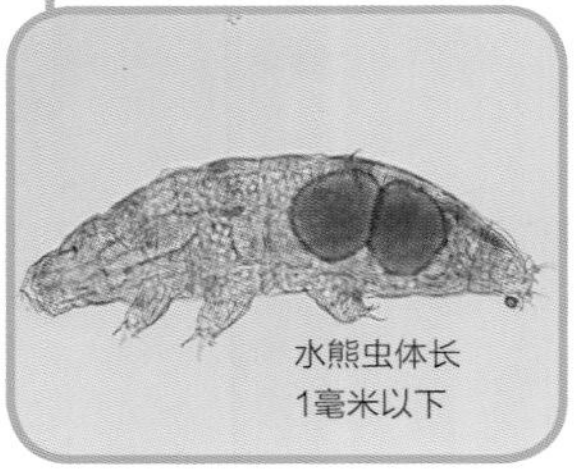
水熊虫体长1毫米以下

水熊虫

体形与行走的姿态像熊。身体透明。周围环境干燥时会缩成圆形，呈假死状态，湿度恢复则再次恢复。

节肢动物

身体分成几节，有几丁质外壳覆盖的动物。包含有昆虫、虾、蟹等甲壳类，蜘蛛、蜈蚣等众多生物也都属于这一类动物。

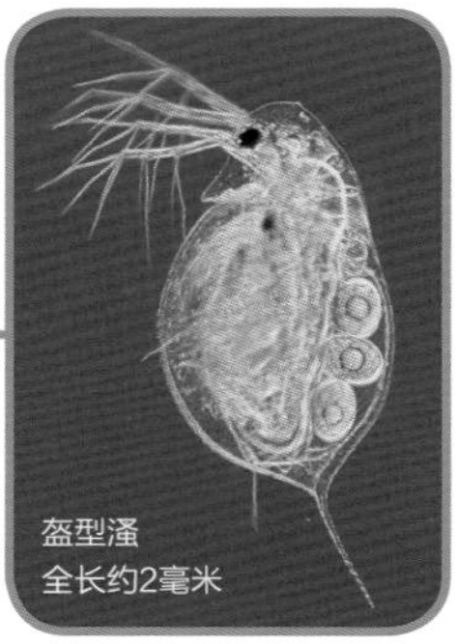
盔型溞
全长约2毫米

水蚤

分布于世界范围内的浅池、湖中，是一种动物性浮游生物，与虾、蟹等同属甲壳类。用长长的触角游动。

浮游生物

在池塘或河流、海洋中游泳能力较弱，大多随波逐流的微小生物的总称。具有叶绿体，能通过光合作用制造养分的是植物性浮游生物。将其他浮游生物作为养分的是动物性浮游生物。

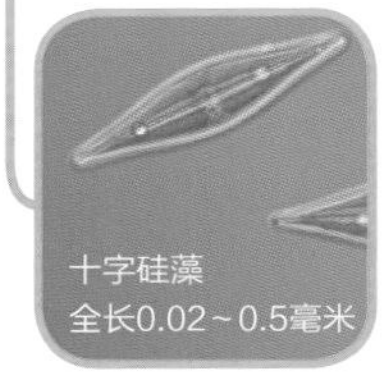
十字硅藻
全长0.02～0.5毫米

硅藻

单细胞植物性浮游生物。细胞由两片硬壳覆盖。通常情况下分裂生殖。

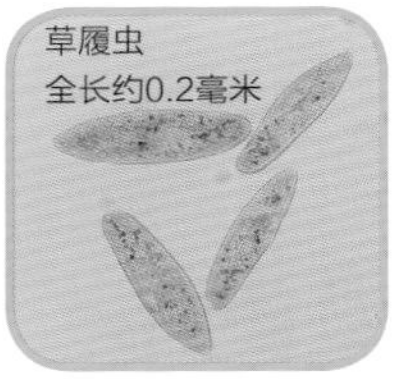
草履虫
全长约0.2毫米

草履虫

居住于水田、沼泽、池塘等地的单细胞动物性浮游生物。只能通过显微镜观察到。通过摆动细毛来游动。分裂生殖。

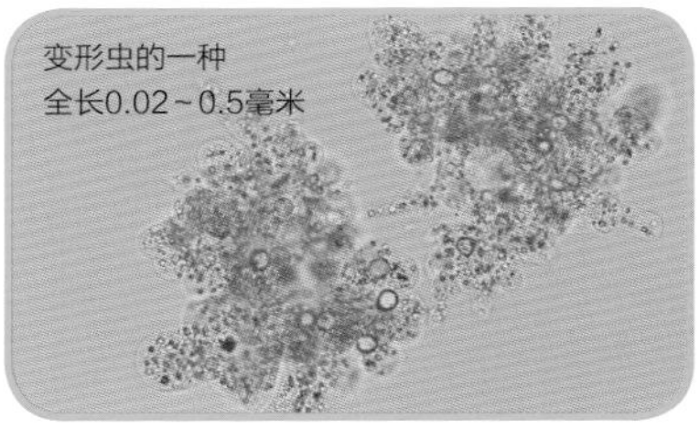
变形虫的一种
全长0.02～0.5毫米

变形虫

淡水、海水、土壤等中无处不在的单细胞生物的总称。通过延伸和足一样的身体部分来移动、摄食。分裂生殖。

扁形动物

无节，拥有柔软扁平的身体。雌雄同体，无骨骼、鳃、肺和血管等。笄蛭（jīzhì）涡虫、绦（tāo）虫属于此类。

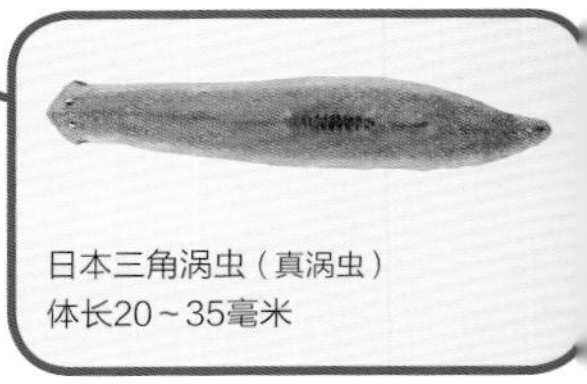
日本三角涡虫（真涡虫）
体长20～35毫米

涡虫

生活在清洁的河流中。身体没有节，柔软又扁平。通过身体中央的口捕食小型水生昆虫。

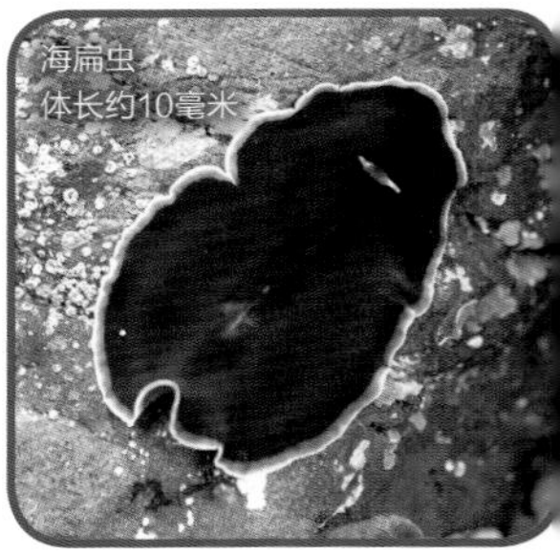
海扁虫
体长约10毫米

扁虫

分布于世界范围内的海域，常见于岩石。身体柔软，像纸一样薄。有叶片形、椭圆形、细长形等形状。

地球上最初的生物诞生于海洋。
现在海洋中仍然生活着一些我们从未见过的不可思议的生物。

海洋

环节动物

有众多体节的细长形生物。部分种类头部有触手、眼睛等，内部有如脑组织一样的神经聚集区。肌肉与血管等也很发达。

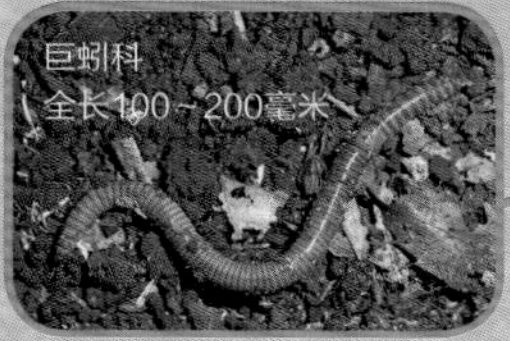
巨蚓科 全长100~200毫米

蚯蚓

靠伸缩身体移动。无手足和眼睛。进食落叶，粪便可转化为土。世界最长的蚯蚓（*Megascolides australis*）纪录是3米。

沙蚕的一种 全长50~120毫米

沙蚕

生活在海岸附近的泥土中。代表性种类的体长有50~120毫米。具有70~130个体节。通过两个上颚捕食小型生物与海藻。

刺胞动物

包括水母、海葵、珊瑚等类群在内的一类动物。主要生活于海中，具有有毒的小型刺针。俯视基本为圆形。

硬珊瑚的一种

珊瑚

多数生活在温暖的浅海中。拥有石灰质的硬骨骼，可为树枝状或桌子状等多种形状。表面布有珊瑚虫，靠触手取食。

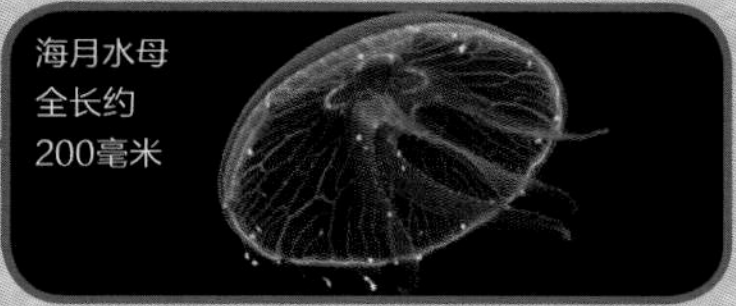
海月水母 全长约200毫米

水母

水母具有伞或吊钟样的身形，果冻状的身体，漂浮于水中，有许多种类。浮游生物中也可见到其身影。

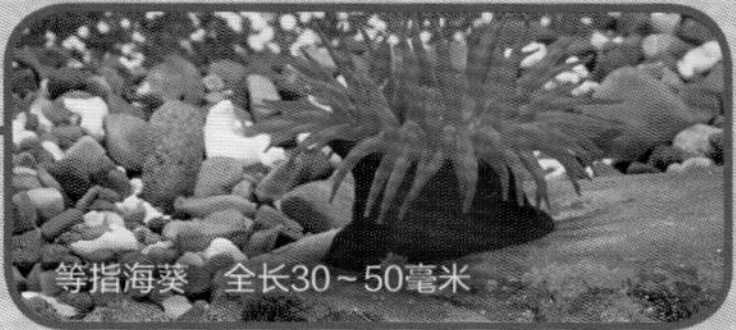
等指海葵 全长30~50毫米

海葵

主要生活在浅海，筒状的身体附着在岩石等处，伸长触手捕食猎物。直径5~700毫米，大小不等。

棘皮动物

很早以前就在海洋中繁衍旺盛的动物类群。如果你见过5只足的海星或海胆的壳就会知道，这类动物整体的形状和身体基本都与数字5有关，行动缓慢。

紫海胆 全长约50毫米

海胆

生活在岩礁或沙地。多数具有如栗子的外壳一样的刺。通过细管样的足（管足）缓慢移动。依靠身体下部的口来进食海藻等。

日本海羽星

海羽星（海百合）

主要生活在浅海中，虽然形似植物但却是最原始的棘皮动物。腕的根部有口及肛门的开口，伸出的腕为5的倍数，用腕将浮游生物送至口中。

红海星 全长约120毫米

海星

广泛分布在海洋中。有的海星为5只腕，但也有腕数很多的海星。通过管足缓慢移动。从下部的口中伸出胃来溶解对方再进食。此外，还有直接将猎物吞入口中消化和利用纤毛摄食的方式。

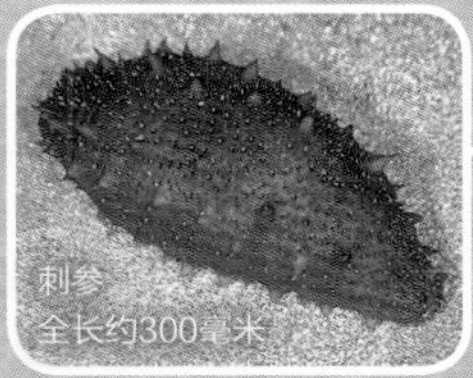
刺参 全长约300毫米

海参

生活在海底的沙地或泥土中。细长的身体前端有口，通过管足一边移动一边吸取沙泥中的有机质为食，又被称为海洋的清洁工。

生命 1

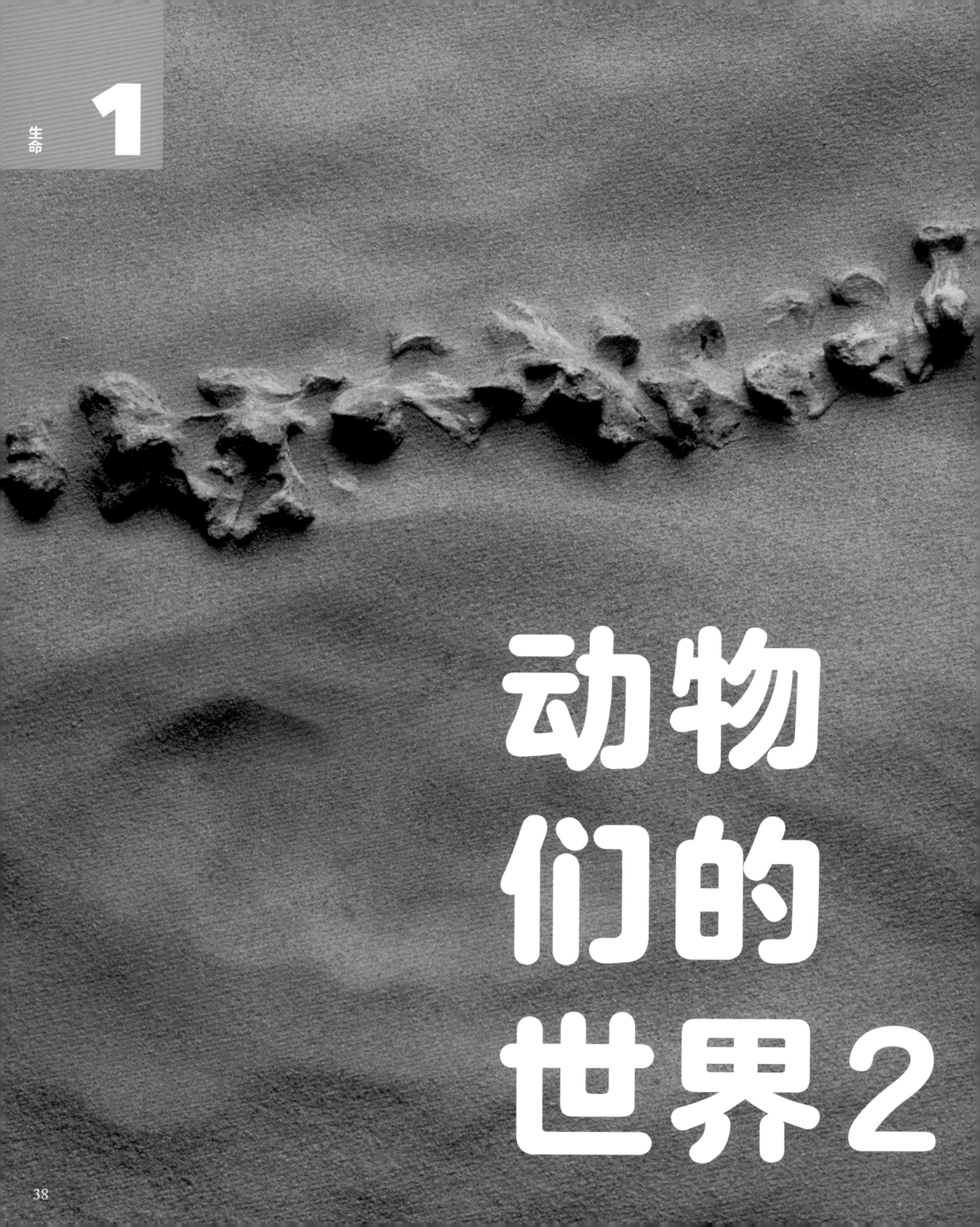

动物们的世界2

这是伶盗龙的化石。伶盗龙全长约1.8米，是机敏的小型肉食恐龙。其特征是有呈S形弯曲的长长的脖子。在蒙古和中国等地8580万年前~6550万年前的地层中发现过其化石。

—脊椎动物—

距今大约 6550 万年前，
一块巨大的陨石撞落在地球上。
据说由此引发了剧烈的气候变化，
导致了恐龙的灭绝。
然而，被地层掩盖的恐龙骨骼被学者和
化石采集者挖掘出来了，
现在在生物的历史故事中不断地
加入新的篇章。
本章，让我们来看看从鱼到我们
哺乳动物——脊椎动物的身体
构造和生活习性。

青鳉是如何出生的？

青鳉（jiāng）生活在淡水中，是我们熟悉的鱼类的代表。由于身体很通透，饲养较容易，因此从卵到成鱼的任何一个阶段都易于仔细观察。

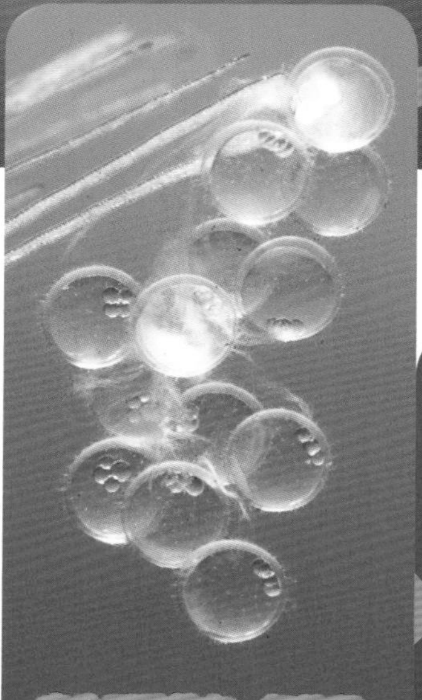

出生后黏着在一起的卵

直径1.2毫米左右。以周身生出的毛相互联结缠绕在水草上。交尾受精成功后卵立刻开始卵裂。

从卵到鱼苗（青鳉的诞生）

受精一个半小时后

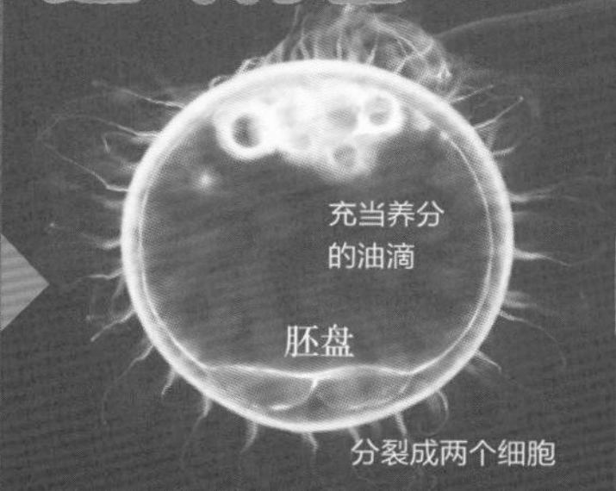

照片中下侧的胚盘向上隆起，分裂成两个细胞。之后以4、8、16等倍数分裂生长。

半日后

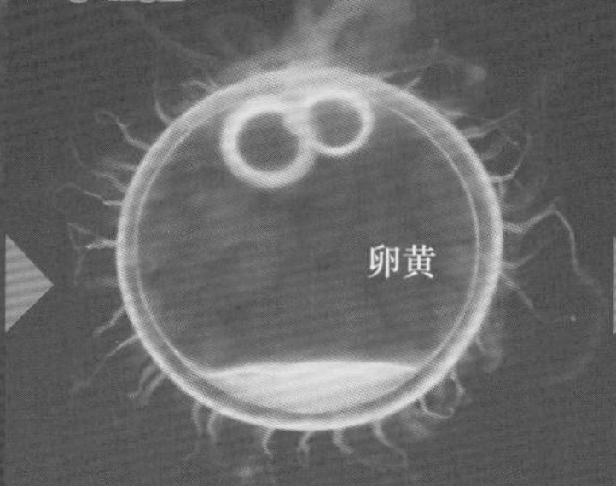

不断分裂后的细胞变为细小的白色浑浊颗粒，开始充盈卵黄。

1日后

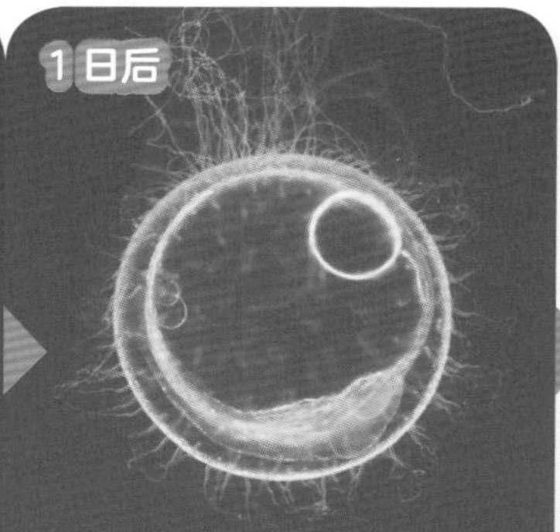

分裂的细胞充盈卵黄的3/4后，聚集成棒状，开始形成青鳉的身体。

发育的过程（卵裂）

雌性的卵细胞接受雄性的精子而受精，之后受精卵不断分裂的过程称为卵裂。卵裂开始之后，不久即形成将来成为肠、神经、骨骼、眼睛、耳、足等组织的部分，成长为与亲代相同的体形。这个过程称为发育。

青鳉 卵黄很多。细胞分裂仅从受精卵上部开始进行。

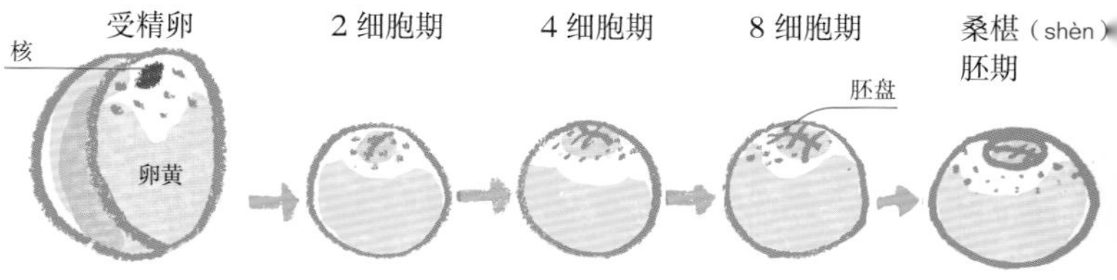

青鳉

颌针鱼目怪颌鳉科▼体长4厘米。在日本，生活在池塘、河流中水流较缓的地带。在离水面近的地方聚群游动，以水绵等藻类、孑孓（jié jué）、水蚤等为食。在4~10月的产卵期中，雌性可产卵数次。一次产卵10个左右。因水质恶化、开发、外来鱼种捕食等原因而面临灭绝的危机。

不可思议的过程：由一个受精卵开始逐渐形成身体

雌性青鳉从腹部排出卵，即先前接受雄性的精子而形成的受精卵。

之后，受精卵离开腹部，缠绕在水草等植物上，经过10天左右即可孵化出小鱼苗。受精卵是一个细胞。众多生物的子代，均由一个细胞不断分裂而来。

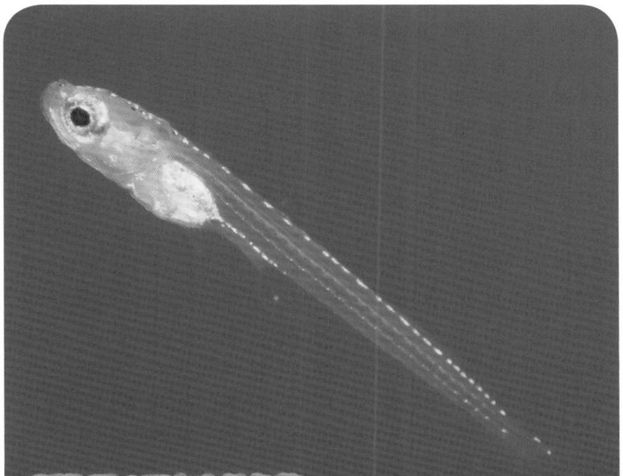

孵化后 4 天左右的鱼苗

孵化后即刻便能游动，卵黄逐渐变小。可以自行进食水绵等食物。

2 日后

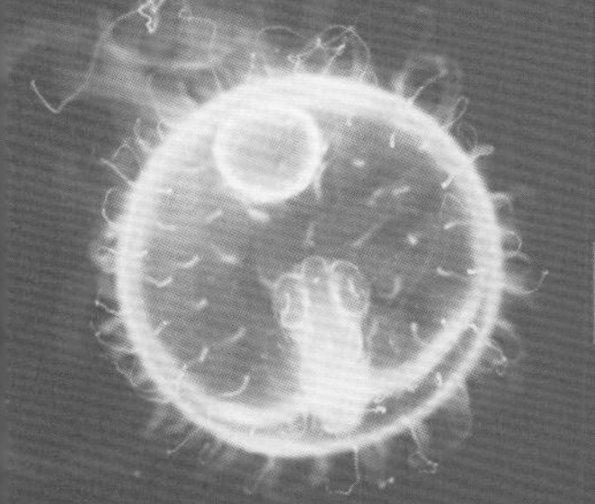

形成眼睛和脑组织。

3 日后

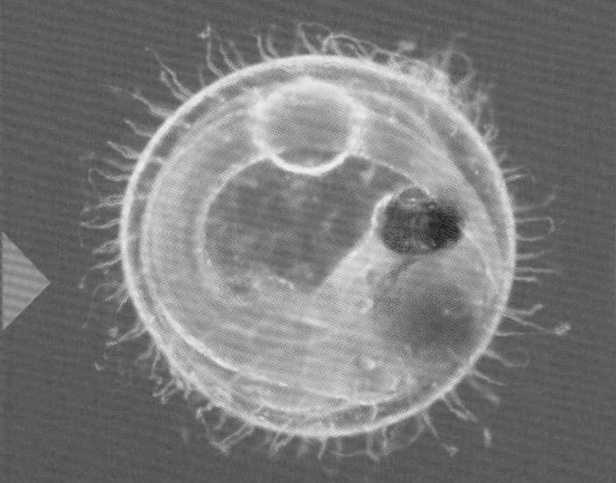

心脏开始跳动，血液开始流动。眼睛也逐渐变黑、变明显。

7 日后

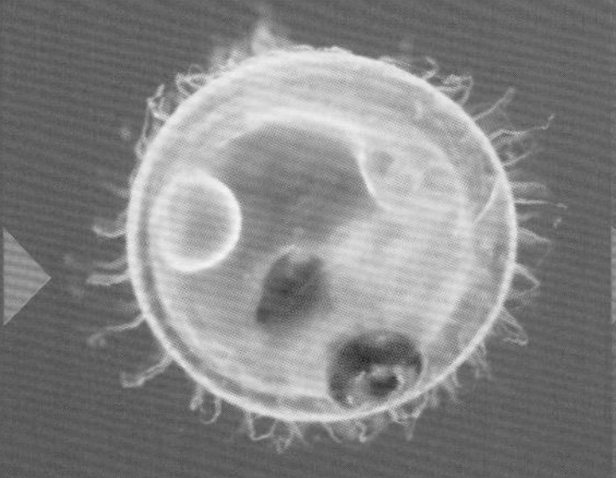

身体大部分已经形成。眼睛的虹膜部分闪着银光。这时也能观察到血管中流动着红细胞的小颗粒，接着逐渐能看到身体在卵中开始活动。

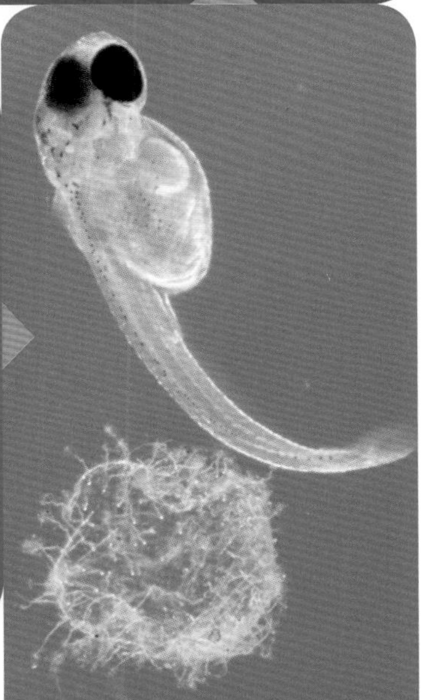

10 日后　孵化

终于出生了。鱼苗口周分泌的特殊物质将结实的膜溶解后，鱼苗钻出来。腹部下方可以看到体内的卵黄和油脂，这是它在自己能够主动进食之前的养分。

蛙

卵黄较多集中于下部。受精卵上部和下部分裂速度不一致。

海胆

卵黄较少，整体分布均匀。受精卵整体重复进行二分裂。

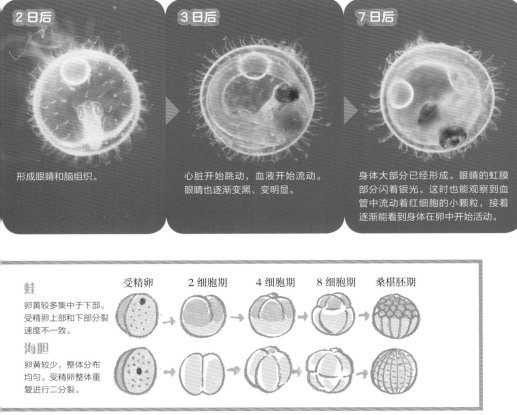

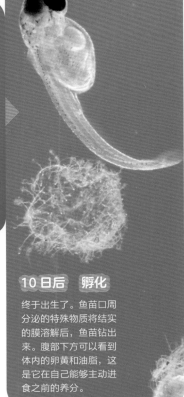

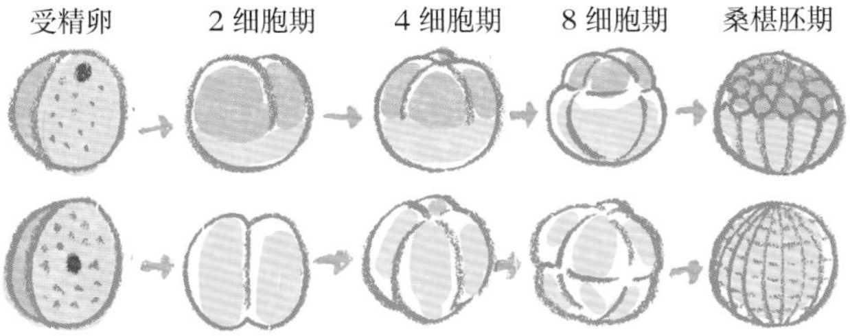

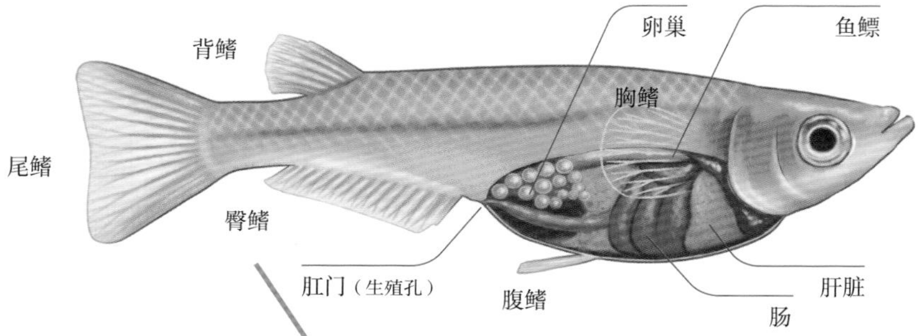

雌性

比雄性体大，无精巢而有卵巢，内生卵子。

青鳉
背鳍
无分叉。
腹部
向外鼓起。
臀鳍
比雄性的臀鳍窄，近似三角形。
背鳍
有分叉，呈锯齿状。
臀鳍
较宽，近似平行四边形。

雄性

和雌性的卵巢相对，它有精巢，内生精子。

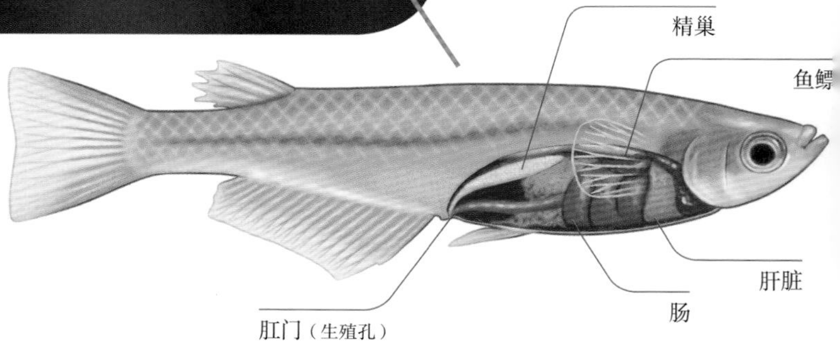

鱼类的特征

生活场所	水中
身体特征	靠鳍游动
身体表面	鳞片
呼吸	鳃
心脏	1个心房、1个心室
体温	变温
受精方式	体外受精
繁殖方式	卵生（无壳）
产卵场所	水中
一次产卵数	30~3亿
抚养子代	不抚养

青鳉雄性与雌性的差异

所有的生物都由受精后的卵裂开始形成新生命。雄性与雌性，各自形成了与其使命相对应的身体构造，这有利地使产卵和受精顺利完成。

青鳉的产卵与受精

雄性与雌性完全成熟迎来繁殖期后，雄性会在雌性周围游来游去求婚。雌性接受后，雄性就用臀鳍和背鳍将雌性抱住，使二者的生殖孔（泄殖孔）靠近。雄性较雌性靠下，胸鳍和尾鳍剧烈抖动排出精子，与从雌性的身体中排出的卵子完成受精。

让我们来看一看多种多样的鱼类

鱼类是脊椎动物中最早在地球上登场的生物。身体有鳞片覆盖，在水中生活，用鳃呼吸，用鳍来移动身体。现在，地球的海洋、河流、湖泊等水域中都有鱼类生存，种类数量已经超过35000种。

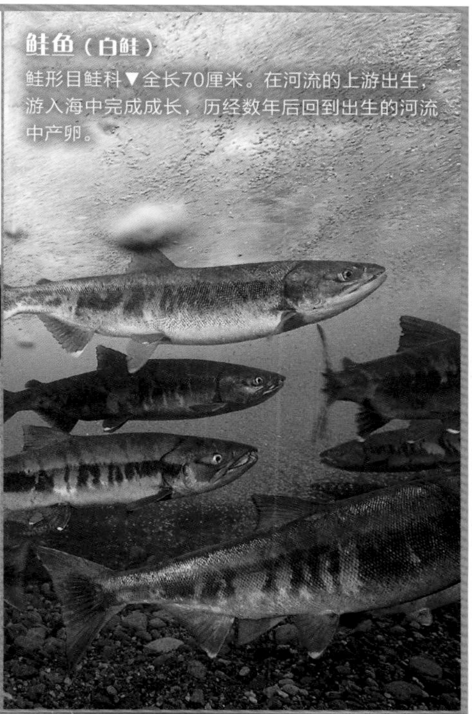

鲑鱼（白鲑）

鲑形目鲑科▼全长70厘米。在河流的上游出生，游入海中完成成长，历经数年后回到出生的河流中产卵。

泥鳅

鲤形目鳅科▼全长10～15厘米。这是生活在水田和湿地等地的淡水鱼。细长的身体中有小小的朝下的口。特征是具有5对口须。

银线弹涂鱼

鲈形目弹涂鱼科▼全长8厘米。生活在河口或红树林的海岸上。用胸鳍攀上滩涂和树根，用尾鳍弹跳躲避。

叶海龙

海龙目海龙科▼全长20～40厘米。身体与在海中漂浮的藻类相像，它缓慢地游动，可蒙骗敌人和猎物的眼睛。这是与海马相近的物种。

鲸鲨

须鲨目鲸鲨科▼全长1000～2000厘米。是世界上最大的鱼类。张开巨大的口吞食浮游生物。鲨与鳐比其他鱼类的起源更古老。

管鼻鯙（chún）

鳗鲡（mán lí）目鯙科▼全长120厘米。从珊瑚礁等沙石的间隙中探出头来捕食小鱼。随着成长，逐渐由蓝色身体的雄性变为黄色的雌性。

翻车鱼

鲀（tún）形目翻车鲀科▼体长400厘米。没有腹鳍与尾鳍，背鳍和臀鳍向上方和下方延伸，形成纵向平坦的独特体形。常在温带与热带海洋的水面附近单独缓慢游动。

黑鲔（wěi）鱼

鲈形目鲭科▼体长300厘米。在北半球的海洋中集群洄游。以70～90千米的时速快速游动。虽然作为寿司的食材十分受欢迎，但仍然需要严格保护，以防灭绝。

蝌蚪是如何

日本蟾蜍瑰丽亚种的幼体

最大30毫米。在2～7月的农地、山间小路的水坑中可以见到。经过1～2个月长成蛙。通常是1500～8000个卵相连成胶质带状，长度可达5米以上。

蝌蚪大集合

蛙和蝾螈等两栖动物从卵到幼体出生，会经历一次变态发育成为成体。蛙的幼体称为蝌蚪。鲵和蝾螈等其他两栖动物的幼体也有被称为蝌蚪的情况，也需要经历变态发育长成成体。

日本雨蛙的幼体

最大为50毫米。尾鳍高，体型较大。4～9月间在水田及湿地等地可见，经过1～2个月成为蛙。一次产出250～800个卵，卵呈小的团块状。

红腹蝾螈的幼体

最大为55毫米。4～7月间在水池和水田中可见，经过3个月长成成体。一次产出40个左右的卵，可附着在水草上。在春季至夏季可多次产卵。

美西螈的真面目

墨西哥钝口螈保持着有鳃的幼体形态长成成体。其中白化体（无色素的个体）以美西螈这个名字而出名，俗称六角恐龙。

东京小鲵的幼体

最大为35毫米。12月到次年5月间在丘陵地带的水池和水田中可见，经过4个月左右长成成体。20～100个卵堆积成由胶质包裹的香蕉形。

日本大鲵的幼体

卵经过大约7周的时间诞生出约27毫米的幼体，经过4年可长成最大250毫米的成体。8～9月产卵。雌性产出400～500个卵。卵长长地连接在一起，由雄性守护。

变成青蛙的？

地球上最初进化为在陆地上生存的脊椎动物，是蛙和蝾螈等两栖动物的祖先。两栖动物的身体里刻印着从海洋进化到陆地的痕迹。

变身而能在陆地上生存！

左页上的照片是两栖动物的蝌蚪（幼体），右页上的照片则是它们长大成熟（成体）后的样子。两栖动物多数在水中产卵，孵化的蝌蚪用鳃吸取水中的氧气，用鳍游动身体。成熟后通过肺和皮肤吸取空气中的氧气，用4条腿在地面上行走。它的一生再现着曾经生活在海中的鱼类，历经数千万年向陆地进化为两栖动物的历史。

日本蟾蜍瑰丽亚种

无尾目蟾蜍科▼体长43～162毫米。刚完成变态发育的蛙体长6～8毫米，体型较小。由低地至高山地带均有分布，范围较为广泛，在庭院与农田中也可发现它们的身影。

日本雨蛙

无尾目雨蛙科▼体长30～40毫米。在日本，生活在树上或草上。刚完成变态发育的蛙大小仅为14～17毫米。体色可顺应周围的环境由绿色变为茶色。

红腹蝾螈

有尾目蝾螈科▼全长70～140毫米。在日本，生活在水田、水池或沼泽等地的水边。变态发育时全长35毫米，可在陆地上存活数年。

东京小鲵

有尾目小鲵科▼全长80～130毫米。生活在森林中，夜晚捕食昆虫和蚯蚓。变态发育时全长35毫米，还留有外鳃。

日本大鲵

有尾目隐鳃鲵科▼全长500～800毫米。世界纪录最大的为1440毫米。在日本，生活在山地溪流中。一生都在水中生存。属夜行性动物，捕食河蟹、蛙等。

最初登上陆地的脊椎动物？

距今大约4亿年前，在如同泥土堆积的浅海岸上，具有骨骼的、鳍肥大的鱼类开始逐渐登上陆地。根据大约3.65亿年前的地层中发现的棘螈的前足来看，鳍变为8趾，体内的鱼鳔进化成了肺。这些生物不久后又进化成了可用4条腿移动身体的两栖动物。

棘螈

从蝌蚪到蛙

黑斑侧褶蛙的成长

1

抱对（产卵和受精）

雄蛙将比自己大一圈的雌蛙紧紧抱住。在雌蛙产卵的同时雄蛙排出精子，用后肢将精子盖在卵子上完成受精。

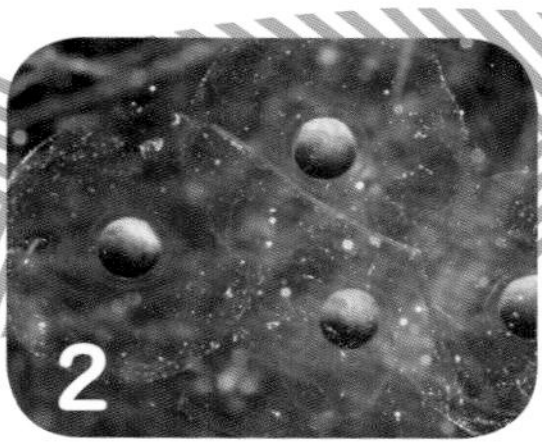

2

卵裂

受精卵直径2毫米左右。外有胶膜包裹。

3

受精卵中的发育

经过4天左右生出尾，开始有蝌蚪的样子。

4 **蝌蚪的诞生**

在第5天，全长10毫米左右的蝌蚪溶解胶膜诞生。这时口已经变得尖锐，但眼睛还没长出来。

5

长出眼睛

第7天。长出了眼睛。可以看到身体的外侧长着用来呼吸的鳃。

6

生出后肢

经过充分的成长后，尾的根部开始生出后肢。多数蝌蚪的后肢快速生长变大，能够浮到水面进行呼吸。

7

生出前肢，尾逐渐缩短

前肢逐渐在身体中央依次生出。鳃消失生出肺，口和肠也向成蛙的形态转变。尾作为一种养分在3～4日间被身体吸收而消失。

8

长成青蛙

两个月后长成体长20～30毫米的蛙。蛙通过肺和皮肤进行呼吸，在水中则不能呼吸。

黑斑侧褶蛙

无尾目蛙科▼旧称黑斑蛙，体长60～90毫米。在日本的低山、平原的水池或水田中常见。

蛙的过冬

在冬季到来之前，蛙会大量捕食虫类，为身体储备养分。临近冬季时会边扭动身体边从臀部开始潜入土中，一直沉睡至来年春季繁殖期。黑斑侧褶蛙就这样持续存活3～4年。

蛙的身体结构

牛蛙（雌性）

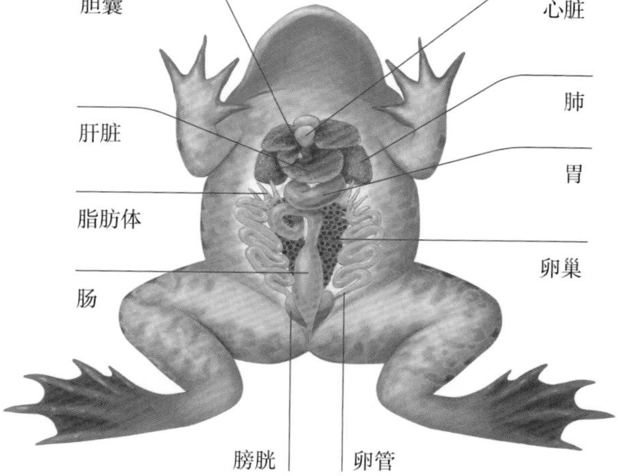

消化道的外侧为肺，外观仿若一个小房间。肺将空气中的氧气运送至体内。两栖动物的成熟个体不仅依靠肺呼吸，也可用皮肤呼吸。

牛蛙幼体（蝌蚪）

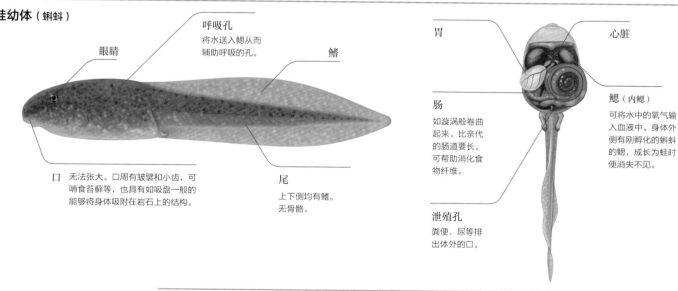

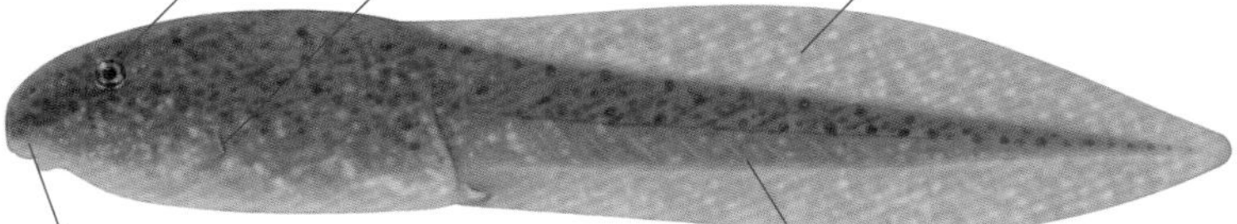

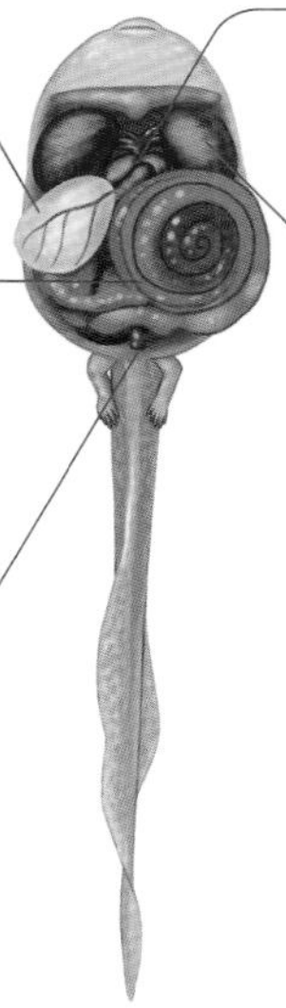

牛蛙

无尾目蛙科▼

体长100～180毫米。在日本，生活在水流较缓的开阔的河流和水池中。初夏时节可产出1万枚以上直径2毫米左右的卵，广布在水面上。幼体过冬后，第二年变态发育成120毫米左右的成体。

两栖动物的特征

生活场所	子代 / 水中　亲代 / 水中、陆地上
身体特征	成为成熟个体时会生出4条腿
身体表面	具有黏膜
呼吸	子代 / 鳃　亲代 / 肺和皮肤
心脏	2个心房、1个心室
体温	变温

受精方式	体外受精
繁殖方式	卵生（包裹在胶膜中）
产卵场所	水中
一次产卵数	100～4万
抚育子代	不抚育

乌龟和鳄鱼是什么样的动物？

**从海中进驻至陆地的两栖动物的祖先们，
为了更加适应陆地生活而不断进化。
它们就是今天的蛇、蜥蜴、龟、鳄鱼等动物。**

有壳的卵是进驻陆地生活的关键！

爬行动物进化至陆地生活的最关键之处在于它们能够产下带壳的卵。两栖动物由于幼体（蝌蚪）在水中生活，因此无法完成远离水边的繁殖行为。如果产下的卵有壳，那么无论是在土中还是沙地上都可以产卵，即使远离水边也可以繁殖后代。

尼罗鳄
鳄目鳄科▼全长2～3米。
最长可达5.7米。

爬行动物的特征

生活场所	主要为陆地
身体特征	有4条腿支撑身体，有尾
身体表面	鳞 / 甲壳
呼吸	肺
心脏	为不完全的2个心房，2个心室
体温	变温
受精方式	体内受精
繁殖方式	卵生（有壳的卵）
产卵场所	陆地
一次产卵数	4～200枚
抚育子代	不抚育

鳄鱼的卵与育儿

通常鱼类、两栖动物、爬行动物产卵后便放任不管，不会抚育后代，但目前所知有多种鳄鱼会抚育子代。

生活于北美洲东南部的美国短吻鳄，会在初夏时节将枯草和泥土等聚集起来堆成土堆，产下15～80枚有壳的卵。鳄鱼母亲在产卵后也守护着卵，在子代鳄鱼快要孵化时帮助其破壳、为子代鳄鱼掘土帮助其爬出地面等，会一直照顾子代至来年春天。

**在恐龙巢化石中
发现了卵壳！**

恐龙也属于爬行动物，产下的卵有壳。在美国的蒙大拿州发现了大量慈母龙的恐龙巢穴化石。其中不仅有亲代恐龙和几只子代，还发现有许多卵。与鳄鱼和在水边生活的鸟类一样，其巢穴的形状为用草和泥土堆积的直径2米左右的土堆。这说明恐龙也有可能会抚育子代。

慈母龙
（灭绝）
鸟臀目慈母龙科▼全长约9米。生存于7920万～7060万年前。

爬行动物

龟

外形　有坚硬的甲壳保护身体。虽然没有牙齿，但在有些化石中发现有存在牙齿的龟类。

习性　多数生活在池塘、沼泽、河流等水边。通过趾间的蹼来游动。包括海龟在内的所有龟类都在陆地产卵。不过也有生活在干燥地带的陆龟。

食物　陆龟以植物性食物为食。其余龟类以鱼、昆虫、贝类、蚯蚓为食。也有许多杂食性龟类。

冬眠　在冬季寒冷地带生活的龟会冬眠。

海龟

龟鳖目海龟科▼背甲长80～100厘米。生活在热带至温带的海中。登上海滨沙滩产下直径5厘米左右的卵，两个月左右完成孵化回归大海。

草龟

龟鳖目龟科▼背甲长20～30厘米。生活在日本的河流、池塘、水田中，常晒日光浴。杂食。

加拉帕戈斯象龟

龟鳖目陆龟科▼背甲长130厘米。这是生活在加拉帕戈斯群岛的大型陆龟。以扇状仙人掌的茎叶等为食。可生存100年以上。

蜥蜴

外形　有鳞片覆盖，尾巴长，动作敏捷。有的蜥蜴，如变色龙，会依据周围环境改变体色。

习性　主要生活在热带地区。在树上生活的蜥蜴鳞片粗糙，腿和尾很长。生活在沙地和泥土中的蜥蜴身体光滑，腿也较短。大部分蜥蜴都很温顺。

食物　大多数以昆虫等为食，大型蜥蜴也食用鼠类和鸟蛋。

冬眠　利用向阳地带调节体温，在冬季寒冷地带生活的蜥蜴会冬眠。

日本石龙子

蜥蜴目石龙子科▼全长20～25厘米。分布在日本北海道至九州一带。以昆虫、蜘蛛和蚯蚓等为食。其特征是有闪烁而光滑的鳞片。

头盔变色龙

蜥蜴目变色龙科▼全长约25厘米。分布于东非的山地，能够依据周边环境改变体色，利用长长的舌头捕捉虫类。

海鬣蜥

蜥蜴目美洲鬣蜥科▼全长约150厘米。分布在加拉帕戈斯群岛。利用纵向平坦的尾巴在海中畅快游动，以海藻为食。性格温顺。

蛇

外形　是由蜥蜴祖先的分支进化而成的4条腿消失的类群。全身有鳞片覆盖，身体细长，通过扭动身体前行。

习性　在世界范围内生息繁衍。蛇类中有3/4是卵生，但也有在体内孵化卵，直接生出小蛇的蛇类。虽然也有毒蛇，但大多数蛇较温顺。

食物　张大口吞食其他动物或其他动物的卵。

冬眠　利用向阳地带调节体温，在冬季寒冷地带生活的蛇会冬眠。

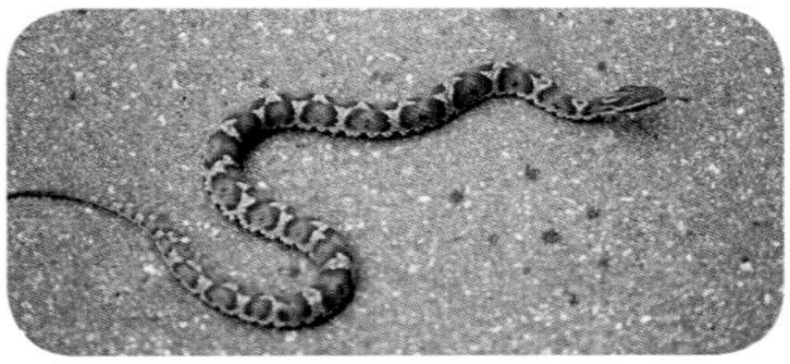

日本蝮蛇

蛇目蝰蛇科▼全长40～60厘米。生活在日本北海道至九州一带的毒蛇。分布广泛，平原至森林均有其分布。雌性在体内将卵孵化直接产出子代。

印度眼镜蛇

蛇目眼镜蛇科▼全长135～150厘米。感受到危险时会将前半身挺立，头部平展开来。有剧毒。

缅甸蟒

蛇目蟒科▼全长500～800厘米，腰围可达电线杆粗细。分布于东南亚，吞食哺乳类等较大动物。

鸟类为什么会飞?

鸟类是由恐龙的一个分支进化而来的动物。
通过使用翅膀飞行，将其生活场所由陆地成功扩展至天空。
地球上现在有大约1万种鸟类。

白尾海雕

鹰形目鹰科▼全长9
厘米，双翅展开可达
米。在欧亚大陆的
部等地繁殖，冬季
出现在日本北海道
地。主要以鱼类
食，停留在河岸边
树枝上。

为了适应飞行的鸟类身体结构

翅膀是鸟类的身体特征，这是毋庸置疑的。翅膀是四肢动物的前肢（以人类比喻的话是胳膊）变化而来的，因此鸟类依靠后肢支撑身体。

鸟类的骨骼多有空洞，又轻又坚韧。胸部肌肉十分发达，能够持续地较长时间扇动翅膀。

另外，鸟类全身有羽毛覆盖，能够保持一定的体温（恒温），有助于身体的活动。羽毛是由恐龙时代的鳞片变化而来的，鸟类的足仍旧保留着鳞片覆盖。

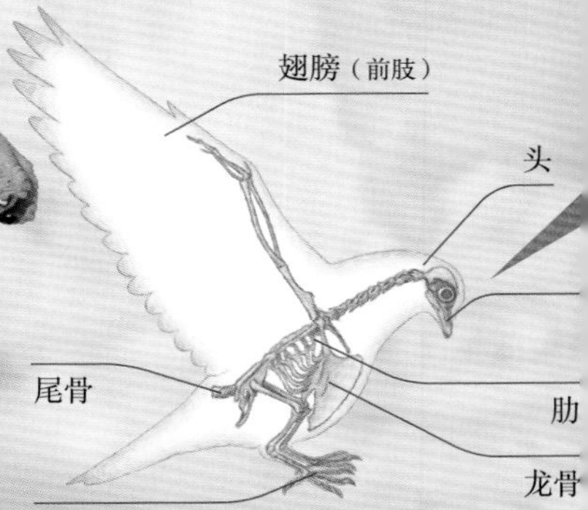

鸽的骨骼

鸟类肋骨前缘的骨骼称为龙骨突，是飞行所依赖的肌肉附着的地方。可以看到此处有健硕的肌肉附着。

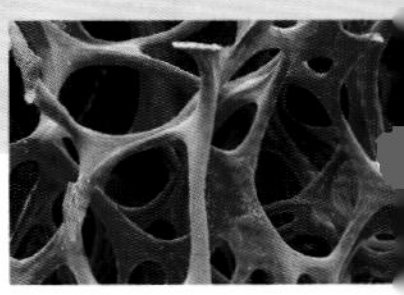

骨的断面

断面内呈海绵状，是轻巧
坚韧的结构。

鸟类的特征

生活场所	主要为陆地
身体特征	前肢为翅膀，有喙
身体表面	羽毛
呼吸	肺
心脏	2个心房，2个心室
体温	恒温
受精方式	体内受精
繁殖方式	卵生（有壳）
产卵场所	陆地
一次产卵数	1～12枚
抚育子代	喂养食物

恐龙也有羽毛！

赫氏近鸟龙是最古老的鸟类，是比始祖鸟更古老的小型恐龙。虽然前后肢生有羽毛，但似乎不能飞翔。最初羽毛的形成有利于维持体温，之后又向依靠翅膀飞行的作用转化。

赫氏近鸟龙

▼约1.6亿万年前的侏罗纪后期生息繁衍的蜥臀目伤齿龙科的恐龙（灭绝）。全长约35厘米。

聚焦喙的形状!

昆虫口器的形状依据食物的不同而形状各异，鸟类的喙也是如此。

蜂鸟

分布于南北美洲大陆及周边诸岛。可快速扇动翅膀,能够在空中维持不变的姿势吸食花蜜。喙依据经常吸食的花蜜的花形而进化其长度。

紫刀翅蜂鸟

雨燕目蜂鸟科▼全长15厘米。蜂鸟中较大的种类。吸食香蕉等花的花蜜。

啄木鸟

用锐利的喙敲击树干，通过声音找寻虫类，并凿洞捕食。巢穴也是利用喙凿成的，并在其中产卵，抚育子代。

大斑啄木鸟

鴷(liè)形目啄木鸟科▼全长25厘米。能够开筑深30~45厘米的巢穴并在其中产卵。

红鹳

在热带的湖泊或沼泽周边群居。如同鞠躬一般将向下稍弯曲的喙插入水中，通过活塞运动一般地滑动舌头滤取浮游生物食用。

大红鹳

红鹳目红鹳科▼全长130厘米。堆积泥土筑巢，每次产卵1枚。

鹦鹉

在热带、南半球温带中的森林或开阔的土地上群居。不同种类的羽毛具有不同的颜色。利用卷曲的喙与胖大的舌、足趾等食用植物的果实或花朵。

紫蓝金刚鹦鹉

鹦形目鹦鹉科▼全长90~100厘米，尾较长。利用巨大的喙食用椰子的果实等。

不再飞行的鸟类

也有一些鸟类，它们的祖先能够在空中飞翔，但演化的结果使它们又失去飞翔能力，适应了新的环境，鸵鸟和企鹅就是这样的鸟类。

企鹅

主要生活在南半球的海边。虽然在陆地上只能凭借两条腿东倒西歪地行走，但潜入海中时可以像在空中飞翔一般，使用由翅膀进化成的鳍状肢来游动。虽不能飞翔，但与之相对，能够捕获海洋中丰富的食物。

加拉帕戈斯企鹅

企鹅目企鹅科▼全长约50厘米，仅分布于加拉帕戈斯群岛。是唯一一种生活在热带的企鹅。捕食与海底寒冷洋流相伴随而来的鱼类等。

鸵鸟

除非洲鸵鸟外，南美洲的鶆䴈（lái ǎo）、澳大利亚的鸸鹋（ér miáo）等类群，都没有支配翅膀扇动的肌肉，腿却很发达，能够高速奔跑，利用猛踢威慑敌人。

鸵鸟

鸵鸟目鸵鸟科▼雄性全长210~275厘米，雌性全长175~190厘米。是地球上现存最大的鸟类。在非洲草原上小范围群居，食用草叶及果实。图为雄性鸵鸟。

各种不可思议

小天鹅
雁形目鸭科▼全长1.2米。春夏季节在西伯利亚北极圈内繁殖，秋冬季会迁徙至温带湖泊或沼泽过冬，是一种候鸟。

广阔的地球是栖息地

天鹅的迁徙路线

迁徙

鸟类根据季节的变化而飞至更加适宜生活的地带的过程称之为“迁徙”。

天鹅在夏季会迁徙至西伯利亚的湿地繁衍后代。到西伯利亚天气变得寒冷时，便会南下至中国、日本北部等地，通过食用水草或田间掉落的麦穗等过冬。

燕子在春季飞来中国、日本等地抚育雏鸟，到了虫类较多的夏季会大量捕食虫子，秋季为了找到更多的虫子而迁徙至东南亚地带。

迁徙距离最长的候鸟是北极燕鸥，每年从北极至南极迁徙往返8万千米。

鸟类是以什么为基准飞往目的地的呢？关于这个问题有很多的说法。以太阳和星星的位置为标记、感受地球磁场的方向、记忆随着同伴迁徙时的海岸地形等，均是有可能的方式。

人类是护卫

家燕
雀形目燕科▼全长15～18厘米。世界范围内可见。夏季会从东南亚迁徙至中国等地。

筑巢

燕子是一边飞行一边张口捕食虫类的鸟。然而，燕子的雏鸟无法飞翔，所以无法自己觅得食物。因此亲代家燕必须离开燕巢，不停地为雏鸟运送食物。

但是，雏鸟和鸟蛋总成为天敌的目标。

通常鸟类会在敌人发现不了的场所、阴影中或树枝上等敌人无法靠近的地点筑巢。家燕则会在人家或商店的房檐下筑巢。

其实人类从很久以前就很爱惜能够捕食田间害虫的家燕。家燕深悉这一点，将巢筑在敌人无法靠近的、有人类气息的场所。

燕子的一年

4～5月
迁徙至中国等地。在房檐下进行第一次筑巢和产卵。

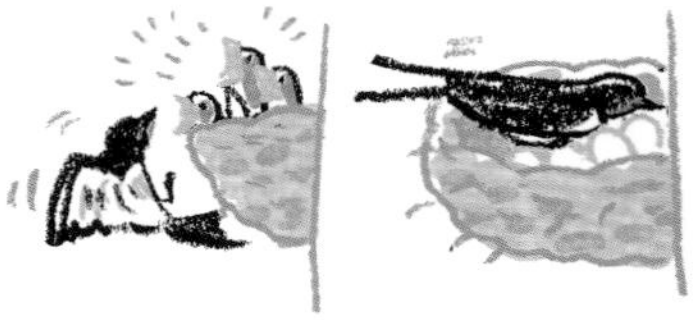

6～7月
轮流照看雏鸟，雏鸟离巢后，亲代修复鸟巢进行第二次产卵。

7～8月
第二次的雏鸟离巢后，雏鸟与亲代在河滩聚集。

9～10月
逐渐开始迁徙至东南亚一带。

的鸟类习性

令人惊异的仪式

缎蓝亭鸟
雀形目亭鸟科▼全长28～40厘米。分布于澳大利亚。雄性会用细小的枝条建造被称为求偶亭的如同小房间一样的场所，并在周围收集蓝色物品。雌鸟现身后，雄鸟会在小亭中来回蹦跳向雌鸟求爱。雌鸟接受的话会在小亭的空地处交尾。

雄鸟的求爱行为

黄鹂“啾啾”、欧亚鸲（qú）“嘿姆、卡啦卡啦”的美丽婉转的叫声，具有宣告占据地盘和吸引雌鸟的作用。

除此之外，会跳复杂舞蹈的极乐鸟、用枯草筑造小房间并用显眼的颜色装饰周围的亭鸟、张开具有眼状花纹的长长的装饰性羽毛的孔雀等，雄鸟们会用曼妙的身姿和异常行为来吸引雌鸟，并借此取胜成功交尾。

我们认为，雄鸟之所以通过曼妙的身姿和有异于平常的举动来吸引雌鸟，是因为偶然间被雌鸟选中的雄鸟，其性格随着其子孙的繁衍而在种族群体中广泛存在，渐渐被公认为雌鸟挑选雄鸟的重要标准。

狡猾地抚养子代

大苇莺
雀形目莺科▼全长约18厘米。夏季向南方迁徙。在水边芦苇的苇茎上筑巢，产下4～6个淡绿色至茶色的有斑点纹样的蛋。大杜鹃的蛋与此相似。

大杜鹃
鹃形目杜鹃科▼全长约35厘米。5月左右向南方迁徙。雄鸟会“布谷、布谷”地鸣叫来求爱。雌鸟会在交尾后将卵寄生在苇莺、伯劳、黄眉鹀（wú）等鸟类的巢中。

巢寄生

大杜鹃和小杜鹃等都是具有巢寄生行为的鸟。巢寄生是指将蛋产在其他种类鸟的巢中，令巢的主人将其作为自己的蛋来孵化的一种习性。例如大杜鹃躲藏在大苇莺的巢边，趁机将原本的鸟蛋丢掉1枚，再快速将长相相似的一枚蛋产下混入。

在巢中大杜鹃的雏鸟会先孵化出来，用背部将其余的大苇莺的鸟蛋向巢外顶出丢弃。如此一来巢中只剩下大杜鹃的雏鸟，而大苇莺仍然不停地运送食物将其抚养长大。即使大杜鹃的雏鸟长成了比自己身体大数倍的样子，且已经能够离巢，大苇莺还是会继续运送食物一个月以上。

哺乳动物都有哪些？

我们人类属于哺乳动物。
在恐龙灭绝后，与鸟类一同繁盛起来的就是哺乳动物。哺乳动物中有大象、长颈鹿、马、猿猴等这些我们非常熟悉的动物。

饮食母乳的非洲象宝宝

哺乳动物的宝宝们靠母乳喂养长大。乳汁中含有不同种动物不同成长阶段最适宜的成分。

生宝宝后用母乳喂养

哺乳动物在恐龙生存的时代就已经在森林中存在了，它们以小型的夜行性动物形态生活。它们在恐龙灭绝后分别进化成不同的类群，并向空旷的地带进驻，现在包括海洋动物在内，全世界共有6000种哺乳动物生存。

哺乳动物的一大特征是，绝大多数哺乳动物不产卵，而是生出与自己外形相似的动物宝宝（胎生）。然后动物宝宝们通过吃母乳长大。另外，多数哺乳动物的身体都有毛覆盖。哺乳动物用肺呼吸，而且是无论环境温度如何变化都能使体温维持恒定的恒温动物，也是脊椎动物中身体结构最发达的动物。

非洲草原象

长鼻目象科▼体长6～7.5米，体高3.5米，体重6.5吨。生活在非洲的热带草原上。

哺乳动物的特征

生活场所	主要为陆地
身体特征	雌性分泌乳汁
身体表面	毛
呼吸	肺
心脏	2个心房，2个心室
体温	恒温
受精方式	体内受精
繁殖方式	胎生
生产场所	主要为陆地
一次产仔数	1～13个
抚养子代	抚养照料

角马

偶蹄目牛科▼体长180～240厘米，肩高125～145厘米，体重150～270千克。在非洲的热带草原上群居活动。

角马的分娩

哺乳动物的宝宝在羊膜的包裹下从母亲体内分娩出来。草食动物的幼崽生下来即可以站立行走，能够躲避肉食动物的捕食。

肉食动物与草食动物的差异

斑马和鹿等动物是吃草和树叶的草食动物。狮子和狼等动物是捕食其他动物的肉食动物。哺乳动物中，既有食草的动物，也有食肉的动物，还有像人类一样又吃植物又吃肉的杂食性动物，种类不同，其食物也不同，从而各自繁衍下来。

正在追逐普通斑马的母狮子

肉食动物的特征

脸圆，眼睛位于脸的前方。视野较窄，但是两只眼睛同时看到的范围很广，能够知晓与猎物间的距离。

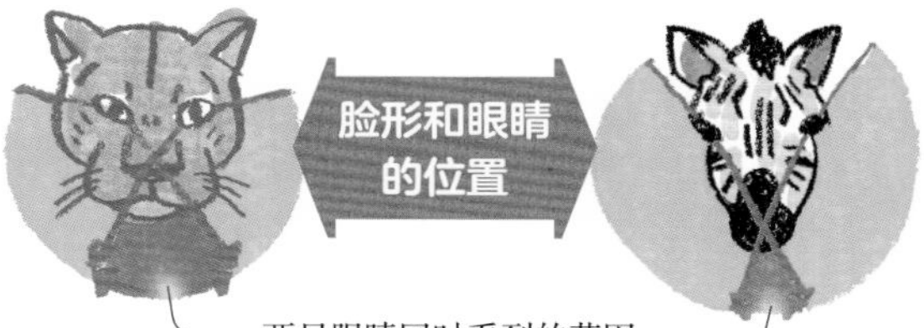

草食动物的特征

脸细长，眼睛位于脸的两侧。两只眼睛同时看到的范围很小，但视野开阔，能够较早地发现敌人。

为了方便啃咬猎物，犬齿又大又尖利。臼齿也呈锯齿状，能够轻易撕碎猎物。

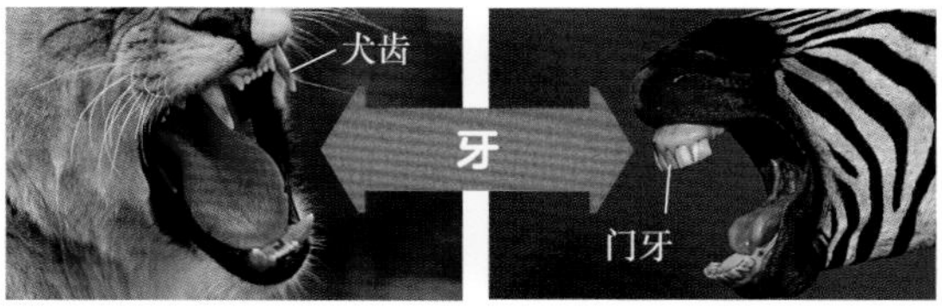

门牙较尖锐，利于啃食草和树木。臼齿整齐又大，十分发达，便于嚼碎植物的纤维。

脚上有肉垫，能够悄悄地靠近和灵活地追踪猎物。趾甲缩起来，在袭击猎物时会伸出。

大型食草动物的蹄子都很发达，能够支撑较重的身体，敏捷地躲避敌人。

由于要消化肉类，肠子的长度是体长的4倍左右。

由于植物纤维较多，因此食草动物具有很长的肠道来消化食物，长度能达到体长的10～20倍。另外，牛等动物具有4个胃，进食的草会从胃里重新回到口中再次咀嚼吞咽，通过反刍消化食物。

具有两只眼睛的原因

由于用两只眼睛同时观察一个物体，两只眼睛各自看到的景象会有所差异，大脑可通过这种差异来感觉、判断深浅，从而知晓与对方相距多远。能够目不转睛地盯着猎物并突然发起进攻的肉食动物，它们的眼睛并列位于脸的前方，就是这个道理。

一只眼睛无法判断距离

遮住一只眼睛，左右手分别握住铅笔，试着让两支笔的笔尖在面前交汇。两只眼睛都分别试一下吧。

金狮面狨（róng）

日本猴

孟加拉虎

西伯利亚平原狼

海象

北海道赤狐

豹形海豹

黑犀

普通斑马

马来貘

单峰驼

河马

美洲野牛

非洲草原象

哺乳动物的族群

哺乳动物有什么样的族群呢？
让我们来看看主要的种类和各自的特征吧。

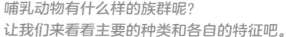

灵长目

与身体相比脑较大。其特征是圆脸上有两只发达的眼睛。手指的大拇指与其余四指相对。狐猴、眼镜猴、长尾猴、类人猿（人类、猩猩等）等都属于灵长类动物。

食肉目

大部分都是食肉动物，眼睛和耳朵发达，是运动能力强大的猎手。能使用较大的犬齿撕咬肉类，咀嚼能力很强。从热带到极地、森林到草原，分布范围很广。海豹、海狮也属于食肉目。

奇蹄目

具有奇数个（一个或三个）足趾、善于奔跑的草食动物。依靠中趾（第三指）的蹄支撑身体。体型大，肺也较大。为咀嚼草类，臼齿又大又长。

偶蹄目

具有偶数个（二个或四个）足趾的草食动物。大部分均由中趾和第四趾支撑身体。多数为昼行动物，反刍。有角。

长鼻目

用长长的鼻子撕碎草、树木，辅助进食和饮水。长长的鼻子是由鼻和上唇合体而成。头和耳朵很大，四肢如同柱子一般粗。能够存活60～80年。

欧亚河狸

一角鲸

长吻原海豚

北美负鼠

水豚

座头鲸

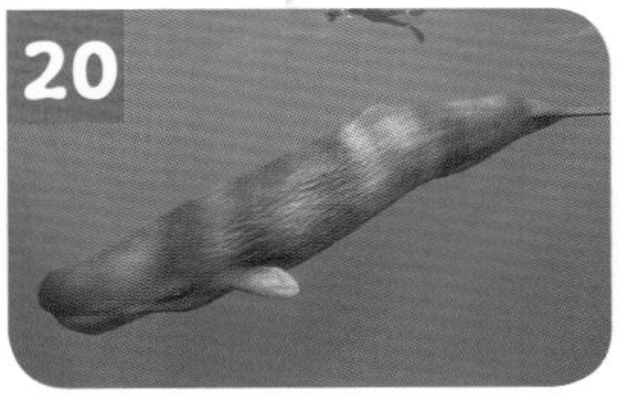

抹香鲸

树袋熊

猩猩

大熊猫

草原犬鼠

狐蝠

指猴

长颈鹿

美洲豪猪

大袋鼠

●啮齿目

哺乳动物中种类最多的一类。有老鼠、松鼠、豪猪等，分布于南极以外的陆地。特征是具有伸出嘴外的上下各两颗的门齿，且一生都在生长。能够咬食树木的果实等坚硬的食物。

●鲸目

鲸目完全生活在水中，进化为巨大的如鱼类般的体形。最新研究，鲸目现与偶蹄目合并为鲸偶蹄目。一般将体长4米以下的称为海豚，但没有明确的区分。由于属于哺乳动物，因此用肺呼吸，用母乳哺育后代。

●翼手目

通过长长的指骨和后肢间翼膜的扇动来飞行。食物为虫类和水果。食虫类蝙蝠多数是夜行性，能够发出超声波，通过超声波的反射感知猎物的位置并抓捕。

●袋鼠目

分娩出小宝宝（袋鼠的话约1克）后，不在子宫而是在雌性腹部的育儿袋中抚养。由于澳大利亚大陆上没有其他哺乳动物，因此各种袋鼠在适宜生活的地方各自繁衍下来。

*地图上的编号是各种动物生活的代表地域。

植物的世界

深粉色的是猪牙花。
猪牙花是郁金香的表亲，它们都属于百合科植物。
到了春季，在树叶繁茂的森林中，光线变得昏暗前，
它们沐浴在阳光下盛放。
植物能够从阳光中制造养分，
具有光合作用这一伟大的机制。
而它们制造的养分支持着地球上众多生物的生命。
让我们来探索植物的生长姿态、
花与叶的形状和颜色的秘密吧。

猪牙花每年只展开一枚叶片，就这样生存7~8年。在这期间通过光合作用为地下的鳞茎（球根的一种）储存养分，在鳞茎养分充足时才会开花。

花草是在什么季节成长的？

植物的种类不同，播种和开花的时期也不同。
让我们来看看身边的花草都是在什么时候成长的吧。

	春			夏	
	3月	4月	5月	6月	7月
牵牛花 （旋花科，一年生草本） 春季播种。夏日清晨尚未天明时开始开花，至日照强烈时凋谢。		春季播种。	播种后一周左右长出两片子叶。	与子叶形状不同的叶片开始繁茂，茎变为蔓向上蔓延。	在夏季长出花蕾，次第开放。
油菜 （十字花科，二年生草本） 秋季播种。长出叶片后紧贴地面过冬。从种子中可榨取食用油。	春季时叶片增多，长出花苞。	茎向上生长，从茎的下方开始开花。	花期结束后子房膨胀，结出果实，果实中含有种子。	在春末，干燥的果实裂开，种子掉落。根、茎、叶全部枯萎。	
郁金香 （百合科，多年生草本） 种下种子后会每年长出叶片然后枯萎，经过5年左右才开花。通常从鳞茎开始培育。	3月左右可从叶间看见花蕾。	叶片长大，花茎变长，开花。	花期结束后子房膨胀，结出果实。	不久地上部分的叶片和茎等全部枯萎。	地下最初种植的鳞茎变小，并长出新球根。

花草的一生

一年生草本植物以种子的形态度过冬天后，在来年春季发芽开花并在一年内枯萎。而发芽后度过冬天、来年开花的草本植物称为二年生草本植物。多年生草本植物开花需要两年或多年。

各种植物出芽和开花的时期不同，是不同种类的花草为了各自在生活环境中生存而努力的结果。特别是在怎样度过严寒的冬天这一方面，成为决定花草一生的关键。

秋　冬

8月　9月　10月　11月　12月　1月　2月

花期结束后子房膨胀，结出果实。

茶色的果实裂开，其中的种子掉落在地面上。叶、茎、根全部枯萎。

秋季播种。

7~10日发芽，长出两片子叶。

长出几片叶子后紧贴地面过冬。

秋季种下鳞茎。

在冬末仍然寒冷的时节开始抽芽。

植物都开出什么样的花?

油菜

（双子叶植物，离瓣花，十字花科，二年生草本）

开花时期为3月～4月。

花粉靠昆虫传播（虫媒花，P72）。子房膨胀的果实（真果，P74）中有种子。干燥后果实裂开种子迸散。

牵牛花

（双子叶植物，合瓣花，旋花科，一年生草本）

开花时期为7月～8月。

多数牵牛花在花蕾中授粉（自花授粉，P71）。子房膨胀成为果实。已培育出具有各种形状和花色的众多种类。

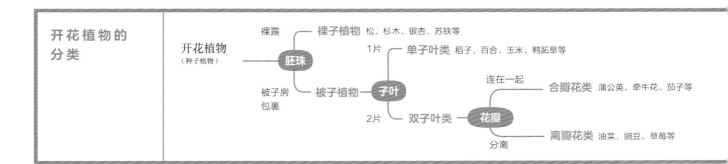

蛇莓

（双子叶植物，离瓣花，蔷薇科，多年生草本）

开花时期为4月～6月。

花粉靠昆虫传播（虫媒花）。花托（花床）膨胀成为果实（假果，P75）。子房表面呈粒状隆起。果实被鸟类等动物吃掉后，种子随其粪便排出播种。

开花植物的分类

开花植物（种子植物）— 胚珠
- 裸露 — 裸子植物　松、杉木、银杏、苏铁等
- 被子房包裹 — 被子植物 — 子叶
  - 1片 — 单子叶类　稻子、百合、玉米、鸭跖草等
  - 2片 — 双子叶类 — 花瓣
    - 连在一起 — 合瓣花类　蒲公英、牵牛花、茄子等
    - 分离 — 离瓣花类　油菜、豌豆、草莓等

能开花、结出种子繁殖的植物称作种子植物。在植物中，除了种子植物，还有蕨类植物、苔藓植物等依靠孢子繁殖的植物。让我们来看看种子植物的花的结构吧。

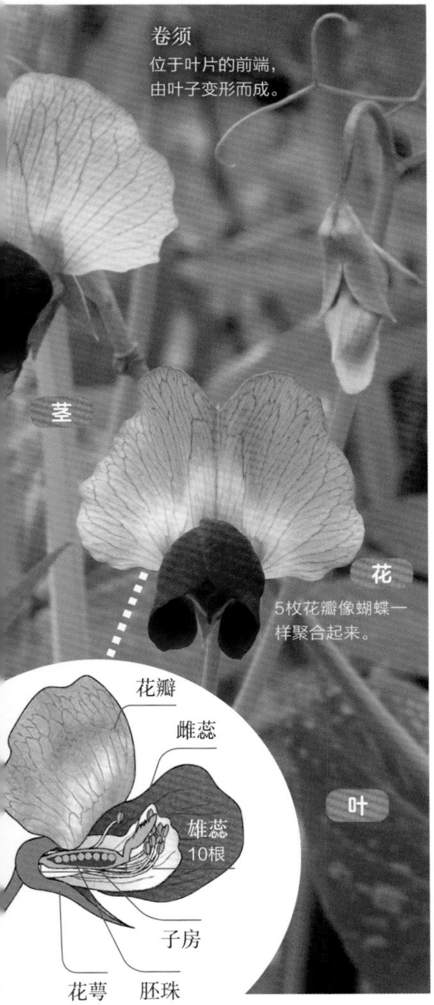

豌豆

（双子叶植物，离瓣花，豆科，一年生或二年生草本）

秋季播种的开花时期为3月～5月，春季播种的开花时期则为5月～6月。

花也有白色的。自花授粉，子房变为豆荚，中有种子排列。果实可食用。种子干燥后迸散。

向日葵

（双子叶植物，合瓣花，菊科，一年生草本）

开花时期为7月～8月。

花粉靠昆虫传播（虫媒花）。内侧花的子房成为果实能够结种。营养价值高的种子或被榨取为食用油，或被鸟类和松鼠当作食物。

天香百合

（单子叶植物，百合科，多年生草本）

开花时期为7月～8月。

花粉靠昆虫传播（虫媒花）。子房膨胀，结出有薄皮包裹的种子并随风飞散。球根要经过4～5年的培育才能开花。

双子叶植物

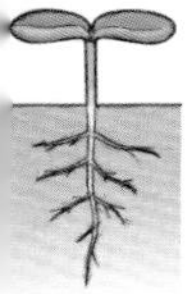
子叶有两片。

叶脉呈网眼状。

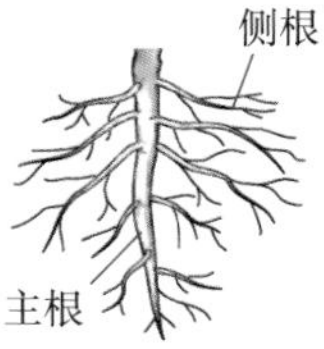

分主根和侧根。

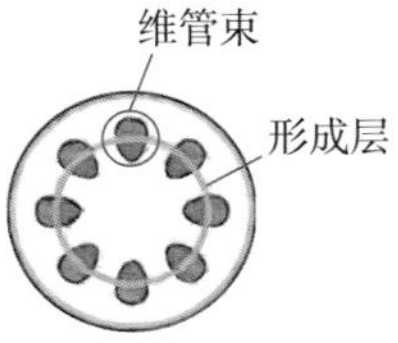

维管束呈轮状排列。有形成层。

单子叶植物

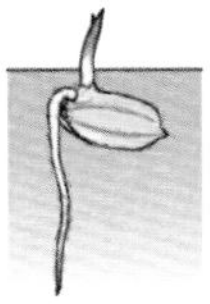
子叶有一片。

叶脉平行。

须根。

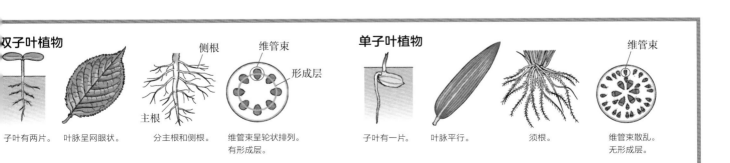

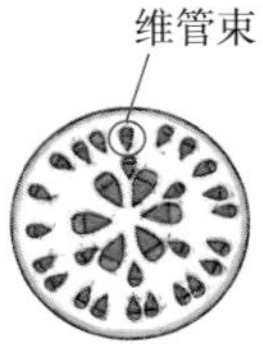

维管束散乱。无形成层。

发芽的萝卜

根和茎是由什么构成的？

植物逐渐成长，
个头不断变大，
开花结果。
根、茎和叶在
成长中
具有重要的作用。

根的结构与作用

植物的根有两大主要作用。一是作为底座支撑植物整体。二是将土地中植物生长所必需的水和溶解于水中的养分吸收并向上运输。水和养分由根的前端生出的较嫩的根毛高效吸收，通过导管向植物全身运输。

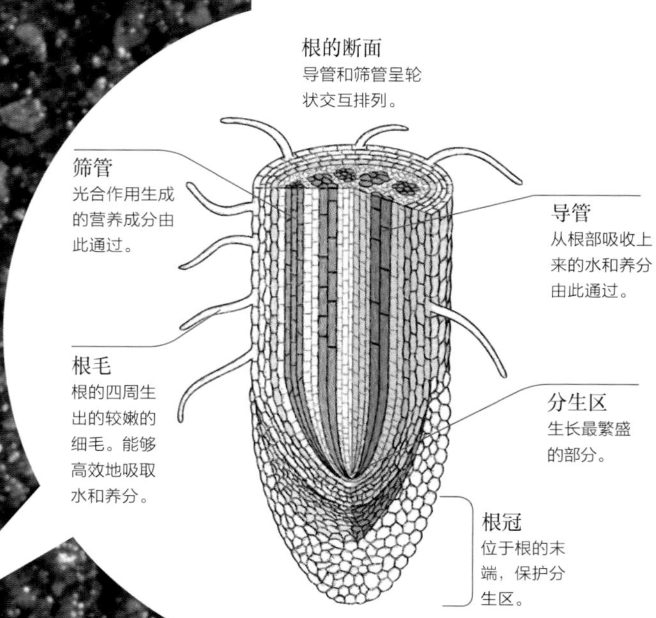

根的断面
导管和筛管呈轮状交互排列。
筛管
光合作用生成的营养成分由此通过。
导管
从根部吸收上来的水和养分由此通过。
根毛
根的四周生出的较嫩的细毛。能够高效地吸取水和养分。
分生区
生长最繁盛的部分。
根冠
位于根的末端，保护分生区。

各种各样的根

人干或枝部生出，支持全体（支持根）

力薯蓄积养分（块根）

紧贴着其他植物（攀缘根）

呈板状支持全体（板根）

茎的结构与作用

茎的重要作用是在地面上伸展支撑植物全体。茎上附有叶和花，构成植物的整体。茎中有导管和筛管，将吸上来的水和叶片制造的养分向植物全体运送。有的茎在地上延展，有的茎在地下生长蓄积养分，根据植物种类的不同，茎也有各种不同的形状。

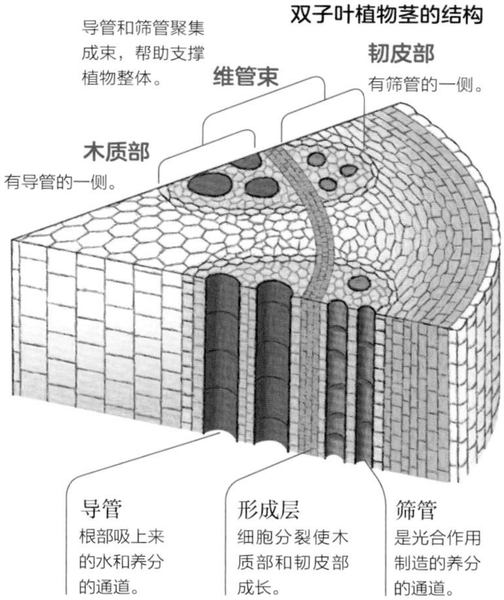

双子叶植物茎的断面

维管束呈轮状排列。
有形成层。

单子叶植物茎的断面

维管束散乱。
无形成层。

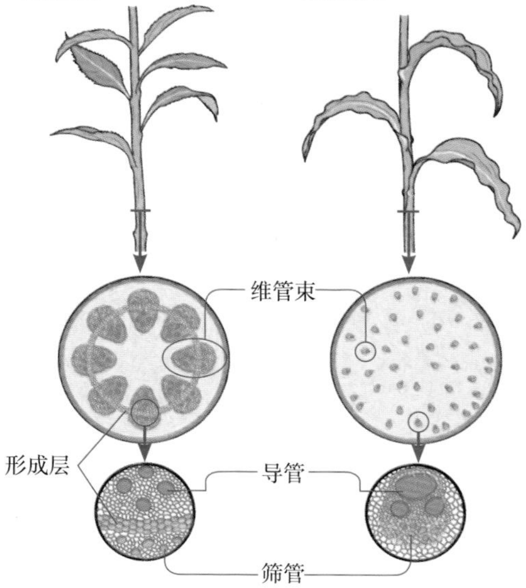

各种各样的茎

变形为蔓

又圆又粗，蓄积水分

为土豆蓄积养分（块茎）

变形为刺

双子叶植物
叶片的结构

光合作用真的那么不得了吗?

植物通过光合作用制造出淀粉等营养成分。制造的营养成分的能量传递给草食动物，更进一步传递给肉食动物，从而支持着地球上的众多生命。

蒸腾作用和呼吸

叶片在光合作用之外，也有蒸腾作用和呼吸这两大重要作用。

蒸腾作用

通过从气孔将体内的水分以水蒸气的形式排出体外的作用，达到以下三个效果。

- 可促使根部将水分吸上来，从而使水遍及植物整体。
- 由于能够散热，因此可以调节植物的体温。
- 可促进盐类和其他物质在植物体内的运输。

呼吸

由气孔吸入氧气，通过淀粉等产生能量，将二氧化碳和水蒸气排出体外。

光合作用的过程及水和养分的流动

植物细胞中具有叶绿体，通过其中的叶绿素（Chlorophyll）可进行光合作用。光合作用主要利用阳光、从根部吸上来的水分、大气中的二氧化碳，通过化学反应制造淀粉。

叶片上的淀粉制造工场

动物无法自己制造自身需要的营养成分。而支撑动物生命的，是植物通过光合作用制造的养分。光合作用是利用阳光、水分、二氧化碳等，制造出作为生命能量的淀粉的机制。

在植物叶片的表面，满满地排列着含有叶绿体的细胞，光合作用就在这里进行。植物的叶片大部分都是平坦的便于飘扬的形状，这是因为它们要尽可能多地晒到阳光，从而有效率地进行光合作用，制造养分。

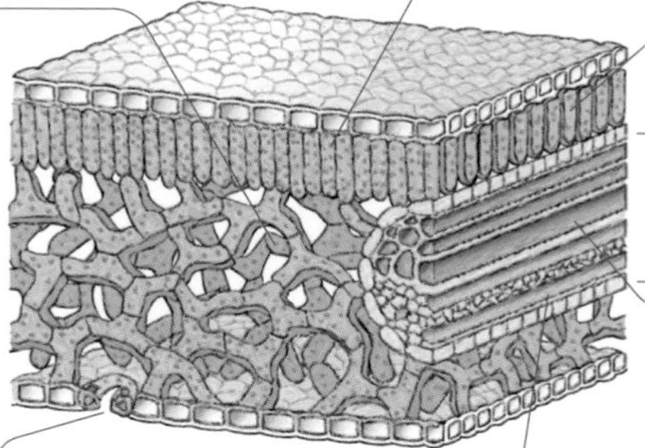

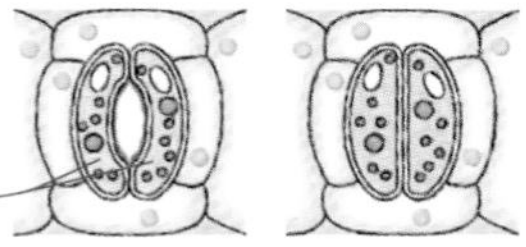

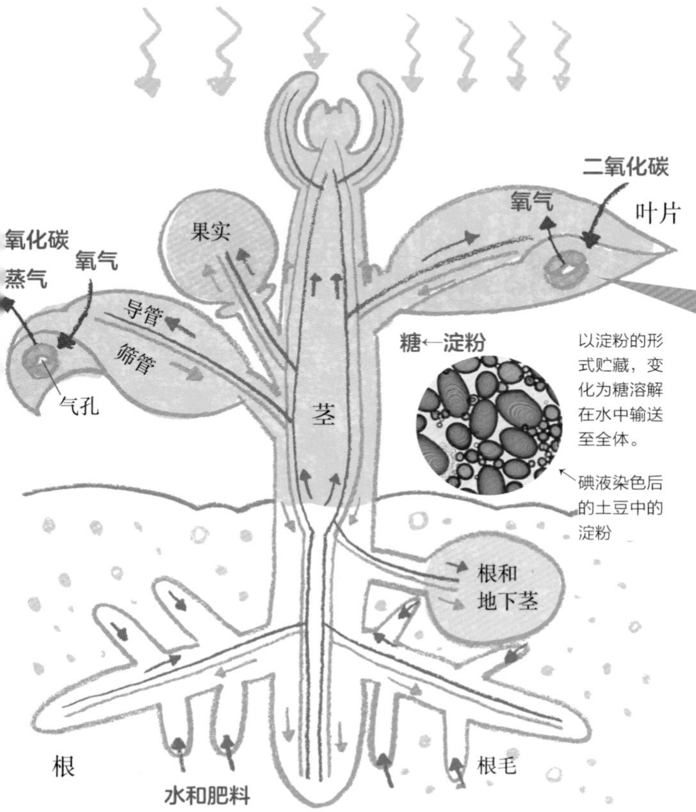

确定光合作用中生成淀粉

1. 将叶片的一部分用铝箔卷住遮盖，将整体暴露于阳光中。
2. 观察碘液与淀粉的反应。受到光照的部分变为蓝紫色，证明生成了淀粉。

观察光合作用生成的氧气

在光照良好的水中，能够观察到水草中冒出由于光合作用生成了氧气而产生的小气泡。

单子叶植物叶片的结构

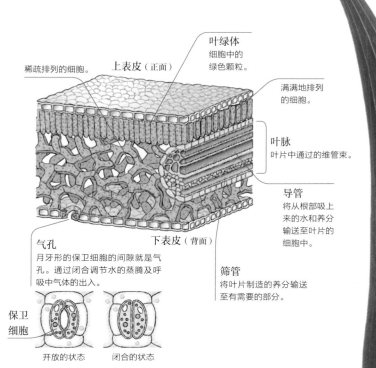

（百合属植物）

种子是如何抽芽的？

植物的种子依据种类不同，各自的外形也不同。然而，它们都拥有必要的共同结构来保证长大后能够与亲代体形相同。

单子叶植物

单子叶植物的种子多数为有胚乳种子。有胚乳种子将发芽所必需的养分贮藏在胚乳中，而非将来成为植物身体的胚的部分。

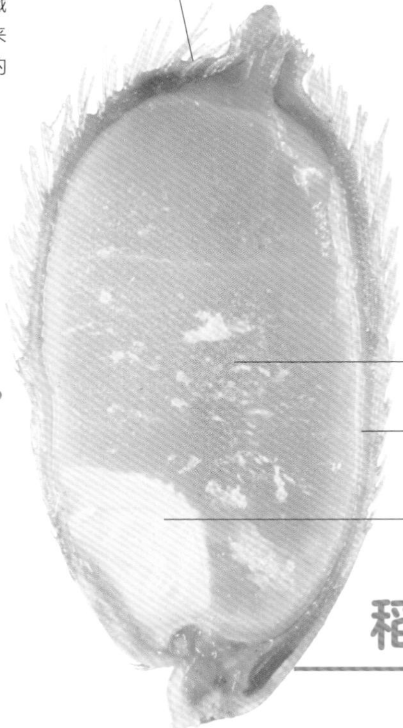

稻（有胚乳种子）

玉米（有胚乳种子）

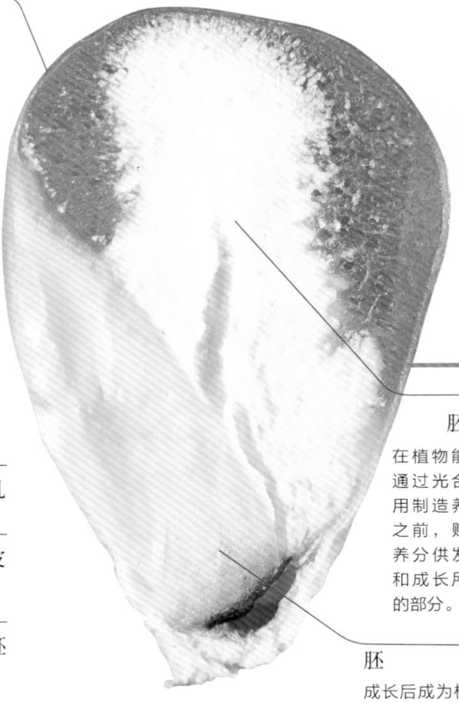

双子叶植物

双子叶植物的种子分为有胚乳种子和无胚乳种子。无胚乳种子种皮以外的所有部分都为胚，发芽所需的养分贮藏在子叶中。

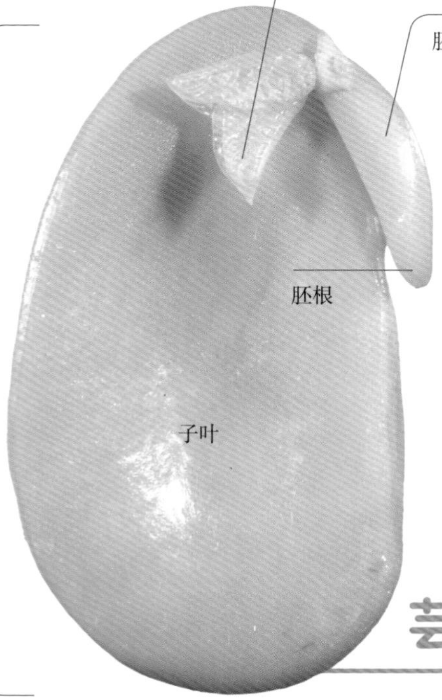

脱去种皮的状态

芸豆（无胚乳种子）

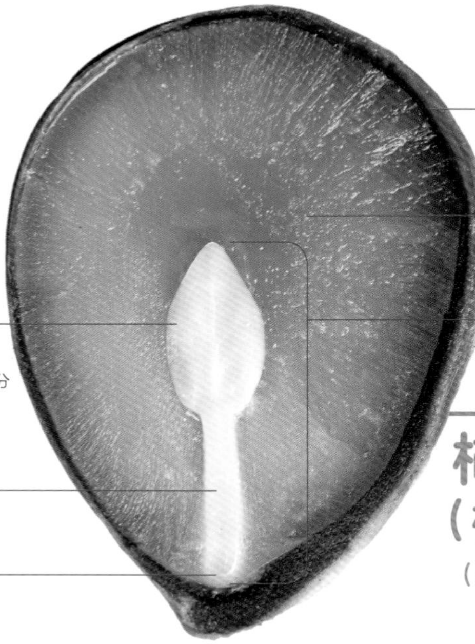

柿子树（柿子）（有胚乳种子）

单子叶植物的子叶为一片

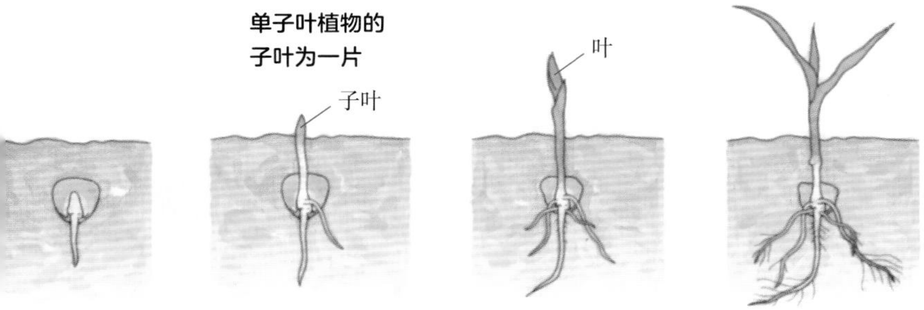

伸展变长，下
胚根破皮而出。

长出筒状的子叶伸出地面，变为绿色。

从子叶处长出绿色细长的第一叶。

侧根广布，细长的叶片伸展。

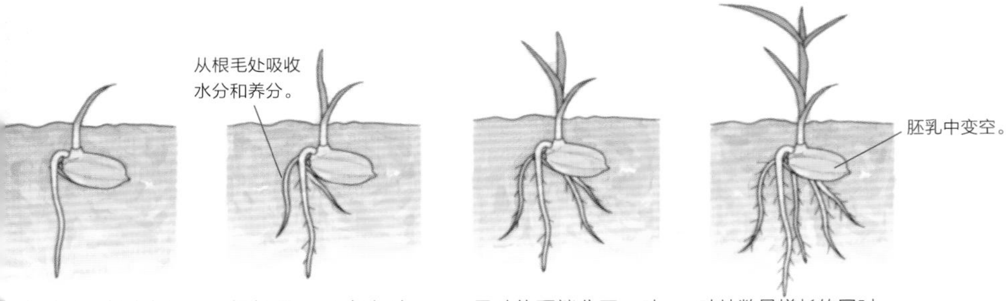

皮裂开，长出根
子叶。

根长至3～5毫米时，长出浓密的根毛。

子叶的顶端分开，叶片逐次生出。

叶片数量增长的同时，茎的底部长出更多的根。

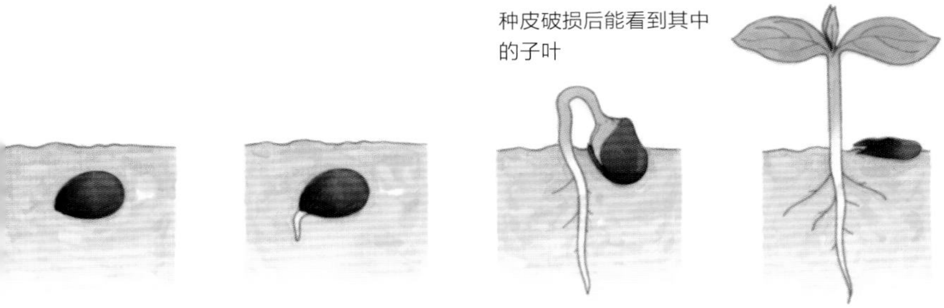

中子中的胚变大，
等待发芽的日子
来临。

根从胚下方的部分突破种皮长出。

根在土地中伸长，子叶逐渐抬起头来。

两片子叶展开，开始生出其余的叶子。

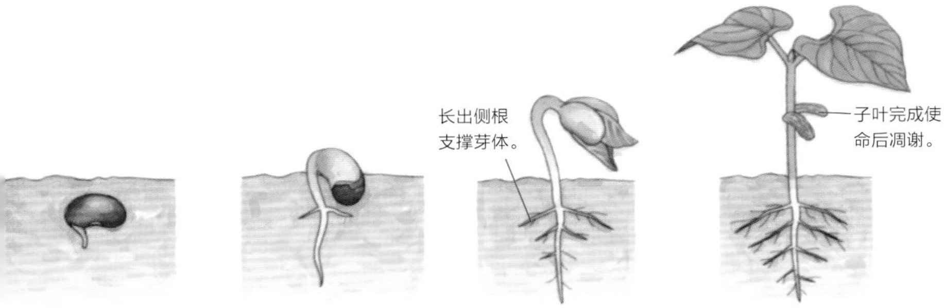

胚根伸长成为根。

脱去种皮，子叶生出地表。

茎伸长，两片子叶逐渐抬起头来。

子叶之间生出幼芽，不久成为叶片。

发芽和成长的必要条件

发芽

植物发芽除了水、空气以外，适当的温度也是必要的。

- 发芽不是必须具备泥土或阳光这两个条件。
- 也有如生菜一般发芽必需阳光的植物。

成长

植物的成长必须具备发芽的三个条件以及阳光和肥料。

- 山野的土中包含丰富的肥料。
- 植物具有茎朝向阳光生长的特性。

两性花的结构

完整的两性花由6种结构组成：花柄、花托、花萼、花瓣、雄蕊、雌蕊。大部分花，比如图中的牵牛花和豌豆，包含以上全部的结构。也有些花的某些结构会变形，甚至缺少。比如图中向日葵的花萼变形为鳞片状，水稻的花没有显著的花萼和花瓣，只留下一点不显眼的痕迹。

为什么要开花？

花是植物为了确保繁衍后代而具有的器官。通常有4个部分：花萼、花冠、雄蕊、雌蕊。

花的结构

我们通常所说的“花”，是指具有花萼、花冠、雄蕊、雌蕊等部分的被子植物的花。被子植物中，雄蕊的花粉传到雌蕊的柱头上完成授粉，子房膨胀从而结出种子。然后种子发芽，繁衍子孙后代。有些被子植物的花，以鲜明的颜色和浓郁的芳香向鸟类和虫类告知花蜜的信息，同时用花冠和花萼保护雄蕊和雌蕊。这些都是被子植物为了顺利完成授粉而进化出来的机制。

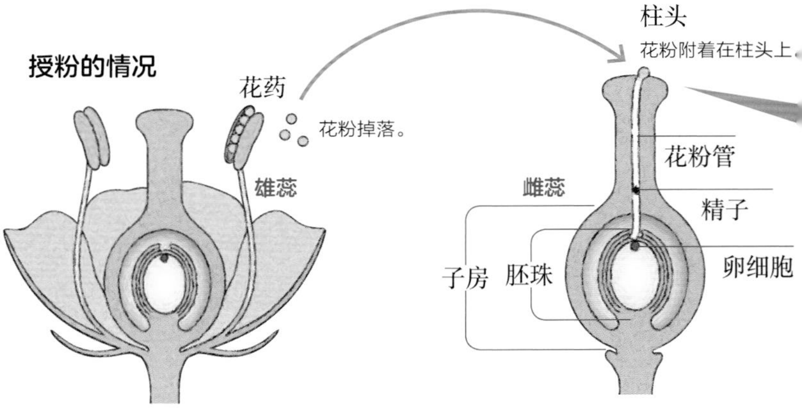

雄蕊花药上生出的花粉一旦附着在雌蕊的柱头上，就会从花粉处形成细长的花粉管。花粉管输送的精子与胚珠中的卵细胞结合受精，不久就成为种子。

单性花

只有雌蕊或只有雄蕊的花是单性花。只有雄蕊的花称为雄花，只有雌蕊的花称为雌花。单性花可分为同一株中雄花与雌花均有的雌雄同株和雄花与雌花分别位于不同株的雌雄异株。

雌雄同株

这是一株中雄花与雌花同时存在的植物，如南瓜、玉米、苦瓜、丝瓜、柿、栗等。

南瓜的雄花与雌花

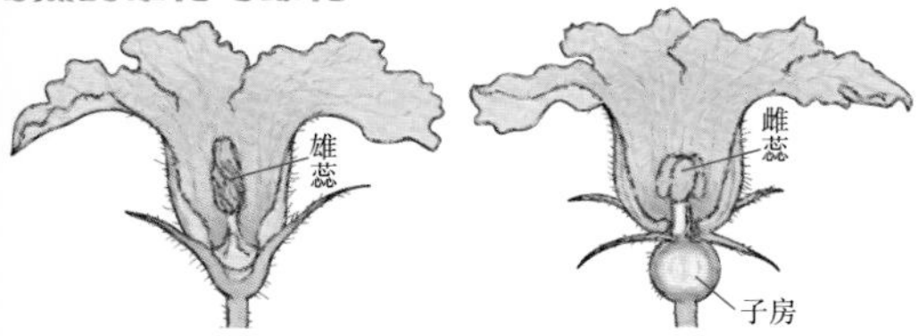

雄花（无雌蕊）　**雌花**（无雄蕊）

雌雄异株

这是可分为只有雄花的植株和只有雌花的植株的植物。如猕猴桃、青木、王瓜、山药等。

猕猴桃的雄花（雄株）和雌花（雌株）

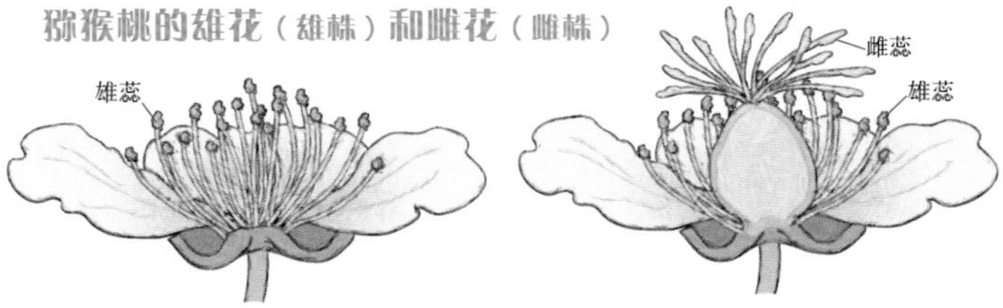

雄花（无雌蕊）　**雌花**（雄蕊只具有外形）

异花授粉和自花授粉

异花授粉是指一朵花的雄蕊中的花粉落在另一朵花的雌蕊上授粉。桔梗等植物的花，雄蕊先成熟、花粉掉落，之后雌蕊才开始生长，与其他花的花粉进行授粉。
→报春花、苹果、菖蒲、南瓜与雌雄异株的植物等

桔梗
雄蕊凋零后，雌蕊柱头的顶端开放，接收其他花的花粉。

自花授粉指同一朵花的雌蕊与雄蕊进行授粉，如牵牛花和紫罗兰，一朵花中的雌蕊接收自己的雄蕊的花粉，因此称为自花授粉。
→牵牛花、紫罗兰、水金凤、卷耳、豌豆等（也进行异花授粉）

牵牛花

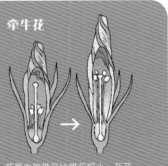

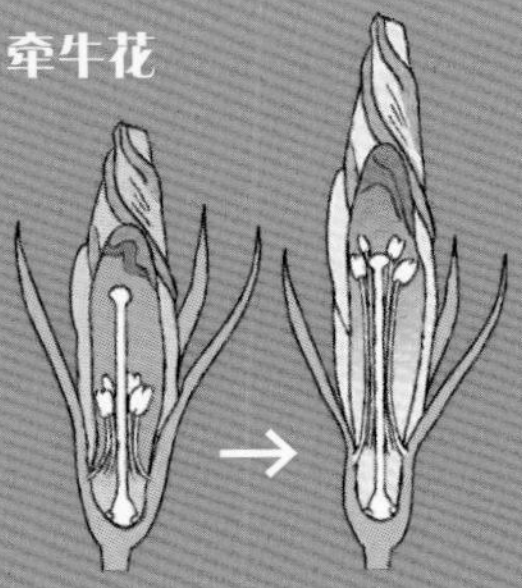

花蕾中的雄蕊比雌蕊短小，在开花前夕，雄蕊生长，进行授粉。

花粉是由谁传播的？

为了让自己的雌蕊尽可能与其他花的雄蕊进行授粉，植物在花的形状、颜色、开花方式等方面做足了功夫。花粉主要依靠昆虫、鸟类、风、水这4种方式完成传播。

紫云英▼豆科

紫云英和蜜蜂

位于花朵中央的花瓣，用深粉色的条纹向蜜蜂告知花蜜的位置。当蜜蜂停落在船形的花瓣上时，重力会使花瓣张开，雄蕊和雌蕊暴露而授粉。

虫媒花 鸟媒花

花具有显眼的颜色和形状的原因

植物的花朵总是拥有红或黄等显眼的颜色，散发浓郁的芳香，分泌花蜜等等。这些都是为了吸引昆虫和鸟类前来传播花粉。有些花，当蜜蜂停落在上面时，雄蕊会摇晃，散出花粉。有些花的花瓣外形变得与昆虫的雌性一样，吸引雄性昆虫，等等。花的形状、颜色、香气等，都与传粉昆虫和鸟类有密切的关系。

依靠昆虫传粉的花称为虫媒花，依靠鸟类传粉的花称为鸟媒花。

山茶花和绣眼鸟

花朵的红色吸引着鸟儿，雄蕊密集地生出，外形如筒状，保护花蜜免受鸟儿以外的虫类采食。

山茶▼山茶科

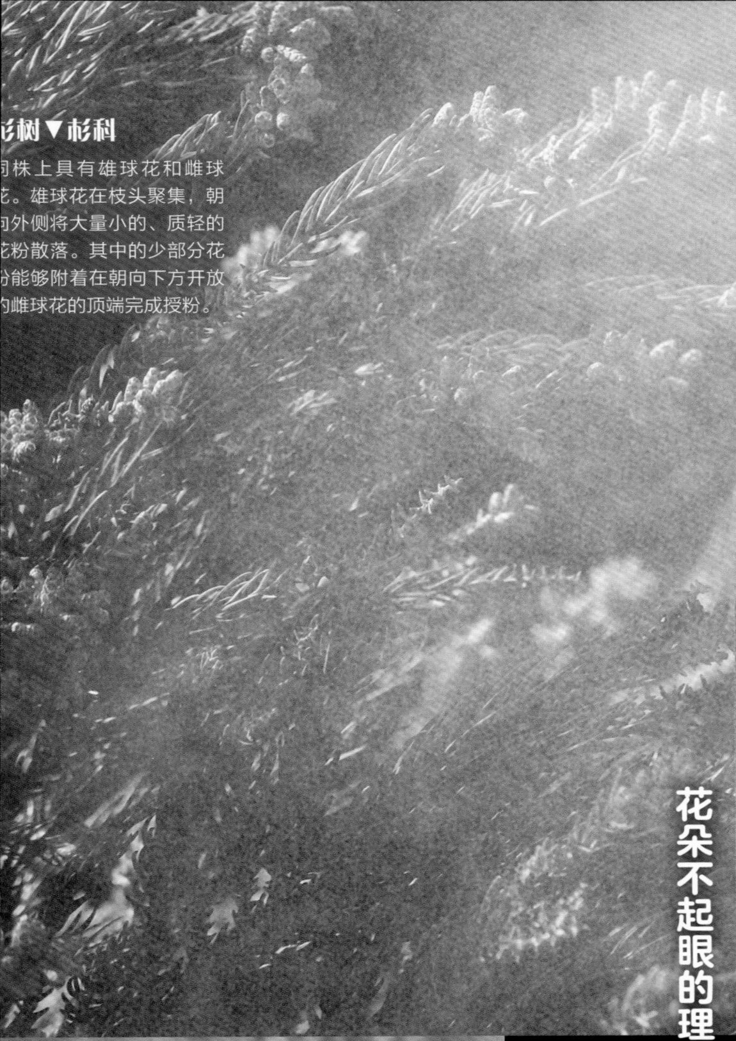

杉树▼杉科

同株上具有雄球花和雌球花。雄球花在枝头聚集，朝向外侧将大量小的、质轻的花粉散落。其中的少部分花粉能够附着在朝向下方开放的雌球花的顶端完成授粉。

花朵不起眼的理由

风媒花 水媒花

不必依靠虫类和鸟类完成授粉的花，由于没有令花朵显眼的必要性，因此花朵多为不起眼的造型。花粉随风飘扬、大范围传播至雌蕊的风媒花，生成大量无黏性的质轻的花粉，随风飞扬传播至雌蕊的柱头上。另外，在水边或水中生长的植物中，有的也会令花粉随水流动至异株花的雌蕊授粉。这样的花称为水媒花。

花粉的形状依据传播媒介的不同而不同

虫媒花的花粉

花粉量少，大小不一。有的花粉有刺（向日葵），有的具有黏丝（如羊踯躅，yáng zhí zhú）。

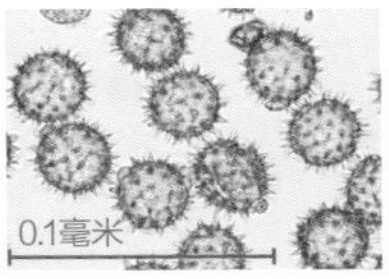

向日葵

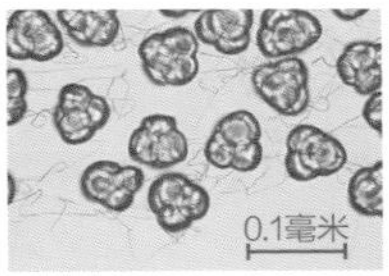

羊踯躅

风媒花的花粉

花粉量大，为了传播得更远而体积较小。多数为球形，无凹凸无黏性。松树的花粉具有呈气球状膨胀的囊，其中含有空气。

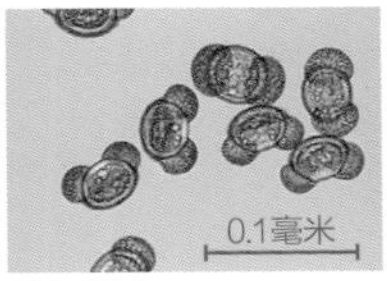

松

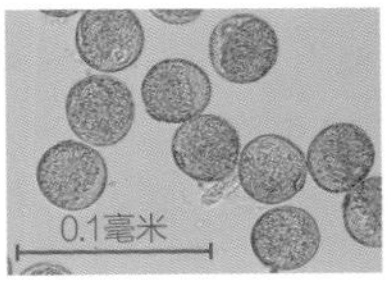

稻

车前草▼车前科

小花聚集成为花穗。首先雌蕊生长，与异株花的花粉进行授粉，然后凋谢。之后雄蕊生长，散落花粉，因此同一朵花的花粉不会附着在同一花朵的雌蕊上。

黑藻▼水鳖科

生活在水中的多年生水草。雌雄同株或异株，6月～10月开花。雄花生在叶片的旁边。雌花将花柄伸出水面开放，接受漂浮在水中的雄花的花粉。

花的哪里会结出果实？

柿子树的果实由授粉后雌蕊的子房部分膨胀而成。
其中的种子是子房中的胚珠发育的结果。
让我们来对比看看花和果实的结构。

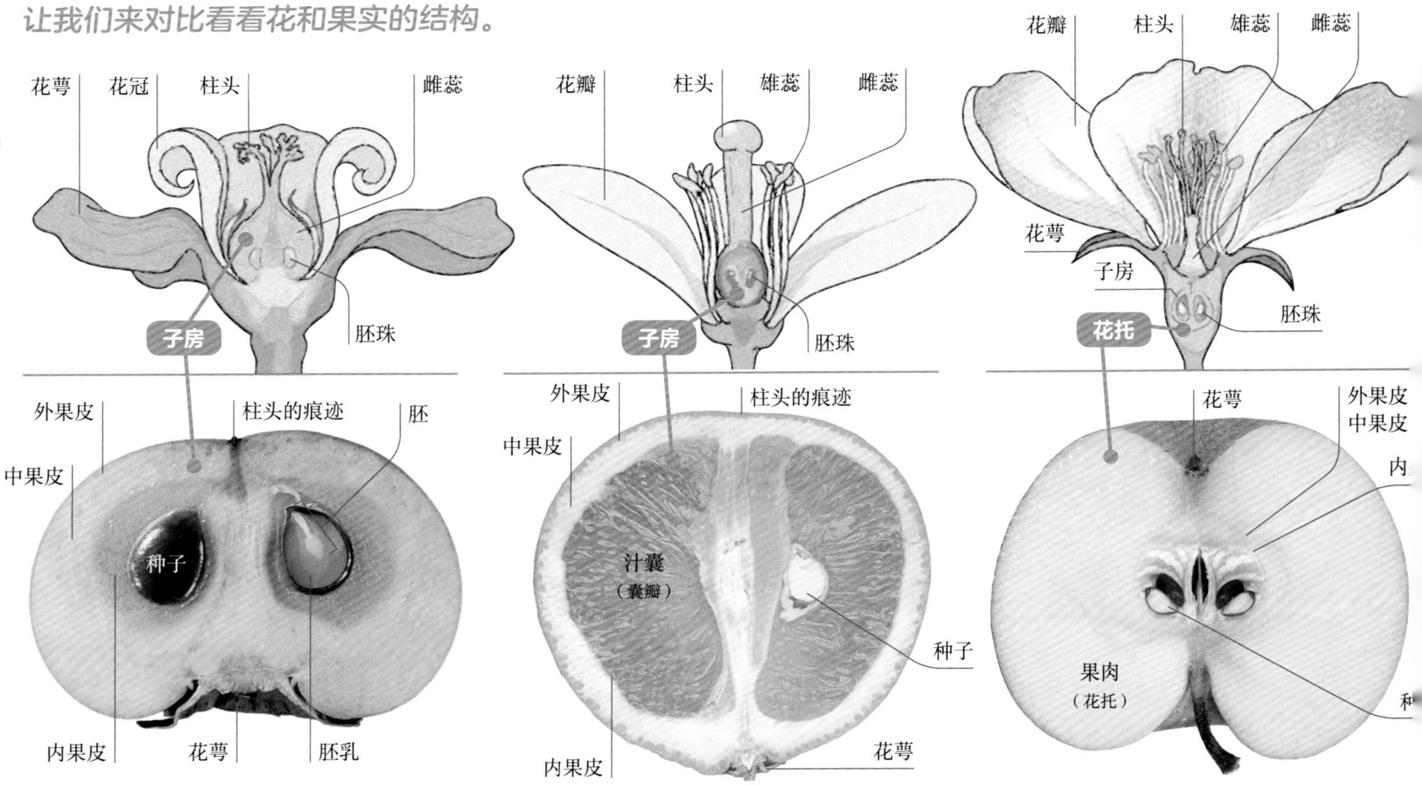

柿子（真果）

膨胀的子房的中果皮和内果皮的部分可食用。在种子中有胚，能够看见子叶的形状。

橙子（真果）

橘黄色的外果皮之下具有白色绵状的中果皮。可食用的是袋状的内果皮中水分较多的部分。

苹果（假果）

苹果花子房下位，果实可食用的部分为包裹着子房的花托（花瓣和花萼附着的部分）。

花朵的众多部分发育为果实

如柿子的果实一般是子房膨胀而成的果实，由于是真正的果实而被称为“真果”。另外，花萼和花瓣、花托、花轴等子房周围的结构随子房一同成长发育而成的果实称为“假果”。是真果还是假果，这是根据花萼、花瓣、花托等与子房的位置关系，以及果实怎样成熟来判断的。

花朵的结构和子房的位置

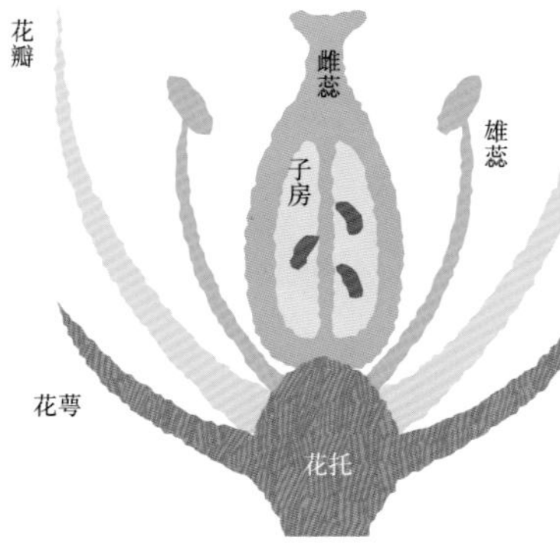

子房上位的花

是指子房比花托位置偏上，子房下方为花萼、花瓣、雄蕊等结构的附着点的花。
▲柿、蜜柑、百合、茄子等。

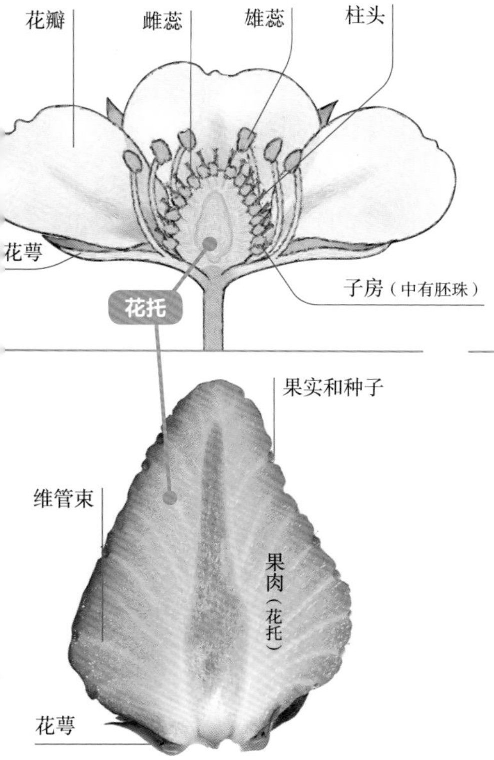

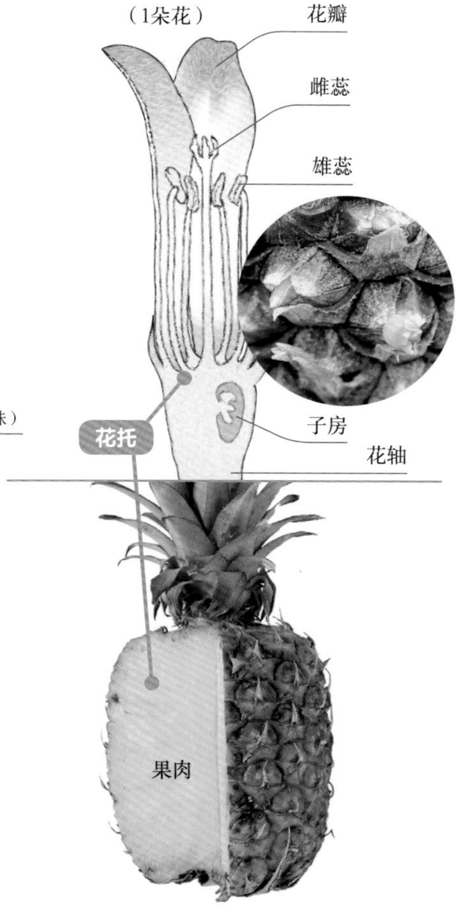

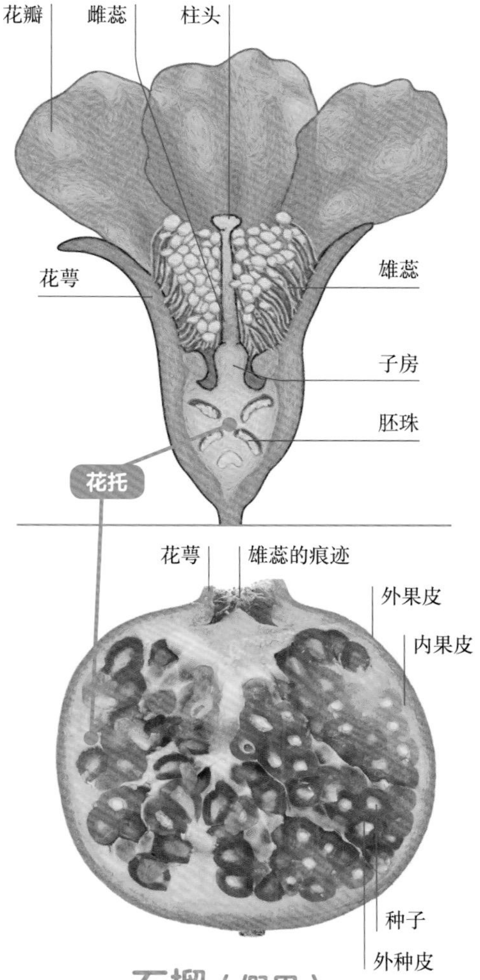

草莓（假果）

有大量的雌蕊和雄蕊附着的花托变红、膨胀，成为可食用部分。表面的粒状隆起为果实，其中有种子。

菠萝（假果）

大量花朵聚集起来成为一个果实。一朵花的花托、子房、花轴连成一个整体发育成为六角形的果实，彼此紧密结合在一起。

石榴（假果）

花托成长发育为圆形果实。果皮较厚，其中具有由水分较多的外种皮包裹的种子。外种皮可食用。

子房上位的花

花托凹陷，子房附着于其基部，子房与花托分离。花托的边缘为花萼、花瓣、雄蕊的附着点。

▲蔷薇、樱花、龙牙草等。

子房半下位的花

子房没入至花托的中部左右，且下方与花托连接在一起。花托的边缘为花萼、花瓣、雄蕊的附着点。

▲山绣球、圆锥绣球等。

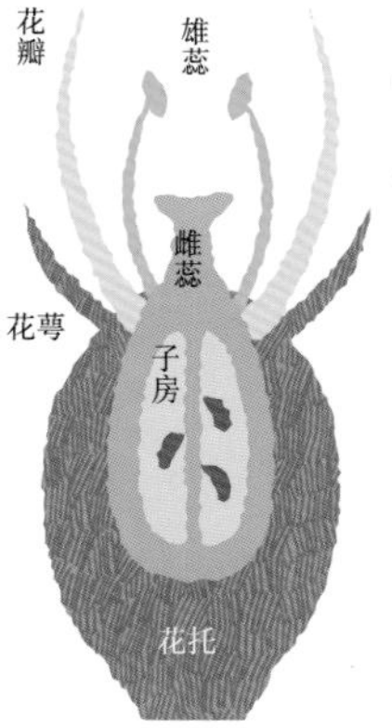

子房下位的花

子房完全由花托包裹，花托内侧与子房合为一体。可以观察到花萼、花瓣、雄蕊的附着点位于子房的上方。

▲苹果、石榴、南瓜等。

1

生命

植物

种子的外形与传播方法

植物为什么会结果实?

植物之所以结果，
是因为果实中有重要的繁殖器官——种子。
植物会想方设法把果实和种子传播到远处，
这样，种子就能在远处生根发芽，
占领新的天地。

果实为了种子的播种而具有巧妙的构造

播种自身的种子来繁衍更多的子孙后代，对植物来说是最重要的事情。植物自身无法移动位置，因此会使用各种方式令种子传播至远处，从而增加后代数量。为了随风飞扬或被动物食入运送等,果实中隐藏着各种为了拓展生活环境而具有的构造。

药用蒲公英▼菊科

随风飞扬

有的植物如蒲公
和芒草，种子摇摇晃
地附着在白毛下随风
扬；有的植物如槭树
葛氏日本大百合，种
被轻薄的翼包裹，如
旋桨一样飞行。

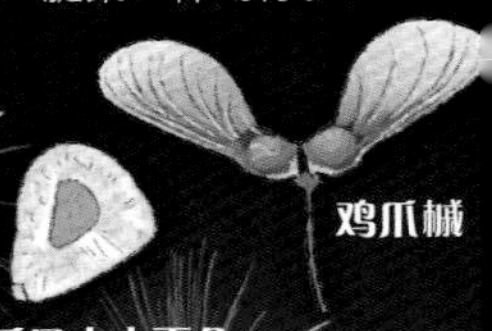

葛氏日本大百合

鸡爪槭

柔软的绒毛如降落伞一
随风飞扬。花柄在花期
束后弯折一次，但果实
熟时会再度立起。

少毛牛膝　鬼针草

附着在动物身上运送

有的果实具有能
附着在动物毛发上难以
落的构造。苍耳、少毛
膝、鬼针草的果实有刺，
且末端弯曲。求米草的
实具有黏性。

意大利苍耳▼菊科

身上被意大利苍耳和龙
草的果实附着的犬。种
凭此种方式被运送到远方

被鸟类和动物进食

花楸和山葡萄、槲（hú）寄生等，具有显眼的颜色，种子被甜甜的饱含水分的果肉包裹，诱惑动物和鸟类前来进食，随它们的粪便排出体外，完成种子的传播。

花楸▼蔷薇科

食用花楸果实的是鹎（bēi）。依靠鸟类进食而传播种子的果实，通常都具有显眼的颜色。

掉落后滚动

七叶树、麻栎、青冈等植物的果实为圆形，具有能够在山坡上滚动的形状。脂肪含量较多的果实，被松鼠和鸟类作为过冬的食物而运送，也有的直接被埋入地里。

七叶树▼七叶树科

自身爆裂

堇菜、酢（cù）浆草、老鹳草等，成熟后包裹种子的果实在微小的刺激下即可爆裂，其中的种子则依势进散出来。

堇菜▼堇菜科

随水流传播

椰子树生长在热带海岸上，果实可通过海流运送至远处。生长在红树林中的红树、秋茄树等的果实也可从河口运送至周围的海岸。

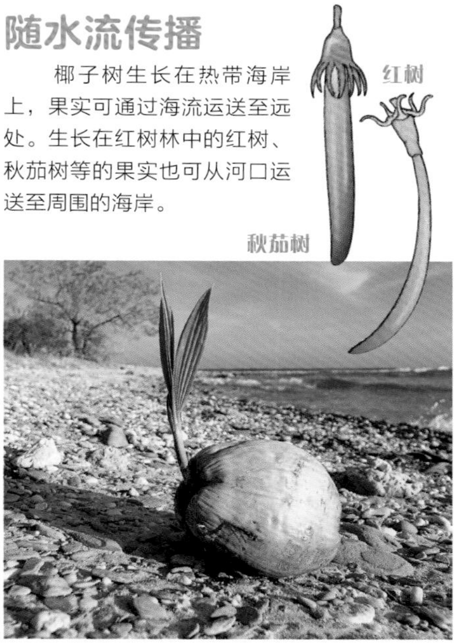

椰子▼棕榈科

种子和果实有哪些不同？

种子是由授粉后雌蕊的胚珠成长发育而来，果实是子房等结构膨胀起来保护种子的部分。

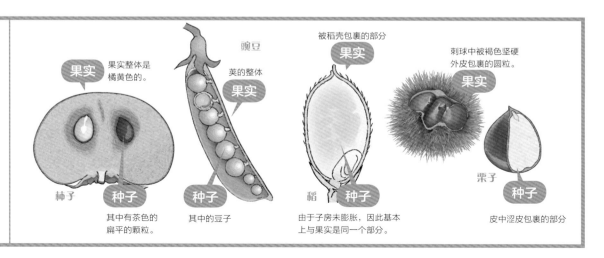

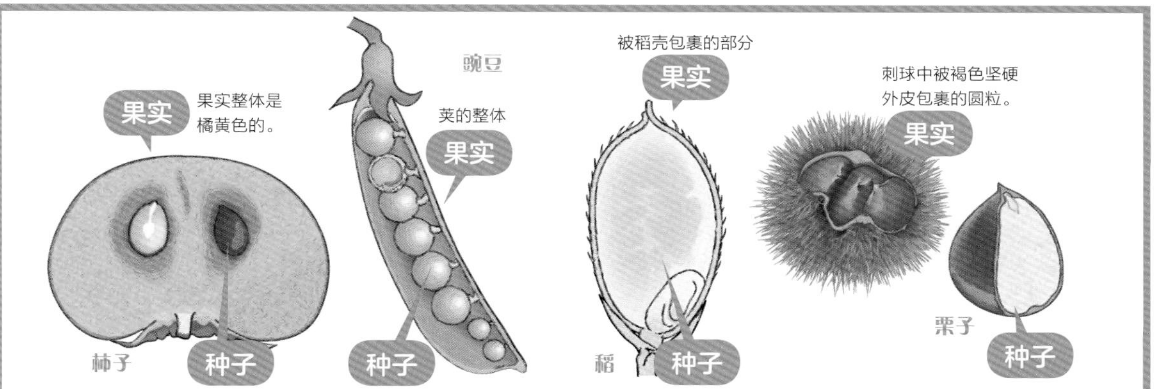

马铃薯怎么会长出芽呢?

马铃薯和红薯埋在土壤中，会长出新芽。
郁金香和藏红花可通过
在地下种植鳞茎或球茎进行培育。
像它们这样，有一些植物并非由种子来发芽，
而是从自己身体的
一部分长出新芽来进行繁殖。

从凹陷处生出新芽和根，生长为块根或块茎，用来储存养分。

利用养分进行自身复制得以生存

植物中有一部分通过光合作用制造出养分，并将养分储藏在地下。比如，马铃薯的块茎和红薯的块根，以及郁金香等植物的鳞茎。块茎或块根等的养分在冬天等气候严酷的季节中停止活动，在春天来临时，再次被用于生长和开花等过程。

另外，块茎、块根等可种植在土壤中，长出新芽。对于植物来说，并非仅仅依赖种子进行繁殖，还有一些植物可以从块茎、块根等直接长出新芽进行繁殖。此时生成的全新植物是复制体，换句话说，是与亲体具有几乎相同性质的植物。雄蕊和雌蕊结合后形成种子进行繁殖的方法称为有性繁殖，通过生成复制体进行繁殖的方法称为无性繁殖。

块茎 储存养分并发芽

马铃薯并不是根，而是在地下生长的块茎。块茎中储存了大量的淀粉等养分，逐渐变圆变大（P65）。仙客来是冬季颇受欢迎的盆栽植物，秋牡丹的花朵艳丽，它们也用埋藏在土壤中的茎部储存养分。

马铃薯

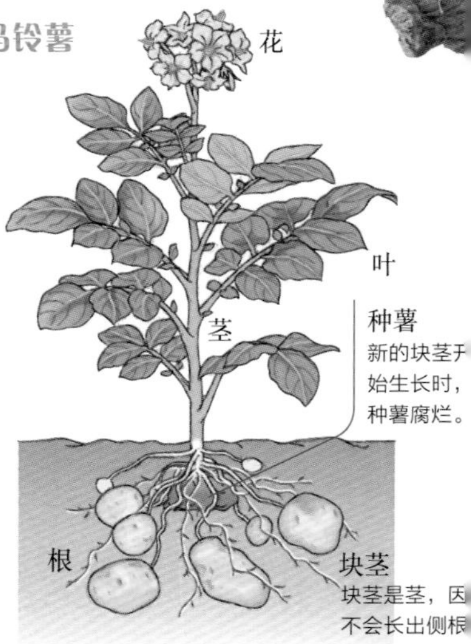

郁金香

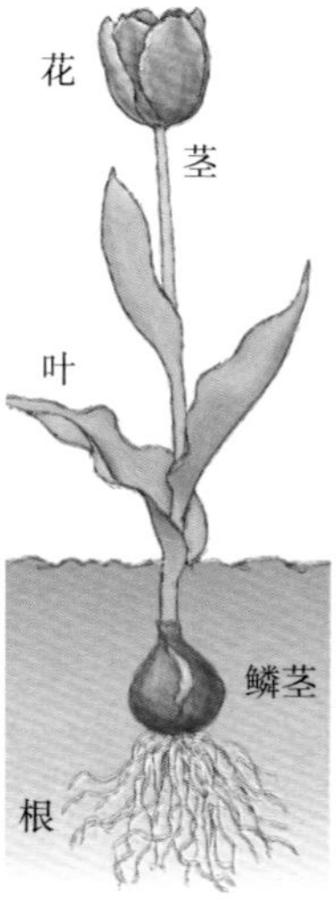

叶子储存养分并发芽（鳞茎）

郁金香的鳞茎是由储存养分的鳞片（叶子变化而来的）在短茎上重合而成的。水仙、风信子以及洋葱或大蒜、薤（xiè）白等蔬菜可食用的部分也是鳞茎。

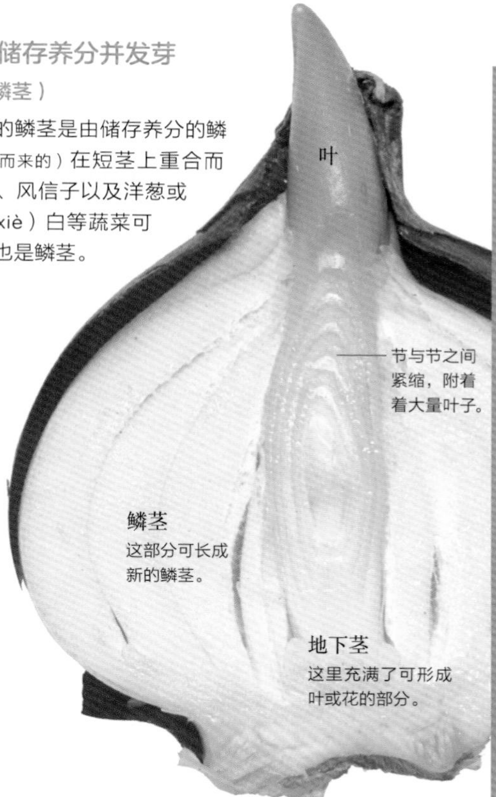

红薯

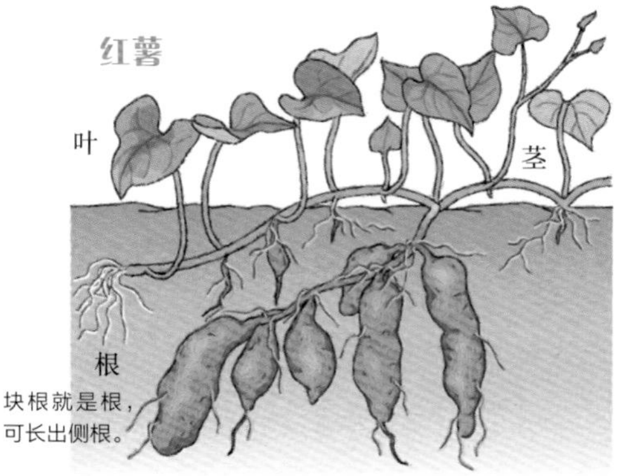

根部储存养分并发芽

红薯的根是块根，其中贮藏了淀粉等养分从而可变大变粗（P65）。作为热带地区的重要食材同时还是木薯粉原料的木薯，以及可盛开出较大花朵的大丽花等植物，它们的根也是块根。

其他的复制繁殖

虽然复制繁殖的方法比种子繁殖的方法少，但是确实是可以繁殖的。

珠芽繁殖

珠芽并不会生长成花，而是形成微小的养分球，或者在叶子旁边长出好像豆子一样的鳞茎。从茎上掉落后可生出新芽。

不定芽繁殖

在叶子的边缘等普通植物不会出芽的地方生长出的芽称为不定芽。这种芽掉落在地上后也会生长。

匍匐茎繁殖

平卧于地面蔓延生长，其顶部生长出叶和根。不久茎便会分离，再长出新株。

阔叶树有什么样的种类？

阔叶树原本是生长在温暖地带的树木，
叶片阔大为其特征。
有许多种类也会开放显眼的花朵，
依据地区和季节的不同，
我们能够观察到各种各样阔叶林的风采。

常绿阔叶树

常绿阔叶树生长在气温较高且多雨的热带和温带地区、常年树叶繁茂。

常绿阔叶林

常绿阔叶林以其叶片具有一定的厚度、表面光润为特征，在森林中郁郁葱葱。

米槠（zhū）▼**壳斗科**

高20~30米

春季如穗般的花朵一齐开放，散发出浓郁的香气。秋季可结出许多袋状物包裹的橡子。

青冈▼**壳斗科**

高10～20米

青冈栎是一种橡树，树皮颜色发白，秋季结出许多小橡子，每颗橡子基部有个碗状结构，称为“壳斗”。

山茶▼**山茶科**

高5～10米

森林中，山茶每个低枝的顶端都开放一朵红色的花。也可庭植，依靠绣眼鸟等传播花粉，秋季结果。

青木▼**山茱萸科**

高1～2米

长达20厘米的大叶片为其特征。雌异株（P71），春季开花，秋冬季结颜色鲜明的红色果实。

落叶阔叶林

落叶阔叶树是具有相对较宽阔且薄的叶片、为了克服严寒和干燥每年都会落叶一次的树木。它们从夏季开始长出小芽（冬芽），冬去春来后伸展新叶片。到了夏季花朵开放，秋季结果，多数叶片变为红叶（黄叶）后落叶。

水青冈林

图为水青冈和槭树等形成的明亮的森林。地面生有华箬（ruò）竹，可见许多水青冈和七叶树等树木的果实，也居住着熊和鹿等生物。

青冈▼壳斗科

20～30米

在微高的山上。树干为明亮的灰色，绿时十分美丽。果实由具有柔软倒刺壳包裹。

枹栎▼壳斗科

高10～20米

杂木林的代表性树木，在公园等地也有种植。叶片较麻栎的稍圆。人们说的橡子常是指它的果实。

麻栎▼壳斗科

高10～20米

其特征是有锯齿状细长的叶片及纵向凹凸不平的树干。果实为又圆又大的橡子。

鸡爪槭▼槭树科

高10～15米

能够代表秋季红叶的美丽树木。春季开花，种子具有如同翅膀一般的薄膜，能够随风飞扬（P76）。

针叶树有什么样的种类？

**针叶树如其名，
是具有如针般细的叶片，以松树和杉树为代表的树木。
大部分开花为风媒花。
较阔叶树更适应寒冷和干燥，
除在高山及地处北方的国家多见之外，
杉树和扁柏常被用于植树造林。**

针叶树

针叶树的全部种类都属于裸子植物。裸子植物是较为古老的植物，大约3亿年前在地球上繁盛一时，之后属于被子植物的阔叶树的势力不断扩张，针叶树被逼迫至寒冷地域或贫瘠的土地中生存。松树和杉树等即使在温暖的地域也会在相对贫瘠的土地上造林，库页冷杉、本岛云杉和落叶松等在西伯利亚和加拿大等亚寒带地区，造就了被称为泰加林的大森林。

黑松▼松科
高30～40米
树皮灰黑色。叶片较红松肥硕且长、硬。枝头开雌球花，下方开雄球花，来年的秋季在松果中结出种子。

海岸的黑松林（植树造林）

海岸的沙地附近多见。可以保护田间作物和人家免受强风的侵害，同时可作为柴火和炭，因此被人们种植。最近有的森林也有因害虫而枯萎或疏于护养而荒废的情况发生。

潮害防护林（日本静冈县清水市）

裸子植物

裸子植物是以松树、杉树、银杏、苏铁等为代表的树木。生有雄球花和雌球花，雌球花中具有裸露的胚珠。松树在松果（松球）中结出种子。

松树的花和种子

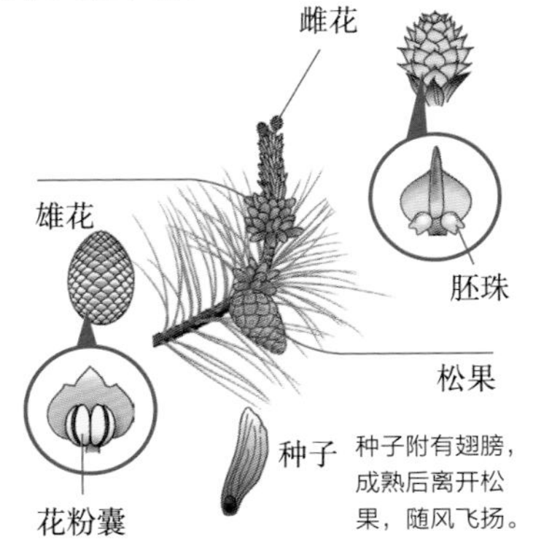

红豆杉▼红豆杉科
高约20米
在日本，其广泛分布在北海道的洼地至九州的山地。雌雄异株，花期在4月，初秋结果。种子由红色如果冻般的外皮包裹，有毒。

扁柏▼柏科
高约30米
树皮红褐色，微微纵向剥离。其特征树枝细且水平伸展，有如鳞片状重叠细小叶片。较为结实，具有香气，常为建筑材料。

日本柳杉·扁柏林
（植树造林）

日本柳杉和扁柏作为日本建造房屋必要的木材，从很久之前就开始被种植在山上。日本柳杉在潮湿的山谷至山腰地带，扁柏在稍干燥的急坡等地均有种植。被妥善护养的森林逐渐增多。

日本柳杉▼杉科

高约45米

喜潮湿，在大自然中广泛分布。雄球花微发黄色，雌球花绿色，初春时节散播大量的花粉。

本柳杉林（日本神奈川县丹泽）

亚高山带针叶树林

在日本本州中部海拔1700～2500米、北海道海拔0～1000米的山地可见。本州地区为白叶冷杉、大白叶冷杉、本岛云杉、米铁杉等组成的森林，北海道为库页冷杉、虾夷云杉等组成的森林。

大白叶冷杉▼松科

高30～50米

是库页冷杉的一种，集中分布在多雪的亚高山地带。松果为蓝紫色，椭圆形，长5～10厘米。

大白叶冷杉（日本秋田县、八幡平）

松▼松科

30～40米

皮呈红褐色。在日本东以南地区的内陆多，东北地区的海岸也种植。枝头开雌球花，的根部开雄球花，来秋季松果中结出种子。

落叶松▼松科

高20～30米

树干笔直，叶片为又短又软的针形。秋季叶片变黄落叶。日本宫城县至中部地区的山地和亚高山地带有种植，也有人工林。

蕨类会开出什么样的花？

在森林中行走时总能看到蕨类植物。蕨类植物是不产生种子、通过孢子来繁衍后代的植物，因此也不开花。蕨类植物在种子植物繁盛前诞生，跨越了恐龙时代，是具有原始性质的植物。

蕨类植物的特征

- 进行光合作用
- 通过孢子繁衍
- 具有维管束
- 有根、茎、叶的区别
- 水从根部吸收

散播孢子增加同伴的数量

蕨类植物的叶片很发达，属于孢子体的一部分，作用是散播孢子。蕨类的叶片背面能长出孢子囊，孢子囊成熟后裂开，散播孢子，繁衍后代。

孢子囊群

6月～7月左右，圆粒状物体在叶片背面排列。这是含有孢子的囊（孢子囊）聚集起来形成的。蕨类植物种类不同，其排列方式也不同。

蕨类植物的身体结构和繁衍方式

（红盖鳞毛蕨）

随风飞扬的孢子发芽后，成长为原叶体。原叶体具有雌雄器官，通过受精形成孢子体。

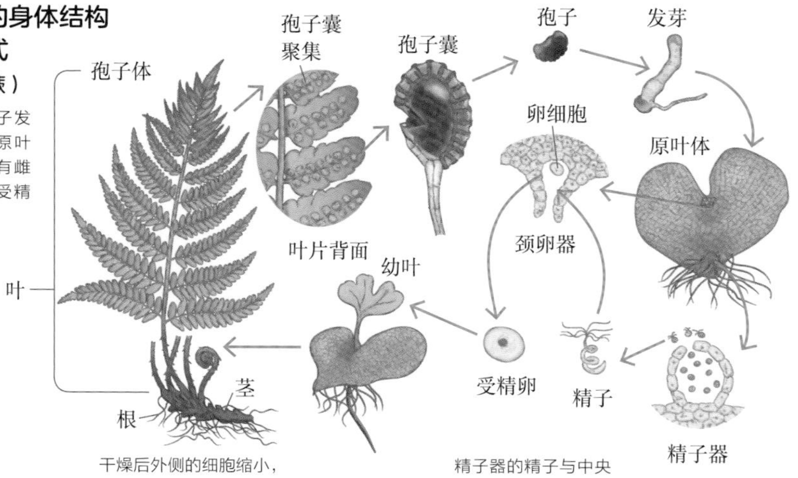

紫萁▼紫萁科
50～100厘米
生于山野，去掉苦味可食用。孢子叶单独发育。

伏石蕨▼水龙骨科
2～5厘米
伏在树干和岩石上生长。其特征是有又小又圆、光润的厚叶片。

荚果蕨▼球子蕨科
50～70厘米
生长于潮湿的森林中。孢子叶单独发育。嫩芽是名为“黄爪香”的山野菜。

笔筒树▼桫椤（suō luó）科
树干高4米，粗50厘米，叶总长为2米是在潮湿的森林中可见的木生大型蕨类。

问荆和杉菜

春天的野菜“杉菜”，来自蕨类植物问荆的孢子叶，作用是形成孢子。我们平时经常看到问荆绿色的植物体，那是它的营养枝，能通过光合作用产生养分，贮藏于地下茎，供孢子叶生长。

问荆
▼木贼科
10~40厘米。在光照充分的堤坝和田埂上生长。

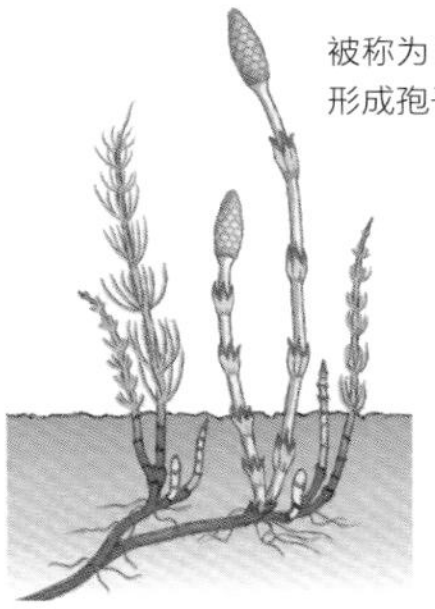

被称为“杉菜”的部分是形成孢子用的孢子叶。

苔藓和海藻也是靠孢子繁殖的吗？

在森林或庭院的土地和岩石等处生长的苔藓类、在海中生长的裙带菜和海带等海藻类植物，也是通过孢子繁衍后代的。

从身体表面吸收水分的苔藓植物

苔藓植物依靠孢子繁殖，这和蕨类植物的繁殖方式类似，但苔藓没有维管束，也没有根、茎、叶的分化。蕨类用根吸收水分，而苔藓与蕨类不同，它们紧贴地面蔓延，通过身体表面吸收水分。科学家认为苔藓与蕨类同样古老，苔藓在地球上登场的时间甚至可能比蕨类植物更早。

地钱▼地钱科

在田间或后院等处的潮湿地面上生长，扁平叶状体紧密聚集。雄株高约2厘米的柄上有呈圆盘状的小伞，雌株高约5厘米的柄上有呈手掌状的小伞。

苔藓植物的特征

- 进行光合作用
- 通过孢子繁衍后代
- 无维管束
- 无根、茎、叶的分化
- 从身体表面吸收水分

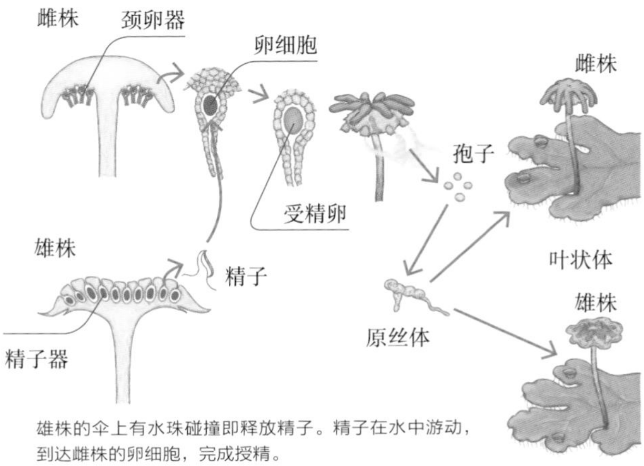

雄株的伞上有水珠碰撞即释放精子。精子在水中游动，到达雌株的卵细胞，完成授精。

苔藓植物的身体结构和繁殖方式（地钱）

当降雨后，地面潮湿时，苔藓“雄株”中产生能游动的精子，与“雌株”中的卵细胞进行授精。受精卵形成胚，长出孢子囊，形成孢子。孢子随风飞扬，萌发后成长为雄株和雌株。

地钱能进行无性生殖（P78），它的叶状体上具有杯状的凹陷（杯状体），其中能形成无性芽，通过雨水等向周围传播，发育成为新的叶状体。

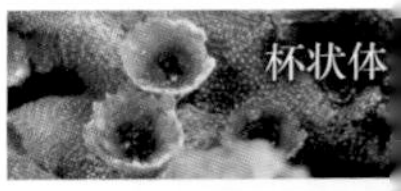

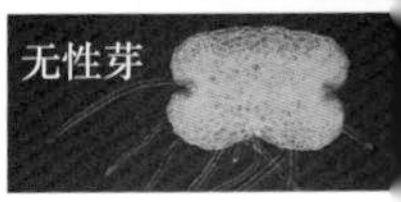

生活在海里的海藻

海洋中也有依靠孢子繁殖的生物。裙带菜、紫菜、鹿尾菜等餐桌上能够见到的海藻类就是如此。它们没有根、茎、叶的分化，也不开花。海藻是生活在海水中的藻类植物，包括红藻（比如紫菜）、褐藻（比如海带、马尾藻）、绿藻（比如石莼）。它们结构低等，没有根、茎、叶的分化或只有简单的分化，都能进行光合作用，是海洋生物重要的食物。日本近海中生长着约1400种海藻。

海藻的身体结构和繁殖方式（海带）

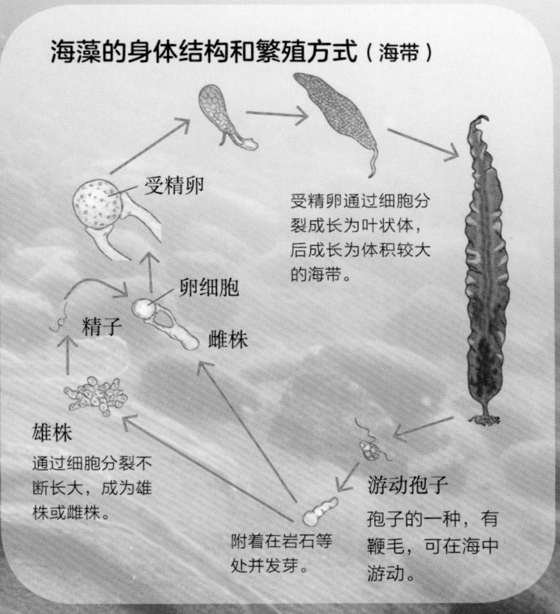

受精卵
受精卵通过细胞分裂成长为叶状体，后成长为体积较大的海带。
卵细胞
精子
雌株
雄株
通过细胞分裂不断长大，成为雄株或雌株。
游动孢子
孢子的一种，有鞭毛，可在海中游动。
附着在岩石等处并发芽。

海带是不是植物?

一百年前，科学家们把海带所属的褐藻归类于植物，因为它有叶绿体，有光合色素，能通过光合作用制造氧气。但如今，很多科学家认为褐藻不属于植物，原因是它的细胞结构、色素种类、叶绿体结构、DNA序列与其他植物有很大不同。

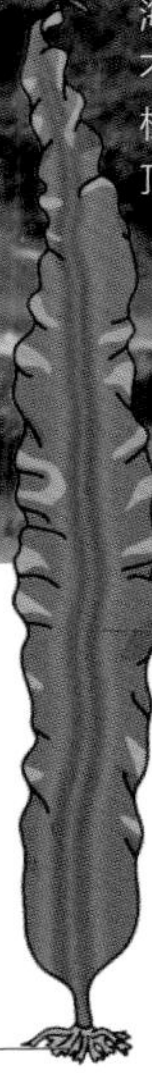

海带是根部不断生长的植物，因此顶端较老。
叶状体
可食用部分
固着器
附着于岩石等处的部分。并没有向体内运送养分的作用。

海带▼海带科（褐藻）

~6米。生长在冷海中。身体较长，有的种类体长能达20米。可食用。褐藻类还有鹿尾菜、无肋马尾藻、海蕴、裙带菜等植物。

海藻的特征

- 进行光合作用
- 通过孢子繁衍后代
- 无维管束
- 无根、茎、叶的分化
- 从身体表面吸收水分
- 在水中生活

孔石莼（chún）▼石莼科（绿藻）

在浅海的岩石上等处飘动着绿色的身体。绿藻类还有肠浒苔、伞藻、刺松藻等。

条斑紫菜▼红毛藻科（红藻）

作为一种食用海苔在日本全国均有种植。红藻类还有甘紫菜、石花菜等植物。

食用海苔是将条斑紫菜呈板状展开后干燥而来。

出处：日本神户大学海域环境教育中心《濑户内海海藻生物标本数据库》
提供：日本神户大学附属图书馆数字档案室

蘑菇是如何成长的？

我们常会把蘑菇归类为植物，但蘑菇属于真菌，它和霉菌一样，由菌丝组成，没有叶绿体，无法利用光合作用制造营养物质，细胞壁的成分含有几丁质，这些特点和绿色植物一点都不一样。它们或与植物共生，或能分解死去的植物，与植物有着密切的关系。

蘑菇的真实身份是子实体

霉菌和蘑菇的身体由被称为菌丝的丝状排列的细胞组成，这是它们的特征。蘑菇在真菌中属于担子菌类，通常在潮湿的土地和朽木、落叶中分布菌丝，吸收养分生长。具备适宜的温度和水分等条件后，即形成产生孢子的子实体。我们所说的“蘑菇”并食用的部分就是子实体。子实体集合了大量的菌丝，在菌盖内侧的菌褶中产生孢子。孢子随风散播至新的地点长出菌丝，菌丝又合体并重复上述繁殖过程。

香菇▼小皮伞科

子实体的菌伞直径为5～12厘米。野生种类生长于栎树、橡木等栲（kǎo）类植物的枯木上。在日本作为食用菌类被大量栽培，是世界三大栽培菌类之一。

菌类的特征

- 无叶绿体，不进行光合作用
- 从其他生物体处获取养分生长
- 无根、茎、叶的分化
- 依靠孢子繁衍后代
- 被称为蘑菇的是子实体
- 非植物或动物的独立种群

蘑菇的身体结构和繁殖方式（香菇）

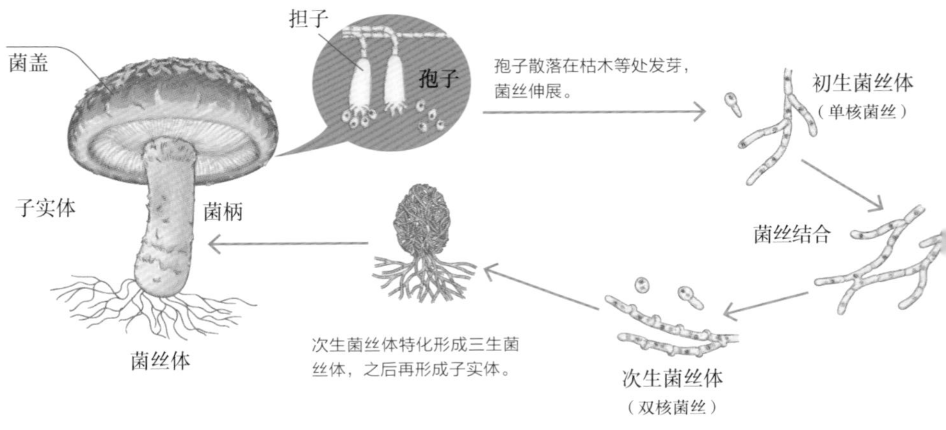

蝇鹅膏菌（有毒）▼
伞科

实体高10～20厘米，菌伞直径
～20厘米。红色菌伞上有白色粒状
起，是一种美丽但有毒的蘑菇。白
林中多见，松树林中也可见。

皮地星▼硬皮地星科

皮地星是一种蘑菇，它有星形的皮，
间是一个2~4厘米的球状凸起，它成
后裂开一个小洞，表皮干缩，把烟雾
的孢子从小洞中散播出来。

珊瑚菌（有毒）▼**珊瑚菌科**

高10～20厘米，无菌伞，枝分叉、密集生长。在库页冷杉、铁杉等针叶树的树林中可见，与之相似的菌类很多。有毒。

制作面包的酵母菌也是菌类

制作面包时使用的“酵母”是指酵母菌，是将糖分解为乙醇和二氧化碳的菌类。面包能够膨胀，是酵母菌产生二氧化碳的缘故。酵母菌多数与霉菌一样是子囊菌类，但为单细胞生物，通过细胞分裂增殖。

酵母菌的繁殖方式

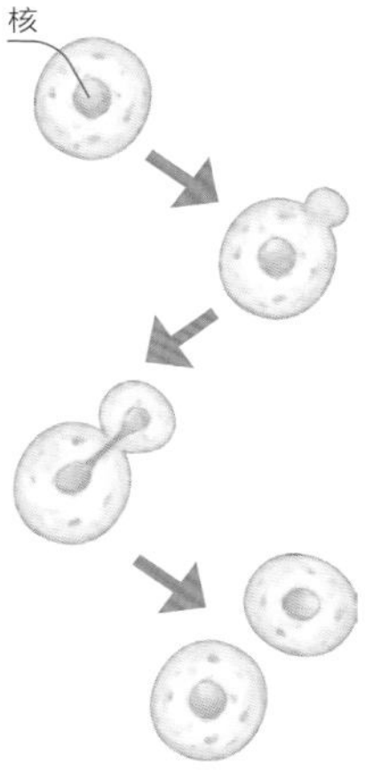

细胞的一部分突出（出芽）、增大后分裂。

*无性生殖的例子

霉菌也是通过孢子繁衍后代

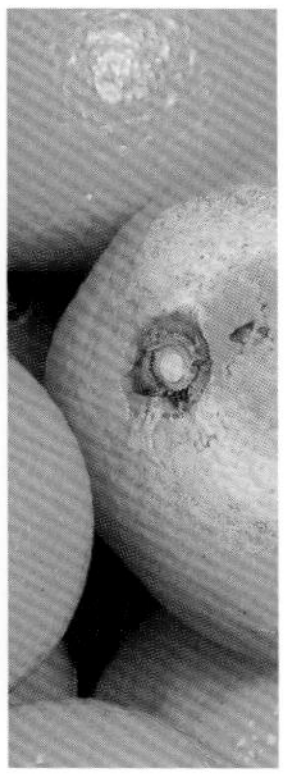

霉菌多数是子囊菌类。生长于人类的食物、衣服及死去的动植物的身体等处，短小的绒毛状蔓延分布。霉菌也是从散播的孢子开始延展生长菌丝而成，具有如同蘑菇一样的两个菌丝结合起来繁殖的种类（有性繁殖，P78）和不结合繁殖的种类（无性繁殖，P78）。

青霉的繁殖方式

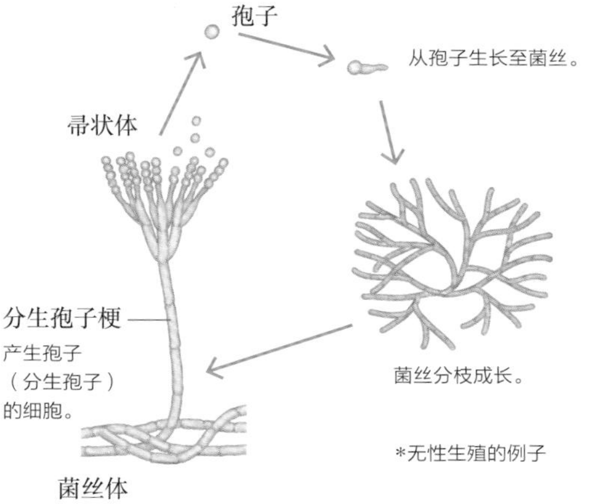

*无性生殖的例子

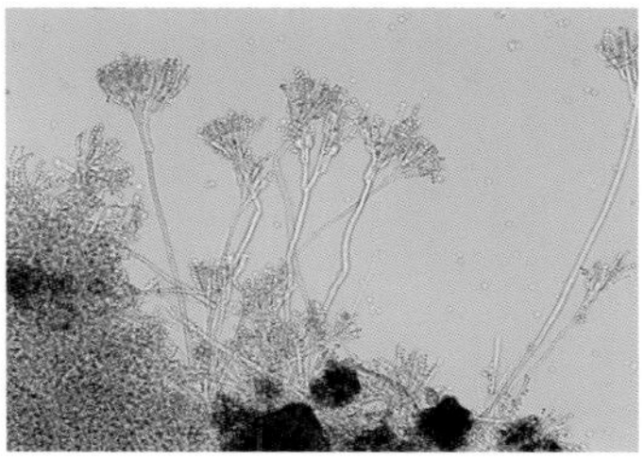

青霉

生长在面包和水果等处，多数为蓝绿色。有200种左右，青霉素这一抗生素就是在青霉中发现的。

森林到底是什么地方？

森林里不仅有高大的树木，
还有低矮的树木和蔓生植物、树下杂草、鸟类、野兽、
昆虫、蘑菇等多种生物生活于其中。
让我们来看看身边的森林是怎样的吧。

森林的构成（枹栎林）

这张图是在日本本州常见的以枹栎为主的落叶阔叶林（杂木林）的例子。森林中生长有乔木、小乔木、灌木等树高不同的树木。临近地面的地方（林床），生长有草和苔藓，还有由掉落在地上的橡子发芽长出的树木幼苗等。

此外，森林的周边还蔓延地生长着较低的树木和蔓生植物等。在森林最外侧的地面上，有能够适应干燥和贫瘠土地的强韧草类带状生长。这些植物可以缓和由强风和日照引起的森林的环境变化，并防止大雨导致的水土流失。

构成枹栎林的植物

森林外围的草木

森林外侧呈带状包围的草类。艾蒿、虎杖、牛膝、美国楝（liàn）草、苎麻等喜日照良好场所的草类比较多见。

魁蒿和虎杖等

长在森林周围、保护森林的植物

地幔植被围绕森林生长。如臭梧桐、盐肤木、接骨木、旌节花、牛叠肚等灌木，和葛、葎（lǜ）草、乌蔹（liǎn）莓、山药、山萆薢（bì xiè）等蔓生植物。

乌蔹莓和山萆薢等

林床

在地面附近生长有许多野草和树芽。常见的有帚菊、山东万寿竹等草类，山杜鹃、灰叶稠李等落叶树以及麻栎、青冈栎等常绿树的幼芽。

山东万寿竹

灌木层

80厘米～2米左右的较低树木层。可见枹栎、野茉莉、绞木、髭（zī）脉桤（qī）叶树、鹅耳栎等落叶树和柃木、青冈栎等常绿树。

亚乔木层

比乔木层稍低、8米左右的扩展叶片的树木层。可见枹栎、髭脉桤叶树、野茉莉、鹅耳栎、栗子树、山楂叶槭等落叶树。

乔木层

森林中的树木互相争夺阳光生长。在日照良好场所生长的树木才能存活下来，笼罩森林的上部。枹栎林高15～20米。可见枹栎和昌化鹅耳枥、麻栎、栓皮栎等落叶树。

木

髭脉桤叶树

麻栎

2 干燥造就的奇妙树形

索科龙血树（也门，索科特拉岛）

索科特拉岛是漂浮在印度洋中被收录在世界遗产名录中的岛屿。这棵树的外形能够聚集海上雾气并将水分输送至根部，同时笼罩周围使之背阴防止干燥。树的汁液为红色，可作为药材和染料。

1 亚寒带广布的北方边界的针叶林

泰加林（俄罗斯，西伯利亚地区）

在北半球的亚寒带有很多被称为泰加林的针叶林。特别是西伯利亚地区，有着由库页冷杉和本岛云杉等组成的广阔森林。比泰加林更北的地区无法形成森林。

3 养育大型哺乳类动物的大草原

热带丛林和沙漠之间形成的草原。有金合欢属的乔木和灌木稀疏生长。由于大型草食动物种群会啃食，因此无法形成森林。这里也栖息着狮子等肉食动物。

热带稀树草原（坦桑尼亚，塞伦盖蒂国家公园）

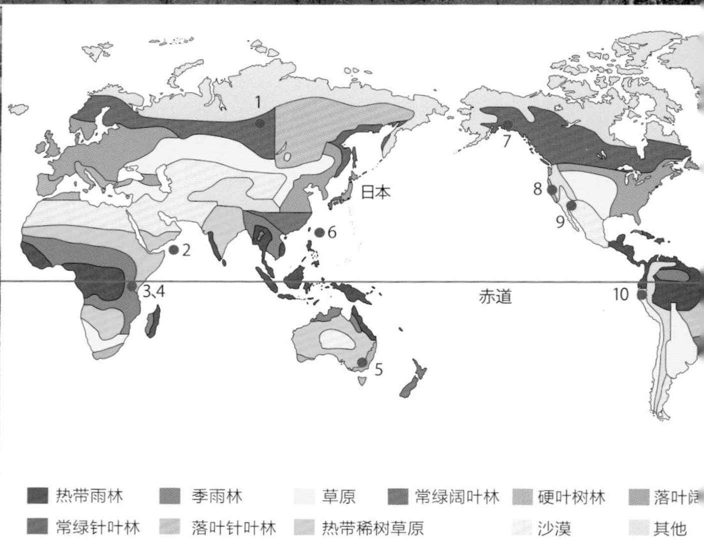

4 耐低温的高山植物

乞力马扎罗山上海拔4300～5000米处生长的菊科植物。老的叶片不会掉落，因此可以保护枝干抵御寒冷。非洲的高山上，这种植物的同类进化成各种各样的形状。

乞力马扎罗千里木（坦桑尼亚）

5 山林火灾也能成为其伙伴的硬叶树林

夏季干燥的土地上生长有被称为硬叶的常绿树。树袋熊喜爱的桉树也是硬树。硬叶树共有500种以上。经常发的山林火灾的热气能促使种子的外壳裂长出新芽。

桉树林（澳大利亚南部）

7 永久冻土上生长的植物

冻土带荒原（加拿大，克鲁安国家公园）

冻土带是一年均冻结的土地上的生态系统。夏季有一部分土地解冻成为湿地，适宜生长越橘、柳树、禾本科草类、苔藓等植物。短暂的夏季过后变为红叶。

8 树龄2000年以上的巨木并排生长

红杉林
（美国，红杉国家公园）

也被称为大红杉，高80米、粗10米。这里也有世界上体积最大、树龄在2000年以上的红杉。红杉树皮很厚，因此在山林火灾中也能存活下来，成为大树林。

深访世界各地的森林

植物在漫长的岁月中不断改变姿态、形状和繁殖方式等，适应着周围的环境存活下来。因此世界上有各种我们身边无法看到的、具有有趣外形的树木和它们形成的森林和草原。下面我们就来看看这些植物所创造的不可思议的景色吧。

9 干燥的土地上努力生存的身躯

巨柱仙人掌林
（墨西哥，索诺拉沙漠）

在沙漠中，干燥加上昼夜温差非常大，仙人掌的叶片进化为肉刺，以防止水分的蒸发，在凉爽的夜里打开气孔摄入二氧化碳，进行独特的光合作用。

6 适应海水的红树林

红树林是在热带和亚热带的河口处生长的森林，红茄苳（dōng）就是其中一种树木。树干的半腰处生出根来帮助呼吸。多余的盐分储藏在叶片中，通过落叶被排出体外。

红茄苳林（日本，冲绳县西表岛）

10 最具生物多样性的环境

热带雨林（厄瓜多尔）

在多雨的赤道附近的低地上广布的热带丛林。植物繁茂，吸收众多的二氧化碳，具有防止全球气候变暖的重要作用。除植物外也有许多动物生活在这里。

生命 1

我们的

生物在漫长的时间长河中进化为各种各样的外形。
我们人类所属的哺乳动物也是在进化中存活下来的有个性的类群之一。
行走、奔跑、看、听、唱、进食、排泄、读书、说话……
我们的身体是凭借怎样的机制来支持每天的活动的呢？
接下来让我们聚焦人体的不可思议之处吧。

身体结构

急行跳远的分解照片。支持助跑和跳跃的虽是骨骼和肌肉，但在起跳的位置、时机、空中姿势等的判断中，感觉器官发挥着重要作用。

人类与黑猩猩有什么区别？

人（人类）▼
灵长目人科人属
成年的雄性（男性）身长约160～180厘米，体重50～90千克。雌性（女性）的数据比雄性的稍小。居住于除南极外地球上的大部分区域。杂食性。能够直立用双腿行走并使用火及工具。有语言，创造了高度发达的文明和复杂的社会。现在世界上的所有人全部都属于智人这一个物种。

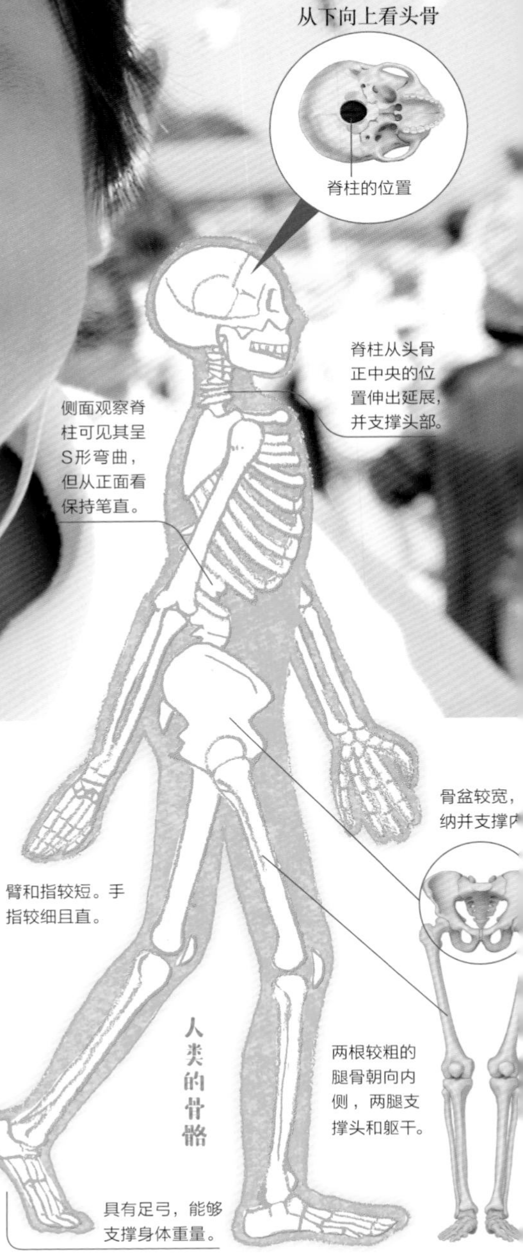

从下向上看头骨
脊柱的位置
脊柱从头骨正中央的位置伸出延展，并支撑头部。
侧面观察脊柱可见其呈S形弯曲，但从正面看保持笔直。
骨盆较宽，
纳并支撑内
臂和指较短。手指较细且直。
人类的骨骼
两根较粗的腿骨朝向内侧，两腿支撑头和躯干。
具有足弓，能够支撑身体重量。

人和黑猩猩是相似的吗？

我们人类是属于脊索动物门中哺乳纲灵长目人科人属智人种这一分类的动物。灵长目包括有眼镜猴、日本猴、指猴等在内的猴类，但其中的人科包括有大猩猩和黑猩猩等，人属中至今仍存活的只有智人这一个物种，也就是我们人类。

与人类最相近的黑猩猩是约700万～500万年前从与人类的共同祖先中产生的一个分支。人类和黑猩猩的基因比对中只有约1.2%的差异。

生活在森林中树上的人类祖先逐渐进驻草原，变得只使用两条腿行走。这样一来，自由的双手便能制作工具，渐渐地人类也发现了火的使用方法。此外，头部进化到位于脊柱正上方的位置，脑变发达，喉的形状也逐渐地变化，能够使用语言了。

类的一大特征是依靠双腿直立行走。
类的骨骼与物种相近的黑猩猩的骨骼究竟有哪些方面的差异呢？

黑猩猩▼
灵长目人科黑猩猩属

成年雄性身长约150厘米，体重40~60千克。雌性的数据比雄性的稍小。居住在非洲的森林中。主要以果实和叶片为食，也进食蚂蚁等虫类和小型动物。手指外侧接触地面行走，即跖（zhí）行移动身体。无法远距离直立行走。

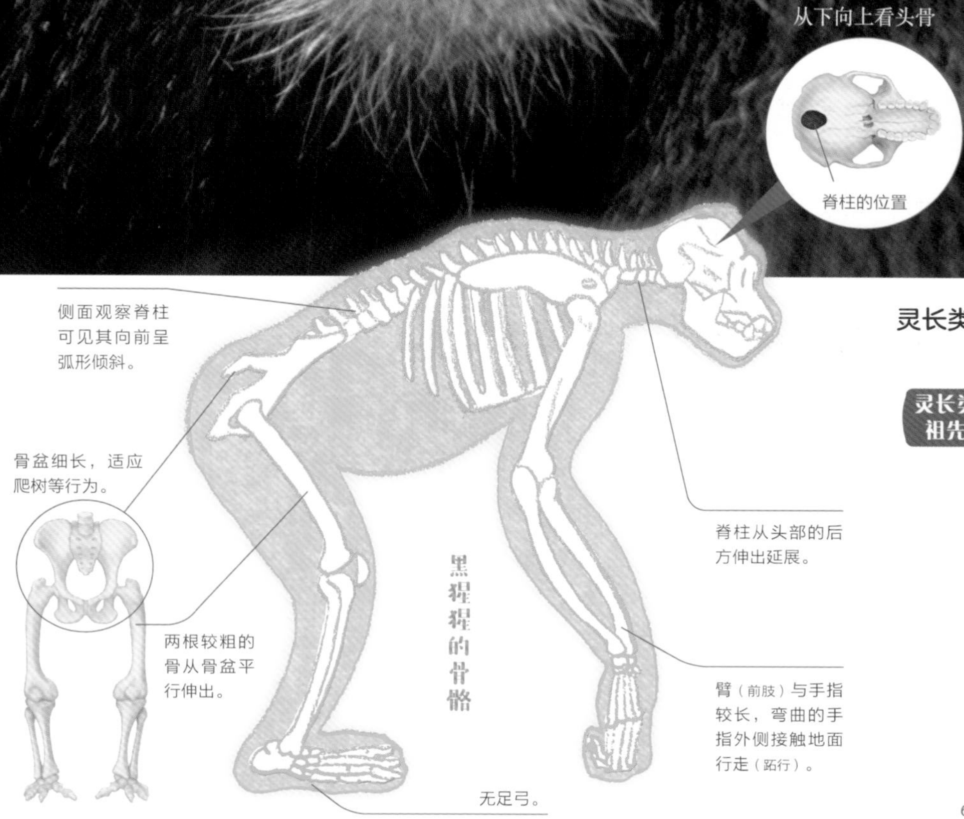

从下向上看头骨
脊柱的位置
侧面观察脊柱可见其向前呈弧形倾斜。
骨盆细长，适应爬树等行为。
两根较粗的骨从骨盆平行伸出。
黑猩猩的骨骼
脊柱从头部的后方伸出延展。
臂（前肢）与手指较长，弯曲的手指外侧接触地面行走（跖行）。
无足弓。

灵长类生物的进化

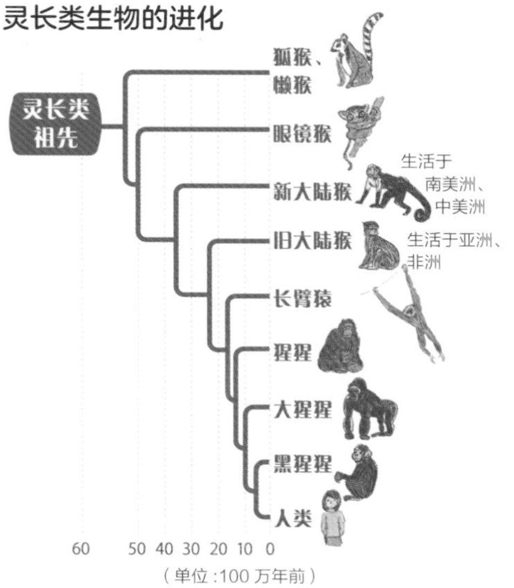

骨头也会生长？

人类是脊椎动物。
脊椎动物的骨骼以脊柱为中心，
众多骨骼集合起来共同支撑身体。
让我们来看看骨的形状、运动方式和作用吧。

骨具有众多作用

骨是支撑身体的最基本的器官。骨的集合称为骨骼，人体的骨骼由200多块形状各异的骨组合而成。骨除支撑身体之外，也有着与肌肉共同支配臂和足的活动、保护脑和内脏等柔软器官、生成新鲜血液成分等作用。

骨是由血液中存在的磷酸钙和蛋白质形成的。骨中也有血管通过，运送养分和氧气。

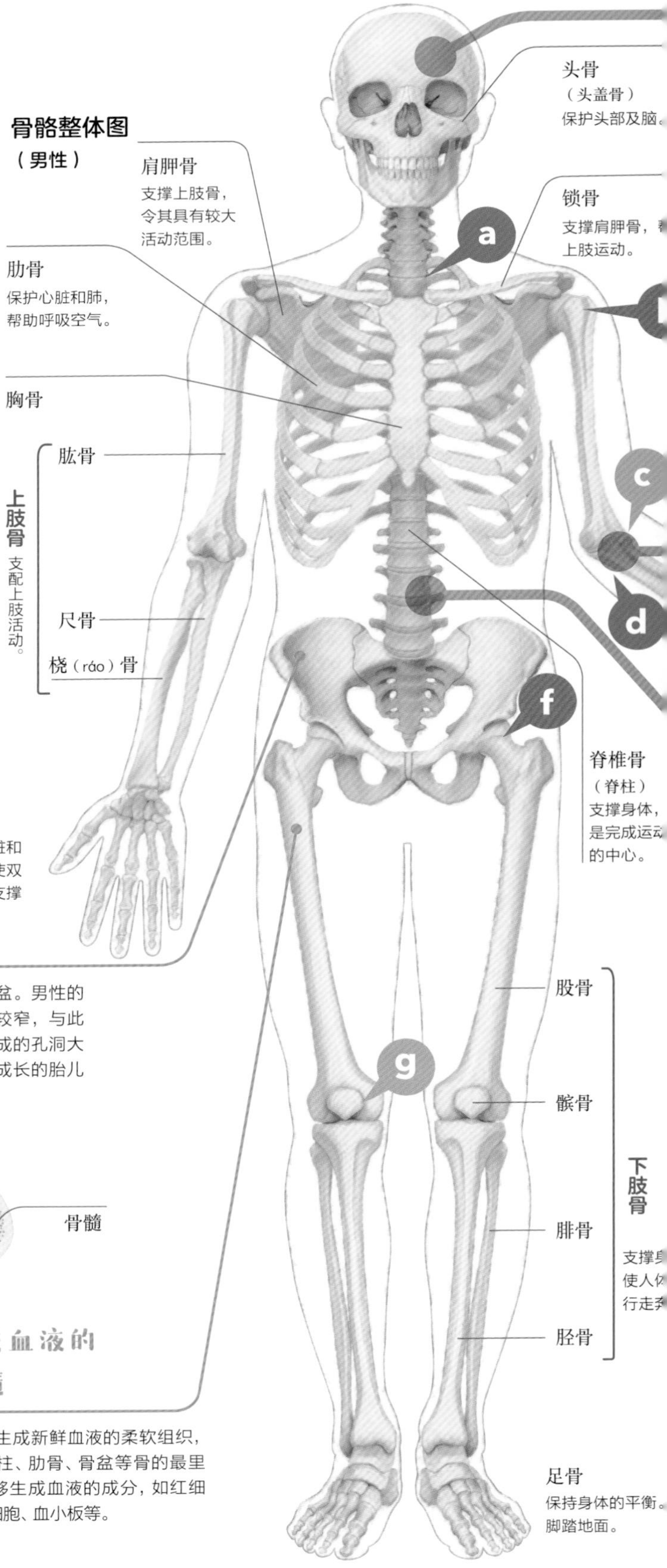

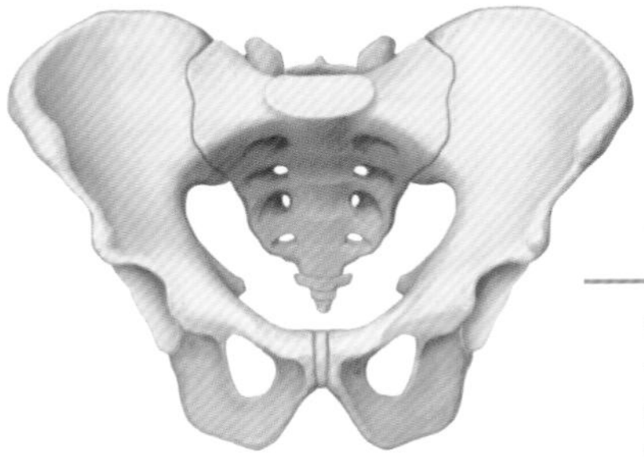
男性骨盆

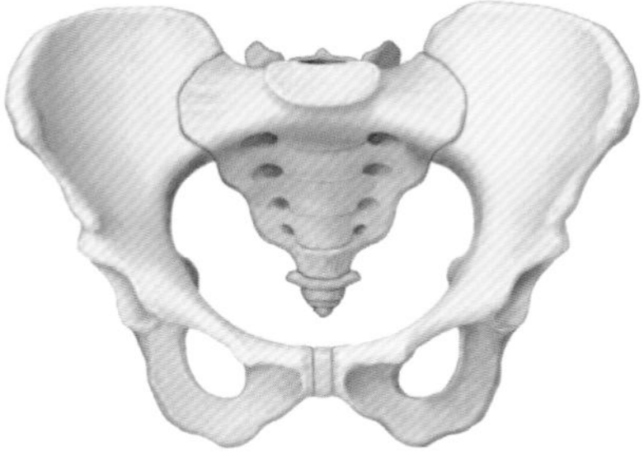
女性骨盆

男女骨盆的差异

在人的骨骼中，男女差异最大的是骨盆。男性的骨盆整体呈心形，内侧所围成的孔洞较窄，与此相对，女性的骨盆横向较宽，内侧围成的孔洞大而圆。女性的骨盆形状能够保护腹中成长的胎儿并保证其顺利生产。

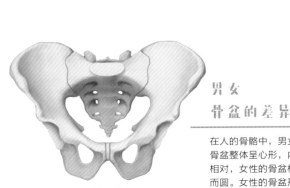

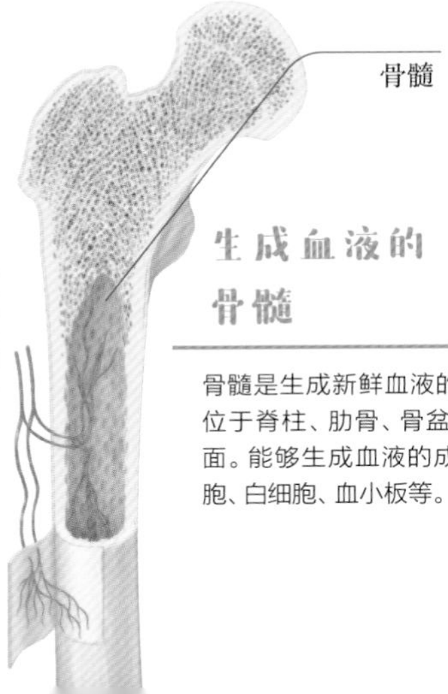

生成血液的骨髓

骨髓是生成新鲜血液的柔软组织，位于脊柱、肋骨、骨盆等骨的最里面。能够生成血液的成分，如红细胞、白细胞、血小板等。

骨和骨的联结

骨有三种联结方式，经常活动的手足骨为关节联结。在关节中，由软骨覆盖的两根骨的前端被韧带这一坚韧的囊性结构包裹。依据骨的不同活动方向分为不同的类型。

1.咬合联结（骨缝联结）

骨之间咬合联结无法活动。→头骨

头骨侧面观察图

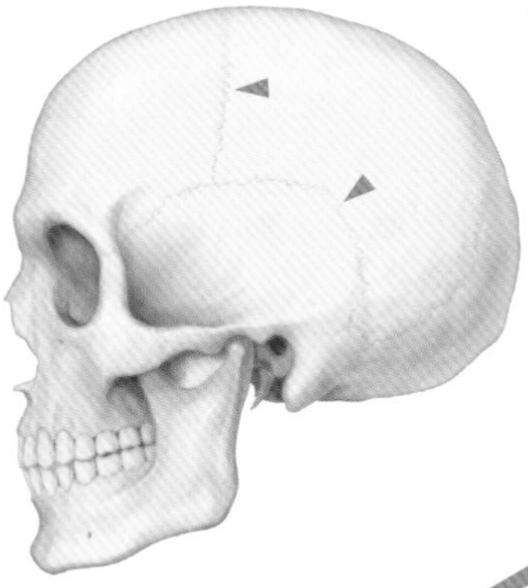

2.依靠关节联结（关节联结）

依据骨的不同活动方向分为不同的类型。

能够向固定的方向屈伸。→肩、膝、肘等

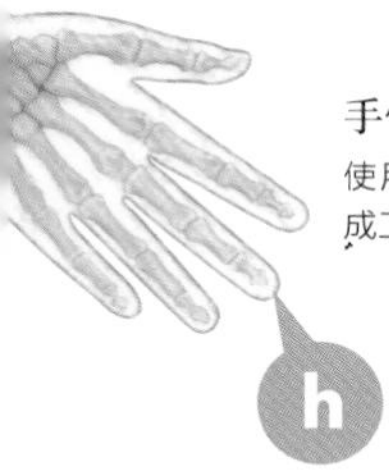

手骨

使用手指完成工作。

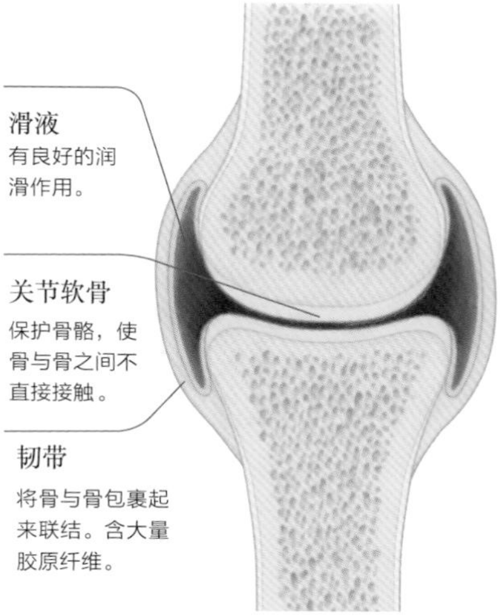

滑液
有良好的润滑作用。
关节软骨
保护骨骼，使骨与骨之间不直接接触。
韧带
将骨与骨包裹起来联结。含大量胶原纤维。

球窝关节

前后左右均能活动。也可旋转。

平面关节

中间稍有缝隙，用于调整方向。

车轴关节

只能完成绕垂直轴的旋转活动。

滑车关节

如门的合页一般，只能向一个方向活动。

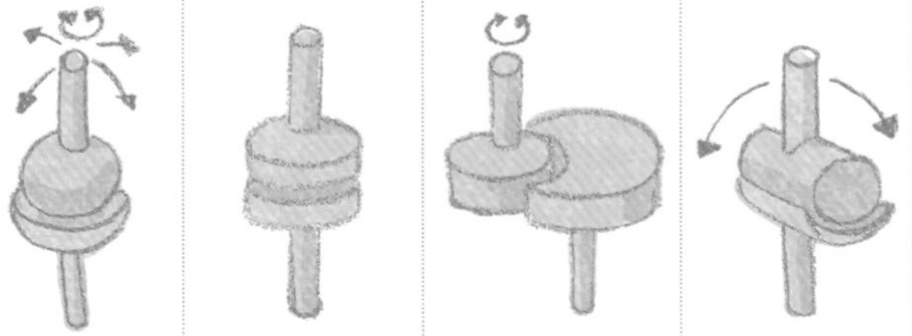

球窝关节：b 肩关节；f 腕关节

平面关节：a 椎间关节

车轴关节：d 桡尺近侧关节；e 桡尺远侧关节

滑车关节：c 肱尺关节；g 膝关节；h 指间关节

3.依靠软骨联结（软骨联结）

脊柱侧面观察图

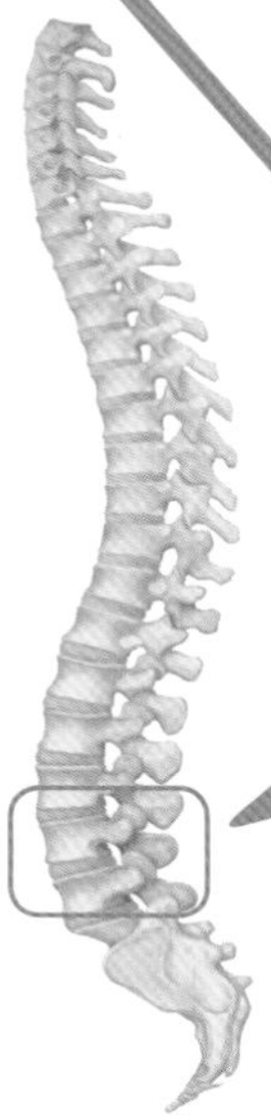

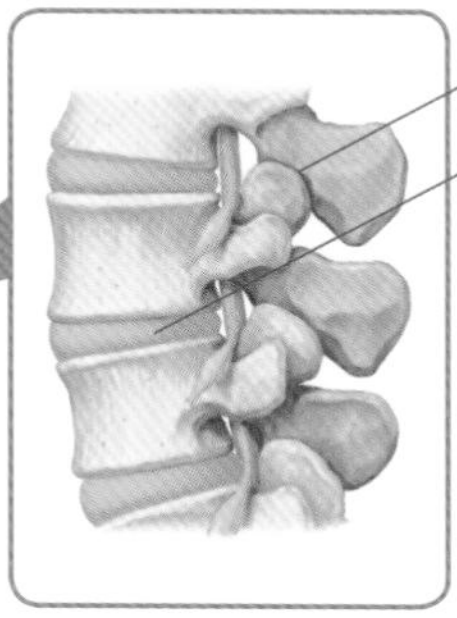

关节

软骨

由软骨联结，能够进行小范围活动。

→脊柱骨、胸骨等

骨的作用

- 支撑身体。
- 保护脑和心脏等柔软器官。
- 与肌肉共同支配臂和腿的活动。
- 具有骨髓的骨能够生成新鲜血液。
- 储存钙。

为什么要长肌肉？

我们在活动上下肢时，必然会有肌肉的收缩舒张。肌肉也支配心脏等内脏的活动。

试着触摸自己的肌肉吧

这里展示的肌肉全部都称为骨骼肌，发挥着带动骨骼运动的作用。骨骼肌是能受人的意志控制随意活动的肌肉（随意肌）。

人体想要活动身体时，命令从脑部传达至肌肉。然后肌肉通过内部所含的蛋白质来收缩，随后舒张恢复原状。众多的肌肉在命令下收缩舒张、活动关节，从而产生了运动。

除骨骼肌外，人体还有支配心脏活动的心肌、支配内脏活动的平滑肌等，但这些都是自主收缩的肌肉，且不能随自身意志活动（不随意肌）。与骨骼肌也有细胞构成上的差异。

肌肉的作用

骨骼肌

- 附着在骨上活动关节。
- 听从脑的命令运动。

心肌・平滑肌

- 让心脏或内脏活动。
- 自主运动。

人体肌肉前视图

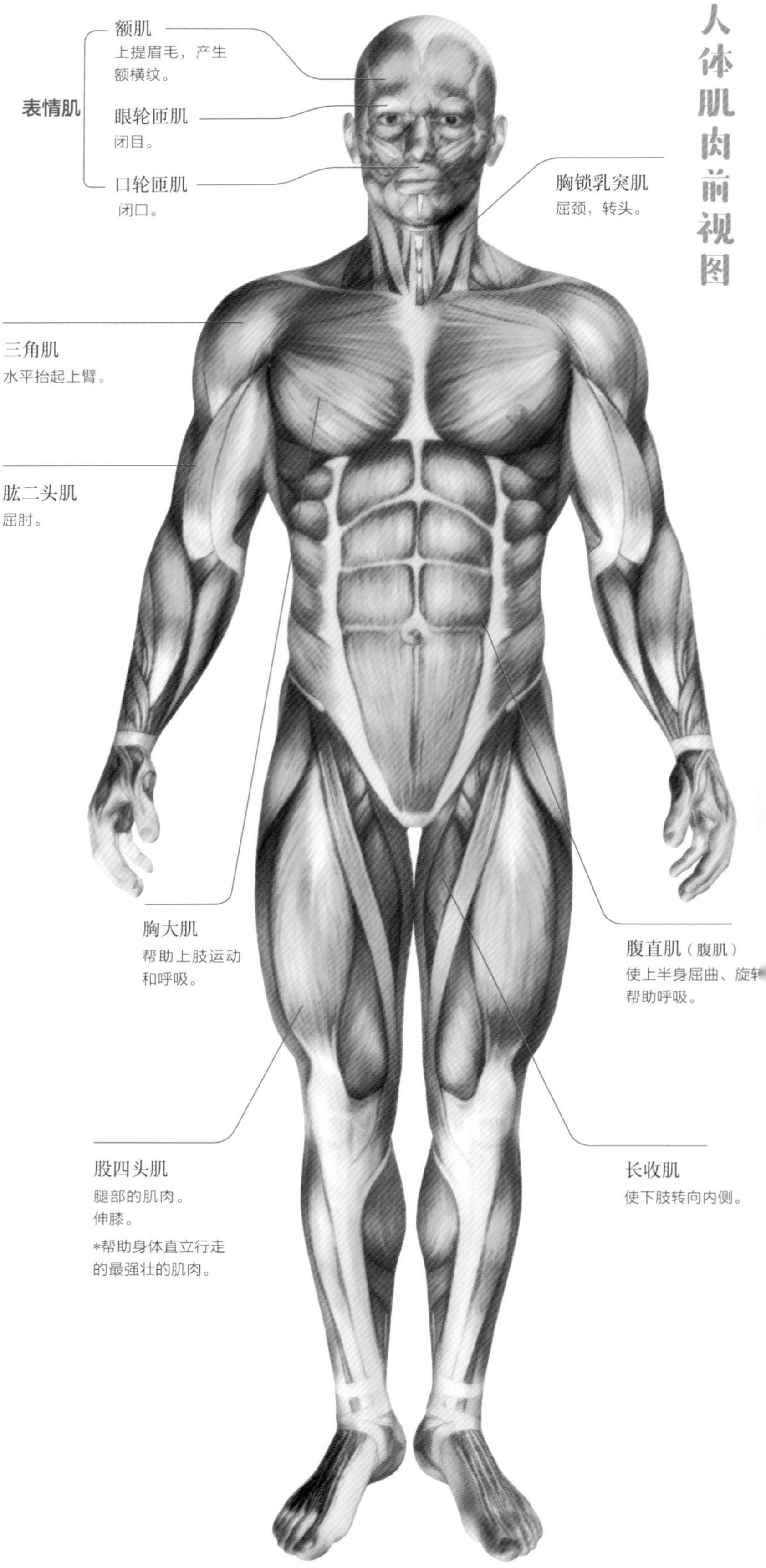

人体肌肉后视图

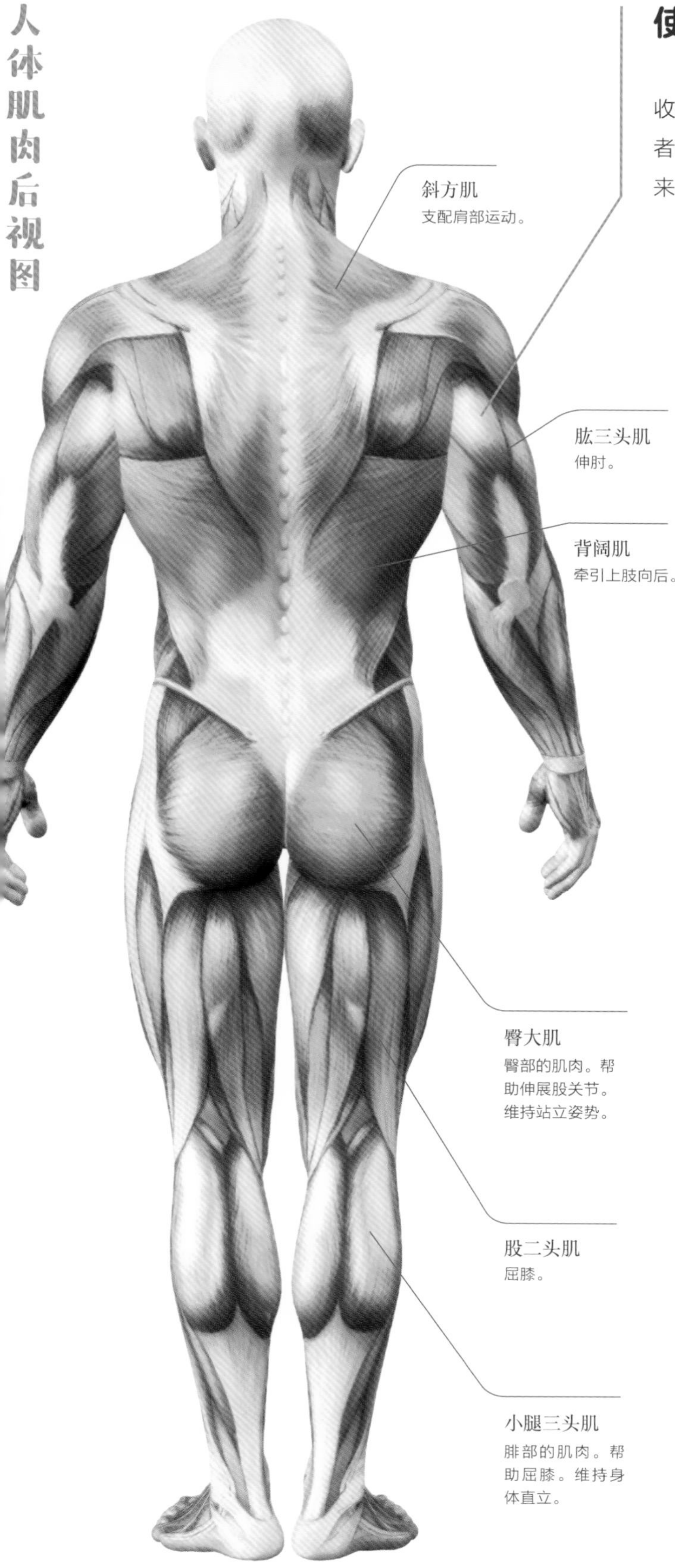

使上肢或下肢屈曲的机制

上肢弯曲时隆起的肱二头肌的内侧有肱三头肌，二者一个收缩，另一个即舒张。具有这样的关系的肌肉称为拮抗肌，二者均跨越关节附着在骨上。关节的屈伸通过拮抗肌的交替收缩来完成。

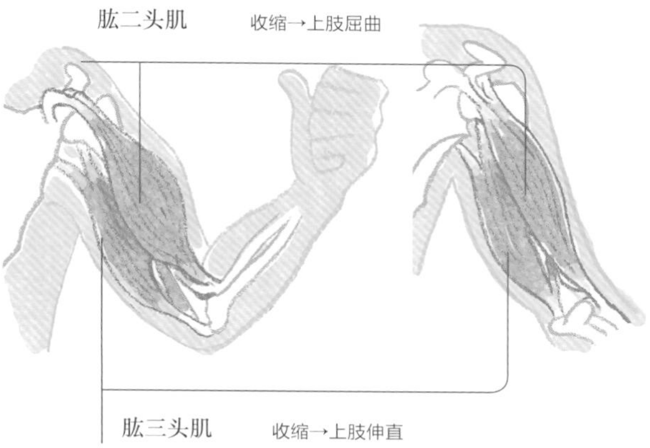

肌肉的种类与细胞形态

骨骼肌（随意肌）

有条纹。

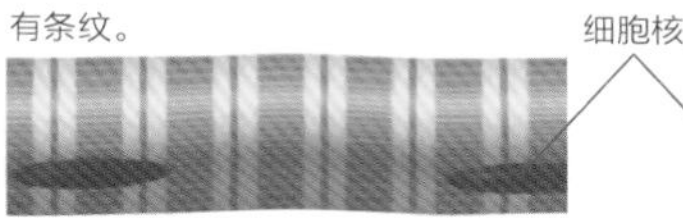

位于肌肉两侧的肌腱附着于不同的骨上。从脑部传达来的命令使肌肉收缩，完成屈曲上肢等运动行为。由横纹肌构成。

骨骼肌细胞（横纹肌）

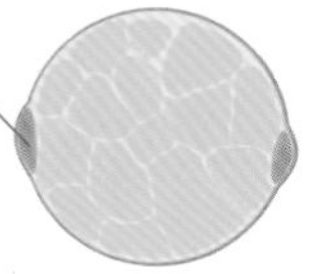

具有众多细胞核，体细长。由细长肌纤维聚集构成。

心肌（不随意肌）

有条纹。

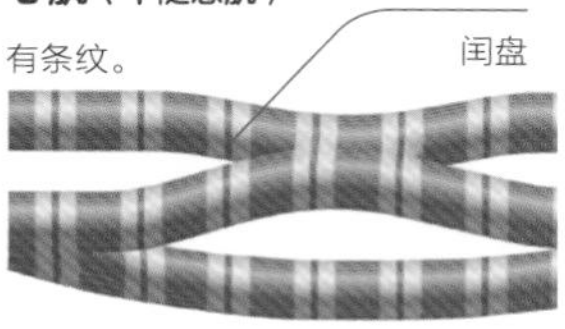

形成心脏的肌肉。细胞间通过闰盘连接，是能够自主收缩的坚固的肌肉。整体呈网状。

心肌细胞（横纹肌）

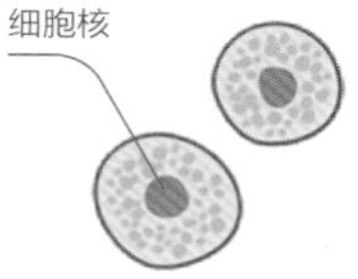

有1～2个细胞核。

平滑肌（不随意肌）

无条纹。

是支配内脏活动的肌肉，肌细胞倾斜、密集排列，传递刺激，缓慢收缩。无法随意志活动。

脏肌的细胞（平滑肌）

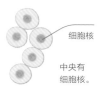

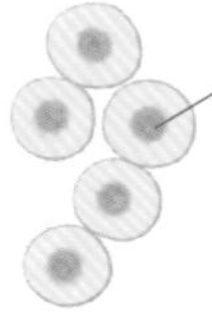

中央有细胞核。

血液是怎样在体内循环的？

*心脏像泵一样，
是无休止地将血液运送至全身的劳动模范。
让我们来探究血液在身体中循环的情况吧。*

血管和血液循环

动脉是从心脏发出的将血液从心脏运送至全身的血管。静脉是将全身血液送回心脏的血管。动脉与静脉通过毛细血管相连。若将人体全身的血管连接起来，长度大约9万千米，可绕地球两周以上。

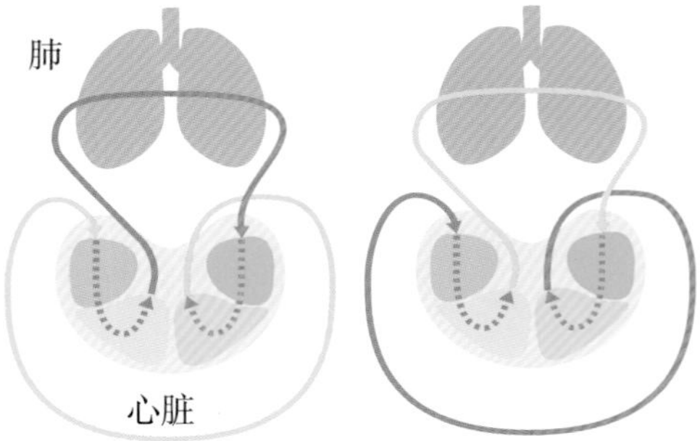

肺循环
血液从心脏出来在肺里完成二氧化碳和氧气的交换后返回心脏。

体循环
血液从心脏出来通过大动脉流至全身，输送氧气和营养物质，后返回心脏。

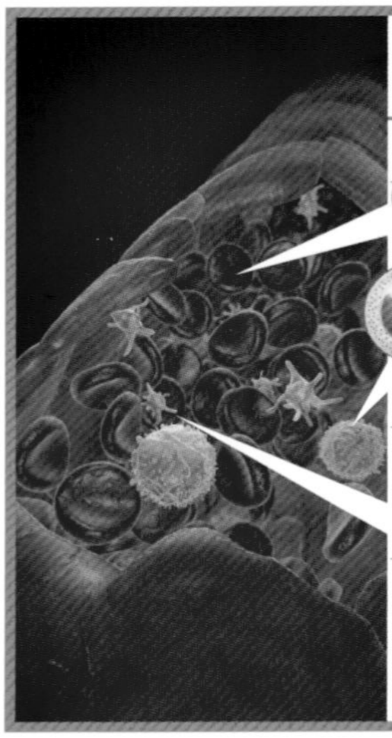

血液的成分和作用

	大小	形状	作用
红细胞	0.007~0.008毫米	圆盘状，无核。	通过血红蛋白将氧气运送至细胞。
白细胞	0.006~0.02毫米	形如变形虫，有核。	识别分解进入体内的细菌等病原体。
血小板	0.002~0.003毫米	无特定形状，无核。	使血液凝固，止血。
血浆 除红细胞、白细胞、血小板之外的液体部分。		淡黄色透明液体。	溶解营养成分运送至全身。回收二氧化碳和代谢废物。

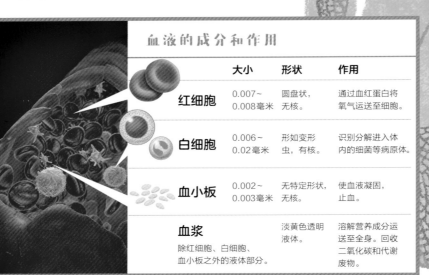

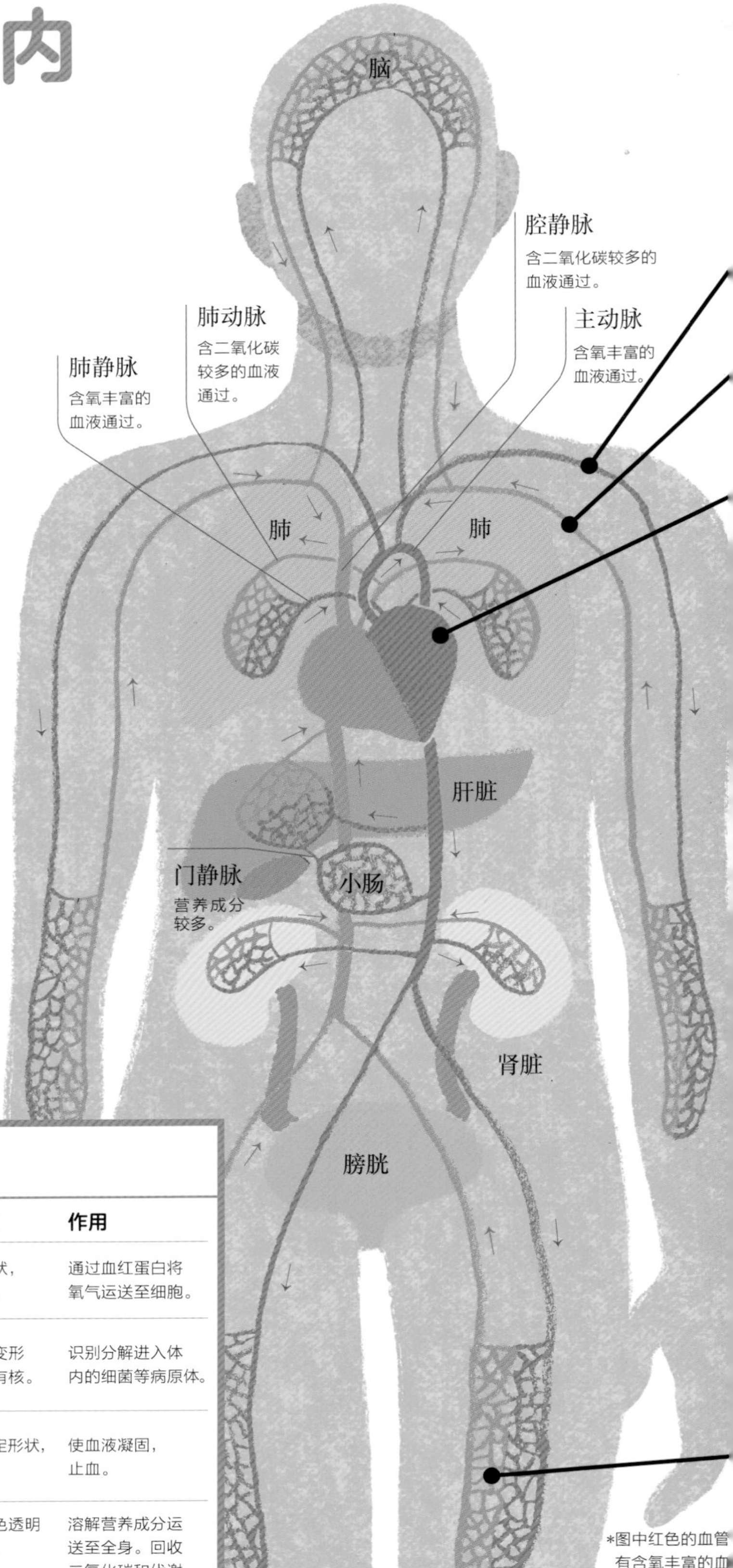

*图中红色的血管有含氧丰富的血流动，蓝色的血中有含二氧化碳多的血液流动。

动脉

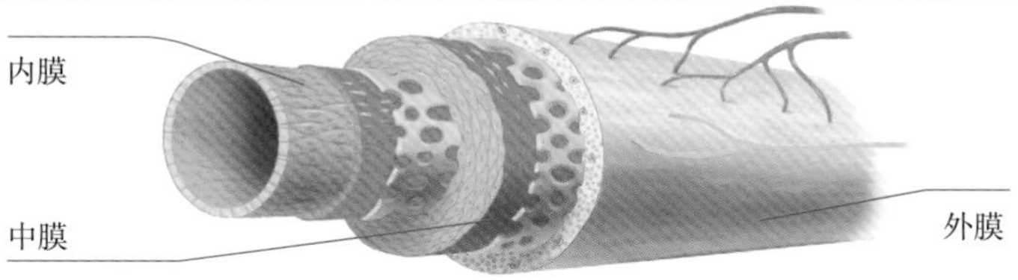

为抵抗血液的压力，血管壁又厚又坚固。能够伸缩。

静脉

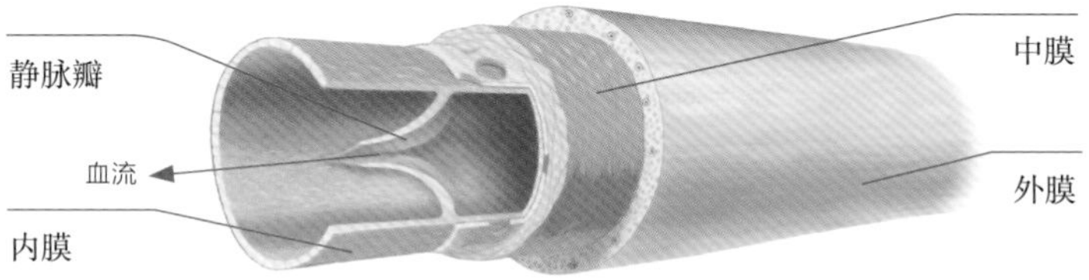

血管壁比动脉血管壁更薄。为防止血液逆流而有静脉瓣。

心脏

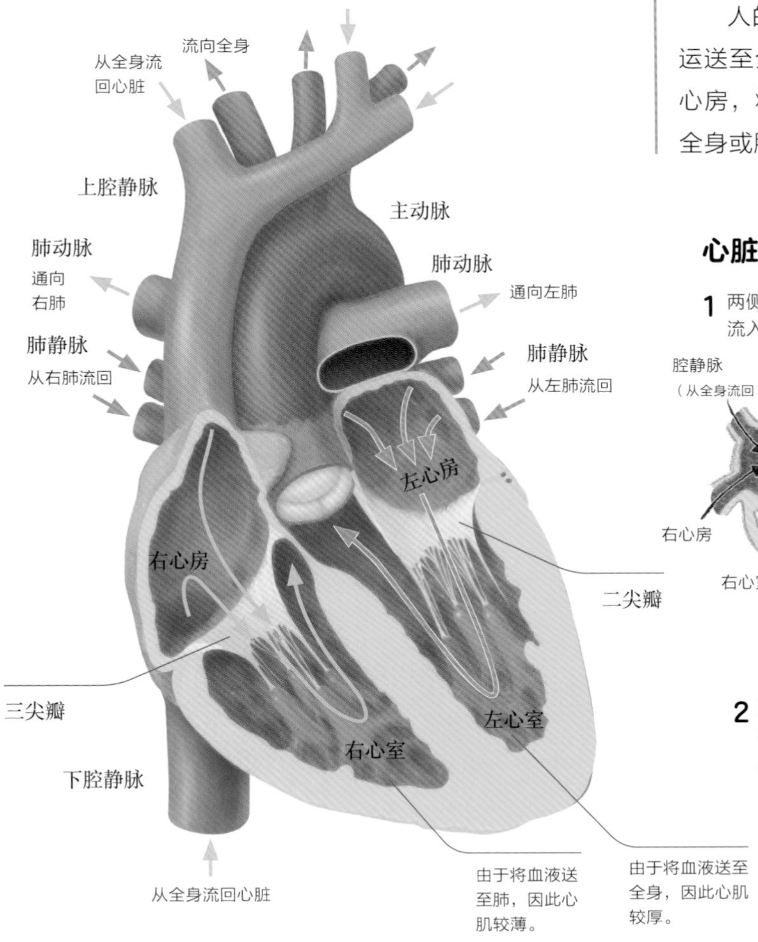

心脏是劳动模范

人的心脏一生要跳动约26亿次，将约1亿5000万升血液运送至全身。如泵一般有力的心脏分为四个腔。上侧有两个心房，将血液输送至下侧的两个心室。心室收缩则血液流至全身或肺。心房和心室之间具有瓣膜，能够防止血液逆流。

心脏的活动和血液的进出

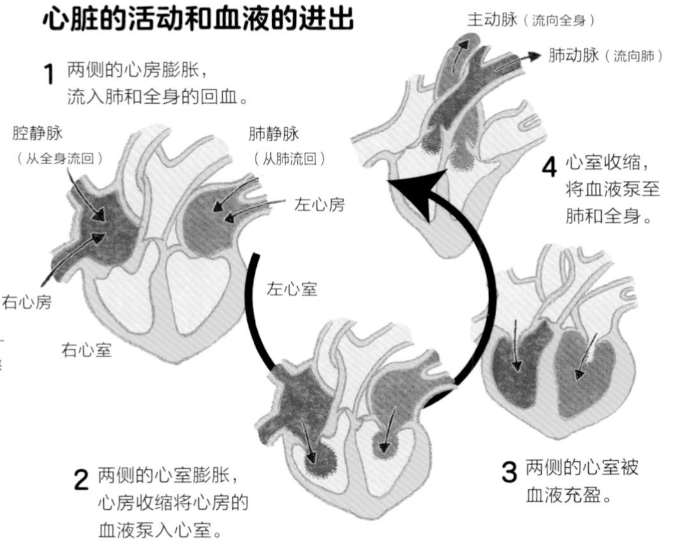

心脏的作用

心脏的作用

· 将血液运送至全身。

血管的作用

· 使血液能在全身流动。

血液的作用

· 通过血管流遍全身。

· 将氧气和营养成分运送至细胞。

· 回收二氧化碳和代谢废物。

毛细血管

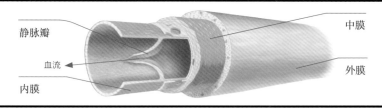

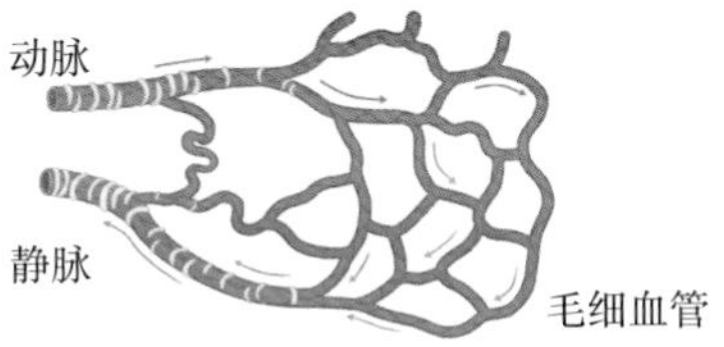

血管壁只有一层细胞厚度的血管。从动脉分出网状分支与静脉相连。

吸入的空气都去哪里了？

为了产生能量而将氧气运送至全身细胞，将不需要的二氧化碳排出体外的机制就是呼吸。

肺和呼吸器官结构和作用

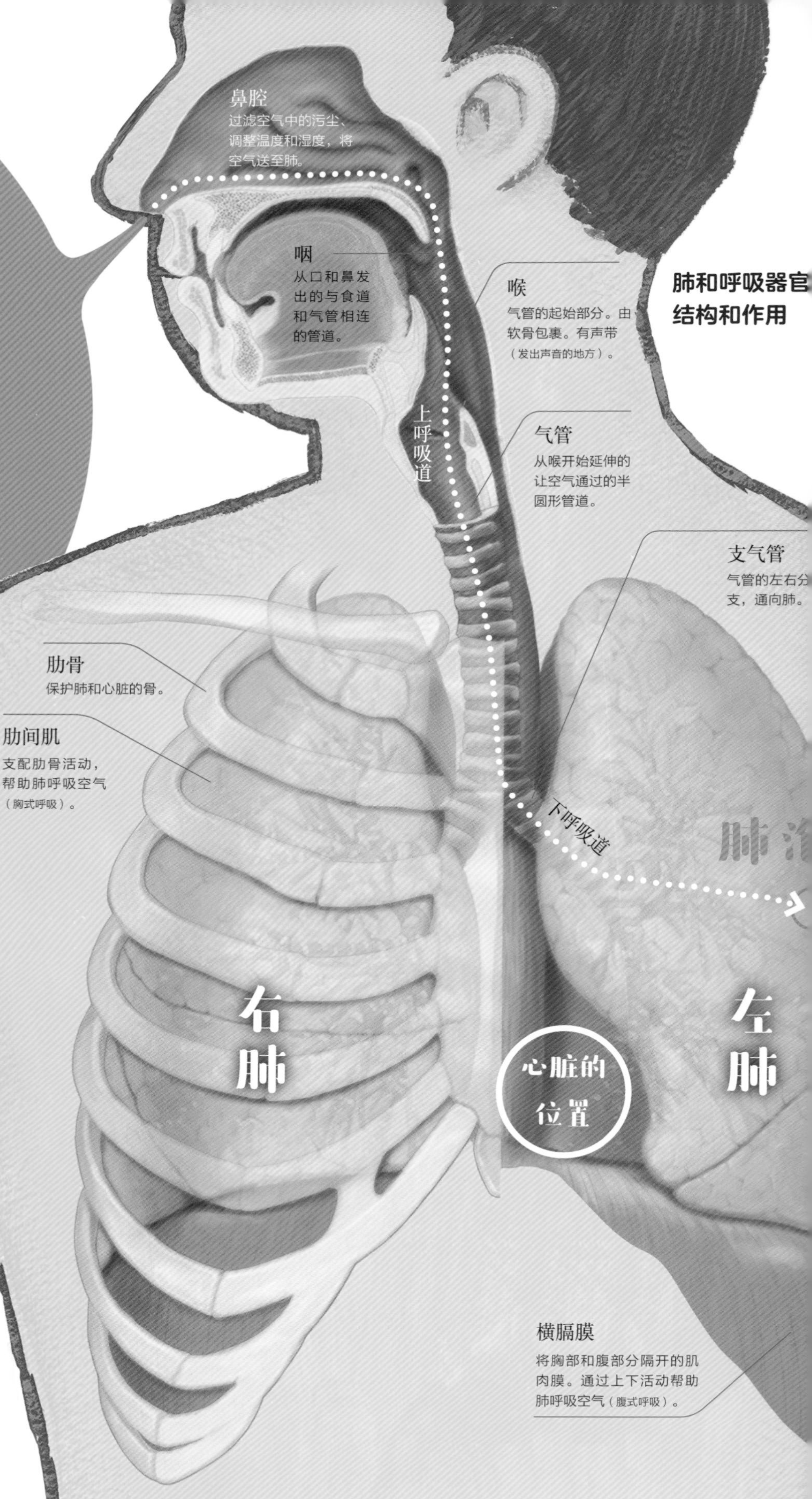

鼻腔
过滤空气中的污尘、调整温度和湿度，将空气送至肺。
咽
从口和鼻发出的与食道和气管相连的管道。
喉
气管的起始部分。由软骨包裹。有声带（发出声音的地方）。
上呼吸道
气管
从喉开始延伸的让空气通过的半圆形管道。
支气管
气管的左右分支，通向肺。
肋骨
保护肺和心脏的骨。
肋间肌
支配肋骨活动，帮助肺呼吸空气（胸式呼吸）。
下呼吸道
右肺
心脏的位置
左肺
横膈膜
将胸部和腹部分隔开的肌肉膜。通过上下活动帮助肺呼吸空气（腹式呼吸）。

呼吸有两种类型

人体吸入氧气的器官是肺。肺由肋骨覆盖，分为左右两个。通过将胸部和腹部隔开的横膈膜与支配肋骨活动的肌肉来收缩和膨胀，从而完成空气进出的过程。

呼吸分为两种类型，一种是通过肺将外界的氧气吸入，将二氧化碳排出体外的外呼吸；另一种是通过血液将氧气运送至细胞，与人体不需要的二氧化碳完成交换的内呼吸。

1.外呼吸

在肺内进行的氧气和二氧化碳的交换称为外呼吸。肺由肺泡这一由毛细血管包绕的小型泡状结构密集聚合组成，将血液中的二氧化碳排出体外，同时将吸入的空气中含有的氧气与红细胞中的血红蛋白结合，运送至全身。

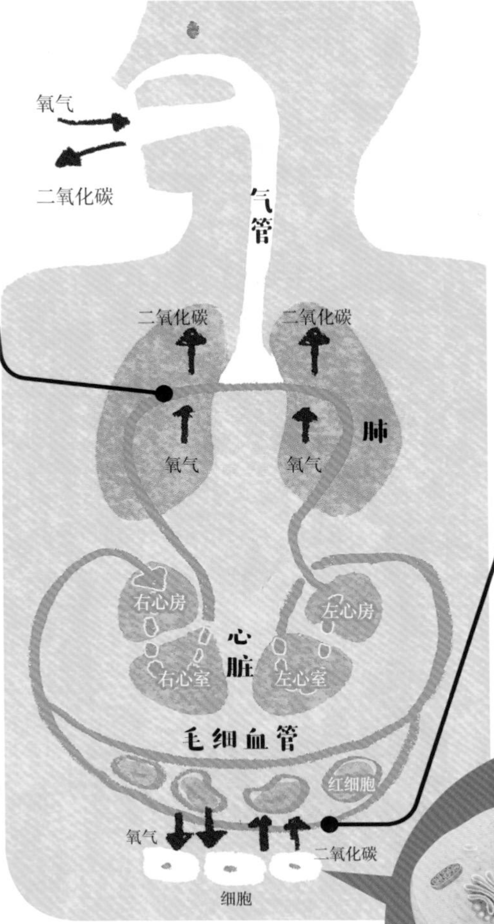

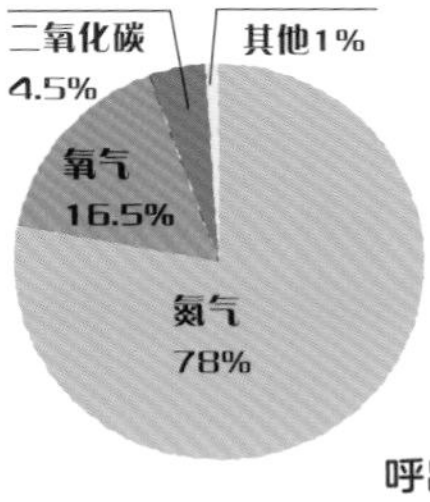

呼出的气体的成分

2.内呼吸

在细胞中进行的氧气和二氧化碳的交换称为内呼吸。血液中的红细胞所含的血红蛋白将氧气运送至全身的细胞。细胞中通过线粒体这一小器官来利用氧气，使葡萄糖等转化为能量。此时生成的二氧化碳溶解在血浆中运送回肺。

吸入的气体的成分

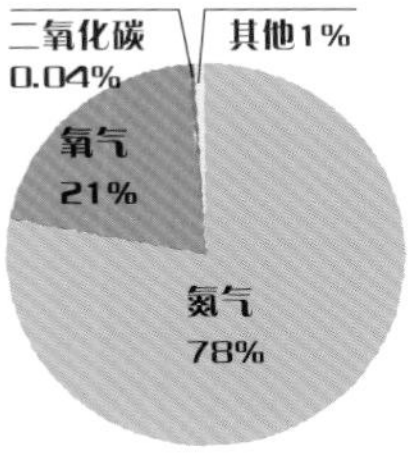

利用氧气的方式

通过细胞中的线粒体，血液运送的氧气与食物消化吸收后形成的葡萄糖产生化学反应，生成能量来源的ATP（三磷酸腺苷）和二氧化碳、水。

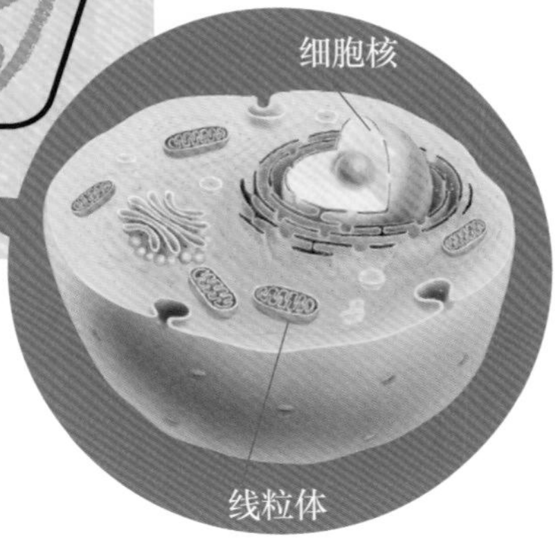

细胞核
线粒体

肺泡的结构

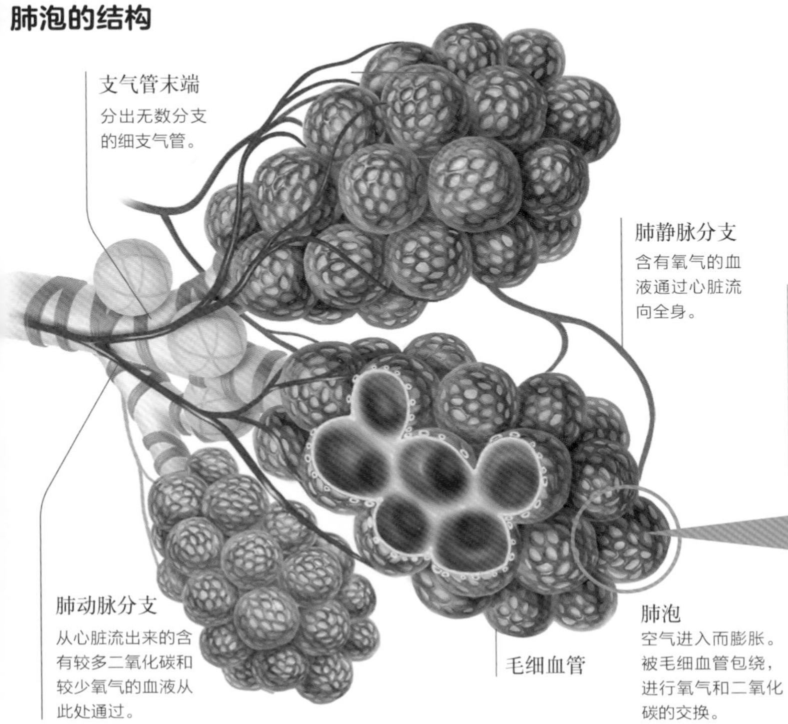

支气管末端
分出无数分支的细支气管。
肺静脉分支
含有氧气的血液通过心脏流向全身。
肺动脉分支
从心脏流出来的含有较多二氧化碳和较少氧气的血液从此处通过。
毛细血管
肺泡
空气进入而膨胀。被毛细血管包绕，进行氧气和二氧化碳的交换。

肺泡中的外呼吸的机制

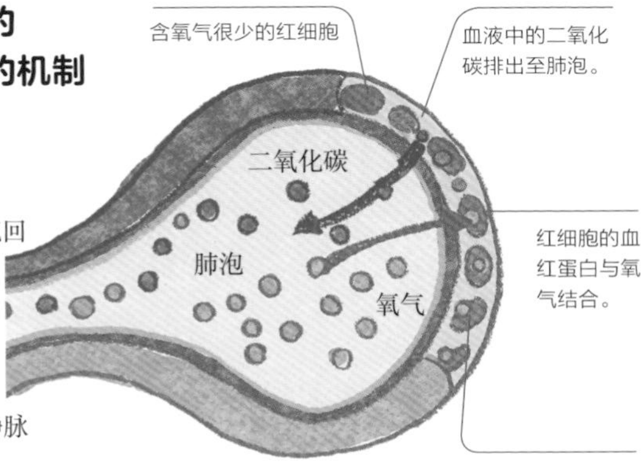

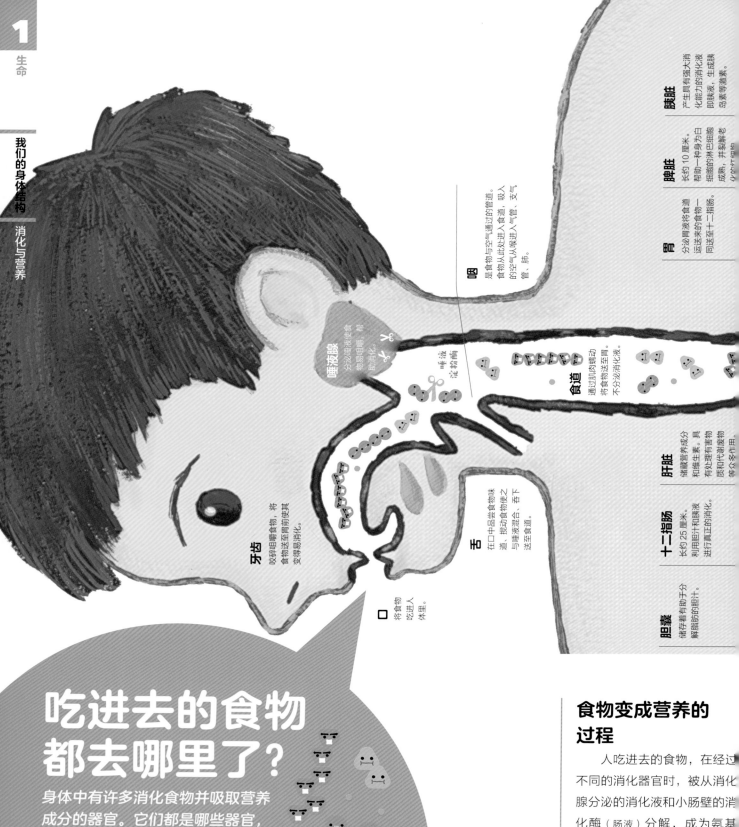

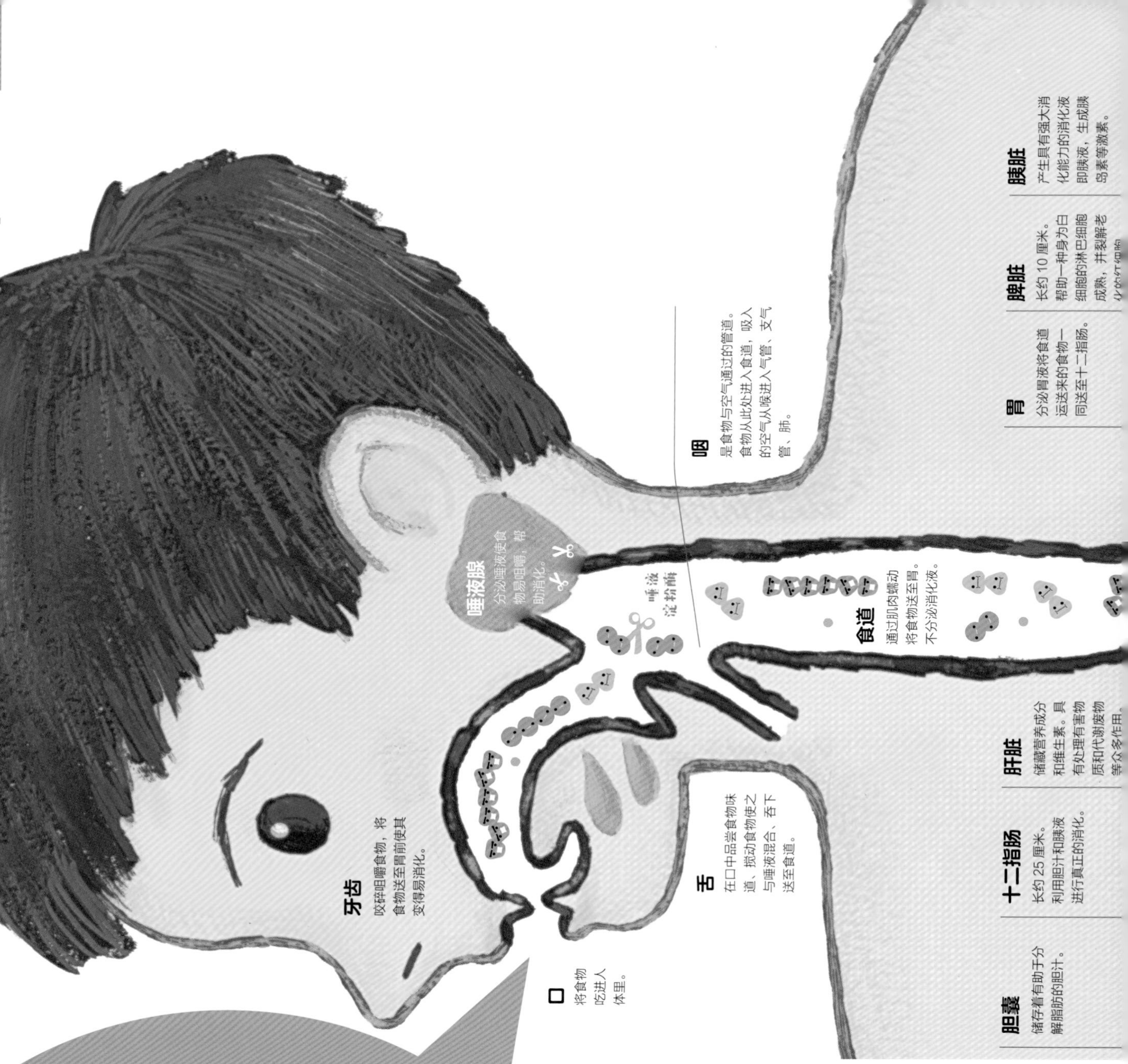

咽
是食物与空气通过的管道。食物从此处进入食道，吸入的空气从喉进入气管、支气管、肺。
唾液腺
分泌唾液使食物易咀嚼，帮助消化。
唾液淀粉酶
食道
通过肌肉蠕动将食物送至胃。不分泌消化液。
牙齿
咬碎咀嚼食物，将食物送至胃前使其变得易消化。
舌
在口中品尝食物味道、搅动食物使之与唾液混合，吞下送至食道。
口
将食物吃进人体里。
胆囊
储存着有助于分解脂肪的胆汁。
十二指肠
长约25厘米。利用胆汁和胰液进行真正的消化。
肝脏
储藏营养成分和维生素。具有处理有害物质和代谢废物
胃
分泌胃液将食道运送来的食物一同送至十二指肠。
脾脏
长约10厘米。帮助一种身为白细胞的淋巴细胞成熟，并裂解老
胰脏
产生具有强大消化能力的消化液即胰液，生成胰岛素等激素。

吃进去的食物都去哪里了？

身体中有许多消化食物并吸取营养成分的器官。它们都是哪些器官，又各自发挥着什么样的作用呢？让我们按顺序来看一看吧。

食物变成营养的过程

人吃进去的食物，在经过不同的消化器官时，被从消化腺分泌的消化液和小肠壁的消化酶（肠液）分解，成为氨基酸和葡萄糖等小分子组织从而被人体吸收。

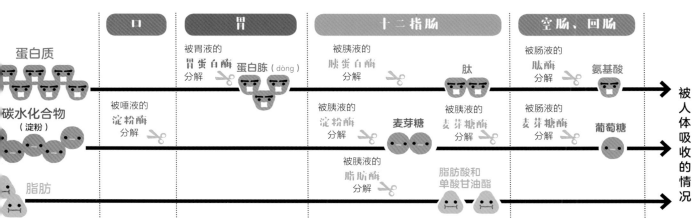

淋巴管
运送在小肠分解、吸收的脂肪。
大肠
长 1.5 米。吸收营养成分后从食物中吸收水分。
直肠
长约 20 厘米。由于要将食物的残渣（粪便）排出体外，因此肌肉很发达。
肛门
肛门的管道长 3 ～ 4 厘米。通过由不随意肌（平滑肌）和随意肌（横纹肌）构成的两种括约肌来控制排便。
排便
小肠
全长 6 ～ 7 米。分为十二指肠、空肠、回肠，是消化吸收的中心。
空肠
从十二指肠延续的、小肠约 2/5 的部分。比回肠稍粗。进行最终的消化和养分的吸收。
回肠
从空肠延续的、小肠约 3/5 的部分。从消化的食物中吸收养分。
吸收水分
在细胞内消化
盐酸
胰液
胆汁
肠液
淀粉酶
脂肪酶
麦芽糖酶
肽酶
门静脉（静脉）
吸收的营养成分与血液一同运送至肝脏的静脉。

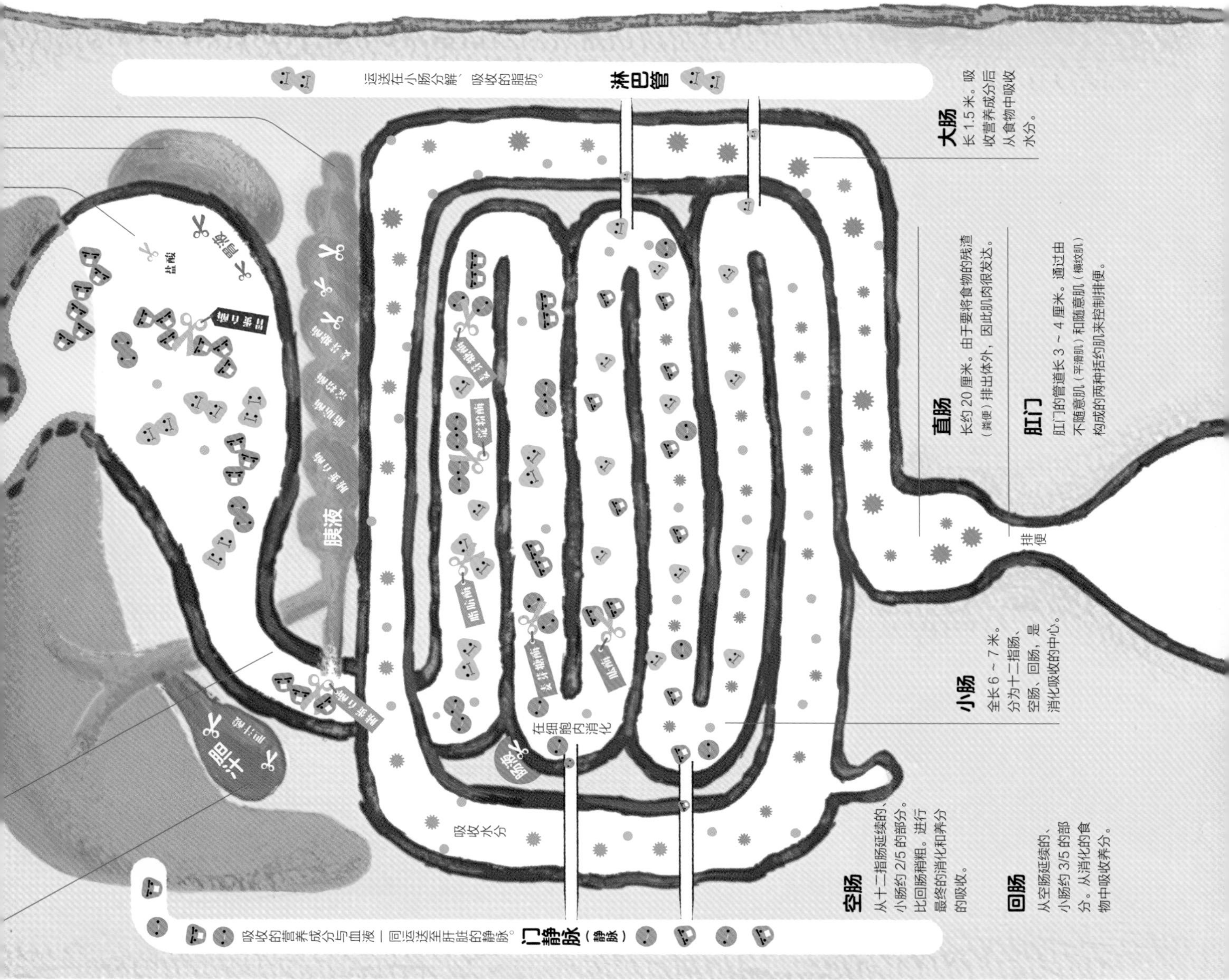

口
胃
十二指肠
空肠、回肠
蛋白质
被胃液的
胃蛋白酶
分解
蛋白胨（dòng）
被胰液的
胰蛋白酶
分解
肽
被肠液的
肽酶
分解
氨基酸
碳水化合物
（淀粉）
被唾液的
淀粉酶
分解
被胰液的
淀粉酶
分解
麦芽糖
被胰液的
麦芽糖酶
分解
被肠液的
麦芽糖酶
分解
葡萄糖
脂肪
被胰液的
脂肪酶
分解
脂肪酸和
单酸甘油酯
被人体吸收的情况

肝脏

重达1千克的较大脏器，分解酒精或有害物质、代谢废物。此外还会把葡萄糖作为糖原储存、储藏维生素等。另外还有产生胆汁等许多功能。

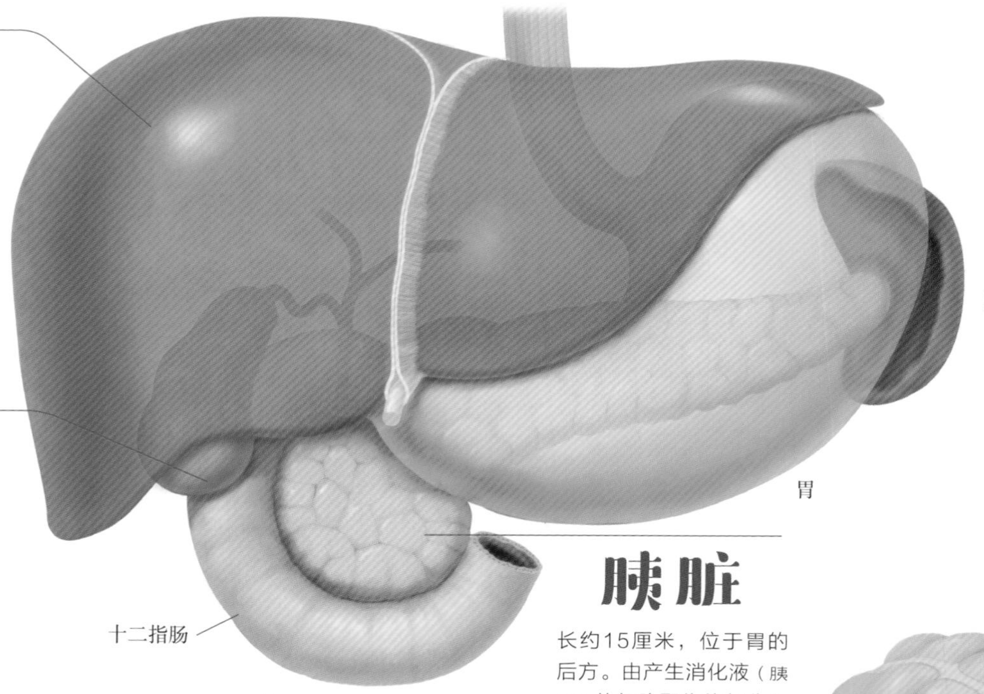

胆囊

储存肝脏产生的胆汁，流入十二指肠。

胆汁

将脂肪溶解于水中，帮助消化。

胰脏

长约15厘米，位于胃的后方。由产生消化液（胰液）的细胞聚集的部分和产生胰岛素等激素的部分构成。

胰液

分解碳水化合物（淀粉）、蛋白质、脂肪等的强有力的消化液。

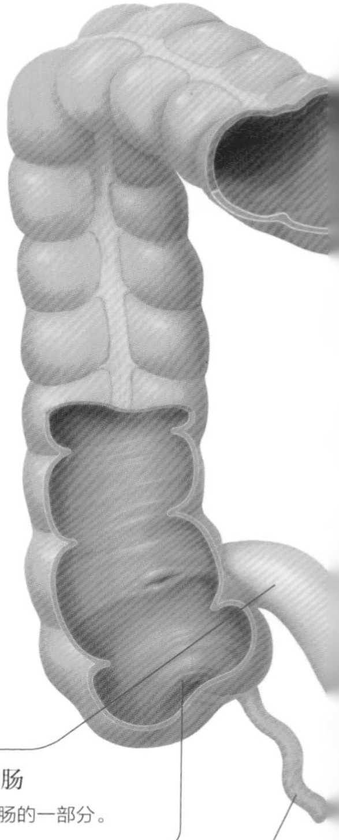

回肠

小肠的一部分。

盲肠

回肠从其侧方进入，其中的分界处有瓣膜防止逆流。

阑尾

聚集有淋巴组织。反应过于强烈时会引发阑尾炎。

十二指肠（约25厘米）

将食物与胰液、胆汁混合，经过强有力的消化后送至空肠。名称是由其12根手指重叠的长度而来。

小肠

消化和吸收的主要部分。从胃开始，延续至十二指肠、空肠、回肠，在空肠段消化过程基本完成，回肠部分主要吸收养分。如果将小肠的皱襞和绒毛铺展开来的话，有一个网球场那么大。

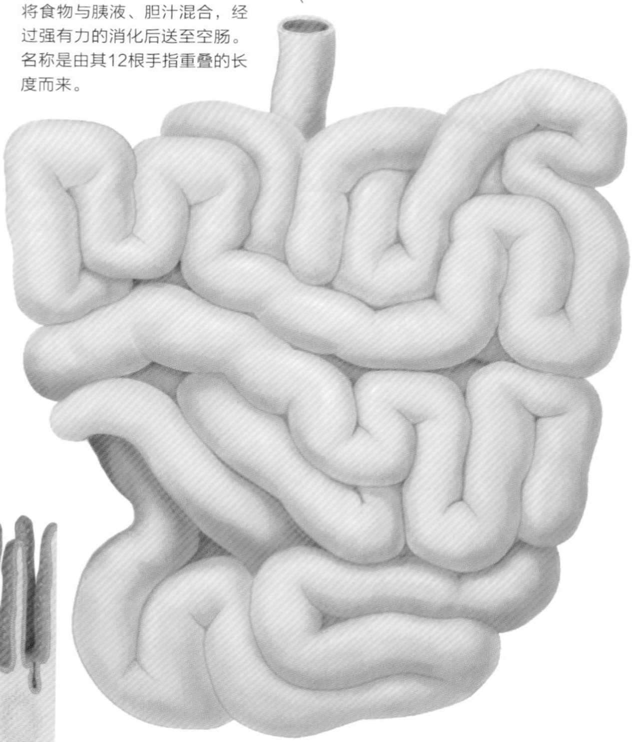

空肠（约2.5米）

由肠液进行最终的消化，吸收养分。

回肠（约4米）

主要从消化的食物中吸收养分。

小肠壁的构成

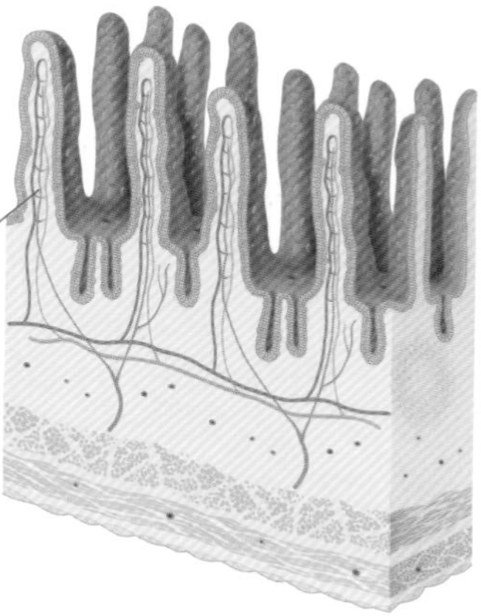

绒毛

为吸收营养而增大表面积后形成的结构。其中具有运送养分的毛细血管和淋巴管。

消化器官
是如何工作的？

从入口中的食物从肛门以粪便形态排出，在这一过程中各种器官分担着消化的工作，吸收对人体来说必要的养分。让我们来看看它们各自的作用吧。

口

牙齿和舌是品尝食物味道的重要器官。不仅如此，还进行咀嚼食物、把食物与唾液混合再送入胃和肠道这些消化的初始工作。唾液中含有淀粉酶，能够分解淀粉。

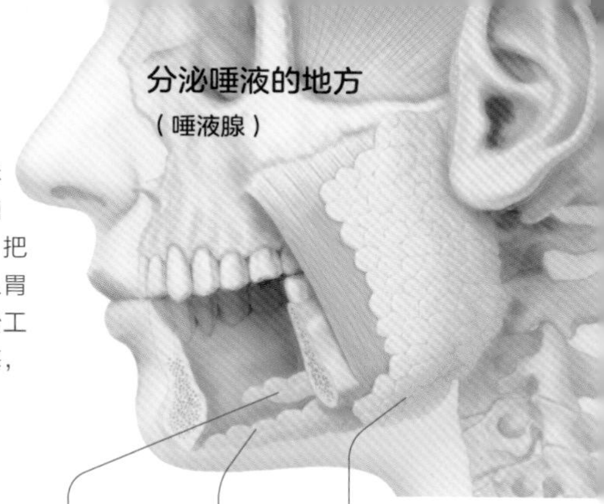

舌下腺 在下颌与舌之间分泌黏性唾液。能够保持口腔的清洁、润滑等。

下颌下腺 在下颌与舌之间分泌唾液。

腮腺 要颊黏膜处分泌大量不黏稠的唾液。

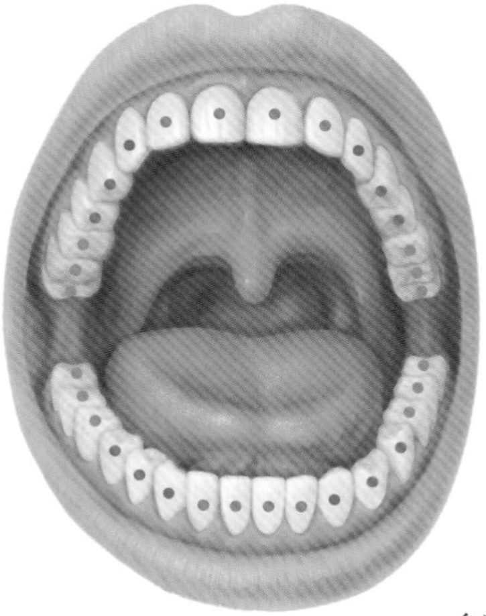

咀嚼食物的牙齿种类

- **切牙** 咬碎较大的食物。
- **尖牙** 顶端尖锐，撕咬食物。
- **前磨牙** 如锤子一般咬碎食物。
- **后磨牙** 如臼一般磨碎食物。

大肠

完成消化和吸收的食物残渣中除去水分，成为粪便排出。通过蠕动和逆蠕动将食物残渣保留一段时间。分为盲肠、结肠、直肠。

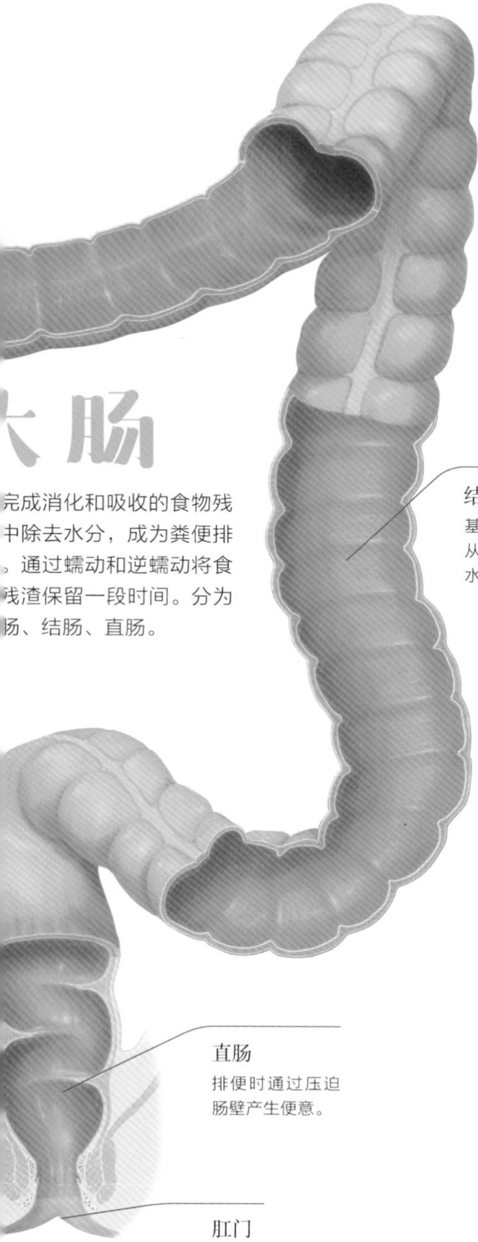

结肠 基本绕腹部一周。从食物残渣中吸收水分。

直肠 排便时通过压迫肠壁产生便意。

肛门

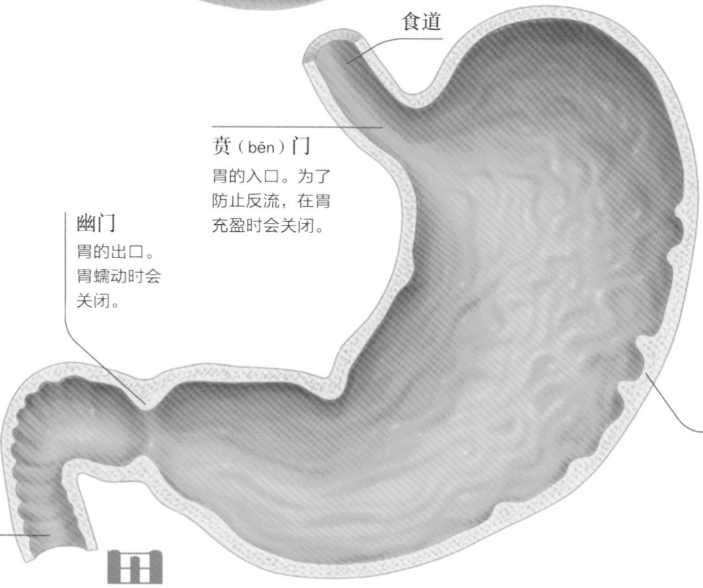

贲（bēn）门 胃的入口。为了防止反流，在胃充盈时会关闭。

幽门 胃的出口。胃蠕动时会关闭。

胃

胃是由伸缩的肌肉组成的囊状结构，空腹时0.1升，满腹时可胀大至1.8升。将食物与胃液混合，通过胃蠕动送至更深处。胃液具有杀灭食物中细菌、分解蛋白质的作用。

胃壁的结构

分为三层，使胃活跃地活动。

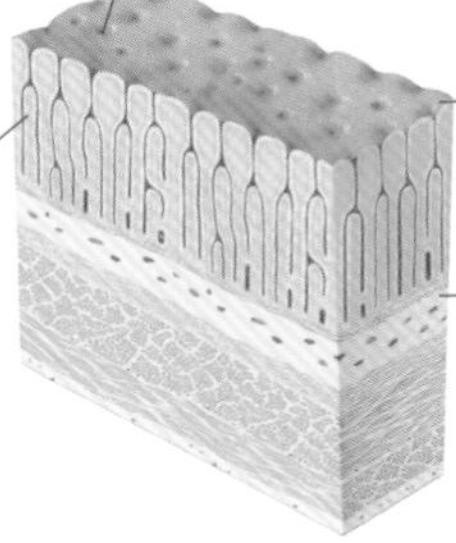

胃腺 分泌胃液的孔。

分泌胃液的细胞。分泌盐酸和胃蛋白酶，产生胃液。

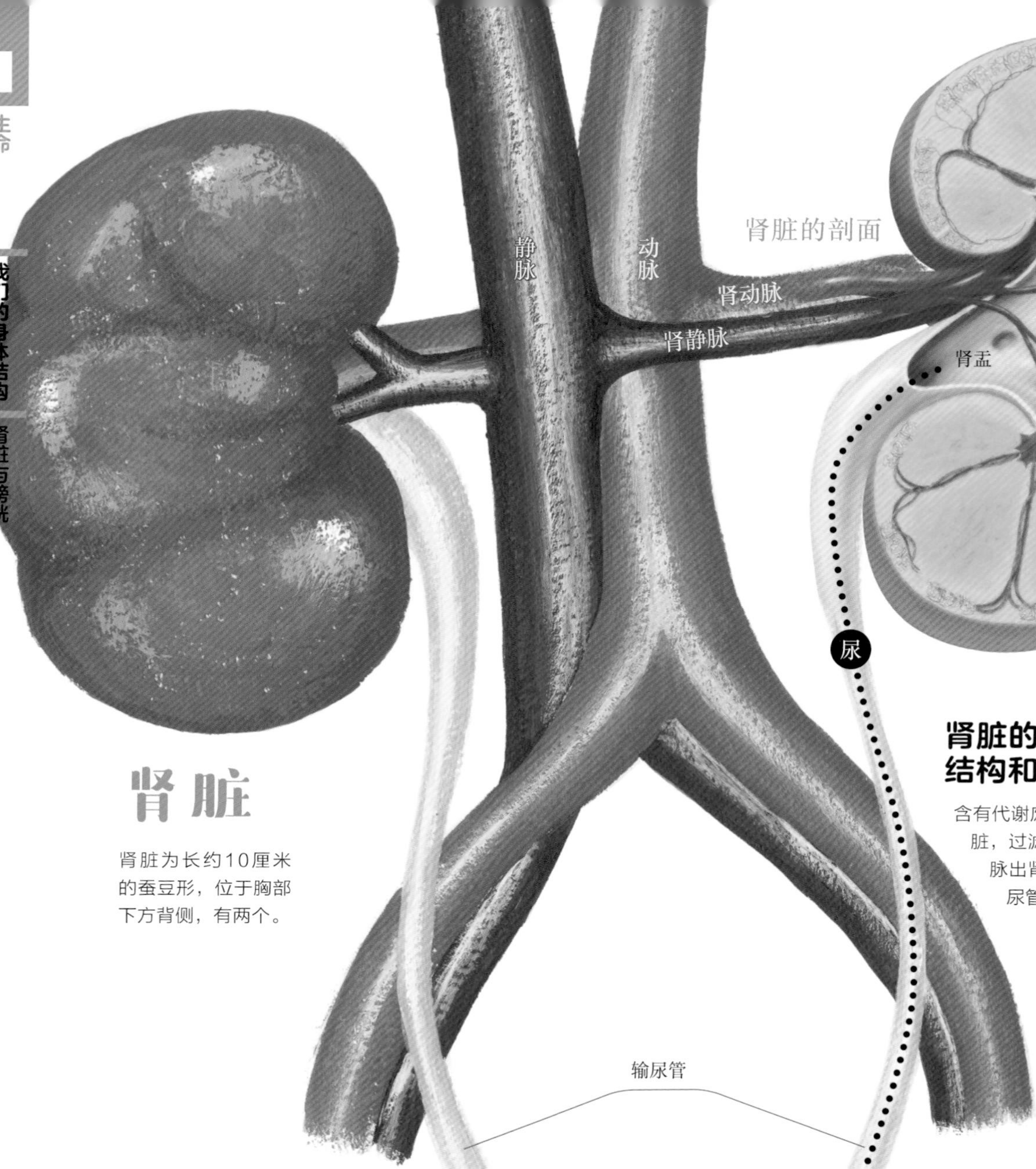

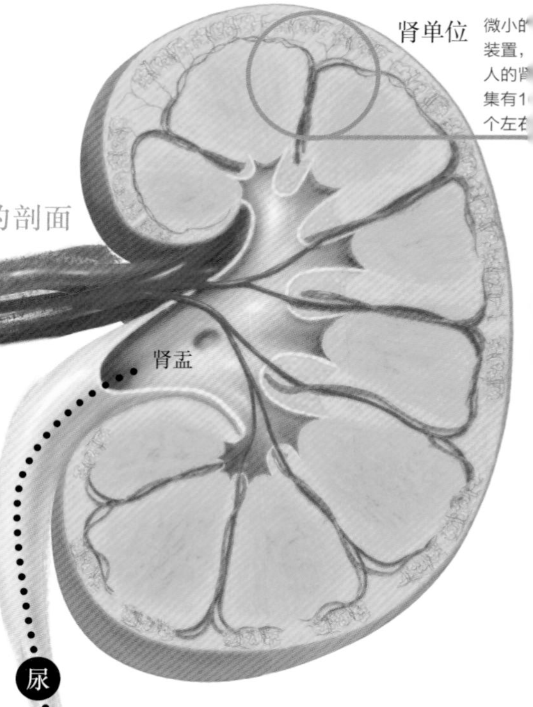

肾脏

肾脏为长约10厘米的蚕豆形，位于胸部下方背侧，有两个。

肾脏的结构和作用

含有代谢废物的血液从肾动脉进入肾脏，过滤后变为干净的血液从肾静脉出肾。尿被聚集在肾盂，从输尿管运送至膀胱。

膀胱

膀胱是由肌肉构成的囊性结构，容量为300～450毫升。有尿液储存时会膨胀并使人产生尿意。

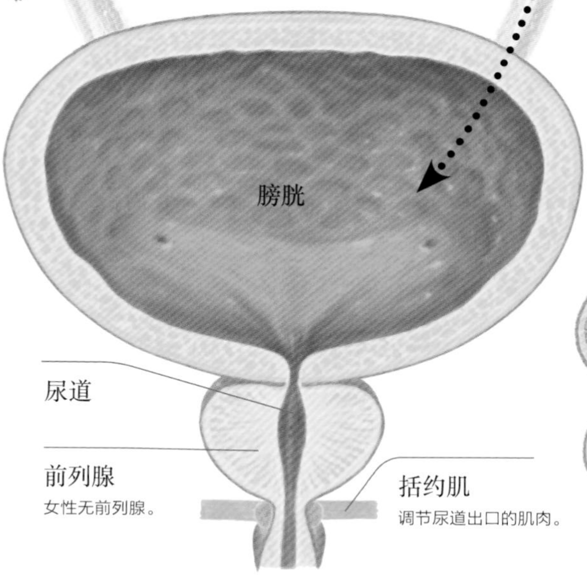

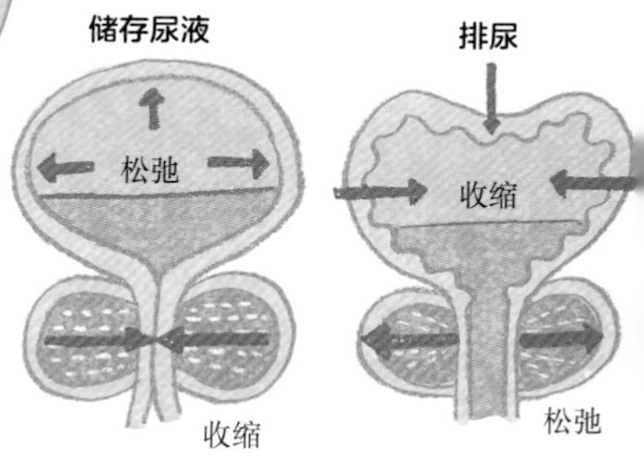

不需要的东西是如何排出体外的？

使用能量活动后，会生成水、盐分和氨等人体不需要的物质。让我们来看看这些物质排出体外的机制吧。

肾脏中大量的血液会被过滤

蛋白质分解后会生成氨。氨具有毒性，会在肝脏中变为无毒的尿素。尿素混合在血液中到达肾脏，与其他人体不需要的物质共同被过滤，形成尿从膀胱排出体外。

肾单位——从血液中形成尿液的构造

肾小球这一种毛细血管球被肾小囊包裹，滤出的尿进入肾小管。必要的水分和物质通过包围肾小管的毛细血管被重新吸收进血液中。

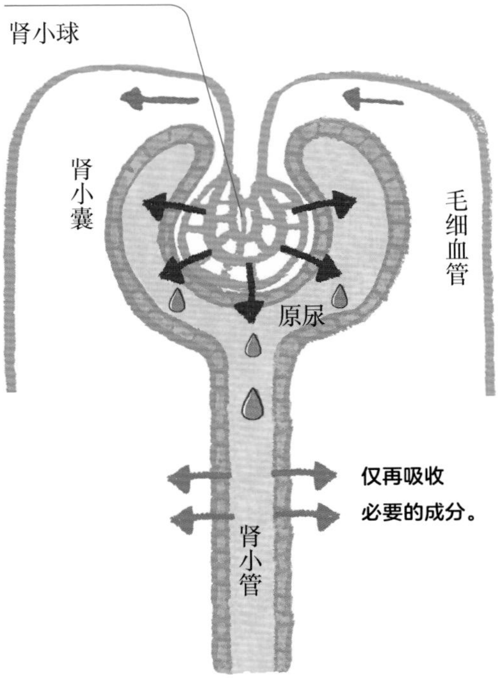

汗液和尿液不同吗？

血液中不需要的成分，也能通过汗液排出体外。成人一天出的汗，能装3～4个牛奶瓶，到了炎热的夏季，剧烈运动后的出汗量可高达10升。汗液和尿液有着相同的成分，但比较稀薄，99%都是水。但是，大量出汗后水分和盐分会丢失，因此需要补水。

汗液最大的作用是调节体温。炎热的时候身体会大量出汗。汗液蒸发时会带走热量（P233“物质的三种形态和热”），因此体温会下降。反之，寒冷时毛孔闭合，防止热量丧失，维持体温。

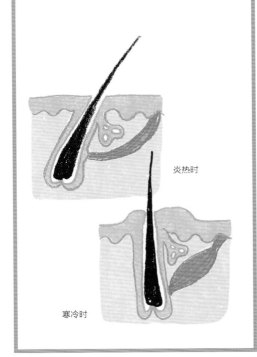

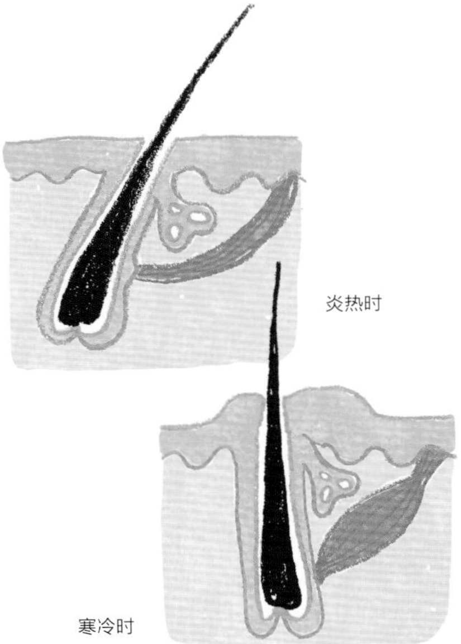

看、听、感觉的工作原理是什么？

**我们依靠感觉器官感受从外界来的刺激。
我们能看见物体、听见声音的原理是什么呢？**

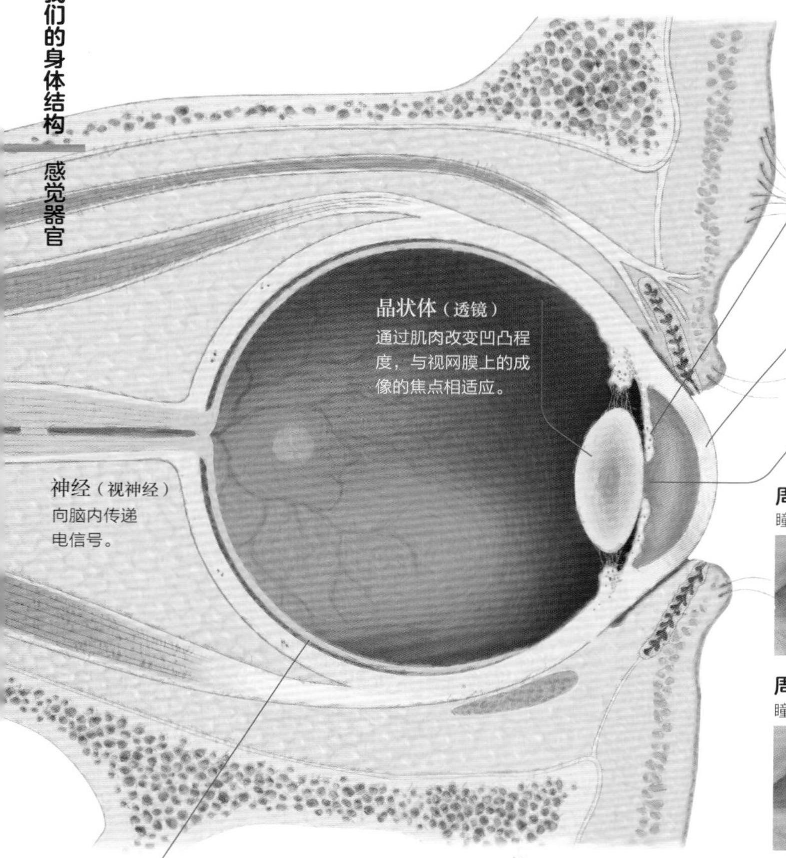

虹膜
通过感应周围环境的光亮伸缩，调节晶状体的进光量。个体之间具有差异，呈茶色、褐色等。
角膜
保护眼球的碗状膜。对刺激敏感，受泪液保护。
晶状体（透镜）
通过肌肉改变凹凸程度，与视网膜上的成像的焦点相适应。
瞳（瞳孔）
被虹膜包围的部分，是光通过的通道。
神经（视神经）
向脑内传递电信号。
视网膜
由感光细胞排列组成的膜。与相机的感光元件功能相当，将光转换为信号。

周围环境昏暗时
瞳孔扩大。

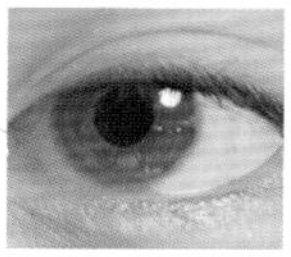

周围环境明亮时
瞳孔缩小。

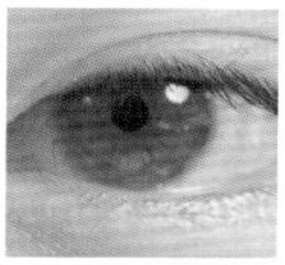

目

看见物体的原理

眼睛感受光线并将信息传送至脑。光从角膜至瞳孔的通道通过，经过晶状体的折射后成像在视网膜上。成像的颜色和明暗以电信号的形式传送至脑，之后脑作出看见了物体的判断。视网膜所成的像是上下左右颠倒的，但脑能够将其转换为正确的图像。

耳

听见声音的原理

耳感受到声音后将信息传送至脑声音是空气的波动（P294），鼓膜感声波的振动后，被听骨放大后传递至蜗。振动由此转换为信号传递至脑，作出听见声音的判断。

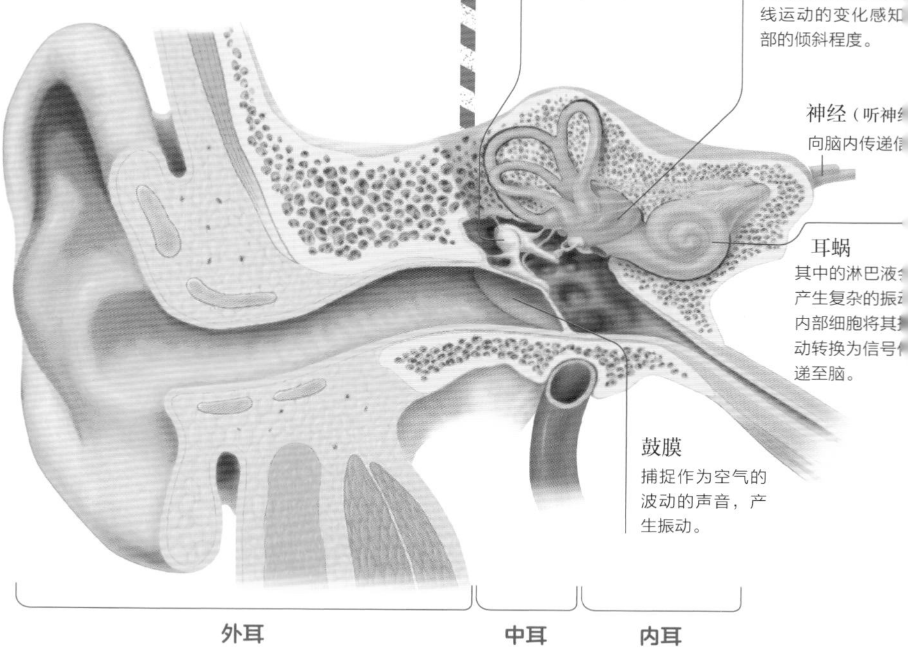

鼻

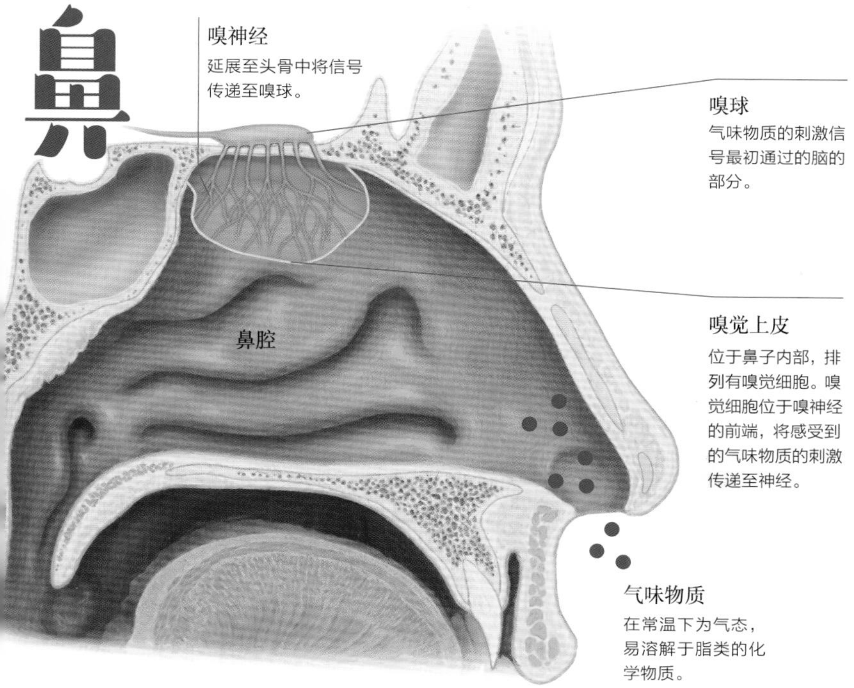

嗅神经
延展至头骨中将信号传递至嗅球。
嗅球
气味物质的刺激信号最初通过的脑的部分。
鼻腔
嗅觉上皮
位于鼻子内部，排列有嗅觉细胞。嗅觉细胞位于嗅神经的前端，将感受到的气味物质的刺激传递至神经。
气味物质
在常温下为气态，易溶解于脂类的化学物质。

感受气味的原理

气味的本质是物体散发至空气中的化学物质，有两万种以上。鼻子内部有嗅觉细胞排列，感受到气味物质后将其刺激转换为信号送至脑，因而感知气味。但是，长时间闻同一种气味，嗅觉细胞会变得不敏感。

皮肤

感受疼痛和温度的原理

皮肤中具有感受疼痛或温度等的感觉点。各感觉点感受到的刺激被转换为信号通过神经传递至脑，因而感知疼痛或温度等。

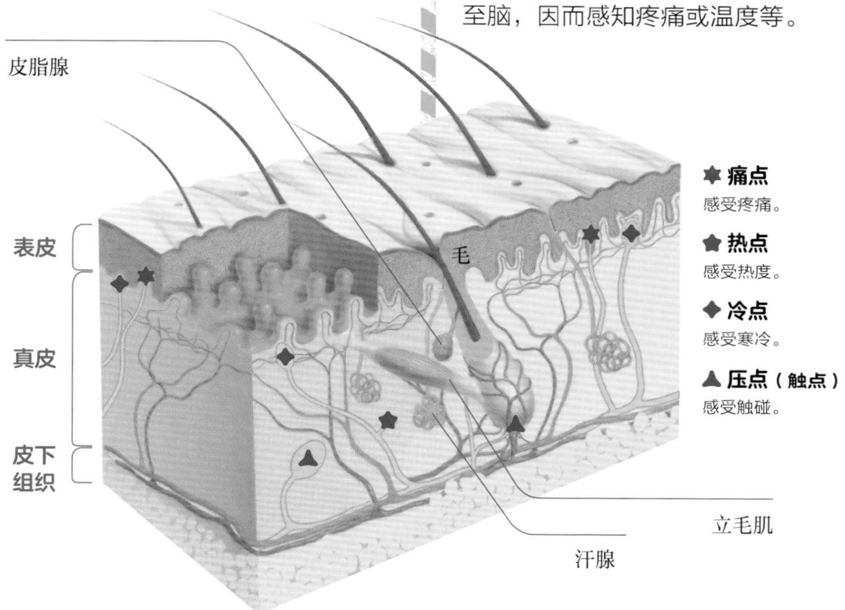

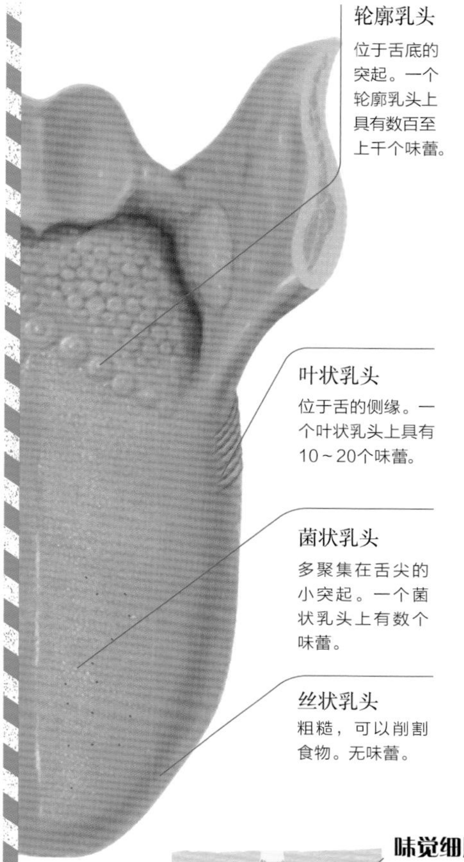

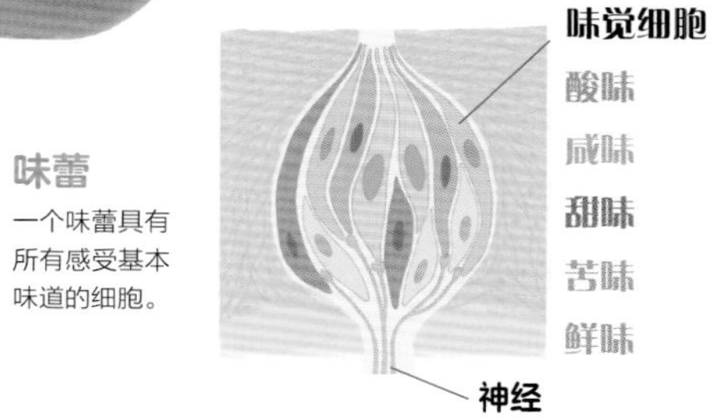

舌

感受味道的原理

舌头具有“味蕾”这一器官，具有味道的物质接触到味蕾上的味觉细胞后，刺激通过神经传递至脑感知味觉。基本的味道有甜味、咸味、酸味、苦味、鲜味这5种，各味觉细胞感受固定的某一种味道。另外，喉中也具有味蕾。

大脑和神经是如何工作的？

我们人体活动时，
包括有意志支配的肢体运动，
和意志无法支配的肢体运动。
我们的身体在运动时有着怎样的反应呢？

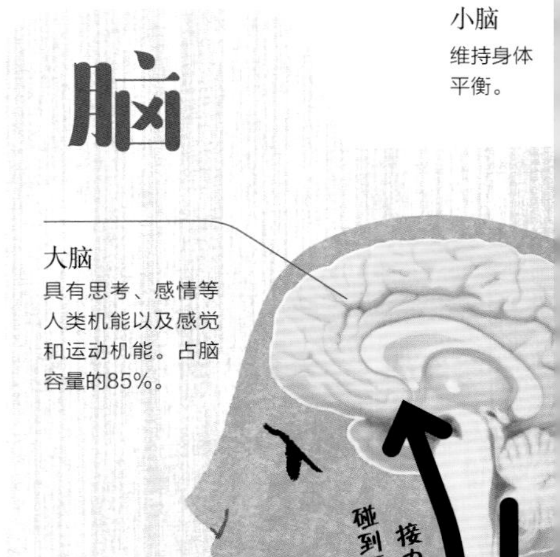

脑
小脑
维持身体平衡。
大脑
具有思考、感情等人类机能以及感觉和运动机能。占脑容量的85%。
接力棒碰到手了！
开跑

来自外界的刺激
触摸、按压、冷、热、疼痛等感觉。
感觉器官
将刺激转换为信号传递至感觉神经。
接力棒碰到手了！
接力棒碰到手了！
中枢神经
处理、判断被传递的信号，发出命令。
接力棒碰到手了！
脊髓
刺激的信号传递至中枢神经。
感觉神经
脊髓
背侧
脊柱
腹侧
开跑！
通过脊柱向全身发出神经分支。连接大脑形成中枢神经。
中枢神经的命令通过肌肉传递。
运动神经

反应

接到接力棒开跑

手碰触到接力棒后，感受到棒体的冰凉和重量。这些刺激通过皮肤的感觉器官转换为信号，通过感觉神经经脊髓到达大脑。脑因此知晓了“已经接到了接力棒”这一事实，向全身发出“开跑！”的命令。这个信号传递至运动神经，下肢肌肉收缩开始运动。所有的过程都在手接触到接力棒的一瞬间完成。

神经的种类和原理

中枢神经 集合末梢神经的刺激，发出运动、发声、反射等命令。

脑
头骨中的神经团块，感受刺激的信号发出身体活动的命令。

脊髓
脊柱的椎管中的粗神经束，连接脑和末梢神经并交换信号。

反射

烤红薯太烫而不自觉地松手

当我们触碰到很烫的烤红薯时会不自觉地将手缩回。另外，在寒冷和害怕时身体会起鸡皮疙瘩。这些感受到刺激时身体自然做出的反应称为反射。颈部以下的器官引起的反射，信号不经过大脑，由脊髓和自主神经等直接发出命令完成。整个过程很快，因此是在危险中保护人体的便捷机制。

神经细胞的结构

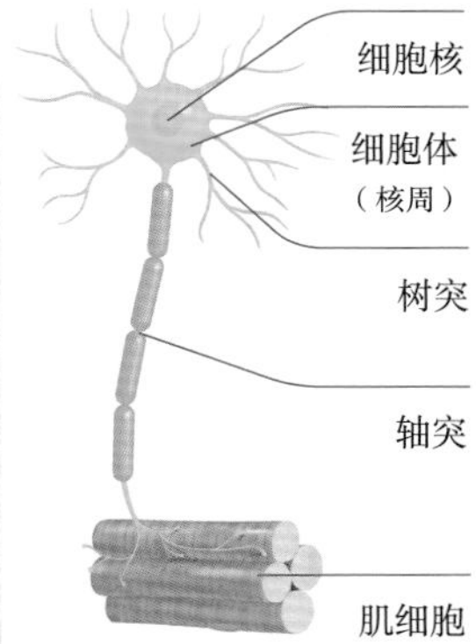

神经细胞（神经元）由位于中心的细胞体和从细胞体分出的突起构成。突起分为树突和轴突两种，将刺激转换为电信号不断传递至周围的神经细胞和肌细胞。

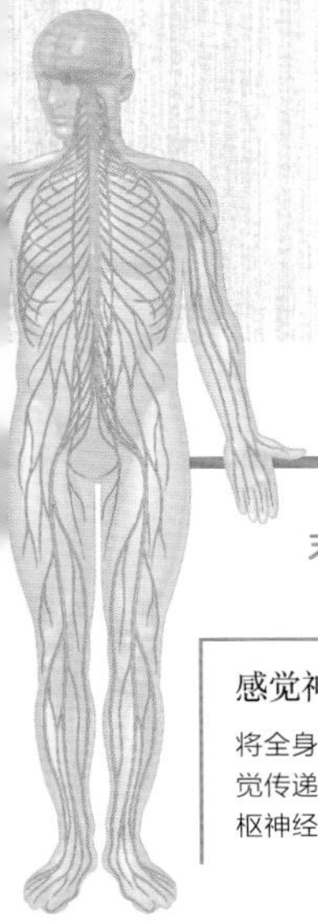

末梢神经 从中枢神经向全身发出的分支，联系中枢神经和身体各部。

感觉神经	运动神经	自主神经
将全身的感觉传递至中枢神经。	将中枢神经发出的命令向身体各部传递。	具有调整内脏等功能。

人类的孩子是如何诞生的？

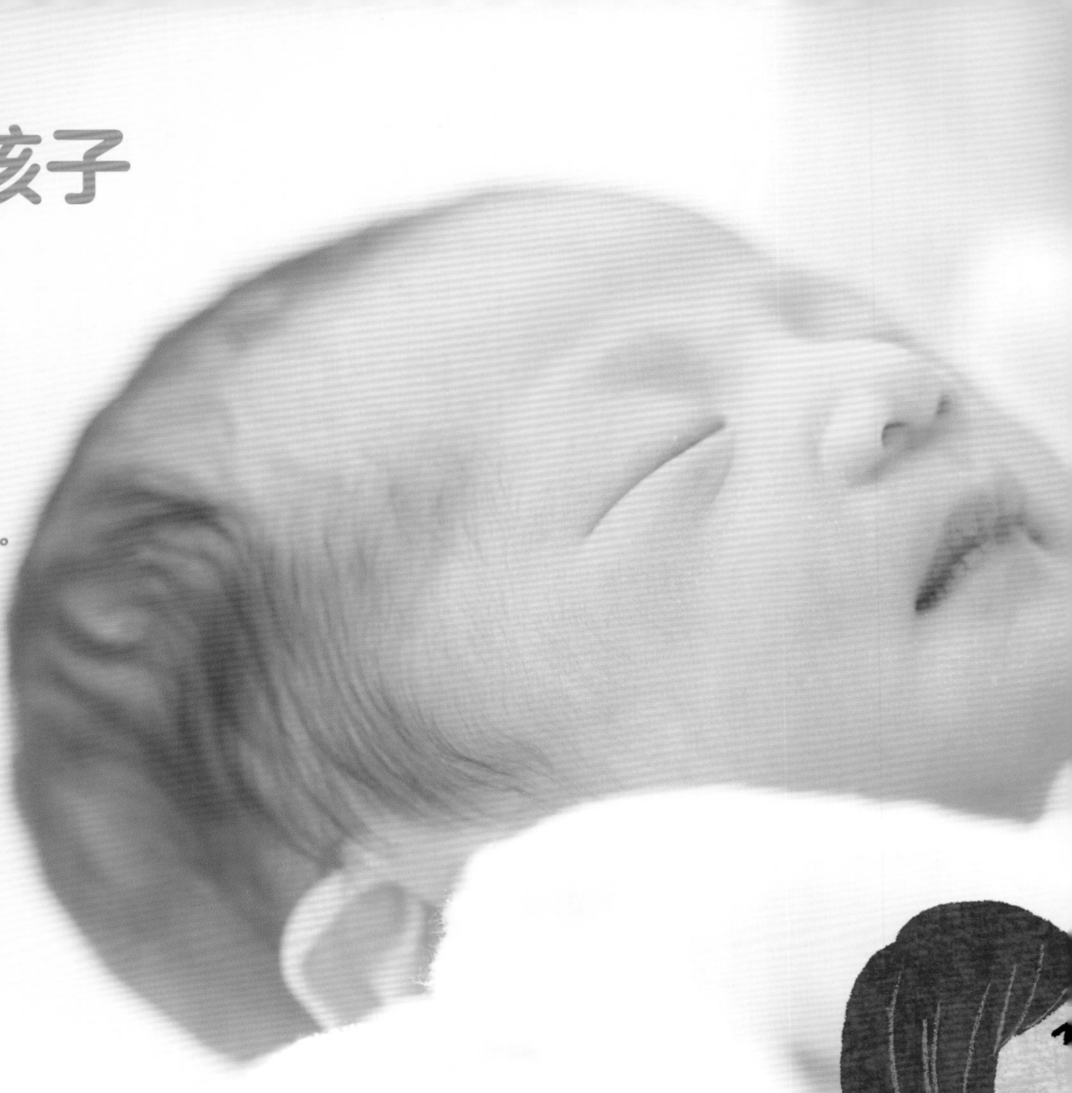

人（人类）和大象、斑马、狮子、鲸等动物一样属于哺乳动物。雌性（女性）用腹部孕育胎儿，生下孩子然后用母乳喂养，抚育其长大。

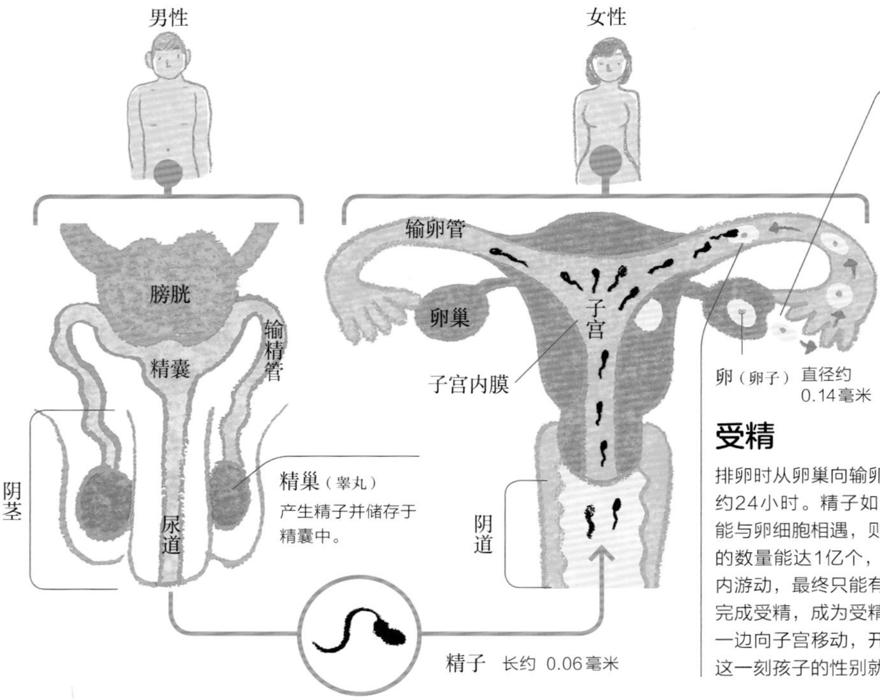

排卵

从左右卵巢中产生的卵细胞，每一个月左右依次向卵巢外排出。如果不进行受精，不需发挥作用的子宫内膜便脱落，与血液一同排出体外。这就是月经。

受精

排卵时从卵巢向输卵管排出的卵细胞寿命约24小时。精子如果在这个时间段内没能与卵细胞相遇，则无法完成受精。精子的数量能达1亿个，它们在女性的输卵管内游动，最终只能有一个精子进入卵细胞完成受精，成为受精卵。受精卵一边分裂一边向子宫移动，开始发育成长。在受精这一刻孩子的性别就已确定。

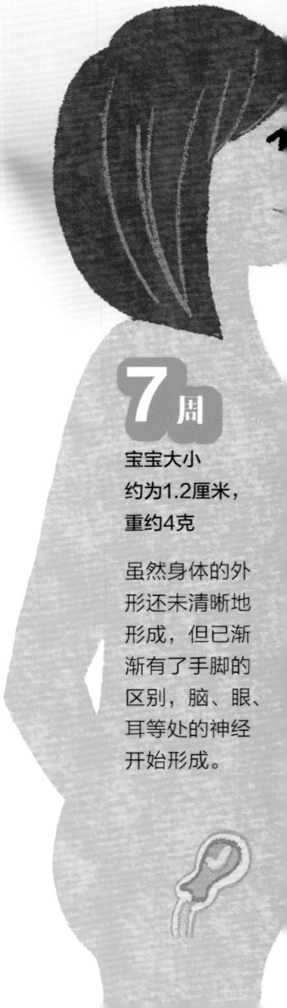

7周

宝宝大小约为1.2厘米，重约4克

虽然身体的外形还未清晰地形成，但已渐渐有了手脚的区别，脑、眼、耳等处的神经开始形成。

从受精完成至婴儿诞生约经历38周

人长到10岁时，体形开始发生变化，男性和女性的差异逐渐明显。这是向能够完成生殖活动的成人成长的证据。人类的生殖与其他哺乳动物相同，都是以男性的精子进入女性身体中与卵细胞相遇为开端开始的。受精卵不断进行着细胞分裂在女性身体中成长，约38周（266天）后婴儿诞生。

女性的身体变化

- 形成发圆的身体外形。
- 开始长出性毛（阴毛）和腋毛。
- 乳房发育。
- 开始有月经。

男性的身体变化

- 肌肉和骨骼发育，逐渐壮实。
- 开始长出性毛（阴毛）和体毛（胡子、腋毛等）。
- 长出喉结，变声。
- 阴茎、精巢（睾丸）发育。

38周

宝宝大小
约为50厘米，
重约3100克

脑和肺发育。开始具有脂肪，身体发圆。母体子宫变狭窄，宝宝头朝下为出生做准备。

胎盘
与脐带相连，对胎儿来说是必要物质和不必要的代谢废物交换的场所。

脐带
将胎盘和胎儿连接起来，输送养分和氧气，回收不必要的代谢废物。

胎儿
在母亲的肚子里度过约266天的胎儿，从子宫离开母体后，最初的哭声（呱呱声）发出的同时开始呼吸。脐带由于不再发挥作用而被切断，之后的痕迹成为脐。

羊水
子宫中的液体。缓和来自外界的冲击以保护胎儿。

羊膜

子宫
守护胎儿发育的地方，胎儿由羊膜包裹，在羊水里呈漂浮状态。

15周

宝宝大小
约为16厘米，
重约120克

骨和肌肉开始发育，已能够辨识性别，形成胎盘。

23周

宝宝大小
约为30厘米，
重约700克

能够睁开眼皮，听见声音。变得好动，胎毛等细小的部分也开始长出。

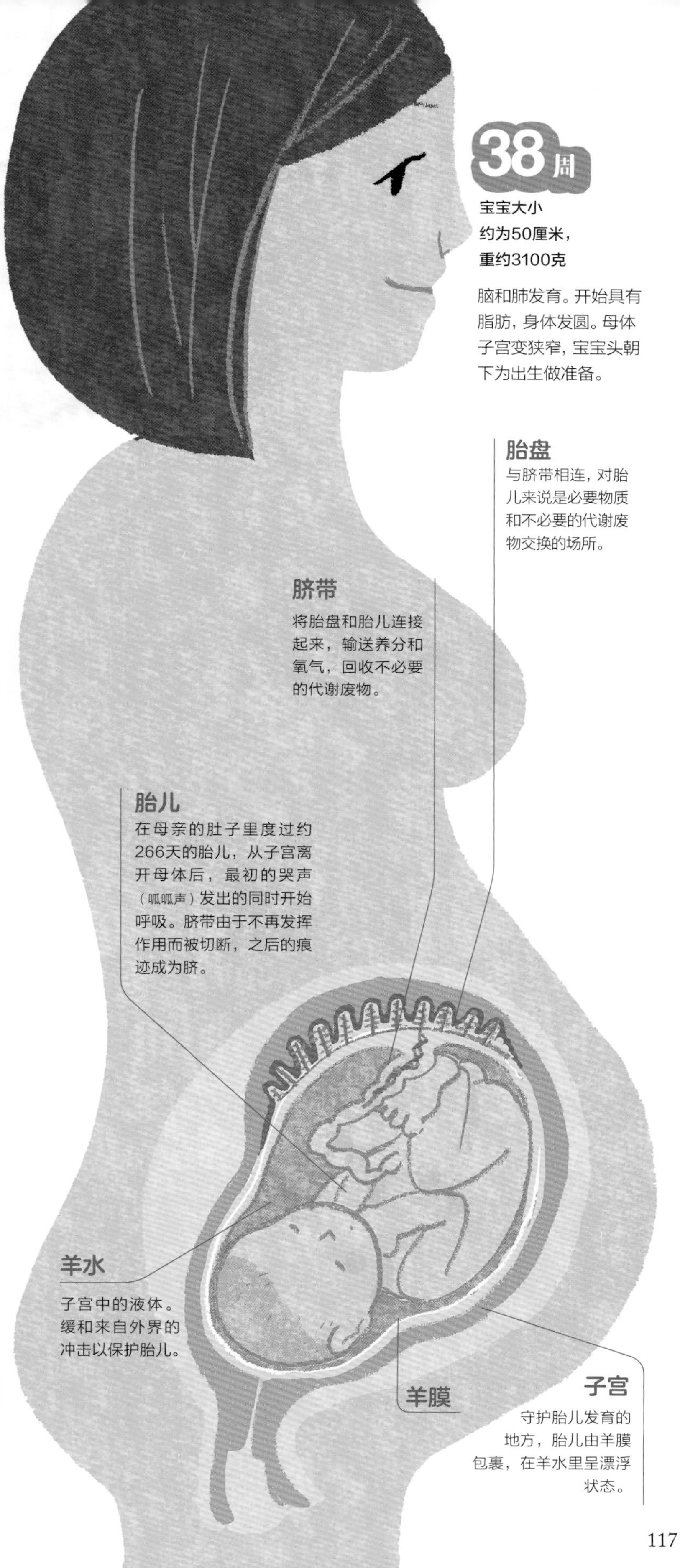

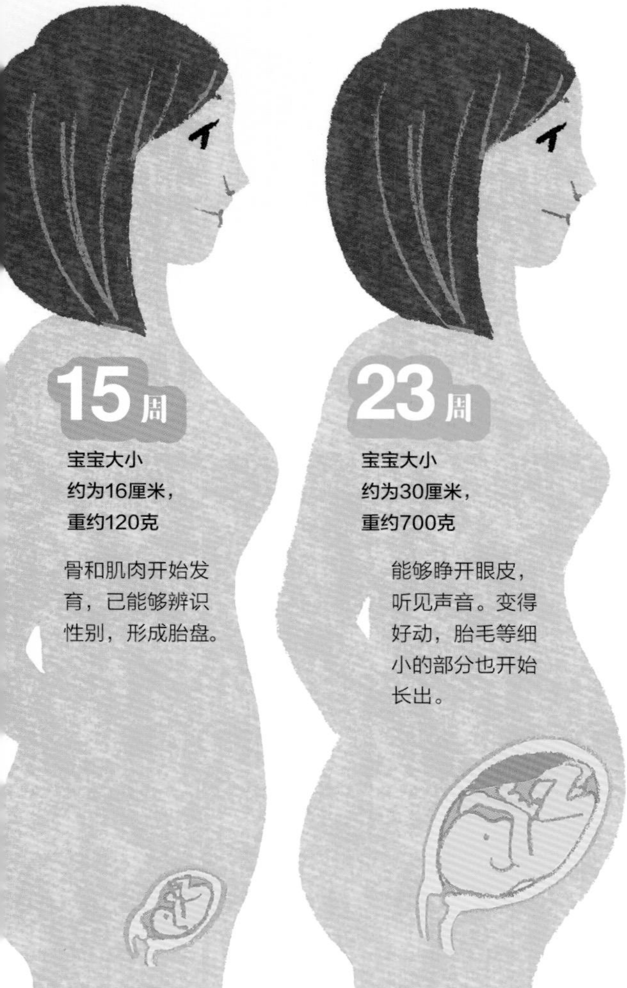

为什么孩子生来像父母？

DNA中描绘着身体结构的设计图

亲代的特征能够传递至子代，是因为细胞核中的DNA（脱氧核糖核酸）这一链状分子发挥着身为构建生物身体的设计图的作用。

所有的细胞都具有相同的DNA

人类等众多的生物，都由一个受精卵不断分裂（体细胞分裂）逐渐长成成人（P40）。这时受精卵中的DNA每次都会复制，因此身体中所有的细胞都具有相同的DNA。

人类的DNA在体细胞分裂时，分成46条（23对）染色体。也就是说，设计图由46册厚厚的百科辞典构成。这些物质被复制后，成为新的细胞。

孩子接受父母各自一半的DNA

在形成子代时，女性生成卵细胞（卵子），男性生成精子。这些细胞（生殖细胞）与体细胞分裂不同，进行减数分裂。卵细胞或精子的染色体数量，变得只有体细胞染色体数量的一半，即23条。然后生成的卵细胞和精子合体（受精）后，形成了总共具有46条染色体的受精卵。受精卵不断生长，诞生新的生命。通过从母亲处获得23条、从父亲处获得23条染色体这一机制，诞生的婴儿在继承父母的特征时，也具有与他们都不同的特征。

细胞集合

人体由约60×10¹²个*细胞组成。
*也有学说认为是37×10¹²个。

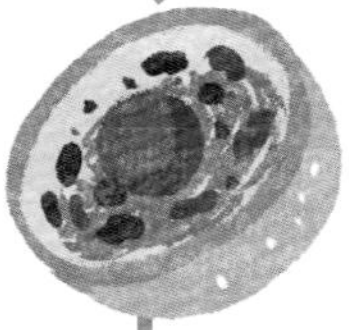

细胞和细胞核

细胞中具有细胞核，有着相同的DNA。

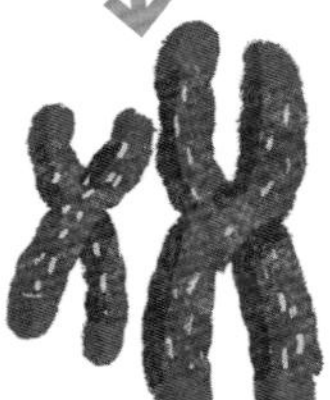

染色体

DNA在细胞核中组装成23对（46条）染色体。

组蛋白

染色体中的DNA围绕着组蛋白这种蛋白。

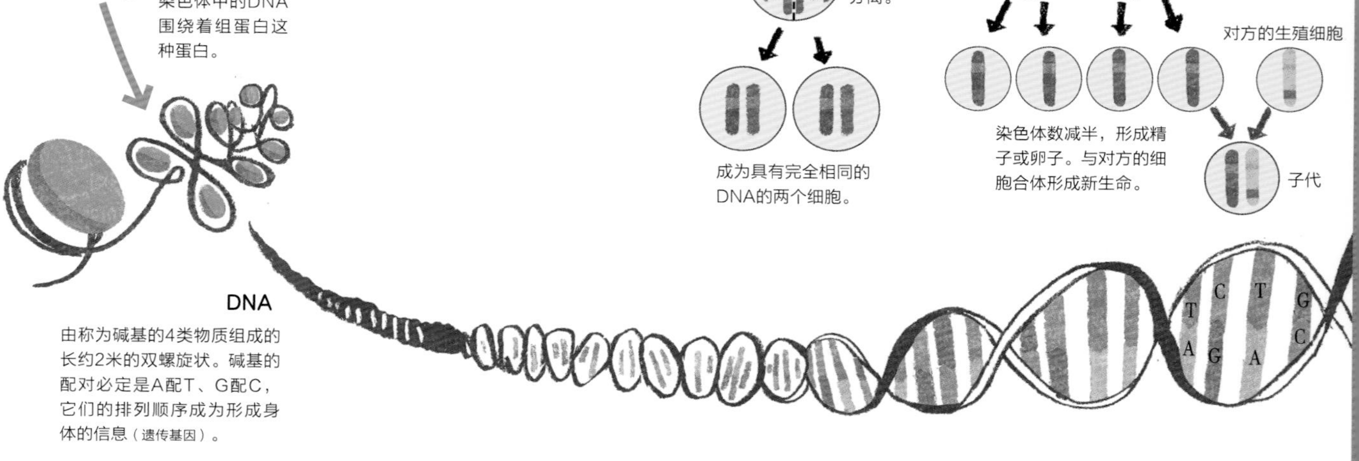

DNA

由称为碱基的4类物质组成的长约2米的双螺旋状。碱基的配对必定是A配T、G配C，它们的排列顺序成为形成身体的信息（遗传基因）。

身体细胞的分裂（体细胞分裂）

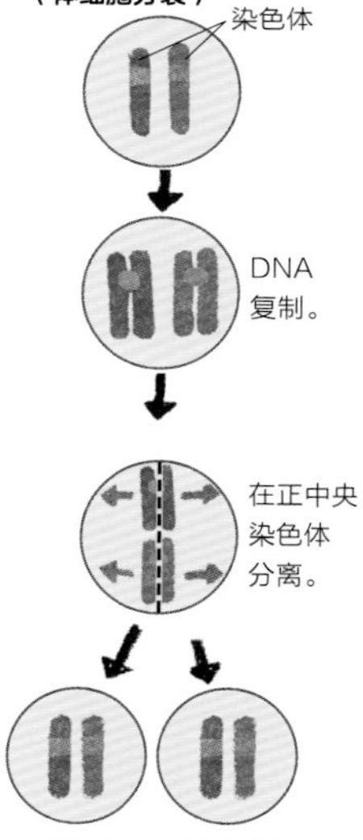

成为具有完全相同的DNA的两个细胞。

形成卵细胞和精子的分裂（减数分裂）

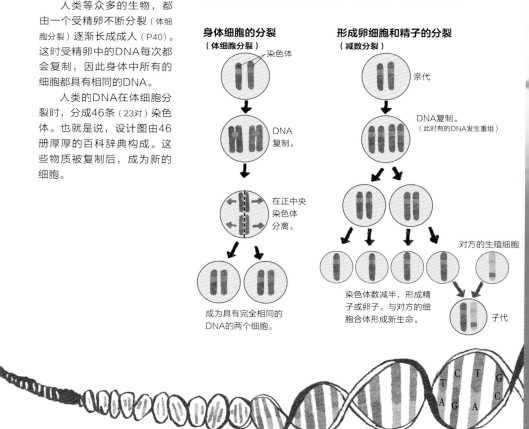

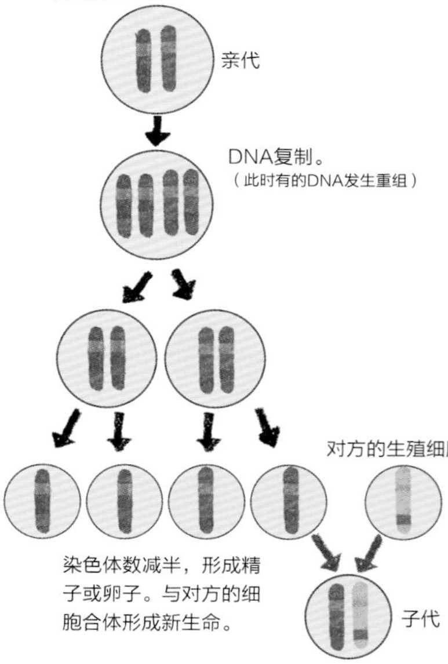

染色体数减半，形成精子或卵子。与对方的细胞合体形成新生命。

2

地球

宇宙与天体

左侧的巨大漩涡是仙女座星系。右侧的光带是太阳系所属的银河系（银河）。经过计算，两个星系将在约40亿年后碰撞，不久会形成一个巨大的星系。

这张照片，是从现在起 37 亿 5 千万年后
从地球上看到的夜空的想象图。
如果能够看到这样的星空，
该是多么美妙的一件事啊。
然而这个夜空并不完全是幻想。
即使银河和行星的位置多少有些不同，
但实际上地球正飘浮在这样的宇宙之中。
地球周围都有哪些天体呢？
让我们仰望夜空，
向着宇宙开始我们的旅程吧。

图源：NASA; ESA; Z. Levay and R. van der Marel, STScI; T. Hallas; and A. Mellinger

宇宙到底有多大?

**我们居住的地球和所在的太阳系，飘浮在广袤的宇宙中。
宇宙到底是个什么样的地方呢?
在此介绍迄今为止我们的一些认知。**

宇宙约有138亿岁

我们认为，宇宙在约138亿年前的大爆炸后出现，之后不断扩展。宇宙空间中，气体和尘埃飘浮并集合，诞生了数不胜数的星星和银河。

宇宙十分广阔，从星星和银河发出的光到达地球，需要几年、几万年、几亿年的时间。我们看到的星星和银河是它们当时发出光芒时候的样子。通过大型天文望远镜看到的遥远的星星，是过去的宇宙的姿态。

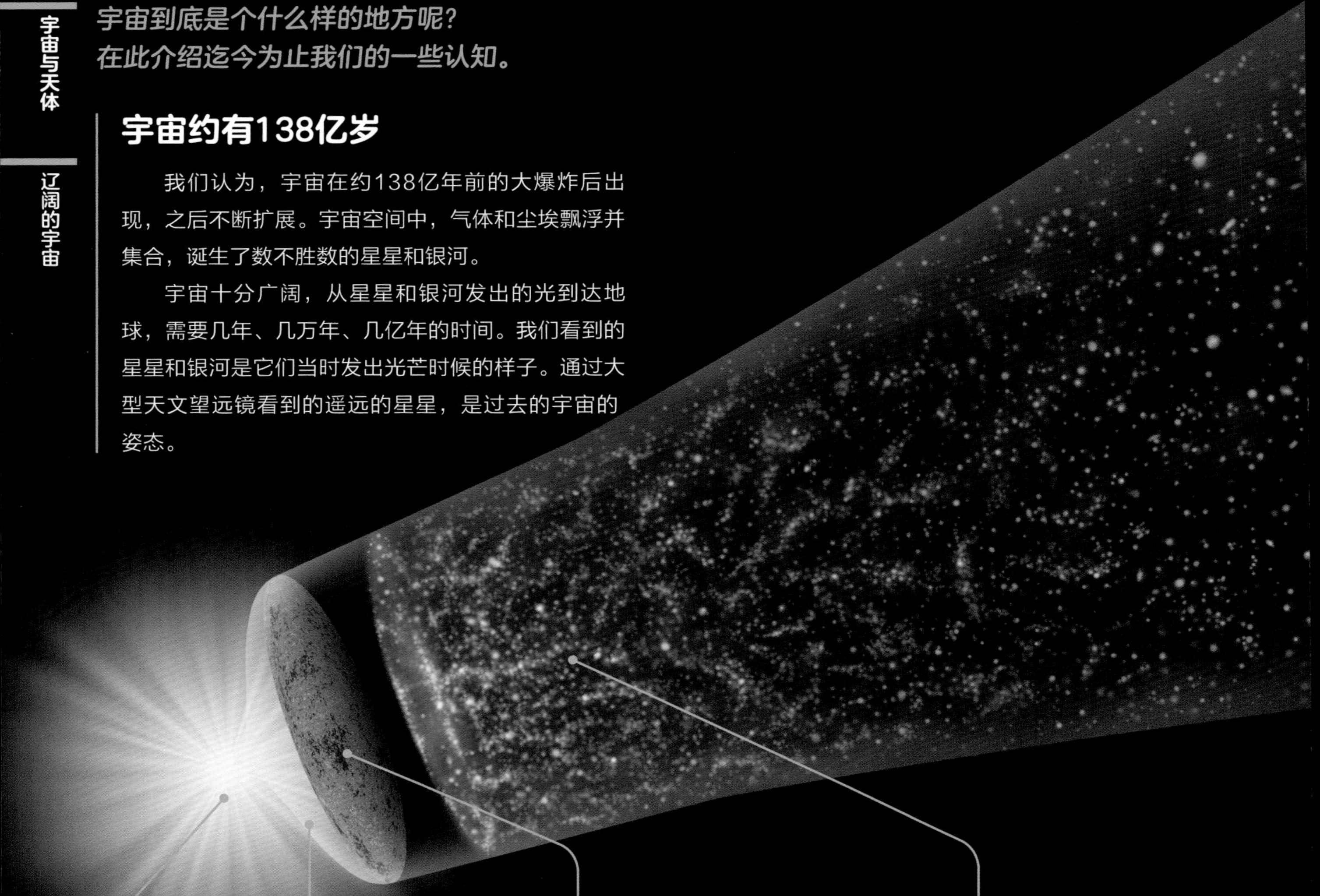

宇宙的起源

大爆炸

我们认为，宇宙由“虚无”诞生，经历过短短一瞬的大膨胀，成为超高温的火球的状态。

一分钟后

物质的诞生

宇宙大爆炸1/10000秒后，宇宙的温度下降，质子和中子这些组成原子核的粒子开始形成。一分钟过后，氦和锂等轻的原子核也诞生了。

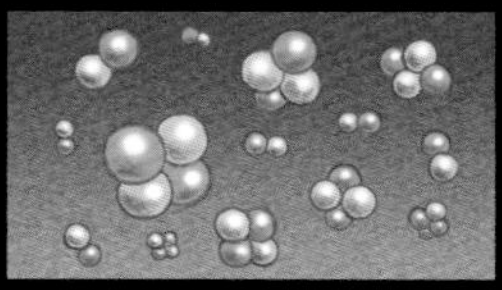

约38万年后

宇宙晴朗

宇宙继续膨胀，温度下降。氢原子和氦原子形成，光变得能够笔直前行，通透性变得良好。

宇宙微波背景辐射

宇宙放晴后延展的光线，以宇宙微波背景辐射的形式存在，现在仍能被观测到。

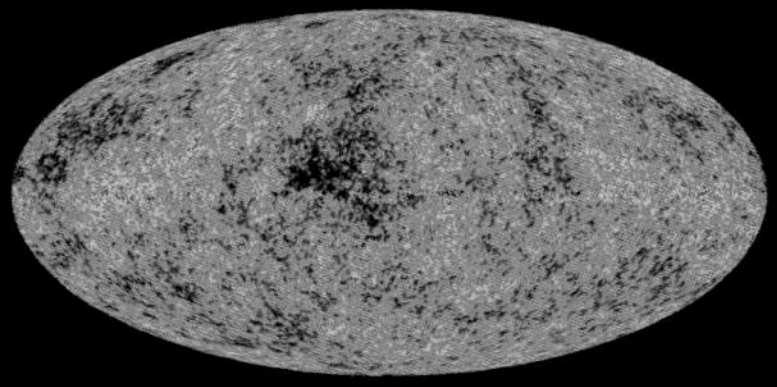

10亿年后

氢元素聚集，类星体和星系诞生。大质量恒星内部形成更重的元素。

类星体（想象图）

图源：ESO／M.Kornmesser

即使距离遥远，仍十分明亮的谜之天体。拥有着普通星系100~10000倍的能量，中心的超大黑洞发出高速喷流。

138亿年后

如今的宇宙

现在的宇宙在诞生后已经经过了138亿年。最近我们得知，约66亿年前，宇宙膨胀的速度开始加快。

超新星爆发的遗迹
（蟹状星云M1，距离约7200光年）

巨大的恒星结束其一生时会发生超新星爆发。剧烈的爆炸抛撒物质放射出光芒。

图源：NAOJ

黑洞的证据
（NGC 4388，距离约6000万光年）

星云的中心发出的粉红色气体，目前被认为是由于黑洞的能量而放出的气体。

远古的星系
（卑弥呼，距离约129亿光年）

距离129亿光年的远方发现的巨大星系卑弥呼。宇宙诞生约9亿年后星系大致形成。这是依据南美智利的阿尔马望远镜（ALMA）和哈勃太空望远镜的观测描绘的想象图。

图源：NASA/ESA/NAOJ/东京大学（大内正己）

图源：NAOJ

恒星诞生的场所
（S106，距离约2000光年）

位于天鹅座附近的星云。其中心有质量为太阳20多倍的恒星，周围也有众多恒星诞生。

“一光年”是指光前进一年的距离，约9.5×10^{12}千米。

宇宙有什么样的天体？

宇宙诞生后不断扩展。让我们来看看宇宙中都有什么样的天体吧。

超星系团（想象图）

宇宙中有着数不胜数的星系，50个左右的星系聚集形成星系群，这些星系群进一步聚集形成星系团。这些星系团如肥皂泡沫一般相互连接，形成超星系团。

玉夫座星系群
（Abell 2667）

星系团

星系团在外观上看如同50～1000个星系凭借相互的引力聚集起来的样子。除了能够观测到的物质，还隐藏着被称为暗物质的不明物质。

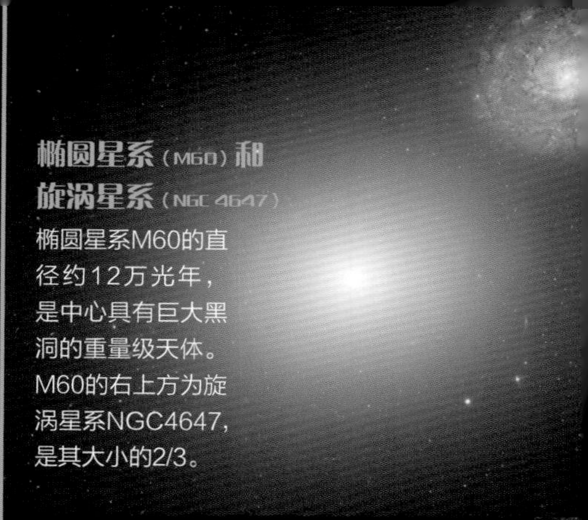

椭圆星系（M60）**和旋涡星系**（NGC 4647）

椭圆星系M60的直径约12万光年，是中心具有巨大黑洞的重量级天体。M60的右上方为旋涡星系NGC4647，是其大小的2/3。

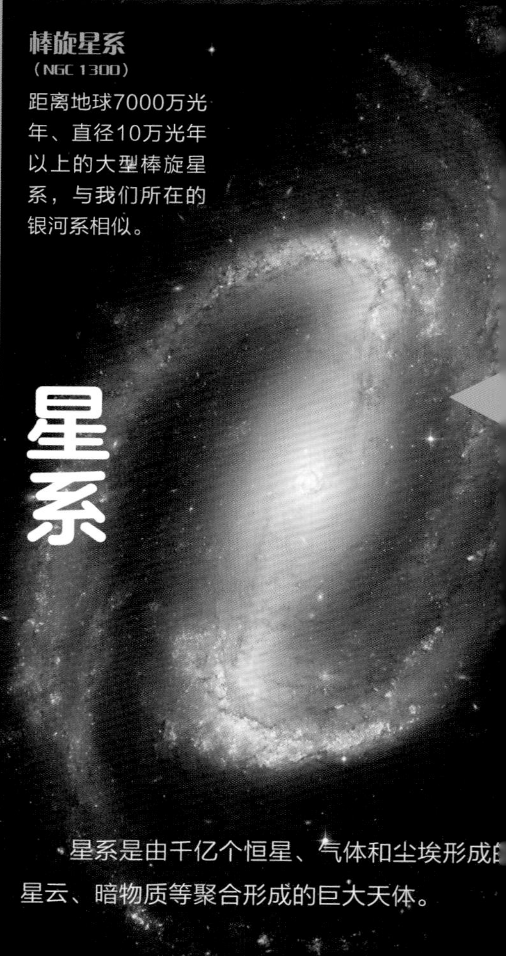

棒旋星系
（NGC 1300）

距离地球7000万光年、直径10万光年以上的大型棒旋星系，与我们所在的银河系相似。

星系

星系是由千亿个恒星、气体和尘埃形成的星云、暗物质等聚合形成的巨大天体。

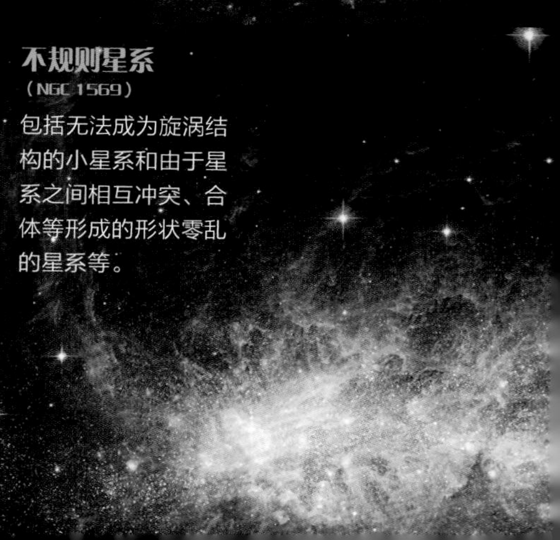

不规则星系
（NGC 1569）

包括无法成为旋涡结构的小星系和由于星系之间相互冲突、合体等形成的形状零乱的星系等。

原行星盘

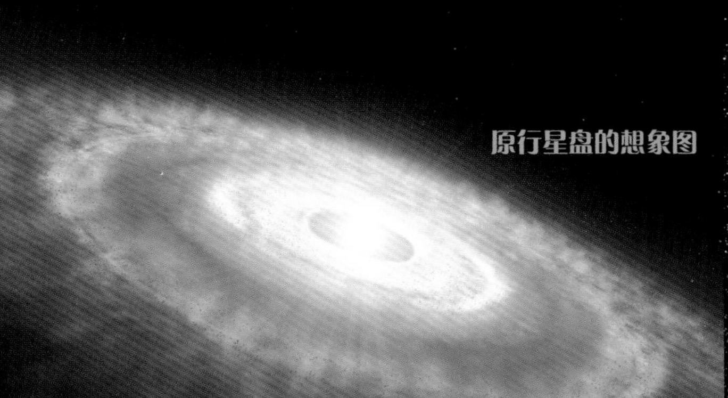

原行星盘的想象图

构成恒星的气体和尘埃如圆盘状聚集的天体。中心形成恒星之后不久，周围会随之形成地球和木星那样的行星。

星团

球状星团（NGC 5139）

距离地球17300光年的银河系中的ω星团。位于南半球的半人马座，肉眼可见。有约1000万个恒星聚集。

众多恒星在引力作用下聚集起来的形态称为星团。星团中有着数万至数百万个古老的恒星呈圆形聚集起来的球状星团，还有数十至数千个年轻恒星聚集起来的疏散星团（昴星团 P141）。

图源：Robert Gendler

银河系的天体

星云是气体和尘埃由于在附近恒星的光芒照映下明亮可见、反之浓重的尘埃遮挡气体的光芒而变暗的物质。我们肉眼能看到的星云绝大多数都位于银河系内。

星云

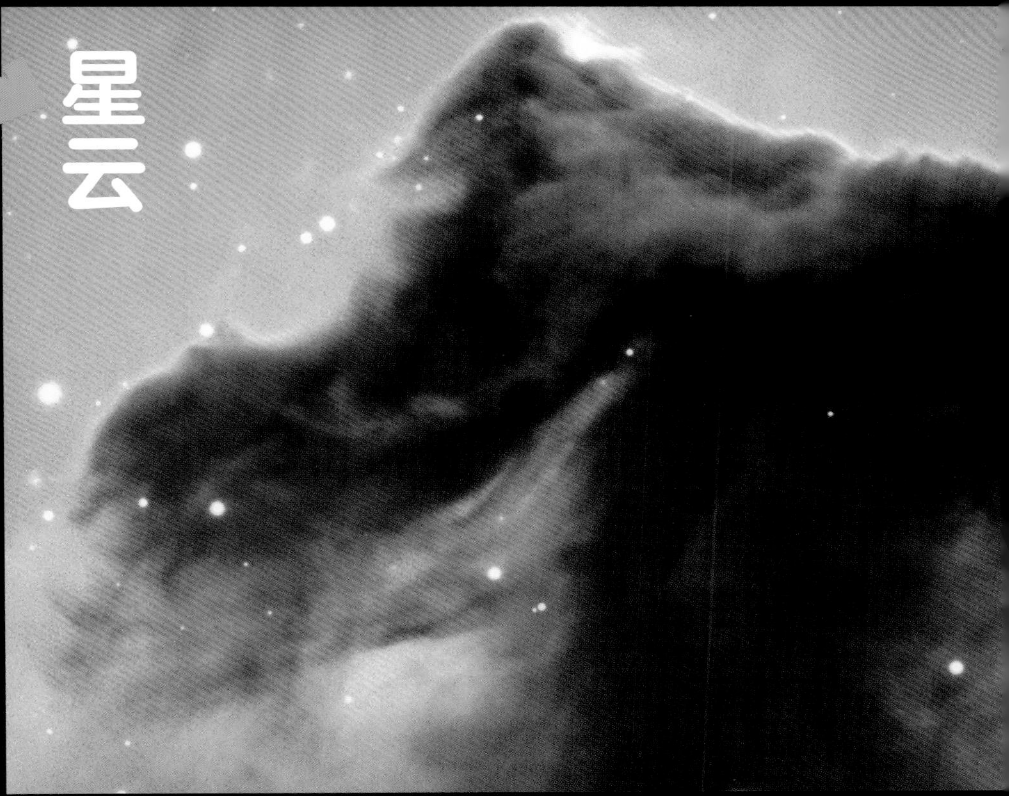

图源：ESO

猎户座马头星云（Barnard 33）

是位于猎户座的ς星附近的暗星云。后方发光的弥漫星云被前面浓重的气体遮挡住光芒，看上去如同黑色马头。此处有众多恒星诞生。

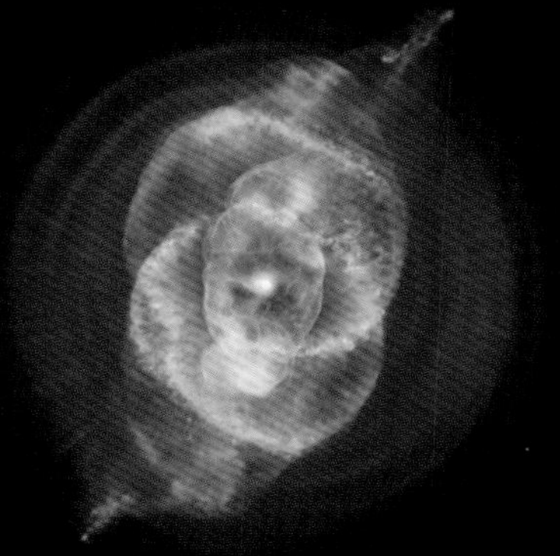

猫眼星云（NGC 6543）

和太阳差不多的恒星在一生的最后成为红巨星，喷出气体后萎缩成为白矮星。白矮星放出的紫外线能令气体闪耀。

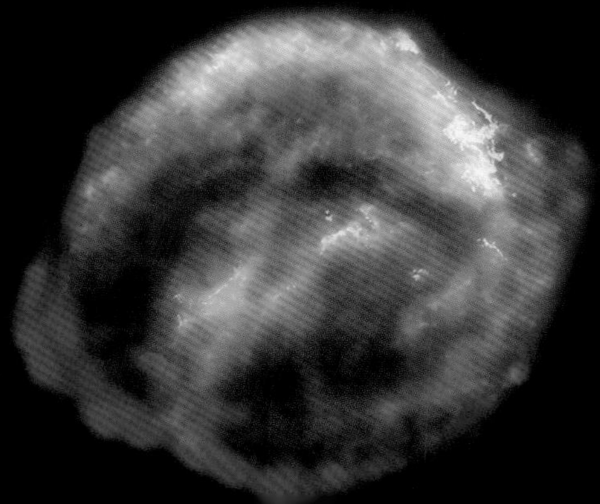

开普勒超新星残骸（SN 1604）

太阳8倍以上重量的恒星一生的最后变为红超巨星，引发超新星爆炸。这是距离地球2万光年以内的近距离引起的超新星爆炸的残骸。

1000亿～2000亿颗恒星的集合

这是银河系的想象图。虽然它看上去是模糊如云的漩涡，但这散发着淡淡光芒的一小粒一小粒是和太阳一般自己发光的恒星。银河系中约有1000亿～2000亿颗恒星。银河系是外形像恒星的聚集体，中心粗厚，如棒状，从中伸出两只旋涡般的“臂”。

我们在银河之中吗？

宇宙中有1700亿个以上的星系，它们各自又由数千万至数万亿个数不胜数的恒星集合而成。我们的太阳系也位于“银河系”这一星系中。

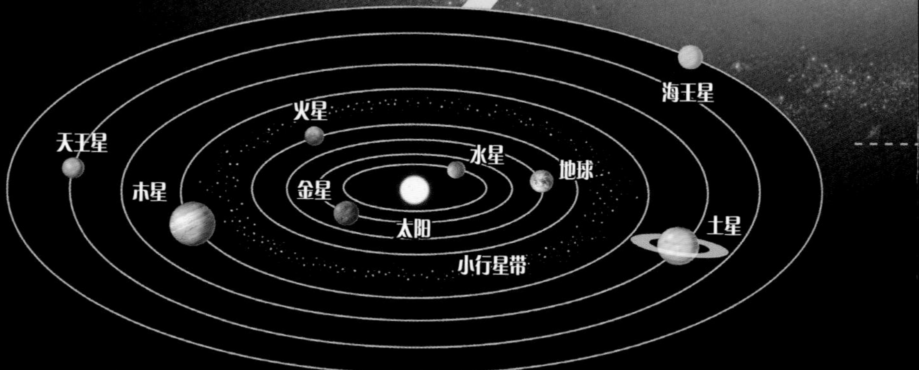

太阳系和它的位置

我们地球所属的太阳系，位于离银河系的中心约2万6100光年距离的位置，在棒旋星系的“猎户臂”上。然而在上图中，与银河系相比，太阳系实在太小，甚至不能用一个点来表示。

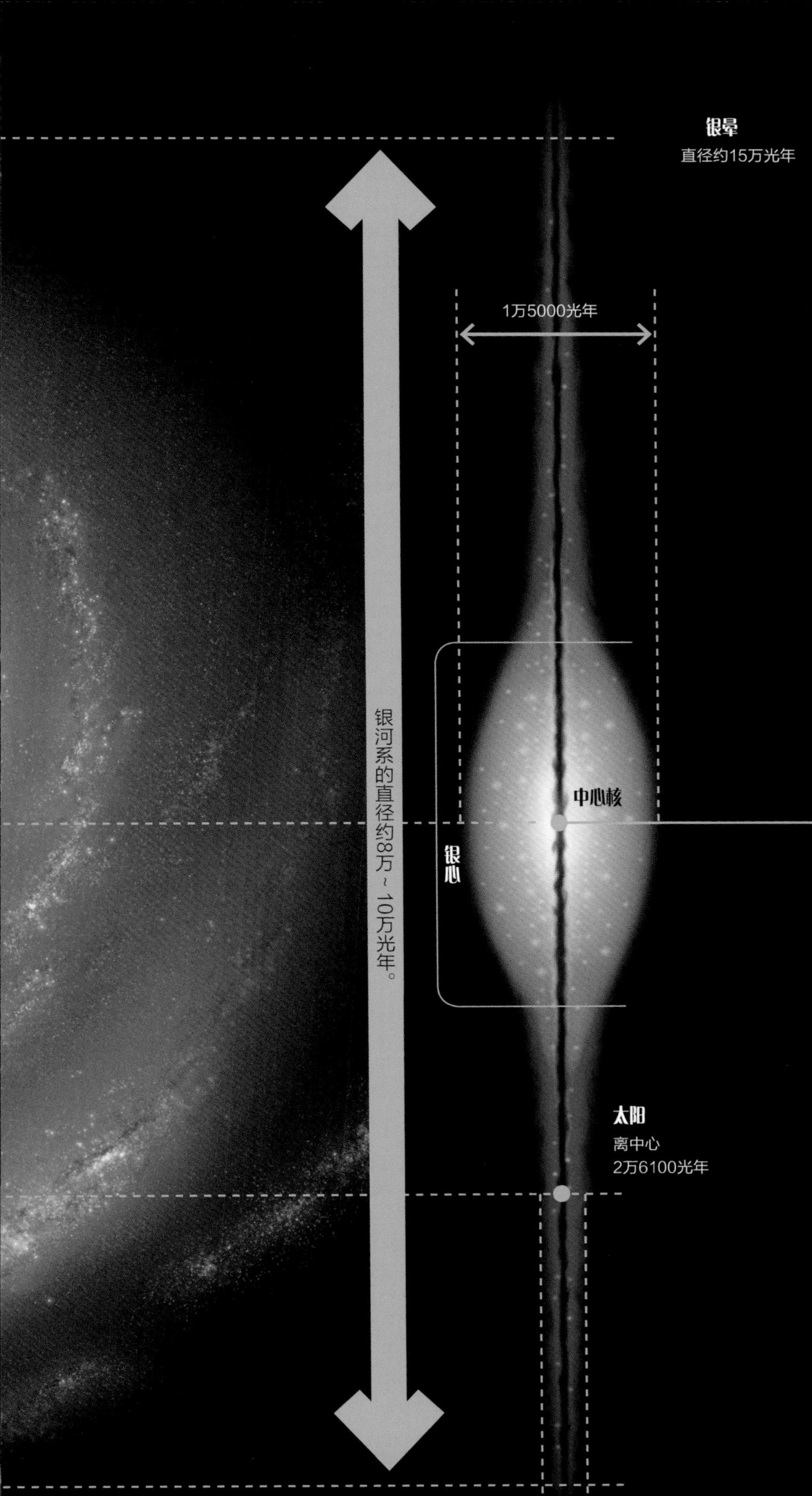

中心有巨大黑洞

这是位于银河系中心的巨大黑洞的想象图。黑洞连光线也能吞噬，因此无法看到其内部结构。

从黑洞中喷出的气流

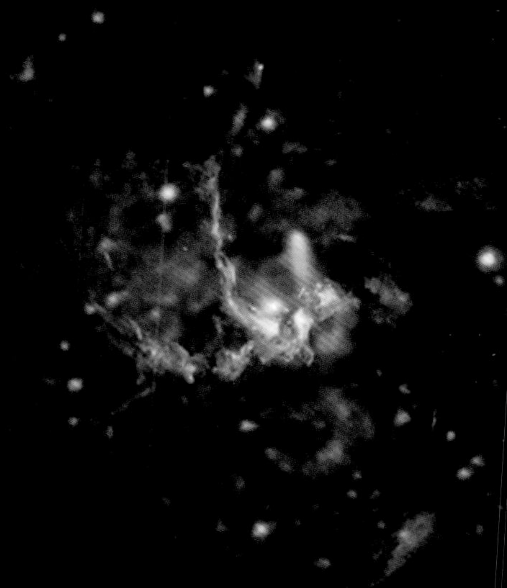

这是通过X射线和射电信号捕捉到的位于银河系中心的黑洞周边的画像。可以清晰看到被认为是从黑洞中喷出的喷流（蓝色的线）。

银河系的大小

银河系中心膨胀的部分宽度约为1万5000光年，太阳附近的圆盘宽度约为2000光年。银河系全体包裹在稀薄气体等物质和球状星团稀疏分布的球状的“银晕”中。

2000光年

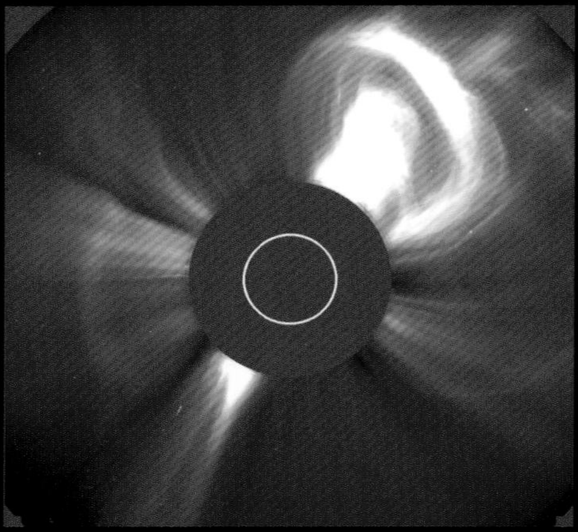

日冕物质抛射（CME）

伴随着太阳耀斑爆发等大量的等离子体一齐被抛射出来的现象，到达地球时会引起磁暴。

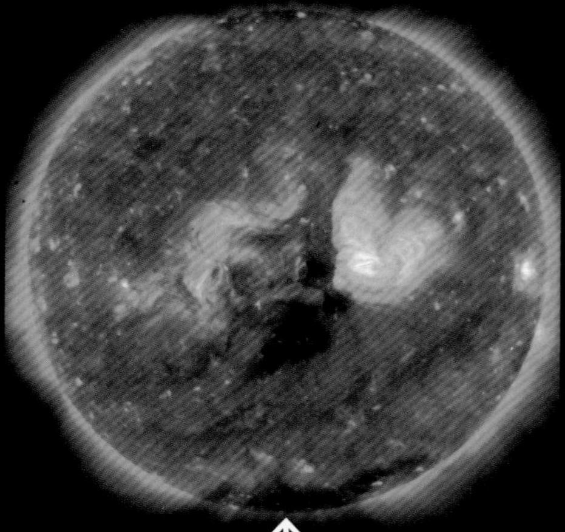

冕洞

是日冕密度低的部分，也是比平常更高速的太阳风（等离子体流）的出风口。主要出现在太阳的北极或南极。在X射线观测下呈黑色。

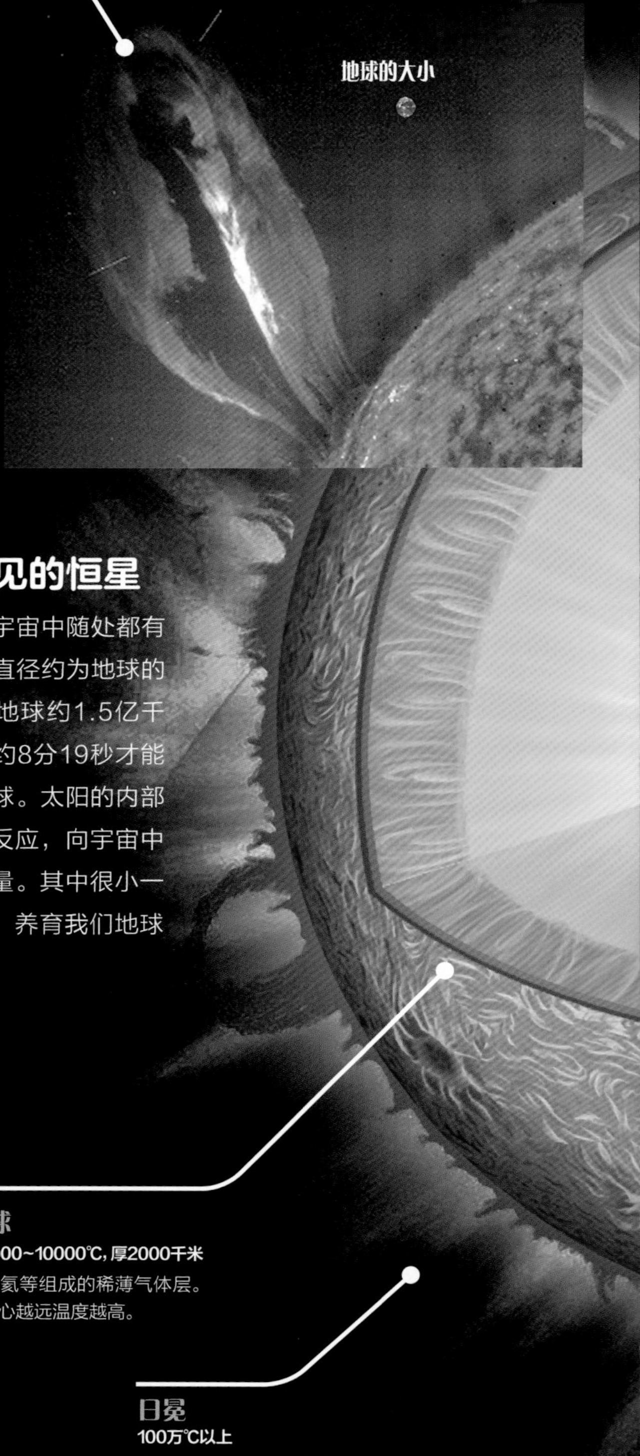
日珥（红焰）
约10000℃
是色球的气体的一部分，沿着磁力线向日冕中扬起，看上去如火焰一般。
地球的大小
色球
约9000~10000℃，厚2000千米
氢和氦等组成的稀薄气体层。离中心越远温度越高。
日冕
100万℃以上
太阳表面向外高速放射出高能量粒子（等离子体）。

太阳是常见的恒星

太阳是在宇宙中随处都有的一种恒星。直径约为地球的109倍，距离地球约1.5亿千米，光要经过约8分19秒才能从太阳到达地球。太阳的内部发生着核聚变反应，向宇宙中放射巨大的能量。其中很小一部分到达地球，养育我们地球上的生命。

太阳上发生了什么？

太阳是在我们所属太阳系的中心闪耀着的恒星。从其诞生已过了约46亿年，我们认为，它还可以持续闪耀约50亿年。

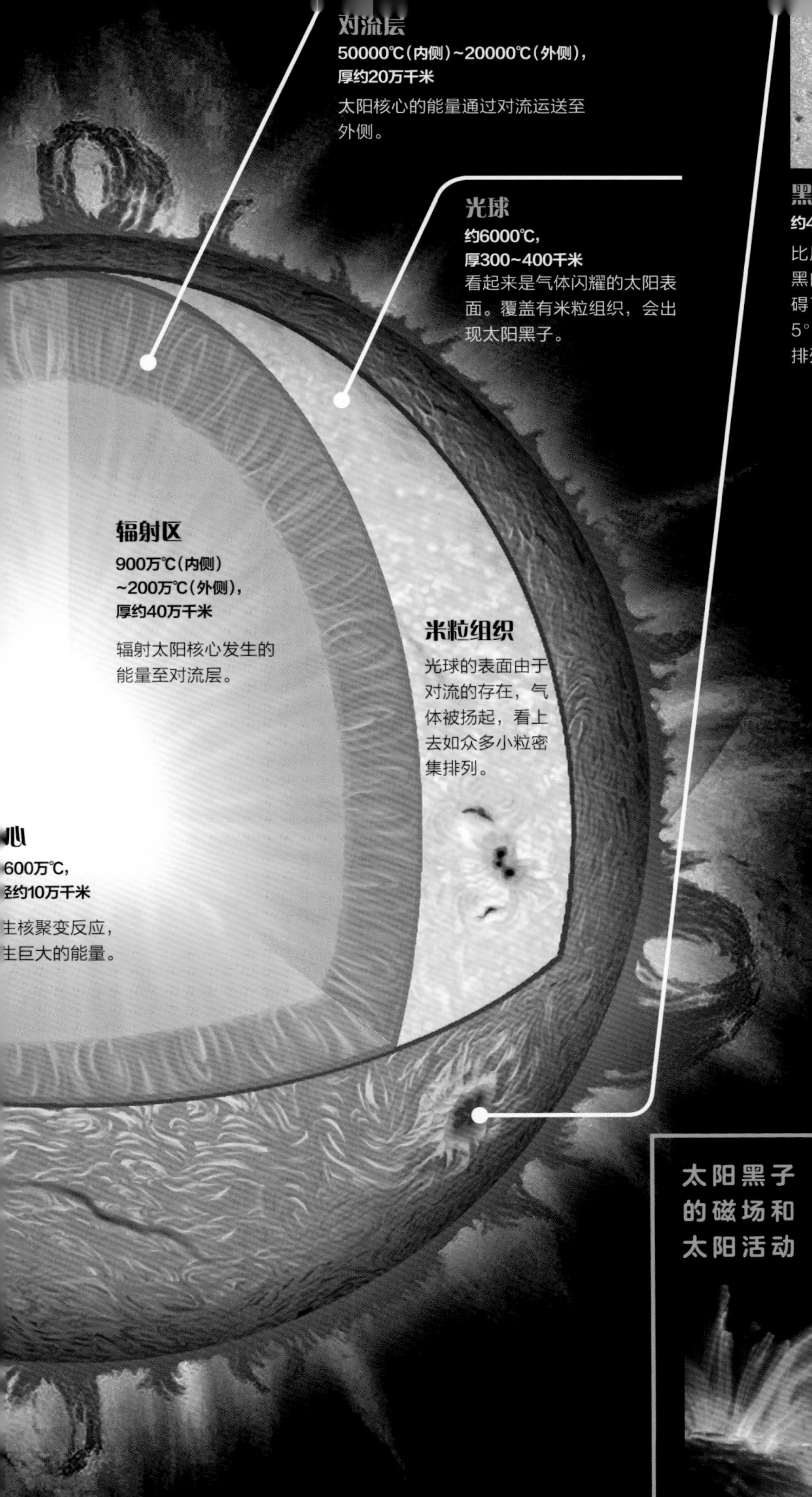

对流层

50000℃(内侧)~20000℃(外侧)，厚约20万千米

太阳核心的能量通过对流运送至外侧。

光球

约6000℃，厚300~400千米

看起来是气体闪耀的太阳表面。覆盖有米粒组织，会出现太阳黑子。

辐射区

900万℃(内侧)~200万℃(外侧)，厚约40万千米

辐射太阳核心发生的能量至对流层。

米粒组织

光球的表面由于对流的存在，气体被扬起，看上去如众多小粒密集排列。

心

600万℃，

圣约10万千米

主核聚变反应，

主巨大的能量。

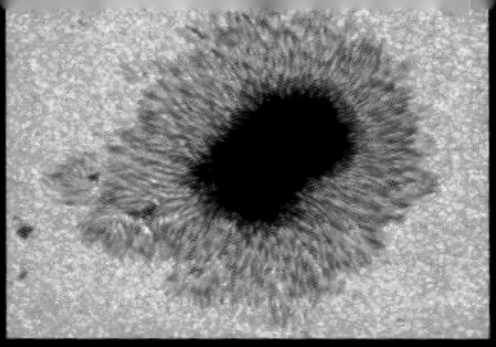

黑子

约4200℃

比周围温度稍低的看上去发黑的点。因强磁场的作用妨碍下部的热能放射。在纬度5° 到40° 之间，东西方向排列出现的情况较多。

太阳黑子的移

黑子是温度低于周的部分，随着太阳的自而移动。太阳黑子多是阳活动活跃的标志，以年为周期，数量不断变

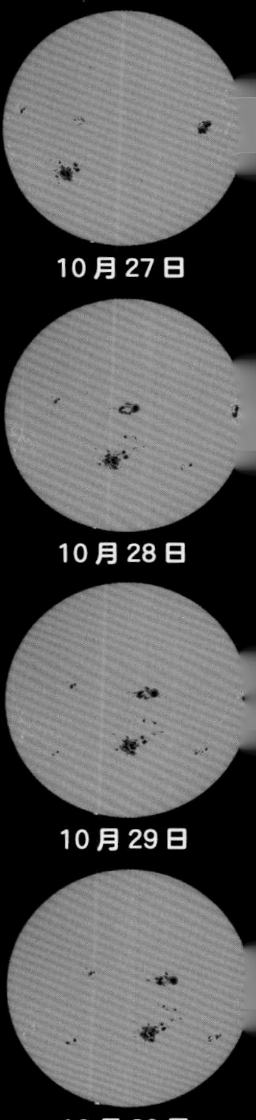

10 月 27 日

10 月 28 日

10 月 29 日

10 月 30 日

太阳黑子的磁场和太阳活动

连接两个黑子的是环状延伸的日冕结构。这是气体沿着磁场移动的状态。太阳表面由数百万个冕环包围，磁能释放时环破裂，引起耀斑。

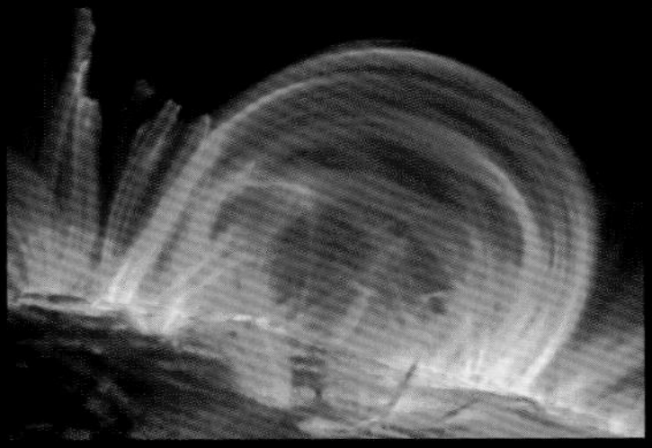

图源：TRACE/NASA

← 卫星的紫外照相机实际拍摄的冕环。

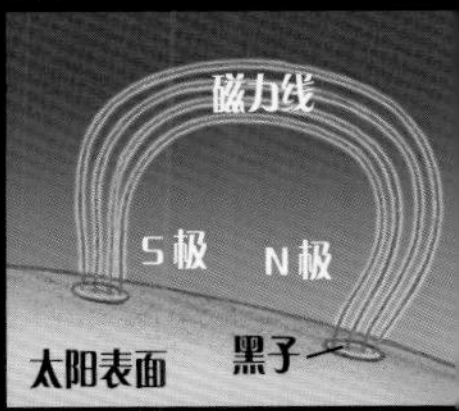

太阳系是由什么构成的？

我们的地球是太阳系的一员。
太阳有着包括地球在内的8颗行星，它们以固定的周期围绕太阳公转。
依据行星内部的构造，可分为类地行星、气态巨行星、冰行星这3种类型。

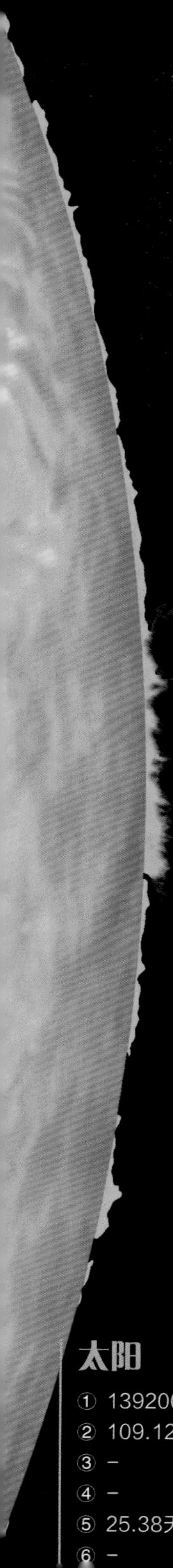

① 直径
② 直径（假设地球的直径为1时）
③ 离太阳的距离（假设地球和太阳之间的距离为1时）
④ 公转周期
⑤ 自转周期
⑥ 卫星数

水星

距离太阳最近的岩质行星。白天表面400℃，夜间转而可至-150℃以下。基本无大气，有很多撞击坑。

① 4879千米
② 0.38
③ 0.387
④ 87.97天
⑤ 58.65天
⑥ 0

金星

与地球差不多大小，在距离地球很近的内侧运行的岩质行星。覆盖有浓厚的二氧化碳层和硫酸云，由于温室效应，平均气温可达460℃以上。

① 12104千米
② 0.95
③ 0.723
④ 224.7天
⑤ 243天（逆时针旋转）
⑥ 0

地球

从太阳向外数第3个岩质行星，有众多生物居住。大气成分主要为氮气（约78%）、氧气（约21%）。水的形态有气态（水蒸气）、液态（海、河、湖）、固态（冰）。

① 12756千米
② 1
③ 1
④ 365.26天
⑤ 1天
⑥ 1（月球）

火星

在地球紧外侧运行的岩质行星。直径约为地球的1/2。有巨大的火山和溪谷，也确认具有冰和固态的二氧化碳。

① 6792千米
② 0.53
③ 1.523
④ 686.98天
⑤ 1.026天
⑥ 2

小行星带

在火星和木星间，众多大小100千米以下小型天体环绕布和运转。

太阳

① 1392000千米
② 109.12
③ –
④ –
⑤ 25.38天
⑥ –

类地行星（岩质行星）

类地行星为水星、金星、地球、火星这4颗行星。内部具有以铁和镍等金属元素为成分的核，以硅酸盐为成分的地幔将核包裹

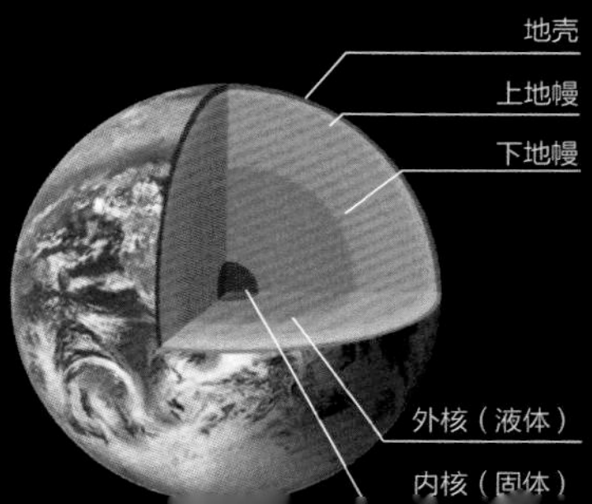

周期彗星的轨道

彗星

由冰和尘埃构成的小型天体，接近太阳时成分蒸发形成拉长的尾巴。有些来自比柯伊伯带还要远的地方。

柯伊伯带天体

位于海王星外侧的太阳系天体。也包括2006年从行星中被划分至矮行星的冥王星。此外，也具有众多的以冰为主要成分的小天体，它们有时偏离轨道接近太阳，成为彗星。

冥王星

位于柯伊伯带的比月球稍小的天体。虽然以前被认为是行星，但由于发现了众多与之相似的天体，因此被划分至矮行星的范围。冥王星目前已发现有5颗卫星，其中最大的一颗冥卫一比冥王星直径的一半还要大。

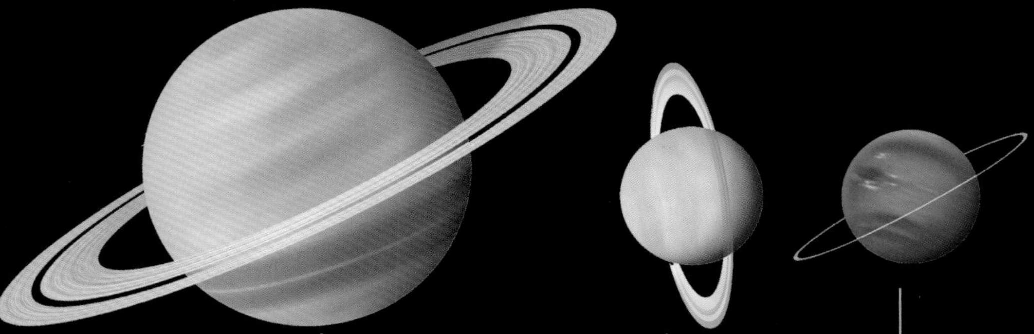

木星

直径达地球11倍的太阳系中最大的气态巨行星。内部大部分是气态和液态的氢和氦。表面覆盖有氨云，有着岛状或旋涡状的花纹。

① 142984千米
② 11.2
③ 5.203
④ 11.86年
⑤ 0.414天
⑥ 67

土星

拥有美丽圆环的气态巨行星。与木星一样，由气态和液态的氢和氦构成。圆环整体十分薄，主要由小的冰粒形成。

① 120536千米
② 9.45
③ 9.555
④ 29.46年
⑤ 0.444天
⑥ 65

天王星

直径约是地球4倍的冰行星。拥有着细环，以横倒的姿态自转。在氢、氦、甲烷等形成的大气之下有着冰质的地幔。

① 51118千米
② 4.01
③ 19.218
④ 84.02年
⑤ 0.718天
⑥ 27

海王星

位于最外侧的冰行星。围绕太阳运行一周，需164年9个月。大气为含有甲烷的氢气，内部是冰质的幔层。

① 49528千米
② 3.88
③ 30.11
④ 164.77年
⑤ 0.671天
⑥ 14

太阳系尽头的奥尔特云

我们认为，太阳系的最外侧被由冰和尘埃块形成的称之为奥尔特云的天体群所包围，而周期长的彗星，就是从此处运行而来的。距奥尔特云的距离，是地球和太阳之间距离的5万倍以上。

气态巨行星（类木行星）

木星和土星拥有岩质的核，而核被氢和氦混合的厚厚的气体包裹，从而形成巨大行星。

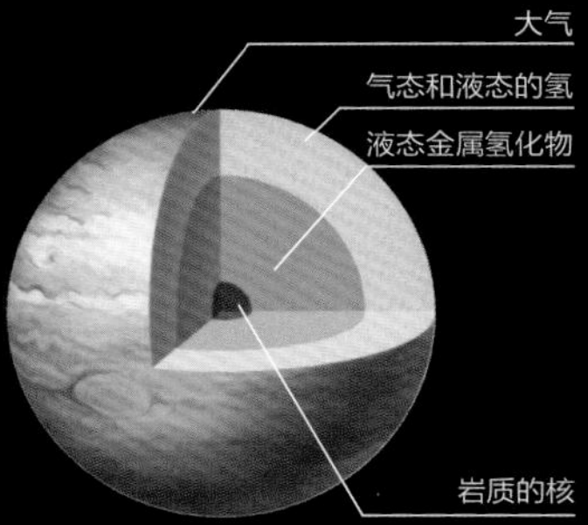

冰行星

天王星和海王星远离太阳，在内部水和甲烷、氨成为固体，在岩质的核的周围形成很厚的幔层。

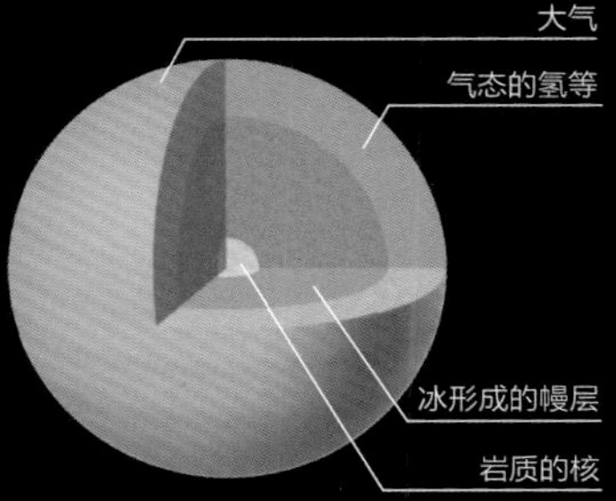

在地球上看宇宙

在空气澄澈、没有月亮出现的晴朗夜晚，一定要抬头观察一下夜空。
眼前闪烁的群星的那边，延展着无尽的宇宙。

天河是从地球上看银河系的样子

太阳系位于距银河系（天河）的中心约2万6100光年的位置上圆盘变薄的地带。天河看起来是带状的，这是因为我们是从侧面观察银河的。

张照片拍的是天蝎座以北（右）的空，上面显示出北半球夏夜能够察到的众多星座。南半球（左）能看到的大小麦哲伦云是紧挨着银系的两个小型星系，只有在南半或者北半球低纬度地区才能够看。在中国无法观察到。

北半球的天空中，可以观察到由天鹅座的α星、夹住银河的天琴座的α星（织女星）、天鹰座的α星（牛郎星）形成的夏季大三角（P136）。

天河

这张照片是在南非的纳米比亚拍摄的。如云般发光的带就是天河。太阳系处于银河系之内，我们在地球上观察银河系就会看到这样的光带。发光最明亮的人马座方向就是银河系盘状结构的中心。天河的光芒中黑色的部分，是浓厚的气体和尘埃遮住银河系光芒的部分。

和恒星之间的距离（光年）

与宇宙中某一天体的距离，以光一年中前进的距离（光年）为单位表示。光1秒间能够前进约30万千米，因此1光年约为9.5×10^{12}千米。我们距离天蝎座的α星约553光年，因此我们看到的光芒是它在553年前，从5254×10^{12}千米远的地方散发的。

光从天体到达地球需要的时间

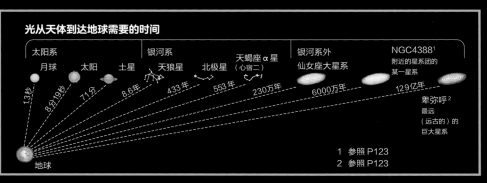

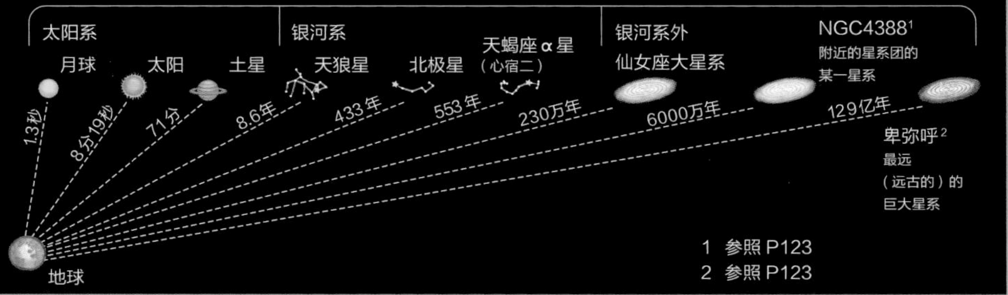

源：Florian Breuer (floriansphotographs.blogspot.com) 拍摄于非洲南部的纳米比亚共和国

仰望春天的星空

牧夫座

春天的星空虽然不那么热闹，
但能够看到大型星座雄伟的姿态。
特别是大熊座的北斗七星很容易观测到，
让我们从东边注视北方的天空吧。

星盘的使用方法

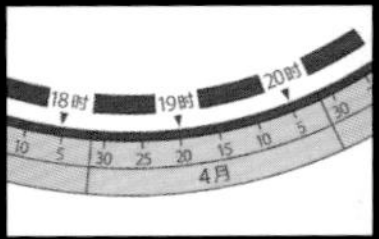

1. 转动时间的刻度盘至想看的日期。
2. 确认自己所站位置的东西南北的方位。
3. 手持星盘，使观察的方位在其下方。
4. 朝向观察的方位。
5. 将星盘放在头的上方仰视。

从北斗七星处寻找北极星

春季星空的北部，有着巨大的呈勺子形状的北斗七星。勺口边缘两颗星连线延长5倍的地方，就是北极星。北斗七星是大熊座尾巴的部分，北极星是小熊座尾巴尖处的星星。

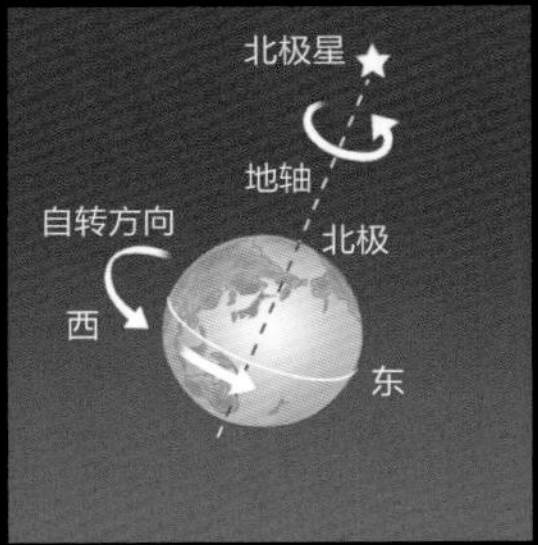

由于北极星在地轴向北的延长线上，因此我们看不到它的移动 (P150)。

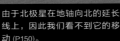

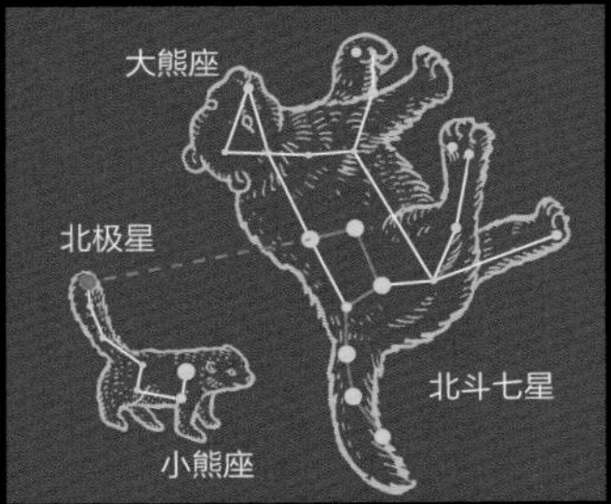

牧夫座的牧夫座α星（大角星）和室女座α星（角宿一），再加上狮子座β星（五帝座一），所形成的三角形被称作春季大三角。五帝座一是狮子座尾巴的部分。

在春季的天空中寻找银河和星团

虽然肉眼很难看见，但春季的夜空中还是能够看到几个星团和银河系之外的许多星系。星团是恒星密集的天体，位于银河系内。让我们用双筒望远镜或天文望远镜来寻找一下吧。

版权 ©吉尾贤治

鬼星团（M44）

位于巨蟹座的疏散星团。距离地球590光年。有200个以上的恒星聚集。

波德星系（M81）

北斗七星勺口附近全年可见的旋涡星系。距离约为1200万光年。在它北边附近还能同时观察到M82。

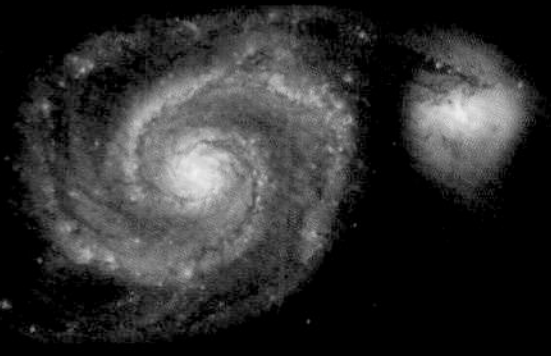

涡状星系（M51）

距离地球2100万光年。位于北斗七星的柄附近。右侧较小的涡状星系亮度较低，难以用普通双筒望远镜观察到。

北斗七星和春季大曲线

如果延长北斗七星柄的部分的曲线，可以看到东方夜空中橘色的亮星——牧夫座大角星。进一步延长曲线，可以看到东南方向的室女座的角宿一闪耀着蓝白色光芒。这条线被称为春季大曲线。

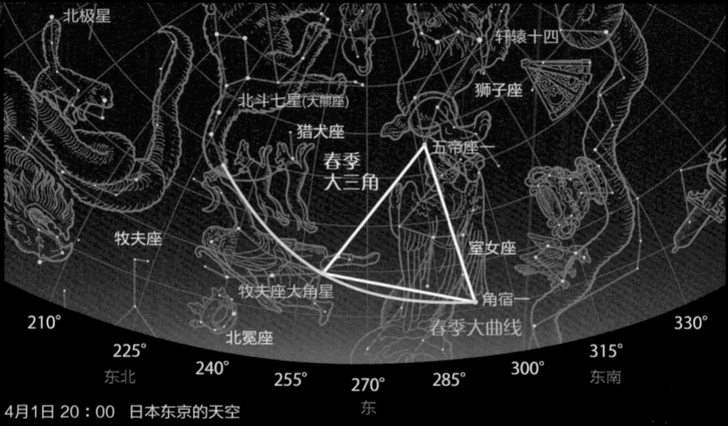

4月1日 20：00　日本东京的天空

夏天能看到哪些星星？

夏季的夜空中有天蝎座、天鹅座、天琴座等显眼的星座排列着。
由于它们多数沿着银河闪耀，
因此一定要在空气澄澈、较暗的场所通过寻找银河来找到它们。

观察流星雨

夏季是观察流星的好时节。流星是宇宙空间中直径从一毫米至数厘米的尘埃颗粒，被地球吸引而进入大气层并与大气摩擦燃烧所产生的光迹。在环绕太阳的彗星的轨道上，有众多的尘埃围绕。每年地球通过其轨道时，都会有许多的尘埃集合飞向大气层。这就是流星雨。

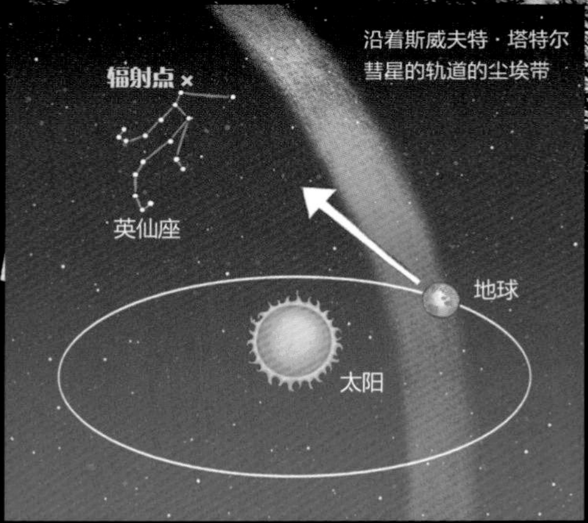

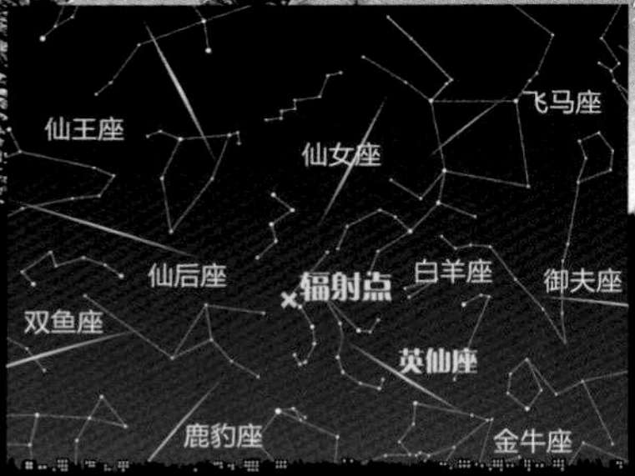

英仙座流星雨的观察方法
以位于英仙座区域的辐射点为中心，夜空中各个方向都会出现流星（英仙座流星雨会在7月下旬到8月下旬活跃，通常会在8月中上旬迎来极大）。

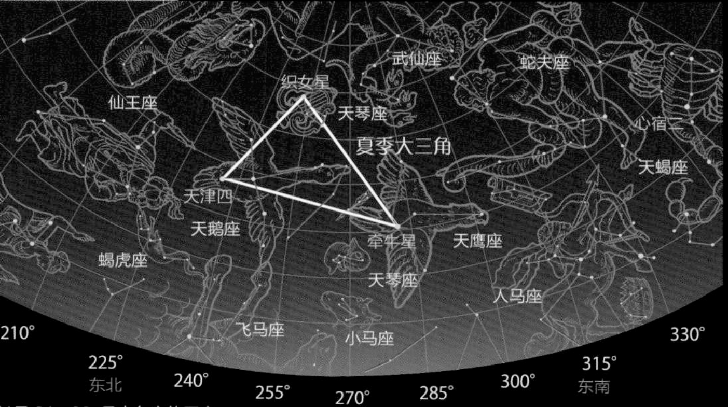

1日 21：00 日本东京的天空

从天蝎座处追溯银河

微微发光的光带从天蝎座的尾巴周围向东方延伸。这就是银河。一直向上追溯，能够到达呈十字形的天鹅座。在它稍往前的位置，能够看见传说中的织女星(天琴座α星)和牛郎星(天鹰座α星)在银河两侧隔河相望。

星星的亮度

肉眼能够看到的天体亮度具有规定的“星等”。勉强可见的为6等星，1等星亮度是6等星的100倍。星等每降低一等，亮度约提高2.5倍。1等星以上亮度的恒星，除太阳外有21个。大犬座的天狼星为-1.47等，是其中最明亮的，织女星约为0.03等，位于第5位。另外太阳约为-26.7等，满月约为-12.7等。

星星的亮度和数量

等级	星星数量
1等星以上	21个
2等星	67个
3等星	190个
4等星	710个
5等星	2000个
6等星	5600个

1等星以上的恒星及其亮度

1	天狼星（大犬座）	-1.47
2	老人星（船底座）	-0.72
3	南门二（半人马座）	-0.1
4	大角星（牧夫座）	-004
5	织女星（天琴座）	0.03
6	五车二（御夫座）	0.08
7	参宿七（猎户座）	0.12
8	南河三（小犬座）	0.34
9	参宿四（猎户座）	0.42
10	水委一（波江座）	0.50
11	马腹一（半人马座）	0.60
12	河鼓二（即牛郎星，天鹰座）	0.77
13	字架二（南十字座）	0.81
14	毕宿五（金牛座）	0.985
15	角宿一（室女座）	1.04
16	心宿二（天蝎座）	1.09
17	北河三（双子座）	1.15
18	北落师门（南鱼座）	1.16
19	天津四（天鹅座）	1.25
20	十字架三（南十字座）	1.297
21	轩辕十四（狮子座）	1.40
	太阳	-26.7
	满月	-12.7

秋夜天空的看点在哪里？

秋天的夜空中，夏季的群星纷纷退场，夜空变得很寂寥。其中清晰可见的飞马座的四边形和告知北极星位置的仙后座成为星座观察的指向标。

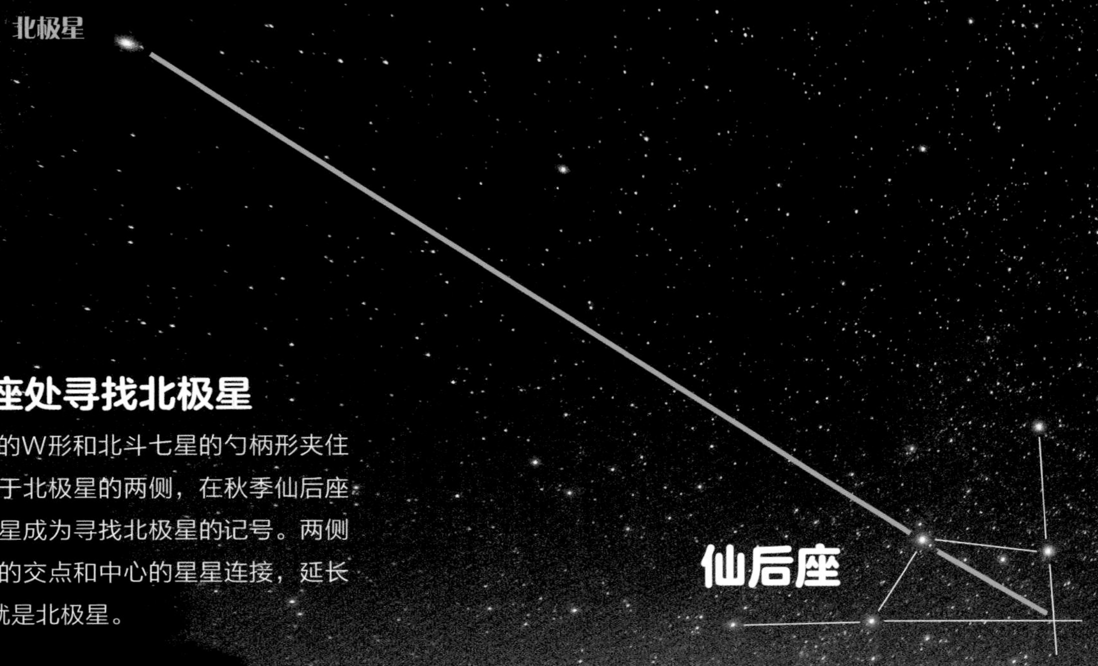

从仙后座处寻找北极星

仙后座的W形和北斗七星的勺柄形夹住北极星，位于北极星的两侧，在秋季仙后座代替北斗七星成为寻找北极星的记号。两侧边的延长线的交点和中心的星星连接，延长5倍的地方就是北极星。

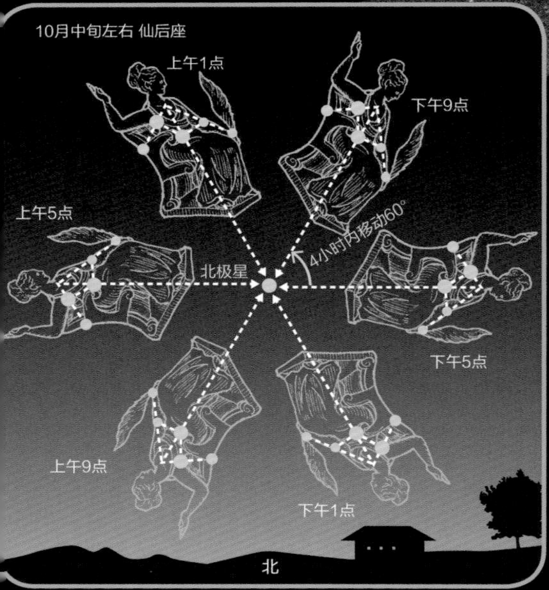

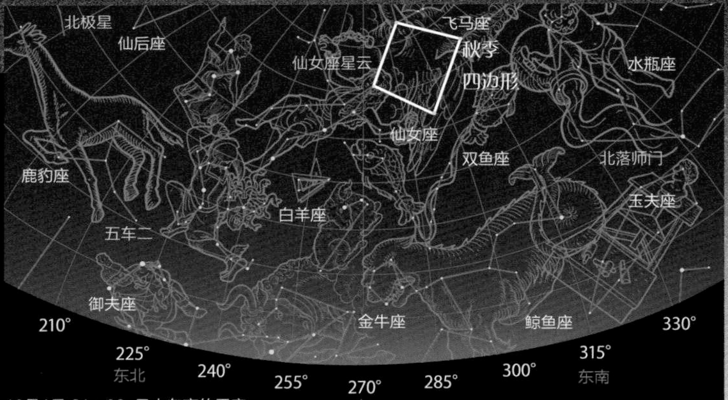

10月1日 21：00 日本东京的天空

从秋季四边形到仙后座

仰视正上方的天空可以看到巨大的四边形。这是飞马座的一部分，被称为秋季四边形。从此处向北，即可以看到W形的仙后座。反之，从四边形向南看，在低垂处能看到南鱼座的1等星北落师门孤

希腊神话和秋天的星座

飞马座和仙后座，以及二者之间的仙女座。它们得名于希腊神话故事。仙后座是埃塞俄比亚国王克甫斯的王后卡西奥帕亚的化身。而仙女座则是王后的女儿安德洛墨达。安德洛墨达因美貌而触怒海神，被迫作为祭品献祭给海妖。英雄波尔修斯（英仙座）骑着他的羽翼飞马（飞马座）路过，并救下了她。

仙女座和飞马座有一颗恒星是共用的。

仙女座大星系与银河系是兄弟

仙女座大星系（M31）是距我们银河系约230万光年的美丽的旋涡星系。在广袤的宇宙中可以说它是就在我们旁边的星系。直径约22光年，具有×10^{12}个恒星，是比银河系还要大得多的星系。

30亿年后和银河系碰撞？

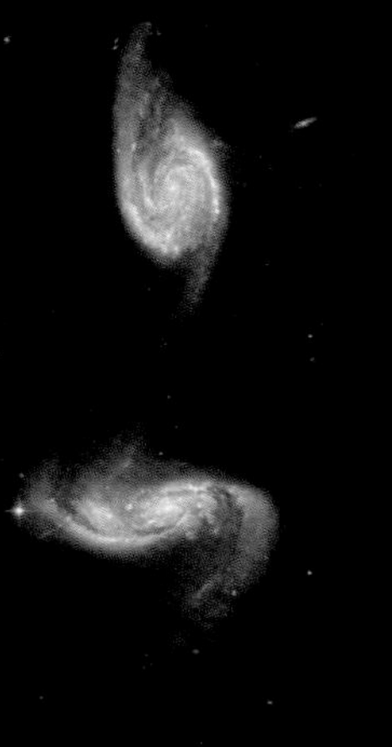

仙女座大星系以秒速300千米的速度向我们的银河系接近。我们认为,这样下去30亿～40亿年后，两个星系就会相撞，并诞生一个大星系。实际上在宇宙中类似的相互碰撞的星系非常多。

（照片是NGC5257和NGC5258）

对冬天的星空观察有什么建议？

冬季晴朗的夜晚，天空澄澈，星星们看起来更加美丽。其中在南方的空中闪耀的猎户座是星空的主角。猎户座的周围也有很多1等星们交相辉映。

从猎户座处寻找冬季大三角

在南方的空中，有着代表猎人的猎户星座。三颗排成直线的“腰带”是其显著特征。在“腰带”的左上方，是发出红色光芒的参宿四。而它东边稍低的位置，是夜空中最为明亮的恒星——大犬座的天狼星，约为−1.5等星。参宿四和天狼星以及它们东方的小犬座的南河三构成一个正三角形，这就是冬季大三角。

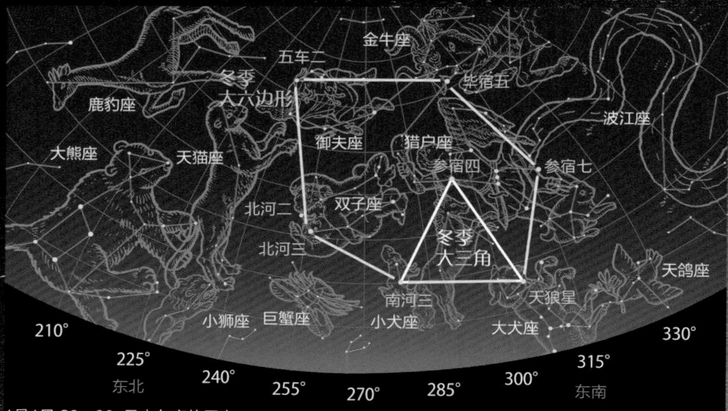

1月1日 20：00 日本东京的天空

从冬季大三角追溯冬季大六边形

从天狼星到南河三，再向左上方，有两颗明亮的星星并列着。左边的1等星是双子座的北河三。然后顺时针方向，以御夫座的五车二、金牛座的毕宿五，还有位于猎户座的下肢部分的蓝色的参宿七、红色的参宿四为中心形成了冬季大六边形。

引发超新星爆发的参宿四的想象图

可能发生超新星爆发的参宿四

参宿四直径有太阳直径的1000倍，如果将其置于太阳系中太阳的位置，它的外围能够到达木星轨道附近，可见它是一颗巨大的恒星。在迎来恒星寿命的最后阶段时，它的亮度和形状将变得不稳定，不久可能发生超新星爆发。

肉眼可见的猎户座大星云

在猎户座“腰带”三星以南，能够看到另一个小三星，在其中央闪耀的就是猎户座大星云。星云是宇宙空间中尘埃和气体等聚集的场所。猎户座大星云离地球约1400光年，其中不断有新的恒星诞生。

恒星的颜色和表面温度

参宿四和天蝎座的心宿二因其为红色而十分有名。而天狼星为白色，参宿七为蓝白色。蓝白色恒星温度高，红色恒星温度低。表面温度以从高到低的顺序排列，具有以下分类。

	表面温度	颜色	代表的恒星
O型	50000K	蓝白	猎户座的三星
B型	20000K	蓝白	参宿七、角宿一
A型	10000K	白	天狼星、织女星
F型	7000K	淡黄	南河三
G型	6000K	黄	太阳
K型	4000K	橙	毕宿五、大角星
M型	3000K	红	心宿二、参宿四

K（开尔文）是温度单位，273.15K=0℃

七姐妹星团

金牛座的蓝白色星团，也被称为昴星团。是约诞生于5000万年前的年轻恒星的集团。多是表面温度为12000K～16000K的高温巨星。

天体的

这是日全食的连续拍摄图。
从这些图中，你能看出从左到右
移动的太阳的前面月亮经过的样子吗？
月亮从太阳的右下方开始一点一点与太阳重叠，
在最中央完全遮盖住了太阳，
不久向左上方移动渐渐离开太阳。
日食是由离我们最近的天体，即地球、
太阳、月球展现给我们的精彩的天体秀。
这三个天体究竟在以怎样的关系移动呢？

图源：Thanakrit Santikunaporn/National Astronomical Research Institute of Thailand

移动

在挪威的斯瓦尔巴群岛2015年3月20日观察到的日全食。由于此处离北极很近，在严冬中太阳不升起，即使在3月也只如这般在空中低低地移动。

为什么春夏秋冬会交替变换？

夏季炎热白昼较长，冬季寒冷夜晚较长。
为什么季节会这样有规律地变换呢？让我们从地球的移动开始研究吧。

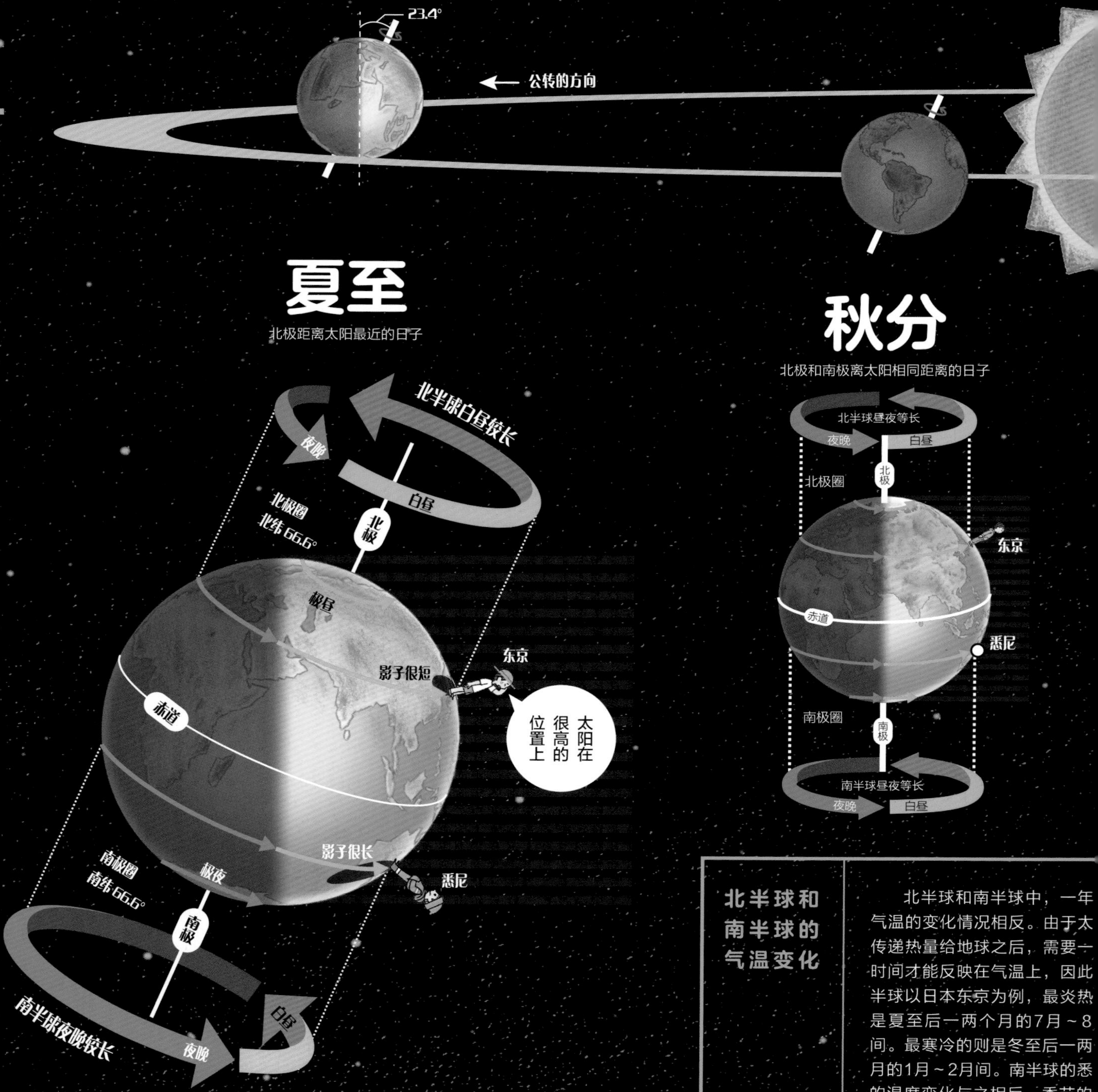

北半球和南半球的气温变化

北半球和南半球中，一年气温的变化情况相反。由于太传递热量给地球之后，需要一时间才能反映在气温上，因此半球以日本东京为例，最炎热是夏至后一两个月的7月～8间。最寒冷的则是冬至后一两月的1月～2月间。南半球的悉的温度变化与之相反。季节的化在纬度越高的地域越明显。

轴的倾斜形成
节

地球约经过365天绕太阳一周。这就是公转。地球南北方向的轴（地轴），与轨道面的垂线相比倾斜了23.4°。地球就这样倾斜着绕太阳运行，地球上的任何一处，在绕太阳一周（一年）中都会产生太阳照射良好时期和太阳照射不良时期交替出现的情况。这就是地球夏季和冬季交替而来的机制。北半球到了夏季，南半球则到了冬季，反之北半球处于冬季时南半球则正处于夏季。

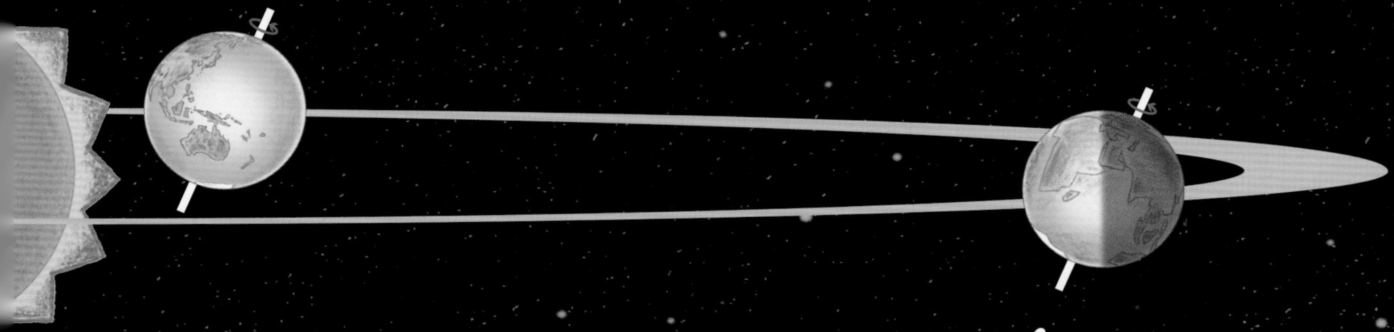

春分

北极和南极离太阳相同距离的日子

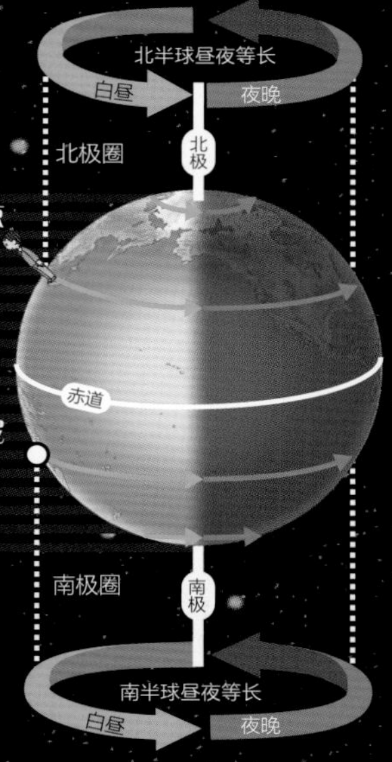

冬至

南极离太阳最近的日子

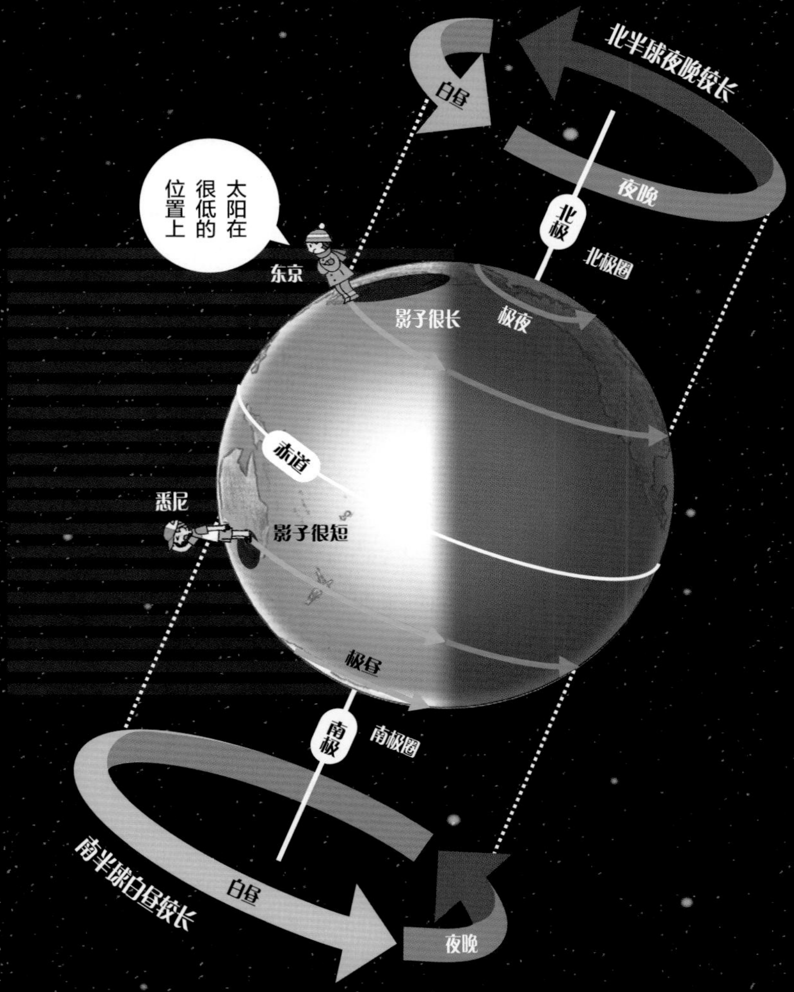

·悉尼 月平均气温

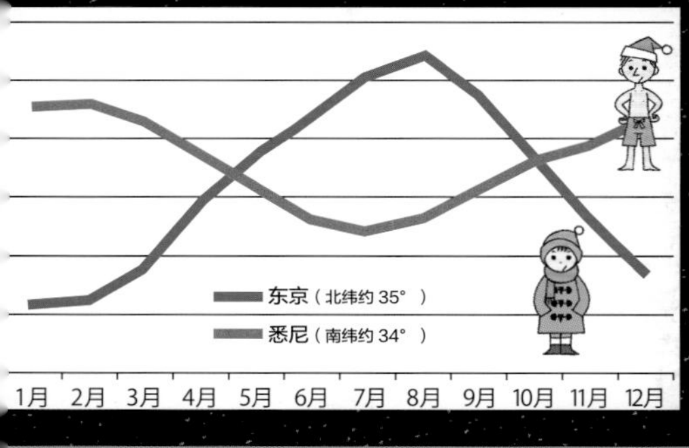

为什么不同的季节看到的星座不一样？

夏季能看到天蝎座，秋季是飞马座，冬季是猎户座，
不同的季节能够看到的星座也发生着变化。
让我们来思考一下变化的原因吧。

地球的公转和夜空的变幻

季节不同能够看到的星座也发生着变化，这是由于地球公转的缘故。夜空在地球上看来是与太阳方向相反的天空。地球绕太阳运行，太阳和其相反的天空也在发生变迁，一年中能够看到的夜空正好也变化一圈。星座的星星十分遥远，因此无论地球处于哪一位置，在我们看来星座的形状都不会发生改变。

北方天空
晚上 8 点看到的
北斗七星的位置
（每月 10 号左右）

以北极星为中心，一天中约逆时针(向左)旋转1°，因此一个月后看起来约偏移30°。

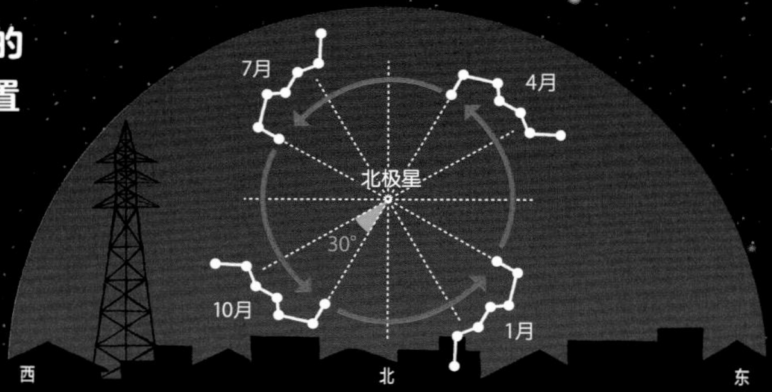

南方天空
晚上 8 点看到的
猎户座的位置
（每月 10 号左右）

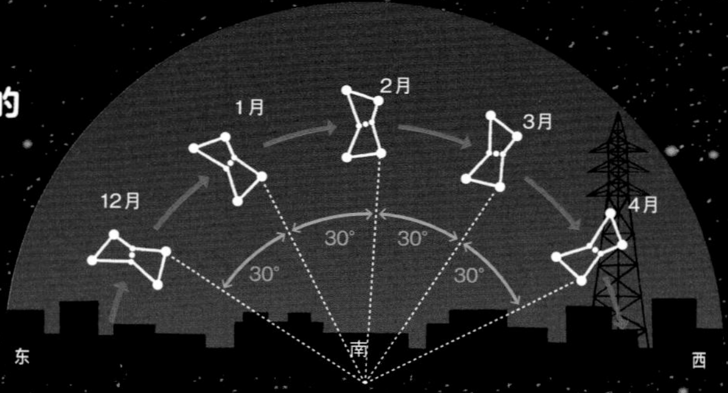

南方天空
晚上 8 点看到的
天蝎座的位置
（每月 10 号左右）

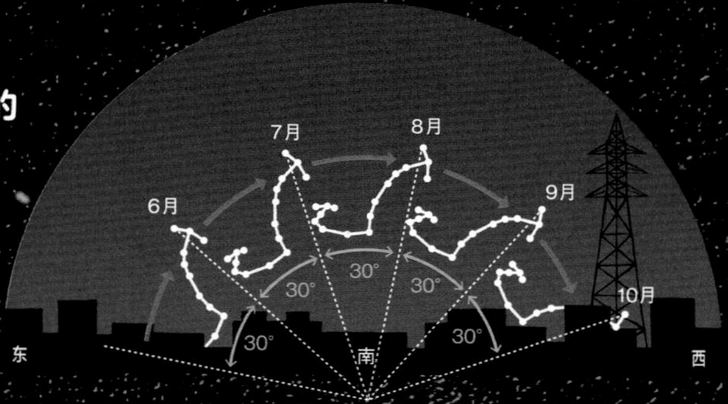

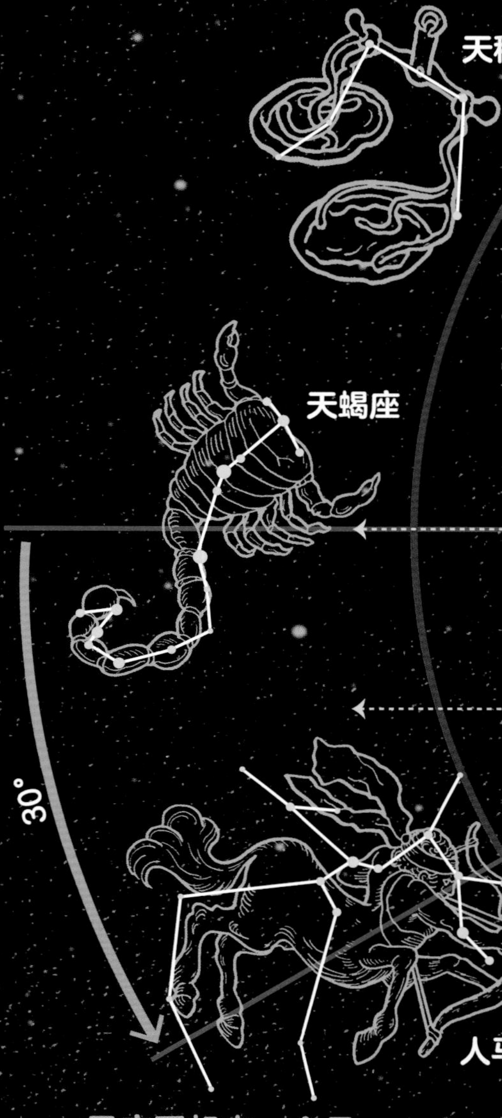

星座看起来一个月约偏移 30°

地球一年绕太阳一周。一周为360°，因此一天约1°，一个月在公转轨道上移动约30°。这样一来，凌晨0点时到达正南的星座，看起来每天向西偏移1°，一个月向西移动30°。然后经过一年回到原来的位置。

黄道十二星座

这里排列的星座是常用于星座占卜的黄道十二星座（猎户座和飞马座除外）。黄道是指太阳一年中通过的路线。7月，西方太阳下沉后在附近能够看到巨蟹座。8月则能看到狮子座。星座占卜就是利用太阳在星座之间的移动情况来占卜运势。

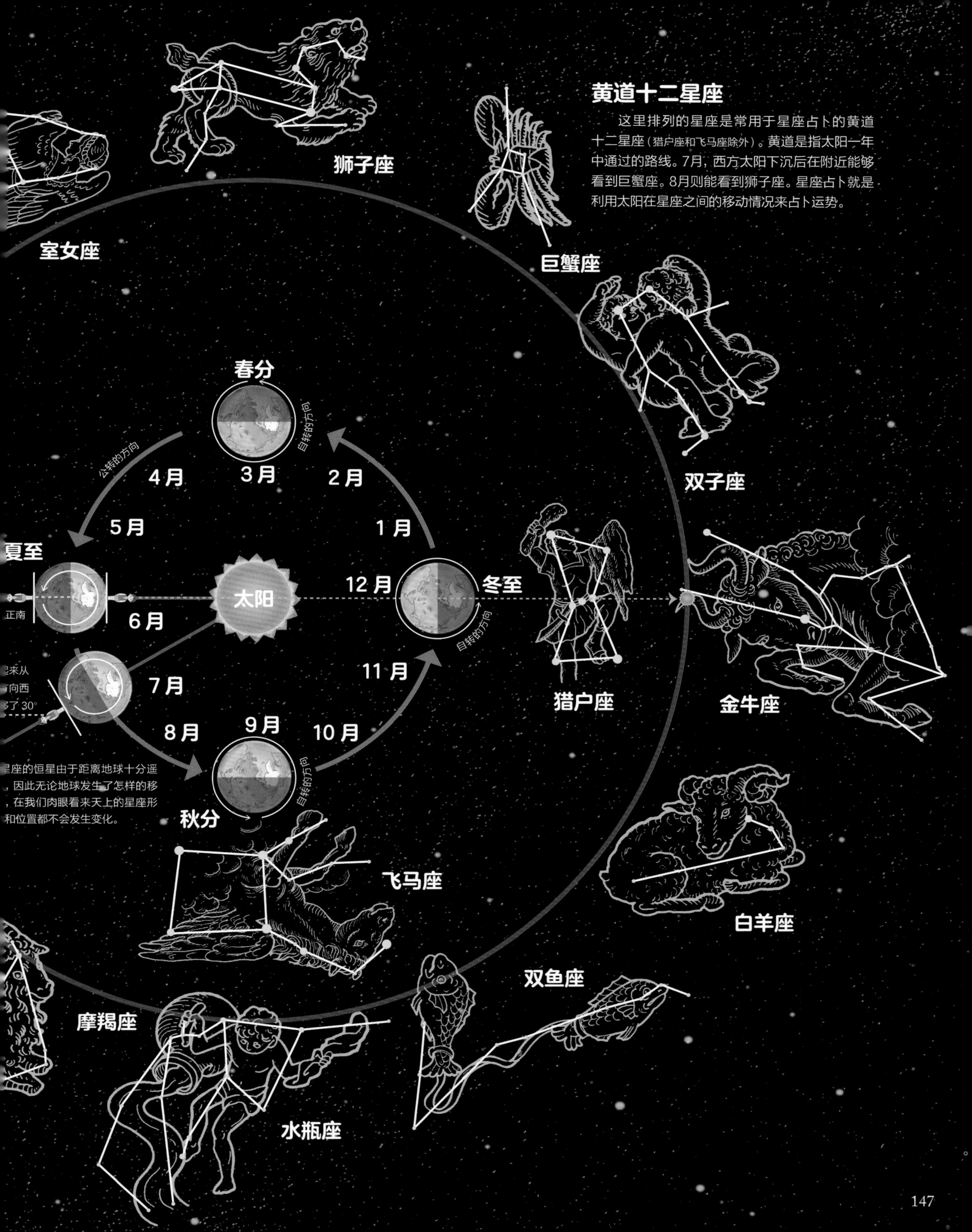

为什么太阳东边升起西边落下？

你看见过日出吗？
太阳从地平线上升起的那一刻，
自己所在的地方与太阳有着怎样的位置关系呢？

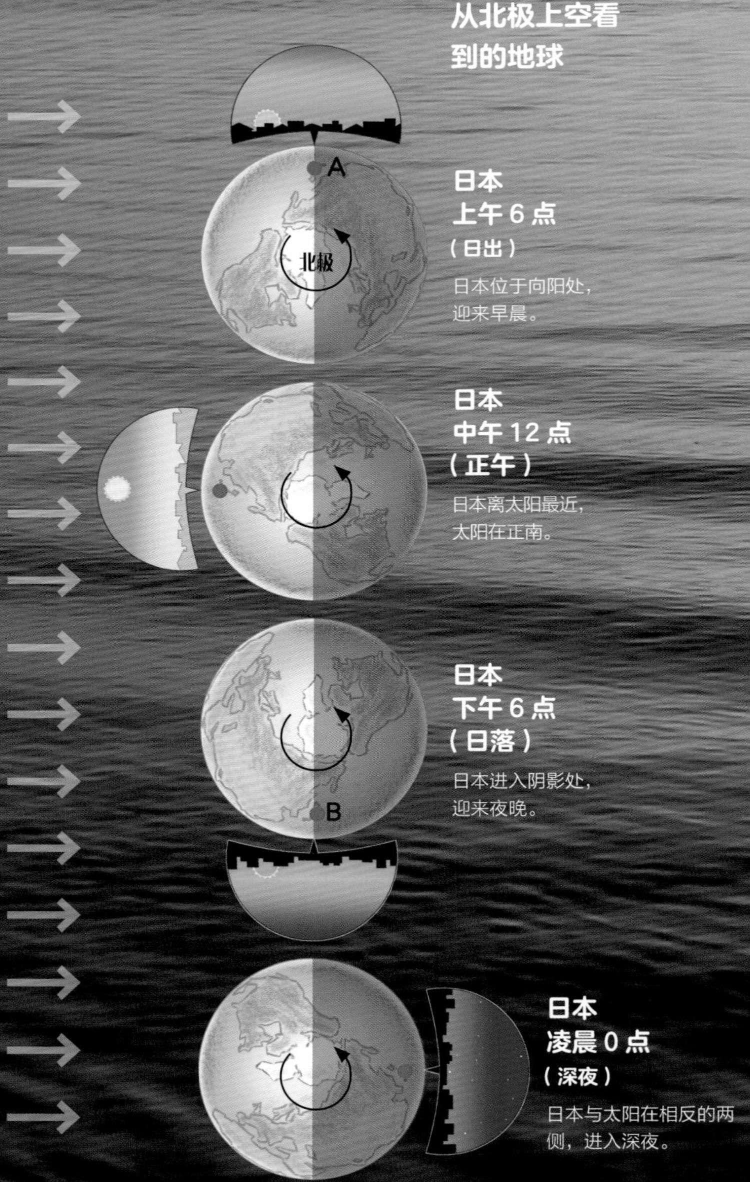

地球的自转和早上、白昼、夜晚

左侧图中红色记号是日本的位置。从北极上空看到的地球在以逆时针方向（向左）自转。处于地球的阴影部分（夜晚）的日本，在地球旋转中成为向阳处（A）时，在地面上能够看到太阳从地平线上升起，即日出。然后经过大约12小时后，日本再次进入阴影部分（B）。这就是日落，标志着夜晚的开始。

*日出和日落的时刻仅为一个示例，依据季节和地域的不同会有很大差异

在天球上描绘太阳每天的运动轨迹

太阳从东方的天空中升起，在西方天空中落下。这是由于地球自转，看起来好像太阳在升落。因观察的场所和季节差异，太阳的移动方式也有很大不同。

极地的太阳

纬度比66.6°还靠近极地的地方，到了夏至（在南极是冬至），太阳一整天都不会落下。由于在夜晚天空也不会变暗，因此被称极昼。

极地

太阳看起来相对于地平线水平绕周移动。

中纬度地区

太阳从东方倾斜升起，经过南方的天空在西方倾斜落下。

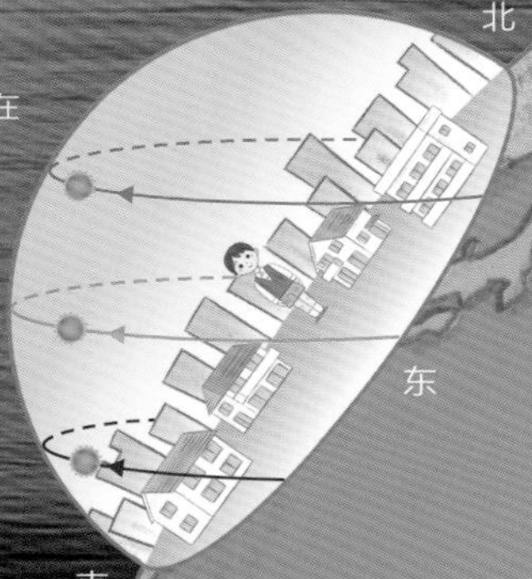

夏至
和春分、秋分相比，在以北的轨道上移动。
春分、秋分
正东升起、正西落下。
冬至
和春分、秋分相比，在以南的轨道上移动。
北
东
南

赤道地区

太阳从东方垂直升起，经过天顶附近，在西方垂直落下。

天球	将天空比作一个大圆球就是天球。若将太阳和星星的移动在天球上描绘出来，那么我们能够清楚地看到，依据季节和时间不同，它们的移动也发生着变化。天球由于地球的自转，看起来以地轴为中心一天旋转一次。

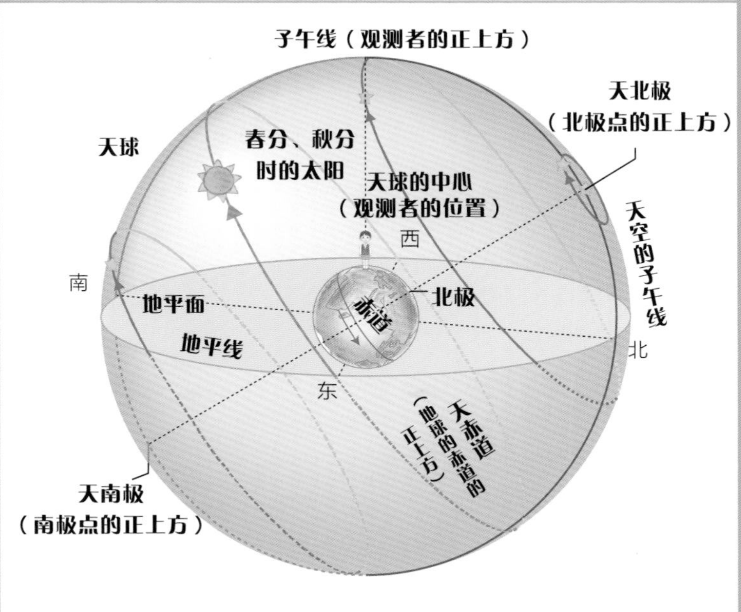

星星在晚上是如何移动的？

到了夜晚，星星如同在天球上开了洞漏出光芒一般闪耀着
各种各样的星星都从东方天空升起。
在一天中星星是怎样移动的呢？

以北极星为中心逆时针转的夜空中的星星
保持照相机的快门打开的状
就能看到星星的移动呈一条
在北半球的天空拍摄的话，
看到星星以北极星为中心逆
旋转的移动轨迹。
版权 ©竹村幸和

极地

星星相对于地平线来说水平绕周移动，以天顶的北极星为中心逆时针运动。

北方天空
以北极星为中心逆时针移动。

东方天空
在地平线以南倾斜升起。

西方天空
一边向北倾斜一边沉入地平线。

南方天空
从东向西，呈巨大的弧线移动。

中纬度地区

从地平线升起的星星在东方倾斜升起，经过南方的天空，在西方倾斜落下。

星星的周日运动

星星虽然镶嵌在整个天球上，但它们都是从东向西移动，看起来 24 小时绕天空旋转一周。由于星星十分遥远，因此从地球上看它们的排列方式总是不变的。根据地球纬度的不同，天球的星星进行如图所示的移动。

赤道地区

星星在东方从地平线垂直升起，在西方垂直于地平线落下。

比较猎户座的观察方法

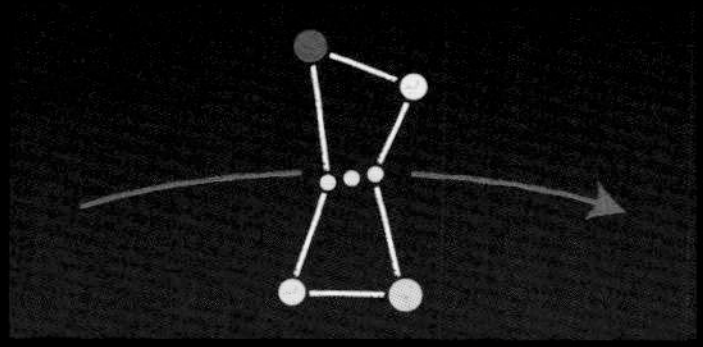

北半球 在南方天空从东向西移动，描绘出巨大弧线。

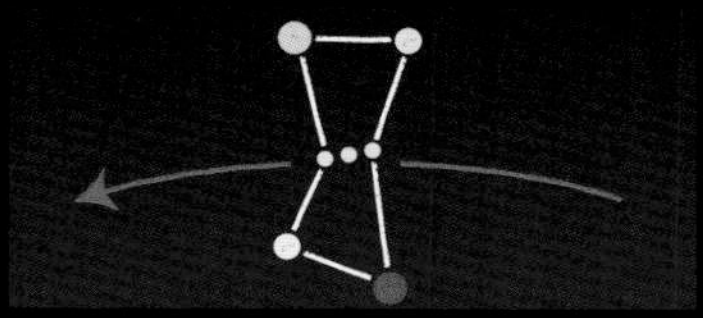

南半球 在北方天空从东向西移动，描绘出巨大弧线。星星的排列与北半球相反。

南半球星星的周日运动

在南半球，星星从东方升起，在北方天空划过巨大的弧线，在西方落下。此外，在南方天空，星星以天空的南极为中心旋转，是与北半球旋转方向相反的逆时针运动。

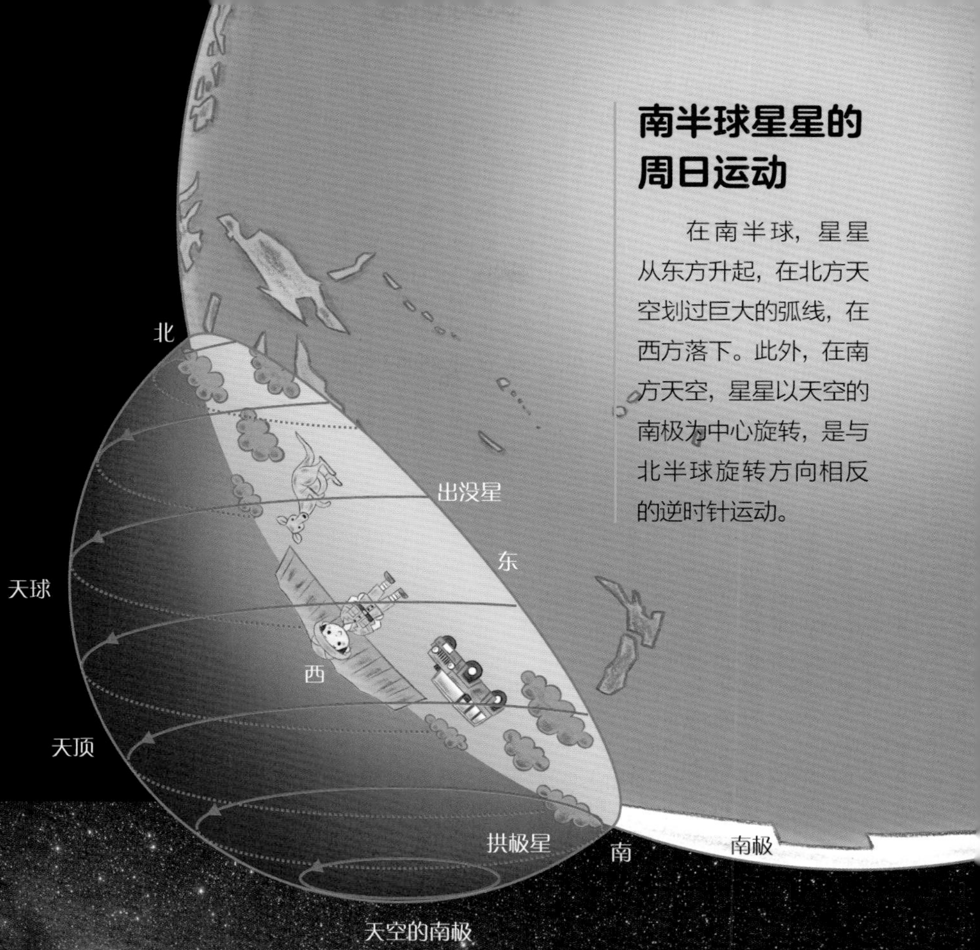

月亮的形状为什么会发生变化？

月在傍晚从东方天空升起。
眉月在黄昏从西方天空下沉。
明是同一个月亮，看上去的形状和能够观察
的时间却在发生着变化，这是为什么呢？

从满月到下一个满月约 29.5 天

月球是地球的卫星，历时约一个月绕地球旋转一周。月球明亮的地方是月球照射到太阳光后反射光的部分。月球和太阳分居地球两侧，在地球上能够观察到全部阳光照射的月面，此时就是满月。只能看到太阳光照射面的一半时，为半月，就是上下弦月。当月球和太阳处于地球同一侧，三者几乎排成一线时，地球上几乎完全观察不到太阳光照射下的月面，就是朔月。

月球的中天时刻每天向后推迟约48分钟

由于月球的公转周期约27.3天，因此月球每天绕地球逆时针旋转约13°（360度÷27.3日≈13度）。地球也绕太阳公转，每天在同一方向上移动约1°（360度÷365日≈1度），因此若每天在同一时刻观察月球，则能发现月球每天向东前进约12°（13°－1°＝12°）。也就是说，月球位于正南方时的时刻每天向后推迟48分钟，即（24小时×60分钟）÷360度×12度≈48分钟。

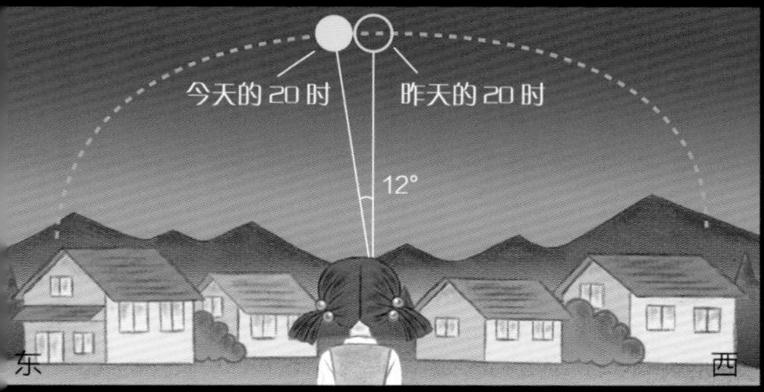

冬季的满月看起来很高，夏季的满月看起来很低

将近冬至时分的满月在天空很高的位置上移动。与此相反，将近夏至时分的满月看起来很低。满月是将地球夹在其与太阳的中间、位于与太阳相反的位置时的月亮。因此，在太阳的移动位置较低的冬至，位于相反位置的月球的移动位置变高。夏至则相反。

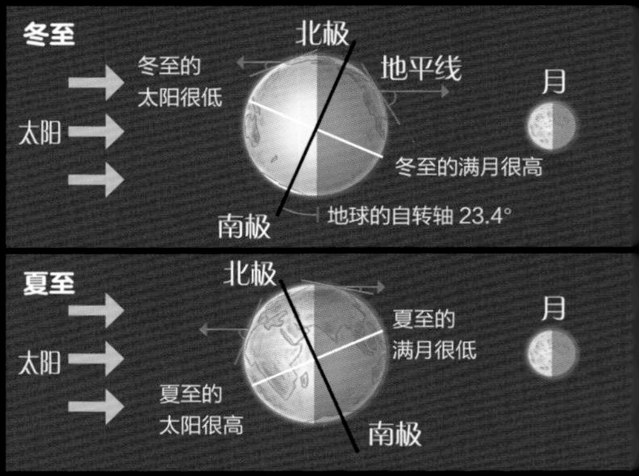

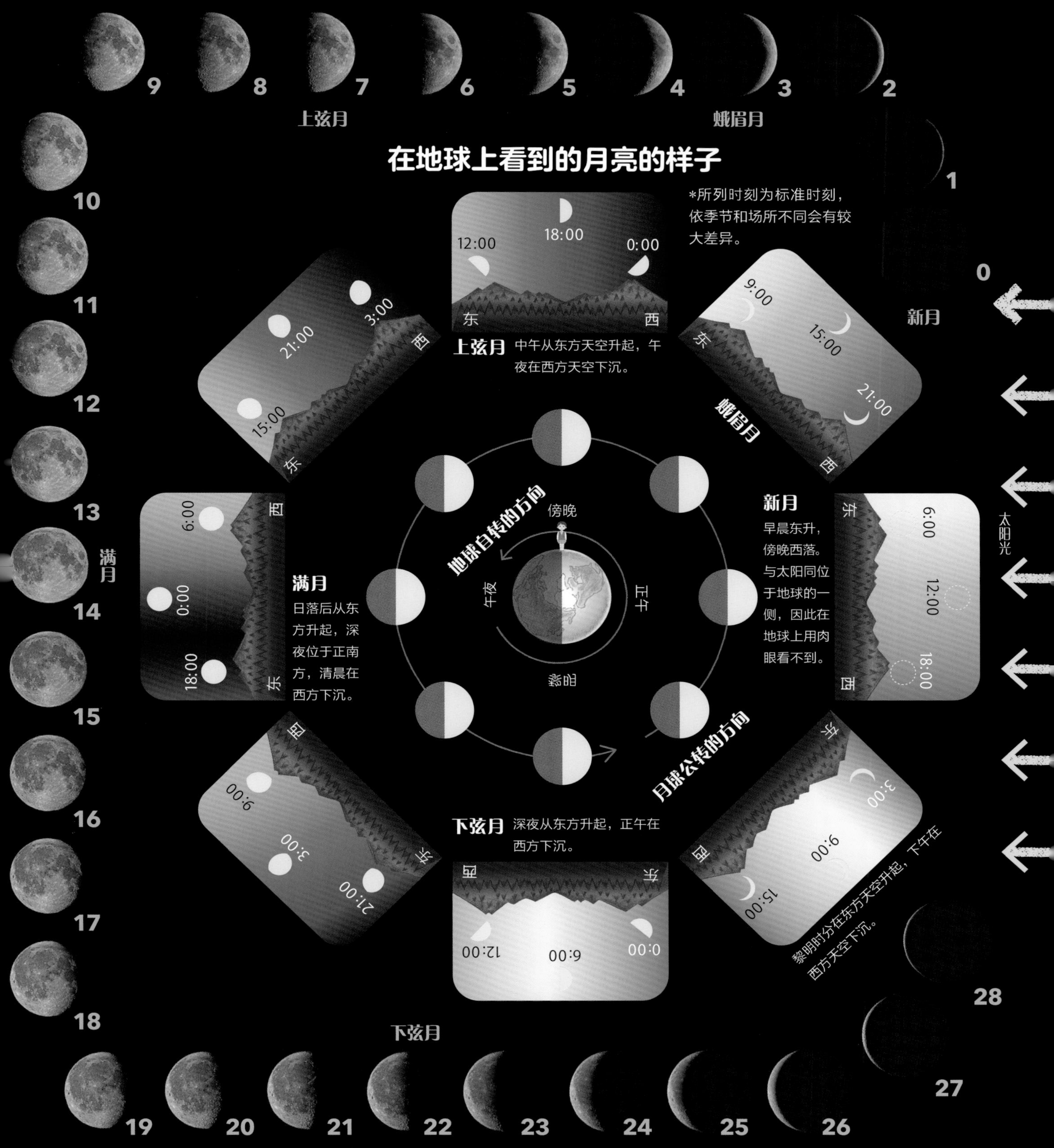

月亮的公转与圆缺
月龄（以新月时为 0 日所经过的时间）
9
8
7
6
5
4
3
2
1
0
上弦月
蛾眉月
新月
满月
下弦月
10
11
12
13
14
15
16
17
18
19
20
21
22
23
24
25
26
27
28
在地球上看到的月亮的样子
*所列时刻为标准时刻，依季节和场所不同会有较大差异。
12:00
18:00
0:00
东
西
上弦月 中午从东方天空升起，午夜在西方天空下沉。
9:00
15:00
21:00
蛾眉月
3:00
21:00
15:00
新月
早晨东升，傍晚西落。与太阳同位于地球的一侧，因此在地球上用肉眼看不到。
6:00
12:00
18:00
太阳光
满月
日落后从东方升起，深夜位于正南方，清晨在西方下沉。
6:00
0:00
18:00
地球自转的方向
傍晚
午夜
正午
黎明
月球公转的方向
下弦月 深夜从东方升起，正午在西方下沉。
9:00
3:00
21:00
12:00
6:00
0:00
3:00
9:00
15:00
黎明时分在东方天空升起，下午在西方天空下沉。

月食产生的原理是什么？

为什么我们看不见月球的背面呢？在这里我们来试着揭开谜底。此外，让我们也试着考察一下月食的原理吧。

月球的正面
（在地球上能够看到的一侧）
明亮的部分是被称为“月陆”的高地，多为小天体撞击而形成的撞击坑。发黑的部分被称为“月海”，是流出的熔岩冷却形成的平原。

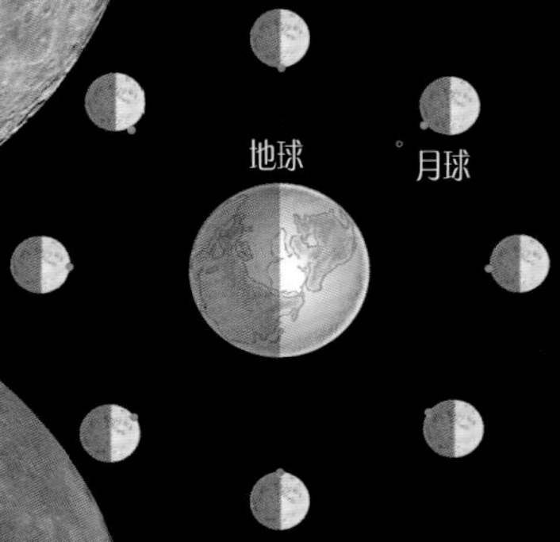

月球的背面
（在地球上看不到的一侧）
多数为“月陆”，少部分为“月海”。撞击坑较多，地形起伏较大。

看不到月球背面的原因

月球总是以同一面朝向地球。这其中的原因是，月球并不是一个质点，月球上各点受到的地球引力大小随距离衰减，方向也各不相同。当月球的公转速度和自转速度不同时，地球对月球上各点的引力作用会不断调整月球的自转速度，慢慢把月球“拉回”一个自转周期和绕地球的公转周期相同的稳定状态，最终的结果就是月球始终只有同一面朝向地球了，这个状态也被称为“潮汐锁定”。因为月球以约27.3天为周期绕地球公转，因此与公转周期相同，月球的自转周期也为约27.3天。

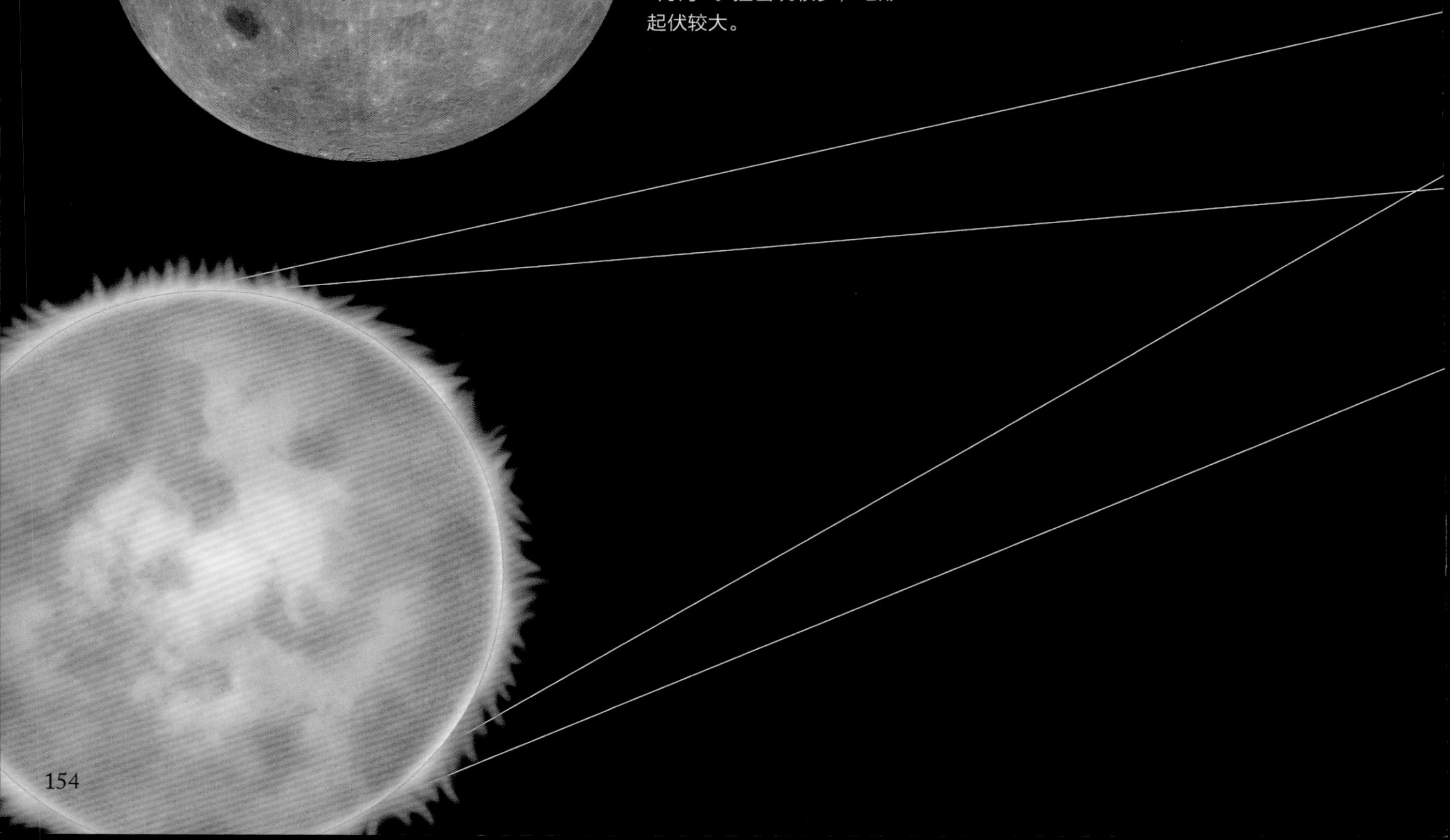

在地球上观察月球的方法
（月全食与月偏食）

月球从地球阴影的右侧开始进入，从左侧离开。月球进入地球的本影时(B)月食开始出现，整体都进入本影时成为月全食(D)，呈暗红色。不久后月球从阴影左侧离开(F)。月全食中月球整体均进入本影，月偏食中月球只有一部分进入本影。

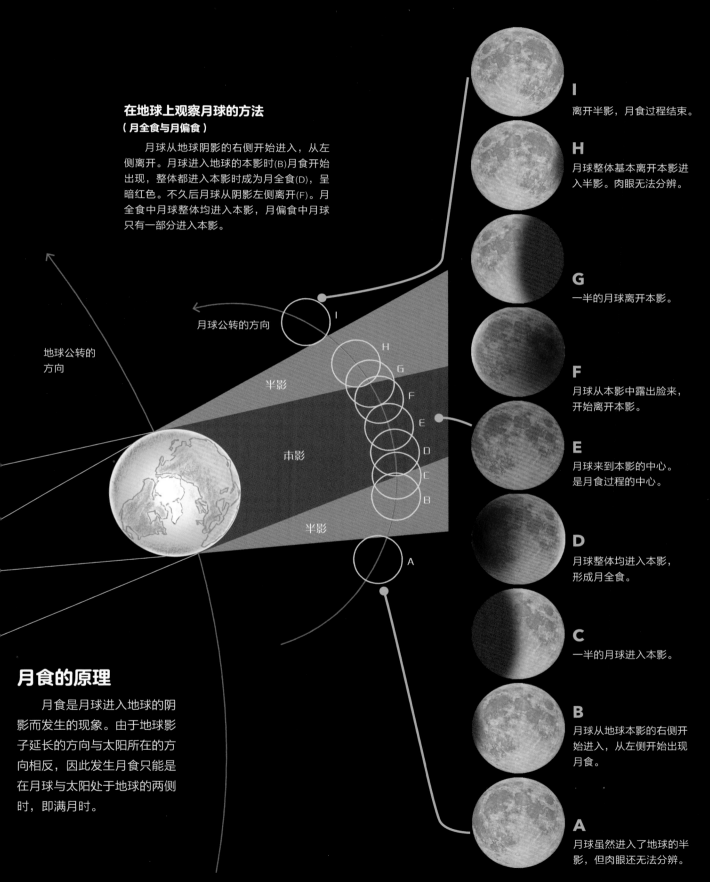

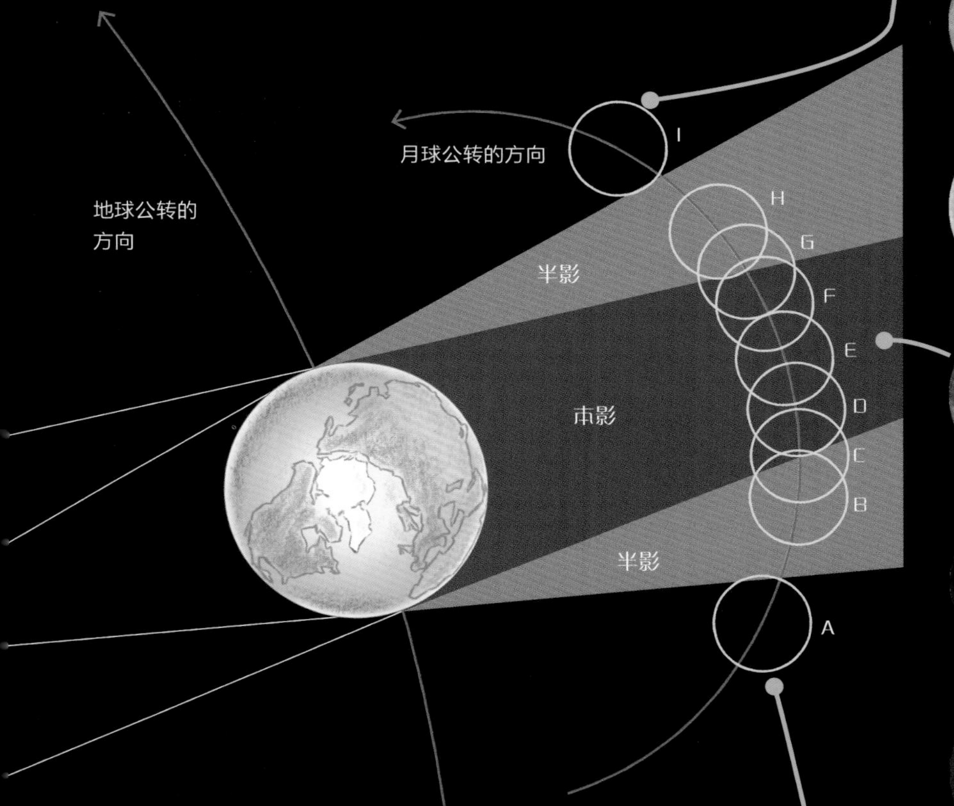
月球公转的方向
地球公转的方向
半影
本影
半影
I
H
G
F
E
D
C
B
A

I
离开半影，月食过程结束。
H
月球整体基本离开本影进入半影。肉眼无法分辨。
G
一半的月球离开本影。
F
月球从本影中露出脸来，开始离开本影。
E
月球来到本影的中心。是月食过程的中心。
D
月球整体均进入本影，形成月全食。
C
一半的月球进入本影。
B
月球从地球本影的右侧开始进入，从左侧开始出现月食。
A
月球虽然进入了地球的半影，但肉眼还无法分辨。

月食的原理

月食是月球进入地球的阴影而发生的现象。由于地球影子延长的方向与太阳所在的方向相反，因此发生月食只能是在月球与太阳处于地球的两侧时，即满月时。

为什么会出现日食?

日食是太阳和月球、地球处于一条直线上，月球遮挡住太阳而发生的现象。其中太阳完全被月球遮挡的称为日全食，能够观察到贝利珠或日冕等美丽的现象。

月球遮挡太阳

太阳的直径约是月球的400倍。而地球到太阳的距离约是地球到月球距离的400倍，因此看起来太阳和月亮的大小差不多。这些照片是日全食发生时的太阳，从左下方开始按顺序排列。太阳从右侧开始逐渐出现日食。遮挡太阳的是月球。日食总是在新月时发生。

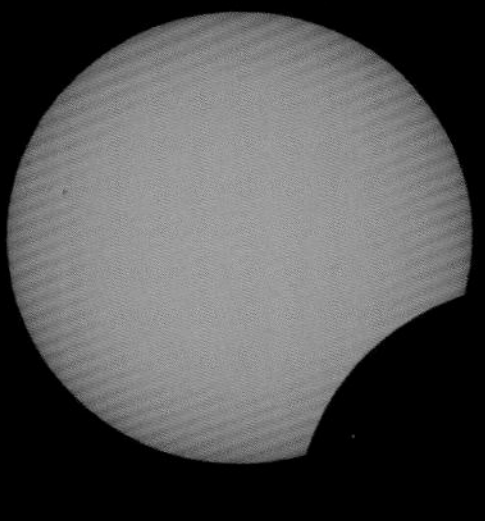

初亏（日食的开始）

新月从右侧开始遮挡太阳。

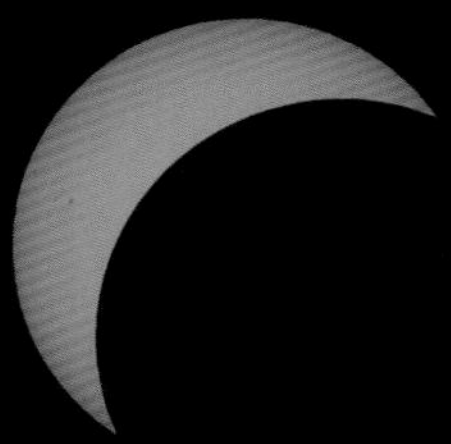

贝利珠

贝利珠是日全食正要发生或者刚发生之后，此时月球将太阳完全遮掩住，但由于月球表面凹凸不平，日光仍可透过凹处照射过来，形成类似珍珠的明亮光点。因英国天文学家贝利首先观测而得名。

第二次接触
（全食的开始）

新月完全将太阳遮挡。

日冕

存在于太阳周围，温度很高的气体。只在日全食时能看到，如同青白色条纹。

日全食

日环食

落到地球上的月球的影子

日全食发生时在国际空间站拍摄的月球的本影。处于本影中的地域能够观察到日全食。

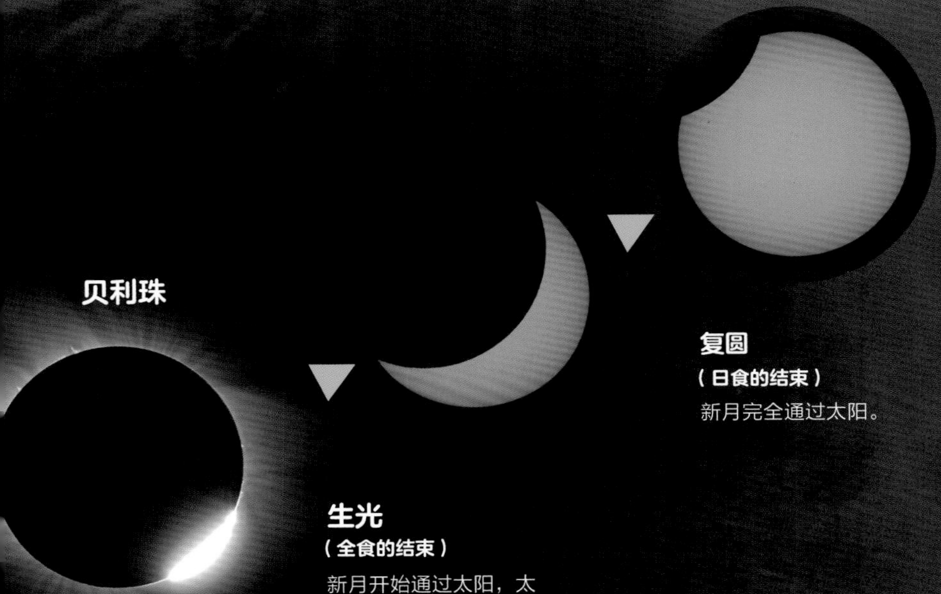

贝利珠

生光
（全食的结束）
新月开始通过太阳，太阳的边缘显露出来。

复圆
（日食的结束）
新月完全通过太阳。

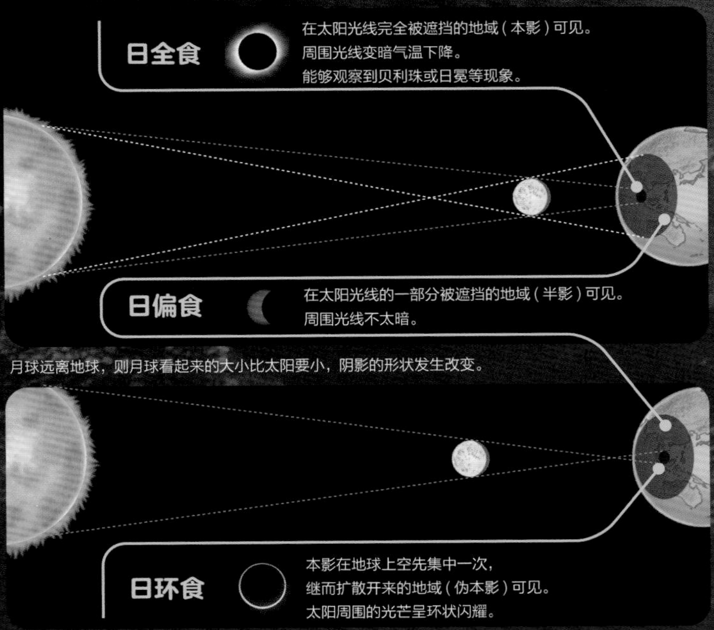

日全食
在太阳光线完全被遮挡的地域（本影）可见。
周围光线变暗气温下降。
能够观察到贝利珠或日冕等现象。
日偏食
在太阳光线的一部分被遮挡的地域（半影）可见。
周围光线不太暗。
月球远离地球，则月球看起来的大小比太阳要小，阴影的形状发生改变。
日环食
本影在地球上空先集中一次，
继而扩散开来的地域（伪本影）可见。
太阳周围的光芒呈环状闪耀。

透过枝叶间隙漏进来的阳光都是太阳的形状

日食发生的过程中，枝叶间隙漏进的阳光全部都是不完整的太阳的形状。这与针孔照相机是同一原理。从各个方向来的光线从重叠的枝叶的间隙照射过来，只有能够直接通过小孔的光线才能投射到地面上。

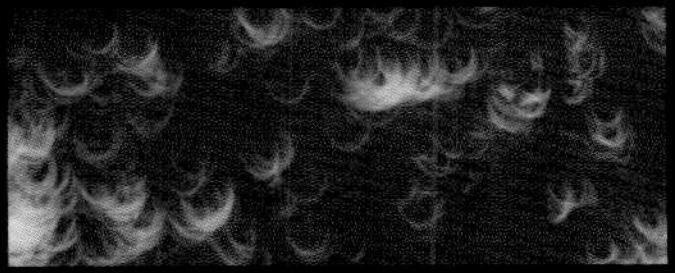

日环食发生时投射到墙壁上的太阳的影像。

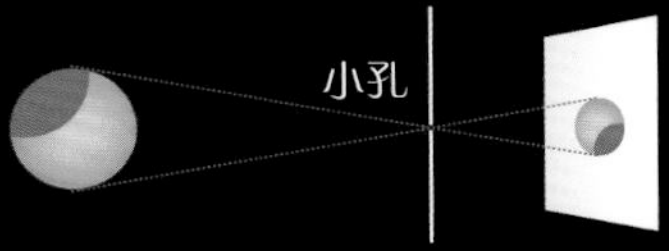

小孔

太阳发生日食总是从右侧开始

北半球观察到的日食，是从太阳右侧开始发生的。这是由于月球位于太阳之前、由右向左横穿而过，这就是绕地球而转的月球的运动。实际上，由于地球的自转，在地球上看来太阳和新月从东方升起，移向西方。在此过程中我们能够看到，月亮在太阳之前由右向左移动而过。

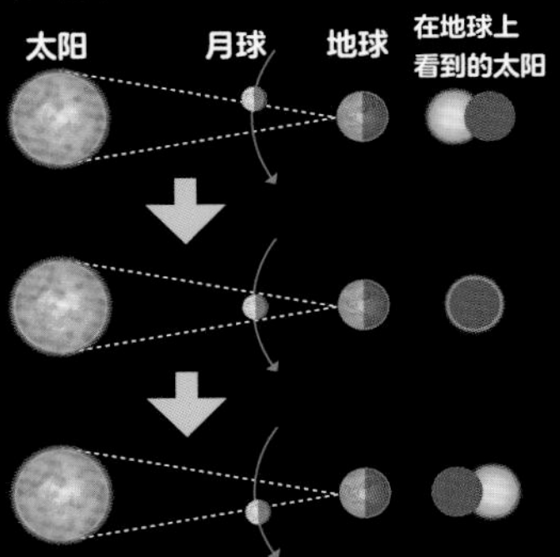

太阳
月球
地球
在地球上看到的太阳

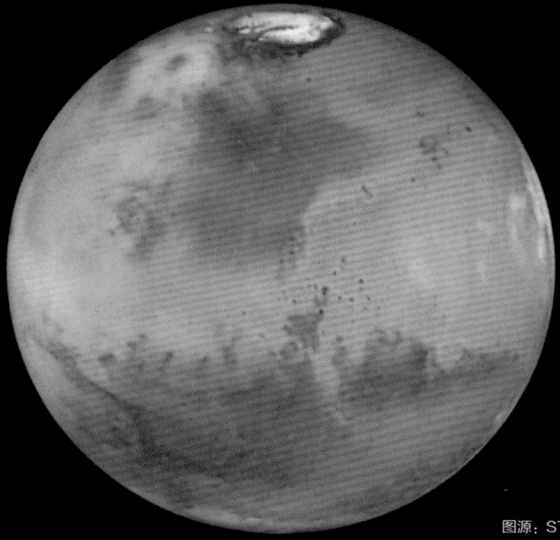

图源：STScl

火星每两年零两个月接近地球一次，在深夜的南方天空中闪耀着红色光芒。照片是哈勃太空望远镜拍摄的火星，上方白色的部分是干冰，红色部分是含有氧化铁的沙子形成的平原。

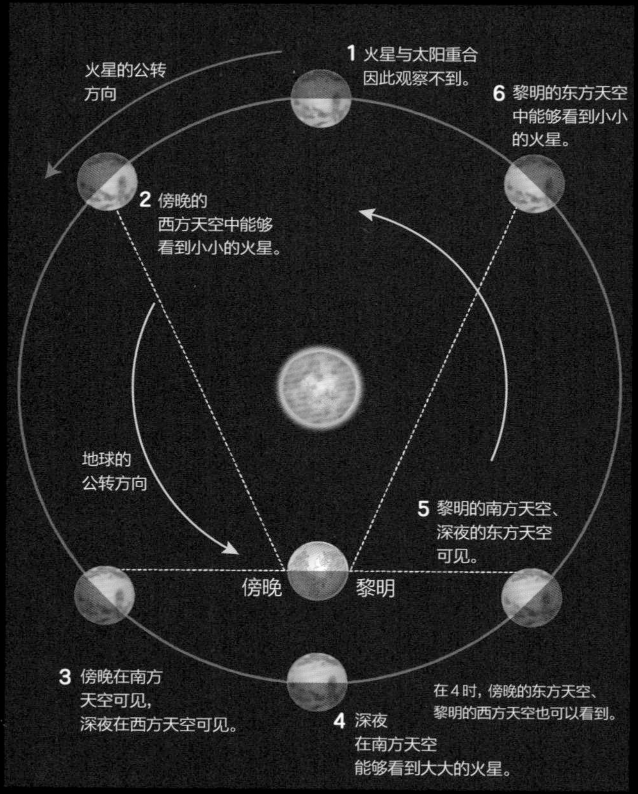
火星的公转
方向
1 火星与太阳重合
因此观察不到。
6 黎明的东方天空
中能够看到小小
的火星。
2 傍晚的
西方天空中能够
看到小小的火星。
地球的
公转方向
5 黎明的南方天空、
深夜的东方天空
可见。
傍晚
黎明
3 傍晚在南方
天空可见，
深夜在西方天空可见。
在4时，傍晚的东方天空、
黎明的西方天空也可以看到。
4 深夜
在南方天空
能够看到大大的火星。

能够观察到火星的时间和方位

火星是在地球的最外侧绕太阳公转的外行星，因此与金星不同，即使是深夜有时也可以在南方天空中观察到。这时火星距地球最近，看上去很明亮。由于外行星总是受太阳光线照射的一面可见，因此基本上无圆缺的现象。

土星

在何时何地能看到金星和火星？

太阳系中地球内侧紧邻的金星和外侧紧邻的火星在地球上看来是什么样子的呢？

行星的不规则运动

行星的命名是因为它们与星座中以固定方式排列的恒定位置的星星（被称为恒星）不同，行星会在不同星座之间运行。作为内行星的金星在地球的内侧公转，超赶地球。而作为外行星的火星，被地球从其内侧轨道超赶。在追赶与被追赶的数月间，行星在天球上来来回回，看起来像是在不规则前进。

2010 年 7 月 17 日黄昏时分的西方天空。作为内行星的金星格外光芒四射，如同沿着太阳下沉的轨迹一般，作为外行星的红色火星与土星相邻闪耀。

图源：日本猪名川天文台

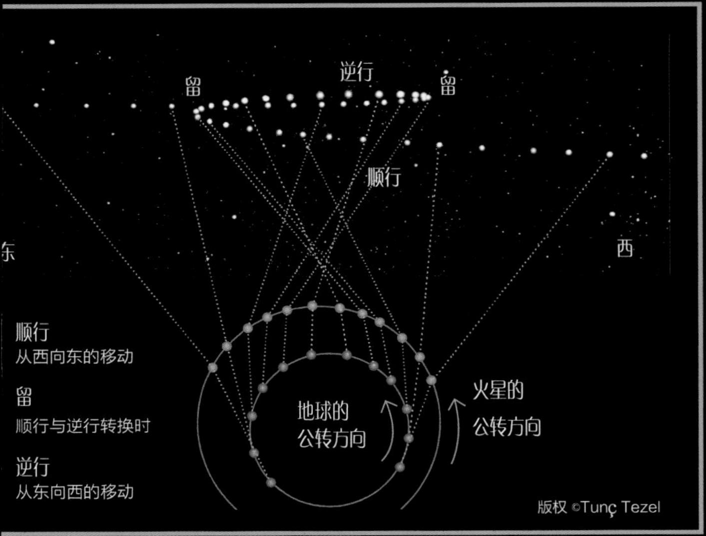

版权 ©Tunç Tezel

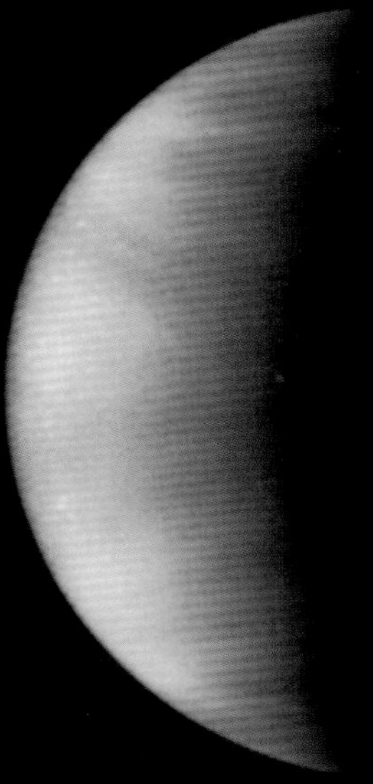

金星是亮度仅次于太阳和月亮的天体。自下合后 5 周左右时是最明亮的，为 −4.87 等星。虽然其与地球大小差不多，但有厚厚的二氧化碳云层覆盖，表面非常热。照片由哈勃太空望远镜拍摄。

金星的圆缺

以每两周为间隔拍摄的金星的图像。能够看出，金星的大小不断改变，如同月亮一般有着圆缺的变化。

图源：AstroArt/大熊正美

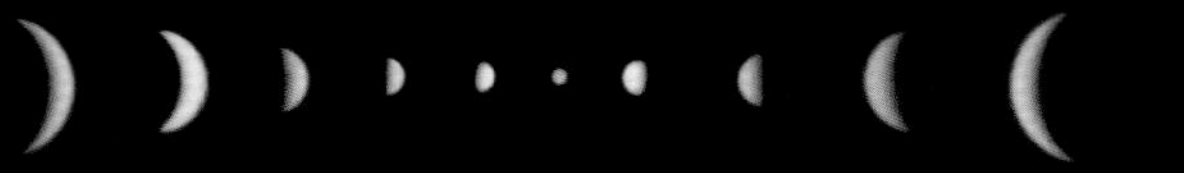

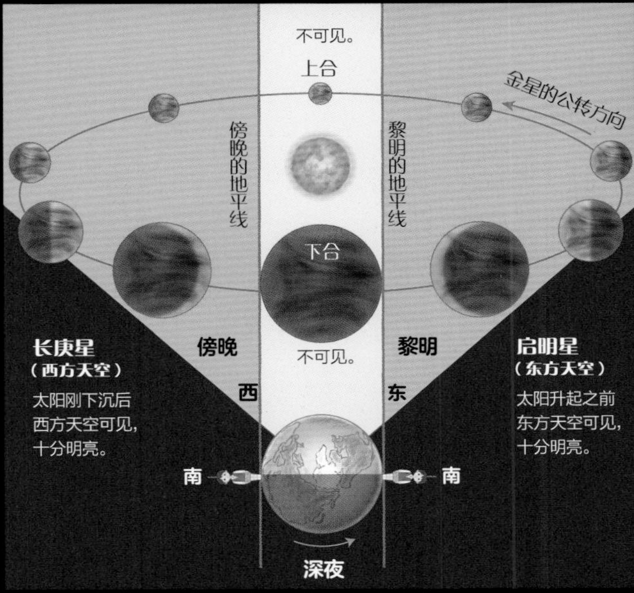

观察金星的方法与位置

金星被称为启明星、长庚星，在黎明前或日落后的天空中可见其格外明亮闪耀。金星是地球轨道内侧紧邻的行星，因此总是位于太阳附近，在深夜无法观察到。

在望远镜等工具的观察下，能够看到金星如月亮一般有着圆缺的变化。这是由于金星和月亮一样会被太阳光照亮，根据其和太阳、地球的位置关系的不同，有着如同满月→半月→新月的变化。

2

运动中的地球

冰岛是板块分离边界的海岭伸出海面形成的岛屿。这是2010年喷发的火山。在这个岛屿上经常能够见到从大地的裂缝中喷出熔岩的现象。

太阳系类地行星之一的地球，
内部到底有着怎样的构造呢？
通过调查火山的喷发、地震、堆起的地层和
构成它们的岩石等，
我们逐渐对地球的内部构造有了一定了解。
山川、河流、海岸、岛屿，
这些全部都位于包围地球的板块之上，
经过长时间的观察能够发现它们都在不断地活动中。
地球诞生已经约 46 亿年。
让我们聚焦至今
仍活跃运动着的地球的风姿。

冰岛
（辛格维利尔国家公园）

冰岛是大西洋海岭露出地面形成的火山岛。地幔上升，向两侧拓宽板块生长。在国家公园中能够看到的大裂缝被称为“辛格维利尔国家公园大裂谷”。

喜马拉雅山脉

喜马拉雅山脉是印度洋上
印度洋板块与欧亚板块
后隆起上升形成的。在
第一高峰珠穆朗玛峰的
附近仍能够发现海洋生物
化石。

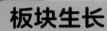

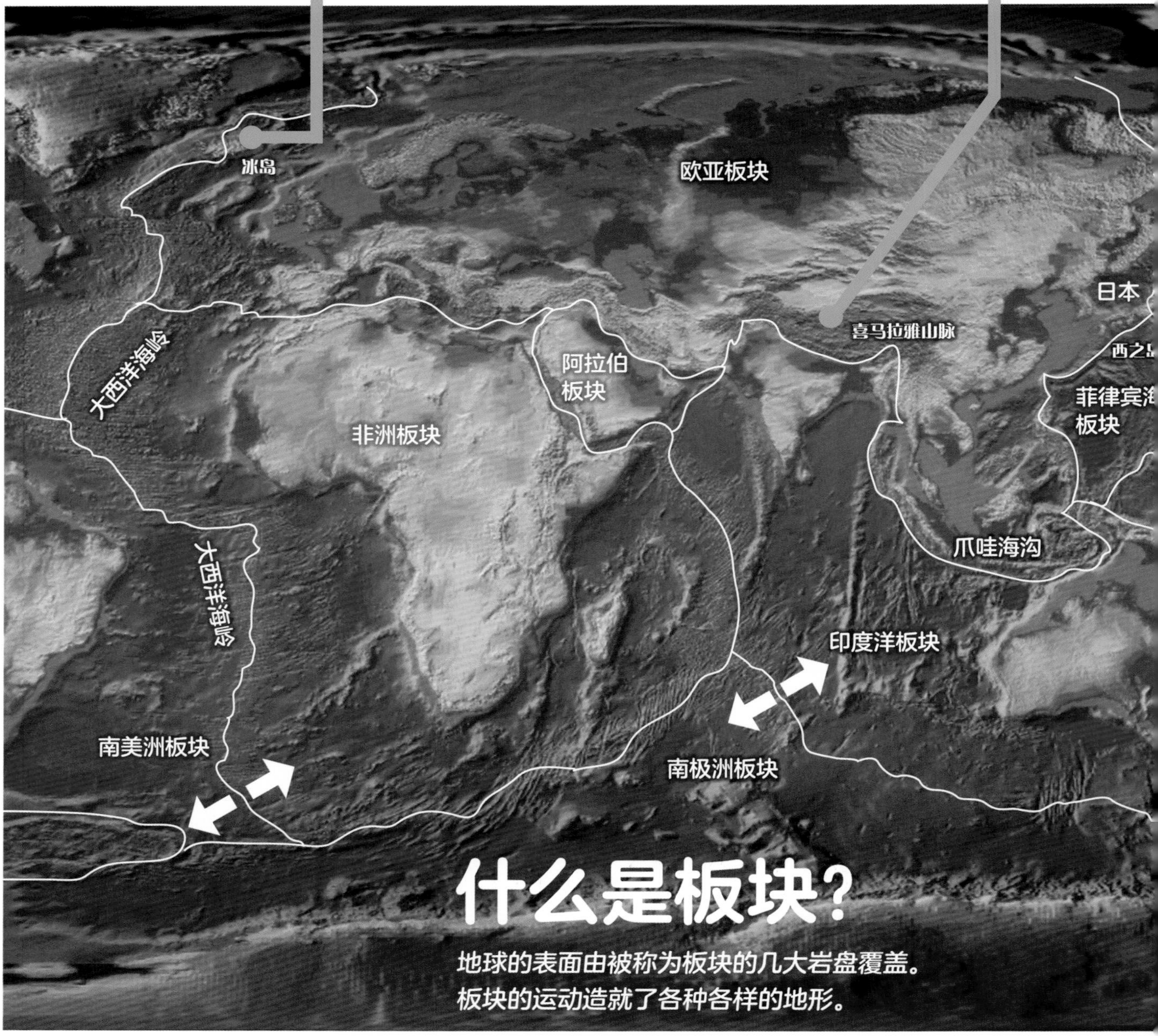

什么是板块？

地球的表面由被称为板块的几大岩盘覆盖。板块的运动造就了各种各样的地形。

西之岛

日本列岛等弧状列岛沿着板块沉降而成的海沟分布，是由于岩浆活动活跃引起众多火山喷发而形成的。小笠原群岛中的西之岛由于附近的海底火山喷发，使得岛屿逐渐成长变大。

图源：美国地质调查局（USGS）

圣安德列亚斯断层

有些地方的板块边界以巨大的平移断层的形态出现在地面上。圣安德列亚斯断层是由新生不久的两大板块在延展时错位形成的。

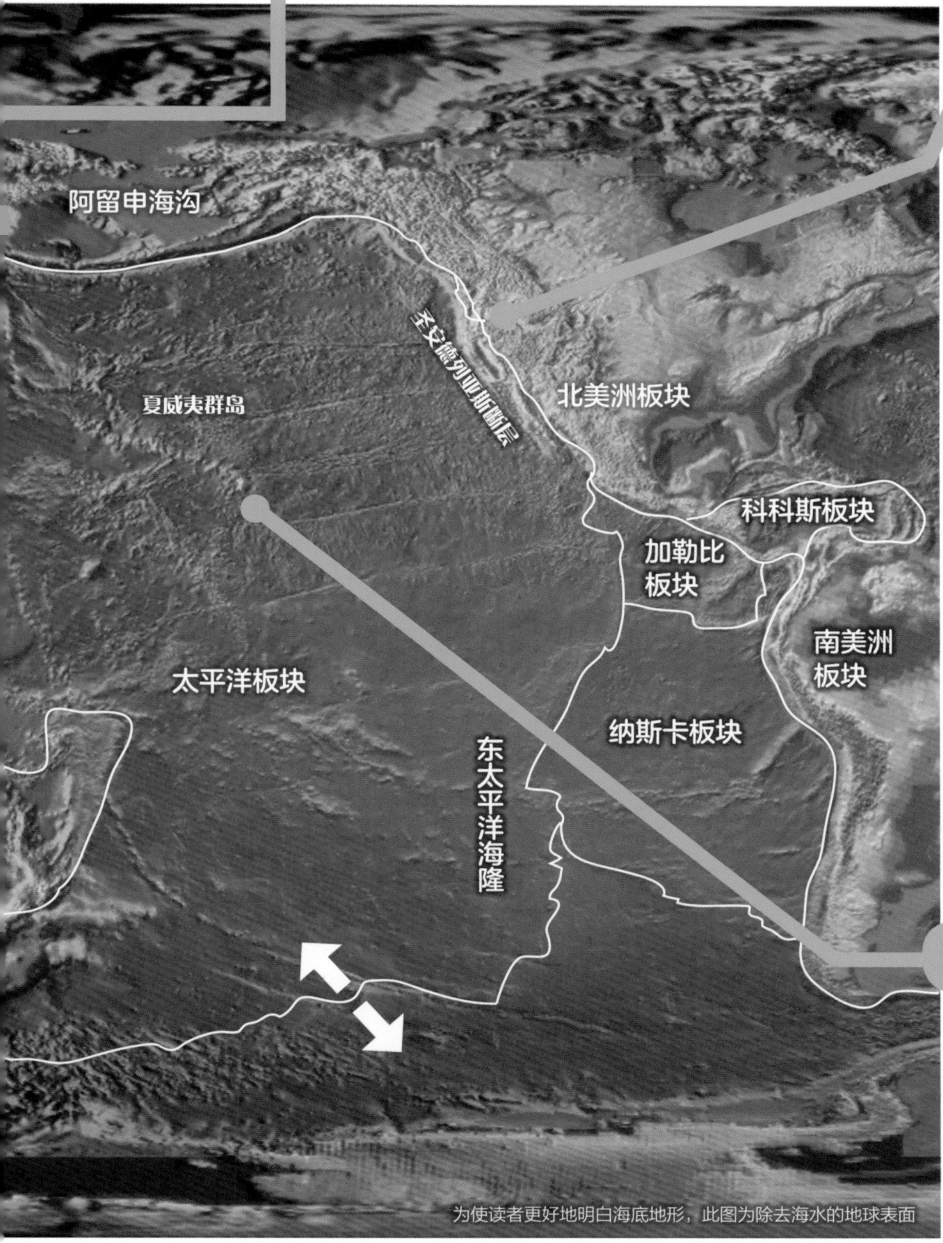

图源：Caltech/JPL/USGS

地球被板块覆盖

板块互相冲击，有海洋的板块沉降到有陆地的板块之下，形成很深的海沟。此外，在海底生成板块的地方有海岭和海隆形成。

喜马拉雅山脉等大山脉或日本列岛等众多弧状列岛都是由板块间的冲突形成的。

夏威夷群岛（基拉韦厄火山）

地球上有许多从地幔底下很深的地方向上喷涌、火山活动活跃的被称为热点的地方。夏威夷群岛是在热点上形成的火山岛，在板块之上随之向西北方移动。

地球的内部是什么构造?

在地球的内部，有着被称为地幔的高温岩石在缓慢对流，位于地球表面的板块就是在它之上移动的。火山活动或地震与板块的活动有着密切的关系。

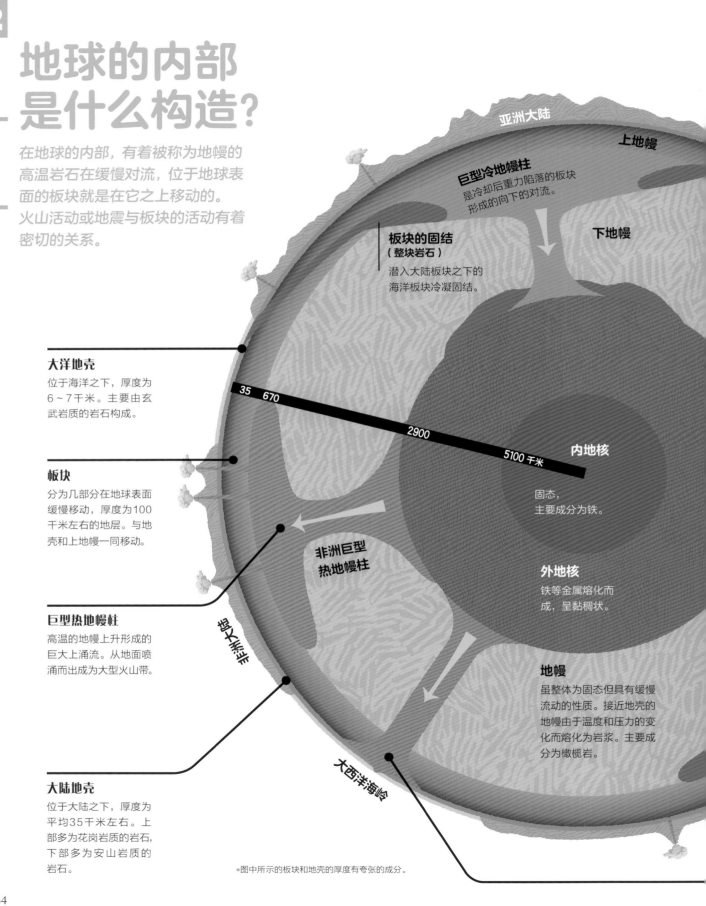

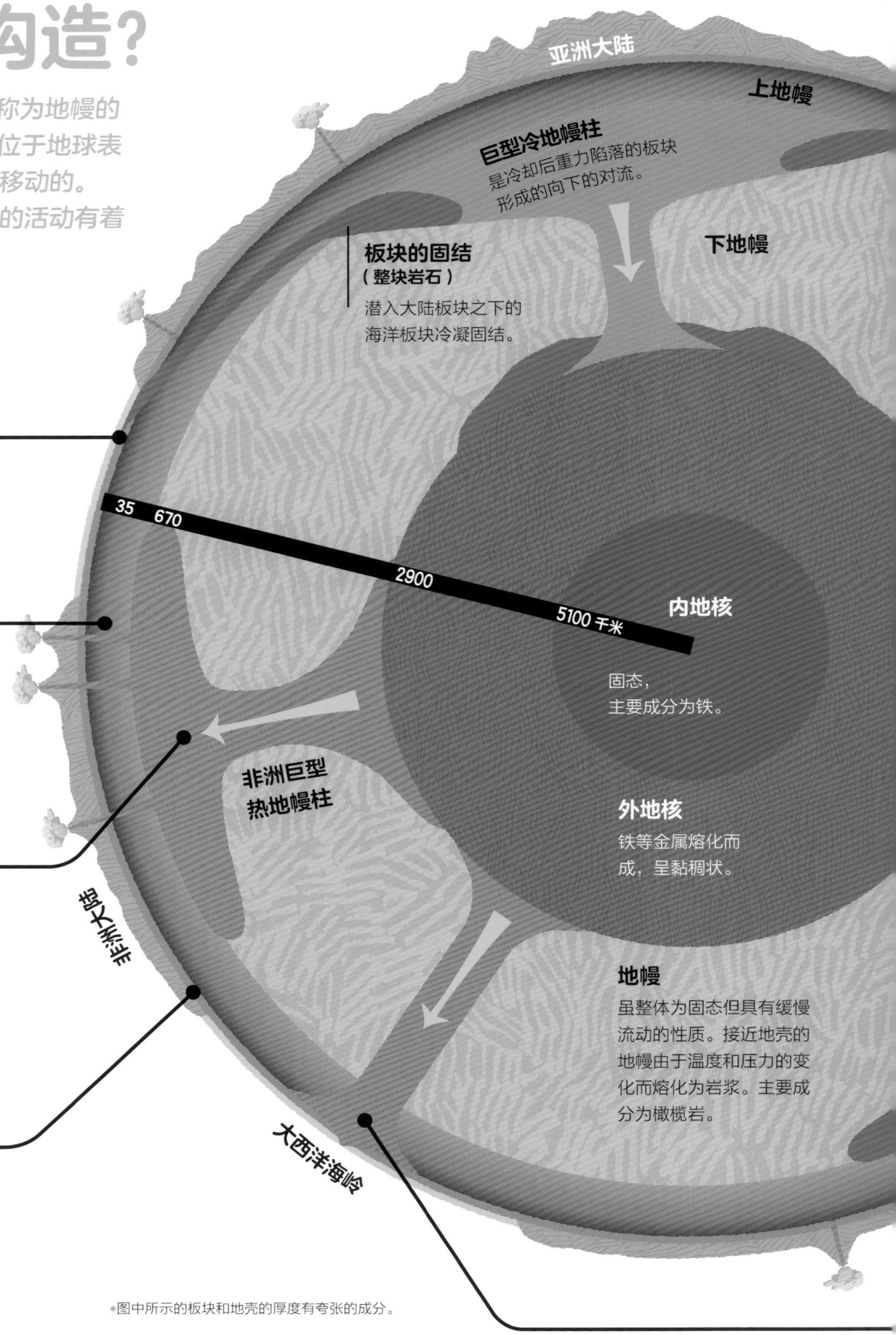
亚洲大陆
上地幔
巨型冷地幔柱
是冷却后重力陷落的板块形成的向下的对流。
下地幔
板块的固结
（整块岩石）
潜入大陆板块之下的海洋板块冷凝固结。
35
670
2900
5100 千米
内地核
固态，
主要成分为铁。
非洲巨型热地幔柱
外地核
铁等金属熔化而成，呈黏稠状。
非洲大陆
地幔
虽整体为固态但具有缓慢流动的性质。接近地壳的地幔由于温度和压力的变化而熔化为岩浆。主要成分为橄榄岩。
大西洋海岭

大洋地壳

位于海洋之下，厚度为6～7千米。主要由玄武岩质的岩石构成。

板块

分为几部分在地球表面缓慢移动，厚度为100千米左右的地层。与地壳和上地幔一同移动。

巨型热地幔柱

高温的地幔上升形成的巨大上涌流。从地面喷涌而出成为大型火山带。

大陆地壳

位于大陆之下，厚度为平均35千米左右。上部多为花岗岩质的岩石，下部多为安山岩质的岩石。

*图中所示的板块和地壳的厚度有夸张的成分。

火山诞生的场所有三种

板块在中央海岭和大陆的地沟带中生长，边向两侧扩张边移动，之后海洋板块与大陆板块碰撞，形成海沟，并向大陆板块之下沉降。火山活动与板块的活动有着密切关系，主要诞生于板块沉降地带、热点和板块生长地带这三种场所。

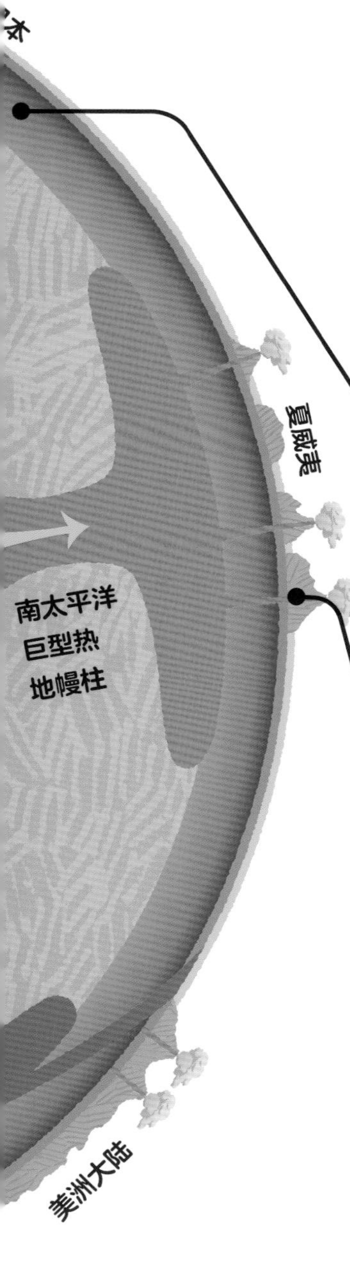

1 板块沉降地带

海洋板块沉降时，含有水的岩石使地幔熔化的温度下降，容易形成岩浆。位于板块边界的岛屿多是这样的火山。

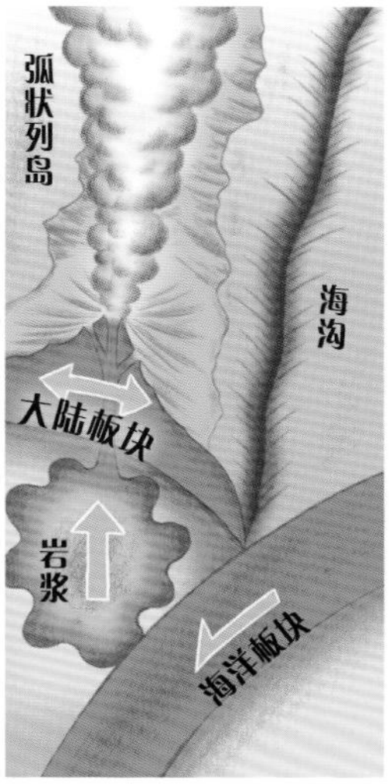

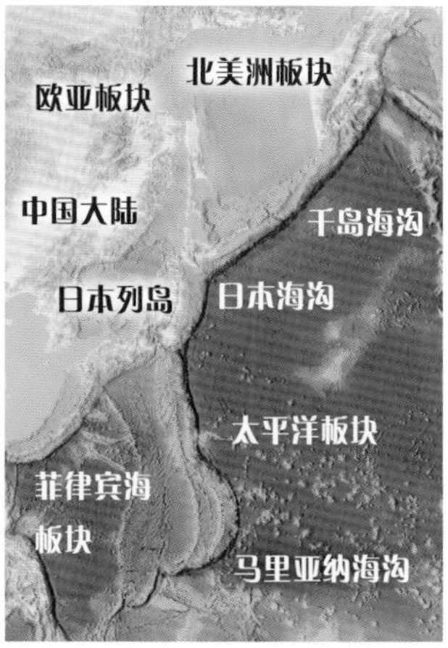

→日本列岛、阿留申群岛、大巽他群岛等。

2 热点

岩浆从地下大量涌出形成的热点处易有火山诞生。即使火山在板块之上随之移动了，也能在原本的位置上诞生新火山，如此火山便可以接二连三地排列分布。

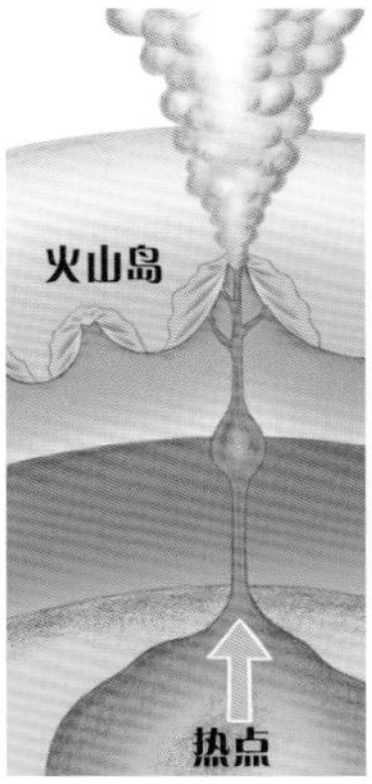

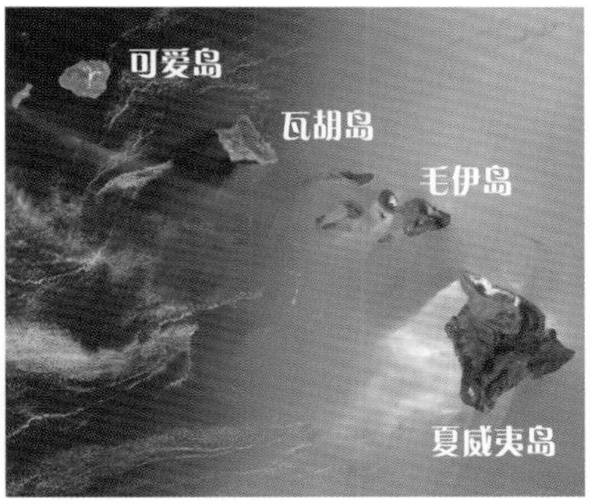

→夏威夷群岛、加拉帕戈斯群岛、美国黄石国家公园等。

3 板块生长地带

地幔上升则地壳产生裂痕，岩浆涌出，板块生长。地球上的火山活动约有80%都发生在中央海岭或地沟带这样的地方。

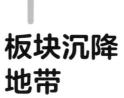

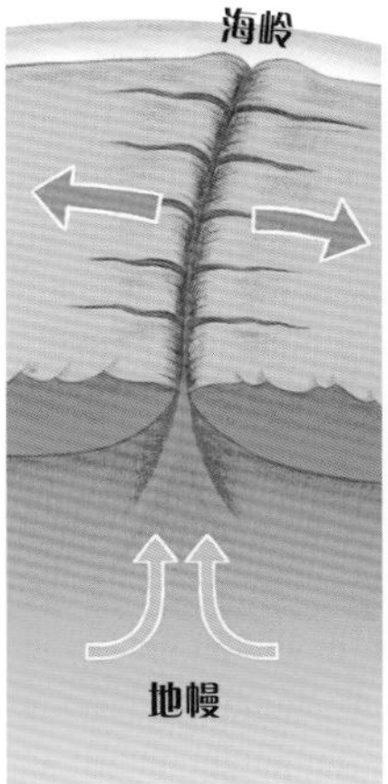

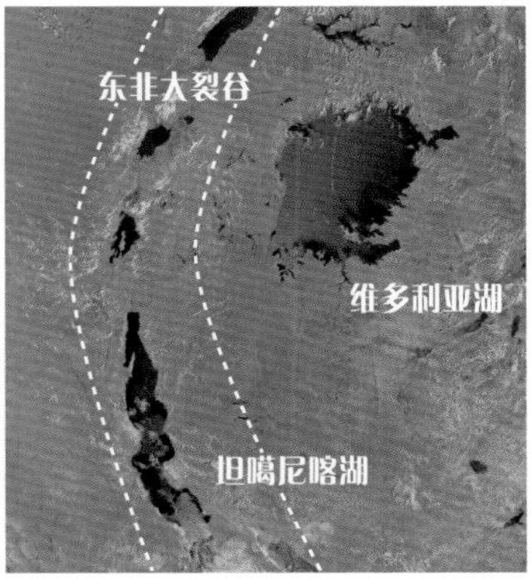

→坦桑尼亚（东非大地沟带）、冰岛（大西洋海岭）等。

火山喷发的原理是什么？

火山存在于地球的各个地方，
它们总是会在某处喷出火山灰云。
火山有着怎样的构造呢？

烟
火山灰或火山气体呈烟状的物质。
烟柱

火山的结构与喷发

在地下100千米之上的地方，压力变低时，地幔熔化为岩浆。液态的岩浆由于较轻而上升，在与地壳的交界处固结。这些物质进入地壳的裂缝中，压力进一步下降，如同使劲摇晃后打开瓶盖的可乐一样，火山气体冒泡，岩浆喷涌而出。

版权 © 日本群马大学

轻石
气体冒泡后离开，残留许多有空洞的岩石，多能浮于水中。

火山弹
从火山口喷出的未完全凝结的岩浆碎片。

熔岩喷泉
从火山口或火山裂缝中喷涌而出的熔岩。
火山岩管
岩浆向地表上升的通道。
火山碎屑堆
火山碎屑在火山口周围堆积而成的小山丘。
熔岩流
熔岩的性质不同，则流动方式和速度不同。
熔岩
出现在地表的岩浆。
岩浆固块
上升的岩浆在火山的地下数千米至数十千米处固结。

图源：美国地质调查局

喷发的种类

基拉韦厄火山
（1983年　美国夏威夷岛）

夏威夷式
熔岩从火山口或斜面的裂缝中流出。形成盾状火山。

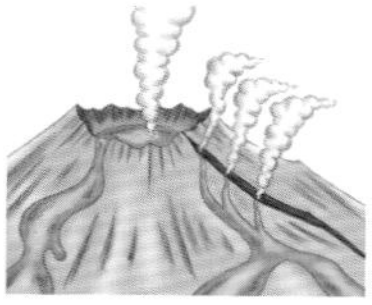

图源：J.D.Griggs,USGS

三原山
（1986年　东京伊豆大岛）

斯特朗博利式
连续发生小型爆发，喷发出刚固结的熔岩碎片。

图源：中野俊
（来自日本第四纪火山）

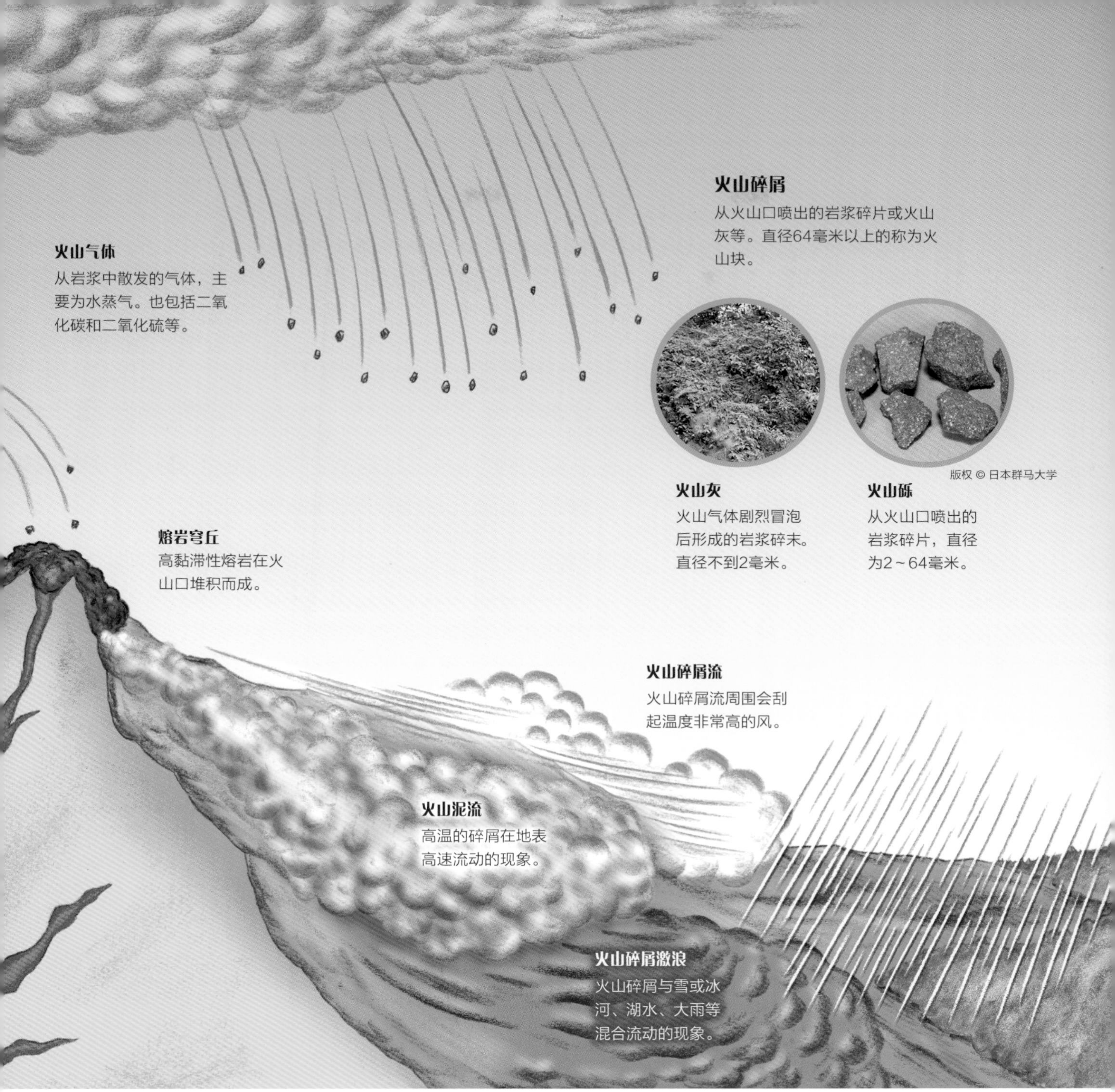
火山碎屑
从火山口喷出的岩浆碎片或火山灰等。直径64毫米以上的称为火山块。
火山气体
从岩浆中散发的气体，主要为水蒸气。也包括二氧化碳和二氧化硫等。
版权 © 日本群马大学
火山灰
火山气体剧烈冒泡后形成的岩浆碎末。直径不到2毫米。
火山砾
从火山口喷出的岩浆碎片，直径为2～64毫米。
熔岩穹丘
高黏滞性熔岩在火山口堆积而成。
火山碎屑流
火山碎屑流周围会刮起温度非常高的风。
火山泥流
高温的碎屑在地表高速流动的现象。
火山碎屑激浪
火山碎屑与雪或冰河、湖水、大雨等混合流动的现象。

樱岛
（2009年　日本鹿儿岛县）

武尔卡诺式

十分激烈地爆发，喷出火山弹、火山块、火山灰。有时也有熔岩流出。

皮纳图博山
（1991年　菲律宾）

普林尼式

在较长时间的停歇后发生大爆发，可形成熔岩穹丘和火山碎屑流。

图源：Dave Harlow,USGS

火山喷发能造就什么样的地形？

火山喷发由地下的岩浆引起。
岩浆的性质从有黏滞性到流动顺畅多种多样，
性质的差异导致地上形成的火山形状也各不相同。

从凹凸不平到平坦的各种各样的火山形状

黏滞性强的岩浆涌出地面时，引起激烈的爆发式火山喷发，喷出火山灰或火山弹等。黏滞性中等的岩浆引起的喷发则表现为激烈的喷发与温和的喷发交替进行，熔岩与火山灰、火山弹在周围堆积。黏滞性弱的岩浆引起的喷发较温和，大量的岩浆形如滴落在蛋糕胚上的蜂蜜般流出。

凹凸不平

钟状火山
平成新山
（日本云仙岳、长崎县）

成层火山
富士山
（日本山梨县、静冈县）

盾状火山
冒纳罗亚火山
（美国夏威夷岛）

平坦

岩浆的性质与火山的形状

岩浆中若形成石英（水晶）的二氧化硅这一成分含量越多，则黏滞性越强。

黏滞性强的岩浆，即使从火山口喷出也很难流动，冷凝后就形成了凹凸不平、发白的岩石块。

黏滞性弱的岩浆，从火山口喷出后就成为黏黏的流体，冷凝固结后形成发黑的岩石。

也称为熔岩穹丘。具有黏滞性的熔岩隆起，在冷凝前溃破则引起火山碎屑流。

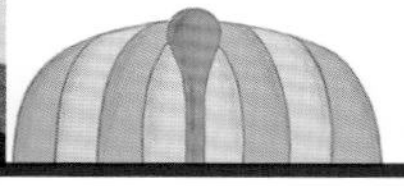

具有黏滞性的熔岩一边凝固一边变形，因此具有不规则的裂口。

图源：我的自然步行道 梵天捧

多次反复喷发，火山灰和火山弹等与熔岩多次堆积而成。

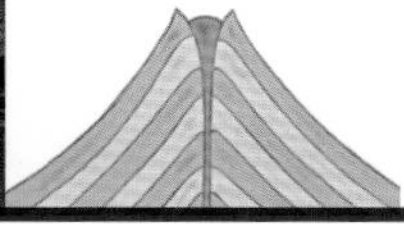

照片提供：日本静冈地学

黏滞性弱的熔岩大量流出形成的山。看上去虽低，但海拔4169米，比富士山还高。

破火山口的形成

大规模的喷发一直持续，山顶附近可能会塌陷，出现直径达两千米至数十千米的如锅底一般的凹地，形成塌陷型破火山口。另外，山顶经火山爆发风刮可形成直径较小的爆发型破火山口。

摩周湖

成层火山反复喷发，7000年前形成的塌陷型破火山口中有水蓄积成为湖泊。

1.火山反复武尔卡诺式大爆发，出现大量的熔岩流和火山碎屑流。火山下形成大空洞。

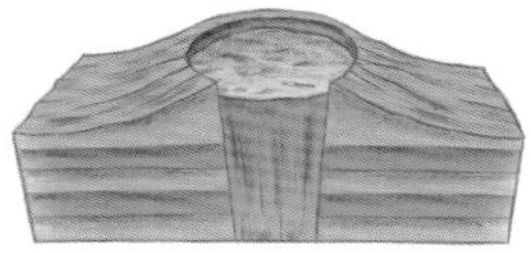

2.从地下不再有岩浆供给后，火山口周围空洞塌陷，形成比原来的火山口更大的圆形凹地。

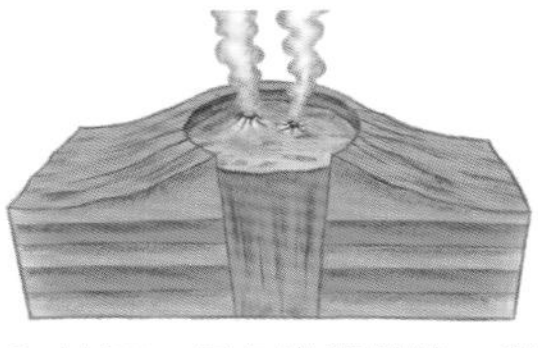

3.地下一旦有岩浆供给，则会再度喷发，破火山口内多形成中央火山丘（小型火山）。

岩浆能造就什么样的岩石？

岩浆冷凝固结后，会形成称为火成岩的岩石。火成岩中，在地表附近迅速冷凝固结的称为火山岩，在地下深处缓慢冷凝固结的称为深成岩。

火成岩

火成岩根据岩浆的冷凝方式不同分为火山岩与深成岩。

火山岩

由于是岩浆在地表附近迅速冷凝固结形成的，因此可见斑状结构。

斑状结构

小结晶和没成为结晶的部分质）中有大晶体（斑晶）散状分

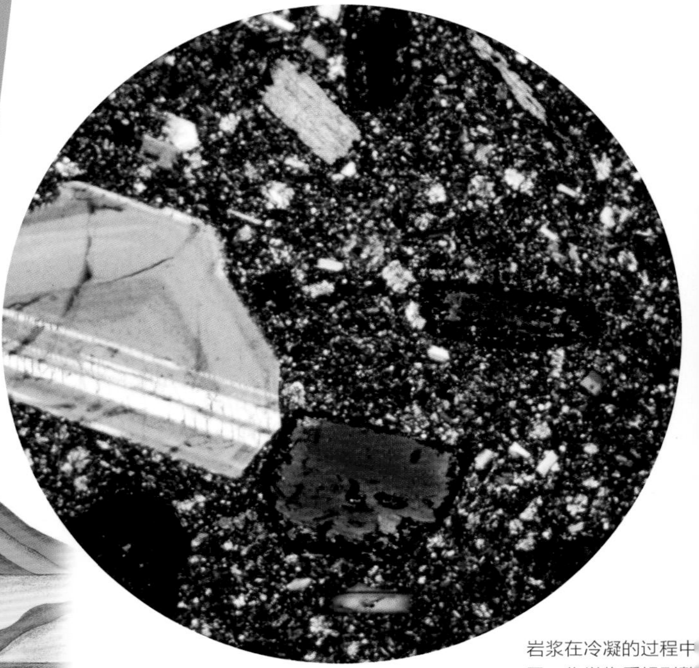

岩浆在冷凝的过程中同一化学物质规则整地结合，逐渐形成矿的结晶。

深成岩

由于是岩浆在地下深处缓慢冷凝固结形成的，因此可见等粒结构。

等粒结构

形成结果较好的、基同一大小的结晶互相合，且无缝隙排列。

矿物与结晶

岩石或火山的喷出物所包含的小颗粒中的结晶体称为矿物。矿物在成分、颜色、形状、分割方式等方面具有一定的特征，世界上已知的矿物有4000种以上。

紫晶（紫水晶）

矿物中，体积较大的或拥有美丽色彩的结晶，打磨后被当作宝石使用。

流纹岩

二氧化硅含量多，整体呈灰色或白色。具有似乎流动着的条状花纹。

安山岩

整体呈灰色，可见白色或深绿色结晶颗粒。日本的火山上多见。

玄武岩

具有代表性的火山岩，整体发黑。有的玄武岩看不到小结晶。

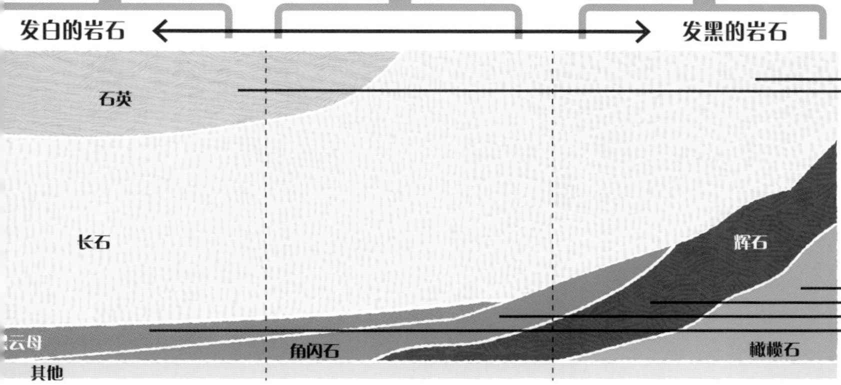

花岗岩

也球上最多的深成岩。是石英等物质的结晶，整体发白，稀稀落落地分布着黑云母。

闪长岩

比花岗岩拥有更多的发黑的结晶，稍感沉重。基本上都是长石的结晶。

辉长岩

发黑而沉重。由橄榄石和辉石、发白的长石构成。

火成岩包含的矿物

无色

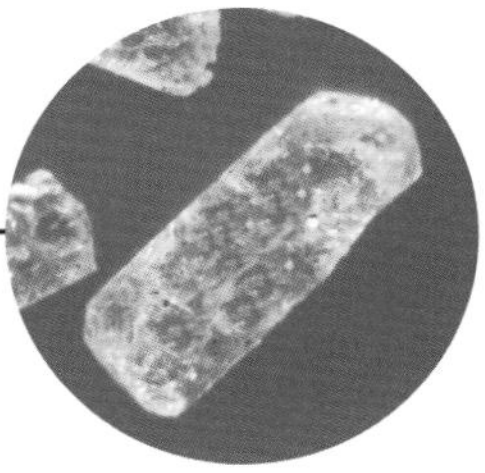

长石

粗柱状
白色、淡粉色
断口平坦

石英

六角柱状
无色
断口不规则

有色

橄榄石

柱状或方形碎片状
淡绿色、黄褐色
断口不规则

辉石

短柱状
绿色、黑色等
易分割成柱状

角闪石

细长柱状
黑色、褐色等
易分割成柱状

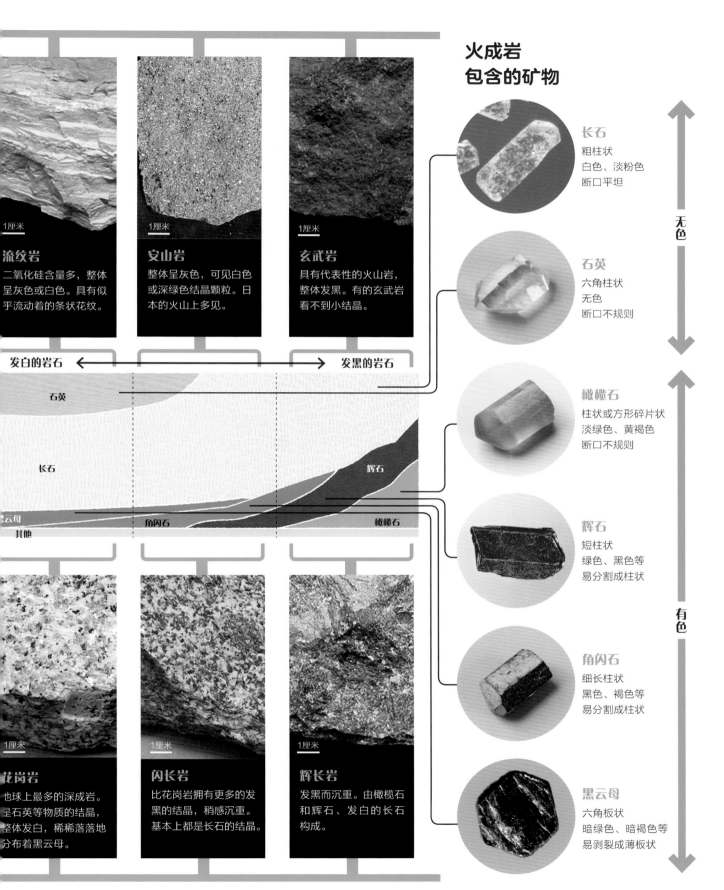

黑云母

六角板状
暗绿色、暗褐色等
易剥裂成薄板状

地震是在哪儿发生的？

日本列岛不仅火山活动活跃，地震也频繁。地震的发生也与板块的活动有着密切的关系。

地震多发生在板块交界处

下图是美国地震研究所（IRIS）的主页公开发布的地震监测仪的图像。过去5年间发生地震的地点用不同颜色标示，现在仍每时每刻在添加新的信息。

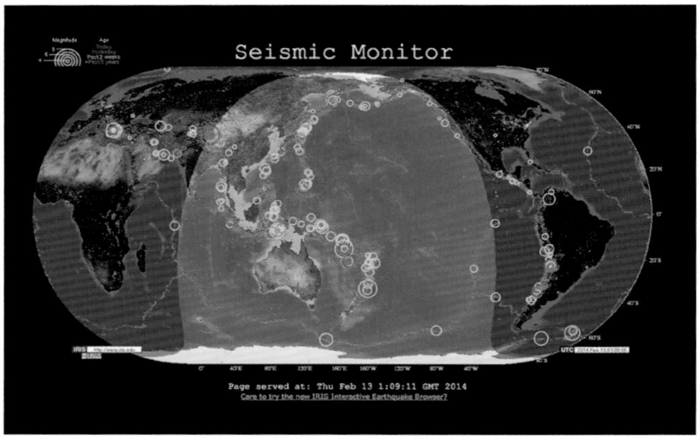

当天的地震用红色，前一天的用橙色，两周内的用黄色，5年内的用粉色的点来标示。圆的大小表示地震的规模（震级）。

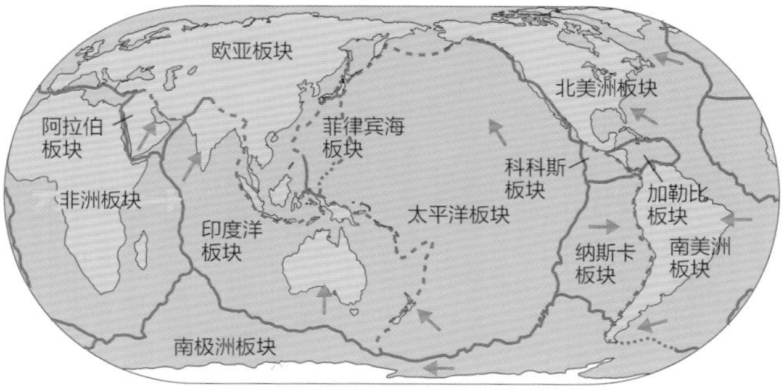

—— 海岭与转换断层
- - - - 沉降带
······ 无鲜明界线的板块交界处
←—— 板块运动的方向

这张图表示的是覆盖地球的板块的交界线。与上图相比，我们能够看出，大多数的地震都发生在板块交界处。

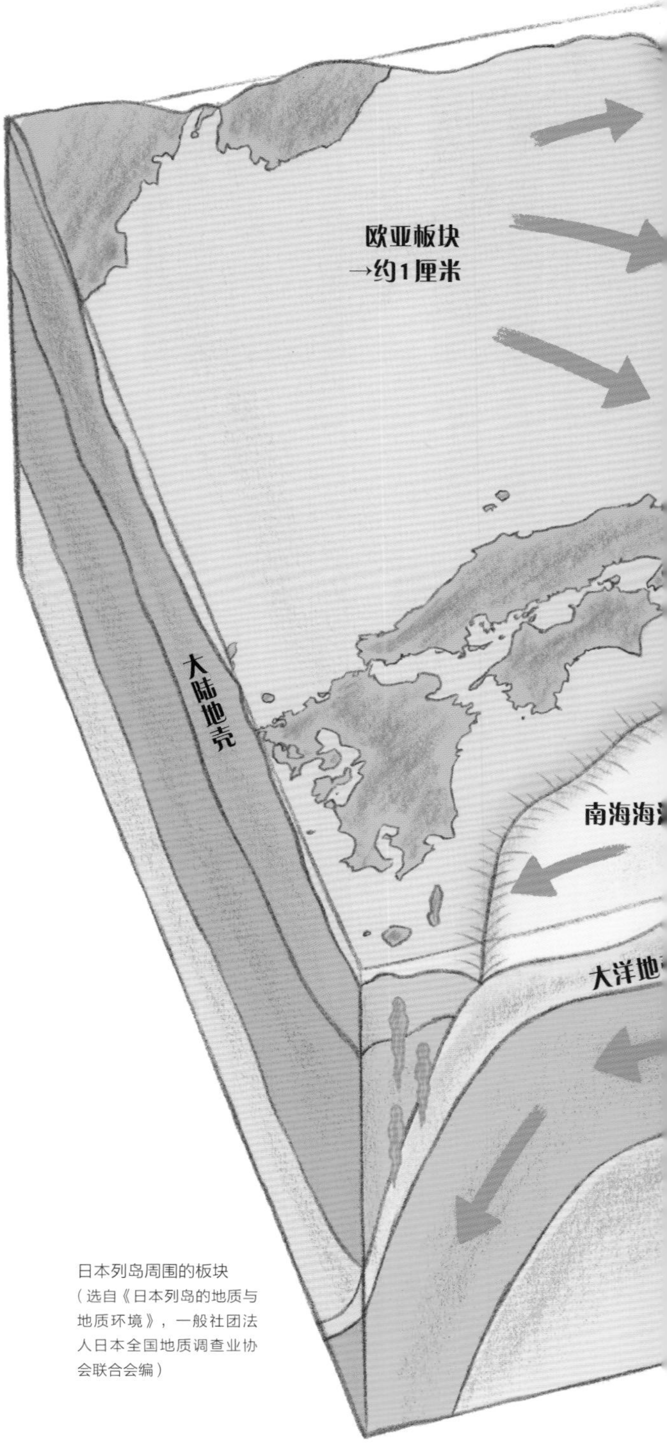

日本列岛周围的板块（选自《日本列岛的地质与地质环境》，一般社团法人日本全国地质调查业协会联合会编）

日本附近的板块重叠

在地理上有海洋板块的太平洋板块和菲律宾海板块，它们向大陆板块的欧亚板块和北美洲板块潜降，日本列岛处于世界范围内也较罕见的地壳之上。因此板块活动也较复杂，地球上发生的地震中约20%都发生在日本列岛附近。

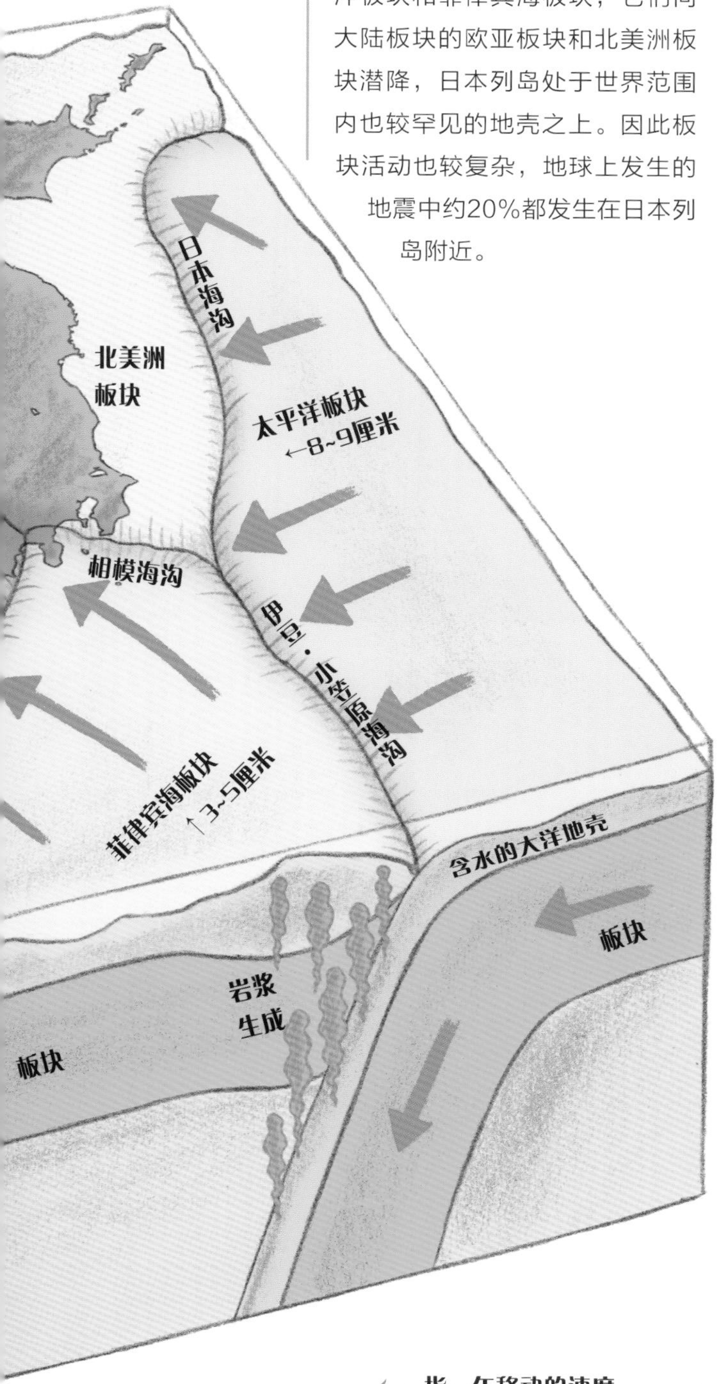

←— 指一年移动的速度

日本列岛是地震的巢穴

日本列岛到处都会发生地震，甚至会被称为“地震的巢穴”。将左侧的日本列岛附近的板块图与下图做比较，我们能发现，海洋板块形成海沟，向大陆一侧的板块之下潜降的一带多发生地震。

震源与地震的大小（震级）

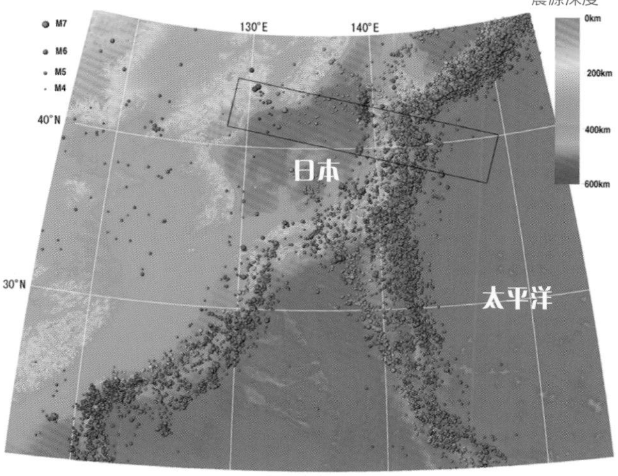

有颜色的点是1993年~2006年发生的M（震级）4以上地震的震中位置。

注意震源深度的变化

红色为较浅的位置上发生的地震，震源越深，则颜色由黄色变绿色、淡蓝色、蓝色。距离海沟越远震源越深，我们可以推测出，地震发生的地点位于太平洋板块向日本列岛的地下深处潜降的板块交界处。

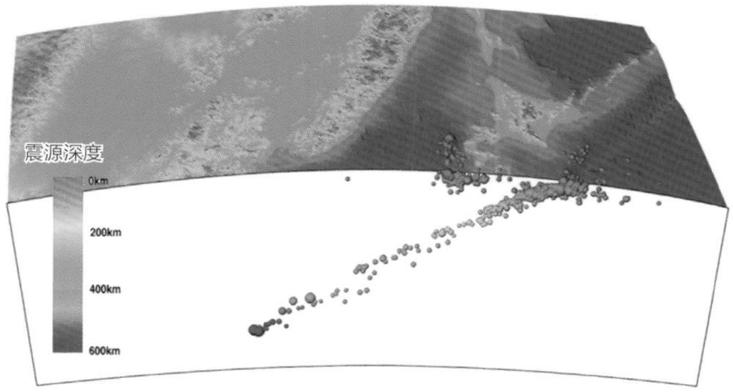

由上图可知，距离海沟越远则震源越深，甚至可达600千米左右的深度。日本海沟最深约8千米，伊豆·小笠原海沟最深约10千米。

出自《日本的地震活动》（日本地震调查研究推进本部地震调查委员会编）

为什么会发生地震？

地震根据发生的地点和机制不同，可分为不同的类型。让我们来看看在哪些地点会发生怎样的地震吧。

板块的沉降与地震

右图是日本东北地区的地下东西方向的断面图。圆点标示的是至今为止发生地震的震源。地震根据在板块何处发生可大致分为三种类型。

2011年，东日本大地震是震级9.0、震度7的超大地震。在广阔范围内引起高近10米的海啸，受损严重。

1 板块间发生的地震

指海洋板块沉降时将大陆板块拖拽，为消除产生的变形，大陆板块向上反弹振动，由此发生的地震。2011年东日本大地震的东北地区环太平洋地震发生在太平洋板块与北美洲板块之间的日本海沟。1923年，日本的关东大地震发生在菲律宾海板块与北美洲板块之间的相模海沟。

板块间发生的地震，有时也会由于大陆板块反弹振动而导致海面升高引发海啸。

海洋板块以每年8~10厘米的速度向大陆板块之下沉降。

大陆板块被海洋板块拖拽，在交界处发生变形。

变形超过限度后大陆板块反弹振动，引发地震与海啸。

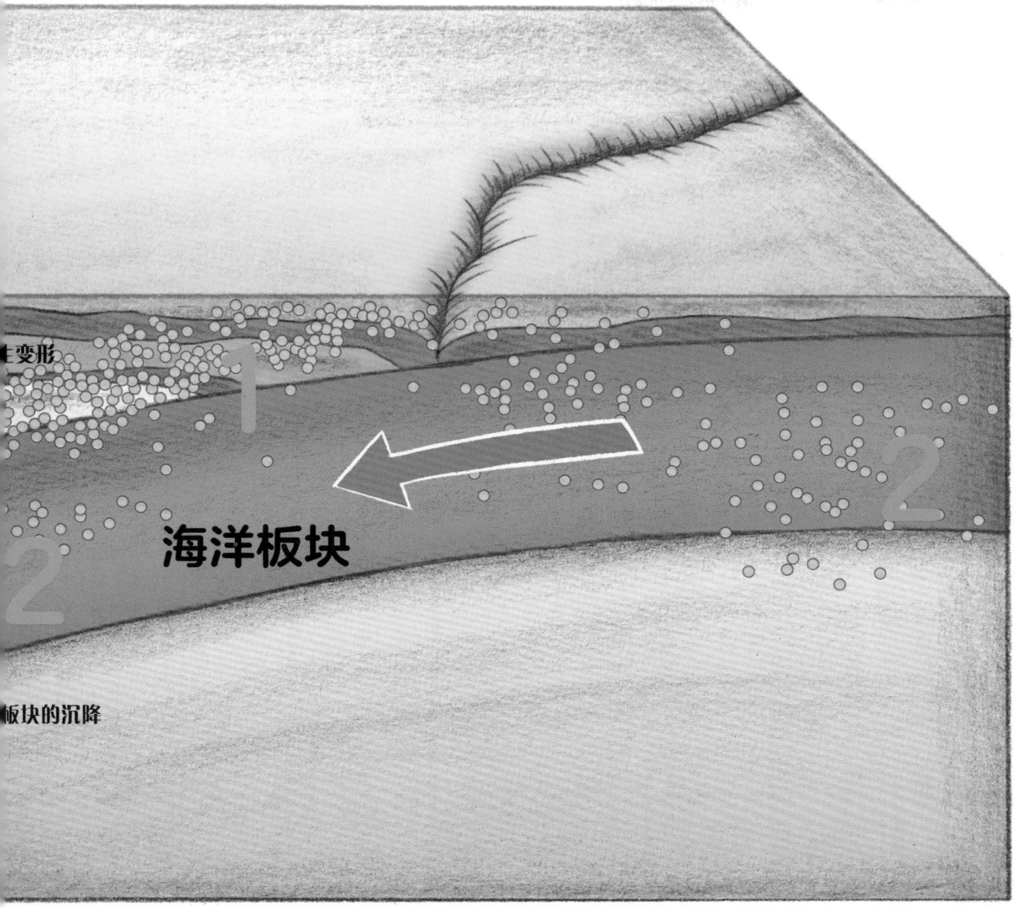

2 海洋板块内发生的地震

沉降的海洋板块内部由于断层活动引发的地震。发生
震的位置多种多样，可在比海沟更深的地方或海沟之前
浅的地方等。发生方式众多，可有以摇晃为中心或伴随海
等多种情况出现。

源：日本防灾科学技术研究所（摄影 井口隆）

1993年，日本钏路冲地震。板块内深度101千米的部分被破坏因此引发了该地震。

3 陆地内浅地震

在承载着日本列岛的大陆板块内部，地下深度20千米的断层突然活动引发震源较浅的地震。这是一直在向下方潜降的海洋板块力量不断加大、传递至陆地上的浅基岩，这种歪斜到达极限时会发生的地震。

2008年，日本岩手宫城内陆地震。岩手县奥州市、宫城县栗原市内记录震度为6强。同时也引发大规模的山崩。

图源：日本防灾科学技术研究所（摄影 井口隆）

断层运动的种类

断层依据位移的方向分为正断层、逆断层、平移断层。板块间发生的地震多由大规模的逆断层活动引发。在其他地点，力的方向不同可引起多种断层活动发生地震。

纵移断层

正断层

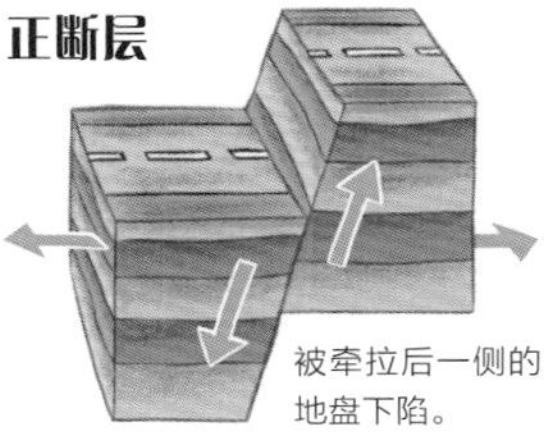

被牵拉后一侧的地盘下陷。

逆断层

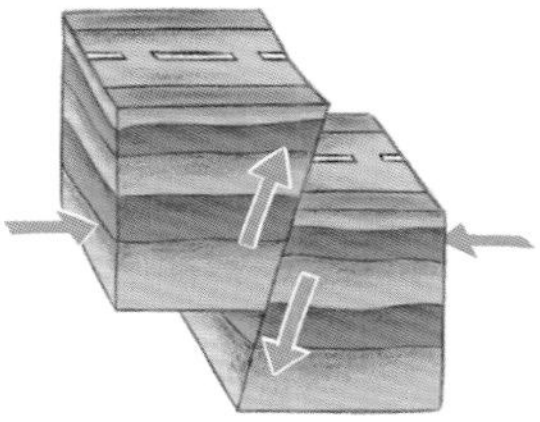

压缩后一侧的地盘向上滑动。

平移断层

左滑断层

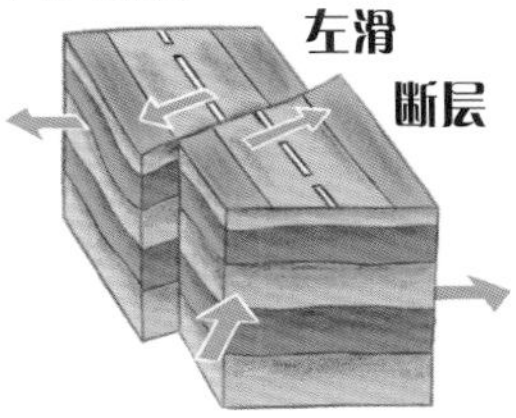

右滑断层

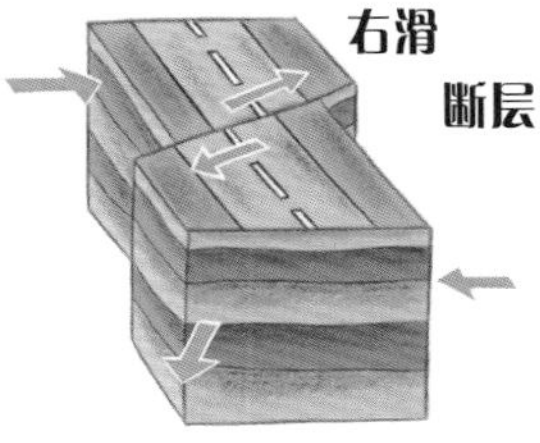

牵拉力与压缩力作用于水平方向，使之出现水平滑动。

地震的摇晃是如何扩散的?

地震来临时，首先窗户或橱柜会咔嗒咔嗒振动作响。
随即会强烈晃动，
如同身处船上一样地开始摇摇晃晃。

60秒后
35秒后晃动传播至陆地，
1分钟后日本的东北地区整体开始摇晃。

地震中摇晃传播的情况

2011年东日本大地震的摇晃传播情况。

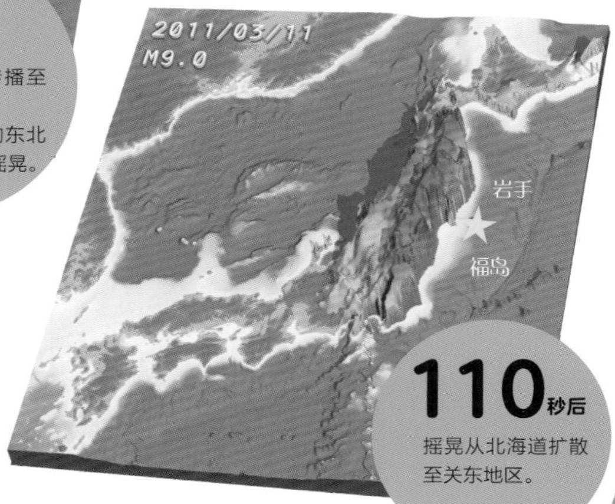

110秒后
摇晃从北海道扩散至关东地区。

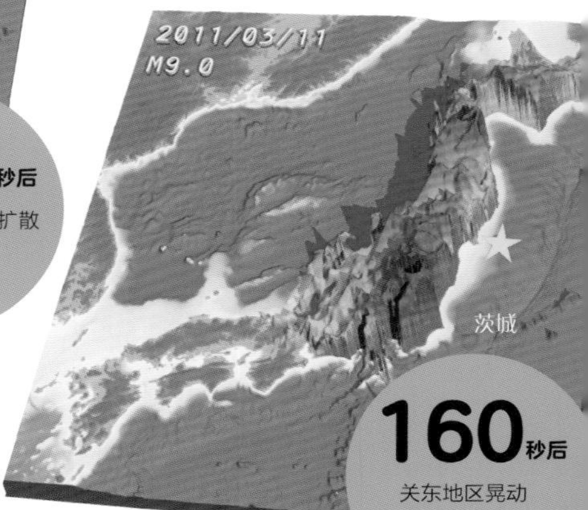

160秒后
关东地区晃动强烈。

图源：日本东京大学研究生院信息学环
综合防灾信息研究中心　古村孝志

地震中的摇晃与地震波的种类

地震波有三种，除了有在地壳中传播的P波（纵波）与S波（横波）外，还有表面波。

P波（纵波）

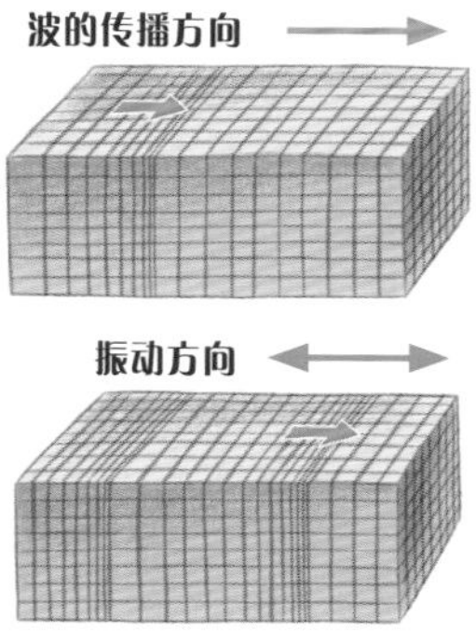

通过岩石的伸缩传播振动。以每秒5~7千米的速度传播，最先到达震中，引起咔嗒咔嗒的小晃动。

S波（横波）

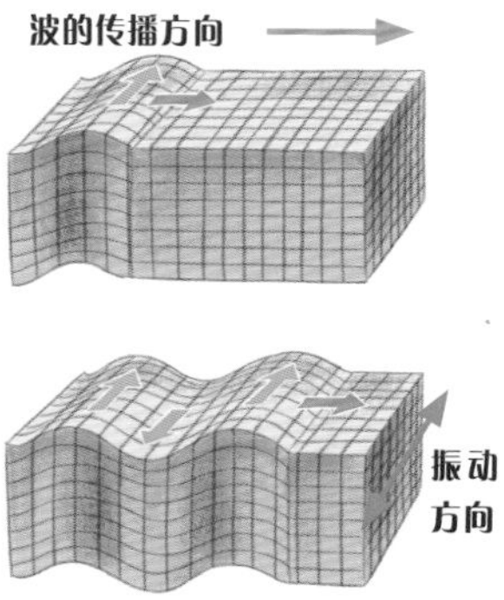

传递着岩石偏移错位的运动。以每秒3~5千米的速度推进，在小晃动后引起大幅度的摇晃。

表面波

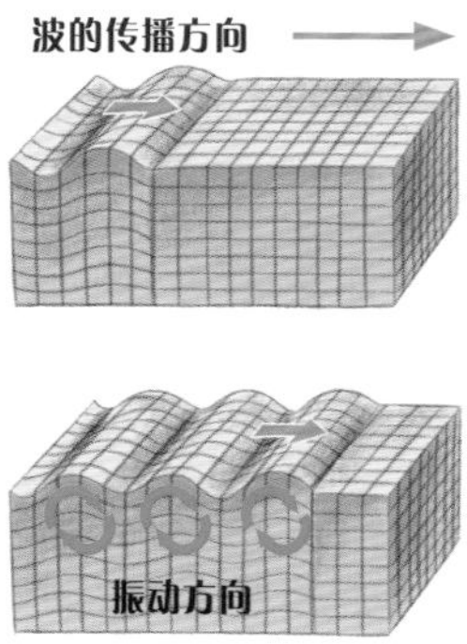

到达震中比S波稍迟，与S波共同引起大幅度摇晃。在表面传播、难衰减，传播得远。

地震波的传播方式

P波与S波同时从震源扩散。由于波的传播速度不同，因此离震源越远，在感受P波引起的小晃动后，距离开始感受到S波到来引起的大幅度摇晃的时间越长。此外，震源浅的地震，在S波之后会有表面波引起的大幅度摇晃到来。

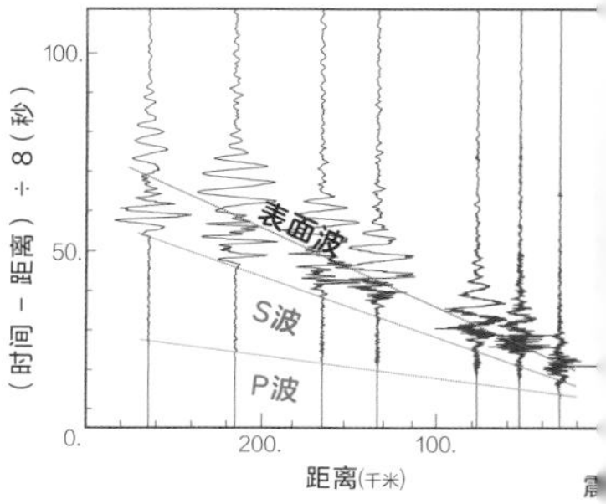

图源：古村孝志
（根据日本防灾科学技术研究所的强震观测数据绘图）

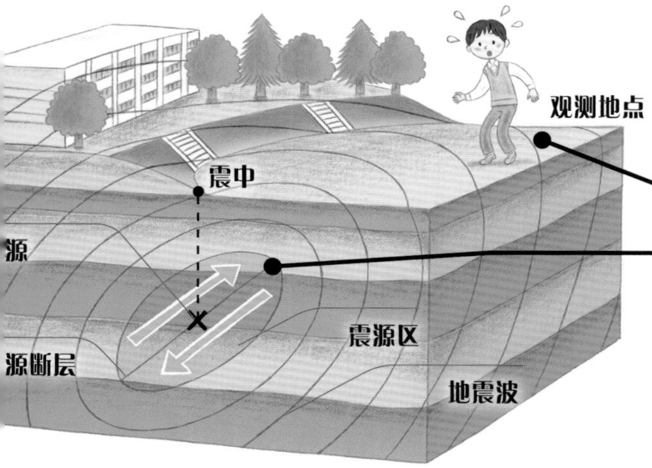

震度与震级

表示地震大小的标准有两个，分别是表示摇晃程度的“震度”与表示地震产生的能量大小的“震级”。

震级
（地震的强度）

震级	
0	极微小地震 发生无数次。
1	微小地震 1 分钟发生 1~2 次左右。
2	1 小时发生 10 次左右。
3	小地震 1 天发生数十次左右。
4	1 天发生数次。
5	中地震 1 个月发生 10 次左右。
6	1 年发生 10~15 次左右。
7	大地震 1 年发生 1~2 次左右。
8	大地震（巨大地震） 10 年发生 1 次左右。
9	大地震（超巨大地震） 东日本大地震 在日本 2011 年首次观测到。

震级每大一级，产生的能量约为前一级的32倍，大二级能扩大至1000倍。

震度
（各地的摇晃情况）

震度	
0	人感受不到晃动。
1	在屋内处于静止状态的人中，有的人能够微微感受到摇晃。
2	屋内处于静止状态的人中多半能够感受到摇晃，悬挂的电灯等轻微摇晃。
3	屋内大多数人感受到摇晃。
4	行走的大多数人感受到摇晃。
5弱	大半的人感到恐惧，想要抓住物体。
5强	大半的人若无物体支撑则行走困难，感觉到行动障碍。
6弱	站立困难。
6强	无法站立，只能爬行。
7	被摇晃翻弄，无法动弹，可能会被动飞离地面。

震源与震中

地震主要在断层活动、基岩被破坏时发生。地球内部破坏开始发生的地方为震源。震源直上方位于地表的地方称为震中。基岩被破坏，振动的范围是震源区，地震引起的摇晃就是从震源区开始以波的形式向周围扩散的。

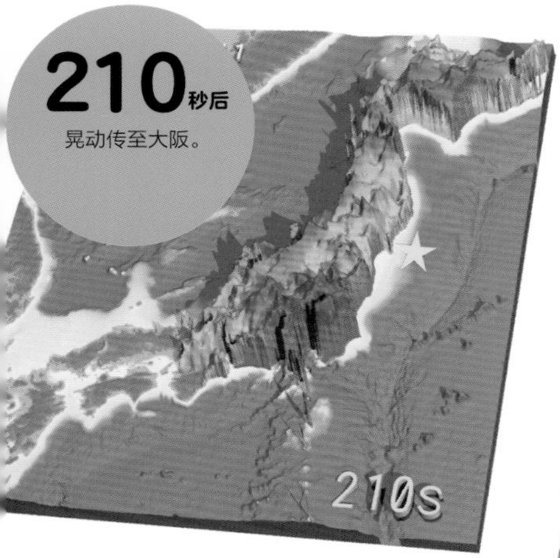

210秒后
晃动传至大阪。

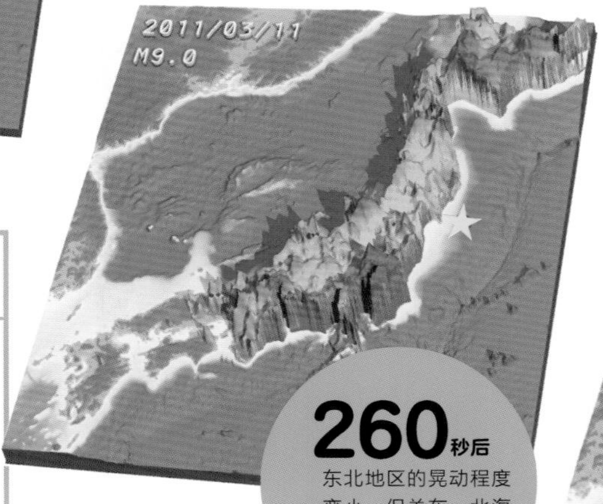

260秒后
东北地区的晃动程度变小，但关东、北海道的太平洋海岸仍继续摇晃。

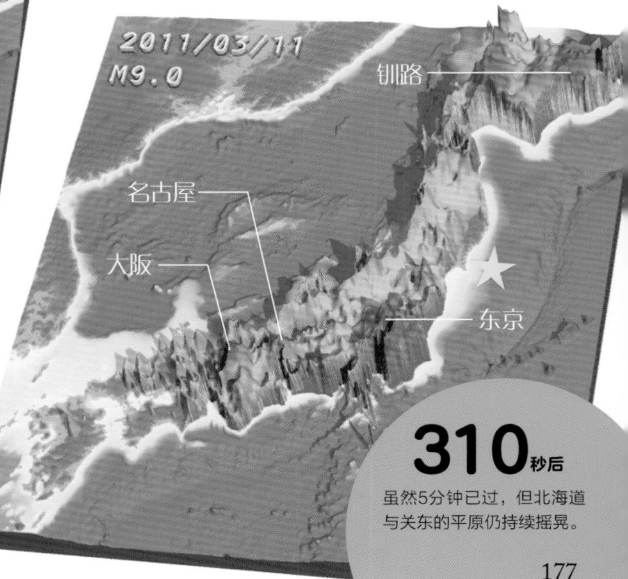

310秒后
虽然5分钟已过，但北海道与关东的平原仍持续摇晃。

什么是液化现象?

东日本大地震时发生的液化现象(日本千叶县浦安市)。

在人工地基或河流边的沙地，由于晃动沙土与水分离，有时可引起泥水喷涌而出现液化现象。

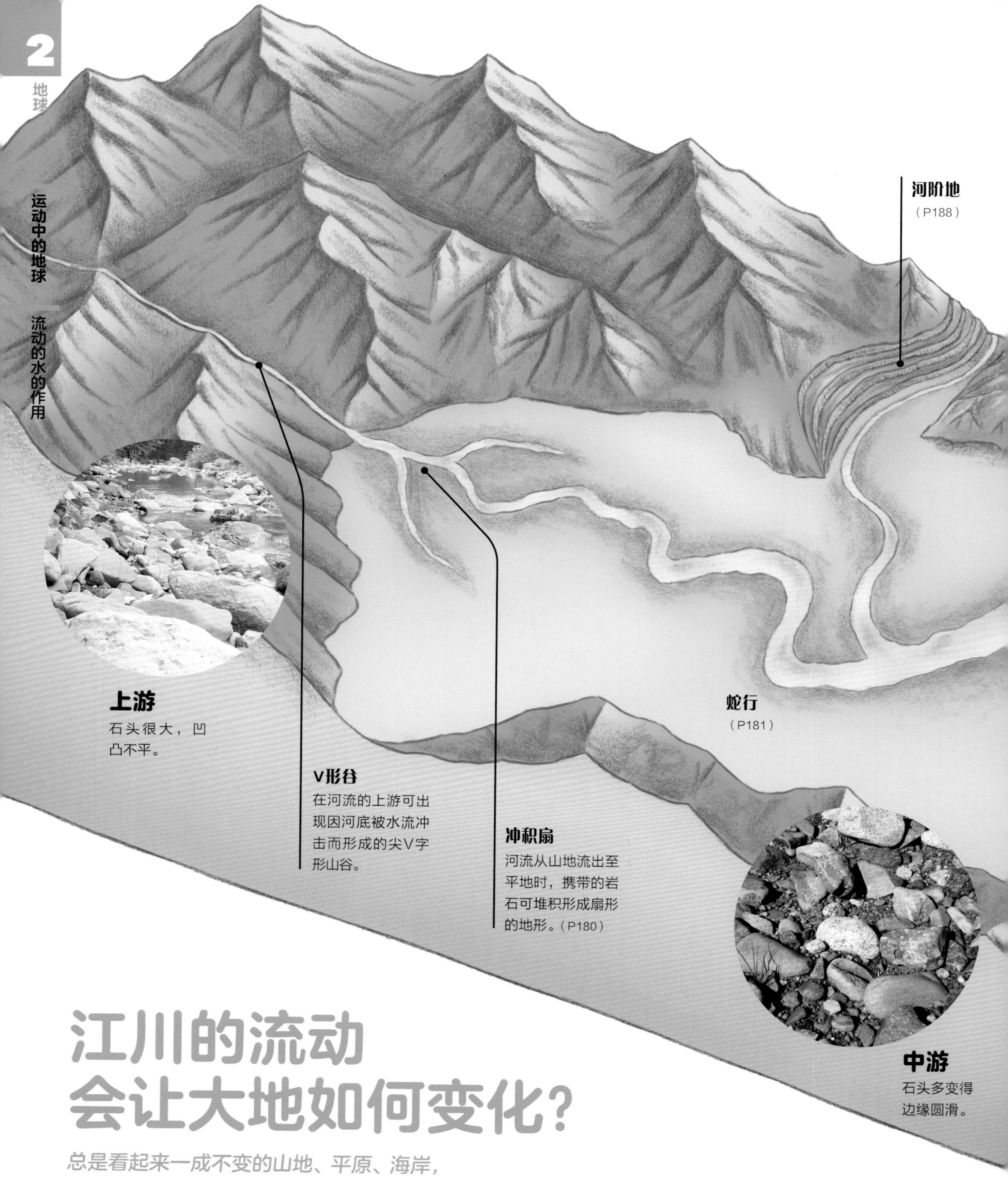
河阶地
（P188）
上游
石头很大，凹凸不平。
V形谷
在河流的上游可出现因河底被水流冲击而形成的尖V字形山谷。
冲积扇
河流从山地流出至平地时，携带的岩石可堆积形成扇形的地形。（P180）
蛇行
（P181）
中游
石头多变得边缘圆滑。

江川的流动会让大地如何变化？

总是看起来一成不变的山地、平原、海岸，
在几千年、几万年的时间里，有的其实已经面目全非。
影响地形变化关键的，是水的流动。

河流的三大作用

即使是构成山丘的岩石，在长时间的阳光暴晒与风吹雨打下，也会变得易碎。下雨时山上的雨水汇聚成河流向大海，在这个过程中，流水侵蚀河岸与河底的岩石，使其逐渐变得细碎，并从中游运送至下游。最后成为沙石和泥土在平地或海底堆积。

1 削蚀（侵蚀作用）

削蚀河岸或河底，形成河谷和山崖。

2 运送（搬运作用）

河流侵蚀后石子或沙石顺着水流被运送至下游。

3 堆积（堆积作用）

被运送至下游的石子或沙石等在河底或河口，甚至在海底堆积。

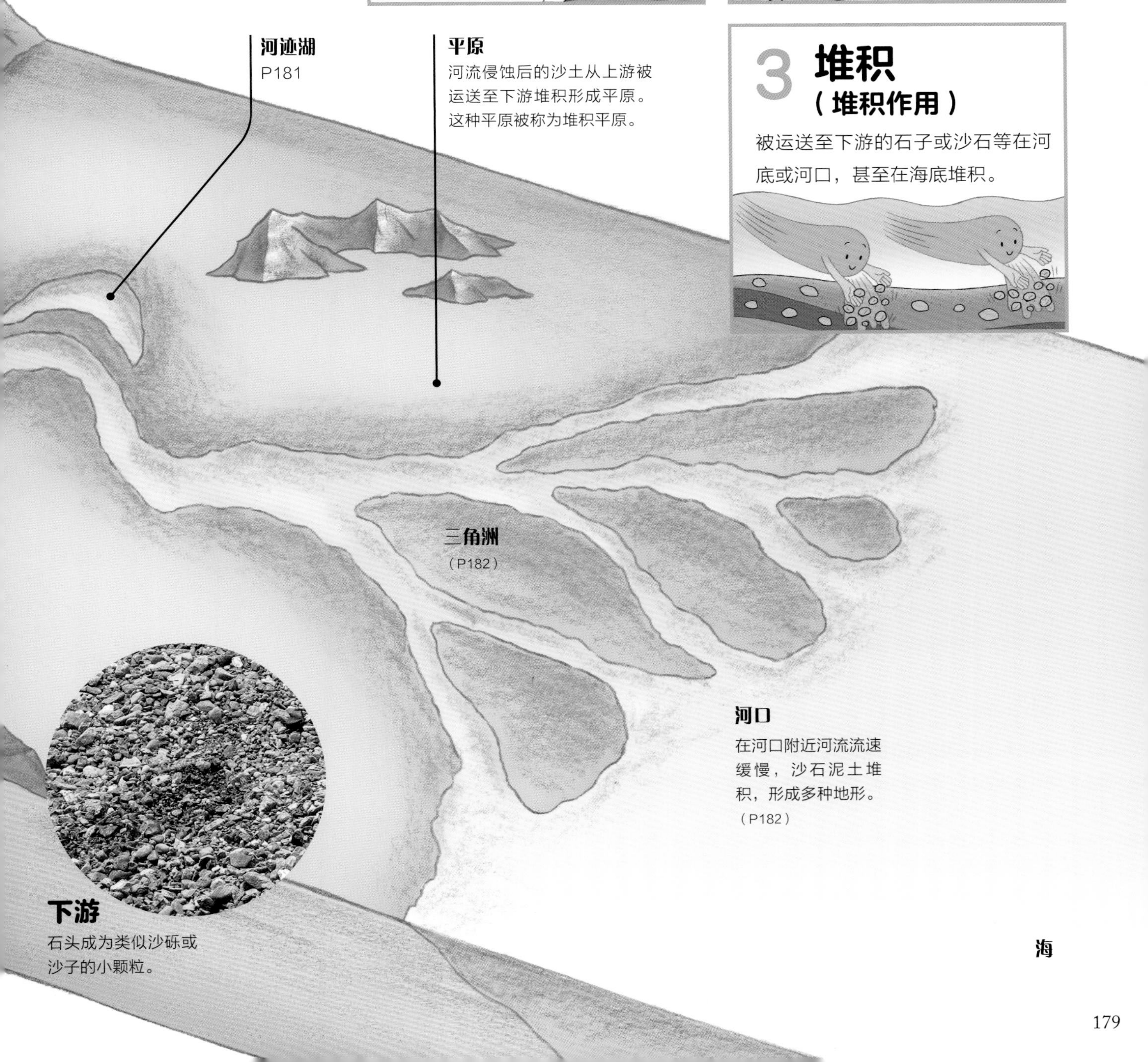

河迹湖
P181
平原
河流侵蚀后的沙土从上游被运送至下游堆积形成平原。这种平原被称为堆积平原。
三角洲
（P182）
河口
在河口附近河流流速缓慢，沙石泥土堆积，形成多种地形。
（P182）
海

下游

石头成为类似沙砾或沙子的小颗粒。

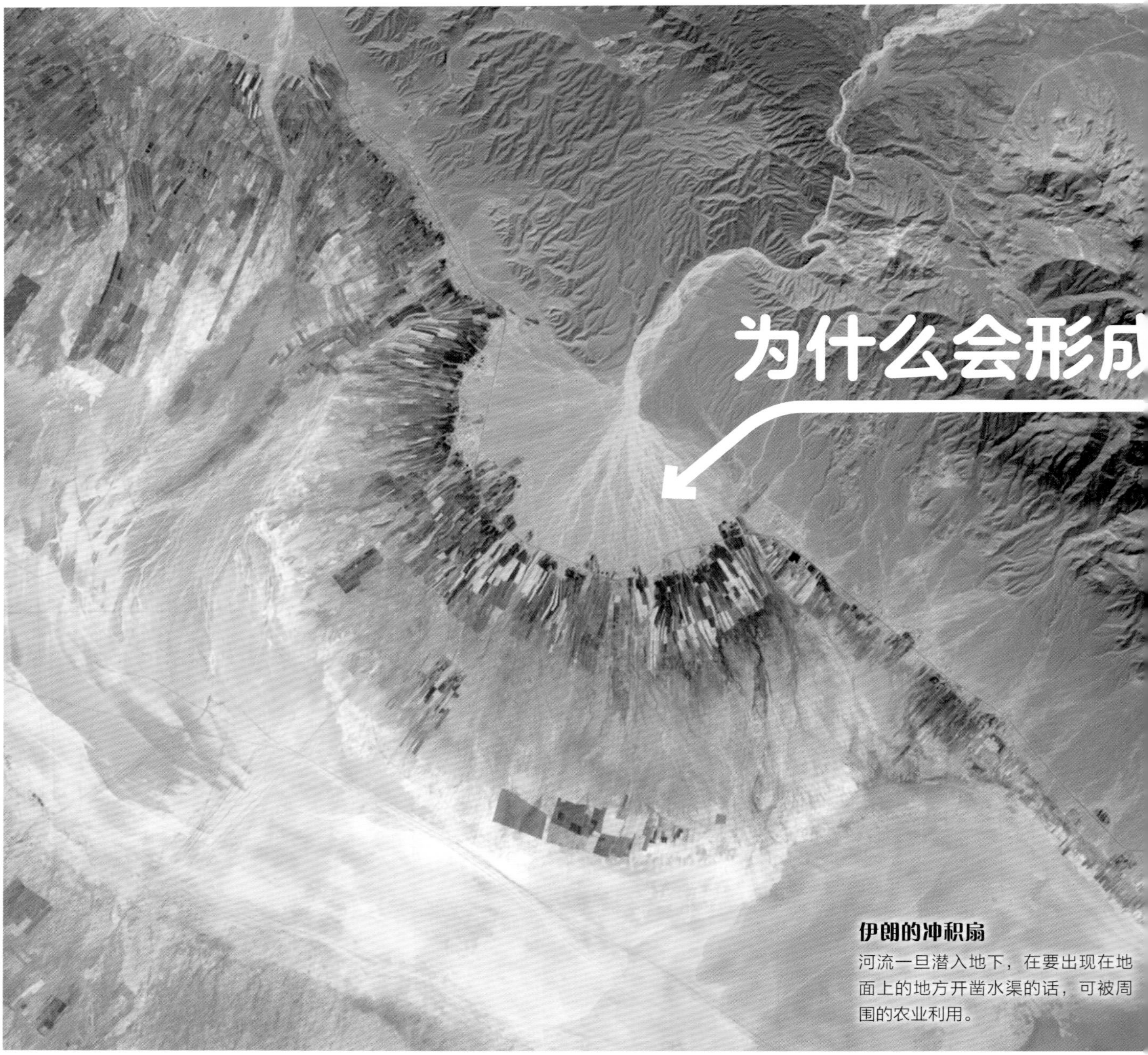

伊朗的冲积扇
河流一旦潜入地下，在要出现在地面上的地方开凿水渠的话，可被周围的农业利用。

冲积扇在河流流出至平地处形成

从山口流向平地的河流，水势不大，且有上游侵蚀后的岩石堆积。堆积的岩石使河数次改变水流，形成了扇形的地形。冲积扇上水流在稀疏粗犷的岩石下流动。冲积扇地形常出现在山脚下平缓的原野上。

冲积扇的形成

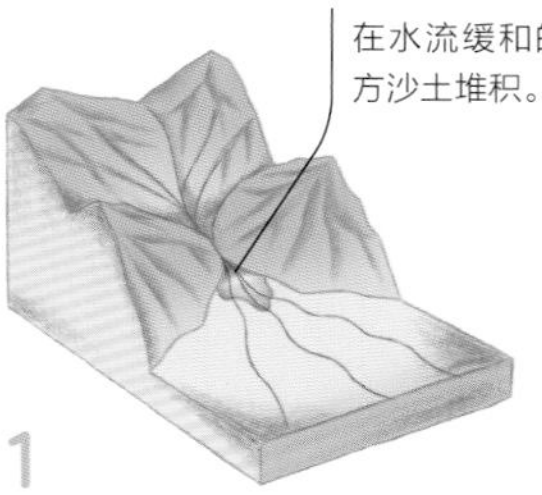

在水流缓和的地方沙土堆积。
1

从山口流向平地的河流其搬运作用减弱，岩石和沙土在山脚下堆积。

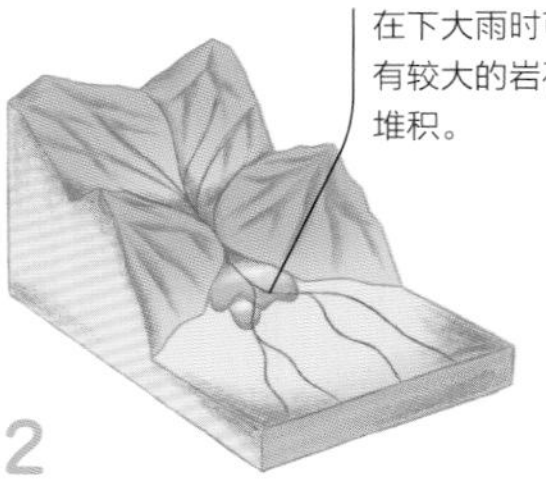

在下大雨时可有较大的岩石堆积。
2

水势冲击沙土，河水改变了流向。

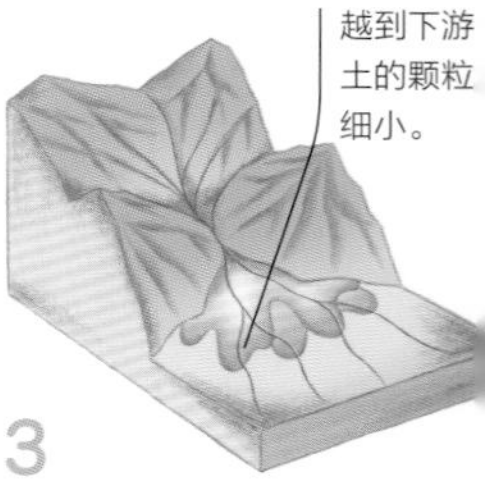

越到下游土的颗粒细小。
3

河水数次改变流向，沙土堆积成扇形。

中积扇和河迹湖?

**在飞机或人造卫星上向下看地球，
就能够看见许多身处地球时不能体会的
有趣的地形。
其中多数都是河流的杰作。**

钏路湿原（日本北海道）
日本最大的湿地。由于地形十分平坦，因此河流蛇行，随处可见其形成的河迹湖。

河流在平地蛇行形成河迹湖

在平坦的土地上流淌的河流，总是顺势曲折地流向低处。河流外侧河岸被水削蚀，内侧有沙土堆积，因此弯曲时像画大圆圈一样弯曲程度很大，这就是蛇行。由于大雨，河流主动截弯取直，原本河流的一部分以河迹湖的形式残留下来。

河流与沙土的走向

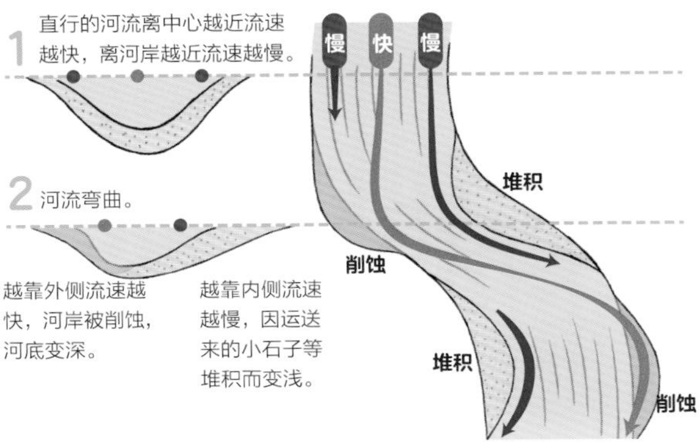

1 直行的河流离中心越近流速越快，离河岸越近流速越慢。
2 河流弯曲。
越靠外侧流速越快，河岸被削蚀，河底变深。
越靠内侧流速越慢，因运送来的小石子等堆积而变浅。
慢
快
慢
堆积
削蚀
堆积
削蚀

河流的蛇行与河迹湖

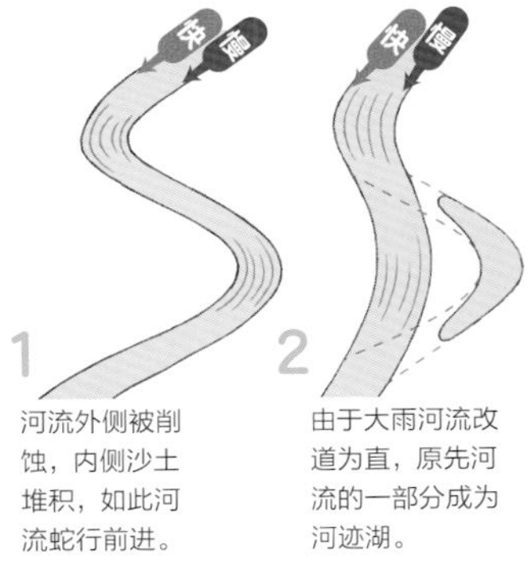

快
慢
快
慢
1 河流外侧被削蚀，内侧沙土堆积，如此河流蛇行前进。
2 由于大雨河流改道为直，原先河流的一部分成为河迹湖。

沙土将海岸冲积成什么样的地形？

在河流的入海口，
运送而来的沙土可形成奇异的地形。
让我们来看看河流从遥远的地方
运送来的沙土造就的各种地形吧。

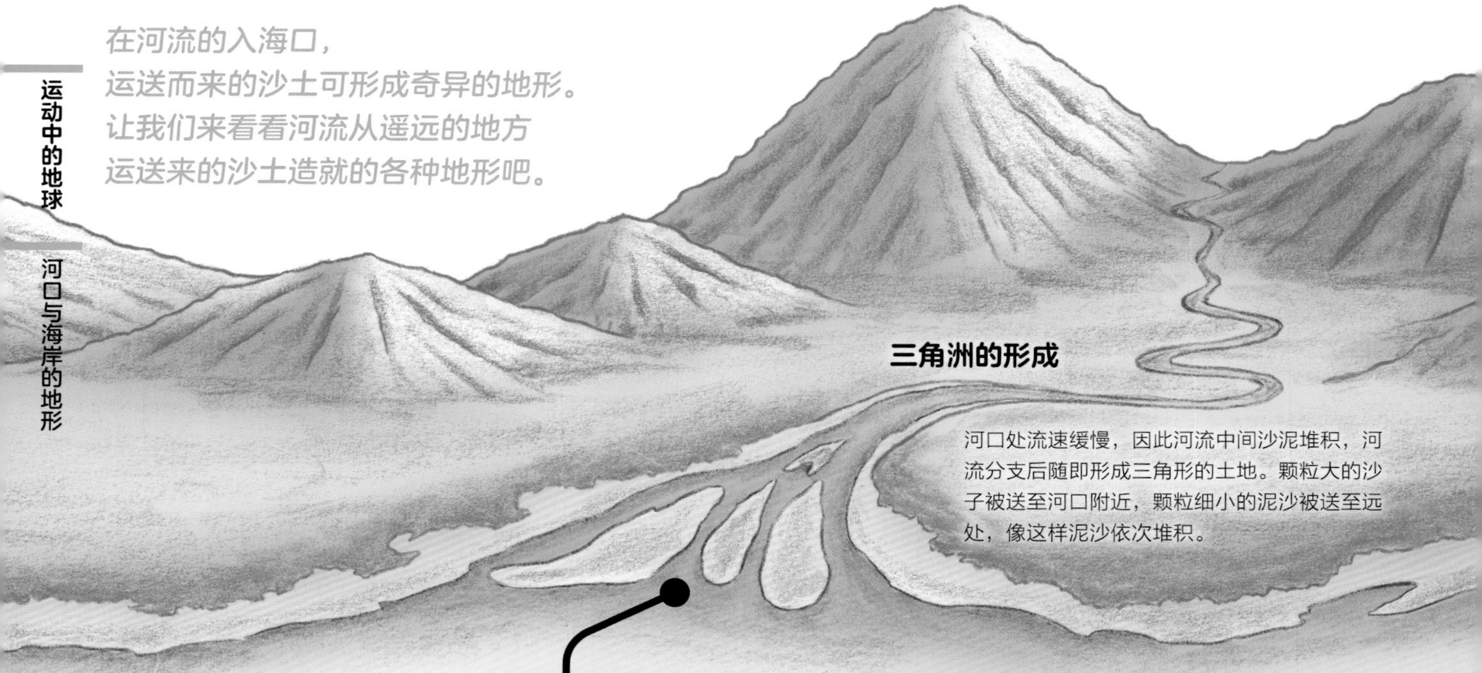

三角洲的形成

河口处流速缓慢，因此河流中间沙泥堆积，河流分支后随即形成三角形的土地。颗粒大的沙子被送至河口附近，颗粒细小的泥沙被送至远处，像这样泥沙依次堆积。

三角洲在河口形成

三角洲在河流入海或入湖处形成。在河口，从上游运送来的沙土变得细小，河流分为几支，沙土逐渐堆积，面积扩大。三角洲的形状取决于河流使沙土沉积的力量与大海削蚀沙土的力量之间的关系变化。

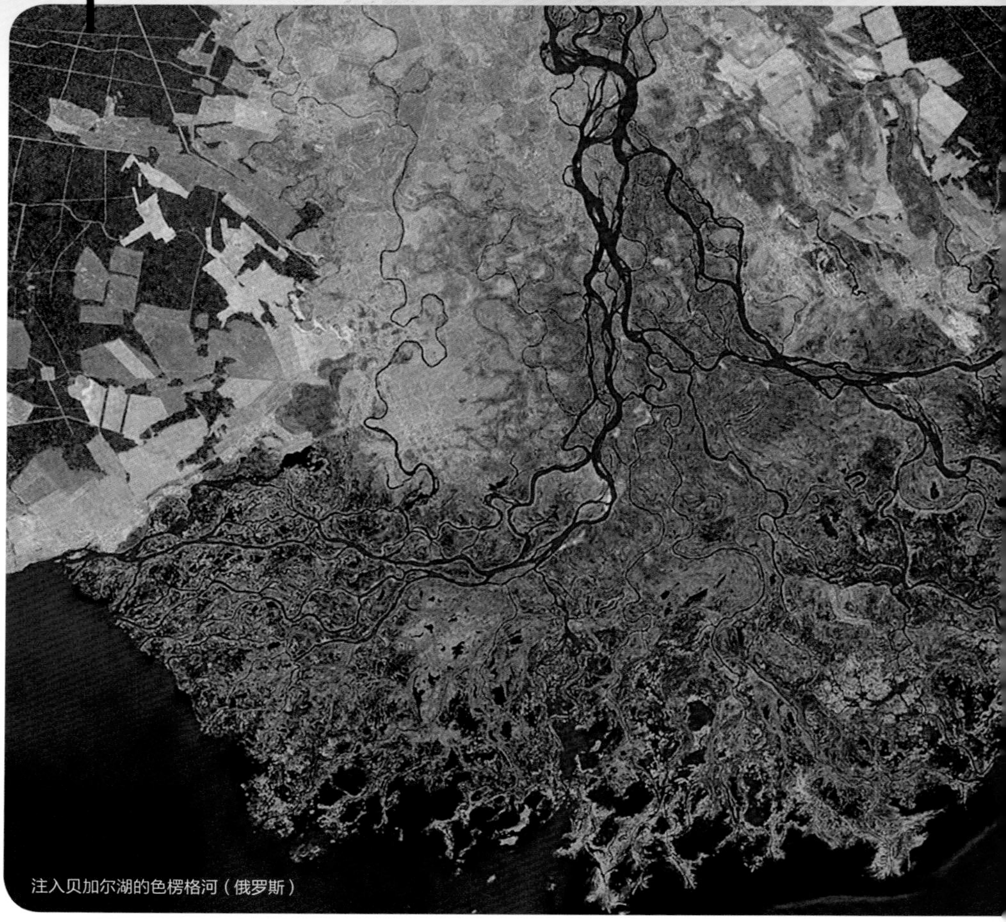

注入贝加尔湖的色楞格河（俄罗斯）

呈扇形突出的三角洲，形成于沙土较多、海流不太迅猛的河口处。（人工着色的卫星图像）

海流造就的地形

通过河流运送至海洋的沙子与海浪削蚀沿岸形成的沙子，一同被海流运送至海岸堆积，造就了众多的地形。

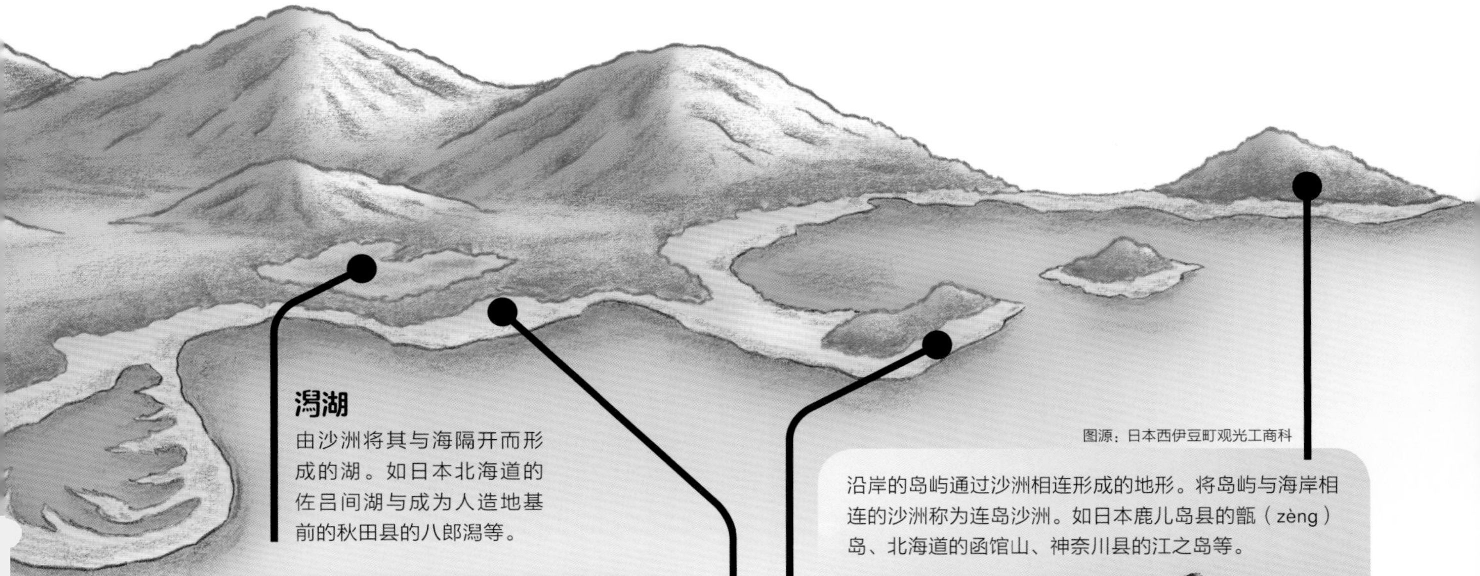

潟湖

由沙洲将其与海隔开而形成的湖。如日本北海道的佐吕间湖与成为人造地基前的秋田县的八郎潟等。

阻挡湾的入口或阻挡湖、海延伸入陆地的沙石堆积形成的地形。如日本京都的天桥立与鸟取县的弓滨等。

图源：日本西伊豆町观光工商科

沿岸的岛屿通过沙洲相连形成的地形。将岛屿与海岸相连的沙洲称为连岛沙洲。如日本鹿儿岛县的甑（zèng）岛、北海道的函馆山、神奈川县的江之岛等。

与海岸线平行的沙土堆积形成的沙洲。如日本北海道的佐吕间湖、意大利的威尼斯等。

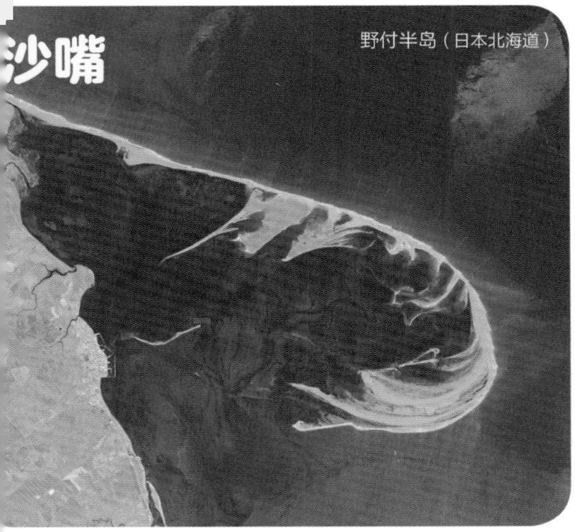

图源：日本Imagenavi公司JAXA

海流运送的沙土随着海湾的流淌，粗大的沙子在靠上游处堆积，细小的沙子在下游内侧堆积形成。如北海道的野付半岛与大分县的住吉滨等。

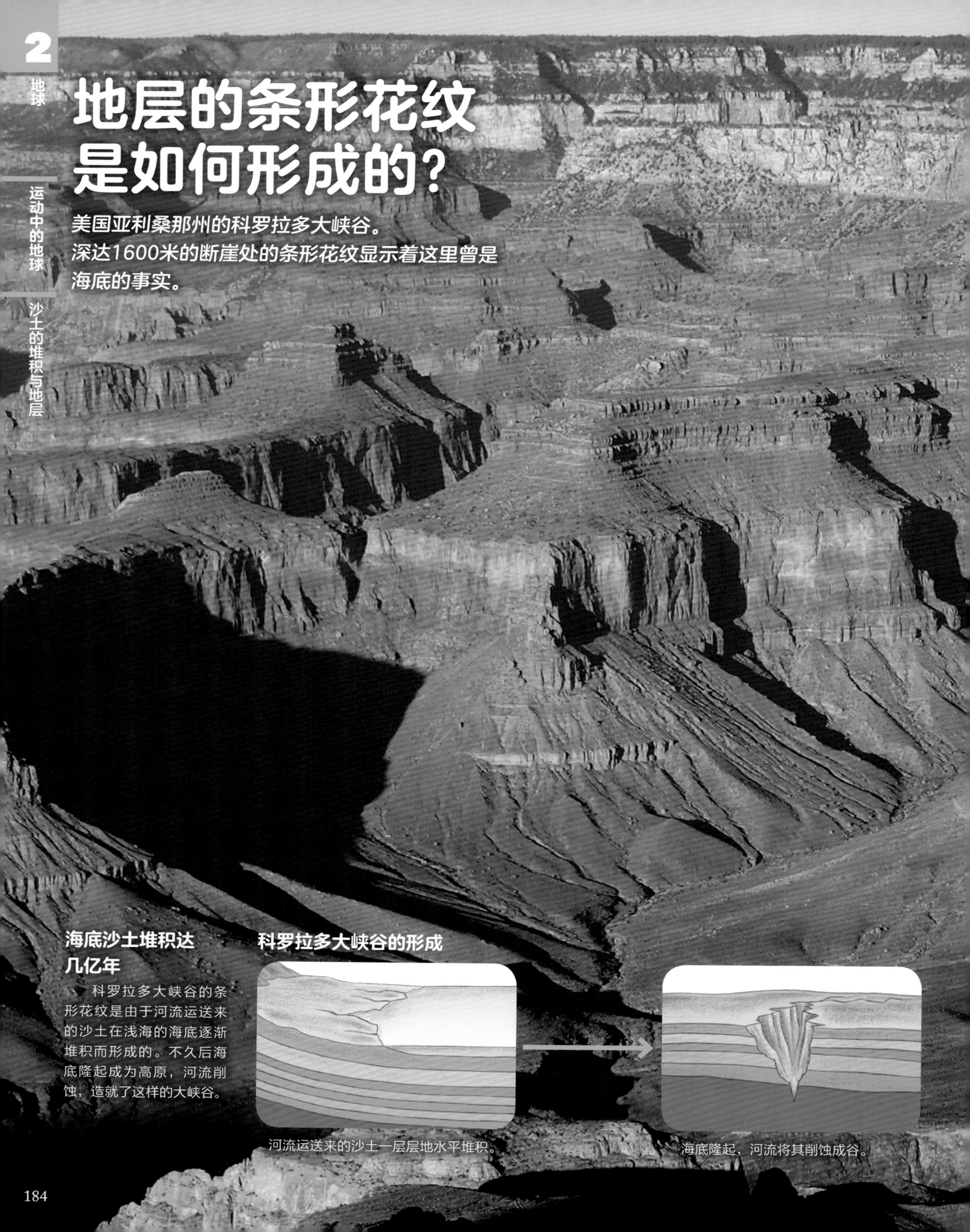

地层的条形花纹是如何形成的？

美国亚利桑那州的科罗拉多大峡谷。
深达1600米的断崖处的条形花纹显示着这里曾是海底的事实。

海底沙土堆积达几亿年

科罗拉多大峡谷的条形花纹是由于河流运送来的沙土在浅海的海底逐渐堆积而形成的。不久后海底隆起成为高原，河流削蚀，造就了这样的大峡谷。

科罗拉多大峡谷的形成

河流运送来的沙土一层层地水平堆积。

海底隆起，河流将其削蚀成谷。

在流水作用下形成的地层

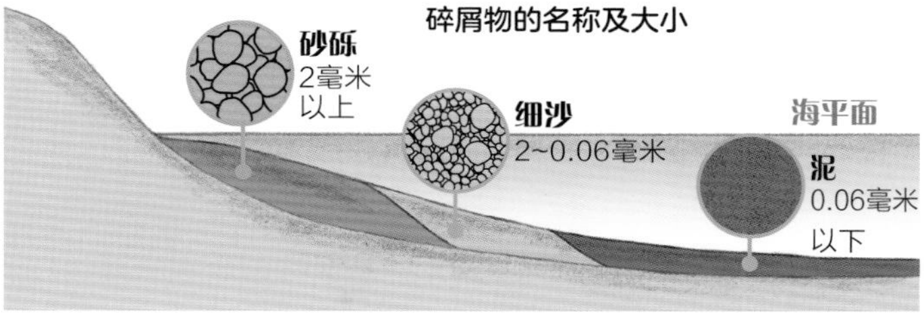

堆积在海底的沙土经河流搬运，磨去了棱角变得圆滑。那些大的碎屑物沉积海底，只有较小的颗粒被河流搬运到了远方。因此较大的碎屑物沉积在了河口和海岸附近，而较小的碎屑物则堆积到了远离海岸的地方。而且在这一地层中，下方的颗粒较大，上方则堆积了颗粒较小的泥沙。

海平面的变化与堆积

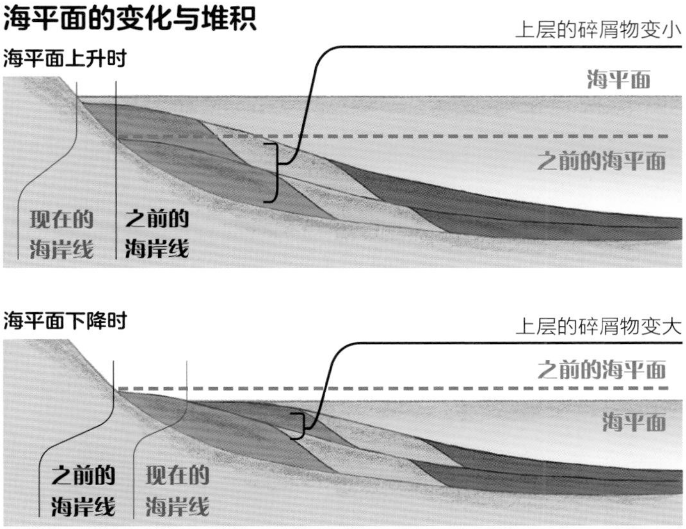

由于海平面的变化，陆地出现升降（隆升和沉降）的现象，堆积在海底的碎屑物的位置也随之发生变化。研究地层碎屑物的排布方式，可以了解以前海平面的变化情况。

在火山作用下形成的地层

火山喷发时喷涌而出的物质堆积在地层，覆盖之前的地面形成了新的地层。由火山运动形成的地层，其表面碎屑物不会受到流水的搬运，所以棱角分明就是这种碎屑物的特征。

地层大切面（日本伊豆大岛）

伊豆大岛在过去的两万年间，发生了大约100次火山喷发。火山喷发形成的火山灰不断堆积在原先的地层，变成了花纹的模样。

地层中有什么？

岩浆岩（火山岩及深成岩，参照第170页）是指岩浆冷却凝固而成的岩石。与此相对，沉积岩则是指在成层堆积的地层中经过长久变化而产生的坚硬岩石。

←日本秋田县安田海岸的沉积岩层

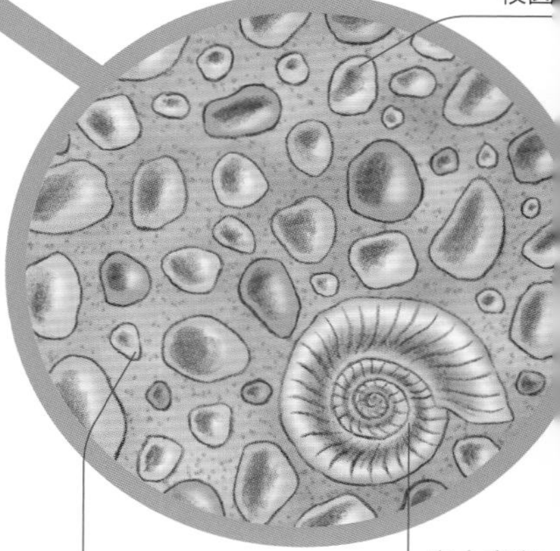

沉积岩的形成过程

在海底和火山周围等堆积而成的地层，由于来自上方压力的影响，层间的水和空气很难流失。另外，地下水受溶解的碳酸钙和二氧化硅等物质的影响发生了化学变化，碎屑物紧紧挨在一起形成了坚硬的岩石，这就是沉积岩。

沉积岩的三种类型

水底沙土沉积而成

砾岩 砂土中砾较多的岩石。

砂岩 几乎全部由沙子沉积而成的岩石。

泥岩 泥和颗粒更小的黏土沉积形成的岩石。

生物尸体沉积而成

石灰岩 贝壳和珊瑚等碳酸钙物质（石灰质）覆盖沉积而成。

燧石 硅藻和放射虫等二氧化硅（硅酸）物质沉积后形成的坚硬岩石。

*石灰岩与稀盐酸接触后会产生含有二氧化碳的气泡，燧石则不会。

火山碎屑物沉积而成

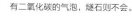

凝灰岩 含有火山灰和轻块等，有些石块角分明。

准知所处地层地质年代的化石（指准化石）

1厘米

叶虫

1~60厘米，繁盛于古海底的节肢动物。

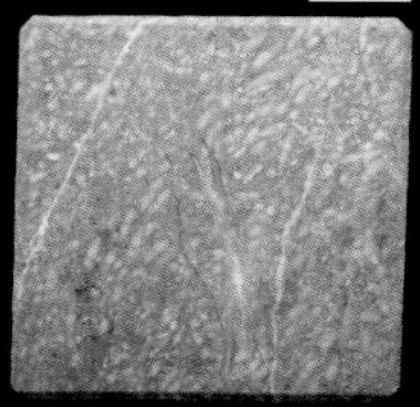

2厘米

纺锤虫

有壳的单细胞动物，繁盛于古生代后半期。

2厘米

菊石

外壳类似蜷曲的贝类，是乌贼和章鱼的近亲。经年代的变迁，类群发生了改变，与恐龙在同一时期灭绝。

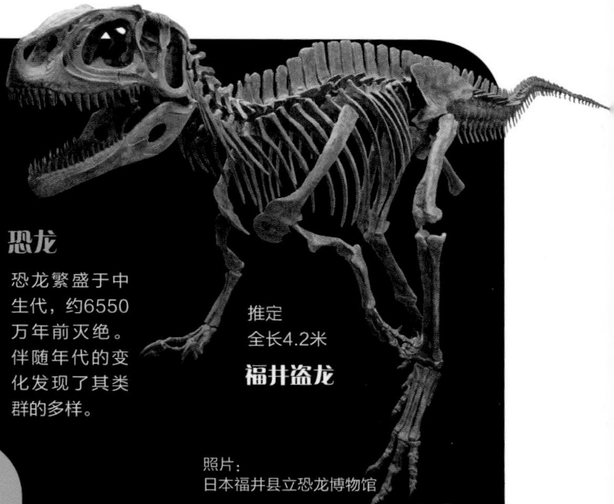

恐龙

恐龙繁盛于中生代，约6550万年前灭绝。伴随年代的变化发现了其类群的多样。

推定
全长4.2米

福井盗龙

照片：
日本福井县立恐龙博物馆

古生代 约5亿4200万年前

中生代 约2亿5100万年前

新生代

早第三纪 约6600万年前

晚第三纪 约2300万年前

什么是化石？

沉积岩里含有化石。化石是生物在地层堆积过程中生存的印记，具体的形态有生物尸体、脚印、巢穴等，最终变化成了岩石。

张开双翼后体长约42厘米

始祖鸟 在地层中发现的，生存于1亿5000万年前的恐龙时期的最早的鸟类，体型类似小型的食肉恐龙。有人认为，鸟类是从恐龙的近亲进化而来的。

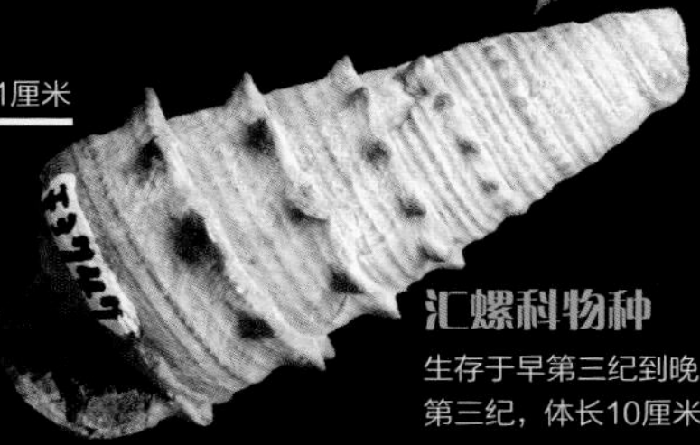

1厘米

汇螺科物种

生存于早第三纪到晚第三纪，体长10厘米。

水杉 1厘米

诞生于新生代，生存至今，杉的近亲。

指示生物生存环境的化石（指相化石）

蛤蜊 1厘米

海岸附近的浅海海域

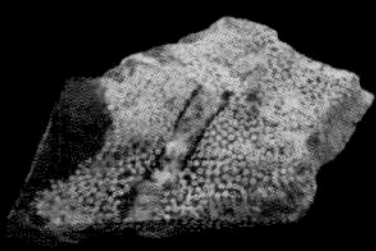

珊瑚 2厘米

温暖浅海

山毛榉 2厘米

温带略冷的陆地区域

虾夷扇贝 2厘米

低水温的浅海海域

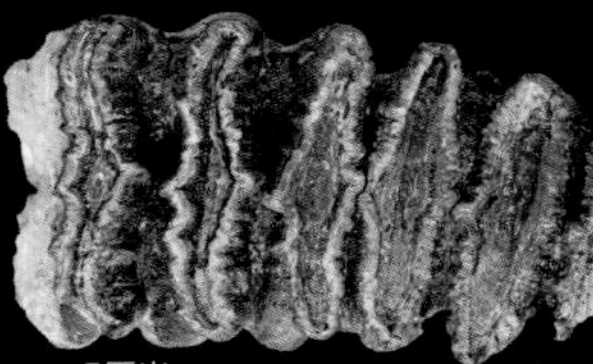

5厘米

第四纪 约260万年前

10厘米

猛犸象

生存于11万5000年前～1万年前的北半球，一种长牙象的近亲。

（照片为下巴的一部分）

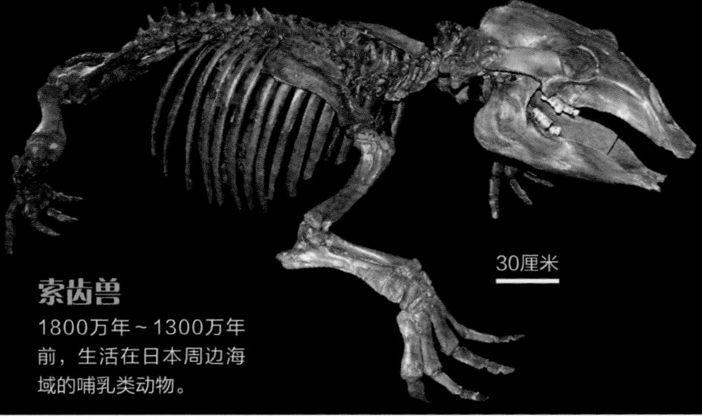

30厘米

索齿兽

1800万年～1300万年前，生活在日本周边海域的哺乳类动物。

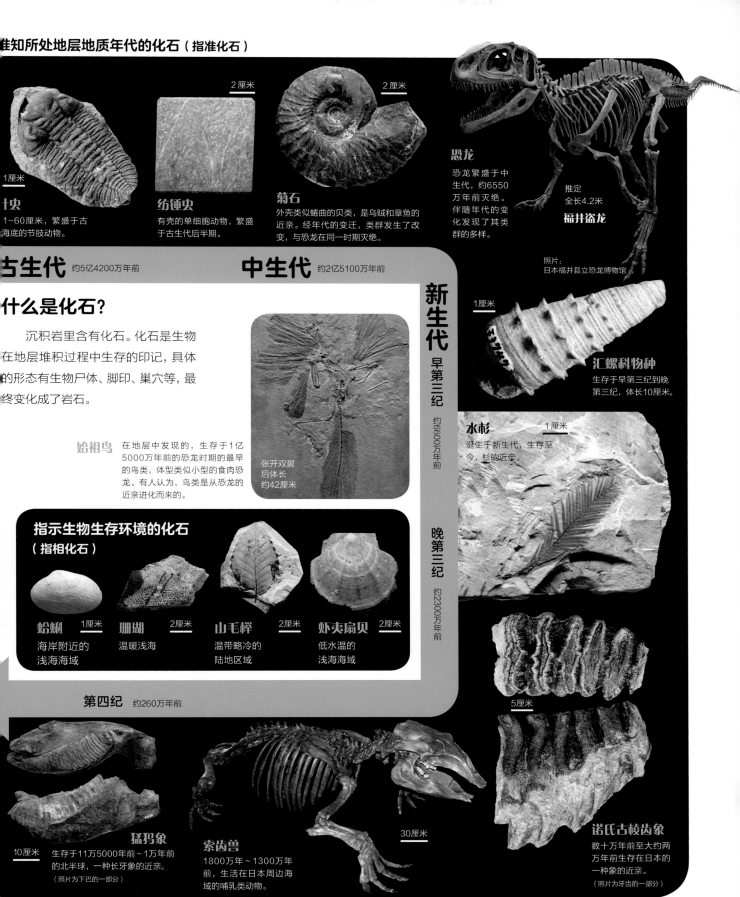

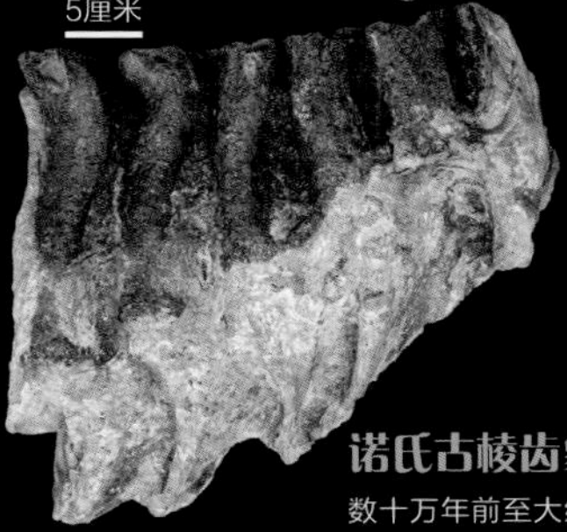

诺氏古棱齿象

数十万年前至大约两万年前生存在日本的一种象的近亲。

（照片为牙齿的一部分）

隆升和沉降会形成什么样的地形?

地面经过隆升和沉降，在河流和海洋运动的影响下，形成了具有特征的地形。

隆升和侵蚀

以海平面为基准，陆地比之前高出的情况称为陆地隆升。隆升还存在以下情况，海平面高度不变而因地表运动等原因陆地自身产生了抬升，以及在气候变化等因素的影响下，陆地沉入海面之下。陆地的隆升，在水的侵蚀作用下会逐渐发生变化。

河流阶地
在陆地的隆升和河流侵蚀作用的不断影响下，于河岸处形成的阶梯状地形。
河滩
1
在河流的搬运作用下，大
的泥沙堆积，形成了广阔
河滩。
2
陆地隆升时，在河流的
蚀作用下，河滩和河床
到了侵蚀。
3
隆升的河滩及河床受到
蚀，形成阶梯状的地形。
版权 ©群马大学
日本群马县沼田市的片品河阶地。

海滨阶地
平缓的海底浅滩隆升，在波浪和洋流作用下受侵蚀而形成的海滨阶梯状地形。
1
峭壁
海底
受海水侵蚀作用的影响，
形成了峭壁和浅的海底。
2
台地
陆地隆升后浅海底部露
水面，形成了台地。
3
台地受海水的侵蚀，继
被削减。
日本高知县室户海角附近的海滨阶地

沉降与海岸线

以海平面为基准，陆地比之前下降的情况称为陆块沉降。陆地下沉或是海平面抬升都会造成沉降。在冰川大范围覆盖地球的冰河时期结束之后，大量冰川融化，海水量增加，海平面上升，海洋深入陆地，形成了海岸线。

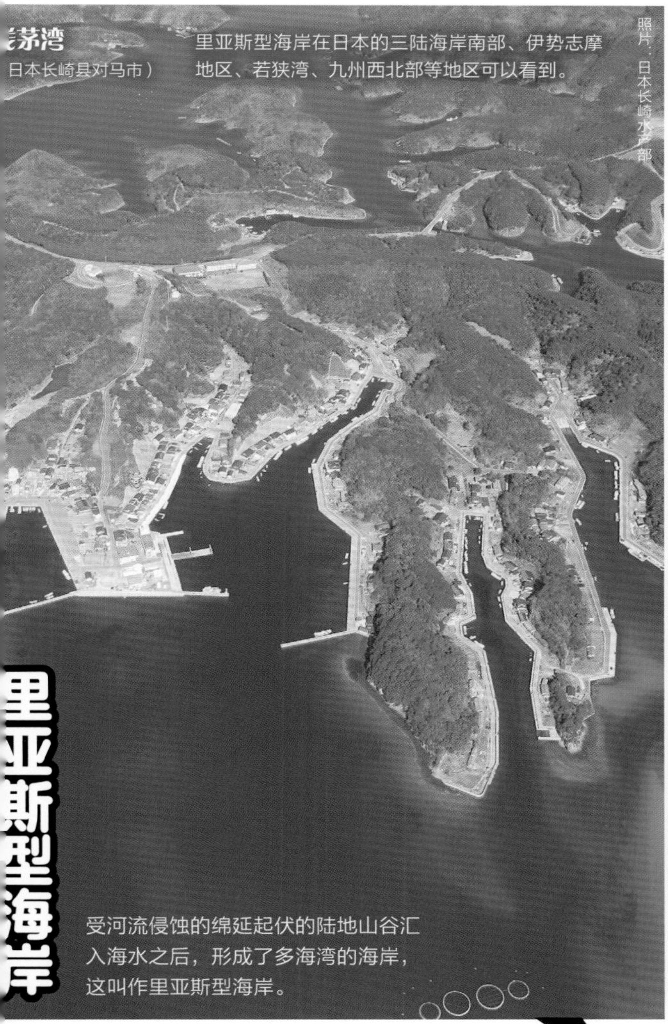

茅湾
（日本长崎县对马市）

里亚斯型海岸在日本的三陆海岸南部、伊势志摩地区、若狭湾、九州西北部等地区可以看到。

照片：日本长崎水产部

里亚斯型海岸

受河流侵蚀的绵延起伏的陆地山谷汇入海水之后，形成了多海湾的海岸，这叫作里亚斯型海岸。

九十九島
（日本长崎县）

日本宫城县的松岛湾、三重县的英虞湾、长崎县、濑户内海地区可以看到群岛景观。

群岛

从里亚斯型海岸继续沉降，海平面上升，陆地就分为了多个小岛，形成群岛。

起伏的
山谷。

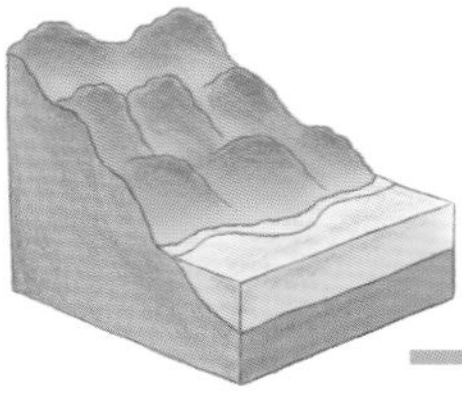

2 沉降后形成有很多湾的海岸，称作里亚斯型海岸。

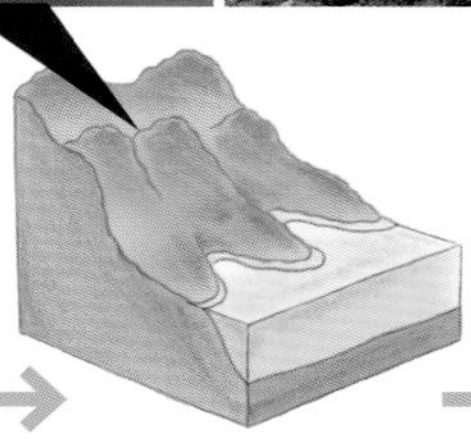

3 进一步沉降，海水汇入陆地深处，连接的部分就成为岛屿，形成群岛。

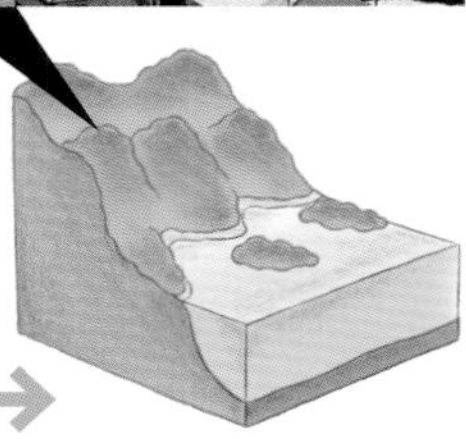

冰川造就了怎样的地形呢？

地球经历了多次被冰层大范围覆盖的时期，冰川就是那时的产物，在大地上留下了动态的地形。

U形谷（冰川谷）
冰川湖
在冰川影响下，谷地或洼地贮存水后形成的湖泊。
冰川
堆积的降雪历经几万年不断变硬，形成了巨大的冰层。在侵蚀大地的同时缓慢向下流动。
冰碛（qì）
由冰川冲积而成的岩石堆积物。

戈尔纳冰川
（瑞士阿尔卑斯山脉）

地球在漫长的历史中，在温暖期和寒冷期之间来回变换。如今，距离上一个寒冷期已经过去了大约1万年。寒冷期中，陆地被几千米厚的冰层覆盖，这些冰层一点点融化并且缓慢流动，侵蚀着大地。在南极、格陵兰岛、南美洲、阿尔卑斯山脉以及喜马拉雅山脉，还能看到冰川景观。

角峰

冰川从四周流动而来，侵蚀岩石而形成的尖锐山峰。

马特洪峰（瑞士）

U形谷

冰川侵蚀两侧陆地，形成了形似U字的深谷。

U形谷的形成

冰川的重量挤压在地面底部，底层的冰融化后流动侵蚀山谷。

胡克山谷（新西兰）

千叠敷冰斗（日本长野县）

冰斗

冰川作用下形成的斗状洼地，出现于山顶附近。

冰斗的形成

冰川的重量将山顶附近脆弱的斜面刨去，侵蚀而成。

峡湾

U形谷沉降，海水涌入，形成了绵长壮观的海湾地形。

在挪威、格陵兰岛、阿根廷等地可见。

盖朗厄尔峡湾（挪威）

气象和天气

层层覆盖的圆盘状云层是形成后的积雨云。
表面的高度距离地面大约 1 万米。
云层下方的各处产生大降雨。
右上方蜷曲的光带是反射日光的河流水面。
这样看起来，地球并不是只有海，
而是连陆地都被水覆盖的行星。
日光、水、空气的流动产生了各种各样的气象现象。
让我们来一起探索其间的奥秘吧。

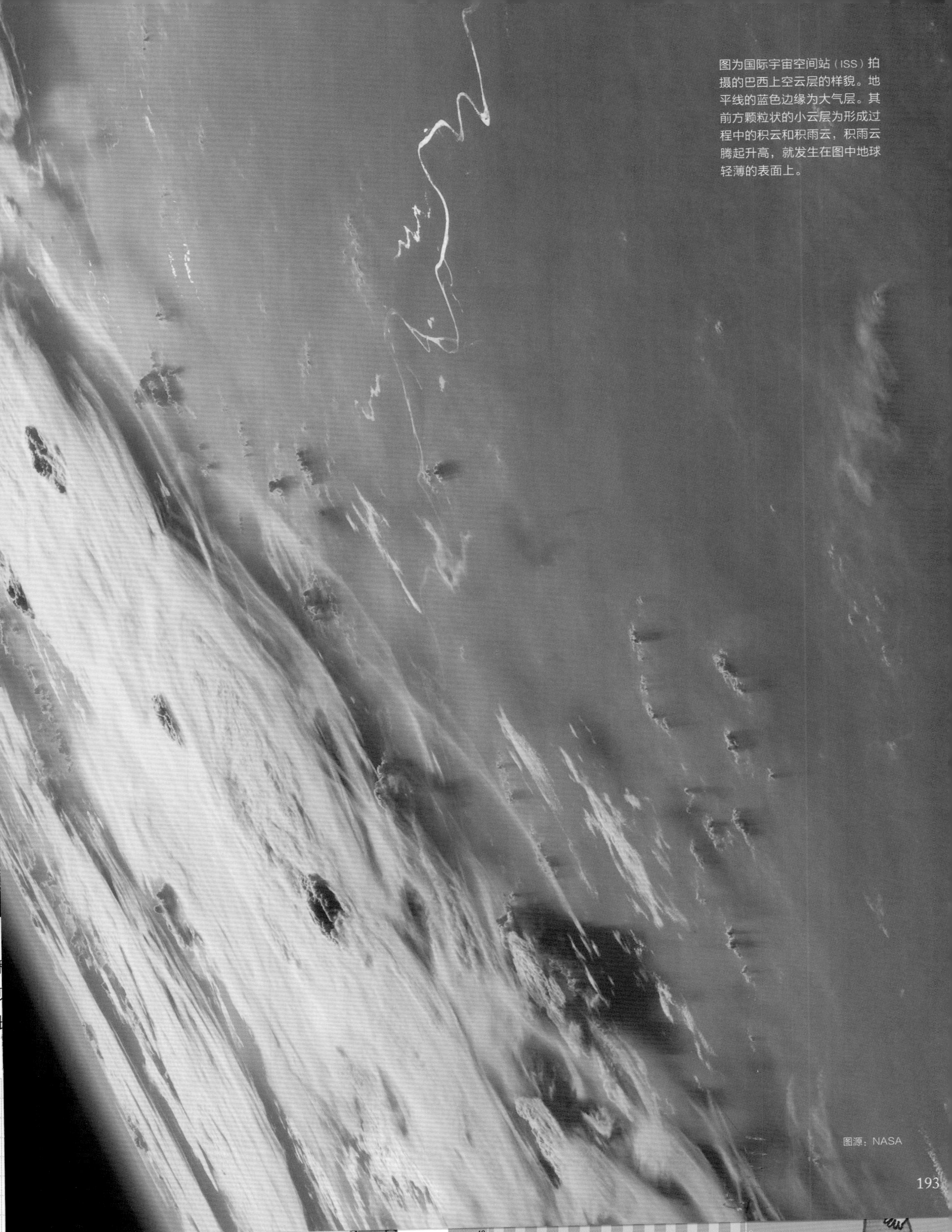

图为国际宇宙空间站（ISS）拍摄的巴西上空云层的样貌。地平线的蓝色边缘为大气层。其前方颗粒状的小云层为形成过程中的积云和积雨云，积雨云腾起升高，就发生在图中地球轻薄的表面上。

图源：NASA

1月 2月 3月 4月 5月 6月 7月 8月 9月 10月 11月 12月

利斯斯普林斯位于澳大利亚大陆中央，气候类型为热带的沙漠气候。年降雨量为286毫米，不及日本京的1/5，非常干燥。

-40
1月 2月 3月 4月 5月 6月 7月 8月 9月 10月 11月 12月

新加坡位于赤道上，全年高温多雨。与远离赤道的地区相比，气温变化很小，没有季节感。

空气中含有水吗？

云和雾等颗粒中形成的水

气温下降出现新的水珠

隐藏在空气中的水（水蒸气）

饱和水蒸气量

每立方米空气中水蒸气含量（克）

饱和水蒸气含量

空气中的水蒸气含量

1立方米空气中储存水蒸气的最大值称作饱和水蒸气含量，与气温高度成正比。气温降低，一定温度下水蒸气将凝结成水滴，形成云和雾。这个温度值称为露点。

饱和水蒸气含
约为17克，约
13克的水分以
或雾的颗粒形
呈现。

露点

成为液态水

现在空气中大约含有30克水。在40℃的空气中，大约30克的水都蒸发为水蒸气，无法看到。

约有30克的水蒸气处于刚好饱和的状态，空气无法再储存更多的水蒸气。

热

40℃ 30℃ 20℃

水的呈现形式

收集水分

生存在几乎无雨的沙漠中的昆虫，都会在黎明时分倒立在沙丘之上，收集由海洋吹来的雾气中的水分。其背上的凹槽可以贮存水分，从而流向口中。

在冬季寒冷的早晨，黏附在窗户玻璃上的小水珠，究竟是从哪儿冒出来的呢？其实是由空气中的水蒸气凝结而成的。

水蒸气是气态水，是无色透明的。

空气中含有的水蒸气含量，随气温升高而增多，随气温降低而减少。气温下降时，一部分水蒸气就无法存在于空气中，从而凝结为小水珠，这就形成了云和雾。

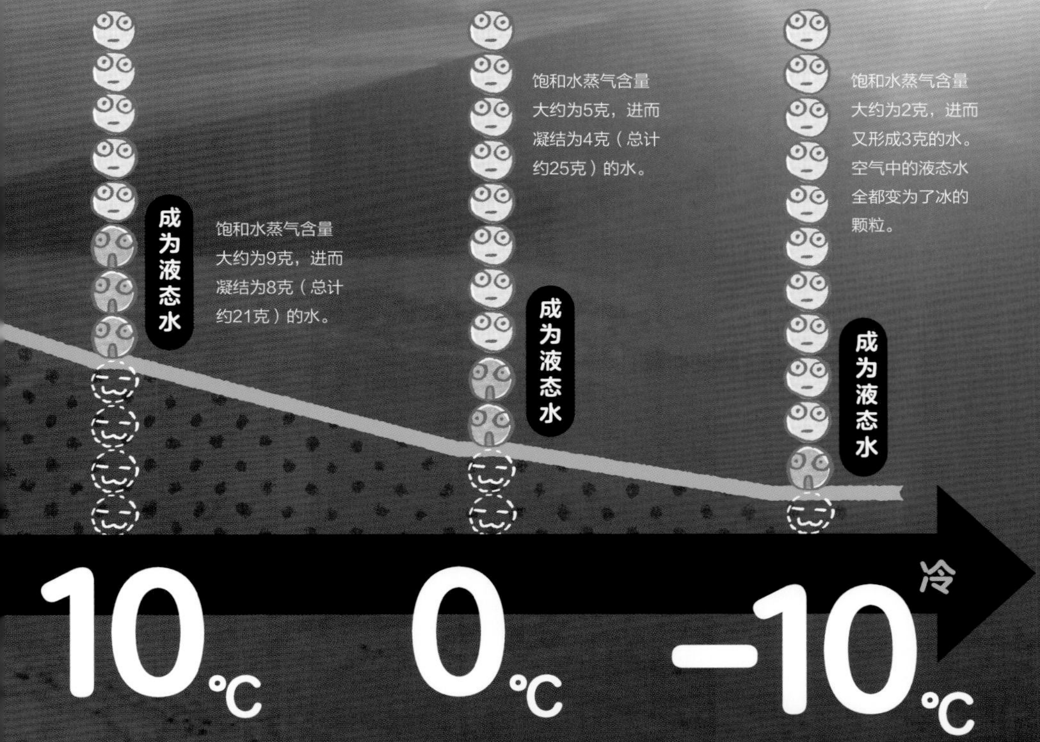

成为液态水
饱和水蒸气含量大约为9克，进而凝结为8克（总计约21克）的水。
饱和水蒸气含量大约为5克，进而凝结为4克（总计约25克）的水。
成为液态水
饱和水蒸气含量大约为2克，进而又形成3克的水。空气中的液态水全都变为了冰的颗粒。
成为液态水
10℃
0℃
-10℃
冷

钻石尘（冰晶）

通常气温降至-15℃以下，无风、高湿度的条件下，空气中的水蒸气就会变成冰的结晶物。这些物质在日光的照射下缓慢下落，闪闪发光，称作钻石尘。此时可以看到，太阳方向形成一道光柱，称为太阳光柱。

太阳柱和周围的钻石尘现象

地面附近的空气变冷，水蒸凝结为小水滴悬浮在空中的现能见度低于1千米的称为雾，见度在1~10千米的称为轻雾。

黎明时分气温下降，空气中的水蒸气凝结为小水滴。这些黏附在窗户和叶片上的小水滴称为露。

气温下降到0℃，水蒸气变为细小冰晶。这些细小的冰晶黏附在植物叶片等物体上，称为霜。

积雨云
（雷暴云、雷雨云）

巨大的积云聚集在一起，在临近高度界限的地方发展形成的云称为积雨云。积雨云会产生雷、阵雨和冰雹等现象，有时也会产生龙卷风和狂风（P212）。

卷云
（层云）

高度最高的白色云型，宛如一笔勾勒出的形状，或呈笔直的条状。

云型的名称

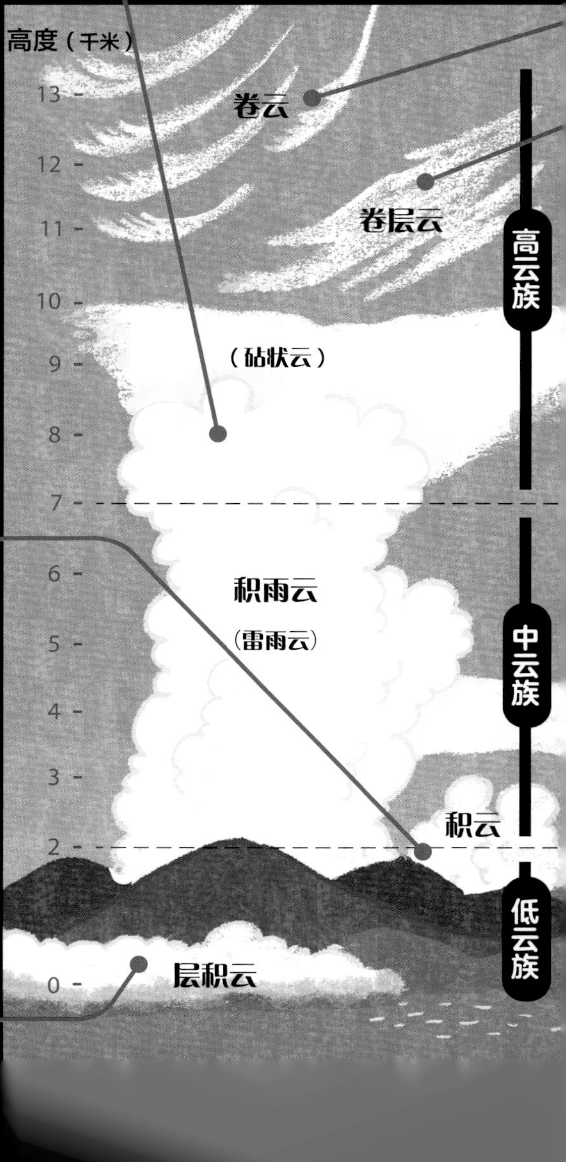

积云
（棉云）

底部平整，飘浮在空中的云。上方雪白明亮，底部则变暗。有时会因大气不稳定而聚在一起，形成巨大的积雨云。

层积云
（阴云）

阴天出现的白色或灰色的云，像农田一样排列，聚成朵朵云彩。几乎不会产生降雨。

卷层云（薄云）

形似面纱的薄云，反射构成了太阳和月亮的光圈，这种光圈叫作晕。当其出现时，天气可能会变坏。

空气中的水分凝结成细小的水滴或冰晶，悬浮在空中形成了云。按照形成的高度和形状，基本上可以划分为10属，接下来介绍这10属云的名称。

“卷”“高”“积”“层”都是什么意思呢？

飘浮在高处的云的名称中都有一个“卷”字，飘浮在中部的云则有一个“高”字。

接下来，块状的云以及上下重叠的云则称为“积”，横向扩展的云称为“层”。另外，在积云发展过程中，会形成积雨云。无法继续往上空发展的横向散开的积雨云称为砧（zhēn）状云。

白色小朵块的云，在高空有序规则地排列在一起，有时候看起来像一层涟漪。

卷积云（鱼鳞云）

高积云（羊形云）

形态各异，多数时候像草原上群居的羊群，也有晶体或塔等形状。

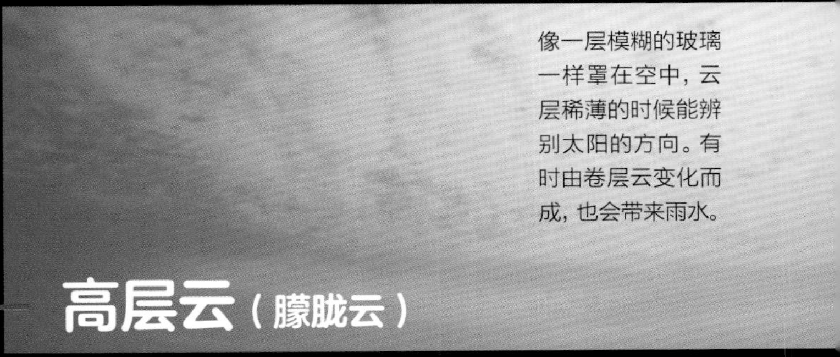

像一层模糊的玻璃一样罩在空中，云层稀薄的时候能辨别太阳的方向。有时由卷层云变化而成，也会带来雨水。

高层云（朦胧云）

厚而大片的云，让天空变得灰暗。出现这样的云会下持续的淅淅沥沥的雨。

雨层云（雨云）

层云（层积云）

山麓和高楼上方飘浮的低层云，接触地面之后形成雾，有时会产生细雨。

云层中会发生怎样的变化呢？

空气中的水蒸气冷却后凝结成了小水滴和冰晶，
这些物质飘浮在空中形成了云。
雨和雪都是从云层中降落到大地上的。
让我们来探究一下其中的奥秘吧。

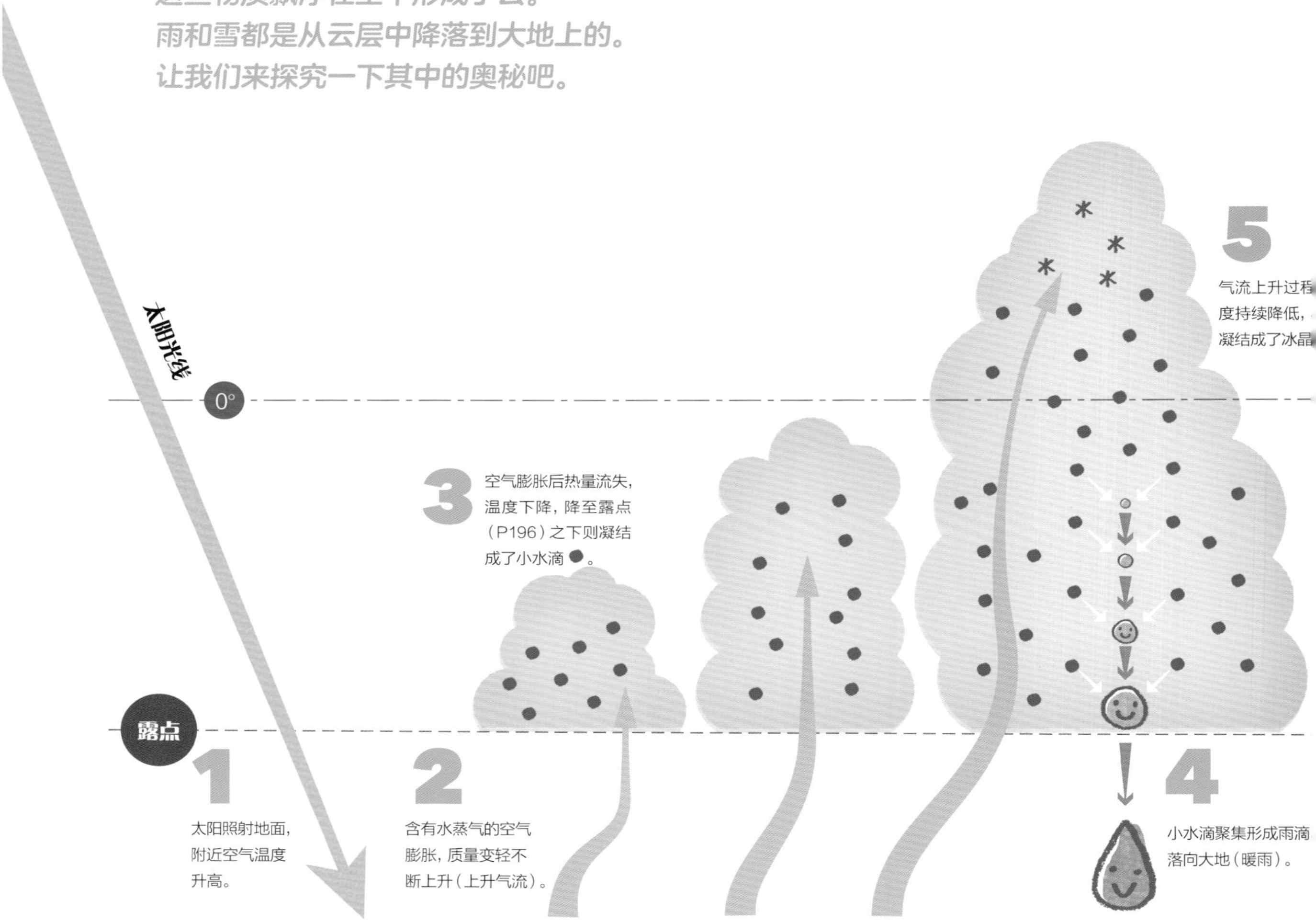

太阳光线
0°
露点
1
太阳照射地面，附近空气温度升高。
2
含有水蒸气的空气膨胀，质量变轻不断上升（上升气流）。
3
空气膨胀后热量流失，温度下降，降至露点（P196）之下则凝结成了小水滴 ●。
4
小水滴聚集形成雨滴落向大地（暖雨）。
5
气流上升过程
度持续降低，
凝结成了冰晶

上升气流形成时

如下情况，就会形成生成云朵的上升气流。

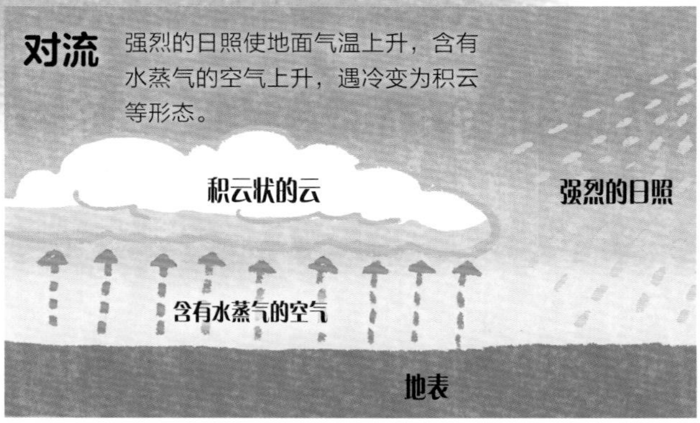

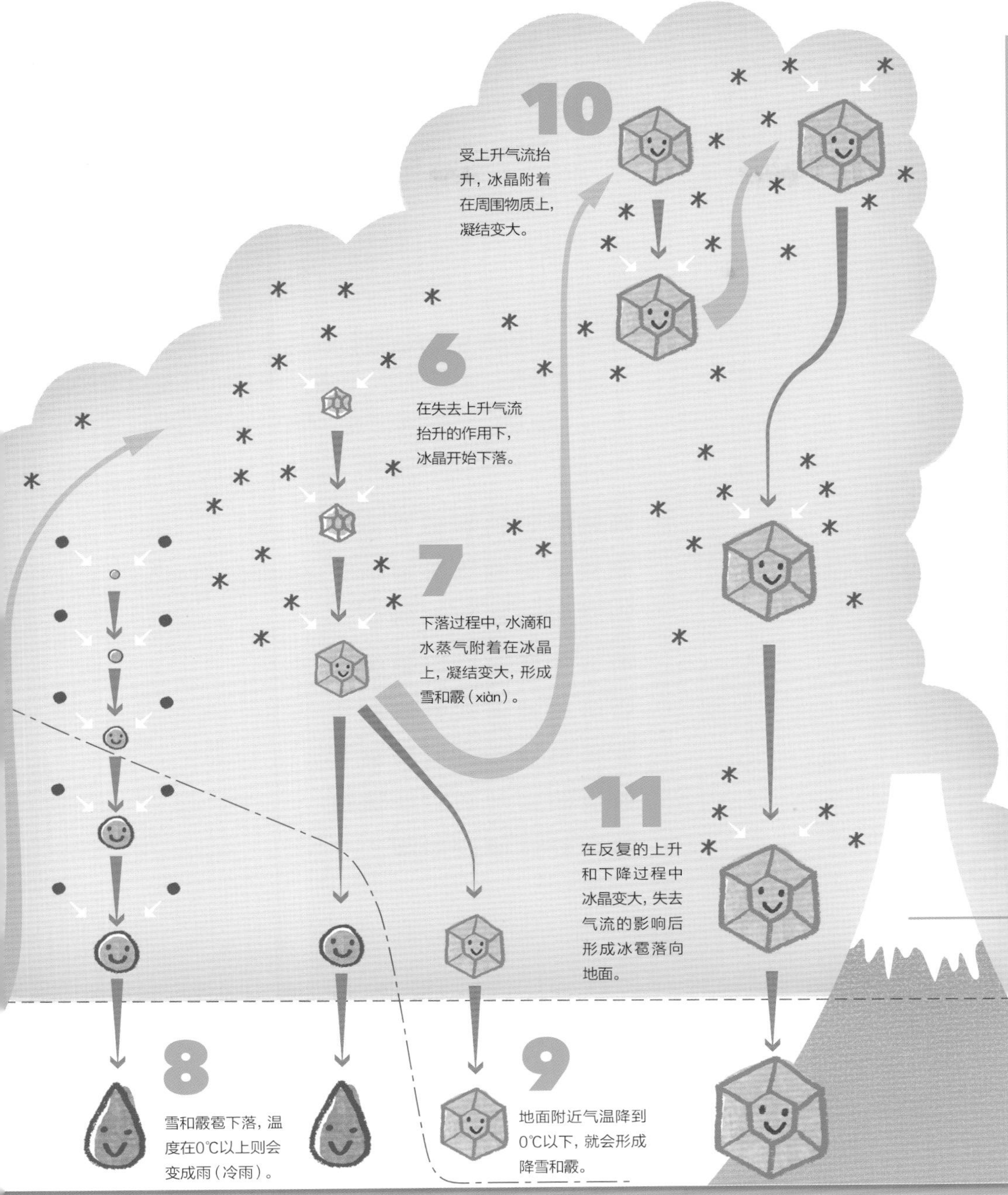

10
受上升气流抬升，冰晶附着在周围物质上，凝结变大。
6
在失去上升气流抬升的作用下，冰晶开始下落。
7
下落过程中，水滴和水蒸气附着在冰晶上，凝结变大，形成雪和霰（xiàn）。
11
在反复的上升和下降过程中冰晶变大，失去气流的影响后形成冰雹落向地面。
8
雪和霰雹下落，温度在0℃以上则会变成雨（冷雨）。
9
地面附近气温降到0℃以下，就会形成降雪和霰。

冰雹的形成

冰雹就是冰块种，雷声轰鸣的时候，时常伴有冰雹。冰雹在发展中的积雨云里变大，直径一般为5毫米~3厘米左右，也有超过10厘米的纪录。

版权 ©岩崎美佐子

气流的汇集

空气从四周流向低气压，在风的中心附近形成上升气流。

锋

暖空气遇到冷空气后会爬升到其之上，在锋面形成云。

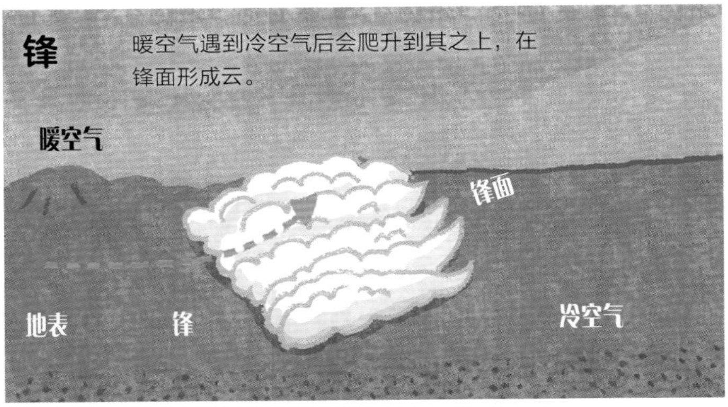

云层产生的降雨跑到哪里去了？

云层产生的降雨落到地面上，渗透到地下流进河流，最终汇入大海。海面和地表的水经常会蒸发，又形成了云，产生新的降雨。

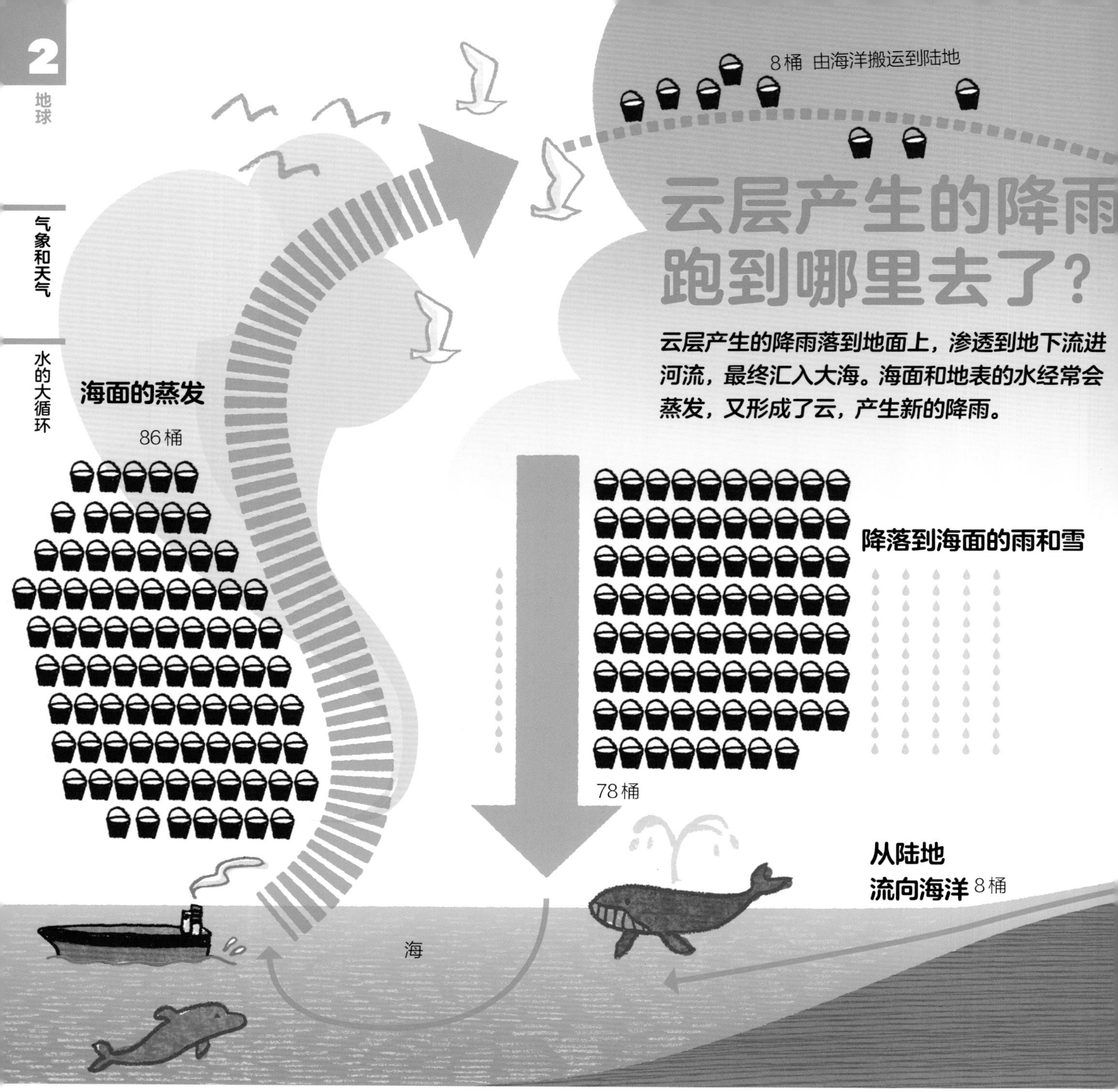

地球的生命来源于水

地球上的水大约有14亿立方千米，其中97.3%都是海水，不含盐的水（淡水）仅有2.7%。淡水的大部分都来源于南极和冰川，陆地生物能够利用的水只占地球总量的0.01%。一年之间的降雨量大概有一个日本的琵琶湖那么多，如果是约1万8000桶的话，其中有约4200桶来源于陆地降水。

注：琵琶湖为日本最大湖泊，面积约为670.33平方千米。

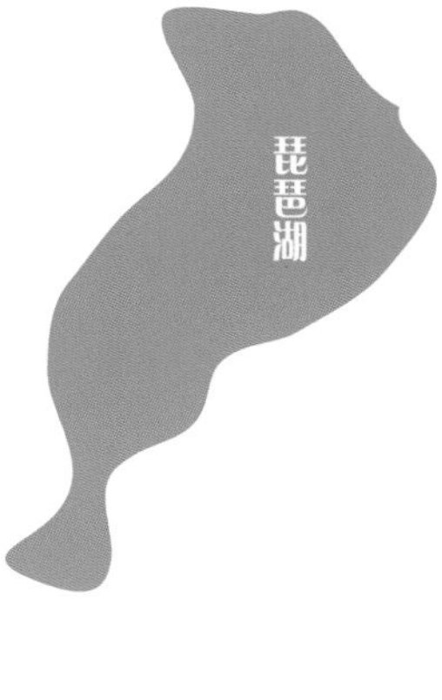

地球整体的降雨量为50万5000立方千

×18000桶

其中陆地降雨量为11万6000立方千米

×4200桶

*日本琵琶湖水量的容积为27.5立方千米
*水分和雨的体积用4℃的水的体积来表示。

如果把地球一年的降雨量分为100桶水的话

如果把地球一年的降雨量（约为50万5000立方千米）分为100桶水的话，其中有78桶为海洋降雨，22桶为陆地降雨。反过来，海洋蒸发的水有86桶，陆地蒸发的水有14桶，降雨量与蒸发量几乎持平。

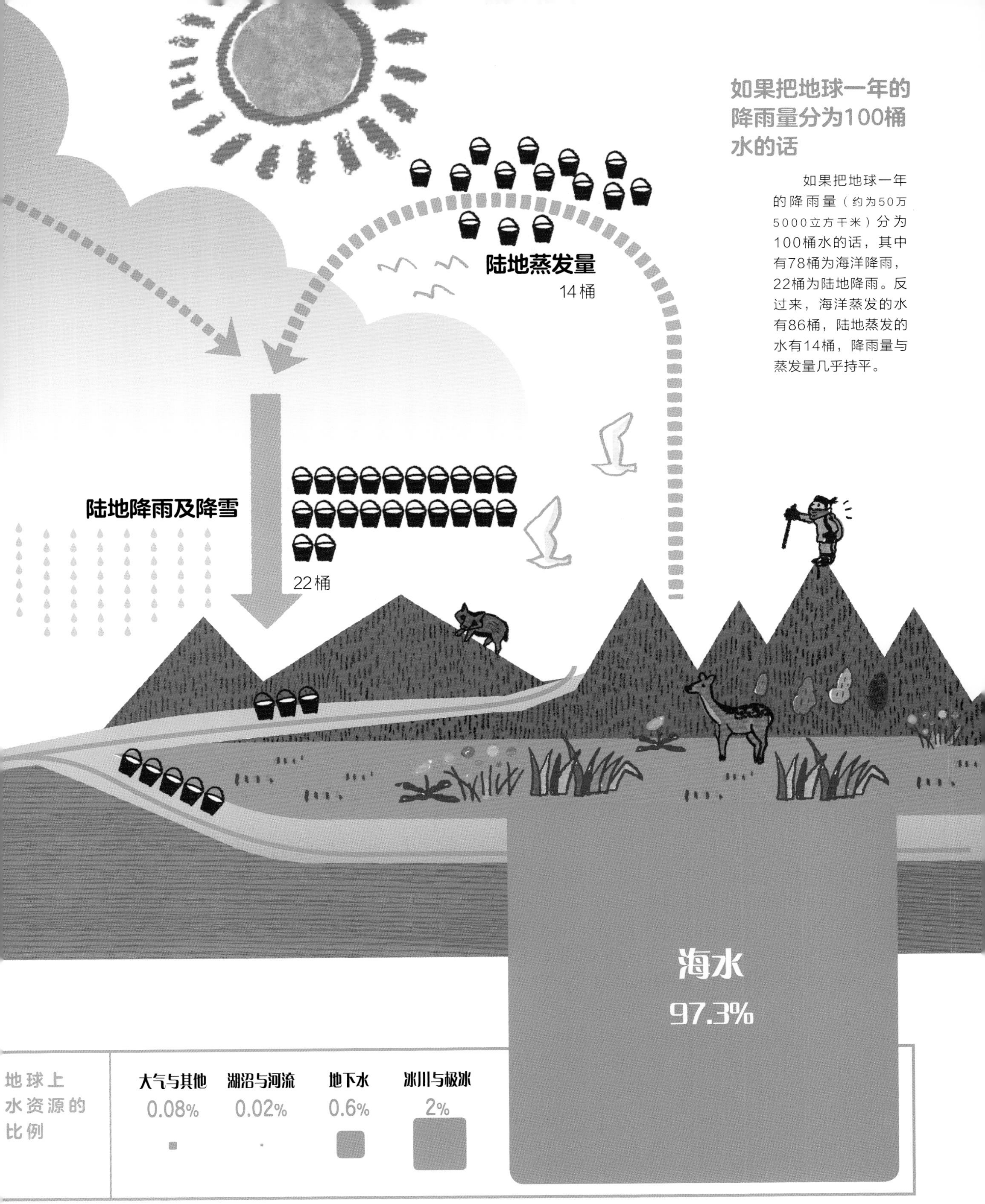

台风是怎样变化的？

夏秋季节，台风将会登陆日本列岛。
台风会带来暴风暴雨以及巨大的破坏。
那么台风是怎样变化的呢？

台风产生于巨大的云层旋涡之中

台风是热带低气压，发生在热带附近，形成过程中最大风速超过17.2米/秒。夏秋季节接近日本，台风登陆时伴随狂风暴雨，会造成巨大损失。

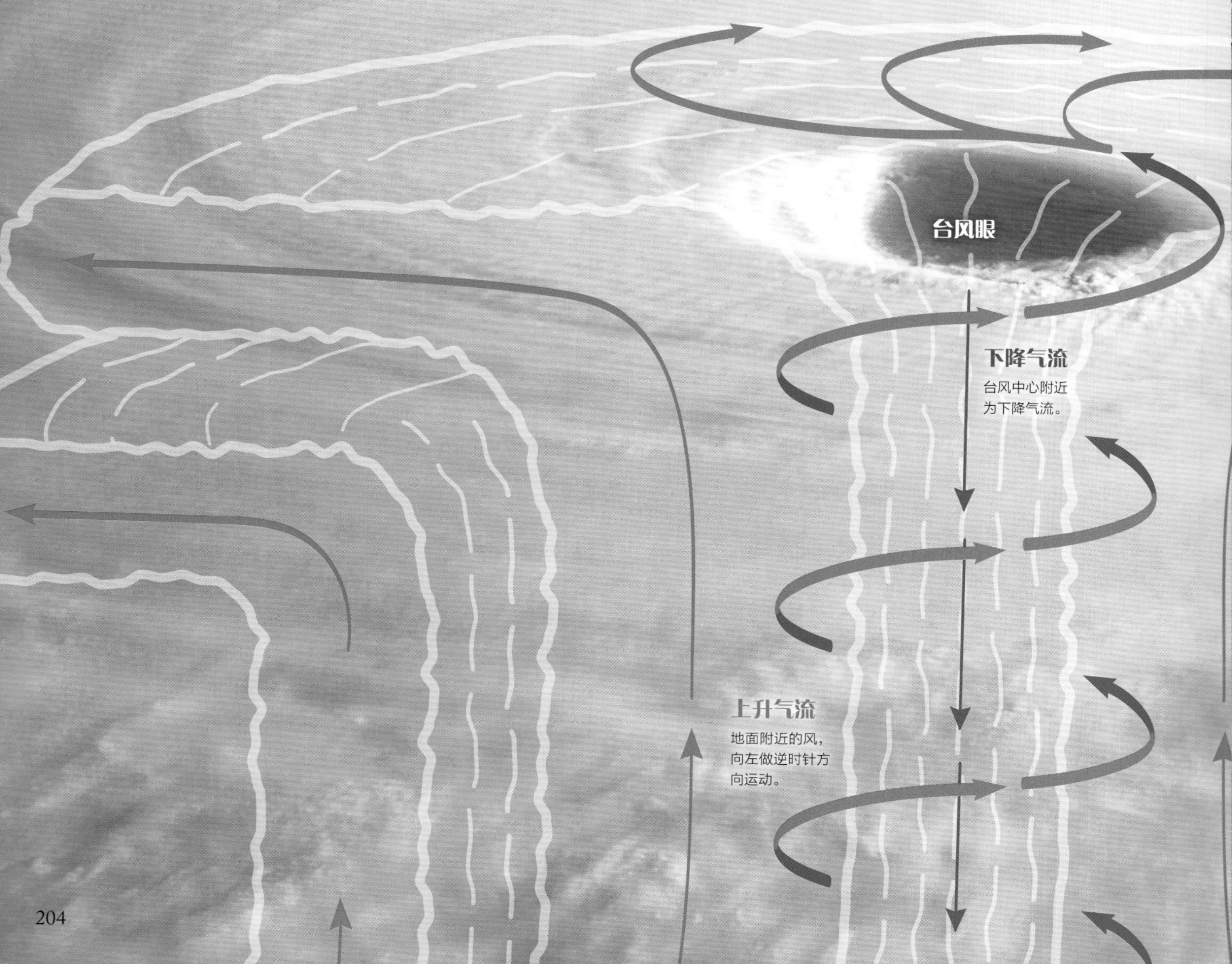

台风眼
下降气流
台风中心附近为下降气流。
上升气流
地面附近的风，向左做逆时针方向运动。

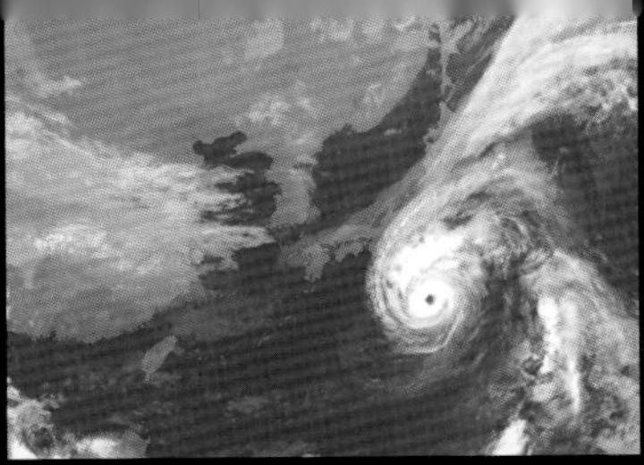

2013年9月产生的台风20号，我们可以清晰地看到其中心的“台风眼”。卫星照片（上）与天气图（右）的时间节点为9月25日。

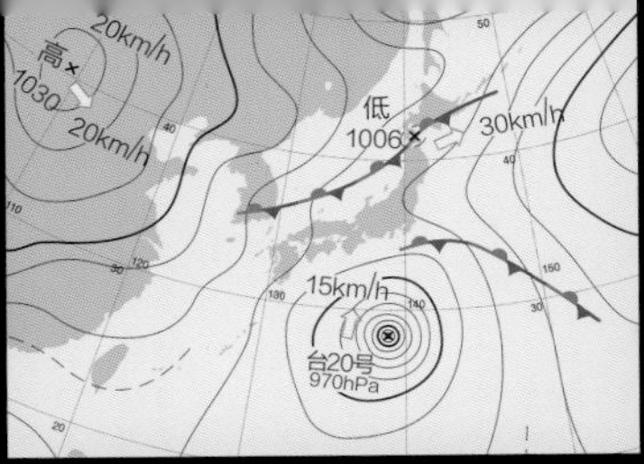

台风在等压线的中心，构成了若干个距离很近的同心圆。台风与温带低气压的区别在于，中心不会出现锋。

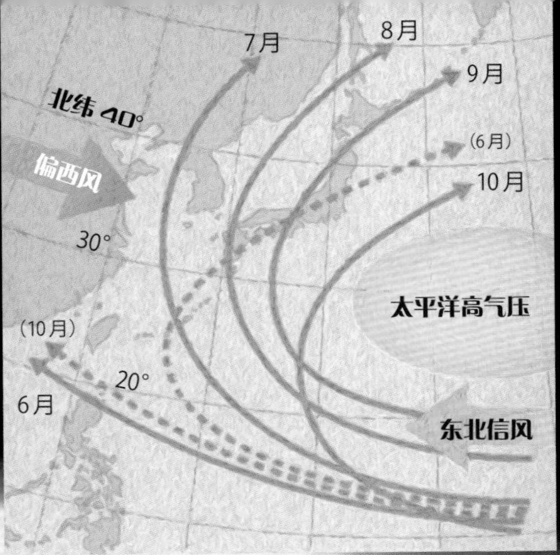

台风的前进路线

大多数的台风都沿着南方海面太平洋高气压的边缘，向着西北前进。北纬25°以北的地区，常年都是吹由西方而来的风（偏西风，P207），将台风的前进路线改变为东北方向。偏西风的风向以及海面的温度等因素会影响前进路线。

台风的内部

台风是大规模发展而成的热带型低气压。积雨云发展到一定的界限，形成了巨大的由数层外壁包裹的漩涡。海面水蒸气的上升气流形成了大量的云，产生大量热量促成了上升气流。云层的下方产生了猛烈的暴风雨。发展成熟达到一定强度后，漩涡中心形成直径在10千米左右的台风眼。可以看到，台风眼的中心风平浪静。

低气压和高气压

地面上存在着气压。气压就是能把东西压扁的空气的力量，海面附近的平均气压值为1气压（约1013hPa*）。空气混合后会形成同一种气压，由高气压向低气压流动就会形成风。

*hPa是压强单位，读作百帕。以海面的气压为基准，1气压等于1013hPa。

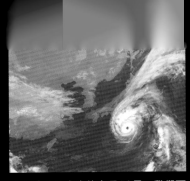

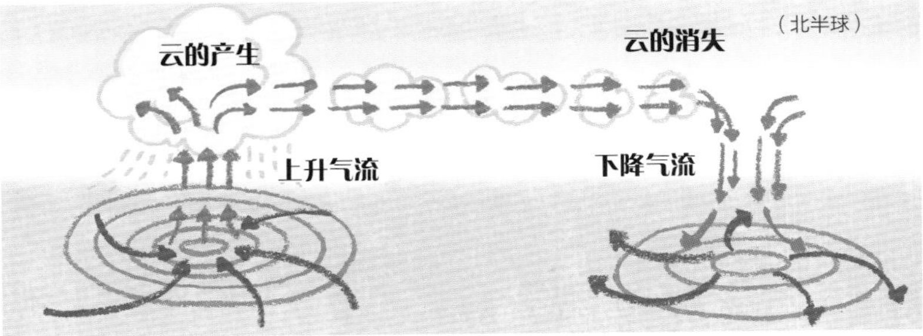

低气压

气压比周围环境低，天气情况恶劣。北半球中，地面附近的风做逆时针旋转。

高气压

气压比周围环境高，天气情况良好。北半球中，地面附近的风做顺时针方向旋转。

天气是如何

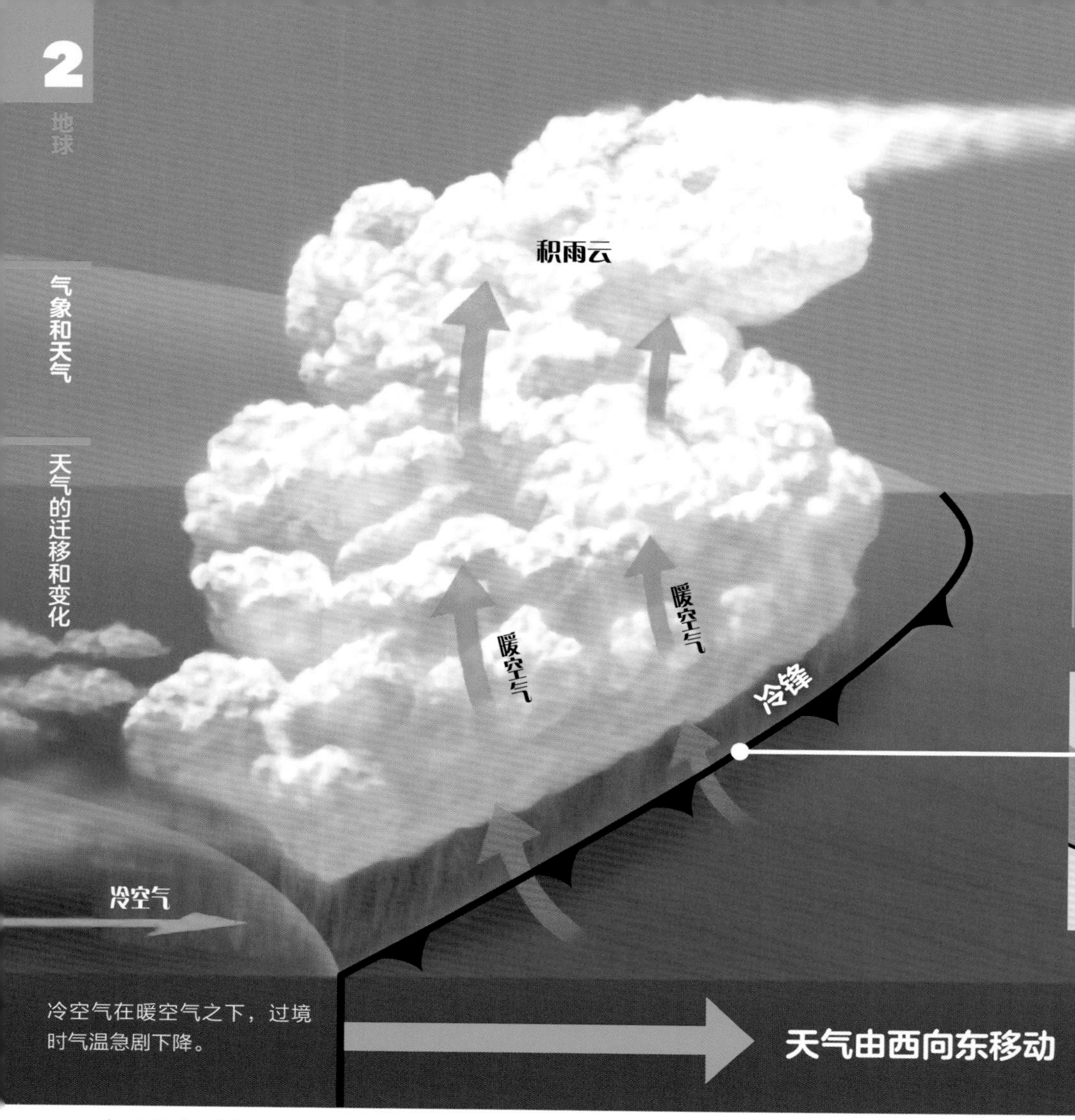

温带低气压与锋

冷空气与暖空气相遇时，在静止上面会形成低气压，发展过后形成温低气压。温带低气压的前方形成暖锋同时在后方形成冷锋，暖空气夹在两锋面之间。锋面过境时，会形成降雨发展之后还会在广阔的范围内形强风。

天气的移动和变化

通过红外线云层图像来观察天气的移动和变化，可以看出低气压中的云层自西向东移动。让我们在天气图中确认高气压和低气压的位置吧。

4月5日

东日本在高气压影响下晴空万里，而静止锋面移至冲绳，当地出现了降雨。

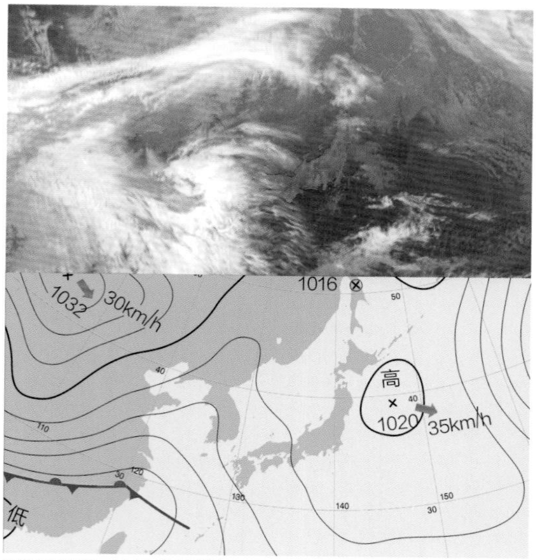

4月6日

锋面产生了温带低气压，受暖锋影响，从日本九州到中国东海、北方陆地地区，降雨增多，风势增强。

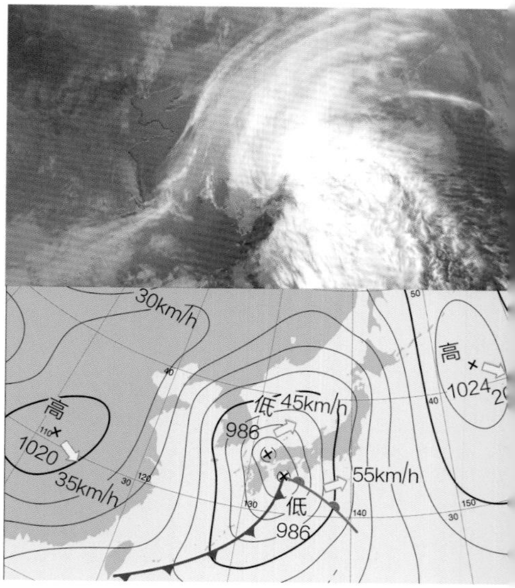

气象卫星图像：日本气象厅提供

变化的？

观察巨大的地球，就能了解到风的流向是有规律的。
日本的上空吹着由西而来的西风，
从而带来了天气的变化。

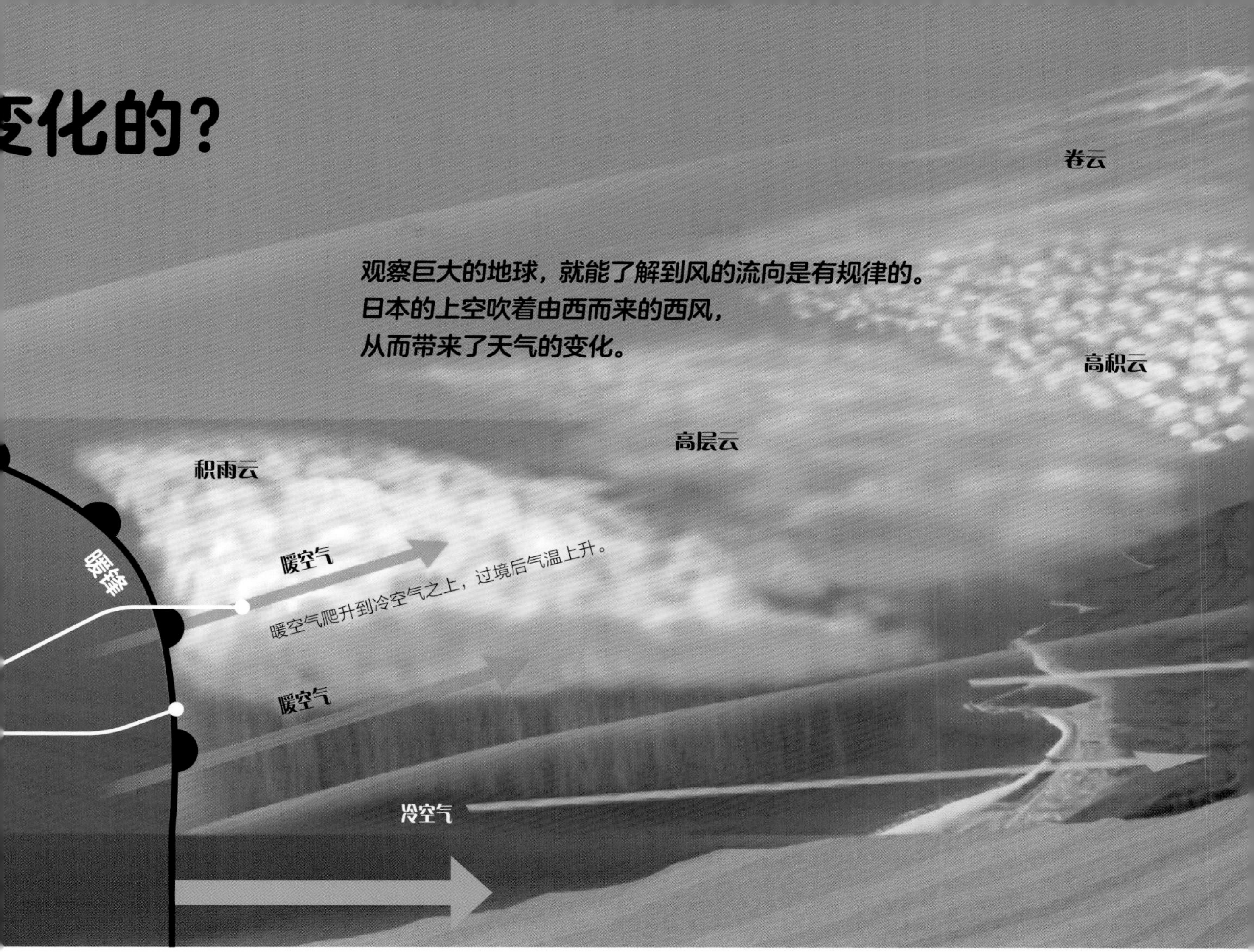

7日

压活跃的日本关东等地会形成大雨。
本及冲绳的天气会返晴。

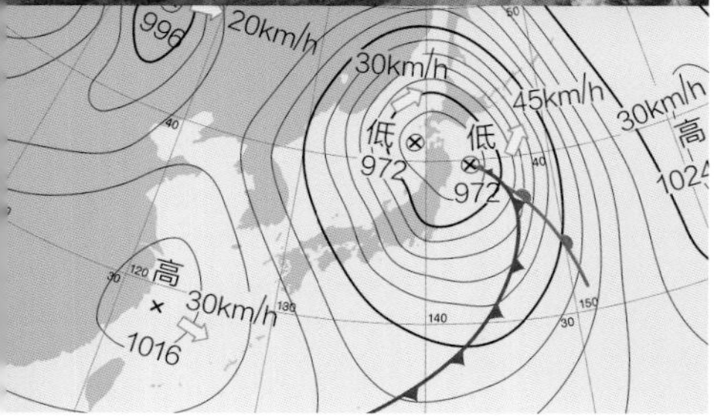

低压带、高压带和风的流向

喷流

西风带上有两条强劲的喷流，蛇形移动，会形成高压也会形成低压。

在地球上，根据纬度的不同，上升气流产生后，有气压容易变低的地方，也有因下降气流影响，气压容易上升的地方。这与地球的自转有关，巨大的风流围绕整个地球运动。日本位于西风流动的纬度，无论高压还是低压都由西向东而至，天气一般都是由西向东变化。

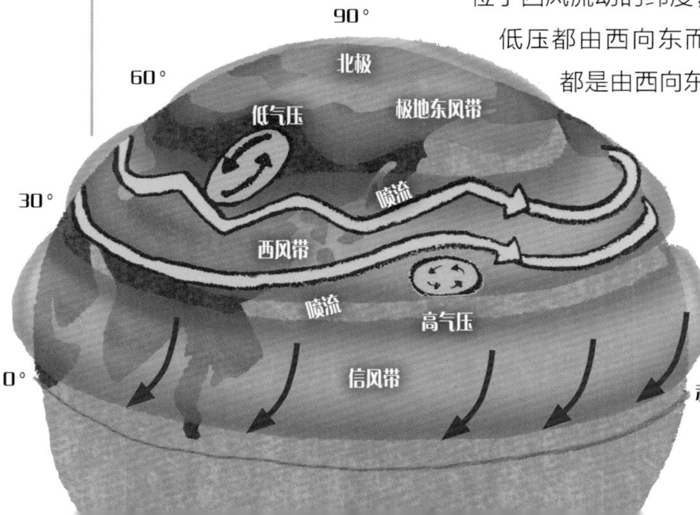

梅雨季节为什么一直在下雨?

**日本由春入夏的时期,
会迎来称作梅雨的多雨期。
梅雨过后,夏季才真正到来。
让我们来看一看气压的结构是如何变化的。**

日本气象厅

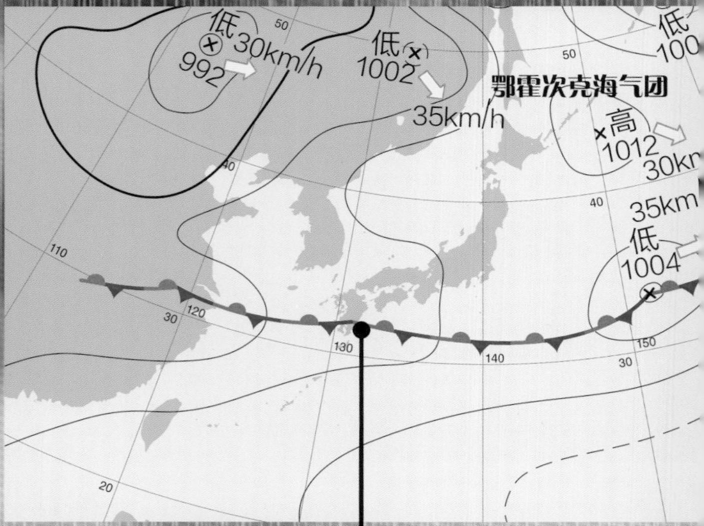

在以夏至(6月22日前后)为中心的为期一个月的时间内,除北海道以外的日本列岛进入了淅淅沥沥的多雨期,称作梅雨。因为此时是梅子成熟的时间,所以称为梅雨。若梅雨期出现集中大暴雨,会给各地造成损失。但是,对于水稻等农作物的生长来说,梅雨又是至关重要的。

梅雨的主要因素是梅雨锋

寒冷湿润的北方高气压(鄂霍次克海气团)与温暖的南方高气压(小笠原气团)在日本列岛附近相撞,形成梅雨锋并且停滞不前。从太平洋而来的含有大量水蒸气的季风吹入锋面,使雨天持续,偶尔也会产生大量降雨。(照片拍摄于2013年6月25日)

梅雨

气象厅提供

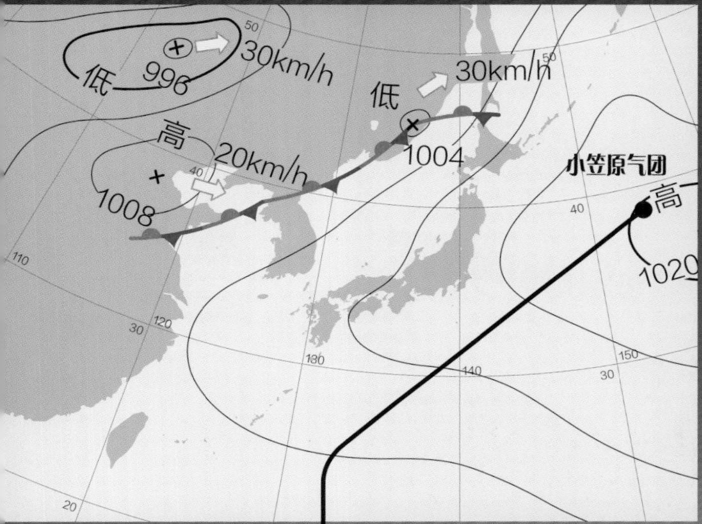

夏季的主要因素是太平洋高气压

梅雨锋向北消退，温暖湿润的夏季太平洋高气压（小笠原气团）的影响增强，覆盖日本列岛。盛夏时节，日本附近吹东南季风，闷热的天气持续。（照片拍摄于2012年8月19日）

日本周边的气团

气温和湿度大致相同的大型空气块称作气团。日本周边主要有4个气团将其包围，造就了日本的季节气团主要形成高压，天气图上有所体现。

梅雨结束至8月上旬为一年中最热的时期。日照强烈，晴空万里，偶尔会有台风登陆造成损失，也会因积雨云的发展形成伴有雷鸣的骤雨。接着酷热将会慢慢消退，直到9月中旬，天气才会变凉。

夏季

日本海一侧的冬季（日本秋田县五城目町）

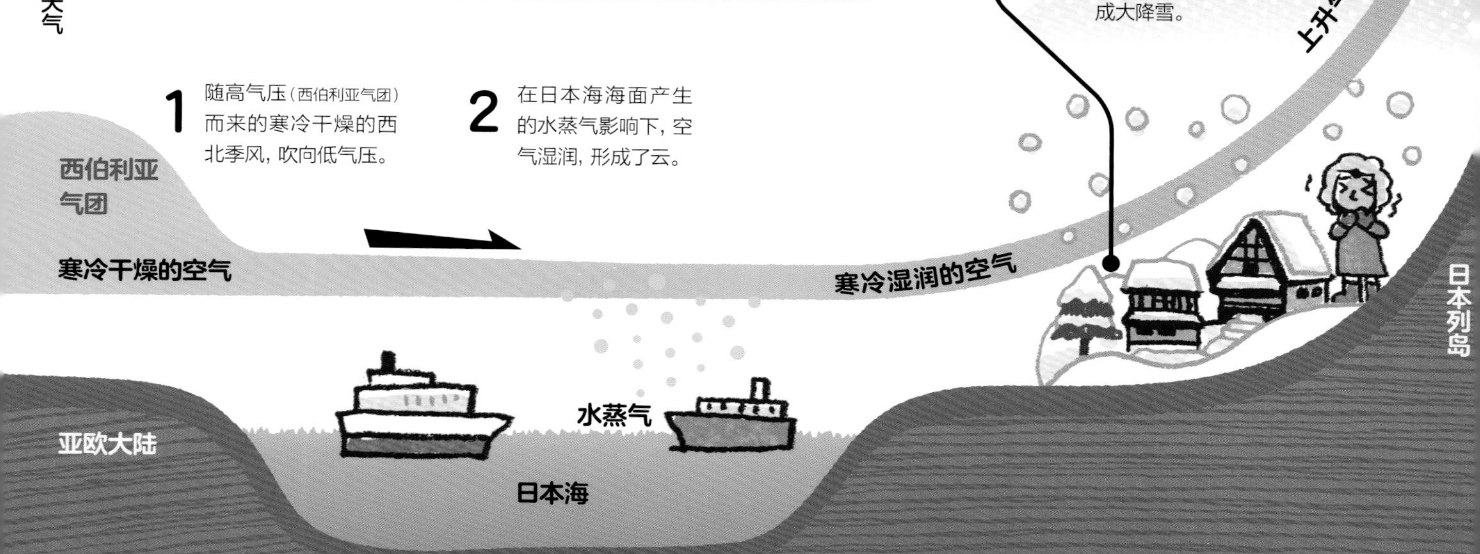
积雨云
3 遇到日本列岛的山脉形成上升气流。积雨云发展后形成大降雪。
上升气流
1 随高气压（西伯利亚气团）而来的寒冷干燥的西北季风，吹向低气压。
2 在日本海海面产生的水蒸气影响下，空气湿润，形成了云。
西伯利亚气团
寒冷干燥的空气
寒冷湿润的空气
日本列岛
水蒸气
亚欧大陆
日本海

为什么冬季日本海一侧会有持续降雪？

春季和秋季，高气压和低气压会交替通过日本上空。
冬季吹寒冷的季风，日本海一侧出现大降雪，而太平洋一侧则是晴天。

冬季

冬季，西北风渡过日本海吹向日本列岛因此，日本海一侧天气阴沉，降雪多发。特是日本海一侧的山脉地带，是世界有名的大地区。从春末至夏初，积雪融化，孕育了水等农作物。相反，太平洋一侧空气干燥，持晴天。

太平洋一侧的冬季（日本东京）

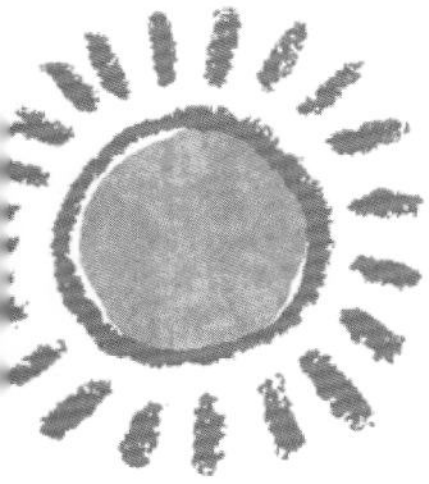

4 降雨导致水蒸气流失，干燥的空气越过山峰。
寒冷干燥的空气
5 受寒冷干燥的西北季风影响，太平洋一侧持续晴天。
太平洋

春季和秋季

春季来临，冬季的严寒逐渐褪去，白昼渐渐变长。草木发芽，花朵开放。进入5月，天气变得稳定，持续爽朗的晴天。

另外，初秋时秋雨连绵。秋雨结束后持续秋高气爽的天气，深秋时树木枯黄，出现红叶。

季到来的主要素是西高东低气压结构

击形成了寒冷干燥的气压（西伯利亚气团），本的太平洋一侧低气舌跃。这就是西侧高东侧低压的西高东低冬季气压结构。带状的出现在日本列岛上　在天气图上，若干玉线由北向南延伸，风从高压吹向低压。像取自2013年12月28日）

日本气象厅提供

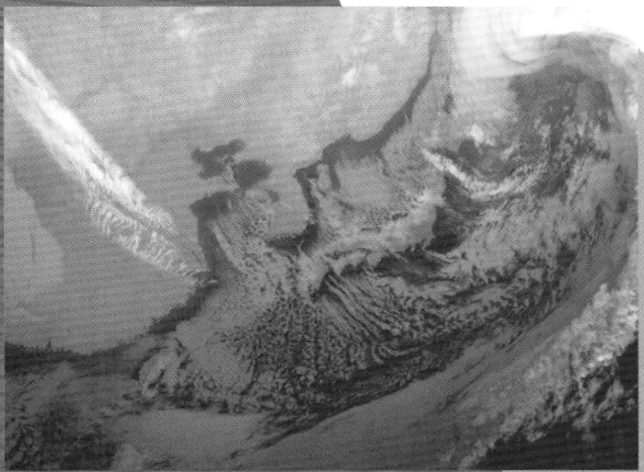

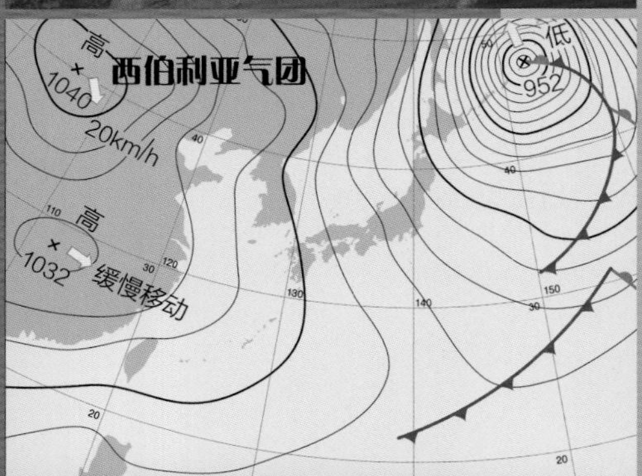

春季和秋季到来的主要因素是移动性的气压结构

移动性的高气压向东侧的海上移动，西侧而来的低气压不断靠近，由此天气开始恶劣。但是，西侧又出现了新的高气压。春季和秋季在长江气团分化的移动性高气压的影响下，天气从西到东依次变化。高气压横跨东西的时候，持续爽朗的晴天。（图像取自2012年10月22日）

日本气象厅提供

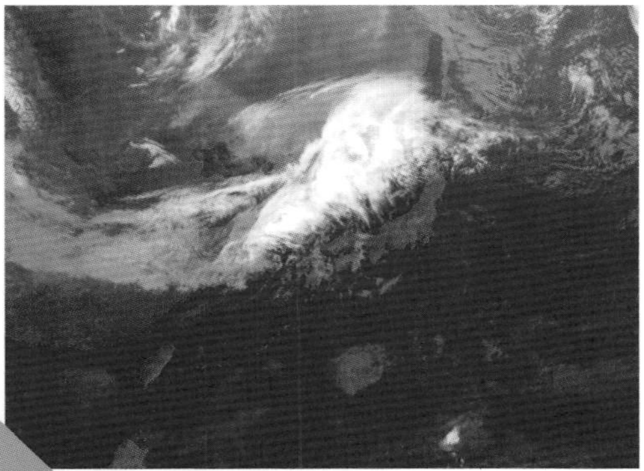

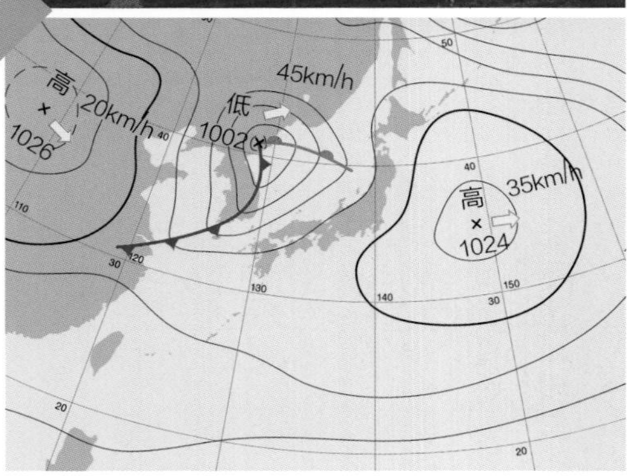

为什么会出现龙卷风？

**龙卷风、雷、冰雹等，都是与活跃的积雨云相关的激烈的气象现象。
与台风和温带低气压不同，
只在狭小的范围内出现。**

龙卷风的形成

龙卷风在积雨云下方产生，向着云层盘旋而上，形成一个有着强烈上升气流的旋涡。龙卷风能够破坏建筑物和树木，卷起碎片吹散至各处。龙卷风产生于伴随冷锋及台风的积雨云的群体之中。

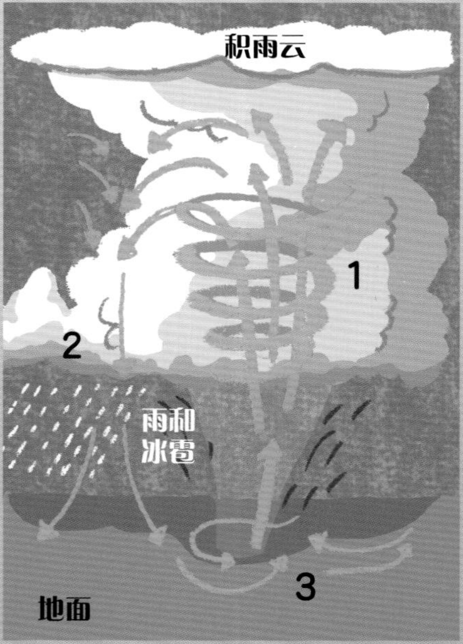
积雨云
1
2
雨和冰雹
3
地面

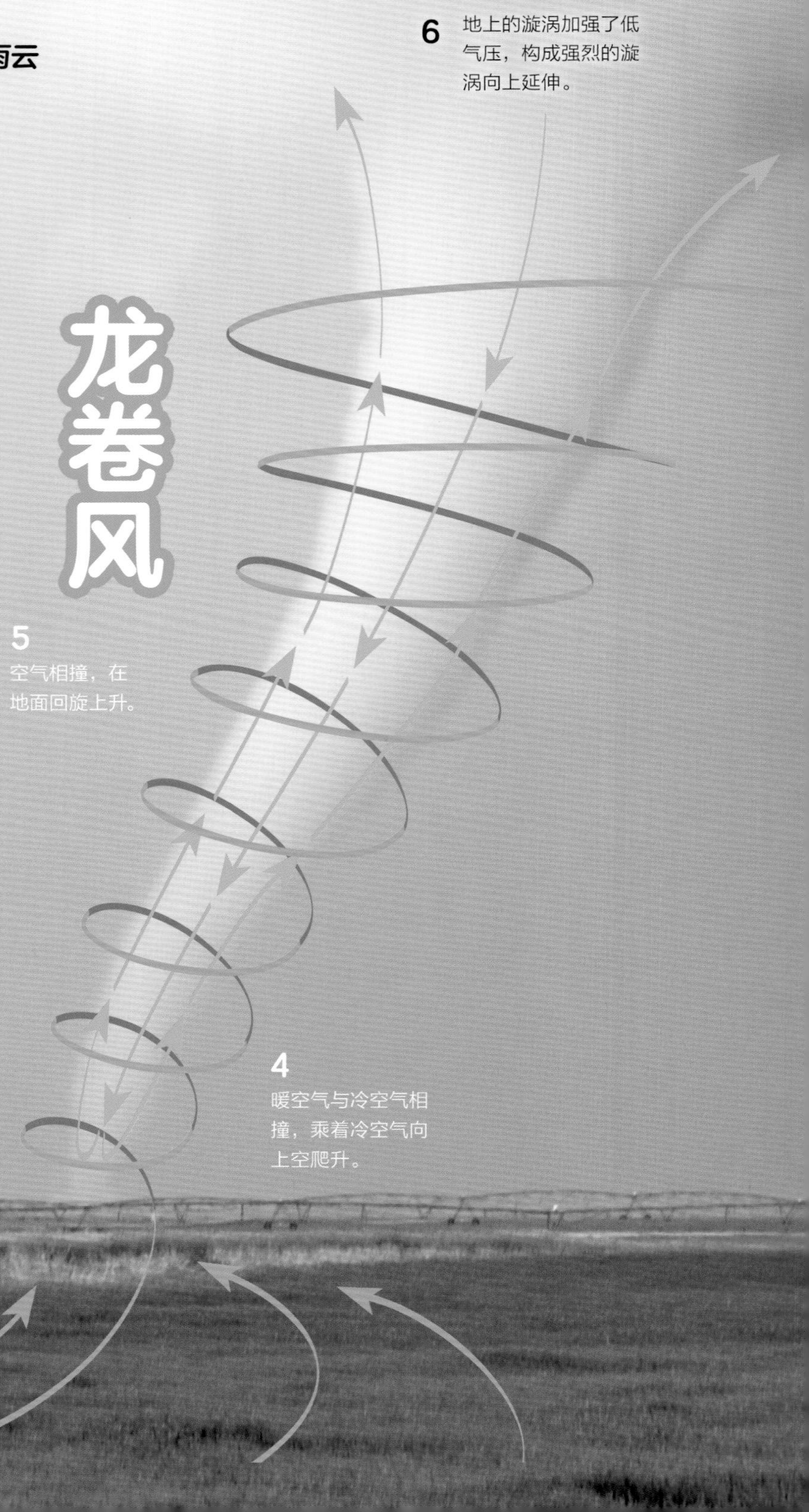
龙卷风
6 地上的旋涡加强了低气压，构成强烈的旋涡向上延伸。
5 空气相撞，在地面回旋上升。
4 暖空气与冷空气相撞，乘着冷空气向上空爬升。

1 积雨云活跃时，云层在上空慢慢卷起旋涡。

2 四周刮起冷风，造成降雨和冰雹。

3 暖空气流入到气压较低的积雨云下方。

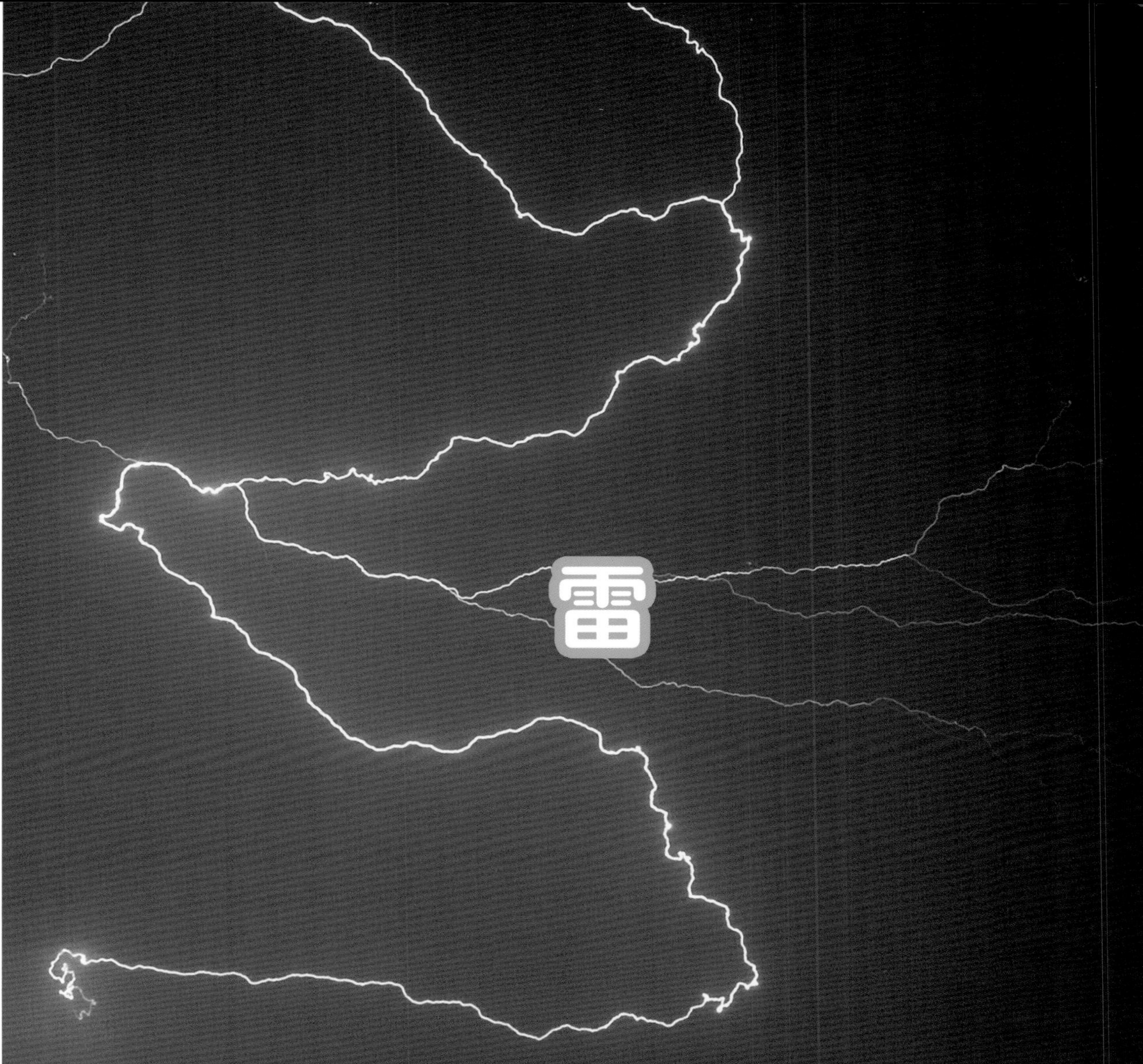

雷

雷的形成

雷是在积雨云中产生的现象，可以在一瞬间产生强力的电流释放到空中，形成闪电和轰隆的巨大声响。雷形成的原因有多种，最常见的是夏季伴随大暴雨而出现。

1 云层中的冰晶相撞产生静电。

2 小冰晶构成正极升到云层上方。

3 大冰晶构成负极降到云层下方。

4 地面上的正电荷被吸引到云层中。

5 云层和地面上的电荷积攒到一定程度时，形成闪电，释放出大量的电流。

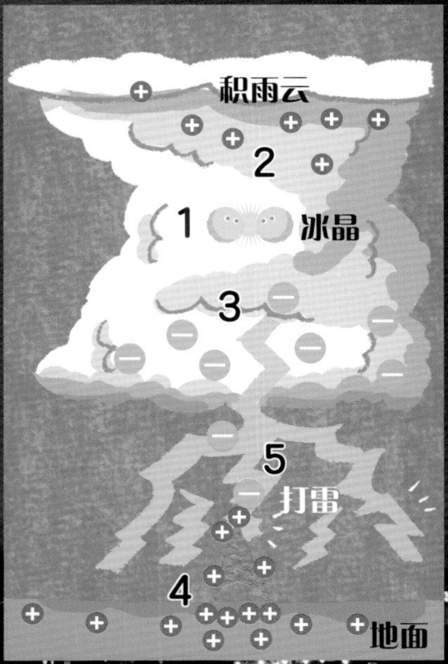

什么地方存在彩虹桥呢？

为什么雨后会出现彩虹？
还有，彩虹究竟在什么地方才会有？
让我们来探索这种由日光与空气中的小水滴和冰晶造就的美丽现象吧。

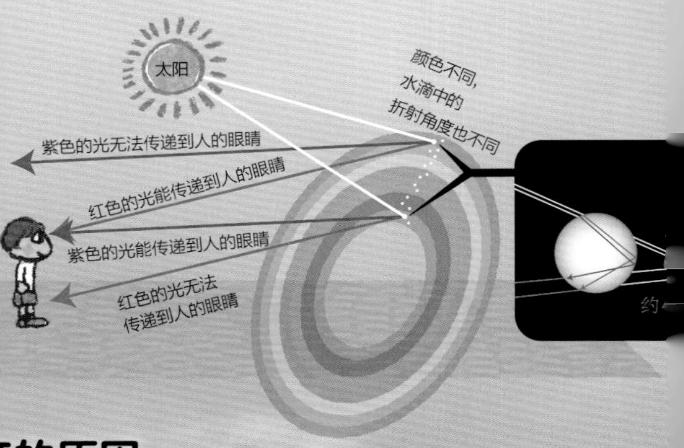
太阳
颜色不同，水滴中的折射角度也不同
紫色的光无法传递到人的眼睛
红色的光能传递到人的眼睛
紫色的光能传递到人的眼睛
红色的光无法传递到人的眼睛

能够看见彩虹的原因

雨后，经过后方的日光照射，前方的天空就会出现彩虹。光由于颜色（波长）不一样，折射角度也会不同（P284），折射的角度决定了传播到人眼睛中光的颜色，于是人们就看见了彩虹。地面上空有很多小水滴，所以在空中能够看到完整的圆形彩虹。

图源：Col Leonhardt/BirdseyeView Photography

从直升机上看到的彩虹完整的样貌。太阳位于直升机的正后方。直升机向前，彩虹就退后，直升机退后，彩虹就向前。圆的半径从观看的人的视角来看是42°。

由冰晶构成的不可思议的光

我们能够看到太阳的周围有一层光圈。这个光圈称为日晕。这是在出现卷云及卷层云时，日光照射空中飘浮的冰晶后发生折射而形成的。由于悬浮在大气中冰晶的折射，日光变成了一条条光带。

图源：《理科教材数据库》（日本岐阜大学）

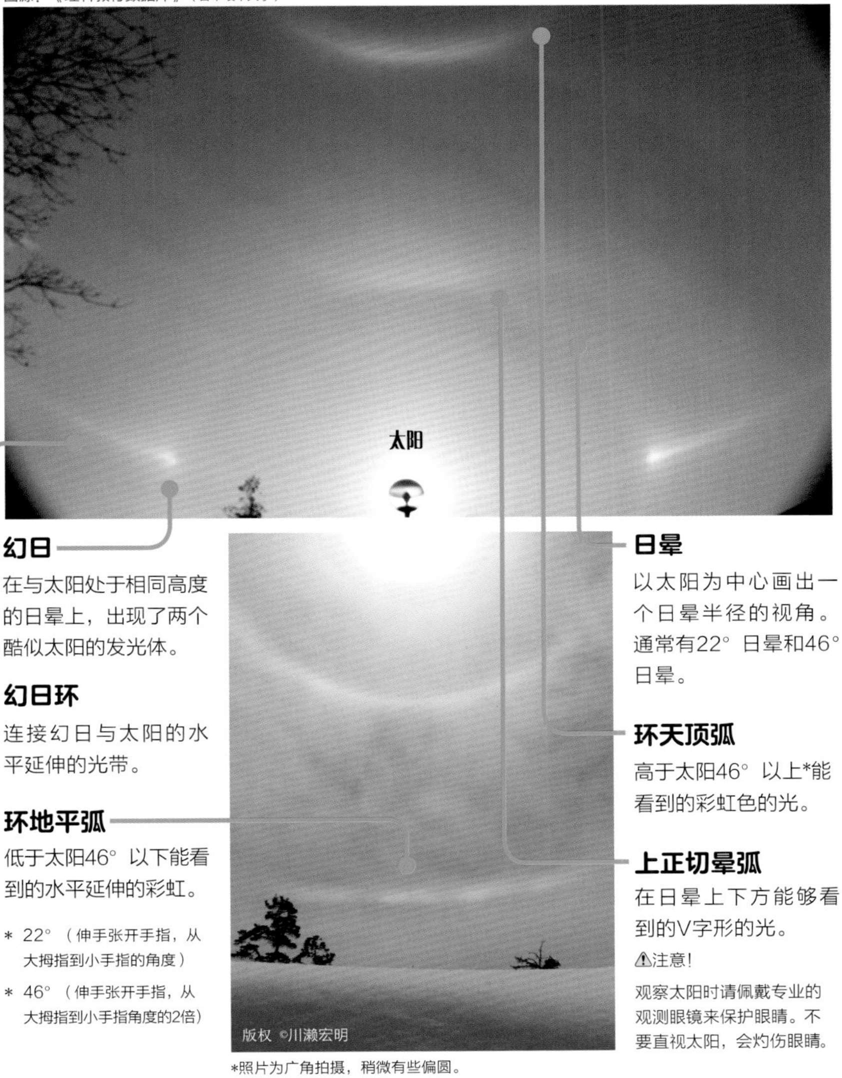

*照片为广角拍摄，稍微有些偏圆。

幻日 在与太阳处于相同高度的日晕上，出现了两个酷似太阳的发光体。

幻日环 连接幻日与太阳的水平延伸的光带。

环地平弧 低于太阳46°以下能看到的水平延伸的彩虹。

* 22°（伸手张开手指，从大拇指到小手指的角度）

* 46°（伸手张开手指，从大拇指到小手指角度的2倍）

日晕 以太阳为中心画出一个日晕半径的视角。通常有22°日晕和46°日晕。

环天顶弧 高于太阳46°以上*能看到的彩虹色的光。

上正切晕弧 在日晕上下方能够看到的V字形的光。

⚠注意！

观察太阳时请佩戴专业的观测眼镜来保护眼睛。不要直视太阳，会灼伤眼睛。

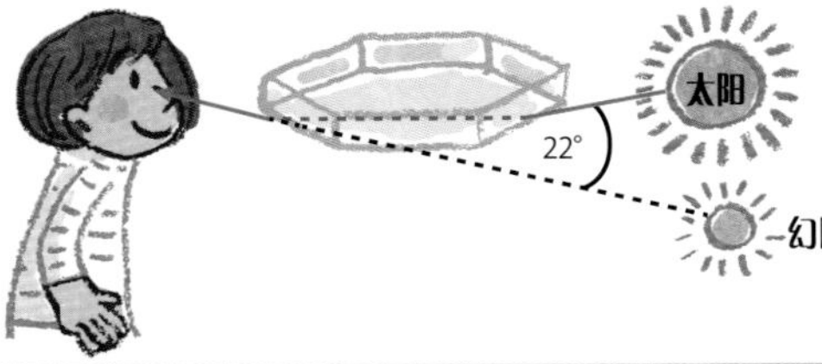

幻日现象是指，大气中有许多飘浮的薄的水晶柱晶体，水平垂直排列，从侧面折射日光传递到人的眼睛，看起来就像出现了第二个太阳。

什么是全球变暖？

全球变暖是如今人类面对的一大课题。地球为什么会变暖？让我们一起来探索其中的奥秘，看看究竟发生了什么。

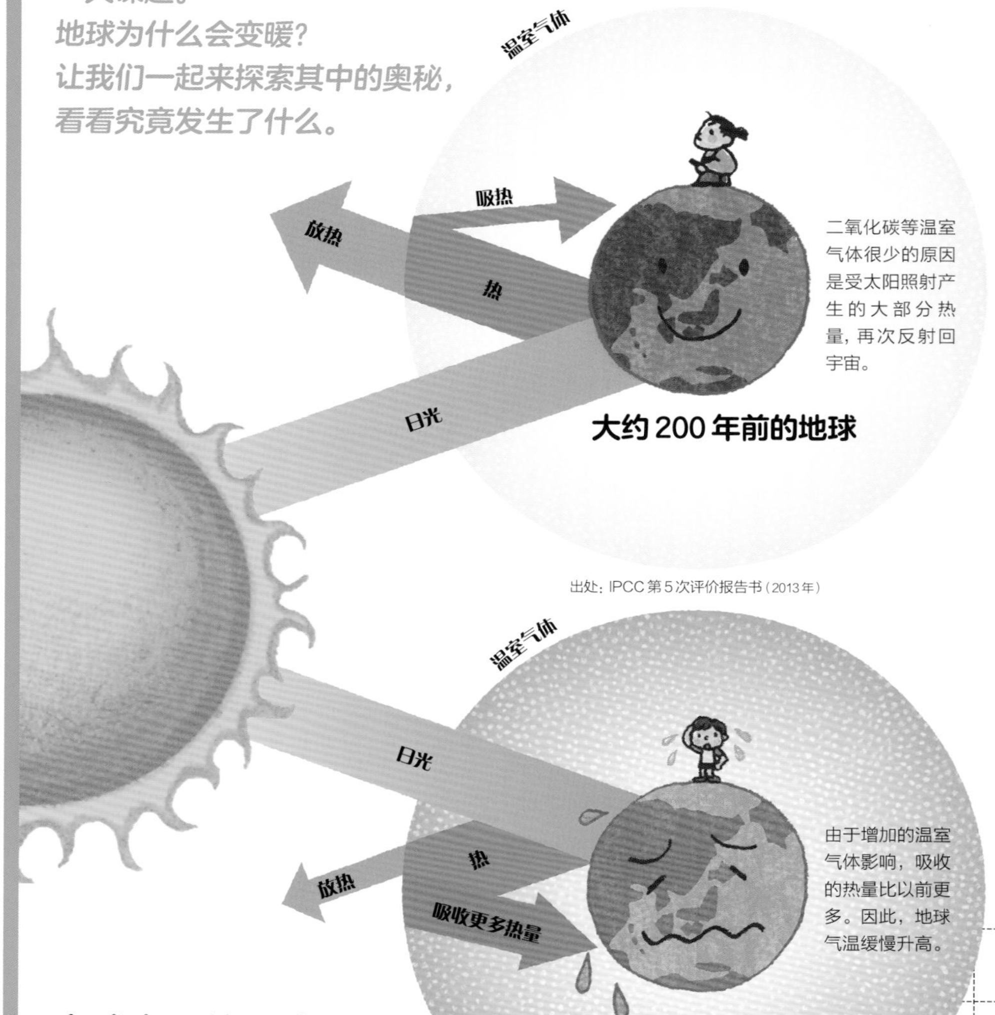
温室气体
吸热
放热
热
日光
二氧化碳等温室气体很少的原因是受太阳照射产生的大部分热量，再次反射回宇宙。
大约200年前的地球
温室气体
日光
热
放热
吸收更多热量
由于增加的温室气体影响，吸收的热量比以前更多。因此，地球气温缓慢升高。
现在的地球

出处：IPCC第5次评价报告书（2013年）

未来北极冰层面积的推测

2081年~2100年

出处：IPCC第5次评价报告书（2013年）

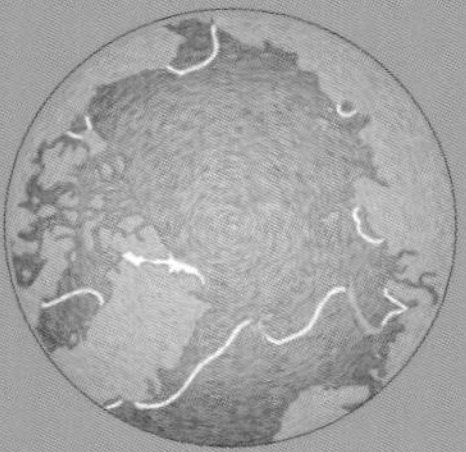

不采取对策

温室气体继续增加，气温持续上升，北极冰层融化，直至消亡。

采取有效对策

减少温室气体的排放量，如果能控制在2℃以内，还能留住北极的冰层。

全球变暖的形成

地球受太阳照射吸收热量，并且反射一定量的热量返还宇宙，整体上保持稳定的气候条件。能够吸收热量的气体称作温室气体，二氧化碳就是其代表。二氧化碳是由炭和石油燃烧产生的。人类早在200年前的工业革命时期就开始通过燃烧炭和石油来获取能源。有人认为全球变暖的原因之一，就是受人类活动产生的大量温室气体的影响。

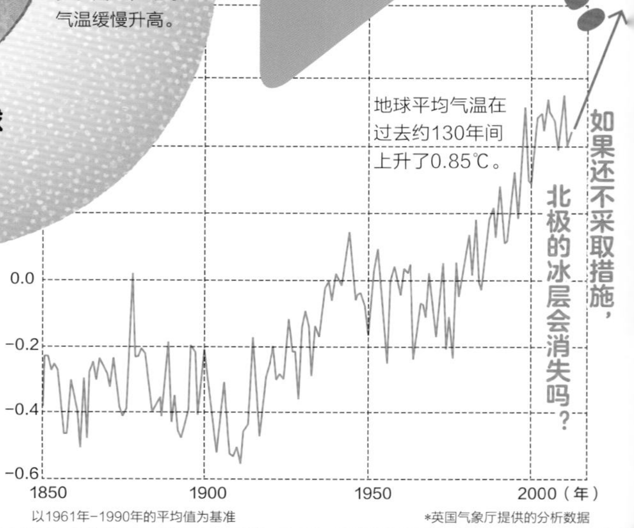
地球平均气温在过去约130年间上升了0.85℃。
如果还不采取措施，北极的冰层会消失吗？
0.0
−0.2
−0.4
−0.6
1850
1900
1950
2000（年）

以1961年−1990年的平均值为基准

*英国气象厅提供的分析数据

3

物质

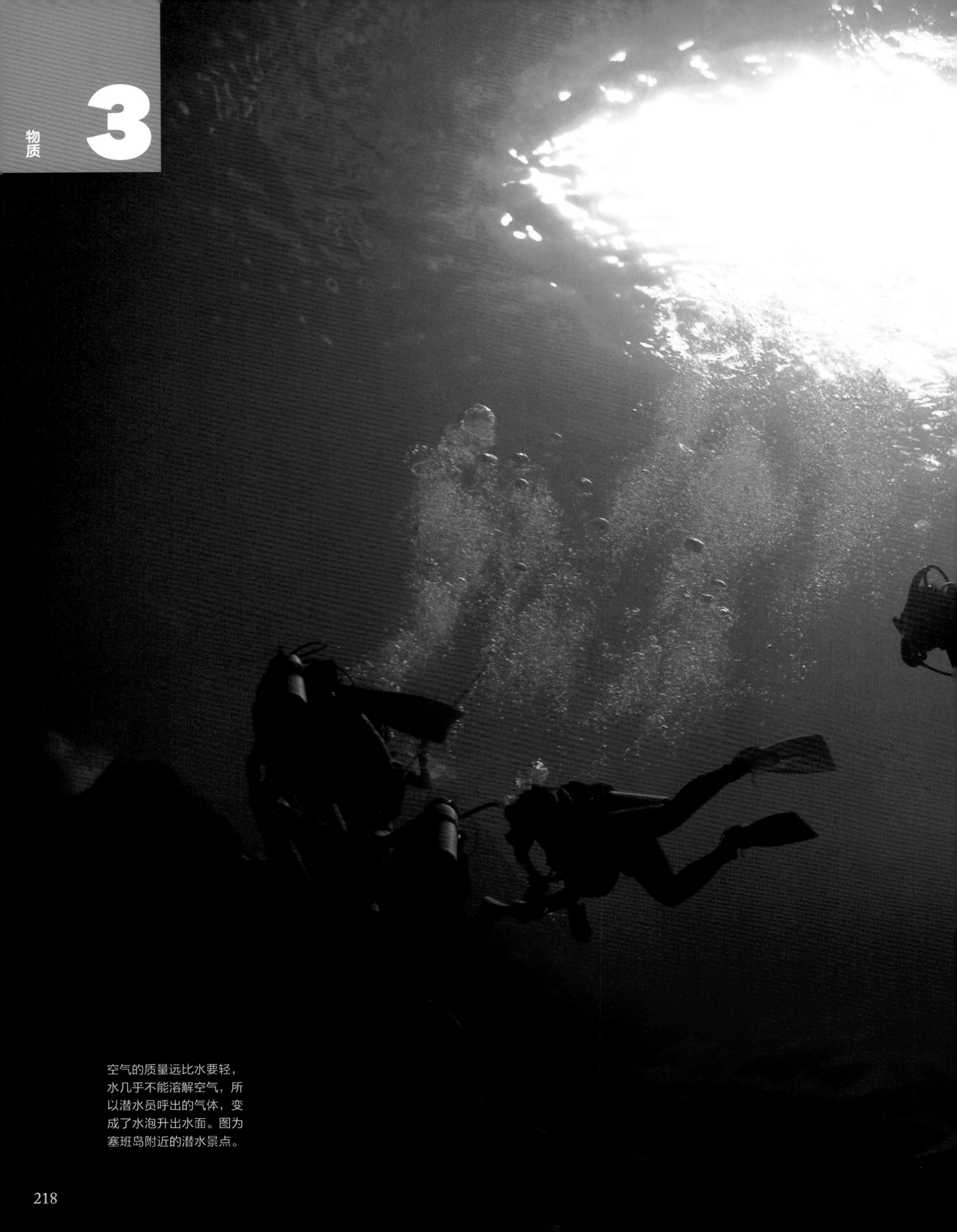

空气的质量远比水要轻，水几乎不能溶解空气，所以潜水员呼出的气体，变成了水泡升出水面。图为塞班岛附近的潜水景点。

水与空气

水和空气是包括我们人类在内的
多种生物赖以生存的物质。
把物质按大小逐渐划分，
就有了称作分子和原子的小粒子。
物质具有怎样的性质，是由分子和原子来决定的。
物质本身其实就是一个无限小的宇宙。
本章要探索的是水和空气的性质，
窥探造就它们的分子和原子的世界。

氢原子的直径为
1/100000000厘米
重量（质量）为
1/1.7×1027克
（0.0000000000000000000000017克）
氢原子是原子中最小的。

氢原子 H

这个模型比起实际的氢原子大小来看，
相当于用这个模型与地球的大小相比。

氧原子 O

物体是由什么物质构成的？

**把物质不断细分，
最终分为叫作原子的极小粒子。
若干原子组合在一起，形成分子。
任何物质都是由原子和分子构成的。**

一杯水中含有多少水分子呢？

氢原子的原子质量约为1。
水分子的分子质量约为18。
原子质量、分子质量是指，大约有6×1000000000000000000000000（6×10^{23}）个原子和分子聚集在一起的质量（克）。也就是说，大约6×100000000000000000000000（6×10^{23}）个水分子聚集在一起，其质量大约为18克。一杯水大概有180克，那么其中的水分子数大概有它的10倍之多，也就是6×100000000000000000000000×10＝600000000000000000000000000（6×10^{24}）个。

分子是什么？

- 原子组合构成分子。
- 物质决定某一种或几种原子以一定数量相互结合。
- 分子的构造（原子组合的方式）决定物质的性质。

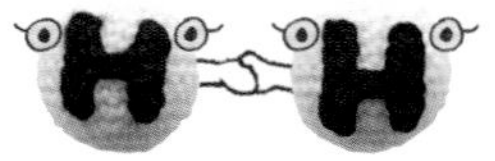

氢分子 H_2

由两个氢原子（H）组合而成。无色无味，质量最轻的气体，易燃。

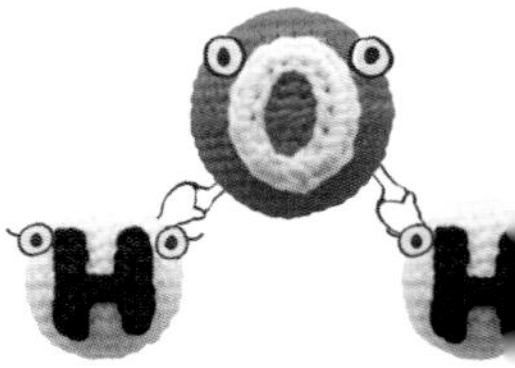

水分子 H_2

由两个氢原子和一个氧原子成。无色无味，在0～10
之间时为液体。

氧分子 O_2

由两个氧原子（O）组成。空气中大约有1/5为氧分子。

氮分子 N

由两个氮原子组成。空气中约有4/5为氮分子。

其他的原子（氧原子和氮原子等）要比氢原子大。

氮原子 N

碳原子 C

原子的符号

原子用一个大写字母或在其之后跟一个小写字母表示。

（例如）
氢 H
氦 He
铁 Fe

原子是什么?

- 无法再分解，最小的粒子。
- 既不会消失，又不会产生新的或者变成其他种类的原子。
- 种类不同，不同原子的大小（质量）也不同。
- 同种原子之间，或不同原子之间可以结合，形成分子。

原子与分子 ……组成物质的最小单元

通常情况下原子是最小的物质。原子与相同或不同的原子结合，组成分子。物质的性质由原子的组合来决定。

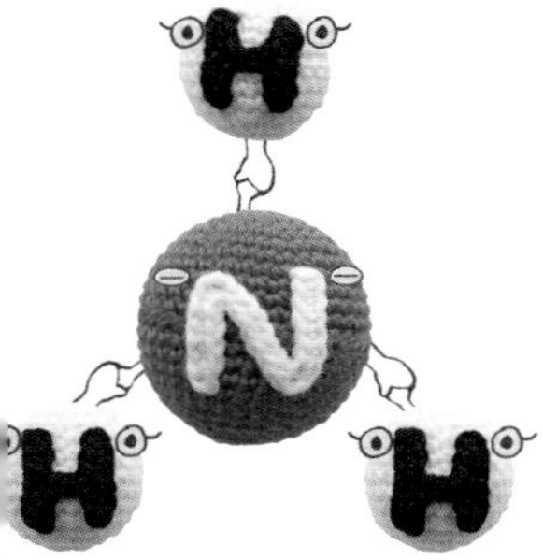

氨分子 NH_3

一个氮原子和三个氢原子组成。一般情况下为无色有刺鼻性气味的气体。

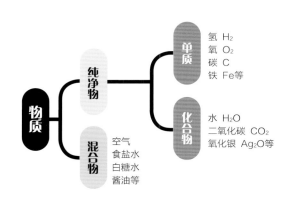

二氧化碳分子 CO_2

一个碳原子和两个氧原子组成。物体燃烧或生物的呼吸会产生二氧化碳分子。

分子的化学式

分子可以使用原子的符号，通过化学式来表示。

（例如）
氢分子 H_2
水分子 H_2O
二氧化碳分子 CO_2

原子和分子组合在一起构成物质

物质分为纯净物和混合物。纯净物又分为单质和化合物。例如，铁并不是由分子组合而成，而是直接由铁原子排列组成的单质。另外，水仅由水分子组成，而水分子又是氧原子和氢原子组合的产物，所以水是化合物。

混合物是指由两种或两种以上物质混合而成的物质。例如空气就是由氮分子、氧分子、二氧化碳分子等混合而成的混合物。食盐水是一种混合物，在水分子中混合食盐（氯化钠）的氯原子和钠原子溶解而成。

- 物质
  - 纯净物
    - 单质：氢 H_2、氧 O_2、碳 C、铁 Fe等
    - 化合物：水 H_2O、二氧化碳 CO_2、氧化银 Ag_2O等
  - 混合物：空气、食盐水、白糖水、酱油等

物体的质量与体积有什么关系呢?

测量体积的方法

●将物体放入注有水的量筒里，测量水增加前后的刻度。

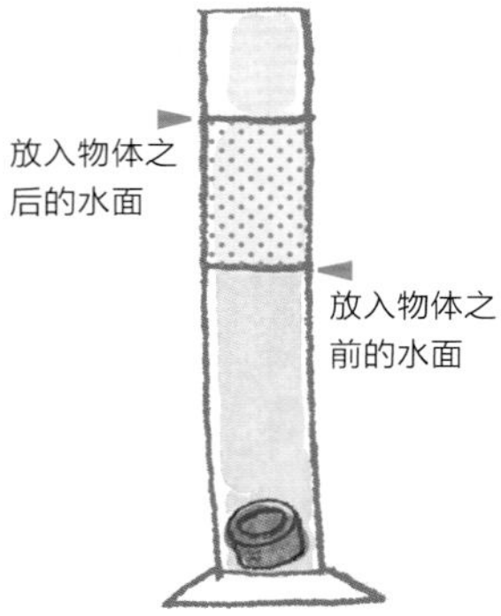

前后两个水面体现的刻度差就是放入物体的体积。

●将烧杯倒满水，把物体放入烧杯中，测量溢出的水的体积。

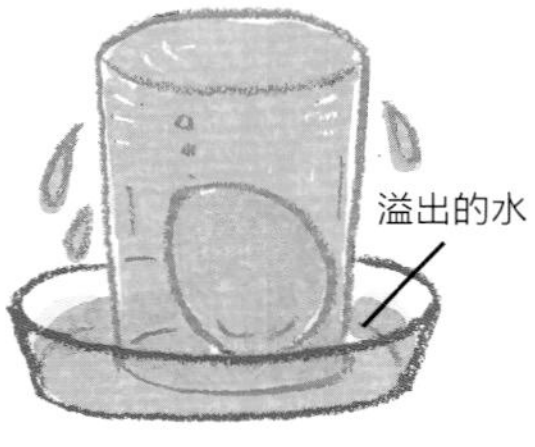

就算改变物体的形状，也不能改变物体的质量。

70克的黏土，分别捏成球状、椭圆状、圆柱状和小球，可它的质量依然是70克。其原因在于，黏土整体的原子数量并没有发生改变。

漂浮在水上的物体其密度要小于水的密度

4℃的水的密度为1.0g/cm³。能够沉入水中的物质，其密度大于1。相反，密度小于1的物质则漂浮在水面上。除了水之外的其他液体也是一样，比液体密度大则下沉，比液体密度小则上浮。

密度为0.92g/cm³的塑料

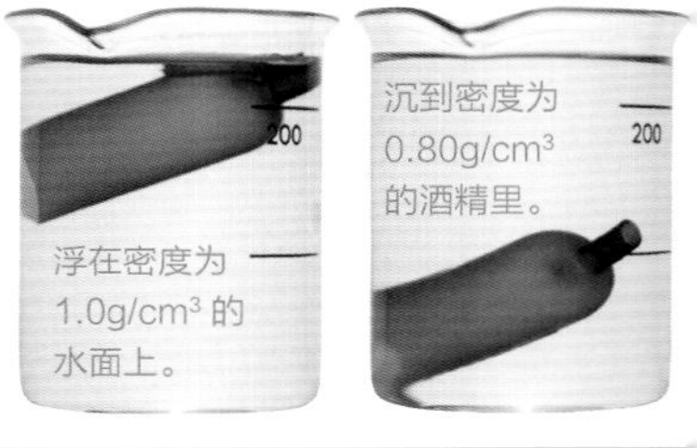

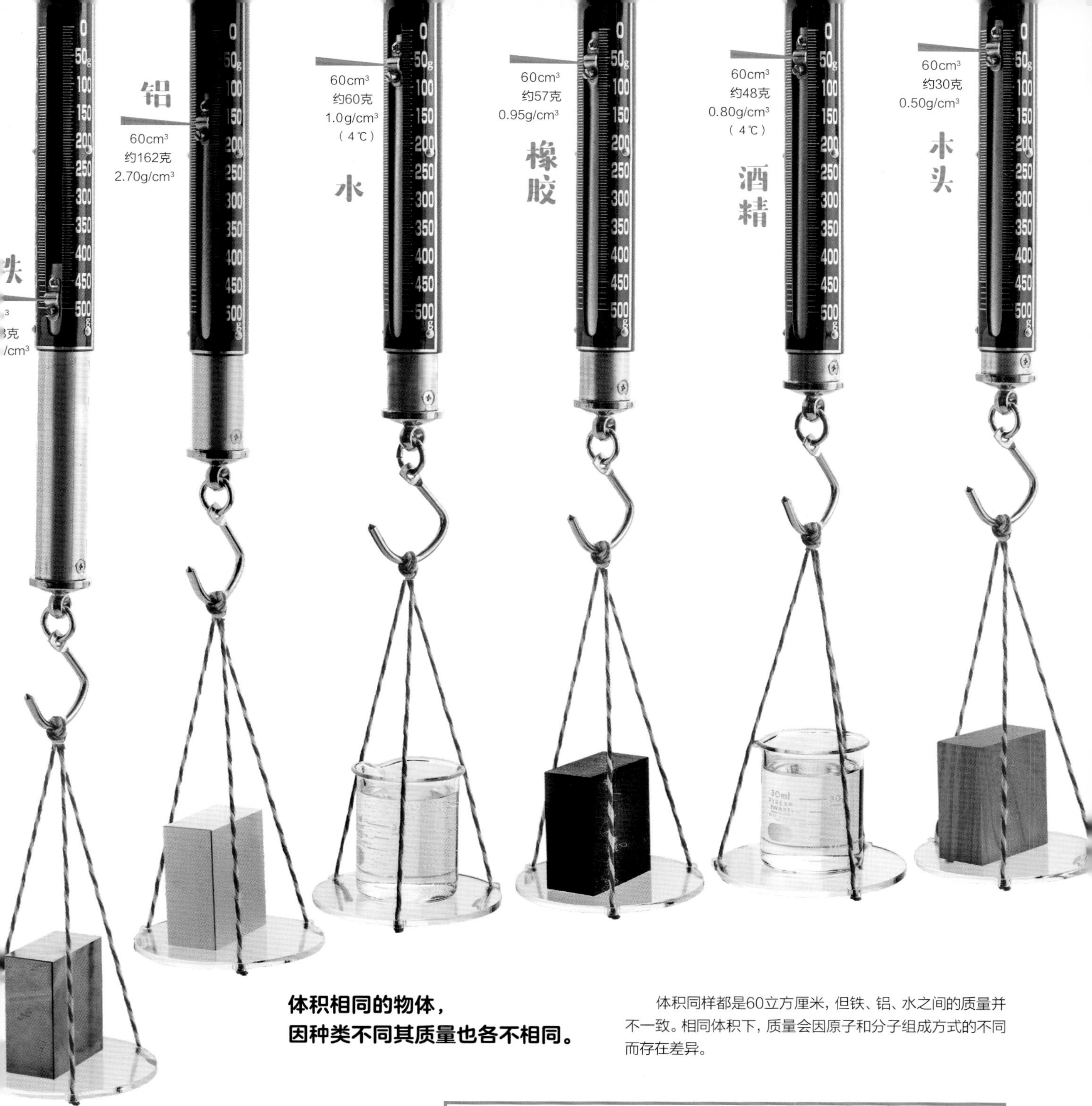

体积相同的物体，
因种类不同其质量也各不相同。

体积同样都是60立方厘米，但铁、铝、水之间的质量并不一致。相同体积下，质量会因原子和分子组成方式的不同而存在差异。

物体的种类决定了物体的密度

密度表示物体每单位体积内的质量。物体的种类决定了物
度的大小。知道某种物体的密度，就可以在一定程度上了
种物体是由什么样的物质（原子和分子）构成的。

空气也有质量

我们几乎感受不到空气的质量，但实际上每1升空气大约为1.3克。

空气层覆盖地面以上数十千米的范围，越往上空气越稀薄，而地面附近，1立方厘米的空气的质量大约为1千克。

处于平衡状态的两个气球，如果其中一个破了的话，流失空气的那边将会抬升，由此可知空气是有质量的。

空气是什么？水又是什么？

**什么是我们最熟悉，又不可或缺的物质呢？
那就是空气和水。
空气和水到底是什么物质呢？
让我们来一探究竟吧。**

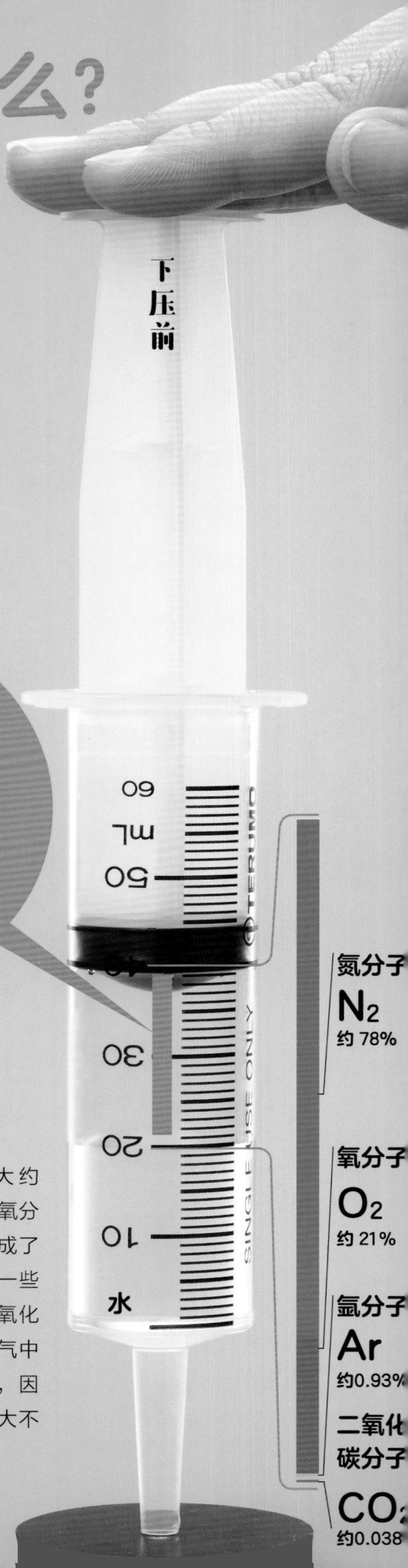

空气的性质

空气是包围在地球周围的看不到的气体。包括人类在内的陆地生物，可以说是生活在空气层的底部。空气是主要由氮分子、氧分子、二氧化碳分子等混合在一起组成的混合物。

没有固定形态

由于空气是气体（P231），所以没有固定形态。

没有味道和气味

组成空气的物质没有味道和气味（无嗅无味）。

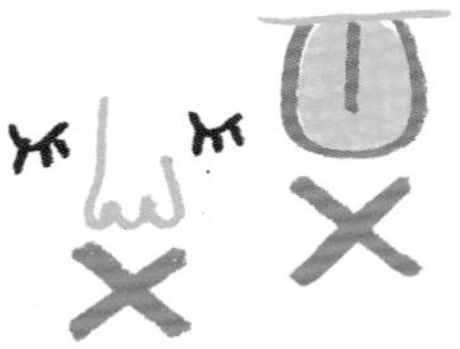

空气是无法看到的

组成空气的气体是透明的，是无法看到的。

虽然很轻却还是有质量

每1升空气的质量大约为1.3克，远比水要轻，水里会有气泡冒出就是这个原因。

下压会收缩

空气

由于空气是气体，所以在封闭空间内受到挤压的话会收缩。

空气的主要成分是氮气和氧气

空气的成分中有大约78%是氮分子，21%是氧分子，这两种分子几乎构成了空气。其他的成分还有一些数量较少的氩分子和二氧化碳分子。除此之外，空气中还含有水分子（水蒸气），因环境不同其所占比例也大不相同。

把空气和水放入封闭空间，同时挤压的话，会发生什么？

往注射器中注入等量的空气和水，下压活塞。

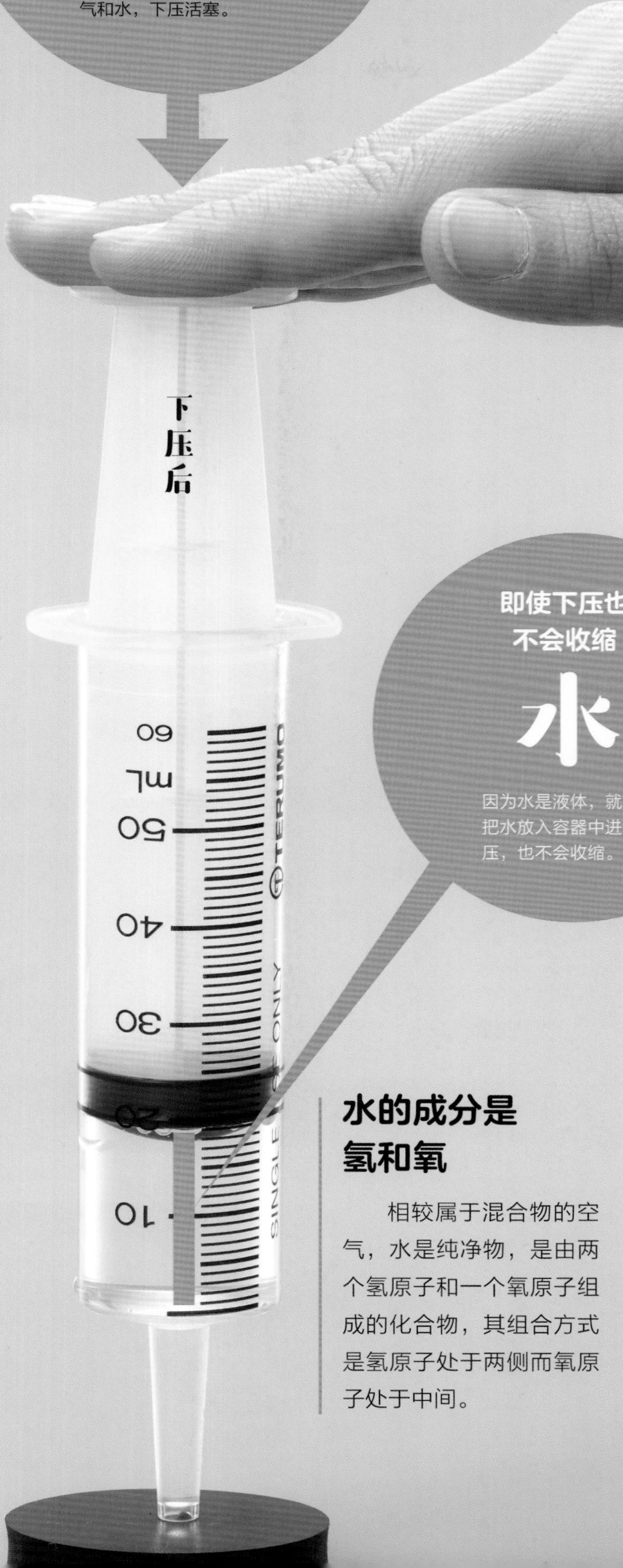

即使下压也不会收缩 水

因为水是液体，就算是把水放入容器中进行挤压，也不会收缩。

水的成分是氢和氧

相较属于混合物的空气，水是纯净物，是由两个氢原子和一个氧原子组成的化合物，其组合方式是氢原子处于两侧而氧原子处于中间。

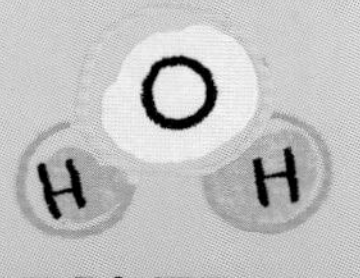

水的性质

水存在于海洋、河流、湖泊和空气等中，是地球上常见的物质，也是生物生存所必需的物质。纯净水是由氢原子和氧原子组成的化合物。

没有固定的形态

一般情况下，水在0℃～100℃的条件下，是液态的（P230），没有固定的形态。

没有味道和气味

纯净水是没有味道和气味的（无嗅无味）。

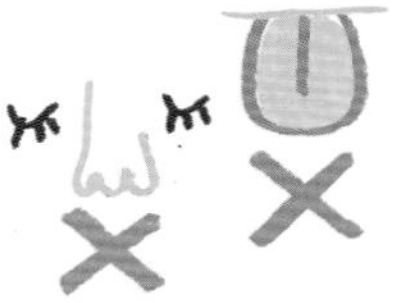

可以看得到

水虽然是无色透明的液体，但是水能反射光，所以可以看得到。

水比空气重

液态水的质量是每升约为1千克，远比空气要重。降雨也是这个原因。

物体受热后，体积会发生怎样的变化？

物体受热后，一般情况下体积都会增大。接下来让我们一起对多种物体进行加热，来观察这些物体的体积会发生怎样的变化。

1 密封空气

用肥皂水涂抹试管口，制造一层薄膜来密封空气。

2 加热

将试管放入装有热水的烧杯进行加热。

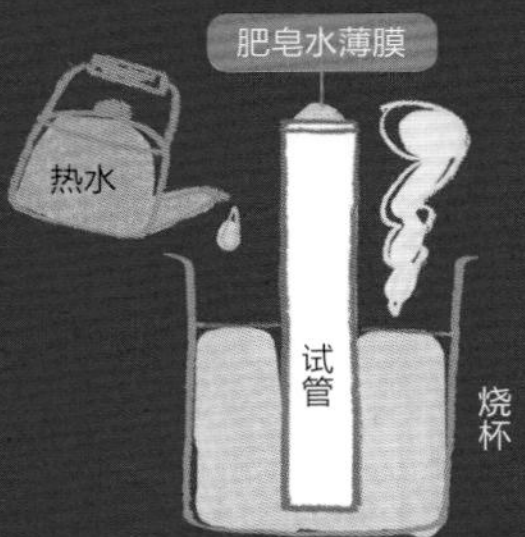

受热膨胀

液体的温度和体积的变化

水等液体，受热后一般会膨胀，体积会变大，受冷则会收缩，体积变小。但是液体的体积变化，远比气体要小。

1 密封水

把水注入试管，插入玻璃管并盖上橡胶塞来密封水。

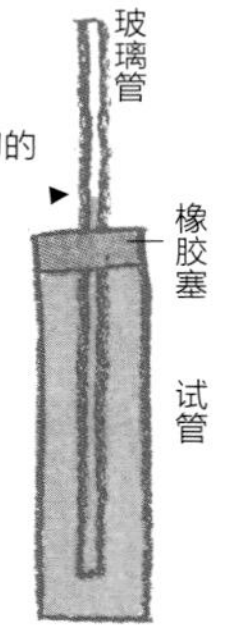

2 加热

将试管放入装有热水的烧杯，以此来加热。

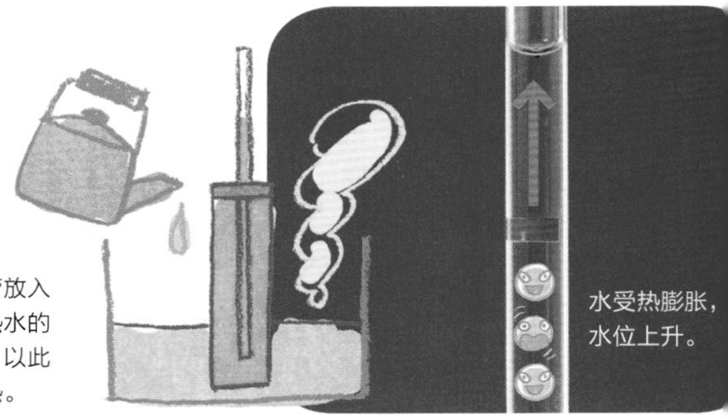

水受热膨胀，水位上升。

固体的温度和体积的变化

金属等固体受热后也会膨胀，体积变大，受冷也会收缩，体积变小。但其体积的变化要远比气体、液体小。

1 球穿过环

使球穿过环，保证球的直径要比环小。

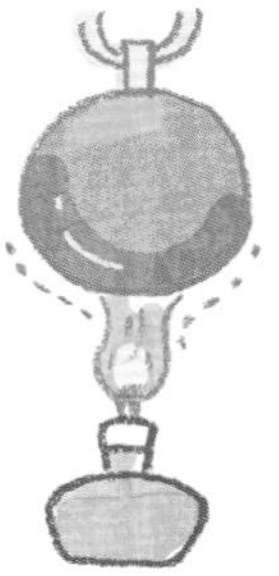

2 加热

金属球受热。

金属球膨胀后无法穿过环。

试管中空气收缩，顶部的肥皂水薄膜位置下降。

3

受冷

将试管放入装有冰水的烧杯中，冷却试管。

气体的温度与体积的变化

空气受热后体积会变大，相反，受冷后体积则会缩小。我们把体积增大称为膨胀，体积缩小称为收缩。

物体受热后体积变大的原因

物体温度上升后，组成物体的原子和分子（P220）的运动变激烈，互相碰撞的次数增多，使物体体积变大。气体的温度每增减1℃，体积即约以0℃情况下的体积的1/273的比例变化。物体的原子数和分子数不会随物质体积变化而改变，物体的质量也不会发生改变。

受冷收缩

3

冷

式管放入装
水水的容器
使水冷却。

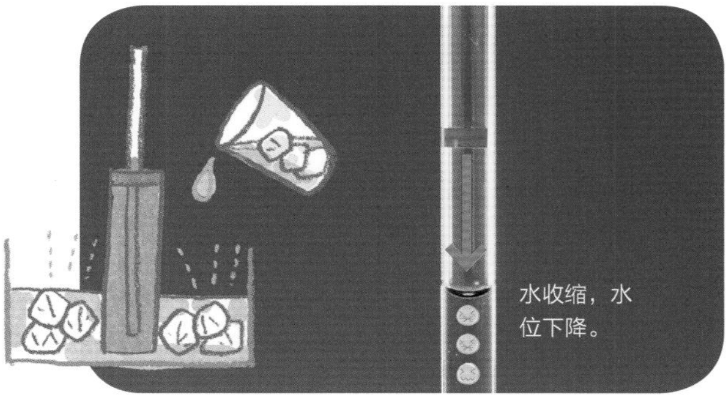

3

却

属球冷却后收缩，
以重新穿环而过。

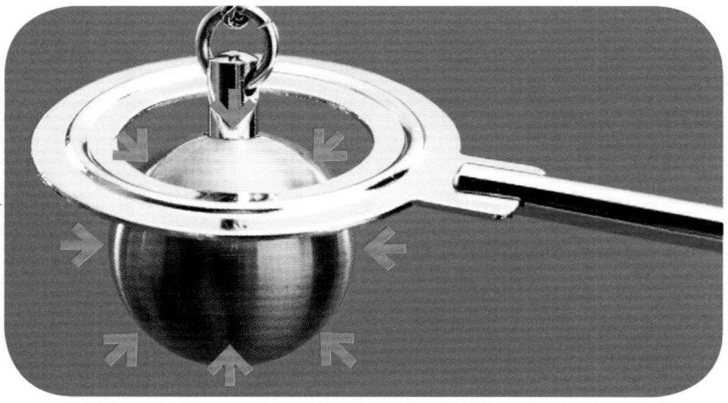

铁轨接头处

由铁制成的铁轨的接头处，一定会留有一道缝隙。这是为了避免铁轨在受热时，互相挤压而使铁轨弯曲。

空气和水是怎样实现热传导的？

物体受热时，
热量是如何传导的呢？
接下来我们通过实验来进行观察。

气体的热传导（对流）

在无风的房间内点燃一支香，空气受热，香散发的烟雾升入上空。已经升高的烟雾遇到上方的冷空气，被挤压后向下飘散。如此反复之后，暖空气和冷空气交互，热量就散发到了四周，从而使整体气温升高。

气体粒子的运动轨迹

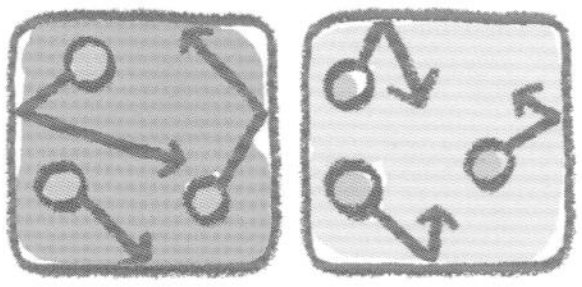

气体的粒子在空中自由游动，受热后速度加快，撞到速度较慢的粒子，并将热量传输出去。

金属的热传导（传导）

将蜡涂抹在金属板或金属棒上，用筷子夹住其中一端，另一端放在酒精灯上烘烤，可以看到热量从受热的一方向另一方传递。所以，我们可以了解到，金属的热量是有序传递的，这种传递的方式叫作热传导。

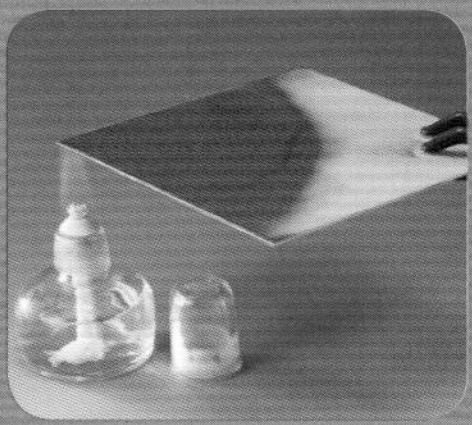

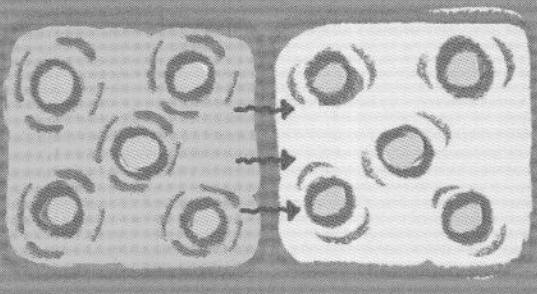

固体粒子（原子和分子）的运动轨迹

固体的粒子是有序排列的，受热后粒子间的振动变强，并向周围的粒子传递这种振动。

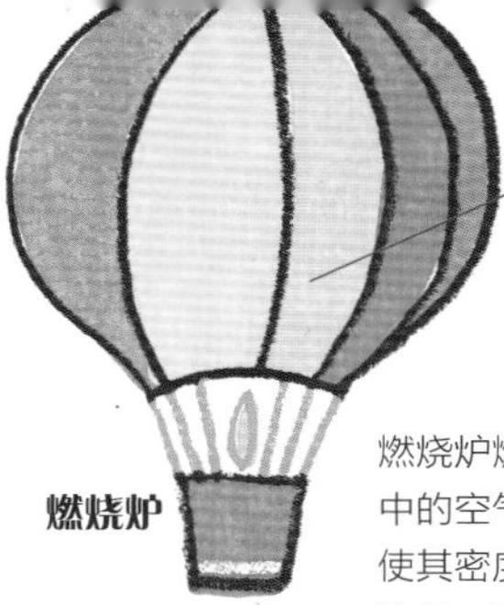

燃烧炉燃烧使热气球中的空气受热，从而使其密度低于外部的空气，实现上升。

气体和液体受热升高的原理

气体和液体受热后膨胀，体积变大。相反，这一部分的密度则会变小。密度比水小的物质会漂浮在水面上（P222）。同样的，气体和液体的密度小于周围物质的时候就会上浮。我们把这种上浮力称为浮力（P355）。

液体的热传导（对流）

用水壶烧水和用烧杯烧水时，也会发生对流。这与气体的对流有所不同，液体不会分散到空中，只是在容器当中发生对流，热量从而扩散。

液体粒子的运动轨迹

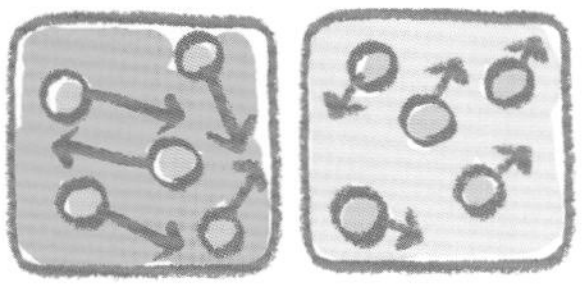

液体粒子的某一部分可以脱离整体而运动，受热之后运动变得激烈，从而将温度传递到周围。

太阳的热量是如何传递的？

把手放到日光能照射到的位置或炉子附近，很快就能感到温暖，这是因为辐射使热量传递到了手上。辐射与对流和传递不同，是通过空气将物体产生的电磁波直接传递温暖到身体等物质上。光与电磁波类似，肉眼无法看到的称作红外线的电磁波也能够传递热量。黑色的物质易吸收放射的热量（辐射热）所以易提高温度，白色的物质易反射辐射热所以不易提高温度。

将黑白两种纸连在一起围成一个圆筒。

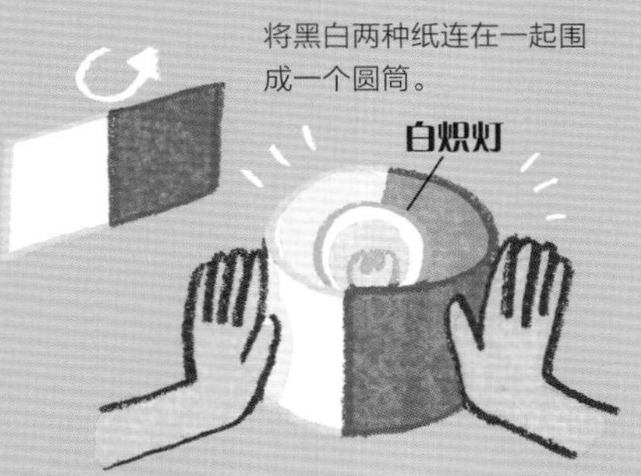

将白纸和黑纸连在一起制作成一个圆筒，放置在白炽灯周围。手接近后发现，黑色的一边更能感受到热量。

冰、水、水蒸气，是同一种物质吗？

液态水温度变低之后会凝结成冰，温度升高则会蒸发为水蒸气。冰和水蒸气的成分与水相同，只是分子的状态发生了改变。

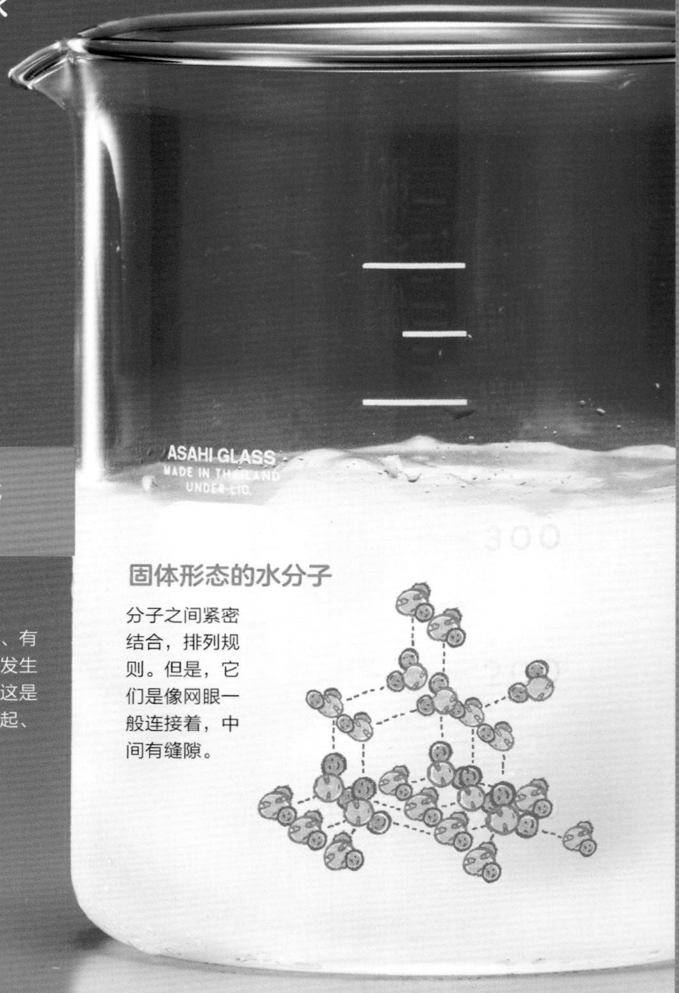

冰

0℃ 0℃以下，水凝结成冰，变为固体。

固体是什么？

冰、金属等块状的、有一定体积的、形态难以发生变化的物体称为固体。这是原子和分子紧密挨在一起、不易发生运动的状态。

固体形态的水分子

分子之间紧密结合，排列规则。但是，它们是像网眼一般连接着，中间有缝隙。

水

4℃ 水在0℃~100℃的条件下是液体。

液体是什么？

液体是例如水、酒精等没有固定形态、装入容器后形态可以自由改变的物体状态。这是原子和分子互相接触自由运动的状态。

水的形态和冰的体积变化

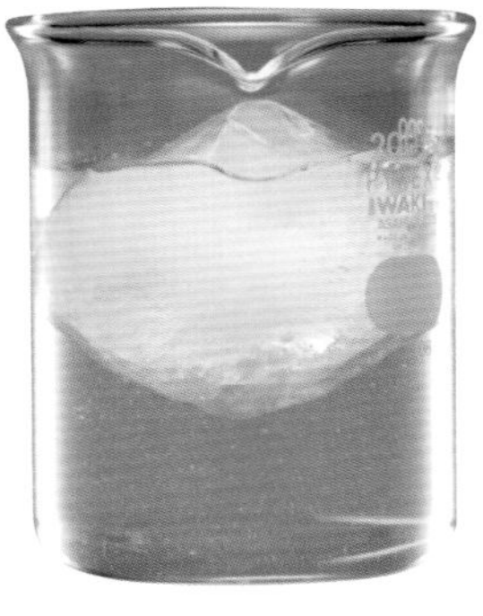

几乎所有物质在由液态变为固态时，体积都会变小。只有水比较特殊，温度低于0℃时，水变为冰，体积比之前增大了约1.1倍。如上图所示，作为固体的水分子在连接时出现了间隙。

质量（分子数）没有改变的情况下体积增大，所以密度反而变小了。冰能浮在水面上，就是因为物态变化后其密度比水小。

1克水的体积和温度间的关系

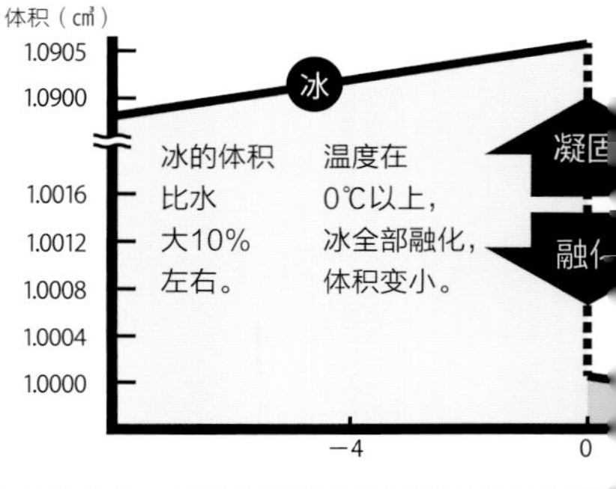

水的三种形态：固体、液体、气体

水具有三种形态，分别为固体的冰、液体的水、气体的水蒸气。

我们把物体的形态因温度改变而产生的变化叫作物理变化。物理变化只是物体形态的变化，并不会变成其他的物质。冰、水、水蒸气都是由两个氢原子和一个氧原子组合而成的水分子构成的。

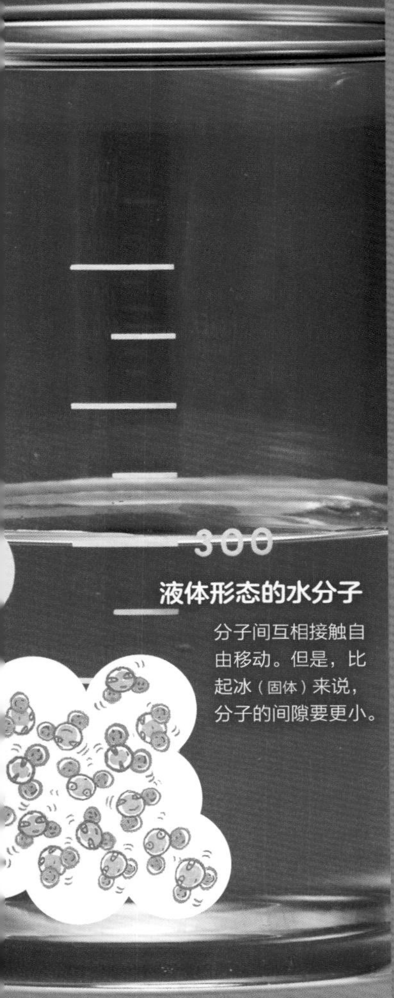

液体形态的水分子

分子间互相接触自由移动。但是，比起冰（固体）来说，分子的间隙要更小。

水蒸气

100℃ 温度超过100℃，水沸腾后变为气体。

气体是什么？

气体是例如水蒸气和氧气等肉眼看不到的、无论放入什么容器中都能自由扩散的物体状态。这是原子和分子散落分布的状态。

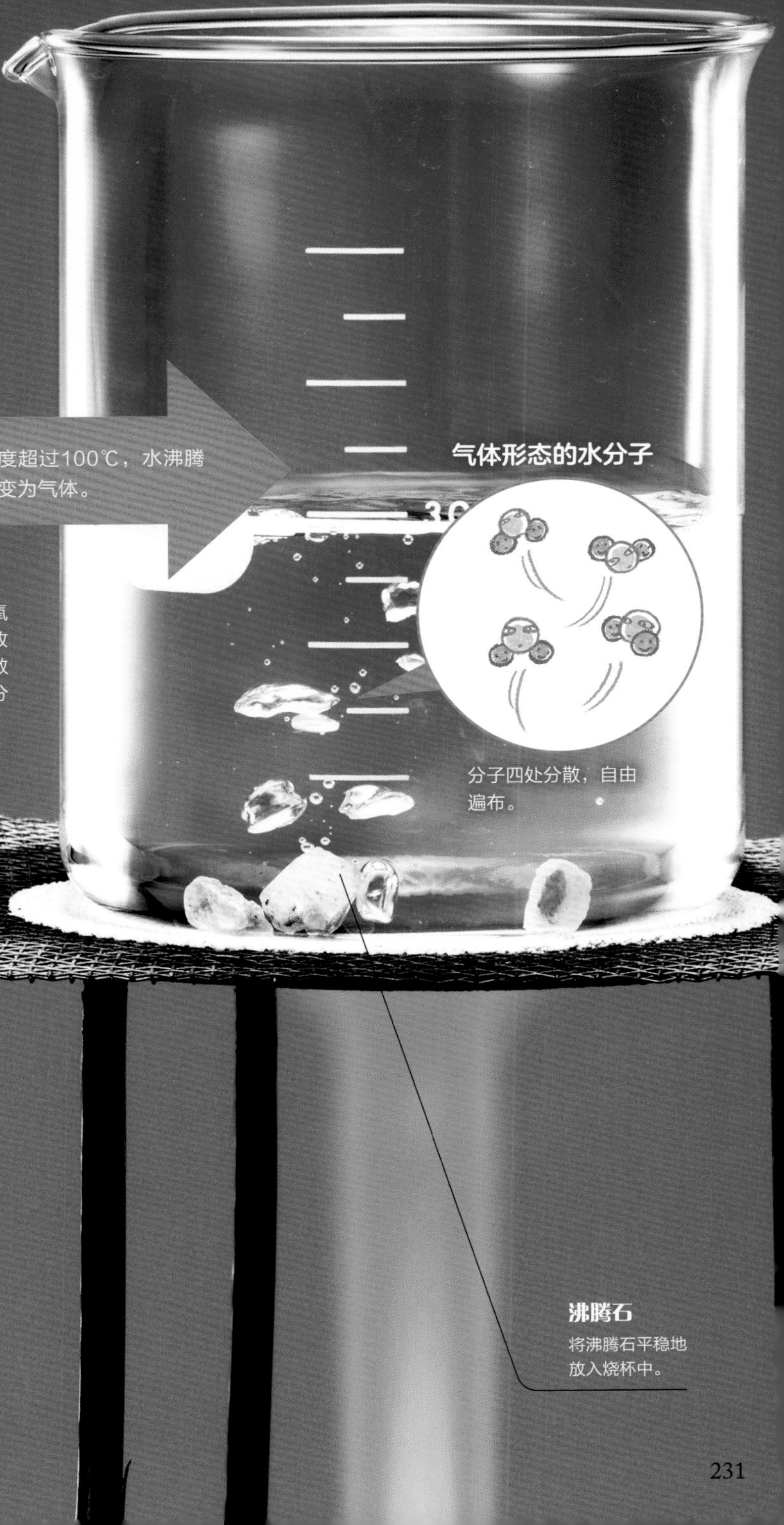

气体形态的水分子

分子四处分散，自由遍布。

沸腾石

将沸腾石平稳地放入烧杯中。

温度进一步升高，受热膨胀，体积逐渐变大。

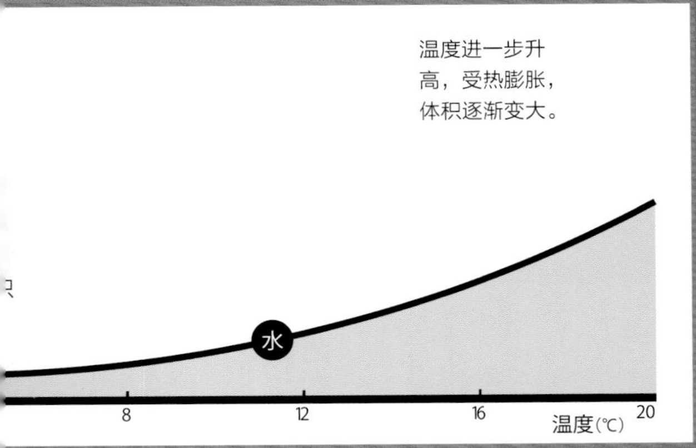

水的形态与温度的关系

水随温度的改变会变成冰或水蒸气。水的形态发生改变时，温度会发生怎样的变化呢？

融化

冰全部变为水时，温度为0℃

蒸发

水沸腾时的温度是100℃

温度达到100℃时，水沸腾变成水蒸气，沸腾期间水（热水）的温度最高只能达到100℃。

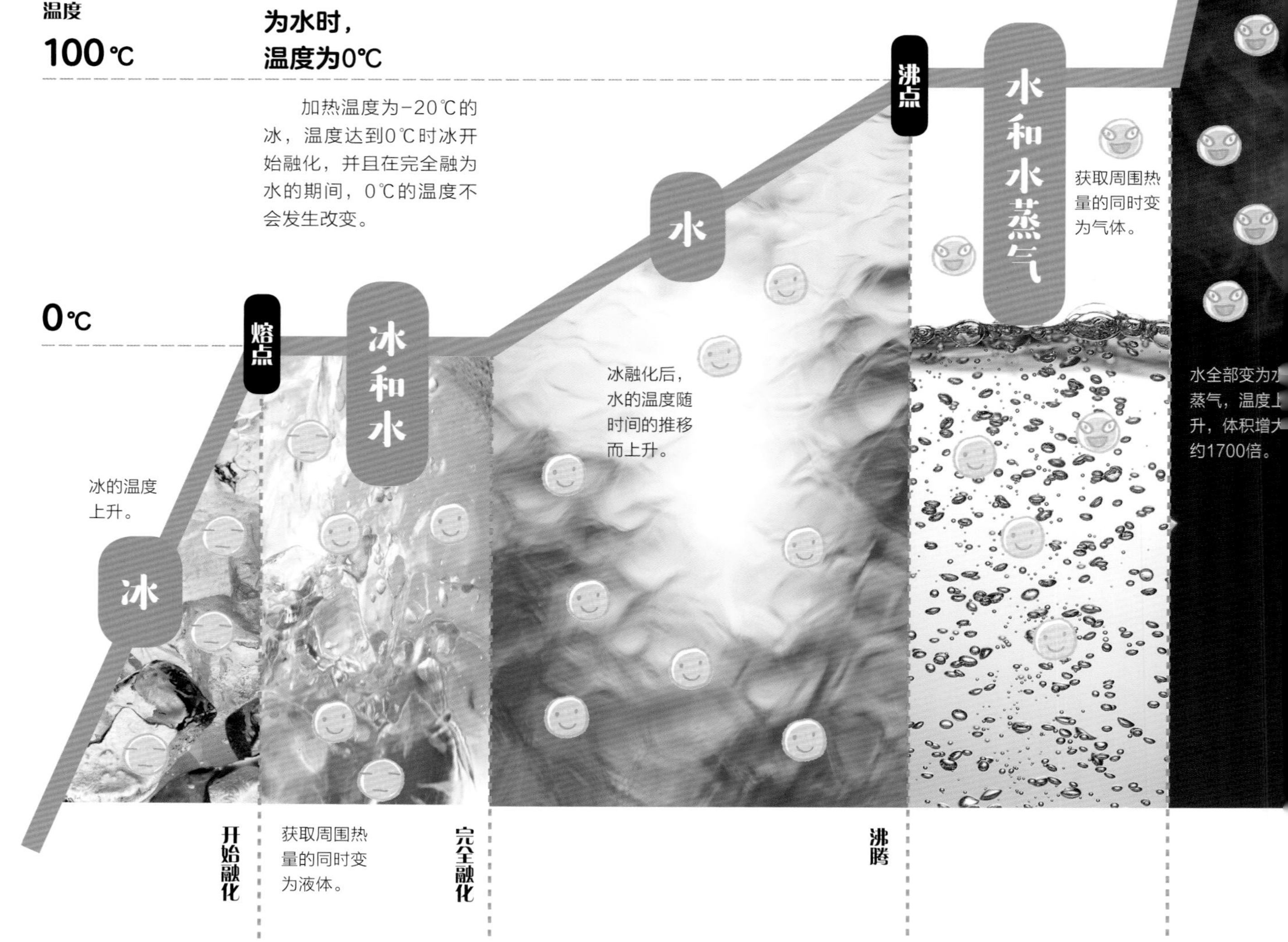

温度
100℃
0℃
加热温度为-20℃的冰，温度达到0℃时冰开始融化，并且在完全融为水的期间，0℃的温度不会发生改变。
熔点
沸点
冰
冰的温度上升。
冰和水
水
冰融化后，水的温度随时间的推移而上升。
水和水蒸气
获取周围热量的同时变为气体。
水蒸气
水全部变为水蒸气，温度上升，体积增大约1700倍。
开始融化
获取周围热量的同时变为液体。
完全融化
沸腾

物质的三种形态和热

温度或压力变化，会使物质的形态变为固体、液体、气体。

固体变为液体称为溶化，相反则称为凝固。另外液体变为气体称为气化，相反则称为液化。干冰（固态二氧化碳）等物质由固体直接变为气体称为升华，反之则称为凝华。

因为物质按照气体、液体、固体的顺序改变时需要大量的热量，所以当形态发生改变时，会从周边吸取热量。

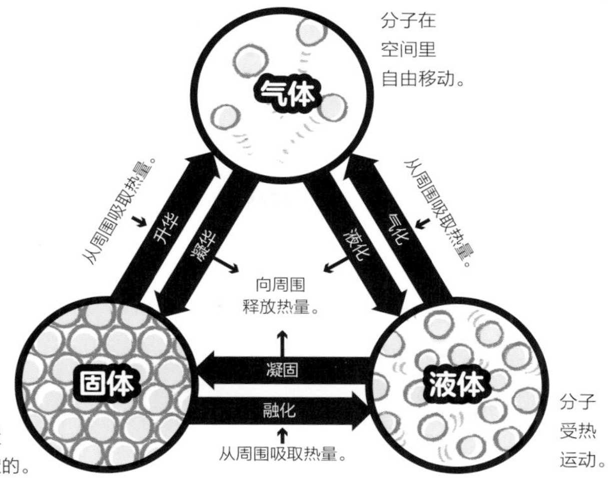

凝固

水全部变为冰的时候，温度为0℃

将试管中的水冷却，温度在0℃时开始结冰，直到全部结冰为止，温度没有发生变化。

将冰和食盐水放入烧杯中，把装有水的试管放入烧杯，可以使水结冰冷却。

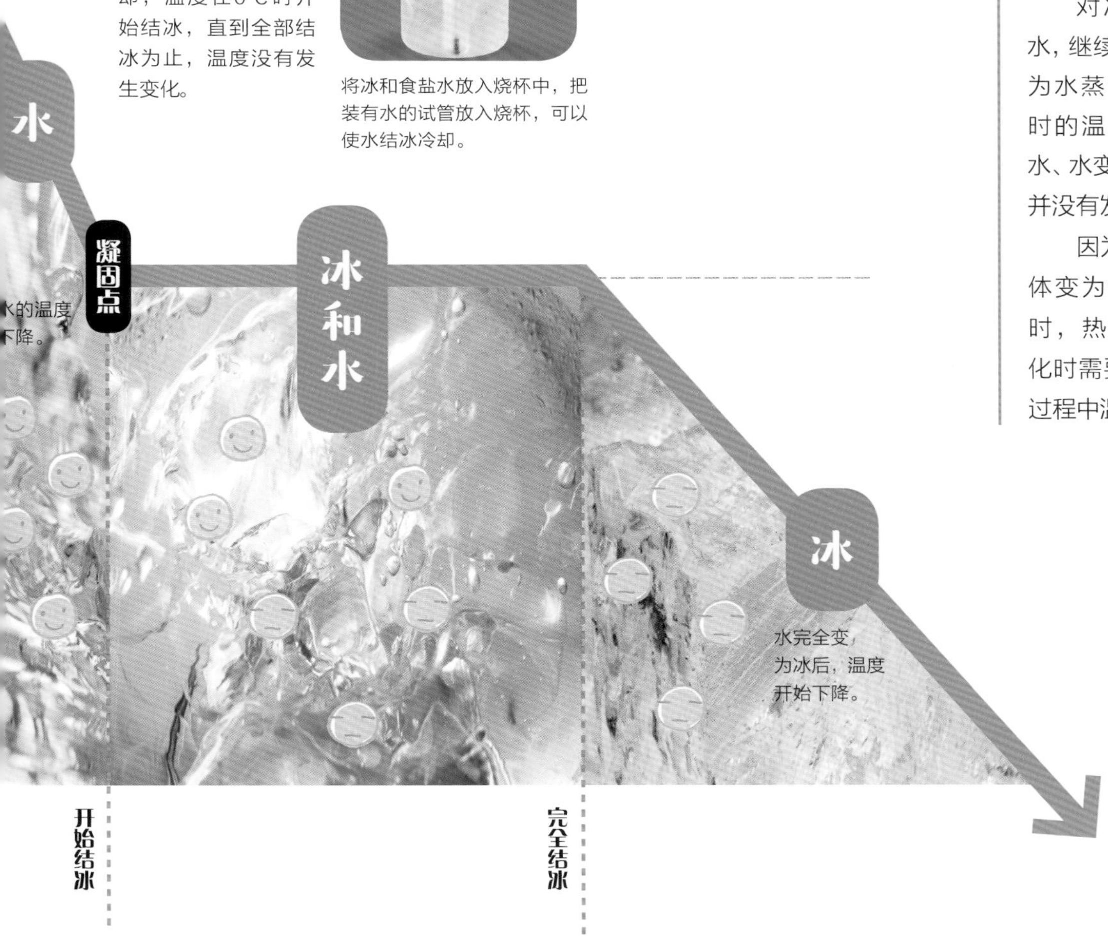

在物理变化的过程中，温度不会发生改变

对冰进行加热使其融化为水，继续加热，最后水会沸腾变为水蒸气。我们观察物态变化时的温度可以发现，在冰变成水、水变成水蒸气的过程中，温度并没有发生改变。

因为从固体变为液体、从液体变为气体这种状态发生变化时，热量是必需的。在物理变化时需要持续加热，因此在这个过程中温度不会变化。

元素是从哪里来的？

铅笔、衣服、汽车、生物的身体、
夜空中闪耀的繁星，存在于我们身边的所有物质，
都是由氢、氧、铁等118种成分组合而成的，
这些成分就叫作元素。
元素究竟是从哪里来的呢？接下来我们
一起来看一看元素诞生时的样子。

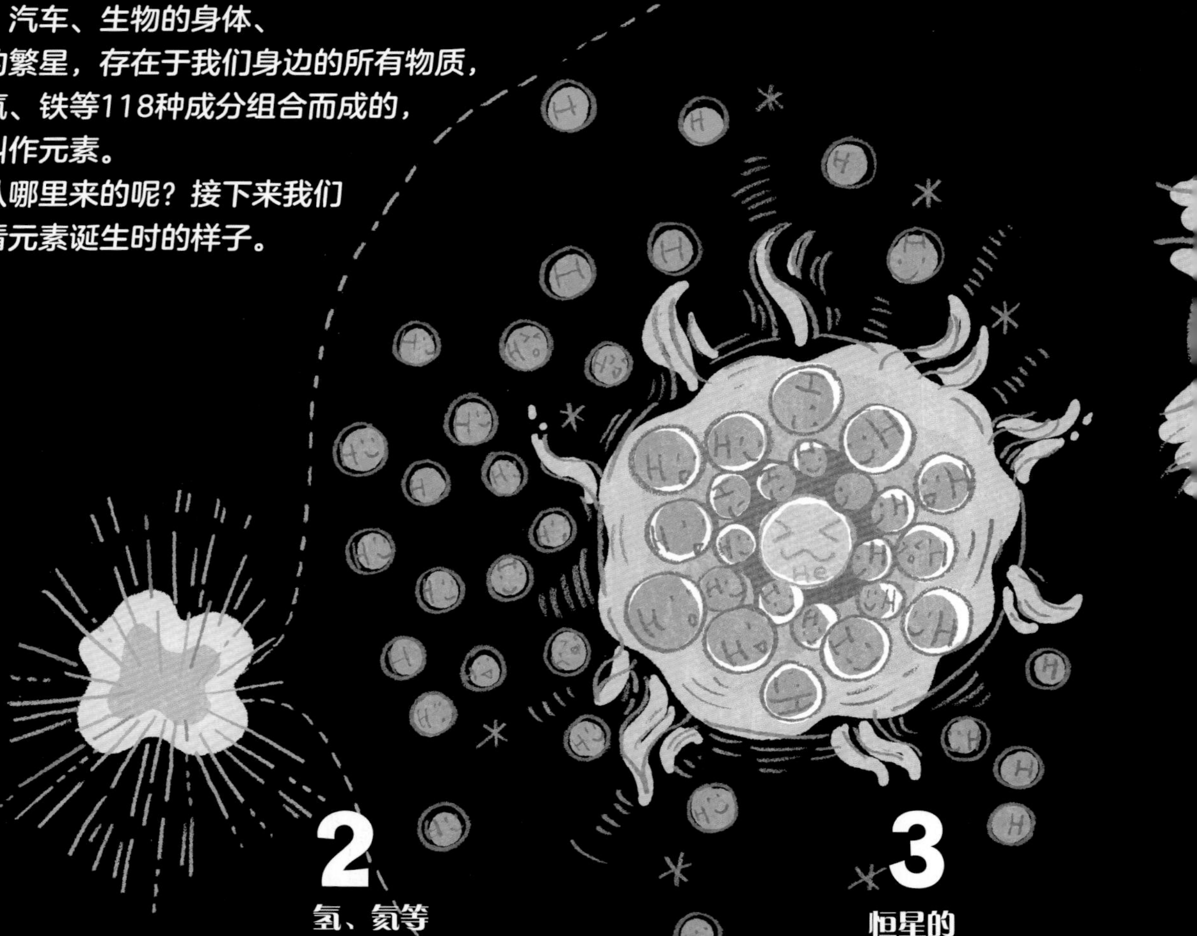

1 宇宙大爆炸中诞生了轻质元素

距今138亿年前，发生了一次大爆炸，一瞬之间，宇宙诞生了（P122）。在超高温的宇宙中形成了氢原子的基础——基本粒子。大约一分钟后，宇宙开始冷却，形成了氦、锂等轻质元素。

2 氢、氦等轻质原子的出现

数十万年之后，元素之中产生了称为电子的基本粒子，诞生了氢原子和氦原子。原子的出现使光能直射到地球，从而形成了用望远镜观测到的宇宙的样子。

3 恒星的核聚变产生了氦

分散在宇宙中的氢原子和氦原子在引力（万有引力，P338）的作用下聚拢回旋，形成巨大的回旋气团。最终，形成了中心高温、放射光芒的恒星。恒星内部，发生着氢附着在一起并向氦转变的核聚变反应。

到底是由什么元素组成的？

组成生物的元素也是组成星球的元素。换句话说，人类本身就是星球的碎片。那么，到底我们是由什么元素组成的呢？

全宇宙

氢	73.4%
氦	25%
其他	1.6%

（氧、碳、铁等）

太阳

氢	70.7%
氦	27.4%
其他	1.9%

（氦、铀等）

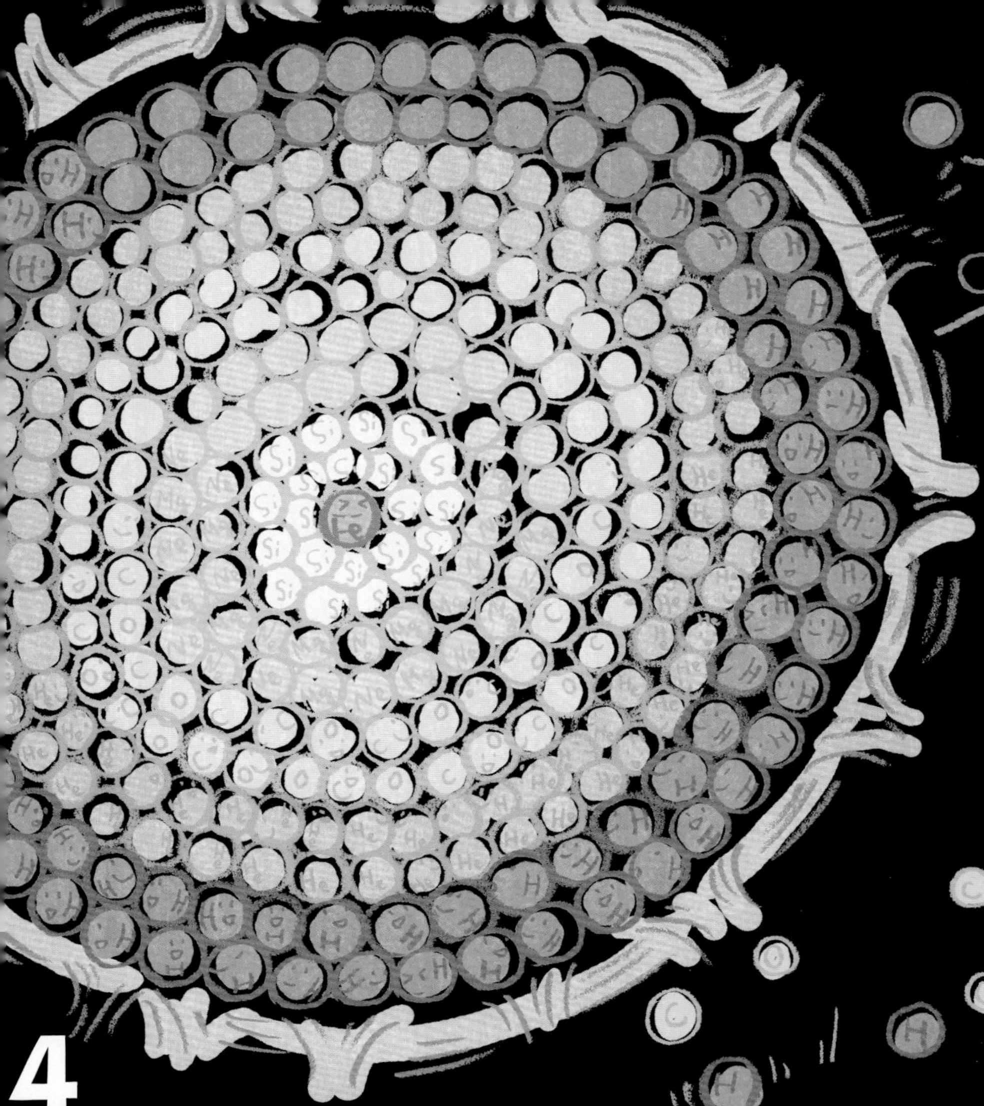

5

超新星爆炸中元素散落至宇宙各处

中心形成铁后，核聚变反应没办法继续进行。恒星超重导致崩溃，引发了超新星爆炸（P123）。在此次爆炸的能量中诞生了比铁还要重的元素。由此形成的各种元素在宇宙中四散而开。

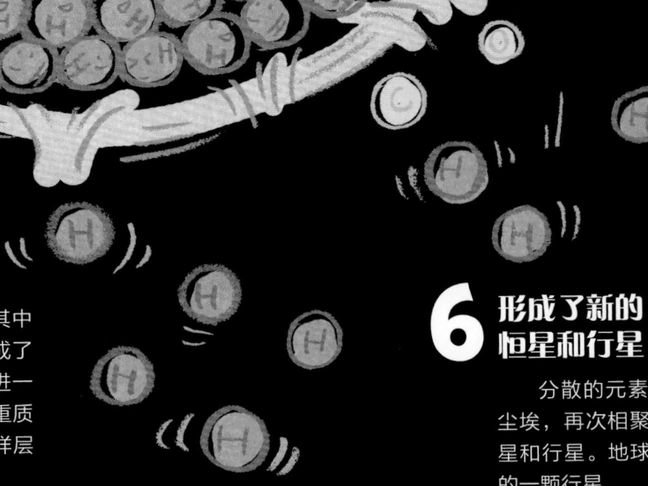

4

重质元素相继成为中心

比太阳还要大的恒星，其中心贮存的氦发生核聚变，形成了碳和氧。中心的温度和压力进一步增加，氖、镁、硅、铁等重质元素依次诞生，就像洋葱一样层层贮存在恒星中心。

6

形成了新的恒星和行星

分散的元素成为宇宙中的尘埃，再次相聚后形成新的恒星和行星。地球就是这样形成的一颗行星。

地球

铁	34.6%
氧	29.5%
硅	15.2%
镁	12.7%
其他	8.0%

海水

氧	85.9%
氢	10.8%
氯	2.0%
钠	1.1%
其他	0.2%

人体

氧	65%
碳	18%
氢	10%
氮	3.0%
钙	1.5%
磷	1.0%
其他	1.5%

（硫、钾、钠、氯、镁等）

煎饼蛋糕

氧	69%
碳	21%
氢	9%
其他	1%

（氮、钠、钙等）

元素的种类和周期表

迄今为止包含人工合成的元素在内，共有118种。
其中，天 然存在的有92种。
元素的实体为原子。周期表是按照元素的质量（原子量）的顺序排列的，周期表的纵列（族）按照相同的性质排列元素。

1 H 1.008 氢：宇宙中最轻最多的元素。

3 Li 6.941 锂：金属电池和飞机的材料。

4 Be 9.012 铍（pí）：轻质坚硬，祖母绿的发光成分，有毒。

11 Na 22.99 钠：食盐的主要成分，用于隧道照明，对人体重要。

12 Mg 24.31 镁：用于电子机械等的轻质金属材料。可构成卤水。

19 K 39.1 钾：肥料的三要素之一，对于肌肉神经来说非常重要。肥皂的原料。

20 Ca 40.08 钙：骨头、珊瑚、石灰岩、水泥等的成分。

21 Sc 44.96 钪（kàng）：用于金属棒、自行车的合金。棒球场照明。

22 Ti 47.87 钛：轻质坚硬的金属。用于眼镜和高尔夫球杆等。

23 V 50.94 钒（fán）：可制作坚硬的金属，如工具和刀刃以及用作电镀等。

24 Cr 52 铬（gè）：电镀后有光泽，可用作不锈钢，镍铬。

25 Mn 54.94 锰：与铁的合金可耐冲击。可作电池的材料等。

26 Fe 55.85 铁：各处均有使用。建筑、交通工具、血液等均有铁。

27 Co 58. 钴（gǔ）：用于磁铁、油以及玻璃等，青

37 Rb 85.47 铷（rú）：用于研究陨石的年代，用于光电池。

38 Sr 87.62 锶（sī）：燃烧后有鲜艳的红色，用于烟火及发烟筒。

39 Y 88.91 钇（yǐ）：LED中白光的来源。释放激光的晶体。

40 Zr 91.22 锆（gào）：质地坚硬，用作人工钻石和刀具等。

41 Nb 92.91 铌（ní）：超传导材料，用于磁悬浮列车及核磁共振。

42 Mo 95.95 钼（mù）：用于轴承的润滑剂和电子机器的底盘。

43 Tc 99 锝（dé）：最早的人工合成元素。用于诊断疾病等。

44 Ru 101.1 钌（liǎo）：一种合金，用于钢笔笔尖、药物合成。

45 Rh 102 铑（lǎo）：用于制作橡皮品、湿布等。

55 Cs 132.9 铯（sè）：用作原子钟来计算时间，也用于GPS。

56 Ba 137.3 钡（bèi）：用于胃部X光。烟花中产生绿色光芒的物质。

57-71 镧（lán）系：化学性质相似的稀有矿物质。

72 Hf 178.5 铪（hā）：用于制造阻止原子炉核裂变的工具。

73 Ta 180.9 钽（tǎn）：人工骨骼和牙齿，储存电能的电容器的材料。

74 W 183.8 钨：在3000℃的高温下也不会熔化，用作灯丝。

75 Re 186.2 铼（lái）：超耐热合金，用于高温传感器、开关接头等。

76 Os 190.2 锇（é）：坚固的合金，用于钢笔的笔尖等。

77 Ir 192.2 铱（yī）：坚硬稳固。用于动机的火花塞

87 Fr 223 钫（fāng）：最后一种被发现的天然元素，会立刻衰变为其他元素。

88 Ra 226 镭（léi）：居里夫妇发现的放射性元素。会衰变为氡。

89-103 锕（ā）系：化学性质相似的放射性元素。

104 Rf 267 𬬻（lú）：由锎而得到，尚不明确其性质。

105 Db 268 𬭊（dù）：由氮和镅合成而得，性质不明。

106 Sg 271 𬭳（xǐ）：由锎镭和氧合成而得，性质与钨相似。

107 Bh 272 𬭛（bō）：由铋和铬合成而得，性质不明。

108 Hs 277 𬭶（hēi）：铁撞入铅得到的元素，与锇相似。

109 Mt 276 鿏（mài）：铋撞入铁而得到元素，性质不明

镧系

57 La 138.9 镧（lán）：用于吸收紫外线的玻璃等。

58 Ce 140.1 铈（shì）：用于吸收紫外线的玻璃等。

59 Pr 140.9 镨（pǔ）：可用于黄色颜料、护目镜。

60 Nd 144.2 钕（nǚ）：强力磁石，用于核磁共振等。

61 Pm 145 钷（pǒ）：探测器的核电池。

62 Sm 150.4 钐（shān）：可变为强力耐热的磁石。

63 Eu 152 铕（yǒu）：用于餐厅的荧光

锕系

89 Ac 227 锕（ā）：放射性强，不稳定。

90 Th 232 钍（tǔ）：比铀的含量多。

91 Pa 231 镤（pú）：可衰变为锕。

92 U 238 铀（yóu）：核电燃料，原子弹的材料。

93 Np 237 镎（ná）：由铀而来的人工合成元素。

94 Pu 239 钚（bù）：原子弹、核弹的材料，放射性比铀强。

95 Am 24 镅（méi）：用于烟雾传感器

原子序号 表示原子中被称为质子的基本粒子的数量，数字越大，原子也就越大、越重。

素符号

H 1 ● 1.008 氢

●气体 ▲液体 ■固体

*20℃时单体的状态

子的名称

原子量 碳原子的质量为12时的相对原子质量。

子的性质

- 碱金属
- 碱土金属
- 镧系
- 锕系
- 其他金属

单体为金属，具有金属光泽，易导热及导电。

非金属
- 卤素
- 稀有气体
- 其他非金属

单体为非金属。不易导热、导电。

● 性质不明的新元素

---

2 He ● 4.003 氦 仅次于氢，第二质量轻、数量多。可使飞艇和热气球上浮。

5 B ■ 10.81 硼 用于耐热玻璃、杀虫剂中的硼酸等。

6 C ■ 12.01 碳 构成生物体、炭、钻石、铅笔芯等。

7 N ● 14.01 氮 空气的主要成分。肥料的三要素之一。

8 O ● 16 氧 与氢结合形成水。由光合作用形成。

9 F ● 19 氟 可用作不粘锅、牙膏的成分。

10 Ne ● 20.18 氖 通电后会发光。用于霓虹灯。化学性质稳定。

13 Al ■ 26.98 铝 轻金属。用作窗户边框、易拉罐、铝箔等。

14 Si ■ 28.09 硅 玻璃和水泥的成分。半导体的材料。

15 P ■ 30.97 磷 肥料的三要素之一。在DNA和骨头里较多。

16 S ■ 32.07 硫 温泉和洋葱气味及轮胎中橡胶气味的来源。

17 Cl ● 35.45 氯 用于水管消毒和漂白粉等。

18 Ar ● 39.95 氩 氩光灯和白炽灯中的成分。

28 Ni ■ 58.69 镍 有高耐热性，于涡轮。

29 Cu ■ 63.55 铜 用作铜像、货币，使用历史悠久，导电性好。

30 Zn ■ 65.38 锌 与铜的合金可用于乐器。有助于感知味道。

31 Ga ■ 69.72 镓（jiā） 蓝色LED材料，用于照明、红绿灯等。

32 Ge ■ 72.63 锗（zhě） 在使用硅之前的半导体材料，用于镜头。

33 As ■ 74.92 砷 用于半导体和医疗用品。对人体有害。

34 Se ■ 78.97 硒 受光照射后可导电。用于玻璃上色。

35 Br ▲ 79.9 溴 在室温下为液体。用于杀菌剂、阻燃剂等。

36 Kr ● 83.8 氪 含量最少的气体。用于手电筒等。

46 Pd ■ 106.4 钯（bǎ） 作装饰物，也净化排放气体。

47 Ag ■ 107.9 银 最易导热、导电的元素。用于餐具和装饰品。

48 Cd ■ 112.4 镉 用在镍和电池中。用刀可切割。有毒。

49 In ■ 114.8 铟（yīn） 用于液晶电视等，低温时可溶解。

50 Sn ■ 118.7 锡 焊锡和马口铁的成分。用于玻璃防雾等。

51 Sb ■ 121.8 锑（tī） 用于半导体和电池。曾经用作化妆品。

52 Te ■ 127.6 碲（dì） 遇热可结晶，用于光盘等记录数据的物体。

53 I ■ 126.9 碘 用于漱口水和消毒液。海带等物质中含碘。

54 Xe ● 131.3 氙（xiān） 用于闪光灯发光。也是宇宙探测器的推进力。

78 Pt ■ 195.1 铂 首饰、燃料电抗癌剂等。

79 Au ■ 197 金 有光泽，不易氧化，用作金币、装饰品等。

80 Hg ▲ 200.6 汞 室温下为液体。用于照明等。

81 Tl ■ 204.4 铊（tā） 用作杀鼠药等。燃烧后发出绿色光芒。

82 Pb ■ 207.2 铅 用于电池、汽车电池、焊锡、玻璃等。

83 Bi ■ 209 铋（bì） 防止电流失的超导电缆材料。也用作胃药。

84 Po ■ 210 钋（pō） 居里夫妇发现的具有强放射性能的危险物质。

85 At ■ 210 砹（ài） 不稳定，一段时间后可有一半会衰变。

86 Rn ● 222 氡（dōng） 最重的气体。有放射性，藏在地下和温泉里。

110 Ds ■ 281 鐽（dá） 撞入铅中合成。性质不明。

111 Rg ■ 280 轮（lún） 铋与镍合成而得。与金和银属于同族。

112 Cn ■ 285 鎶（gē） 由锌撞入铅中合成而得。放射性很强。

113 Nh ■ 284 鉨（nǐ） 诞生于日本，由铋和锌合成而得。

114 Fl ■ 289 𫓧（fū） 由钚和钙相撞合成而得。

115 Mc ■ 288 镆（mò） 由钙和镅合成而得。

116 Lv ■ 293 鉝（lì） 由锔和钙合成而得，2012年命名。

117 Ts ■ 293 石田（tián） 由钙撞入锫中合成而得。

118 Og ■ 294 气奥（ào） 由锎和钙合成而得。

64 Gd ■ 157.3 钆（gá） 力下常有反应。

65 Tb ■ 158.9 铽（tè） 用于电视的荧光体等。

66 Dy ■ 162.5 镝（dī） 用于打印机、轻光涂料。

67 Ho ■ 164.9 钬（huǒ） 用于手术用的激光手术刀。

68 Er ■ 167.3 铒（ěr） 用于光纤维和激光。

69 Tm ■ 168.9 铥（diū） 用作光纤维等。

70 Yb ■ 173.1 镱（yì） 用于玻璃上色和激光等。

71 Lu ■ 175 镥（lǔ） 用于医疗诊断装置等。

96 Cm ■ 247 锔（jú） 由钚而得。

97 Bk ■ 247 锫（péi） 放射性强，不能掌控。

98 Cf ■ 252 锎（kāi） 在美国加利福尼亚制作而得。

99 Es ■ 252 锿（āi） 以爱因斯坦的名字命名。

100 Fm ■ 257 镄（fèi） 于氢弹爆炸中发现。不能掌控。

101 Md ■ 258 钔（mén） 以门捷列夫的名字命名。

102 No ■ 259 锘（nuò） 由锔而得。

103 Lr ■ 262 铹（láo） 由锎而得。

水溶液的

干旱期可形成盐的结晶，堆积在表面的盐收缩，形成了一格格的网状裂痕。三条裂痕以120°的角度收缩聚集，这是最节省能量的方式，所以最终形成了六边形的网状裂痕。

性质

这是南美安第斯山脉中的乌尤尼盐湖，海拔为3650米。
干旱期时水全部蒸发，出现了大片的盐。
这些铺满乌尤尼盐湖的大量的盐
究竟是怎样隐藏在水中的呢？
这一章，我们将来探究能够溶解物质的水
具有的不可思议的性质。

水溶液是什么？

将盐或糖放入水中，
充分搅拌后就会消失不见。
盐或糖
到底跑到哪里去了呢？

食盐在水中溶解时，原子和分子的状态

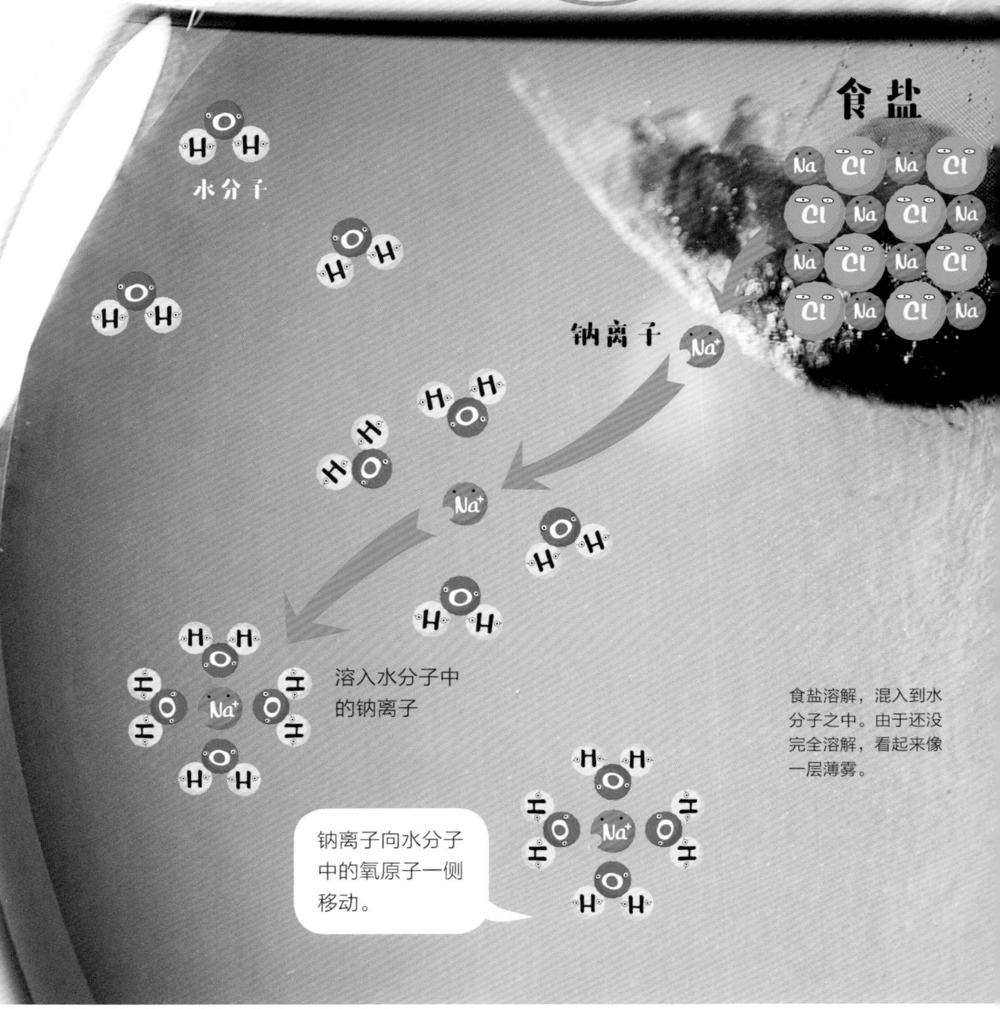

水分子
食盐
钠离子
溶入水分子中的钠离子
食盐溶解，混入到水分子之中。由于还没完全溶解，看起来像一层薄雾。
钠离子向水分子中的氧原子一侧移动。

溶解在水中

食盐水和砂糖水都是某种物质在水中溶解后形成的水溶液。溶液几乎是无色透明的，即使有色也是透明的，可以看清溶解过程。其原因在于，食盐或砂糖溶解成了肉眼无法观察到的原子、分子或离子等小粒子，混入到水分子的间隙之中，扩散到水的整体。因此，经过一段时间就无法再次看到溶解前的物质。

还有能溶解液体或气体的水溶液

能够溶解到水中的物质，并不仅限于诸如食盐和砂糖这些固体，例如醋就是醋酸溶解于水中的水溶液。此外，石灰水是二氧化碳气体溶解于水中的水溶液。因此，还有液体或气体溶解后的水溶液。

溶解固体的水溶液

食盐水（食盐的水溶液）

另外还有砂糖水、石灰水、硼酸水等。

蒸发后出现固体残留物

水经过物态变化（P231）变成水蒸气散发到空气中，此时溶解的食盐或砂糖等物质变成小块重新出现。

＊在砂糖水中，砂糖会因烧焦留下黑色固体（炭

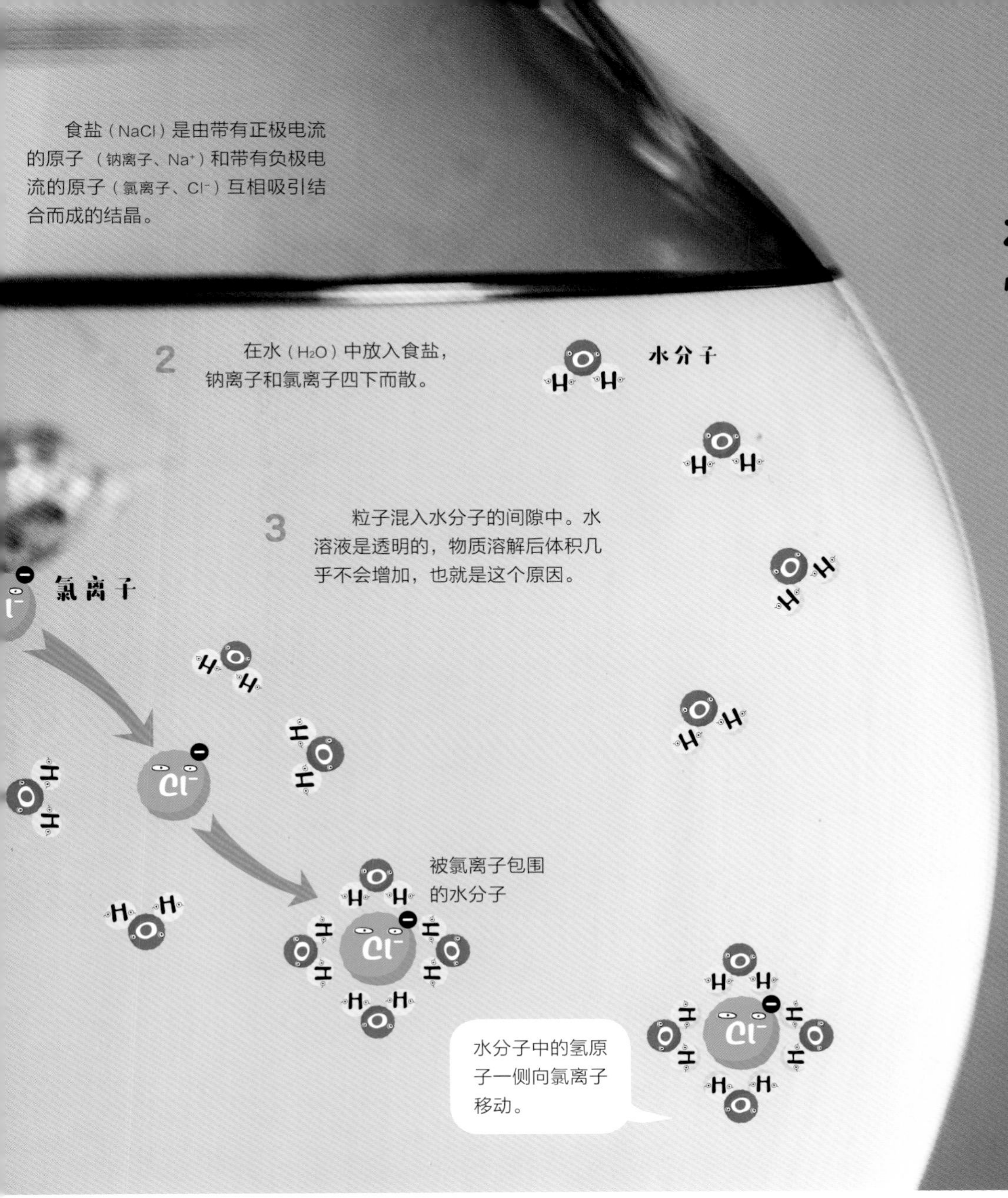
食盐（NaCl）是由带有正极电流的原子（钠离子、Na^+）和带有负极电流的原子（氯离子、Cl^-）互相吸引结合而成的结晶。
2 在水（H_2O）中放入食盐，钠离子和氯离子四下而散。
水分子
3 粒子混入水分子的间隙中。水溶液是透明的，物质溶解后体积几乎不会增加，也就是这个原因。
氯离子
被氯离子包围的水分子
水分子中的氢原子一侧向氯离子移动。

水溶液的性质

1 持续溶解

将水溶液放置一旁，不会出现颗粒和小块物质。

2 透明

物质溶解为原子或分子这些肉眼看不到的粒子，再混入水分子中，无论是无色还是有色，都是透明的。

3 浓度一致

溶解的物质平均地混合在水中，每一部分的浓度都是相同的。

4 过滤也不会变化

原子或分子这些肉眼看不见的粒子是非常微小的，能够穿过过滤纸。就算是将其过滤，水溶液的性质也不会发生改变。

液体溶解后的水溶液

蒸发后没有残留物

（醋酸的水溶液）

似的还有酒精等。

溶解后的液体一齐蒸发。

气体溶解后的水溶液

蒸发后没有残留物

碳酸水（二氧化碳的水溶液）

类似的还有盐酸、氨水等。

溶解后的气体也散布在空气中，没有任何残留物。

＊醋中含有醋酸以外的物质时有可能会出现残留物。

物质溶解后，质量和体积会发生变化吗？

将食盐放入到一定量的水中，
食盐是怎样溶解的呢？
此时水溶液的质量和体积又是怎样变化的呢？
接下来我们来做个实验。

实验

观察物质溶解后的质量与体积

往200克（200毫升）的水中，每次加入10克食盐，观察之后三次的变化。

质量

溶解食盐的数量增多，质量会怎样变化呢？

体积

溶解食盐的数量增多，体积会怎样变化呢？

溶解量

能够溶解多少克食盐呢？

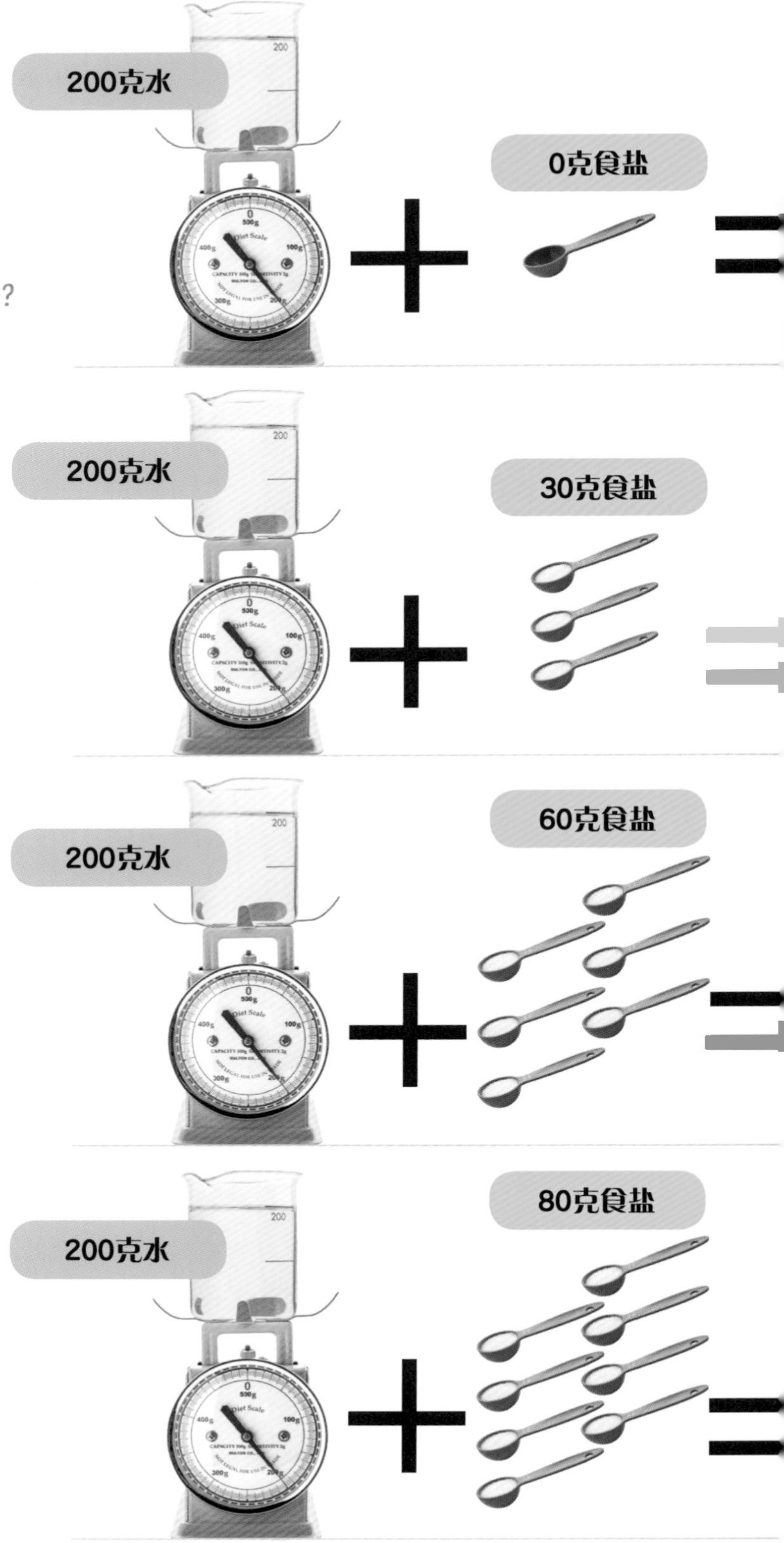

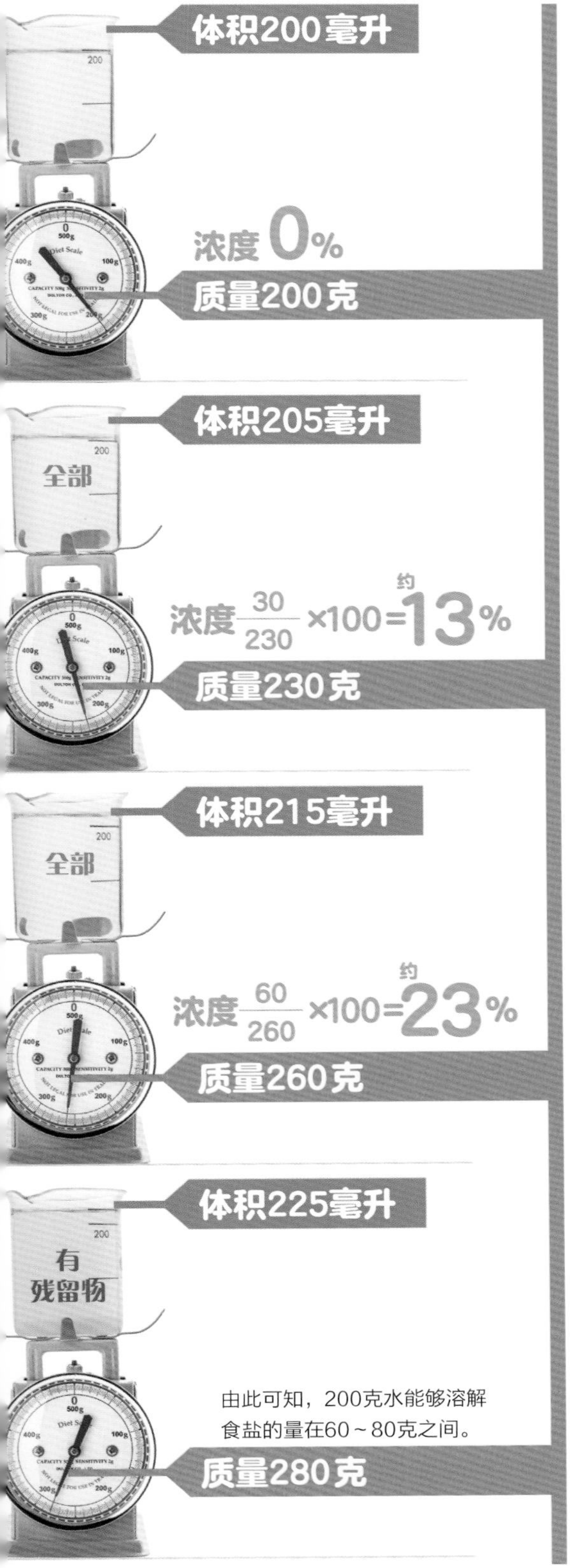

总结

质量

只增加溶解部分的质量

物质在水中溶解，只有溶解后的部分质量在增加。

体积

食盐溶解后体积不变

即使是固体在水中溶解，整体的体积基本上也不会增加。

溶解量

食盐没能完全溶解

固体在水中的最大溶解量根据物质不同而不同。

水溶液的浓度和溶解物质的质量

根据下面的方程式可以求出水溶液的浓度、溶解物质的质量。

$$\text{水溶液整体的质量（克）} = \text{水的质量（克）} + \text{溶解物质的质量（克）}$$

$$\text{水溶液的浓度（\%）} = \frac{\text{溶解物质的质量（克）}}{\text{水溶液的整体质量（克）}} \times 100$$

$$\text{溶解物质的质量（克）} = \frac{\text{水溶液的整体质量（克）} \times \text{水溶液的浓度（\%）}}{100}$$

饱和与水的量

固体溶解的量与水的量是成正比的。100克20℃的水大约能溶解35.8克食盐。水变为200克时，能够溶解的食盐也变为两倍，即71.6克。在此基础上，物质不能再次溶解的状态称为“饱和”。

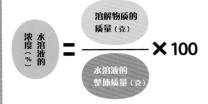

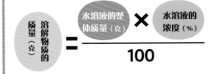

水的温度与物质的溶解量之间的关系是怎样的？

水溶液的水温上升后，溶解物质的量会有变化吗？
相反，温度下降后，溶解的物质会发生怎样的变化呢？
让我们通过实验来观察吧。

溶解

提高水的温度，溶解硼酸

准备好20℃、40℃、60℃、80℃的水各100克（100毫升），让硼酸溶解直至饱和状态（P243）。根据水的温度，来观察硼酸的溶解量是怎样变化的。

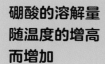

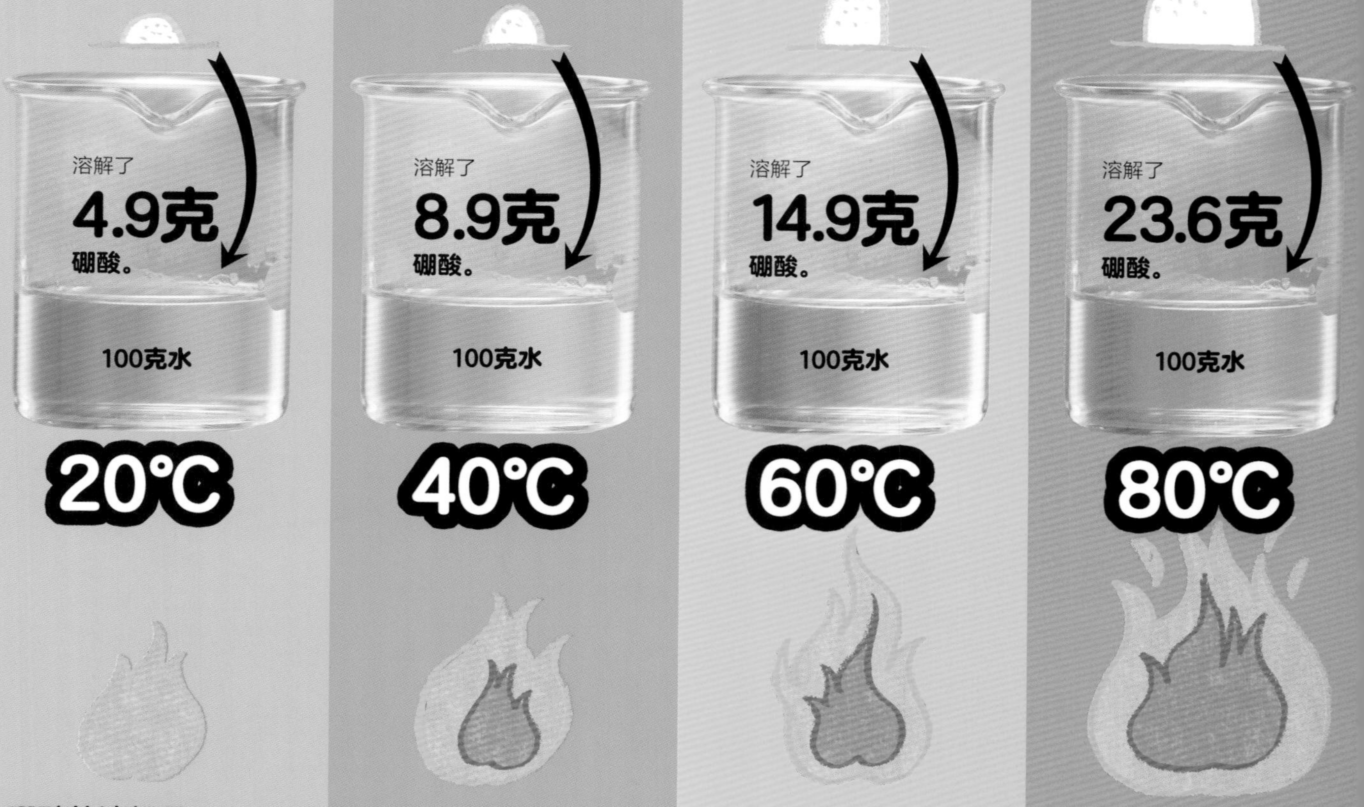

硼酸的溶解量随温度的增高而增加

水量一定时，溶解物质的量随温度的变化而变化。明矾、硼酸、砂糖等固体的溶解量，一般都会随温度的上升而增加。但是食盐的溶解量几乎没有增加。另外，如碳酸水等气体溶解后形成的水溶液与固体溶解后形成的水溶液相反，水温升高，溶解的气体量会变少。

结晶是什么？

纯净物的原子和分子有序排列，形成有一定形状的固体，称为结晶。结晶的颜色和形状由物质决定。

明矾大量溶解到水中，水溶液缓慢冷却后形成了一个大结晶。用细小的铁丝一头伸进一开始形成的结晶中将其吊起，发现结晶随着水溶液的蒸发而变大。

冷却饱和的硼酸水

出现固体

将左边实验中制作的80℃的饱和硼酸水溶液放置到凉快的地方，使其慢慢冷却，观察其间产生的变化。

60℃

水面和烧杯底部出现浑浊物质。

40℃

烧杯底部堆积了白色的块状物。

20℃

白色块状物增多。

温度下降后，硼酸变为固体

饱和硼酸溶液的温度下降，溶解后的硼酸又成为固体出现在水中。用放大镜观察此时的固体，可以发现这些固体是具有一定形状的结晶。

溶解度和溶解度曲线

物质溶于水的现象称为溶解，100克水的最大溶解量称为溶解度。溶解度随温度的变化而改变。下图为溶解度曲线图。

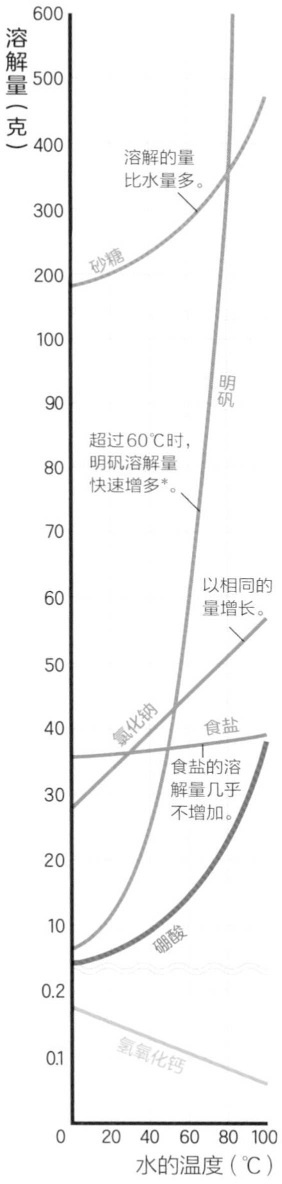

* 明矾溶解时释放出水，因此溶解量持续增加。

用紫甘蓝试剂体做个实验

水溶液有酸性、中性、碱性三种性质。
将用紫甘蓝叶制作的液体滴入各种水溶液中，
通过液体颜色的变化就能知晓水溶液的性质。

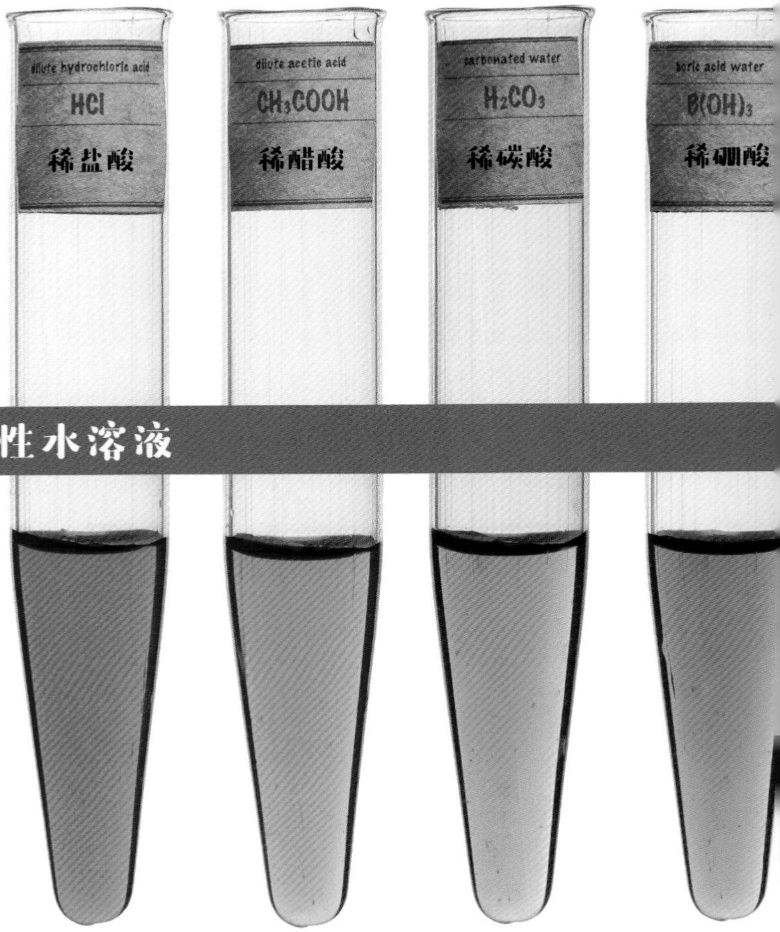

酸性水溶液

紫甘蓝试剂的制作方法

1.准备好50克切碎的紫甘蓝菜叶和100毫升消毒用酒精乙醇。

2.将菜叶和乙醇放入容器，反复搅拌。

3.色素溶解后，将液体保存在容器中。

尝起来有点酸。

能导电

柠檬汁、醋、酸奶等溶液尝起来都有些酸。这是因为溶液中含有带正极电流的氢离子（H⁺）。制造此类水溶液的氢离子（H⁺）形成的化合物叫作酸，它的性质为酸性。

含有氢离子（H⁺）

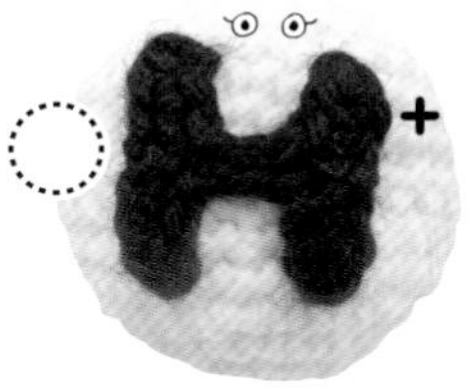

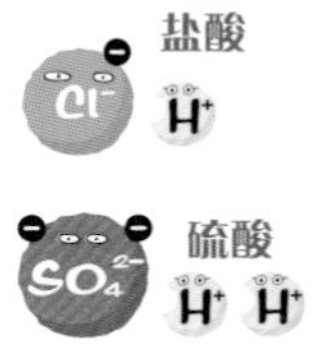

研究水溶液性质的实验

将紫甘蓝试剂注入玻璃吸管中，再各取5毫升滴入各种水溶液中，观察颜色的变化。

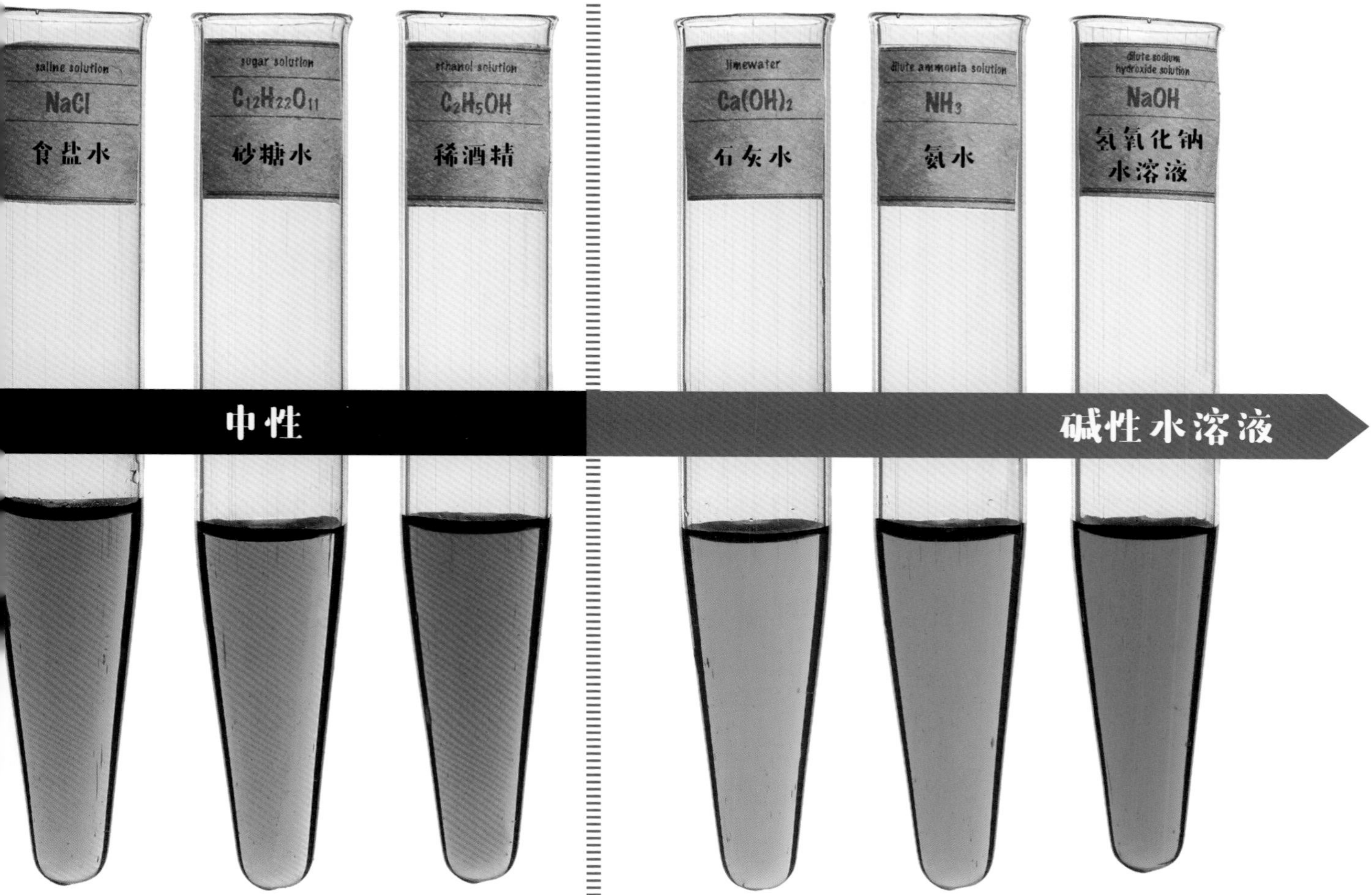

尝起来有点苦。

胡萝卜汁、人参汁和菠菜汁等溶液，尝起来有一种苦涩的感觉。这是因为这些液体中带有负极电流的氢氧化物离子（OH^-）。制造此类水溶液中的氢氧化物离子（OH^-）形成的化合物叫作碱，它的性质为碱性。

能导电

含有氢氧化物离子（OH^-）

氨水（氢氧化铵）　氢氧化钠

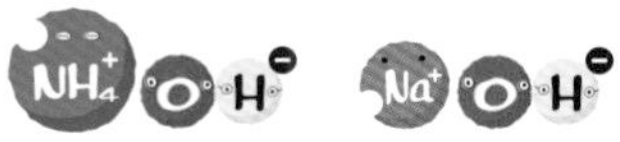

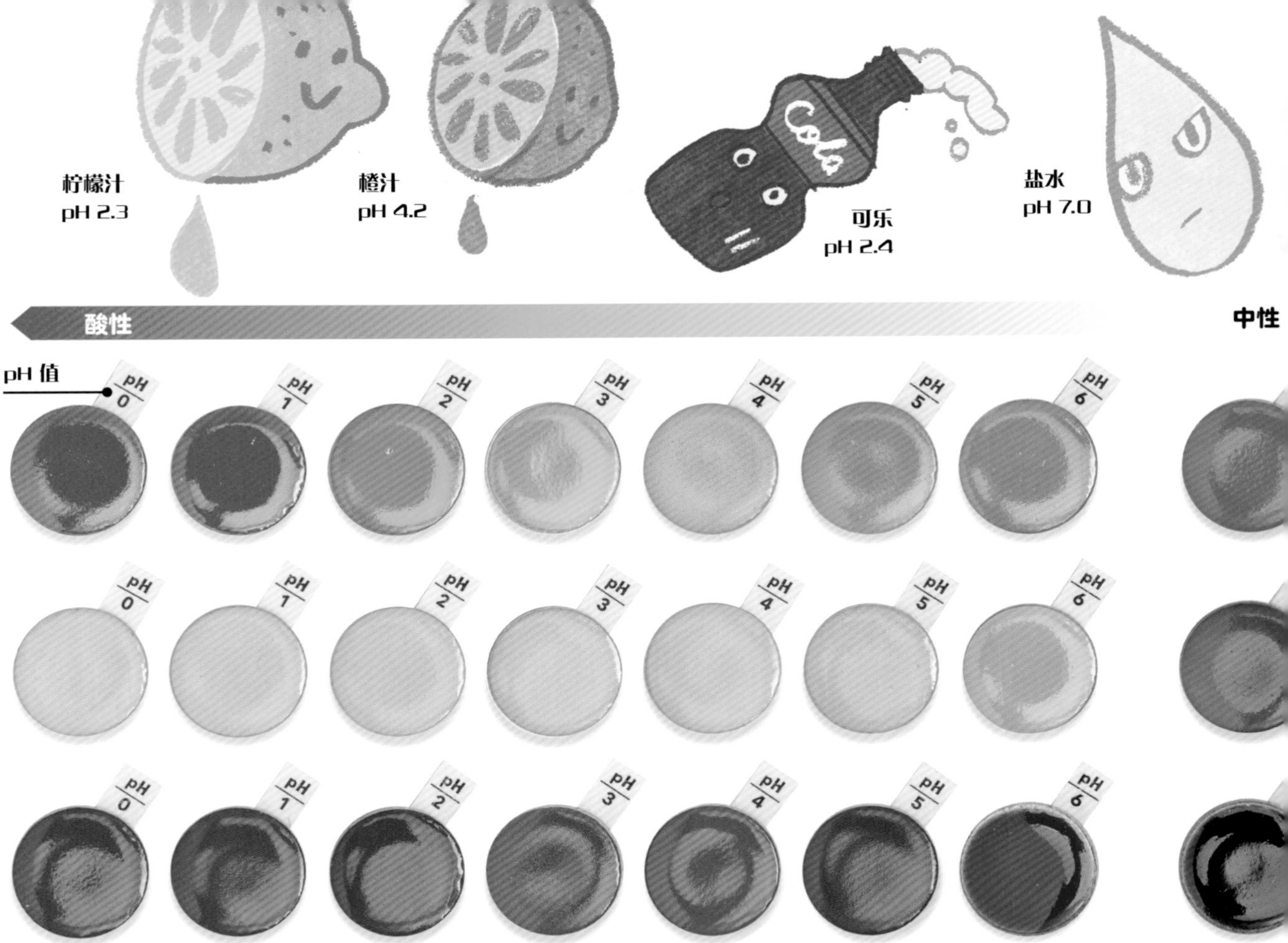

什么是酸碱性？

一起来调查一下身边物品的酸碱性吧。

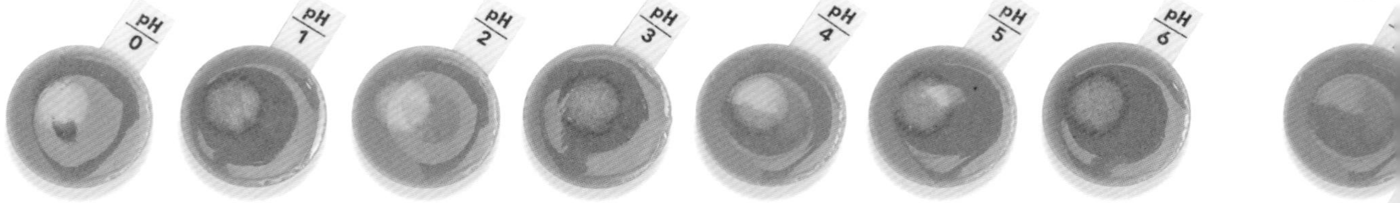

＊这里所表示的酸碱性为一般情况下的数值，根据测算方法不同会产生差异。

各种各样的指示剂

为了调查酸碱性，我们用了几种药剂，可以看到它们的颜色随之发生了变化。这些药剂就叫作指示剂，随着酸碱性的不同，发生了如下图的变化。

碱性

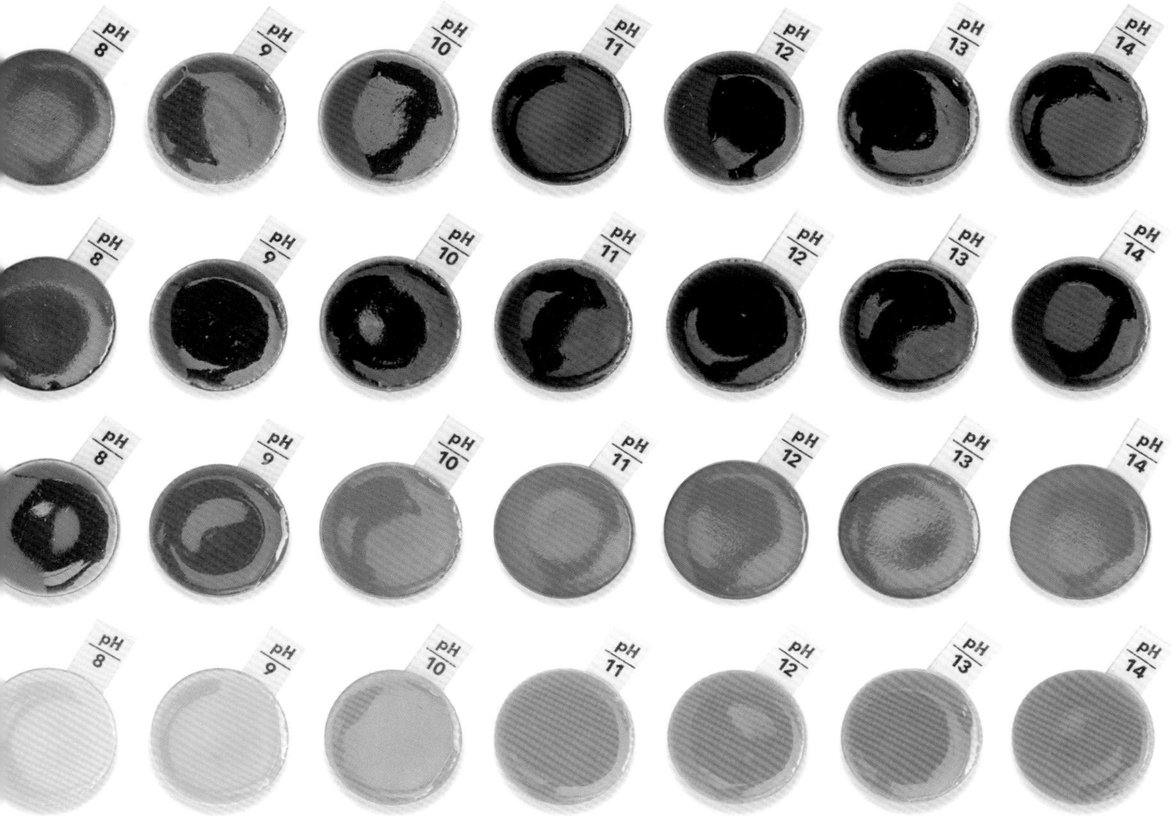

万能 pH 试纸

BTB 溶液

紫甘蓝试剂

酚酞（fēn tài）试液

色石蕊试纸

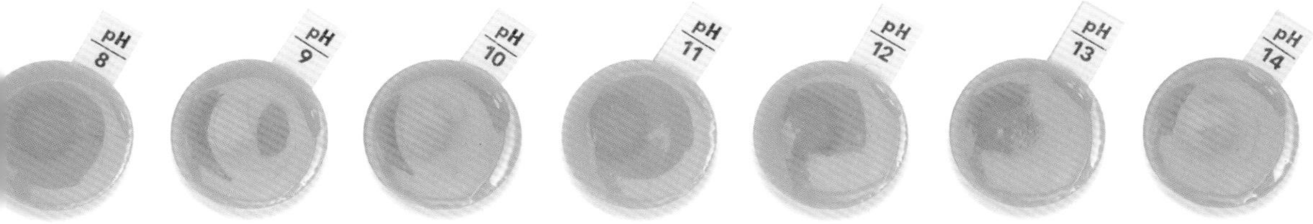

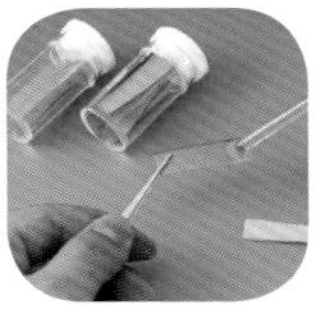

石蕊试纸

我们用pH值来表示酸碱性的强弱。0～14之间的数字，酸性最强的是pH0，中性则是pH7，而碱性最强的是pH14。

当酸碱性混合的时候会发生什么？

让我们来做个实验，看看酸性溶液和碱性溶液混合后，会发生什么吧！

当稀盐酸和稀氢氧化钠溶液混合时，性质会发生怎样的变化，能得到什么物质呢？在装有BTB（溴麝香草酚蓝，一种酸碱指示剂）溶液的试管中加入稀盐酸，然后用玻璃吸管向稀盐酸中逐渐加入稀氢氧化钠溶液，与此同时，用万能pH试纸测试一下。

酸性
氢离子（H⁺）数量多
盐酸（HCl）在水中分解成氢离子(H⁺)和氯离子(Cl⁻)。
Cl⁻
H⁺
稀盐酸

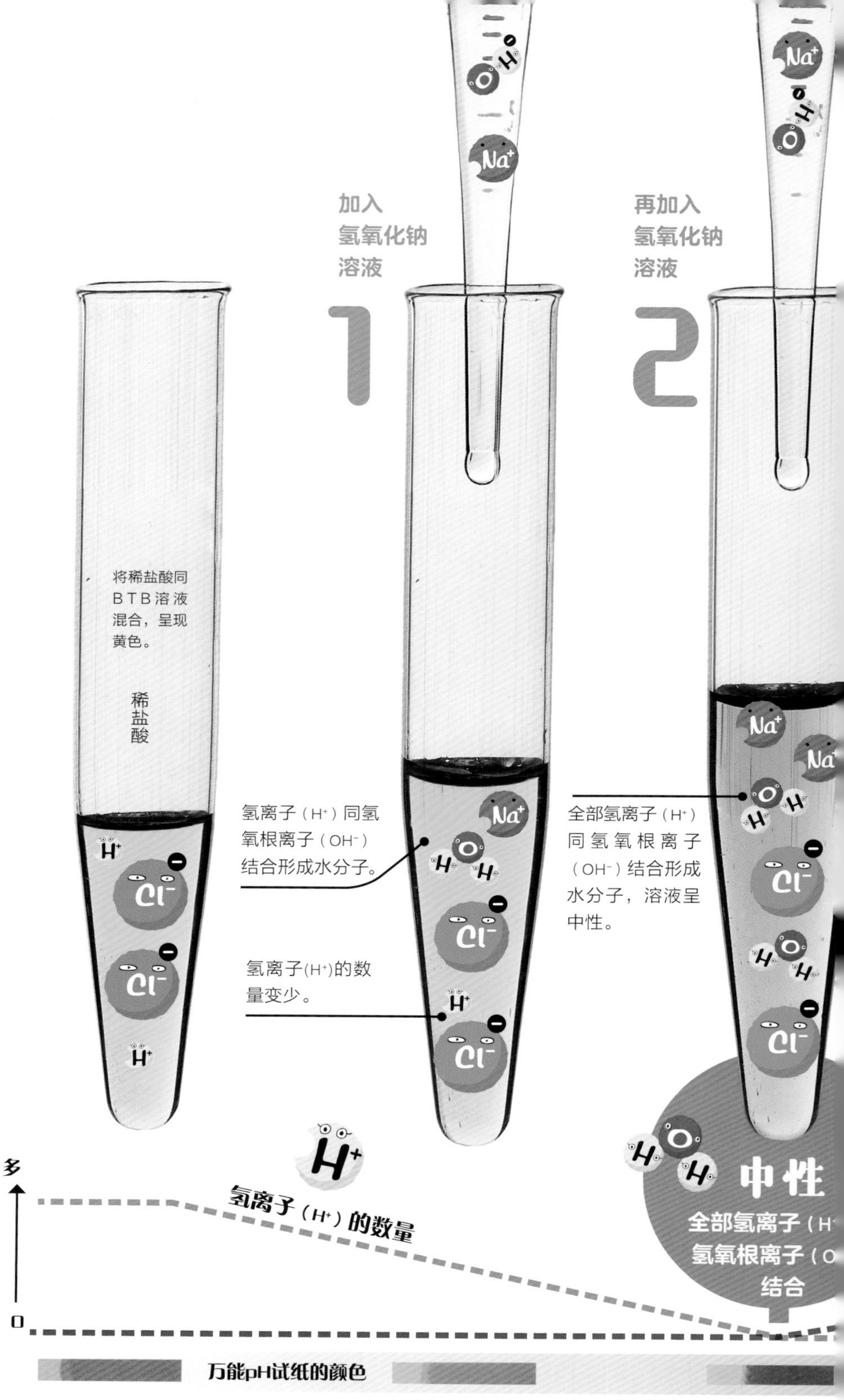
加入氢氧化钠溶液
1
再加入氢氧化钠溶液
2
将稀盐酸同BTB溶液混合，呈现黄色。
稀盐酸
氢离子（H⁺）同氢氧根离子（OH⁻）结合形成水分子。
氢离子(H⁺)的数量变少。
全部氢离子（H⁺）同氢氧根离子（OH⁻）结合形成水分子，溶液呈中性。
Na⁺
Cl⁻
中性
全部氢离子（H⁺
氢氧根离子（O
结合
多
0
氢离子（H⁺）的数量
万能pH试纸的颜色

由于含有氢离子(H⁺)，BTB溶液呈黄色，万能pH试纸呈红色，表示溶液为酸性。

由于既没有氢离子（H⁺）t
没有氢氧根离子（OH⁻），
BTB溶液和万能pH试纸
呈绿色，表示溶液为中性

溶液的中和

将酸性溶液与碱性溶液相混合，二者之间的性质相互抵消。这样的化学变化被称为酸碱中和。

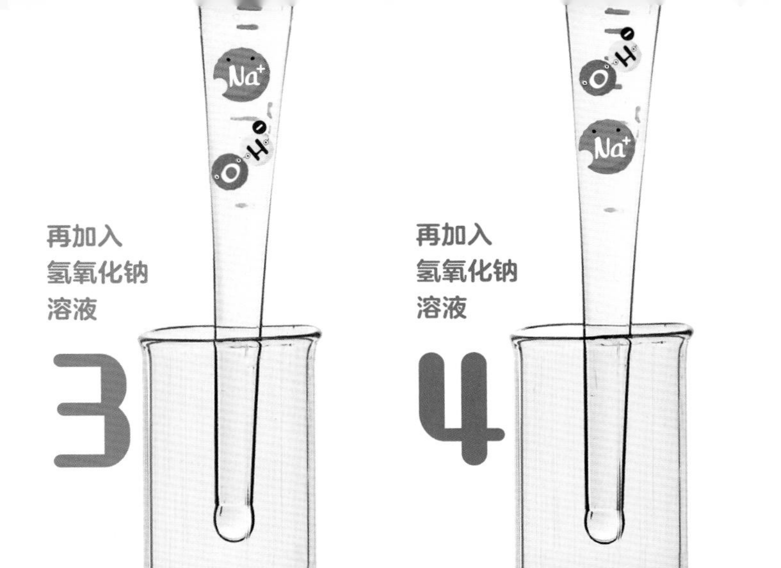

Na+
OH-
再加入氢氧化钠溶液
3
再加入氢氧化钠溶液
4

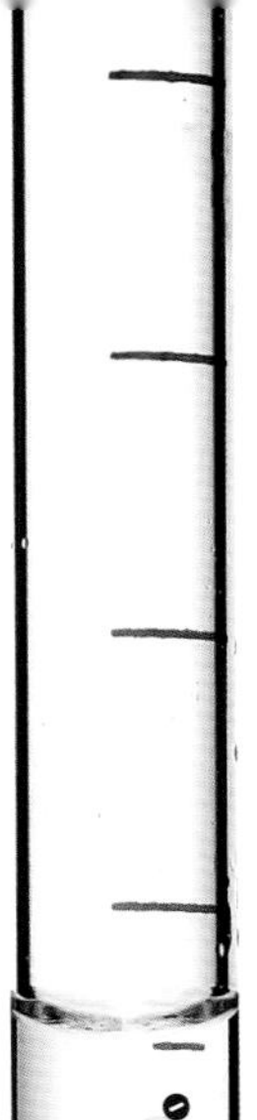

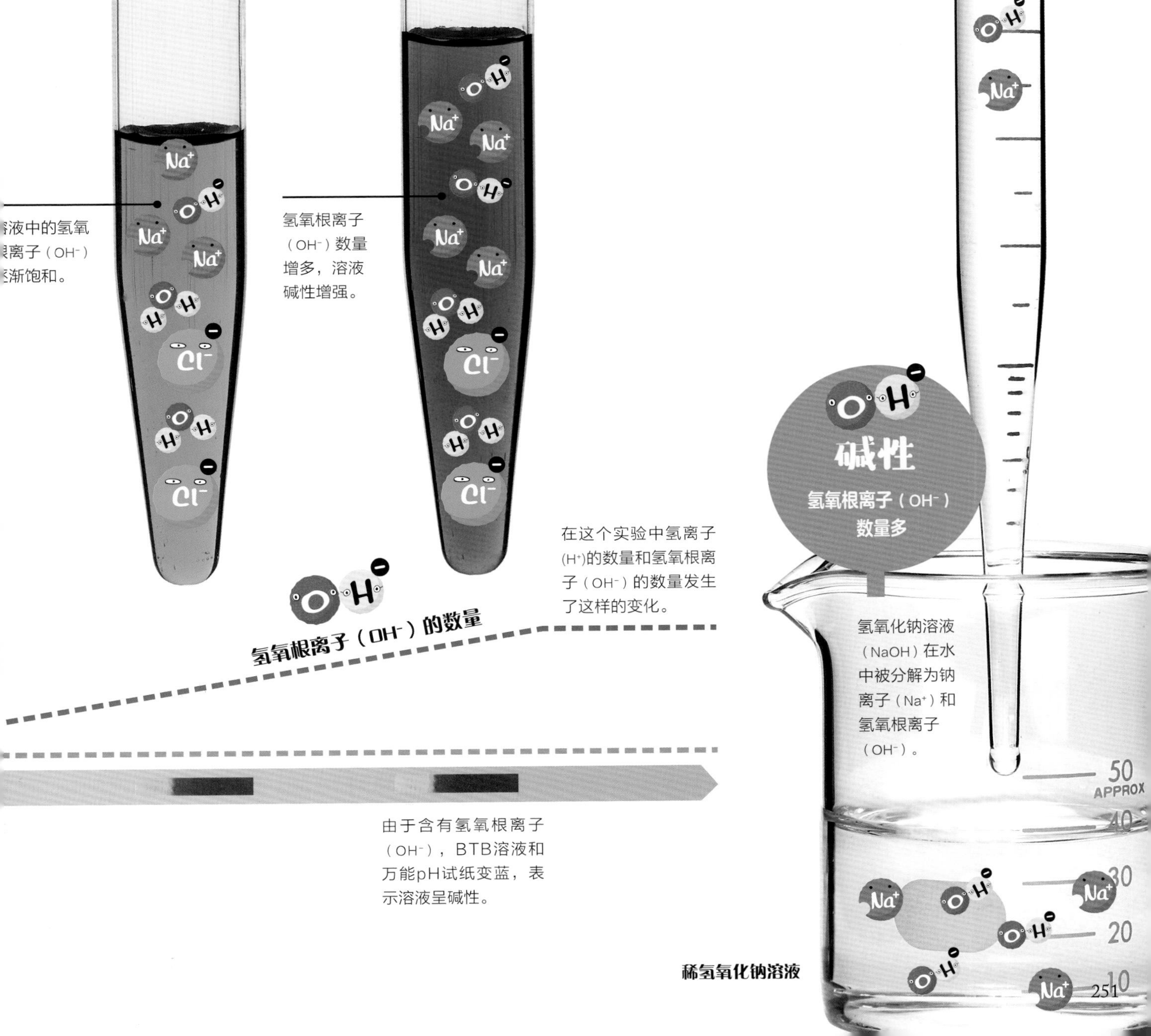

Na+
OH-
H
Cl-
溶液中的氢氧根离子（OH-）逐渐饱和。
氢氧根离子（OH-）数量增多，溶液碱性增强。
在这个实验中氢离子(H+)的数量和氢氧根离子（OH-）的数量发生了这样的变化。
氢氧根离子（OH-）的数量
由于含有氢氧根离子（OH-），BTB溶液和万能pH试纸变蓝，表示溶液呈碱性。
碱性
氢氧根离子（OH-）数量多
氢氧化钠溶液（NaOH）在水中被分解为钠离子（Na+）和氢氧根离子（OH-）。
50
APPROX
40
30
20
10
稀氢氧化钠溶液

酸碱中和的时候，会发生什么？

将酸性溶液与碱性溶液相混合会发生酸碱中和，同时产生盐。
这个时候溶液会发生什么变化呢？

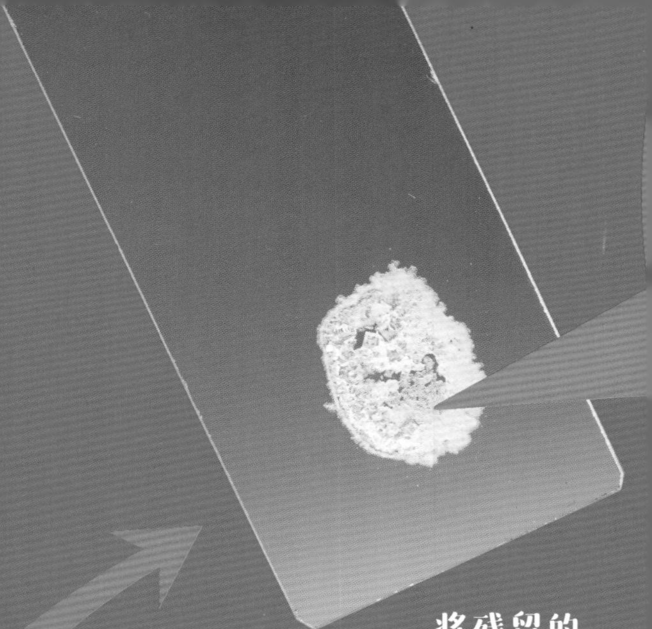
将残留的
物质放大看看

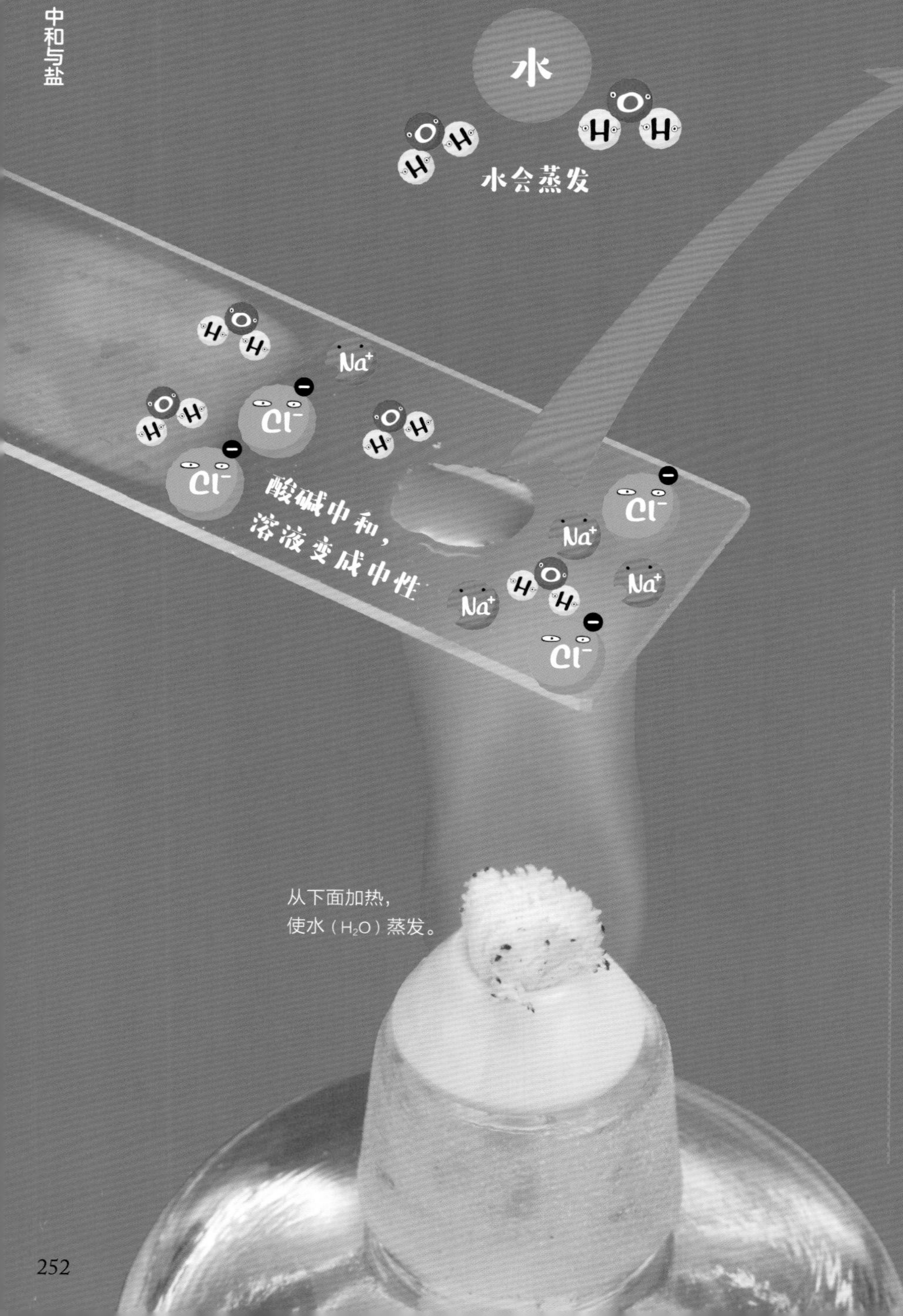
水
水会蒸发
酸碱中和，
溶液变成中性
从下面加热，
使水（H_2O）蒸发。

酸碱中和，会产生盐

酸性溶液与碱性溶液中和后，会产生盐和水。

让我们来看看在第250页进行的实验中，中和后溶液中的原子和分子的状态会发生怎样的改变。

酸碱中和后溶液呈中性。我们将中和后的溶液放置在玻璃片上，用酒精灯进行加热后会发现水分子变成气体后进入空气中。剩下的钠离子（Na^+）和氯离子（Cl^-）在电子的性质下按正确规则排列，形成盐的结晶。食盐的主要成分氯化钠（NaCl）就是这样形成的。

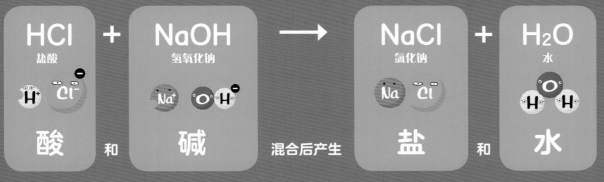

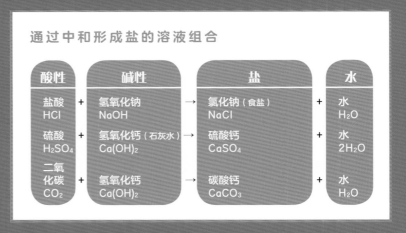

水蒸发后，我们会在玻璃片上发现残留的白色物质，将其放置在显微镜下，我们能发现结晶。这就是氯化钠结晶（食盐）。

图为形成的氯化钠结晶。钠原子（Na）和氯原子（Cl）以一定的规则相互排列。

用公式表示酸碱中和

$$HCl + NaOH \longrightarrow NaCl + H_2O$$

HCl 盐酸	+	NaOH 氢氧化钠	→	NaCl 氯化钠	+	H_2O 水
H^+ Cl^-		Na^+ OH^-		Na Cl		H O H
酸	和	碱	混合后产生	盐	和	水

盐酸是呈酸性的溶液，氢氧化钠是呈碱性的溶液。将两者混合会发生酸碱中和。用化学式和离子、原子、分子的形式表示，就形成了上面的公式。

通过中和形成盐的溶液组合

酸性		碱性		盐		水
盐酸 HCl	+	氢氧化钠 NaOH	→	氯化钠（食盐）NaCl	+	水 H_2O
硫酸 H_2SO_4	+	氢氧化钙（石灰水）$Ca(OH)_2$	→	硫酸钙 $CaSO_4$	+	水 $2H_2O$
二氧化碳 CO_2	+	氢氧化钙 $Ca(OH)_2$	→	碳酸钙 $CaCO_3$	+	水 H_2O

食盐和白砂糖可以让电流通过吗？

当食盐呈固态的时候电流无法通过，
而将食盐稀释为溶液后就可以使电流通过。
电流在溶液中通过时
会发生怎样的现象呢？

分别让电流通过固态和液态溶液……

呈固态的食盐、白砂糖、氢氧化钠是不导电的。除此之外，如果将电极插入蒸馏水中，也会发现电流无法通过。然而，当我们将食盐和氢氧化钠加入水稀释成溶液后，会发现其具有了导电的性质。当上述物质稀释成溶液时，产生的使电流通过的物质被称为电解质。

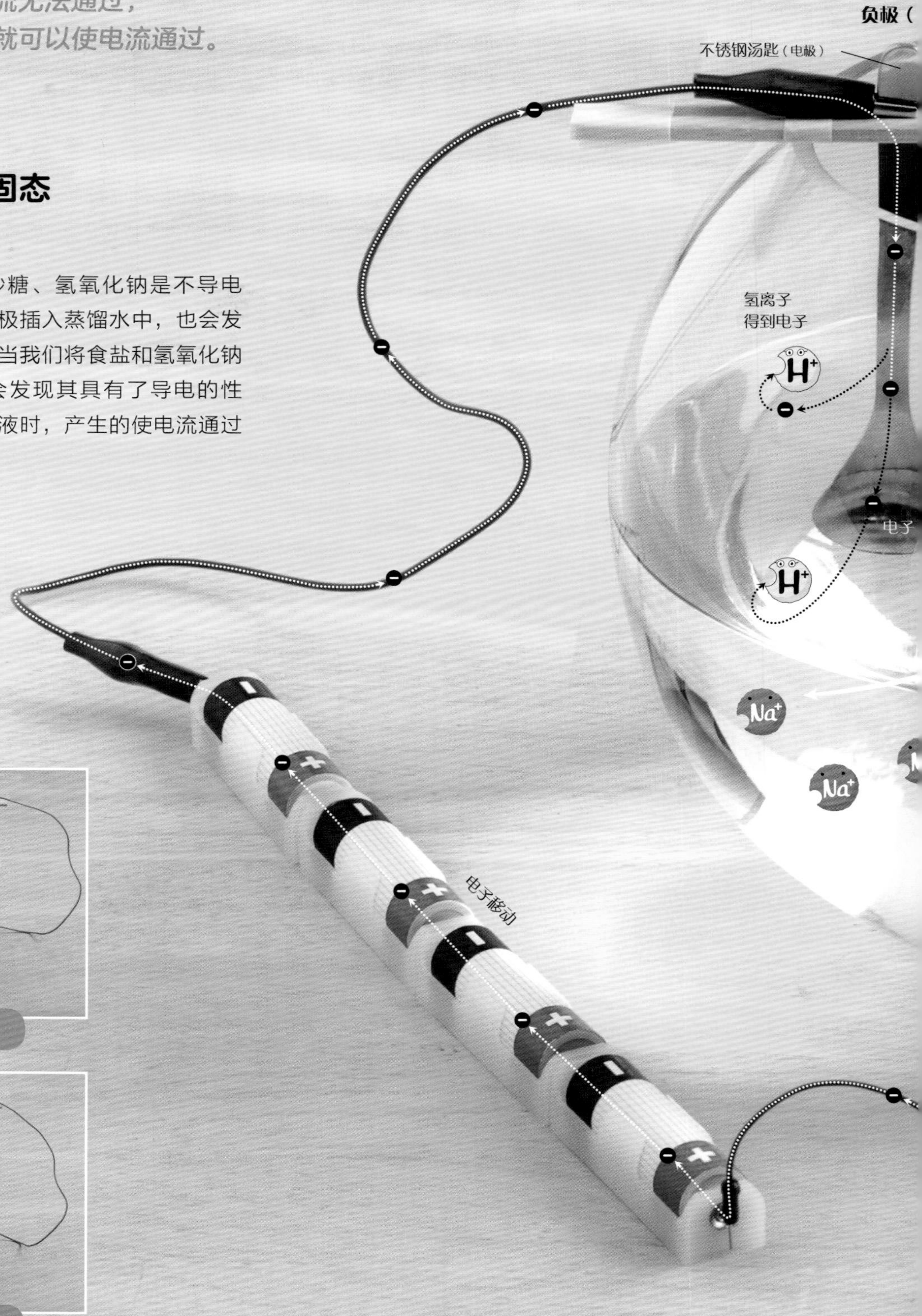

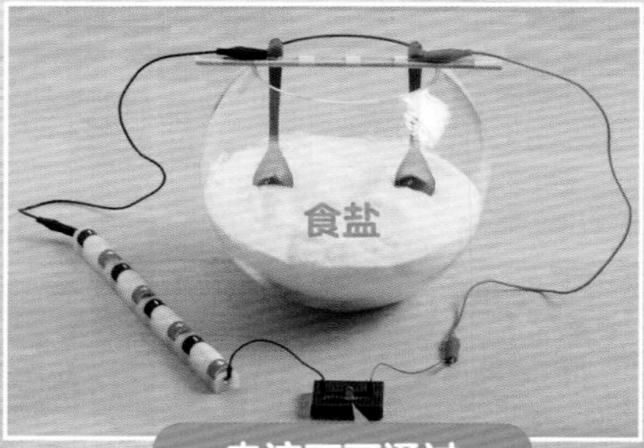

电流不可通过

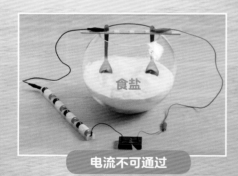

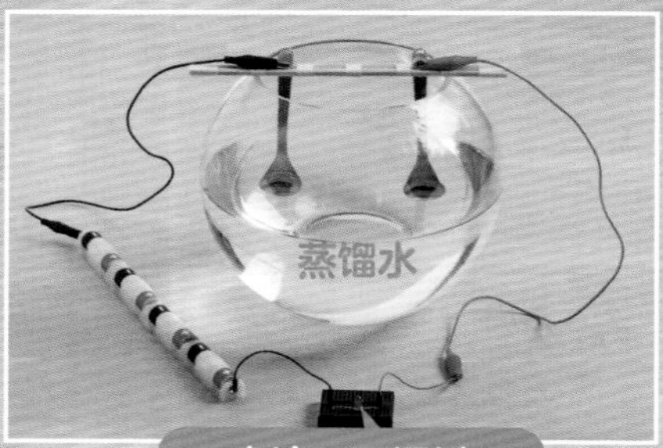

电流不可通过

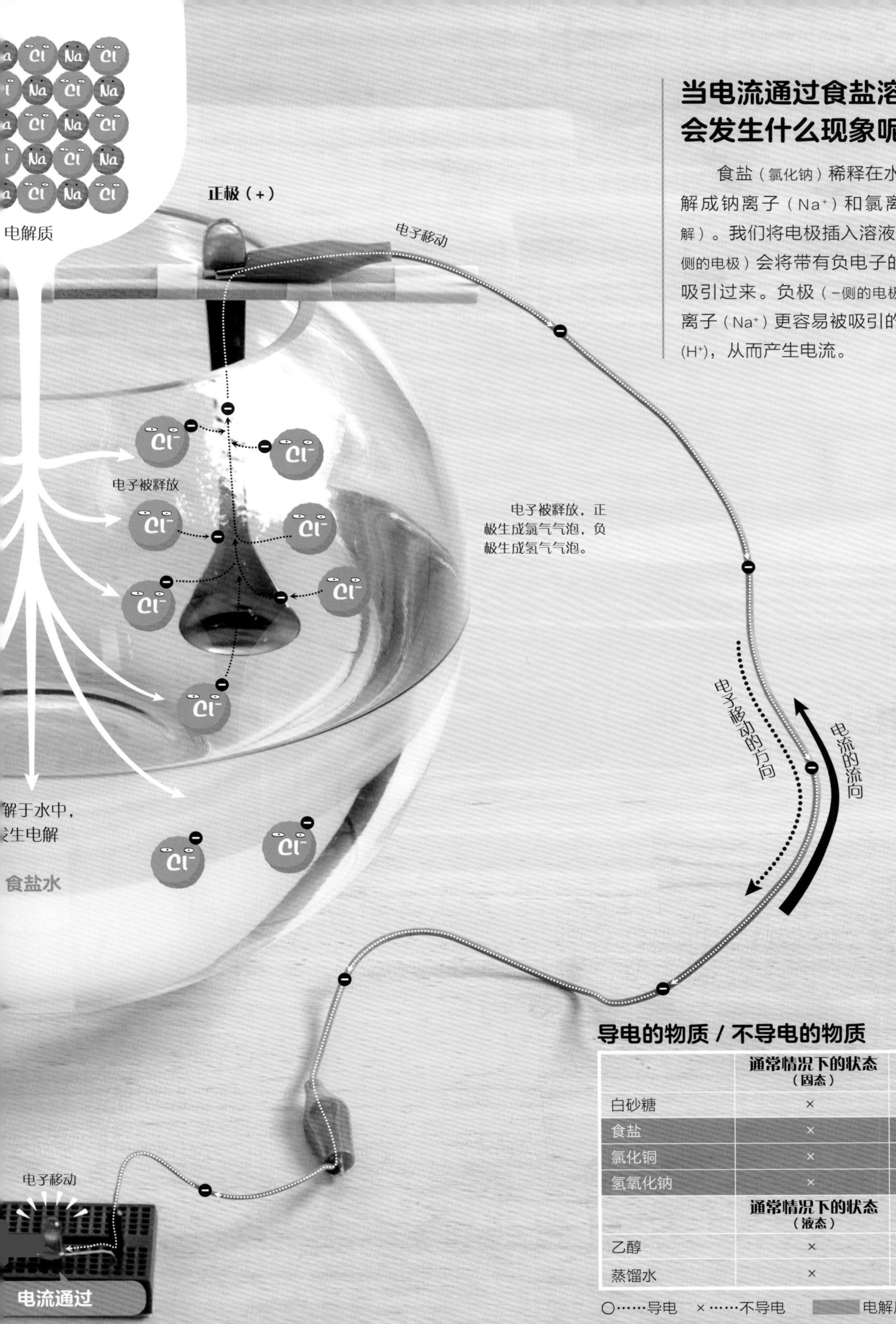

当电流通过食盐溶液时，会发生什么现象呢？

食盐（氯化钠）稀释在水中之后，会分解成钠离子（Na^{+}）和氯离子（Cl^{-}）（电解）。我们将电极插入溶液中后，正极（+侧的电极）会将带有负电子的氯离子（Cl^{-}）吸引过来。负极（-侧的电极）会吸引比钠离子（Na^{+}）更容易被吸引的水中的氢离子（H^{+}），从而产生电流。

导电的物质 / 不导电的物质

	通常情况下的状态（固态）	加水稀释成溶液后
白砂糖	×	×
食盐	×	○
氯化铜	×	○
氢氧化钠	×	○
	通常情况下的状态（液态）	加水稀释成溶液后
乙醇	×	×
蒸馏水	×	—

○……导电　×……不导电　（灰色底纹）电解质

试着将金属放进溶液中

酸性溶液与金属发生的反应

准备4支装有稀盐酸（HCl）的试管，分别将铝片、锌片、铁片、铜片放入试管中，看看会发生怎样的变化。

盐酸（$6HCl$）+ **铝**（$2Al$）→ **氢气**（$3H_2$）+ **氯化铝**（$2AlCl_3$）

盐酸（$2HCl$）+ **锌**（Zn）→ **氢气**（H_2）+ **氯化锌**（$ZnCl_2$）

盐酸（$2HCl$）+ **铁**（Fe）→ **氢气**（H_2）+ **氯化亚铁**（$FeCl_2$）

盐酸（HCl）+ **铜**（Cu）→ **无反应**

相较于氢离子(H^+)，氯离子（Cl^-）更易与铝、锌、铁等结合，生成新的物质。将液体蒸发后会看到固体残留。

将金属碎片放入酸性或碱性的溶液中，我们会发现有时会产生细小的泡泡，金属开始溶化。这是发生了怎样的现象呢，让我们一起来观察一下。

碱性溶液与金属发生的反应

准备4支装有稀氢氧化钠（NaOH）的试管，分别将铝片、锌片、铁片、铜片放入试管中，看看会发生怎样的变化。

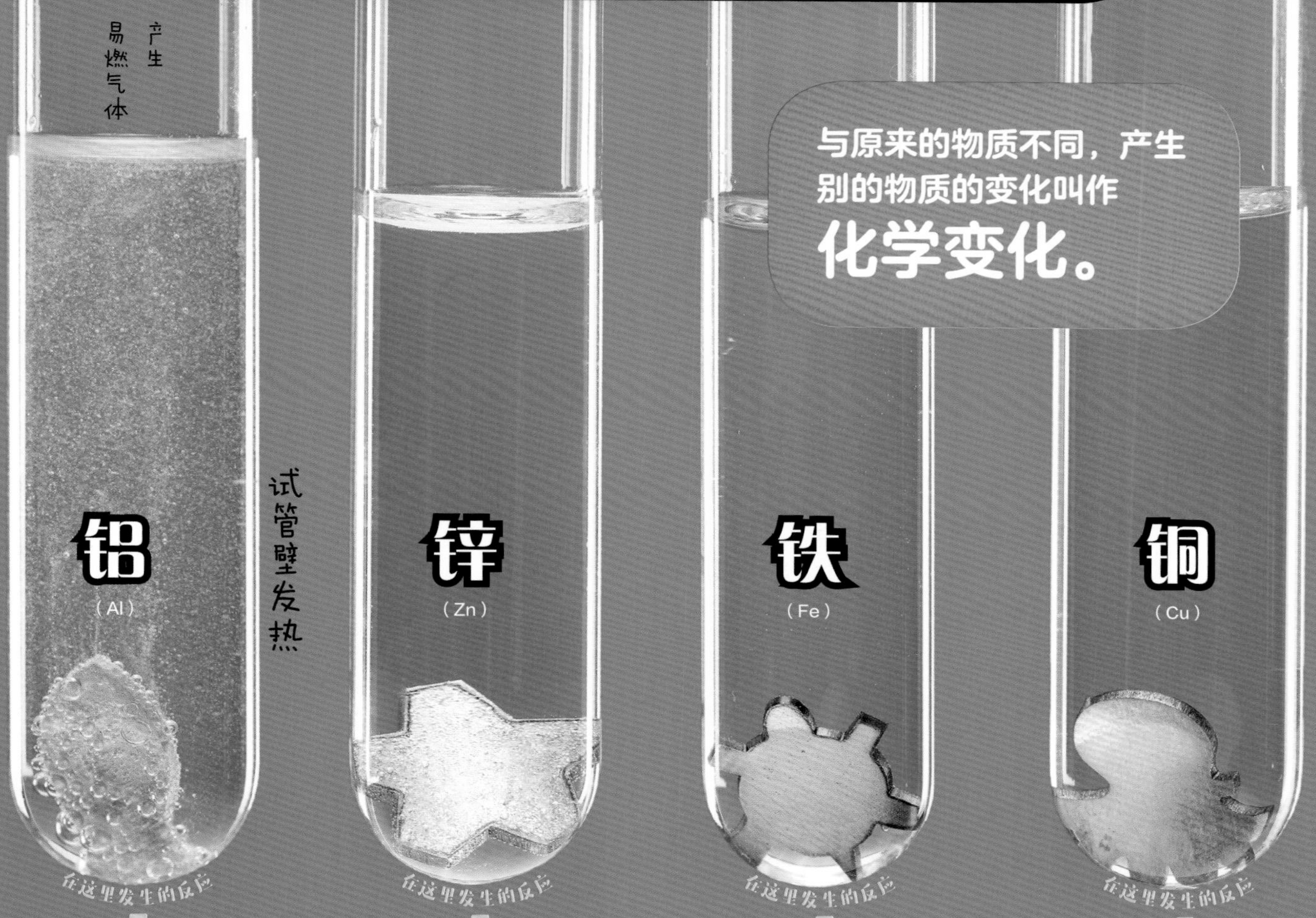

与原来的物质不同，产生别的物质的变化叫作化学变化。

氢氧化钠（$2NaOH$）+ 铝（$2Al$）+ 水（$6H_2O$）→ 氢气（$3H_2$）+ 偏铝酸钠（$2Na[Al(OH)_4]$）

氢氧化钠（$NaOH$）+ 锌（Zn）→ 几乎没有反应

氢氧化钠（$NaOH$）+ 铁（Fe）→ 无反应

氢氧化钠（$NaOH$）+ 铜（Cu）→ 无反应

铝既可以在酸性溶液中溶化，也可以在碱性溶液中溶化。将溶液蒸发后会看到固体残留。

负极
产生了
氢
将火柴的火焰靠近气体（氢）能听到气体发出「砰」的一声并且继续燃烧。

水被电解后会产生什么？

让我们一起来电解水吧。
看看到底会产生什么呢。

水的电解实验

纯净的水是不导电的，所以我们将作为电解质的氢氧化钠溶解为稀氢氧化钠溶液，倒满H形玻璃管，并通上电流。

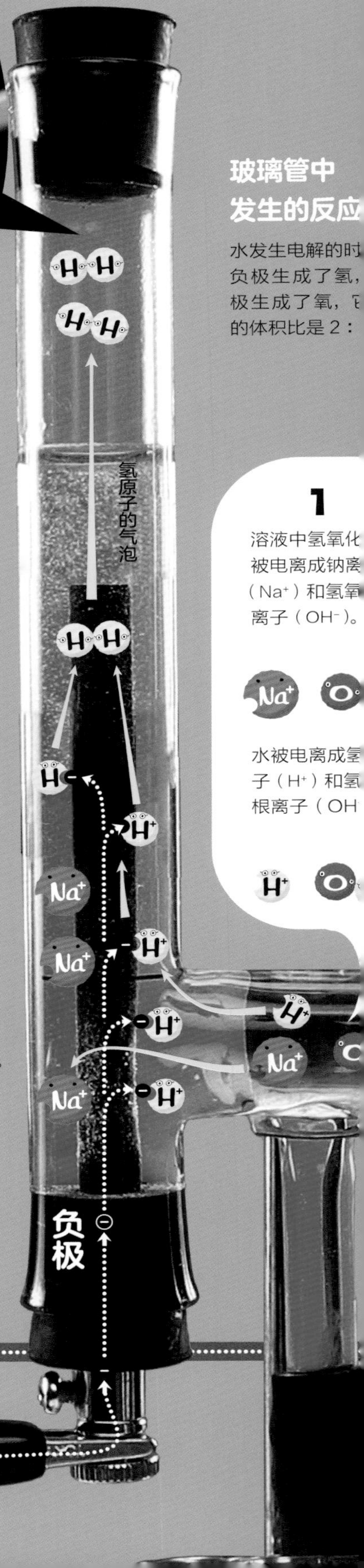

6 两个氢原子结合成为氢分子（H_2）。

5 负极聚集了氢离子（H^+）和钠离子（Na^+）。氢离子和电子结合生成氢原子。钠离子保持原状。

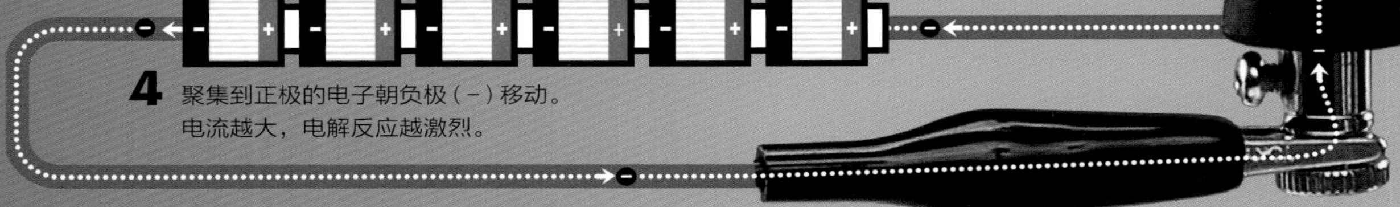

4 聚集到正极的电子朝负极（−）移动。电流越大，电解反应越激烈。

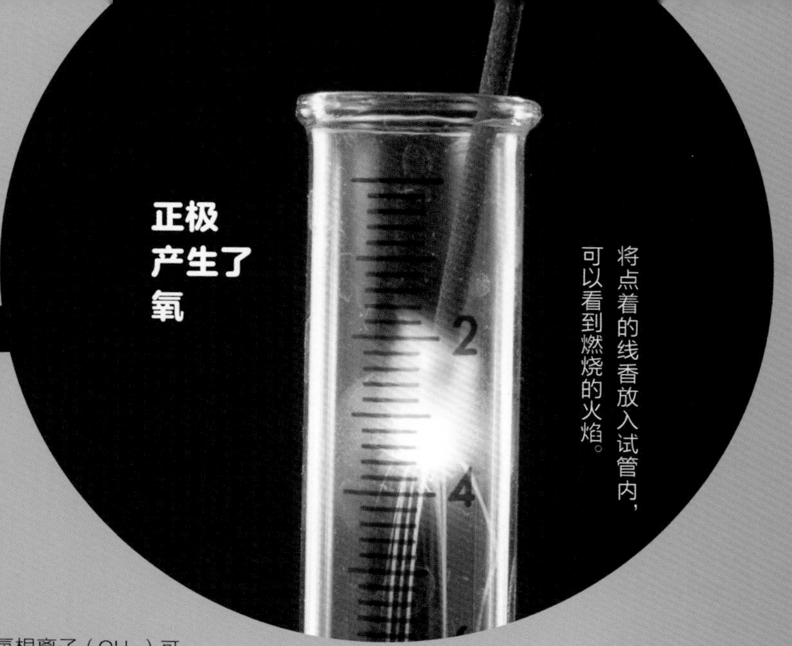

正极
产生了
氧
将点着的线香放入试管内，可以看到燃烧的火焰。

将物质分离成两种以上物质的过程叫作

分解。

3

4 个氢氧根离子（OH−）可以生成 2 个水分子（H_2O）和 1 个氧分子（O_2）。

2

正极（+）聚集了氢氧根离子（OH−），电子发生转移。

水被电解后会产生氧气和氢气

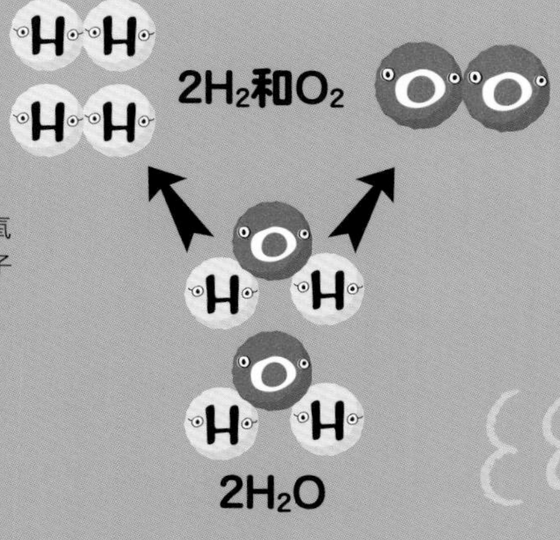

燃料电池的原理是什么？

水电解时会生成氢和氧。相反，利用氢和氧的反应可以发电。利用此原理使发动机运行的便是燃料电池汽车。燃料电池汽车在加氢站补充作为燃料的氢气，然后利用其和空气中的氧气作用产生电能。这样的汽车不产生尾气也不生成二氧化碳，只产生水，对环境有益。

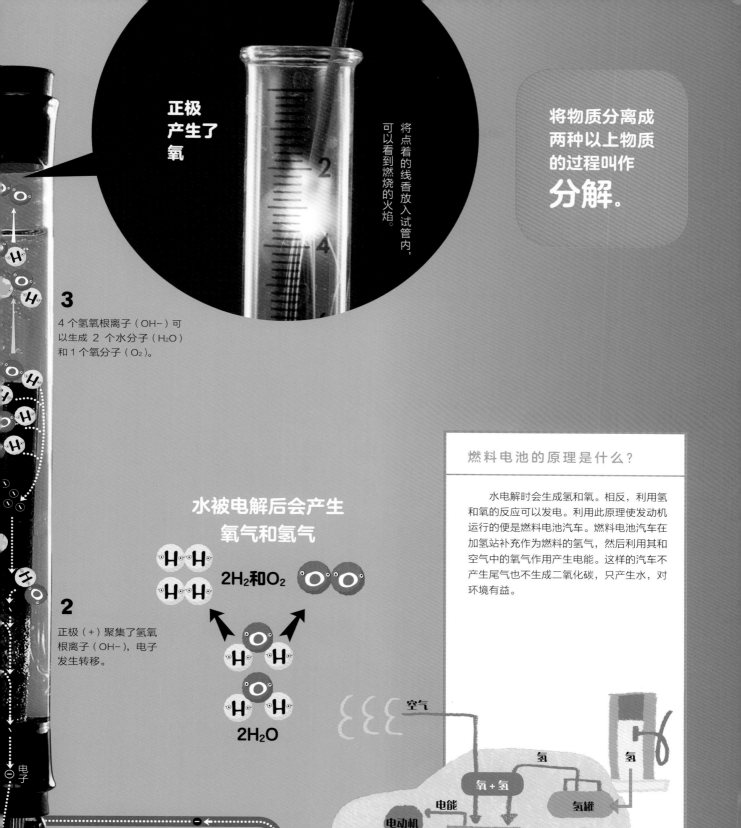

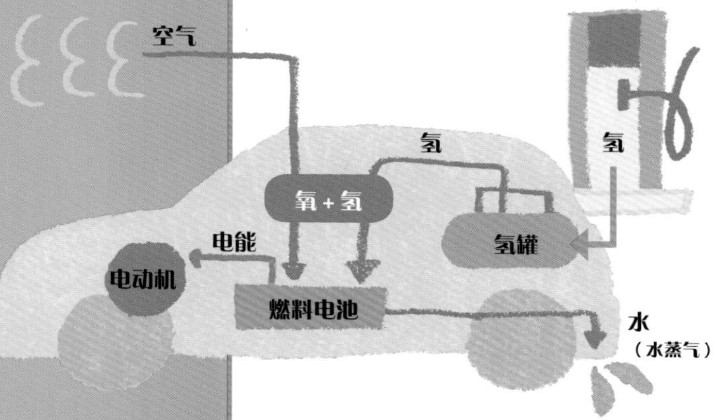

物质

3

物质的燃烧方式与气体

在泰国的节日庆典上，天空被无数飞舞的灯笼照亮。
这些灯笼靠着蜡烛燃烧产生的热量升上天空。
这与热气球的原理一样。
物体燃烧产生的火焰看上去很神秘。
物体燃烧的时候，
周围的空气中到底发生着怎样的化学反应呢？
让我们透过原子与分子的微观世界，
一起揭开物体燃烧的神秘面纱吧！

在泰国，立冬之前的满月之夜，全国范围内都要举行名为“水灯节”的节日庆典。图片为清迈举行的“放孔明灯”活动的情景。

燃烧是怎样一回事？

一般，物体燃烧时，
发生的化学反应称为“氧化”。
氧化是指物体与氧气相结合，
生成另一种物质的现象。

物体充分与氧气结合

空气中大量存在的氧气是一种容易与其他物质结合、十分活跃的气体。例如，氧（O_2）与氢（H_2）反应后会形成水（H_2O）。此外，氧（O_2）与碳（C）相反应会形成二氧化碳（CO_2）。

就像这样，物质与氧气结合后形成另一种物质的过程称为“氧化”。物体在燃烧时生成火焰，就是氧化起到的作用。

液体燃料驱动式火箭

将液态的氢气和液态的氧气混合在一起，让它们发生剧烈的氧化反应并使其燃烧，从而产生高温气体推动火箭前进。

烟花

火药在爆炸的时候会发生剧烈的氧化反应。烟花的光芒和颜色都是火药在空中爆炸、金属燃烧产生的。（P280）

各种不同的氧化

氧化的速度不尽相同。有的像铁生锈那样缓慢地发生，有的像燃烧那样剧烈地发生，释放出光与热。我们身边有很多氧化现象。

利用氧化的例子

将金属氧化、调节氧化的速度等可为我们带来便利。例如将铁或铝等氧化后，可使它们成为更加稳定的物质。

便携式暖宝宝

便携式暖宝宝里面装的是铁粉。一旦将其从袋子里拿出来，铁粉就会和空气中的氧气发生氧化反应，从而达到放热效果。

1 激烈的氧化反应（燃烧/爆炸）

篝火、烟花、火箭的引擎等释放出光和热的剧烈氧化反应被称为“燃烧”。有时也会伴随着爆炸现象。

篝火

引燃物体的过程被称为“燃烧”。燃烧一般指物体发生剧烈氧化反应并释放出光与热的现象。（P268）

2 温和的氧化反应

金属暴露在空气中，与空气中的氧气慢慢结合逐渐生锈，这时发生的是温和的氧化反应。人们利用氧化反应制造了很多物品。

苹果慢慢变色

如果将削过皮的苹果放在空气中，会发现苹果慢慢变成茶色。这是由于苹果里富含的多酚发生氧化反应而造成的。

动物的呼吸

脊椎动物通过将血液中的一种叫作血红蛋白的蛋白质在肺部或鳃部进行氧化，将氧气运送到身体的各个部位。（P277）

铁锈

铁等金属暴露在空气中被氧化，形成铁锈。金属生锈后，会产生一种与原来的金属不同的物质。（P274）

氧剂

和暖宝宝的原理类似，铁粉制成脱氧剂放入零食袋子里，铁粉与袋中的氧发生氧化，从而抑制零食氧化。

铝制水壶

水壶的表面覆盖着一层薄薄的氧化铝薄膜。事先将水壶表面氧化，达到防止其中的金属生锈的目的。

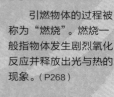

二氧化锆（人工钻石）

将锆这种金属氧化后，会产生一种类似钻石的物质。这种物质实际上是二氧化锆。

是什么让物体持续燃烧呢？

物体怎样才能持续燃烧呢？
相反，怎样才能让燃烧的火焰熄灭呢？
让我们来看看使物体持续燃烧所必备的条件吧。

使物体持续燃烧所必备的条件

想让物体持续燃烧，有三个基本条件。知道了这些条件，便可以掌握如何将篝火、烧烤时的火点燃以及让木柴或炭持续燃烧的技巧。

条件

可燃物

想要燃烧的话，木柴、炭、蜡烛、石油、酒精、煤气等可燃物是必不可少的。可燃物是指能够和氧气发生化学反应的物质。（P266）

熄灭火焰需要什么？

可燃物燃烧殆尽后就会自然熄灭。

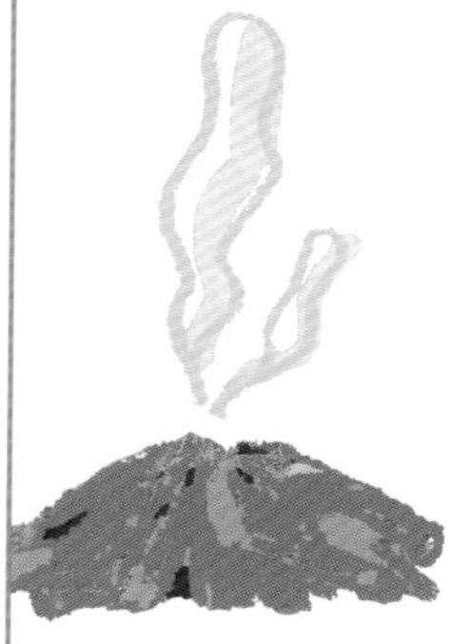

用镊子逐渐靠近蜡烛，并夹住烛芯。

将蜡烛的火焰置于强风之下。

液体蜡油不会再浸到烛芯里，火焰随即熄灭。

气态蜡被吹散，火焰随即熄灭。

＊为了保证不受到温度的影响，应当事先将镊子加热。

隔绝空气（氧气），火焰会熄灭。

条件2

有空气的流通

要使物体燃烧，氧气是必不可少的。由于空气中含有氧气，因此要想物体持续燃烧，获得流通的空气是必不可少的。

条件3

燃点以上的温度

物体燃烧时需要达到必要的温度（燃点），物体的燃点各不相同。点燃之后，只要保持燃点以上的温度，物体便可以持续燃烧。

将蜡烛放入有盖的筒中。

又粗又长的筒	又细又短的筒	有上下两个孔的筒

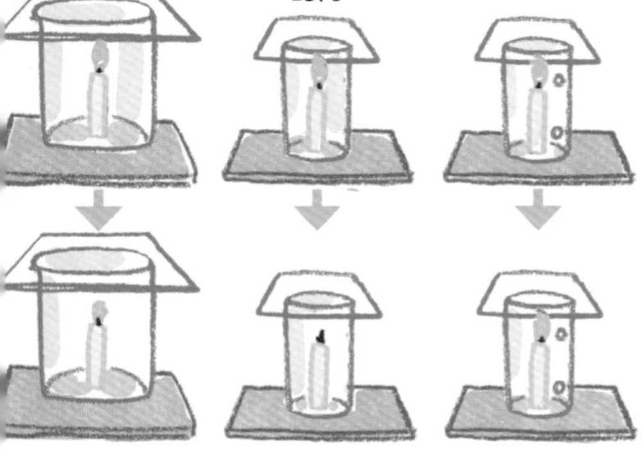

渐渐熄灭	立即熄灭	持续燃烧

夺走热量，温度降低，火焰随即熄灭。

将喷雾水喷在火焰上。

将铜质的灭烛罩盖在火焰上。

水蒸发会带走热量，温度下降，火焰即熄灭。

铜将热量夺走，温度下降，火焰会熄灭。

蜡烛是如何燃烧的？

火焰究竟是如何摇曳并燃烧的？让我们一起来观察蜡烛的火焰，探寻它燃烧的原理吧。

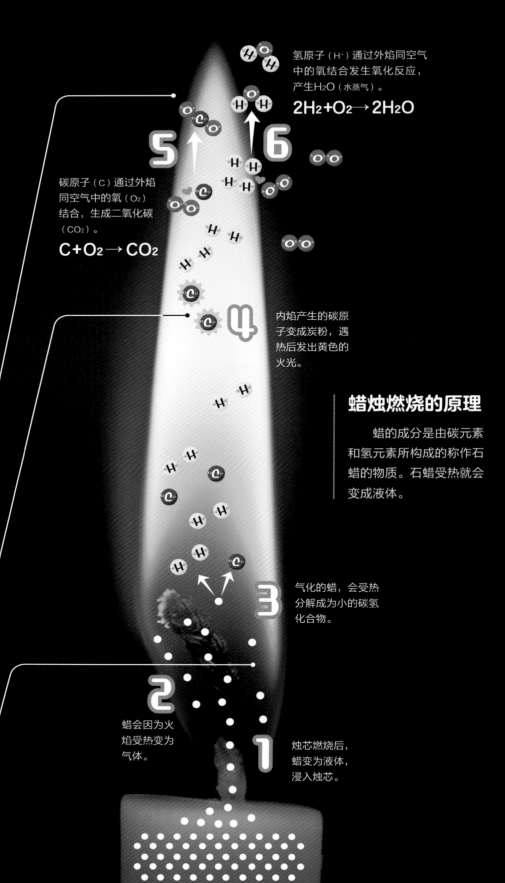

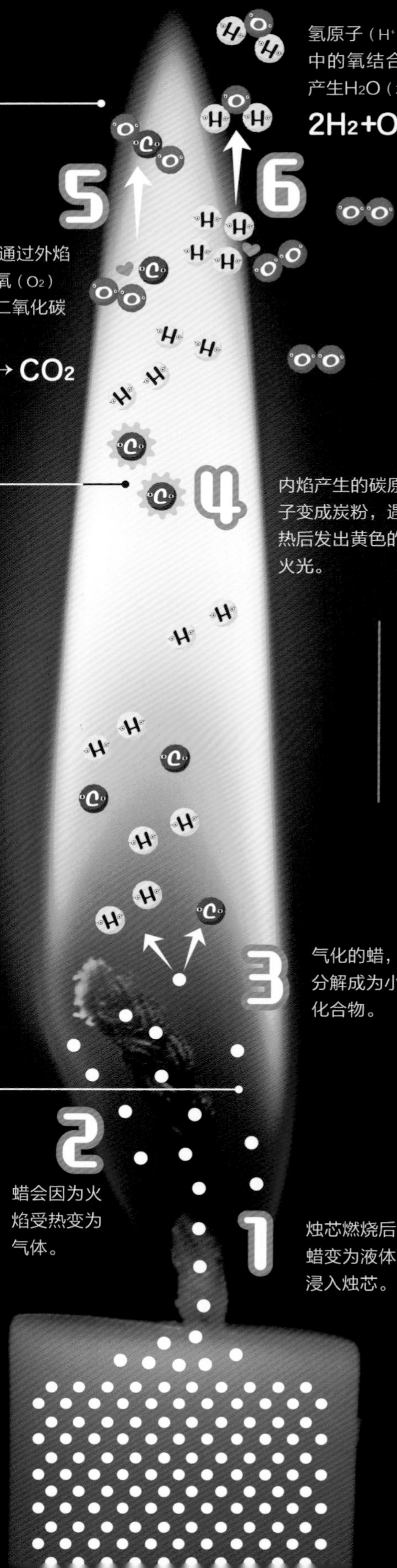

6 氢原子（H^+）通过外焰同空气中的氧结合发生氧化反应，产生H_2O（水蒸气）。

$2H_2+O_2 \rightarrow 2H_2O$

5 碳原子（C）通过外焰同空气中的氧（O_2）结合，生成二氧化碳（CO_2）。

$C+O_2 \rightarrow CO_2$

4 内焰产生的碳原子变成炭粉，遇热后发出黄色的火光。

3 气化的蜡，会受热分解成为小的碳氢化合物。

2 蜡会因为火焰受热变为气体。

1 烛芯燃烧后，蜡变为液体，浸入烛芯。

蜡烛燃烧的原理

蜡的成分是由碳元素和氢元素所构成的称作石蜡的物质。石蜡受热就会变成液体。

外侧光最弱的地方

外焰 约为 1400℃

火焰的周围有充分的氧气，充分燃烧产生高温。火焰透澈，颜色较淡。

最明亮的地方

内焰 约为 1200℃

气化的蜡油是可燃的，但是由于氧气不足，产生了可燃的烟尘（碳元素的小颗粒），它燃烧后发出了明亮的黄光。

距离烛芯最近也是最暗的地方

焰心 约为 900℃

蜡随着火焰的温度而熔化为液体，随后蒸发成为气体。因为还未燃烧，所以看起来较暗。

揭开火焰的真面目

外焰、内焰和焰心这三个部分有什么区别呢?

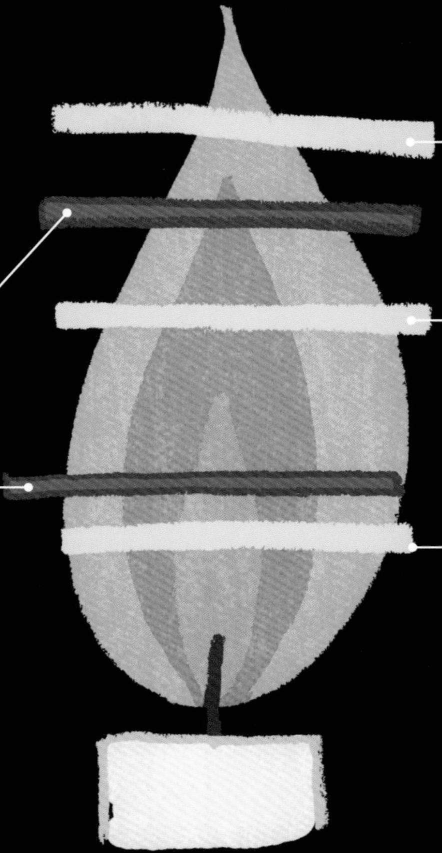

温度比较

将打湿的一次性筷子放入火焰中。

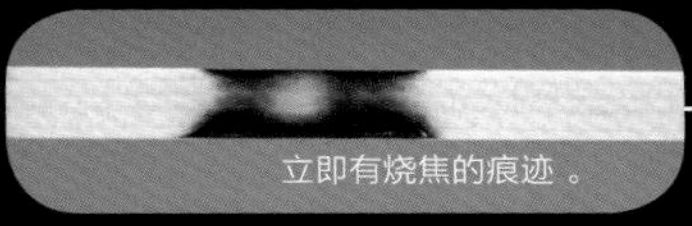

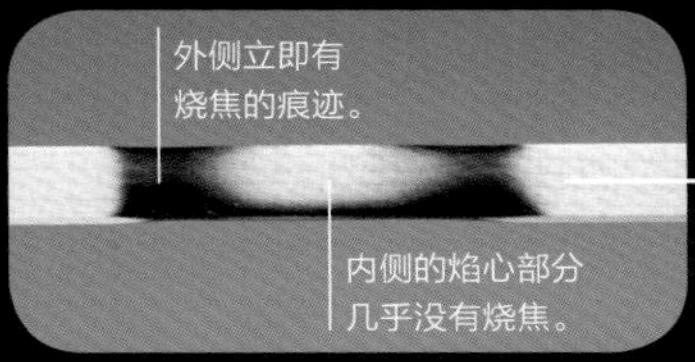

相比焰心，外焰的温度更高。

调查内部

将玻璃棒放入火焰中

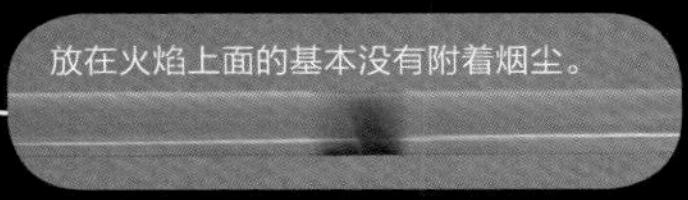

放在火焰上面的基本没有附着烟尘。

附着了黑色的烟尘。

可知烟尘产生于内焰和其内侧。

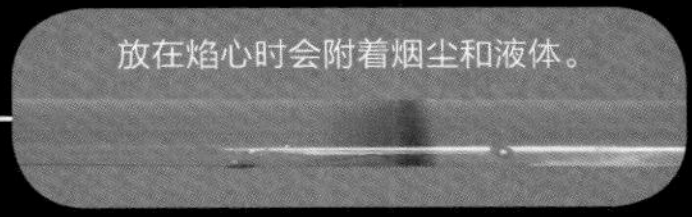

放在焰心时会附着烟尘和液体。

气态的蜡由于碰到玻璃遇冷变成液态。

观察

是蜡烛的什么在燃烧?

观察右侧三个蜡烛可以发现，蜡烛燃烧的真面目是蜡遇热后变成的气体。

如果把烛芯取掉会发现什么?

若将烛芯拔掉，即使将蜡烛靠近火，靠近的蜡会熔化但无法点燃。

观察烛芯根部会发现什么?

撒一些粉笔末在烛芯的根部，可以看到受热熔化的蜡逐渐被吸入了烛芯。

将玻璃管插进焰心会发现什么?

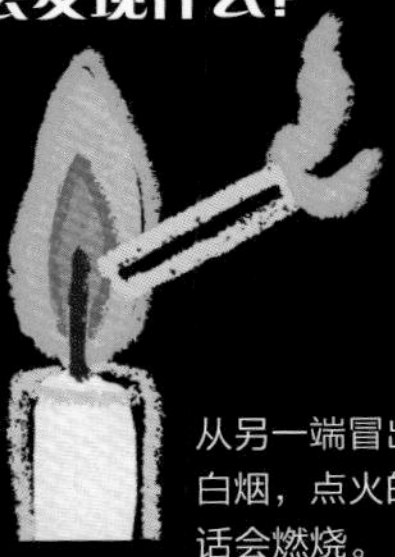

从另一端冒出白烟，点火的话会燃烧。

酒精的火焰和煤气的火焰

酒精的火焰

酒精的火焰，比蜡烛的温度更高，呈暗蓝色，三个部分区分不明显。颜色暗是因为酒精中所含的碳元素比蜡烛的更少。若撒上烟灰（碳粉），可以看到明亮的火焰。

煤气的火焰

煤气灶和煤气灯中的煤气，混合着氧气燃烧。内焰是明亮的蓝色，外焰是淡蓝色。当空气不足的时候，火焰会有晃动，并变成黄色。另外，当撒上烟灰（碳粉），可以看到明亮的火焰。

空气充足时的火焰

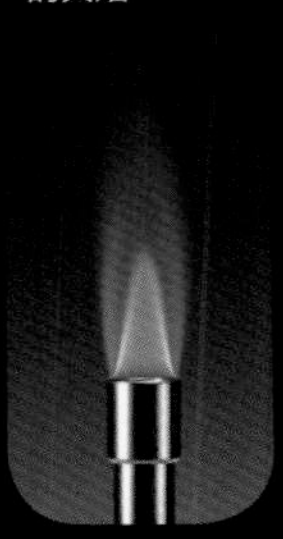

空气不足时的火焰

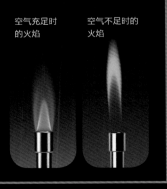

氧气是什么样的气体？

能够助力物体燃烧的氧气，究竟具有怎样的特性呢？让我们一起来总结下氧气的特点吧！

引起剧烈的氧化反应
将加热了的金属滤网放入充满氧气的集气瓶中，可以看到迸溅的火花以及剧烈的燃烧。金属滤网中的铁同周围的氧分子结合，一边放出火焰一边发生氧化反应。

燃烧是同氧气结合所发生的剧烈反应

在我们的周围，有很多的木头、纸张或者塑料等，这些物体都是由以碳和氢为主要元素的大分子构成的。这些东西一加热，便会产生含有碳原子和氢原子的气体。这些气体同空气中的氧结合，便会发生剧烈的反应，产生光和热，呈现出“燃烧”的状态。燃烧之后，将会产生不同的物质。

氧气的性质

1 具有助燃的作用

在集气瓶中收集好氧气，放入点燃的线香后，相比在空气中燃烧得更加剧烈。但是氧气本身是不可燃的。

2 无色、无嗅、无味

氧一般以气体的形态富含在空气中，但由于无色、无嗅、无味，无法被辨别。

3 比空气略重

空气中平均地混杂着氧气，氧气实际上是一种比空气质量稍重的气体。高山上空气稀薄，氧气也少。

4 难溶于水

氧气几乎不溶于水。鱼是通过腮将水中仅有的一点氧气摄入到身体中的。

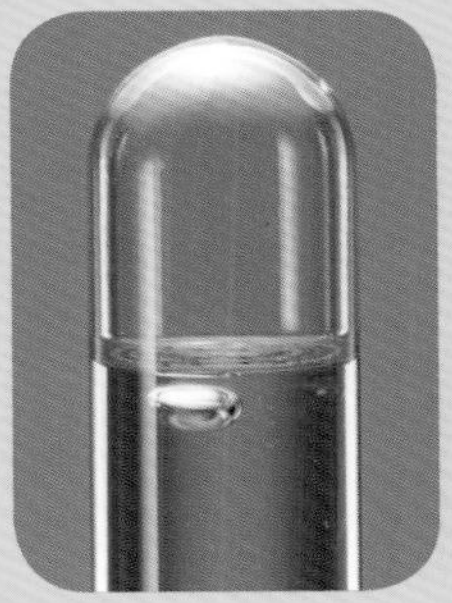

5 在约-180℃时变为液体

液态氧一般在医院进行手术等情况时使用。由于具有可以使物体剧烈燃烧的特性，又被利用作为火箭等的燃料。

氧气的制作方法、提取方法

将过氧化氢加到少量二氧化锰中，可以提取出氧气。由于氧气难溶于水，可利用图示的排水法，将集气瓶中的水同氧气置换来收集氧气。

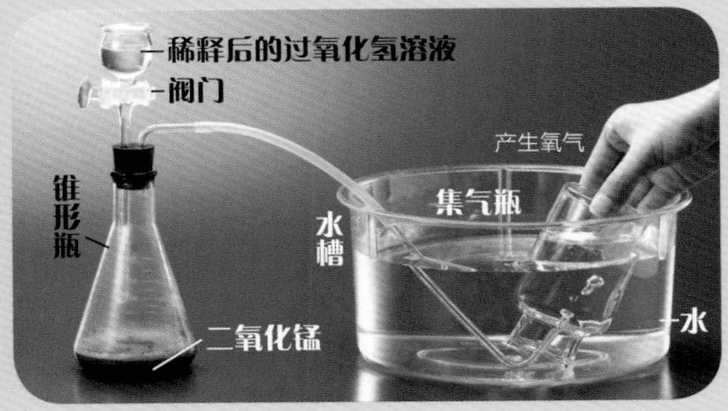

＊最开始产生的气体，还包含很多锥形瓶中的空气，所以不要收集。

这里所发生的化学反应

$$2H_2O_2 \rightarrow 2H_2O + O_2$$

过氧化氢　　水　　氧气

＊二氧化锰（MnO_2）在这里仅起到促进过氧化氢分解反应发生的作用。

空气的成分

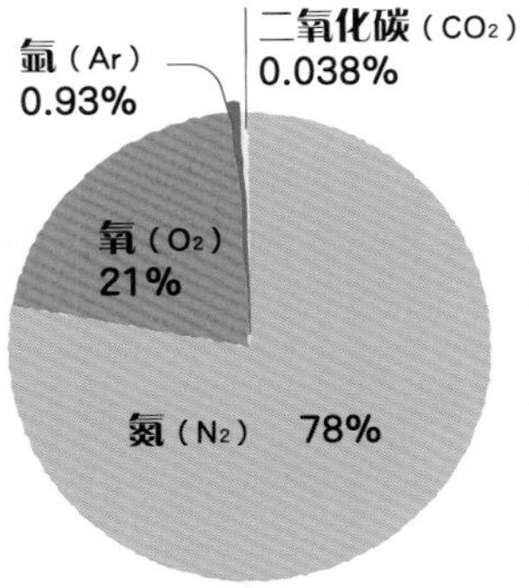

我们周围的空气，一般是由约78%的氮、约21%的氧，另外还有0.93%的氩和0.038%的二氧化碳等构成。二氧化碳的浓度随着人类活动不断增高，这也是温室效应产生的原因（P216）。

二氧化碳到底是怎样的气体？

木头、绿草、纸张、
蜡烛、塑料等，
在燃烧的时候，
它们所含有的碳元素，
会和空气中的氧相结合，
形成二氧化碳。
让我们一起来看看
二氧化碳的性质吧。

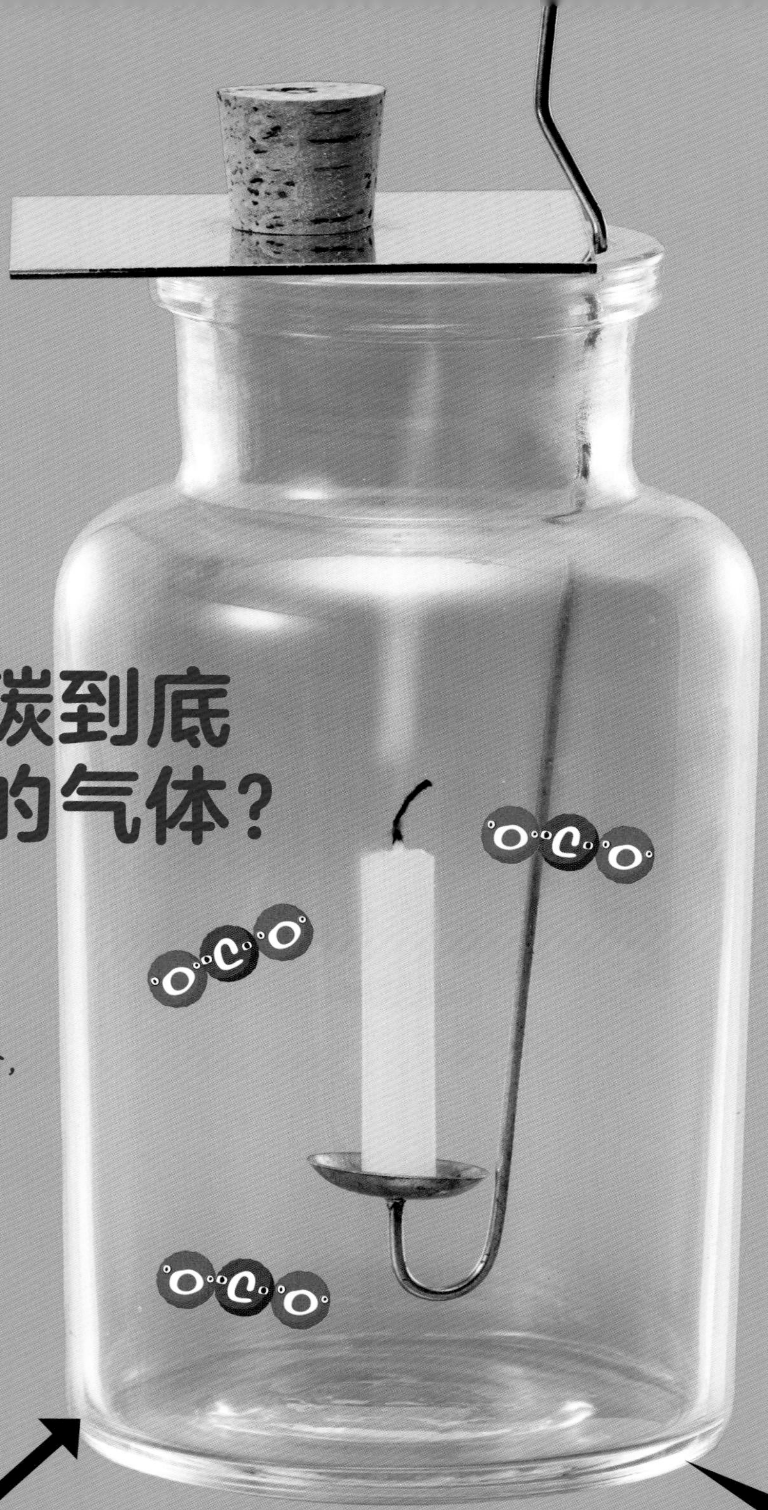

能够使石灰水变浑浊

二氧化碳具有使灰水变浑浊的性质。们在蜡烛燃烧前和燃后的集气瓶中分别放少量石灰水，并摇动。

我们会发现，蜡燃烧后集气瓶中的石水变浑浊了。这是因蜡烛燃烧后空气中的氧化碳混入到了石水中。

燃烧前
空气的成分

燃烧后
空气的成分

使石灰水变浑浊的白色物质究竟是什么呢？

这其实是碳酸钙，是石灰水中的氢氧化钙同二氧化碳反应产生的物质。

$$Ca(OH)_2 + CO_2 \rightarrow CaCO_3 + H_2O$$

氢氧化钙　二氧化碳　碳酸钙　水

二氧化碳的性质

1 不能使物体燃烧

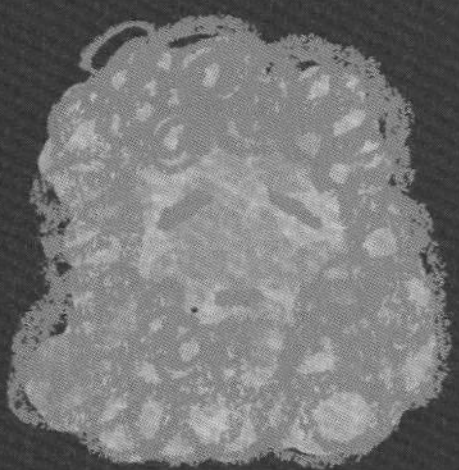

二氧化碳不能使物体燃烧，也不包含灭火的成分。有的灭火器通过喷出二氧化碳，隔绝空气，从而起到灭火的作用。

2 无色、无嗅、无味

二氧化碳通常以气体的形式少量地存在于空气当中。由于二氧化碳无色、无嗅、无味，我们很难辨别。

3 比空气重（大约是空气的1.5倍）

在一般的地方，空气中的各种成分均匀地混合在一起。而在空气流通不畅的地方，二氧化碳会沉积在底部。如果我们向装满二氧化碳的容器里轻轻地注入肥皂泡的话，会发现肥皂泡会由于里面的空气较轻而浮起来。

4 略溶于水

在装有半瓶水的塑料瓶中放入二氧化碳，然后拧上盖子摇一摇，可以发现塑料瓶变瘪。这是二氧化碳溶于水时使得瓶内压力变小，外界向内施加压力所致（P352）。

5 能使石灰水产生白色沉淀

二氧化碳具有使石灰水变浑浊的性质。利用此性质，可以检测气体中是否含有二氧化碳。

6 约在-79℃时由气体变为固体

直接由固态变为气态的过程称为升华。

二氧化碳在-79℃的环境下，直接由气体变为固体（P233）。固态二氧化碳被称作干冰。

二氧化碳的制作方法

用石灰石和稀盐酸可以提取出二氧化碳。虽然用排水法依然能收集到二氧化碳，但是由于它微溶于水，又比空气重，所以我们使用右边所示的向上排空气法进行收集。

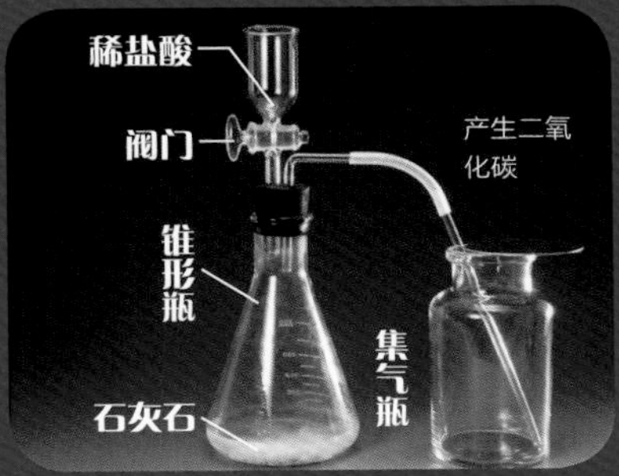

这里所发生的化学反应

$$CaCO_3 + 2HCl \rightarrow CaCl_2 + CO_2 + H_2O$$

$CaCO_3$	$2HCl$	$CaCl_2$	CO_2	H_2O
碳酸钙（石灰石）	盐酸	氯化钙	二氧化碳	水

* 可用大理石或贝壳代替石灰石。
* 将倒入盐酸的玻璃管置入锥形瓶底部。
* 一开始产生的气体中，混入了较多锥形瓶中的空气，请勿收集。

没有火焰依然可以燃烧？

我们可以发现，
在烤肉的时候使用的木炭，
木炭虽然变红了，
但是却没有发出火焰。
为什么燃烧时木炭不产生火焰呢？

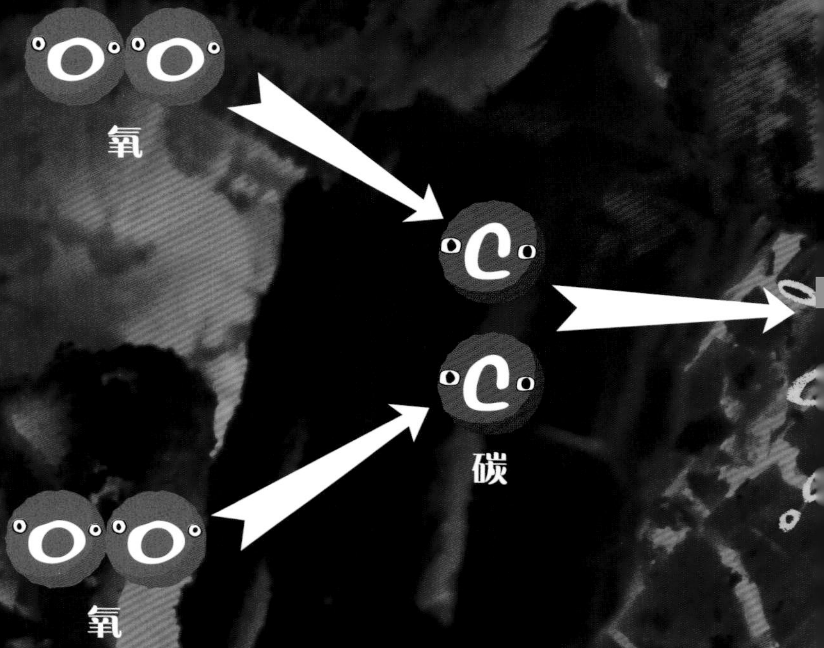

没有火焰燃烧的方法

木炭是木柴通过干馏后所制成的物质。干馏木柴的时候，已经将会产生火焰的气体成分全部去除，所剩下的木炭几乎就是一个“碳”块。所以，在燃烧的时候，就只是表面的碳同氧一点一点发生反应，持久平缓地产生热量和红光。这样的燃烧方式也是燃烧的一种。

O_2 + C ——
氧　碳

燃烧前的炭

几乎是由“碳”所构成的。

燃烧中的炭

表面的碳逐渐和氧结合，产生光和热。

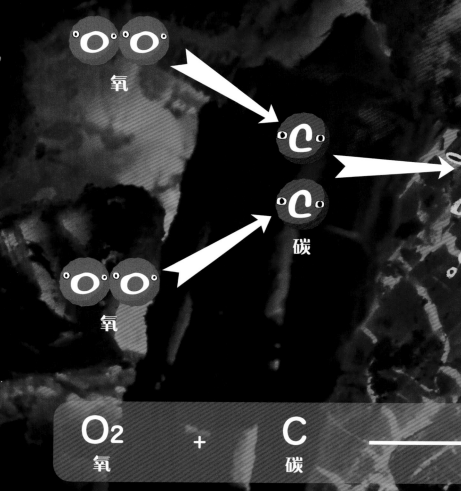

燃烧后的炭

碳变为二氧化碳混入空气中。只剩下一些炭灰。

燃烧中炭的变化

炭燃烧之后只剩下白色炭灰。碳氧化后产生了二氧化碳，混入了空气之中，因此，炭灰的质量变得很轻。炭灰的成分除了极少的碳之外，就是钾和镁的碳酸盐等。

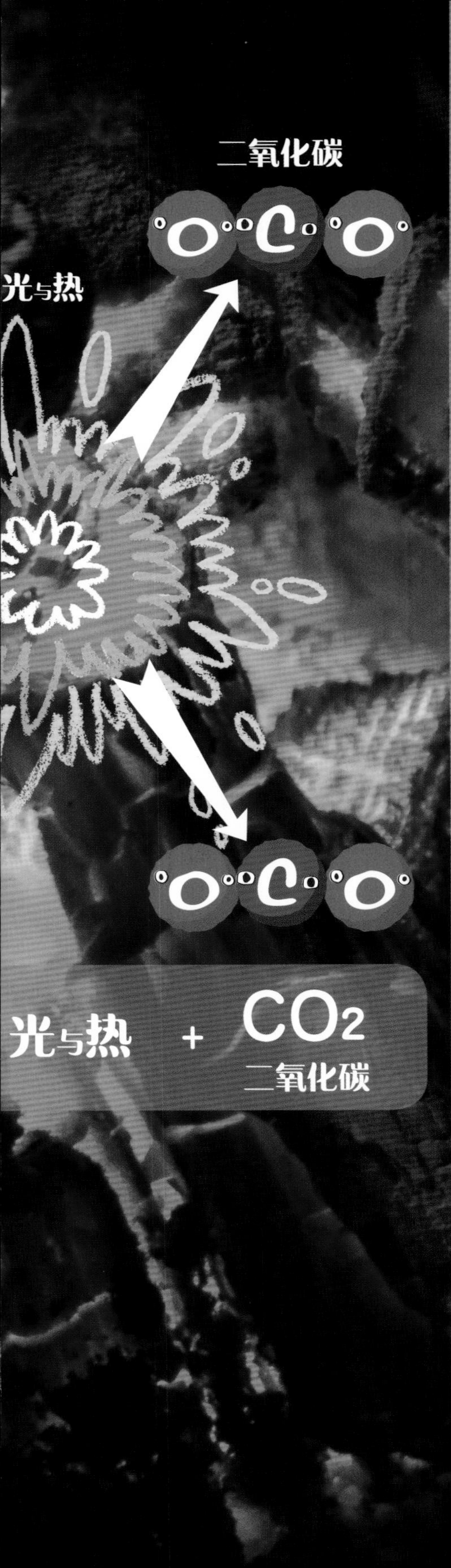

炭是如何产生的

素材协助：日本一本杉炭烧俱乐部

日本的炭是由栲（kǎo）树、栎树、枹栎等树木所制成的。将木材干燥后制成的木柴排进制造木炭的窑炉中，进行封闭，采用干馏的方式。这样可以去除木柴中会产生火焰的成分，最后只剩下由碳所构成的木炭。

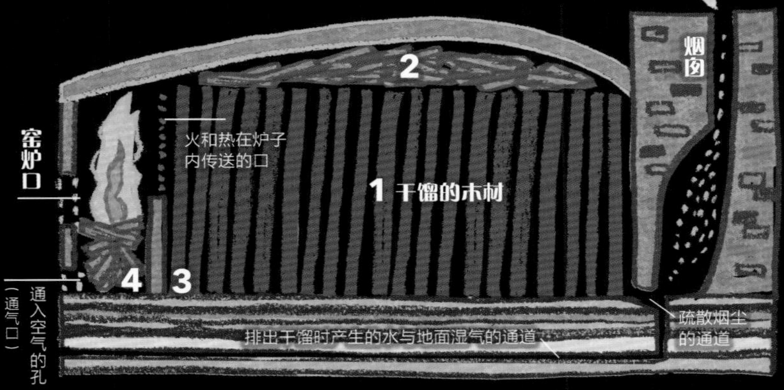

1 将作为制炭原材料的栲树、栎树等阔叶树所制成的木柴并排放入。

2 为了使木柴的温度上升，将一些燃烧的小枝干、碎木柴塞进去。

3 将砖瓦和石头等堆积起来，用黏土粘合成炉壁。

4 从窑炉口放入木柴点着火。

5 火点燃后将窑炉口封住进行干馏。

6 留下通气口，封闭窑炉口，待干馏2～3日后取出。

用一次性筷子做干馏实验

将一次性筷子放入试管中，排出空气进行干馏。可以亲眼看到如何烧制木炭。

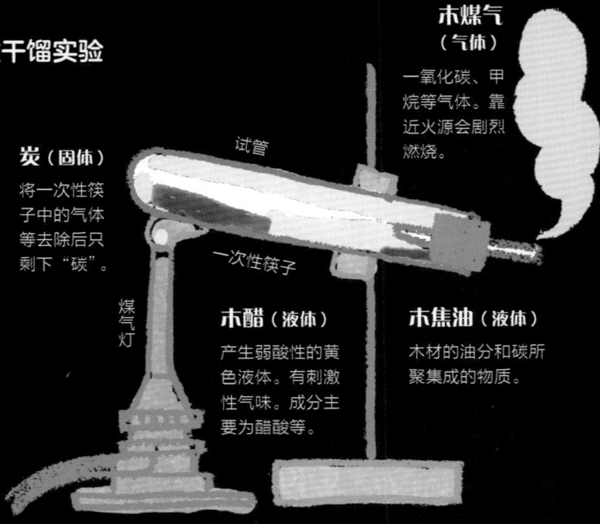

木煤气（气体）
一氧化碳、甲烷等气体。靠近火源会剧烈燃烧。
炭（固体）
将一次性筷子中的气体等去除后只剩下“碳”。
试管
一次性筷子
煤气灯
木醋（液体）
产生弱酸性的黄色液体。有刺激性气味。成分主要为醋酸等。
木焦油（液体）
木材的油分和碳所聚集成的物质。

金属能燃烧吗？

炭燃烧的时候，碳同氧结合生成了一种叫作二氧化碳的新物质（P272）。
那么，金属燃烧后会怎样呢？

用煤气灯加热

铁燃烧时同空气中的氧结合产生氧化铁。

铁丝从发亮的银色变成没有光泽的黑色，用手触碰就会掉下来。

测试重量

比较燃烧前后的重量。

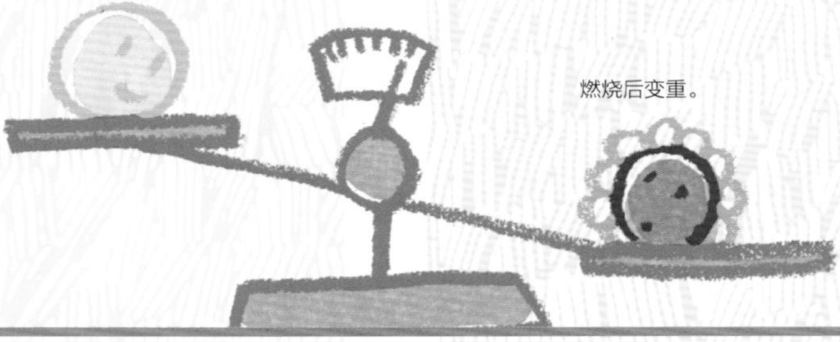

和铁相比氧化铁会更重。这是因为增加了氧的重量。

通上电流

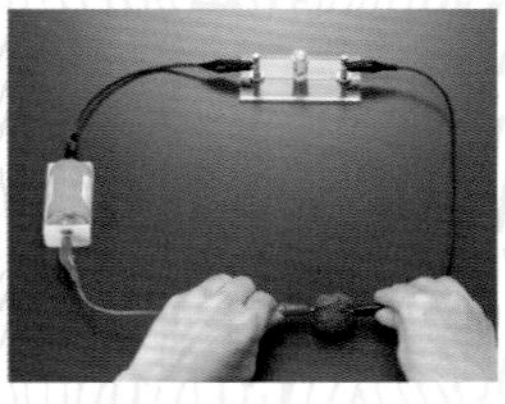

用导电线与干电池相连，确认小电灯泡是否变亮。

铁能够导电，但氧化铁不具备这个性质，无法导电。

在集气瓶中
烧后，放入
灰水并摇晃

金属燃烧的变化

金属滤网、钉子等铁制品几乎都是由铁原子构成的。铜板、铜线圈等几乎都是由铜原子构成的。铁和铜在空气中加热会怎样呢，让我们来做个实验吧。

铜 燃烧前

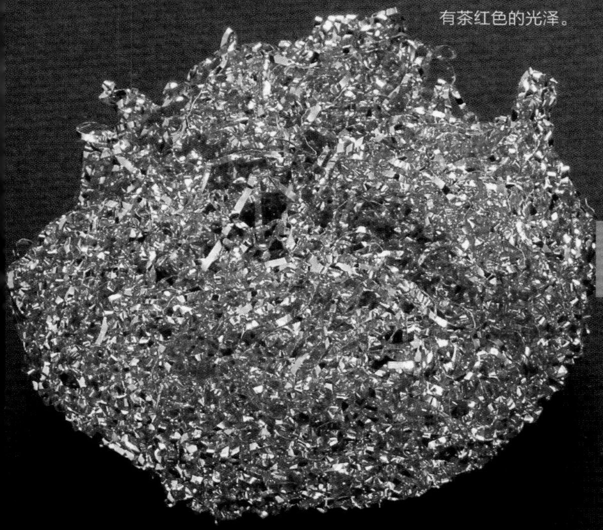

有茶红色的光泽。

$2Cu+O_2$

用煤气灯加热

燃烧后

铜燃烧时与空气中的氧结合产生氧化铜。

变得暗黑无光。

颜色变成了没有光泽的黑色，并且变得柔软。

$2CuO$*

* 也可能产生具有其他化学式的铁或铜的氧化物。

燃烧后变重。

和铁相同，铜和氧结合生成氧化铜，使得其质量增加。

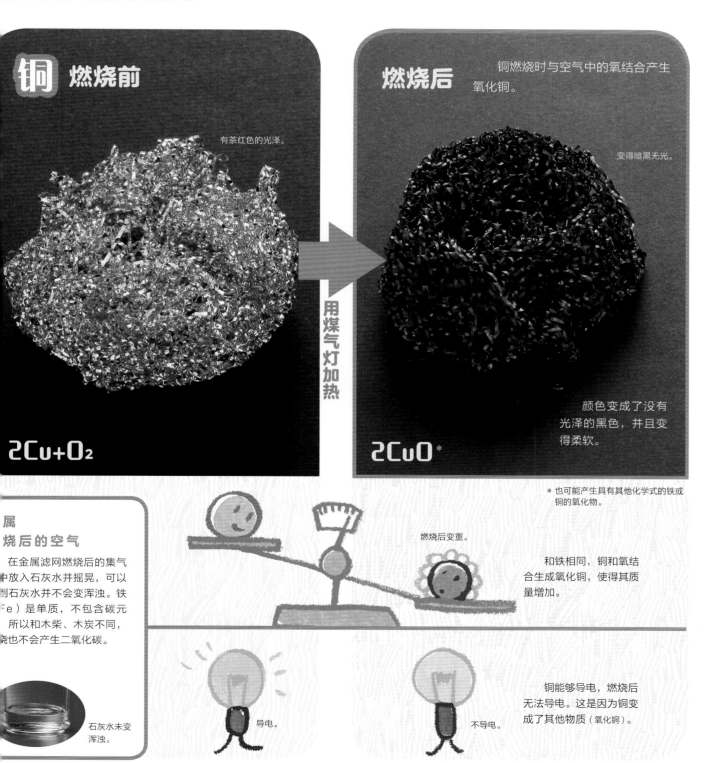

导电。

不导电。

铜能够导电，燃烧后无法导电。这是因为铜变成了其他物质（氧化铜）。

属
烧后的空气

在金属滤网燃烧后的集气中放入石灰水并摇晃，可以到石灰水并不会变浑浊。铁e）是单质，不包含碳元所以和木柴、木炭不同，烧也不会产生二氧化碳。

石灰水未变浑浊。

生锈的物质能够还原吗？

物体和氧发生反应称为氧化，那么相反，物质失去氧的反应被称作还原。让我们一起来看看氧化和还原的关系吧。

铁矿石

图源：
日本大铣产业有限公司

焦炭

氧化铁的还原（制铁的原理）

铁矿石的主要成分是一种叫作三氧化二铁的氧化铁。将其放入置有碳块的熔炼炉中加热，氧化铁被夺走氧发生还原，变成纯粹的铁。

1 在熔炼炉中加热铁矿石（三氧化二铁Fe_2O_3）和焦炭（碳C）。

2 随即生成一氧化碳。一氧化碳从3个三氧化二铁中夺走1个氧。

3 3个被夺走氧的三氧化二铁结合为2个四氧化三铁（Fe_3O_4）。

4 四氧化三铁同碳继续加热，一氧化碳再分别夺走1个氧，生成6个氧化亚铁（FeO）。

5 氧化亚铁再被一氧化碳夺走氧，变为铁（Fe）。

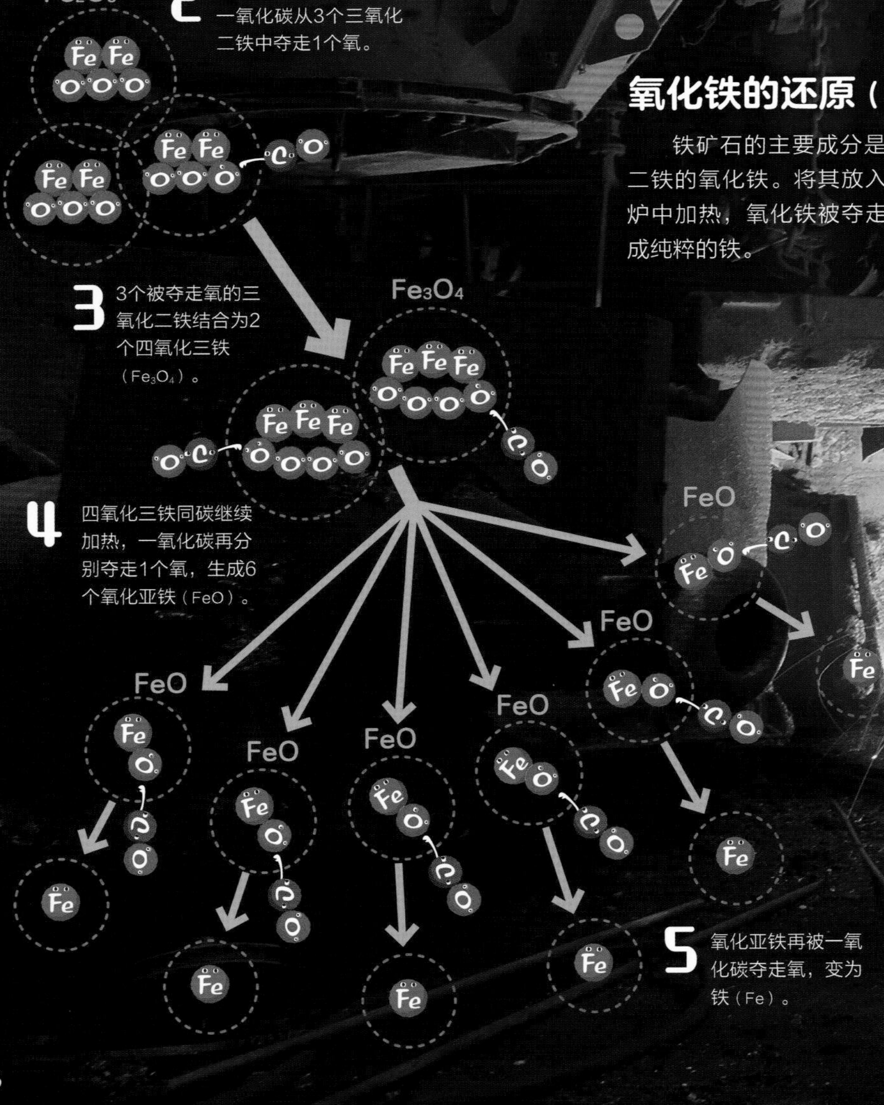

氧化铜的还原

加热氧化铜，让它与试管中的氢气发生反应，氧化铜中的氧气就会脱离，发生还原反应，氧化铜则回到红色铜的状态。试管里则会出现氧和氢结合产生的水。

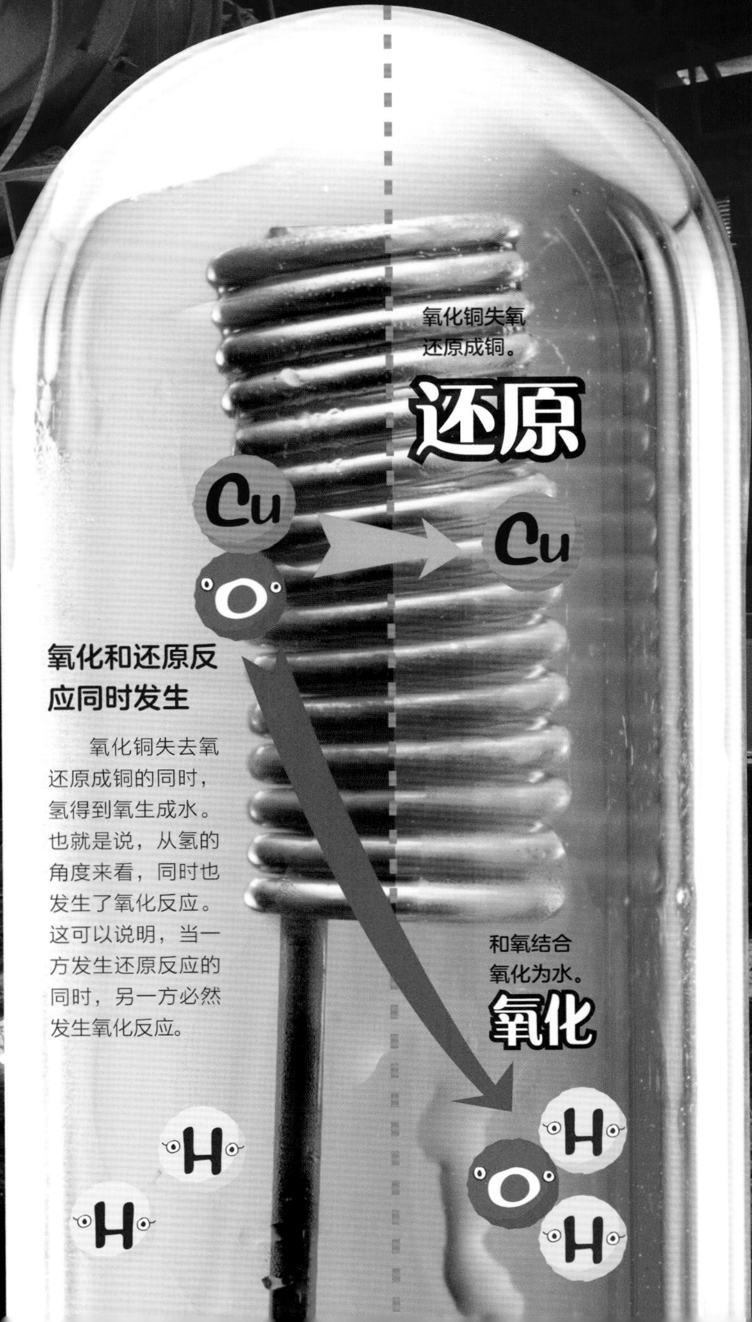

氧化和还原反应同时发生

氧化铜失去氧还原成铜的同时，氢得到氧生成水。也就是说，从氢的角度来看，同时也发生了氧化反应。这可以说明，当一方发生还原反应的同时，另一方必然发生氧化反应。

动物的呼吸和氧化、还原

脊椎动物的血液中含有一种被称为血红蛋白的蛋白质，这种蛋白质负责运输身体中的氧来维持呼吸。血红蛋白在肺中易于同氧结合生成氧合血红蛋白，又在身体中剥离氧，还原成脱氧血红蛋白回到肺中。

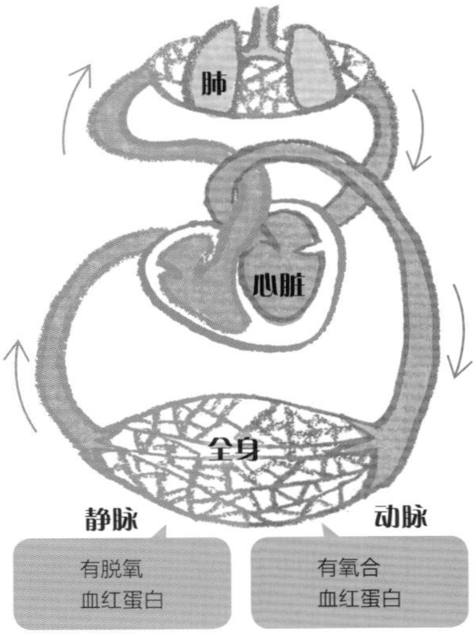

其他的氧化、还原反应

在二氧化碳中也可以燃烧镁

镁这种金属，在二氧化碳中也可持续燃烧。这是因为镁能从二氧化碳中夺走氧原子进行氧化反应。二氧化碳还原变成碳，集气瓶中产生了黑渣。

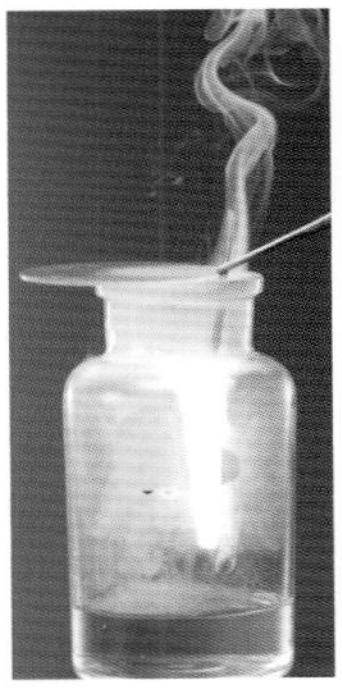

还原

$$2Mg + CO_2 \rightarrow 2MgO + C$$

镁　二氧化碳　氧化镁　碳

氧化

我们身边有哪些气体呢？

- 硫和氢相结合所形成的气体。
- 和空气相比稍重（比重为 1.19）。
- 无色，有臭鸡蛋味，有毒。
- 易溶于水，呈弱酸性。
- 活火山和温泉等地会喷出该物质。
- 与氧反应，可形成硫。

H_2S
硫化氢
比重1.19

- 空气中比例第三大的气体，约占 0.93%。
- 重于空气（比重为 1.38）。
- 无色，无味。
- 几乎不和其他物质发生反应。
- 几乎都以原子而不是分子的形式存在。
- 被用作荧光灯或电灯泡中的气体。

Ar
氩
比重1.38

- 空气中比例第四大的气体，约占 0.038%。
- 重于空气（比重为 1.53）。
- 无色，无味。
- 碳氧化（燃烧）生成的产物。
- 产生温室效应（P216）。
- 在 −79℃时从气体变为干冰（固体）。
- 溶液为碳酸水。
- 随光合作用被植物吸收入体内。

CO_2
二氧化碳
比重1.53

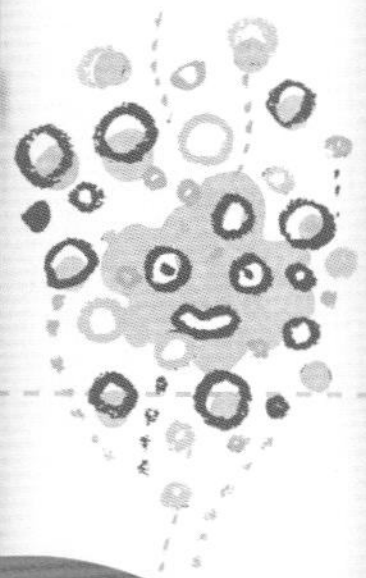

- 重于空气（比重为 2.49）。
- 黄绿色，有刺激性气味。有毒。
- 易溶于水。
- 食盐水电解时，正极（+）会产生该物质。
- 被用作自来水消毒、漂白剂、氧化剂（使另一物质氧化的物质）。

Cl_2
氯气
比重2.49

- 比重为 1.00。
- 无色透明。由多种气体混合在一起。
- 氮气约 78%、氧气约 21%、稀有气体约 0.94%。
- 越高的地方越稀薄。但任何地方成分比例都大致相同。
- 充满了地球表面至约 80 千米的高空。

空气
比重1.00

- 空气中比例最大的气体，约占 78%。
- 略轻于空气（比重为 0.97）。
- 无色，无味。
- 难溶于水。
- 在 −195.8 ℃时变为液体，被用作冷却剂。
- 氮原子在大量生物体内以氨基酸和蛋白质的形态存在。
- 是植物的重要肥料。

N_2
氮气
比重0.97

收集比空气重的气体的方法

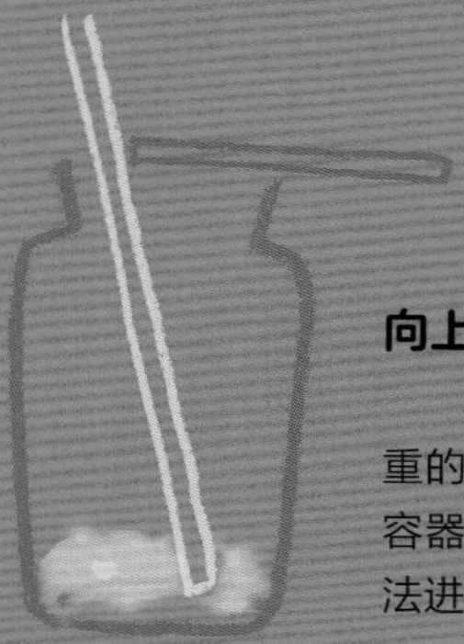

向上排空气法

收集易溶于水且比空气重的气体时，应将管子插入容器底部，利用向上排空气法进行收集。

- 空气中比例第二大的气体，约占21%
- 稍重于空气（比重为 1.11）。
- 无色，无味。
- 难溶于水。
- 和其他物质化合产生氧化物。
- 具有助燃的性质。
- 将稀过氧化氢注入二氧化锰中，可以产生氧气。

O_2 氧气

比重1.11

H_2 氢气

比重0.07

- 最轻的气体（比重 0.07）。
- 易氧化（燃烧、爆炸）。
- 难溶于水。
- 可通过在酸性水溶液中加入锌等金属而得到。
- 水电解产生负极（负电极）。
- 氢是宇宙中最多的元素。
- 氧化后产生水，地球上的大多数氢原子都变成了水。
- 生物体内和矿物质中的含量也较多。

0.1

轻于空气

0.5

1.0

同空气同重

2.0

重于空气

3.0

He 氦

比重0.14

- 除氢气外第二轻的气体（比重为 0.14）。
- 无色，无味。
- 几乎不和其他物质反应。
- 难溶于水。
- 不以分子而以原子的形式存在。
- 由于质量较小且不易燃，常被用在气球、飞艇中。
- 宇宙中第二多的元素。
- 在地球上，一些天然气中含有氦气。

CH_4 甲烷

比重0.56

- 碳原子和氢原子以 1 ：4 的比例结合生成的气体。
- 轻于空气（比重为 0.56）。
- 无色，无味。
- 可从天然气中提取，也可以人工合成。
- 在沼泽、湿地、牛胃中，有机物发酵的时候会产生。
- 被当作城市燃气 使用。
- 会形成温室效应（P216）。

NH_3 氨气

比重0.60

- 氮原子同氢原子结合而产生的气体。
- 轻于空气（比重为 0.60）。
- 无色，有刺激性气味。有毒。
- 含水垃圾的气味产生的源头气体。
- 加热氨水后可得到。
- 氮肥的原料。
- 易溶于水。

比空气轻的气体的收集方法

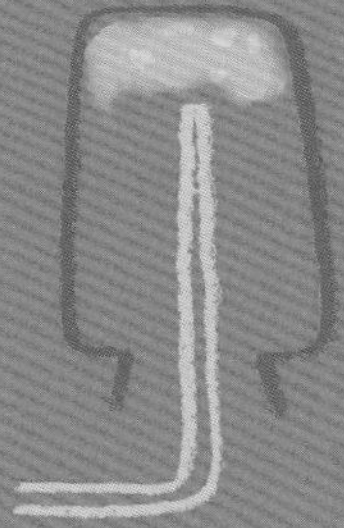

向下排空气法

收集易溶于水且比空气轻的气体时，应将管子插至容器的顶端，利用向下排空气法进行收集。

溶于水的体的收集方法

排水法

收集难溶于水的气体时，可以将容器充满水后使用排水法收集到纯粹的气体。

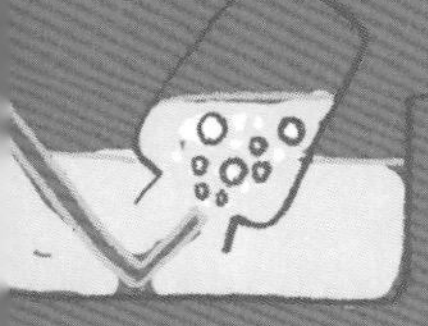

因为我们肉眼难以看到气体，所以我们很难清楚什么地方有什么样的气体。现在让我们来整理下身边有什么样的气体吧。

比重 比重为把空气作为1进行比较所得到气体的重量。

烟花色彩的秘密

夏日的夜空中绽放着五彩缤纷的烟花。当充满火药的圆形小球发射到天空，并在空中爆炸的时候，仿佛一朵朵用光束组成的鲜花在夜空中绽放。此时产生这些五彩缤纷光芒的，是混合在火药中的金属粉末。

烟花的构造（菊花型烟花）

金属燃烧时发出光芒的颜色，是由这个金属所决定的。铜是青绿色的，钠是黄色的，钙是橘色的，钾是粉色的。

制作烟花的人将含有这些金属的物质混入火药中，制作成被称为礼花弹的圆形球体。根据礼花弹的成分、大小和排列方式的不同，烟花的颜色和形状也不同。

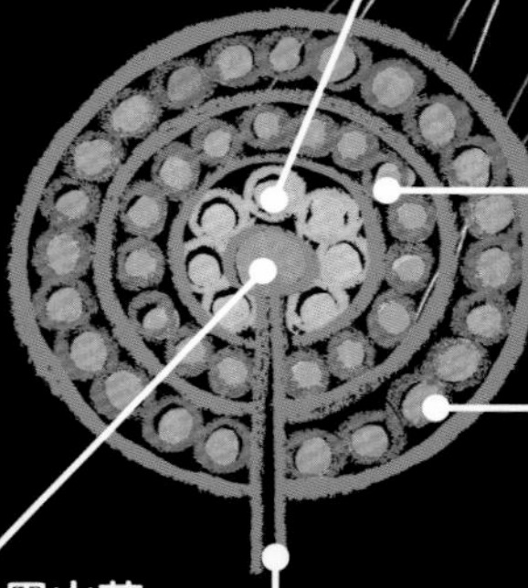

礼花弹

随着每一层火药的不同，光的颜色也会发生变化。

1层礼花弹

绽放得最早、最小、最亮的。白色的是铝等物质。

2层礼花弹

绽放面积第二的。红色的是碳酸锶等物质。

3层礼花弹

绽放面积最大的。蓝色的是氧化铜等物质。

黑火药

爆炸时让礼花弹迸溅开来。

导火索

点燃中间的火药。

外侧的礼花弹较大，随着每层火药的不同颜色不断变化，产生了较长的光束。

金属燃烧时产生的颜色

金属受热会吸收能量，原子变成能量较高的状态。原子回归能量较低的状态时以光的形式释放能量。原子的构造各有不同，因此不同金属产生的颜色也不同。这被称作焰色反应。利用这一现象，我们可以调查物体中含有什么样的金属。

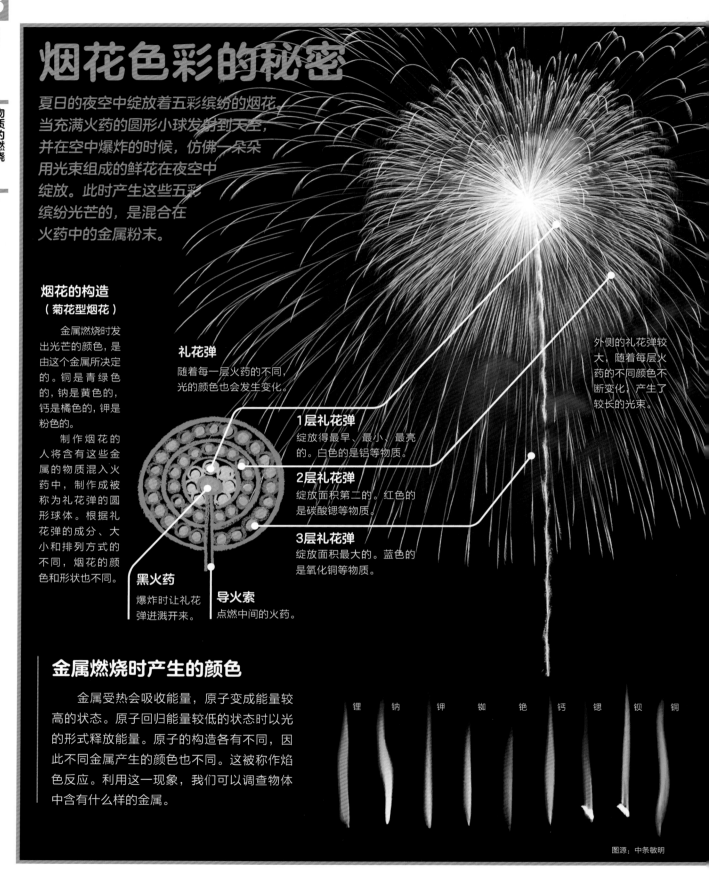

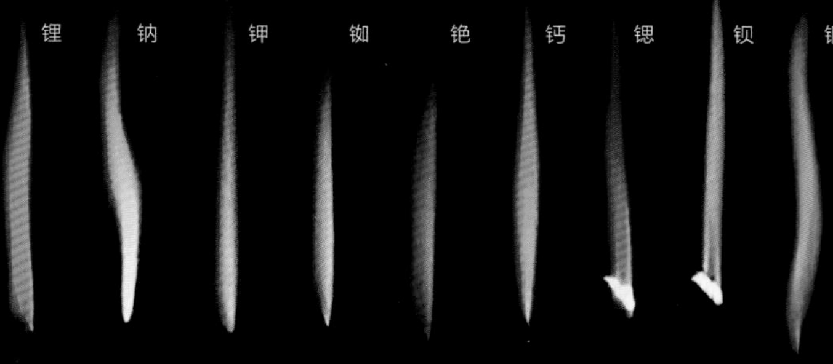

图源：中条敏明

4

能源

光与声音

大家有没有见过教堂的彩色玻璃?
光线透过彩色玻璃,
呈现出不同颜色的光,
将教堂装点得富丽堂皇。
祭坛两侧的手风琴,
在七色光彩中庄严地响彻教堂。
据说设计这个教堂的建筑家高迪起初是想将
这个建筑物设计成一个能让音乐在全世界响起的巨大乐器。
震撼我们心灵的光与声音,
到底是什么呢?
让我们快来走进不可思议的光与声音的世界吧。

图为位于西班牙巴塞罗那的巨大的萨格拉达教堂。教堂于1882年开始修建，预计于设计者高迪死后100年，也就是2026年完成。

光线是如何传播的？

大家应该都看到过光线透过云朵或是树叶的缝隙射向地面吧。光线一直都是笔直照射下来的。让我们一起来观察光线，揭开它神秘的面纱吧。

太阳光呈平行照射

从路灯等光源（产生光线的物体）出的光线会向周围传播。然而，由太阳离我们太远了，射向我们的线，其张角太小，所以我们可以认太阳光呈平行照射。

因为太阳光是平行的，所以形成影子的物体管在何处，是何朝向，影子的大小都相同。

由于灯泡的光线向四周传播，离得越远，子会变得越大。

光在空气或水中沿直线传播

不仅是在空气中，我们能发现射入水中的光线也是沿直线传播。光线在空气、水、玻璃等均一介质里都是笔直地进行直线传播的。我们称之为“光的直线传播”。

因为光线具有直线传播的性质，所以当光线遇到无法通过的地方时会形成影子。

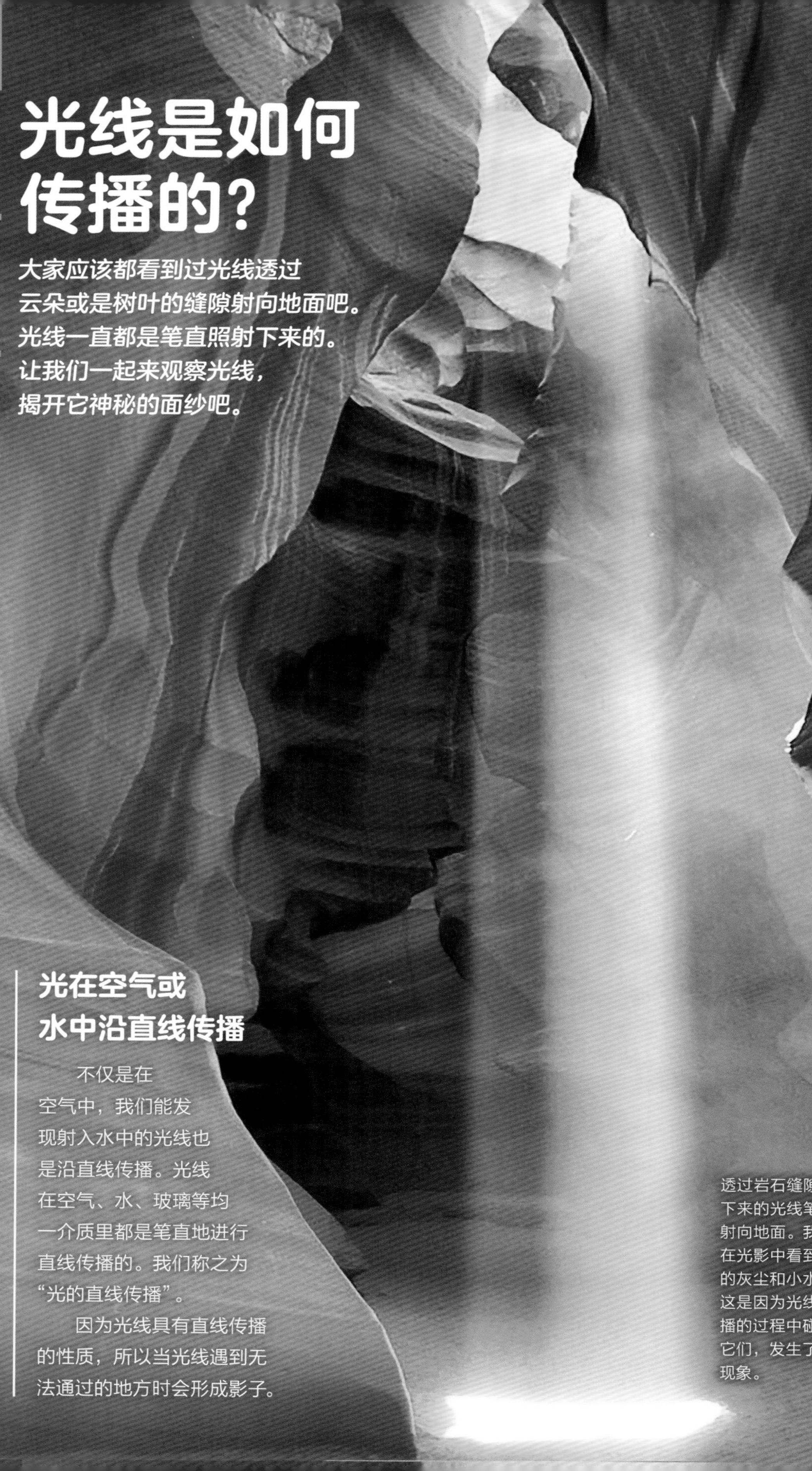

透过岩石缝隙照射下来的光线笔直地射向地面。我们能在光影中看到细小的灰尘和小水珠。这是因为光线在传播的过程中碰到了它们，发生了散射现象。

光线在水中也是呈直线传播。光线即使在水中，遇到细微的物质也会发生散射，因此我们才可以看到光线。光线在各处被散射，逐渐被减弱。

线在两种介质的
界处发生折射现象

当光线从空气向水中，或是从玻璃空气中，或者从别的物质里斜射出来时候，会在两种介质的交界处转变传方向。这种现象叫作“折射”。

于光线在水与气交界的地方发生折射现，所以我们可看到被藏在杯边缘的硬币。

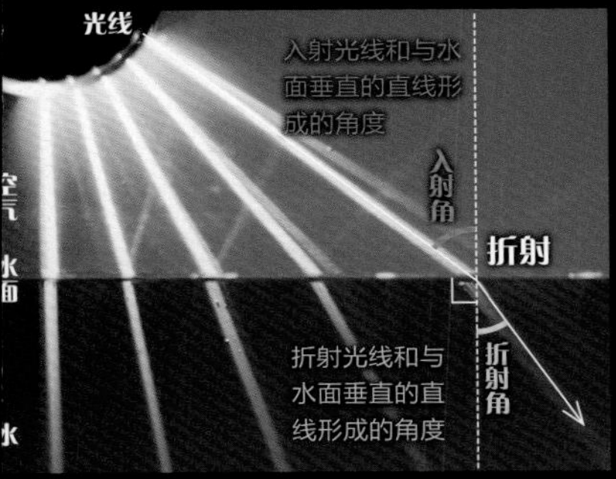

光线从空气中射入水中

折射角小于入射角，光线朝距离水面更远的地方偏离。

光线从水中射入水中（全反射）

如果光线在水中的入射角大于49°，折射角会超过90°，光线会全部被反射而不进入空气中。这时，水面就会像镜子一样。

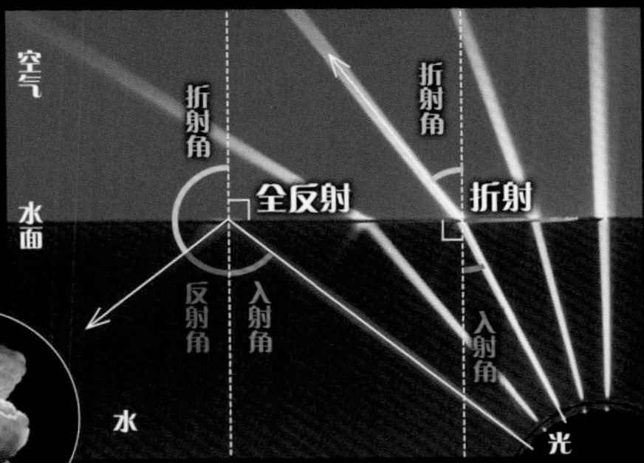

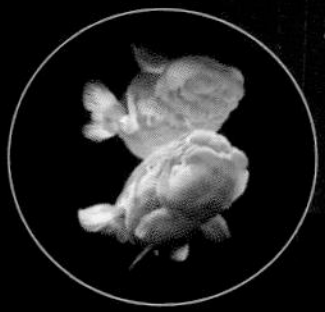

光线从水中射入空气中

折射角大于入射角，光线朝距离水面更近的地方偏离。

光线的传播速度是每秒约30万千米

耀斑在太阳大气层中爆发！

地球与太阳距离大约1亿5千万千米。太阳的光线传播到地球上大约需要8分19秒。

强烈的光线反射到月球上！

地球与月球大约相距38.4万千米。将月球照亮的光线传播到地球上大约需要1.3秒。

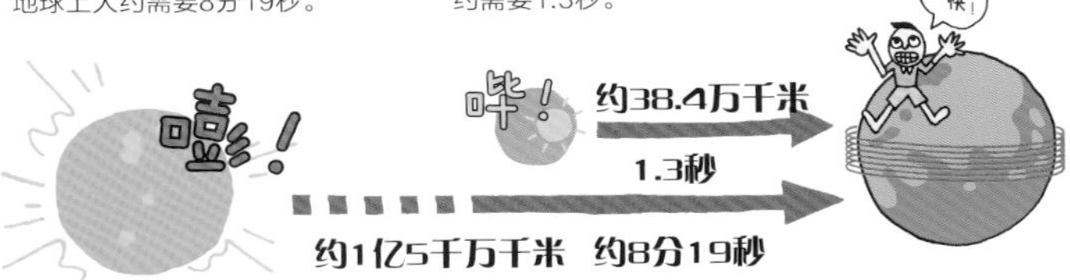

1秒绕地球7周半

光线在1秒钟内可以前进大约30万千米。这相当于绕地球7周半的距离。没有比光线传播速度更快的物质。

我们都看到过透过玻璃边缘折射出的
彩虹般的光线吧。让我们一起来寻找将
白色光线变成彩虹般色彩的奥秘吧。

光究竟是

光线的混合

棱镜可以将白光分离成红、绿、蓝三原色，相反，将红、绿、蓝三原色混合可以得到白光。我们将电视的液晶显示屏放大之后可以看到红、绿、蓝三种颜色的点排列在一起。我们看到的颜色就是由这三种颜色不同的排列组合所显示出来的。

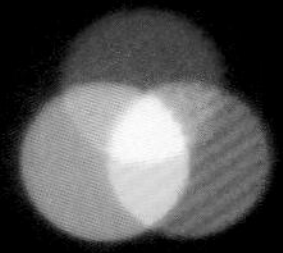

光的三原色

将红、绿、蓝三原色相混合可以得到白光。这三种颜色叫作“光的三原色”。

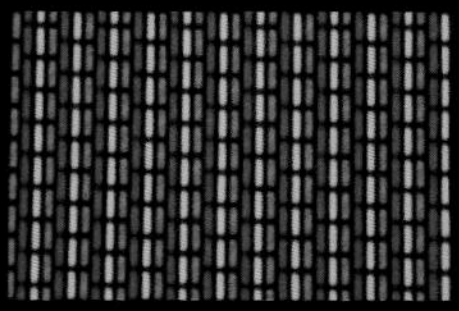

电视画面

我们将电视的液晶显示屏放大之后可以看到红、绿、蓝三种颜色的点排列在一起。通过调节不同颜色的强弱可以形成不同的色彩。

天空为什么是蓝色的？夕阳为什么是红色的？

太阳的光线射向地球的时候会遇到氮气、氧气等分子。这时，蓝光因为波长较短会更容易向四周散射。晴空万里时的天空呈现出蓝色就是因为蓝光散射至四周。

另一方面，傍晚的太阳光线在大气中要走相对更长的路程。于是，像蓝光一样波长较短的光线全都被散射向四周，只留下红色、黄色等波长较长的光线。这些光线只有遇到比分子更大的灰尘或水滴才会被散射，所以夕阳呈现出红色。

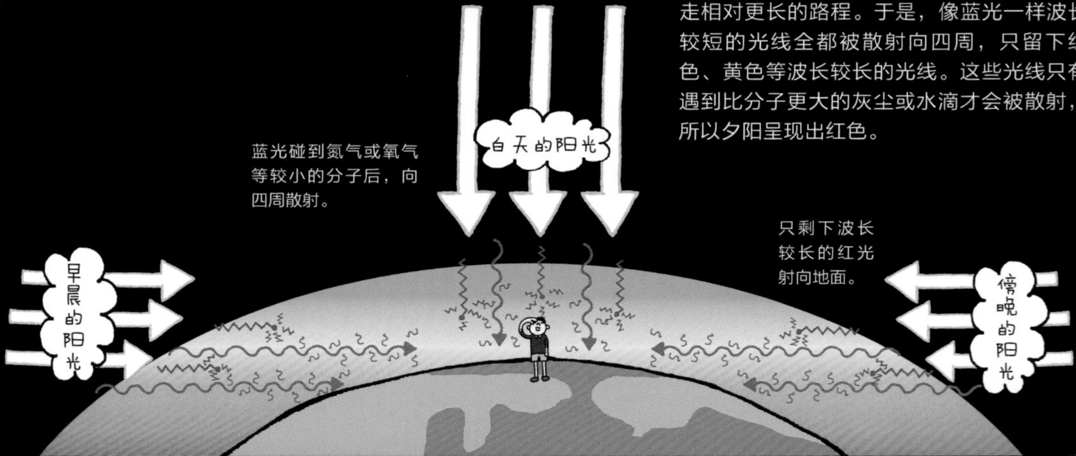

蓝光碰到氮气或氧气等较小的分子后，向四周散射。

只剩下波长较长的红光射向地面。

什么颜色的？

各种颜色混合在一起

太阳光线和电灯的光线看起来是白色的，实际上它们是由很多不同颜色的光线混合在一起产生的。由于光线会因为颜色的不同而使折射的角度发生变化，因此当光线通过三棱镜时，混合在白色光线里的不同颜色的光会被分别折射出来。

光线实际上是一种电磁波，具有波的性质。红光波长较长，从黄色开始向绿色、紫色渐变，波长会逐渐变短。由于波长越短，发生折射时角度越大，所以我们会发现比起红色的光线，紫色光线更易于偏向内侧。

（参照P214 彩虹的组成）

物体颜色的奥秘

当我们拿着苹果走进没有光线的黑暗房间时，我们就看不到苹果了。我们能看见苹果是因为苹果通过反射周围的光线，将光线射入我们的眼睛中。

那么，为什么红苹果看起来是红色的呢？这是因为红色的苹果只反射红色的光线，将除红色以外的光线吸收了。同样，绿色的苹果也会将绿色以外的光线全部吸收。

物体看起来是黑色是因为几乎所有的光线都被吸收了。物体看起来是白色是因为几乎所有的光线都被反射了。

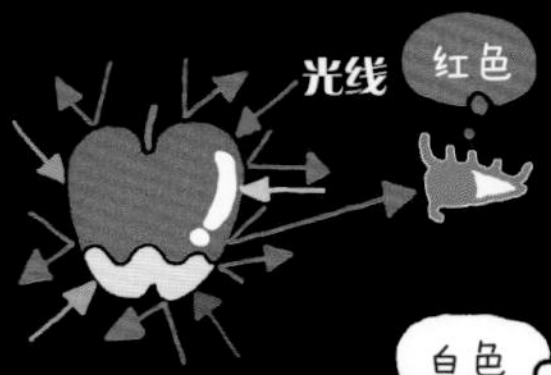

红色
只有红色的光线被反射，其他的光线都被吸收了。

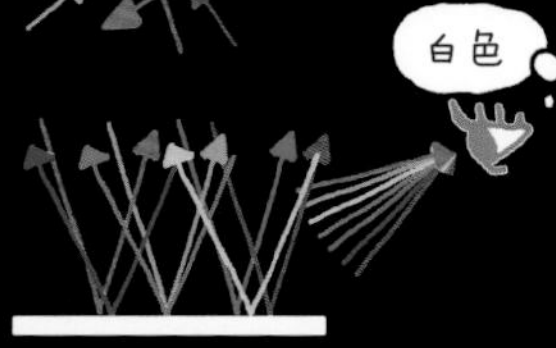

白色
由于几乎所有颜色的光线都被反射，所以物体看起来是白色的。

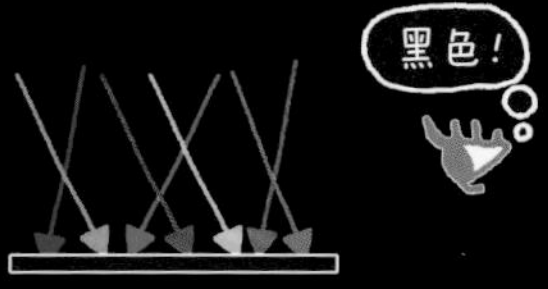

黑色
由于几乎所有颜色的光线都被吸收，所以物体看起来是黑色的。

电磁波与可见光

能够被人眼看到的电磁皮称为可见光。人眼可以看到波长从380～770纳米范围内的电磁波。人眼无法看到的电磁波包括X射线、紫外线、红外线以及广播电台节目所需的电波。

※1纳米是1米的1/1000000000。

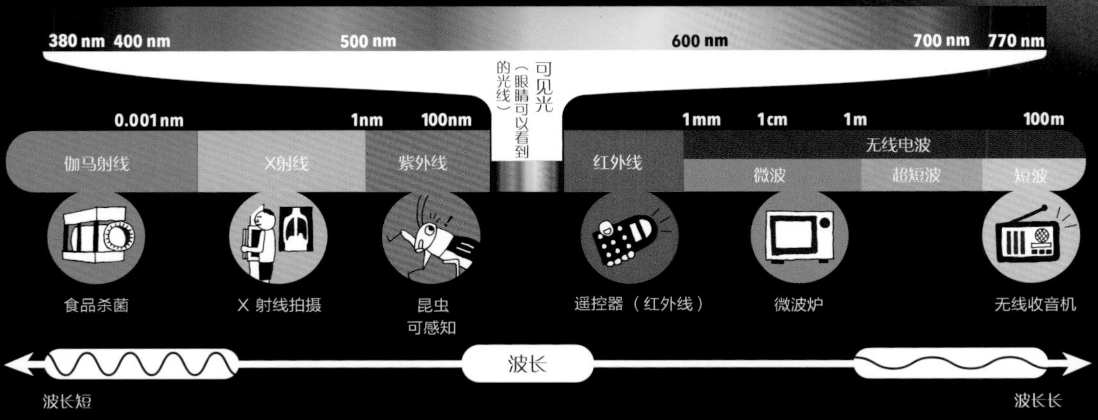

镜子为什么能够映照出物体？

当我们想看看自己的脸的时候，我们会怎么办？
当然是照镜子了。为什么镜子能够映照出物体呢？
让我们一起来了解一下光线的前进方式和物体的成像方式吧！

镜子和纸的区别（反射与漫反射）

在自己面前放一面镜子，我们会发现自己的样子及身后的景色好像存在于镜子的另一侧一样。将镜子换成白纸，则白纸上什么也显现不出来。

白纸等普通的物体表面都会有许多小小的凹凸起伏。于是物体发出的光线在遇到纸之后会向各处胡乱地反射。这叫作漫反射。由于反射的光线无法聚集在一处，纸的背后无法形成影像。因此，纸上面什么也没有映照出来。

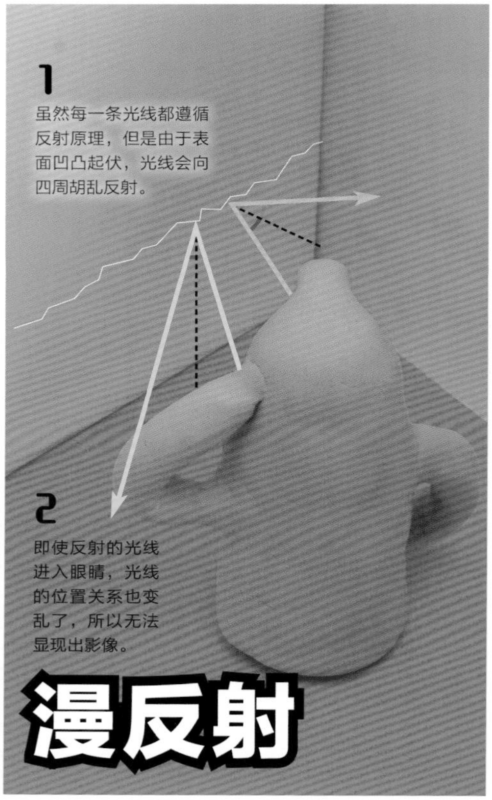
1
虽然每一条光线都遵循反射原理，但是由于表面凹凸起伏，光线会向四周胡乱反射。
2
即使反射的光线进入眼睛，光线的位置关系也变乱了，所以无法显现出影像。
漫反射

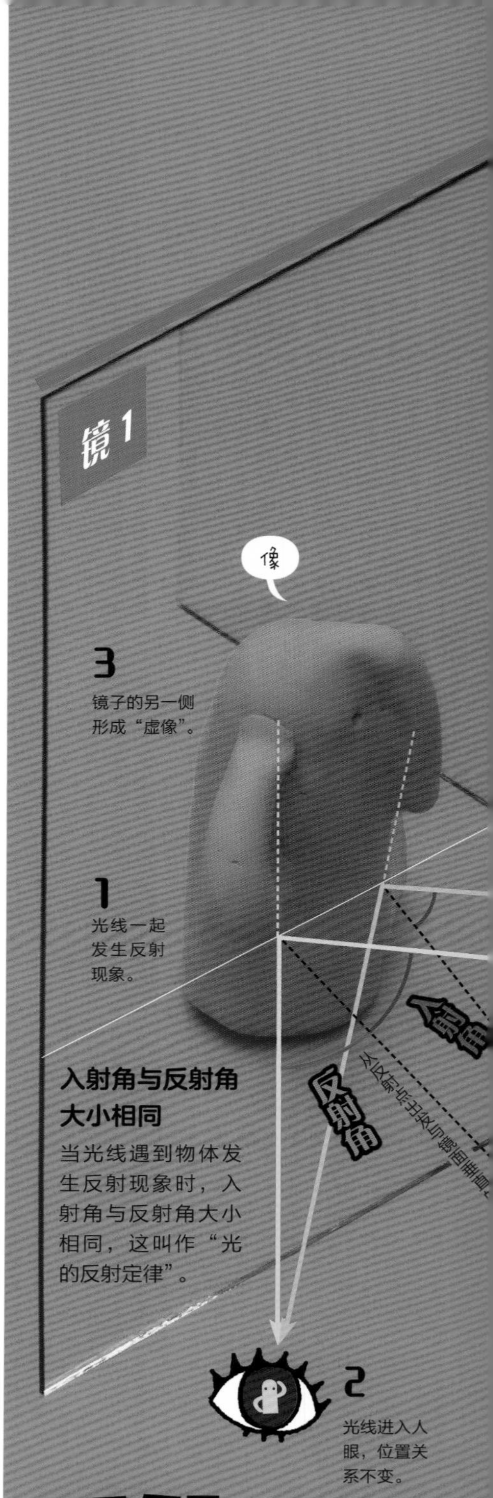
镜 1
像
3
镜子的另一侧形成“虚像”。
1
光线一起发生反射现象。
入射角
反射角
入射角与反射角大小相同
当光线遇到物体发生反射现象时，入射角与反射角大小相同，这叫作“光的反射定律”。
2
光线进入人眼，位置关系不变。

反射

物体发出的光线遇到镜面，以相同的角度发生反射。这叫作反射现象。由于镜面表面光滑，遇到镜面的光线全部以相同的角度反射。于是，就好像镜子后方出现了一个相同的物体。这是因为我们看到了在镜子后方形成的“虚像”的光线。

能够映照出全身的镜子到底有多大？

由于入射角与反射角大小相同，我们可以推断出如果想要映照出全身，镜子的大小最好需要达到身高的1/2。如图所示，人不管站在什么位置都是一样的。

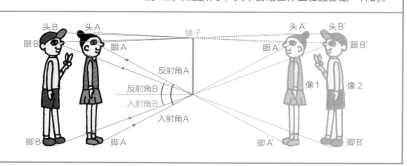

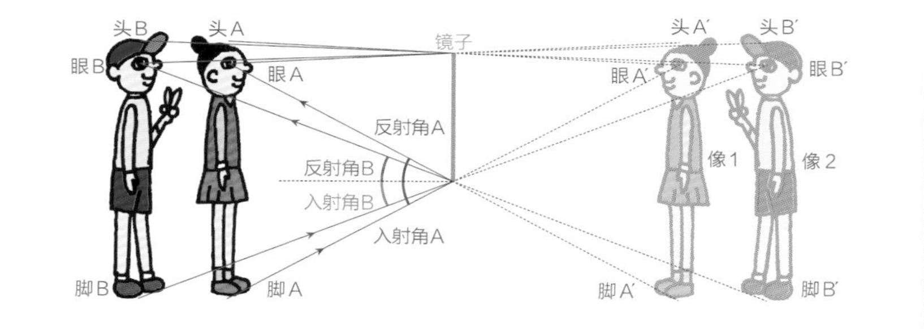
头B
头A
眼B
眼A
镜子
反射角A
反射角B
入射角B
入射角A
脚B
脚A
头A′
头B′
眼A′
眼B′
像1
像2
脚A′
脚B′

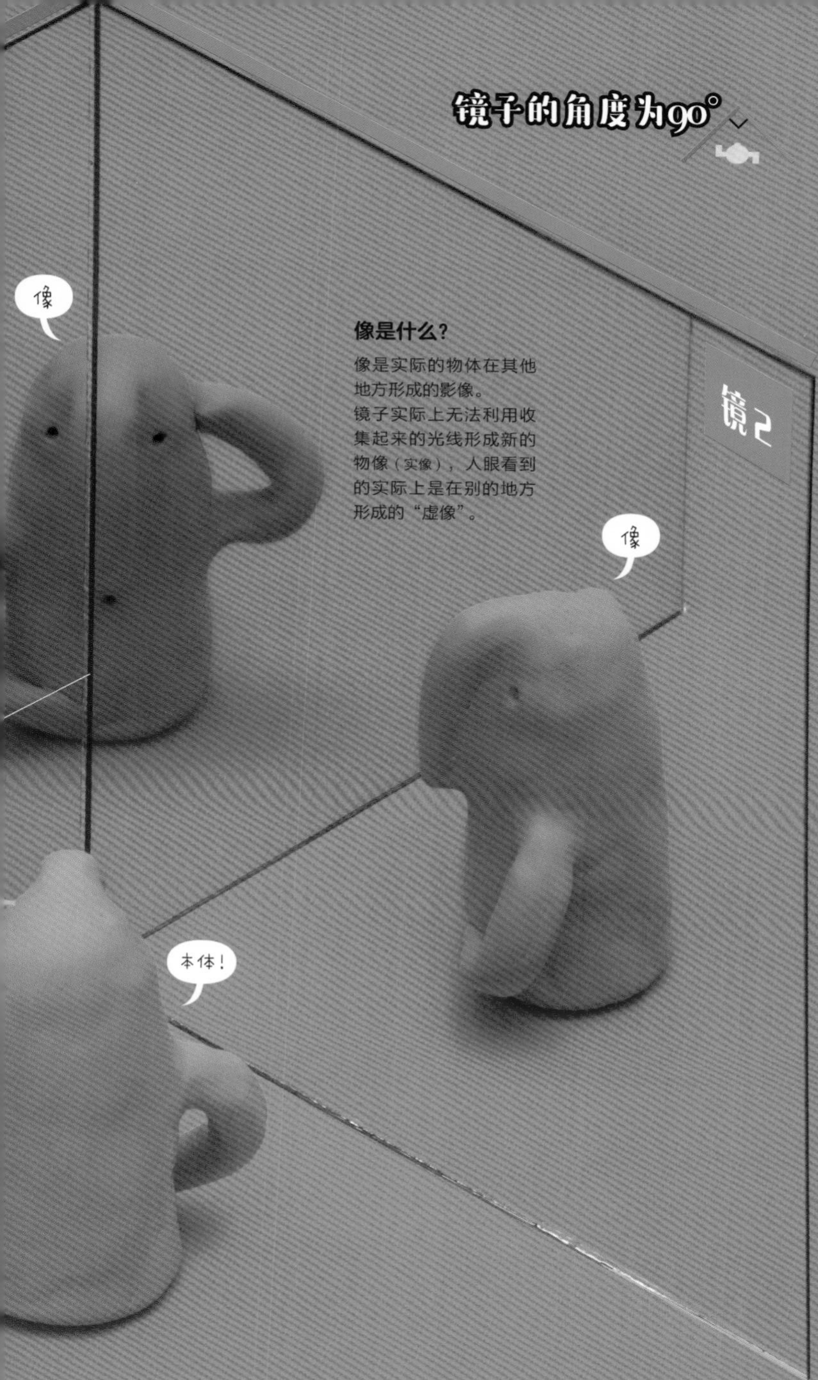

镜子的角度为90°

像是什么?

像是实际的物体在其他地方形成的影像。
镜子实际上无法利用收集起来的光线形成新的物像（实像），人眼看到的实际上是在别的地方形成的“虚像”。

镜子的角度为120°

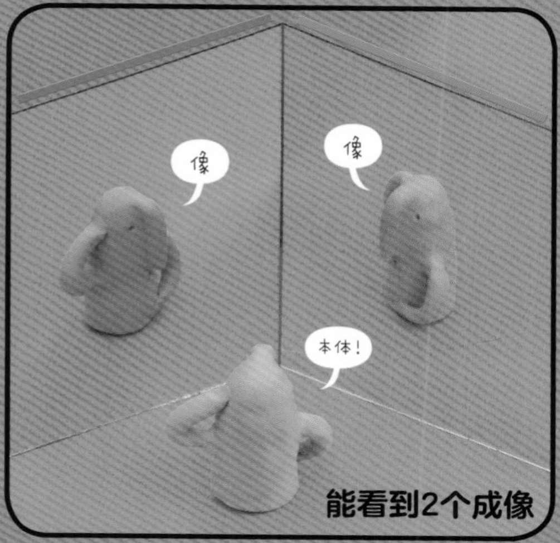

镜子的角度为60°

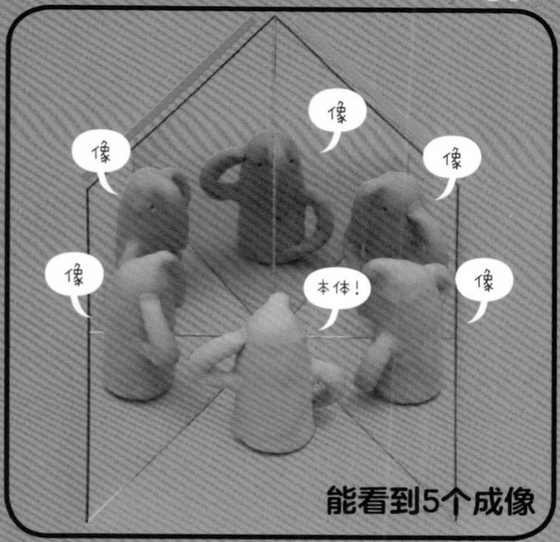

镜子的角度为0°（平行）

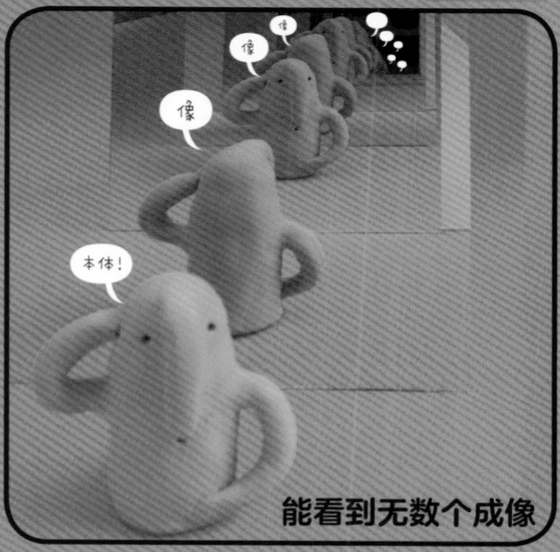

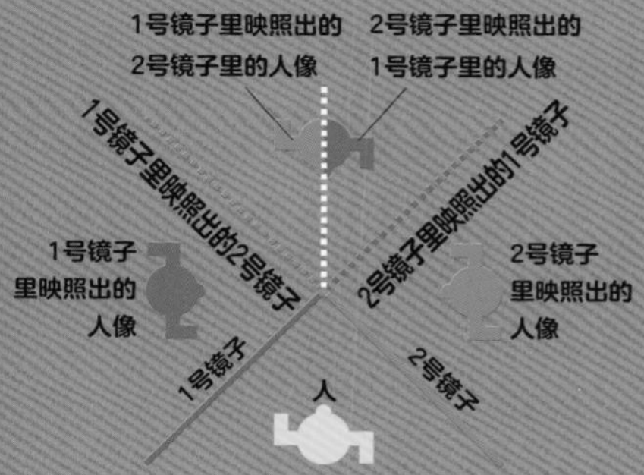

能看到几个呢?

将两面镜子呈90°角垂直摆放，我们会发现镜子中形成了三个物体的影像。镜子的夹角越小，能看到的物体的影像越多。当夹角变为0°（平行）时会看到无数的成像。

为什么放大镜会让物体看起来变大?

像放大镜这一类能让物体看起来变大的东西都使用了一种叫作凸透镜的工具。使用了凸透镜后，物体是怎样被放大的呢？让我们一起来看看吧。

虚像

- 实际上不存在物体，但是人可以观察到像的存在。
- 即使放置一面屏幕也不能映出影像。
- 只有透过镜片或镜子观察时才可以看到。

例如：放大镜、望远镜、光学显镜、梳妆镜、万花筒等

凸透镜的原理

凸透镜能够利用光的折射使物体看起来被放大。1倍焦距以内的物体被放大后形成的是“虚像”；2倍焦距与焦点之间的物体被放大后形成的是“实像”，形成的实像看起来是倒立的。

光线在进入透镜与射出透镜时会发生两次折射。（图中将折射过程省略，仅表现光线在透镜中心发生弯曲）

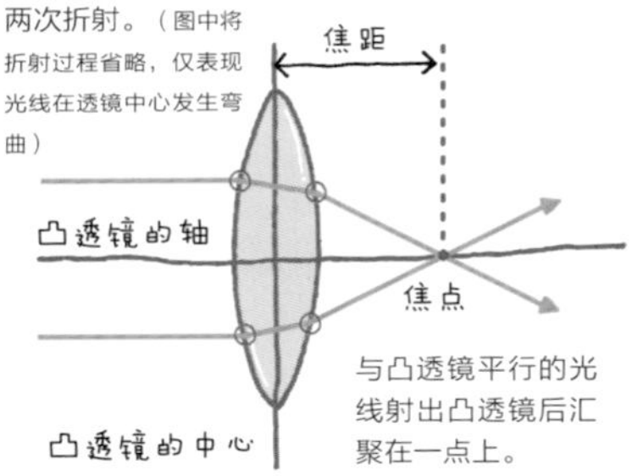

与凸透镜平行的光线射出凸透镜后汇聚在一点上。

实像

- 由物体发出的光线透过镜片在反的一侧实际汇集形成的影像
- 放置一面屏幕可以映照出影像从任何方位都可以观察。
- 眼睛在像的后方，即使不放置幕，也可以看到影像。

例如：投影仪投映在屏幕上的电照相机里的风景、反射式文望远镜中的影像等。

近处的物体会变大，远处的物体会呈现颠倒。

透过凸透镜看物体的时候，光线是如何传播形成影像的呢？让我们来看看物体、透镜、焦点三者之间的关系吧。

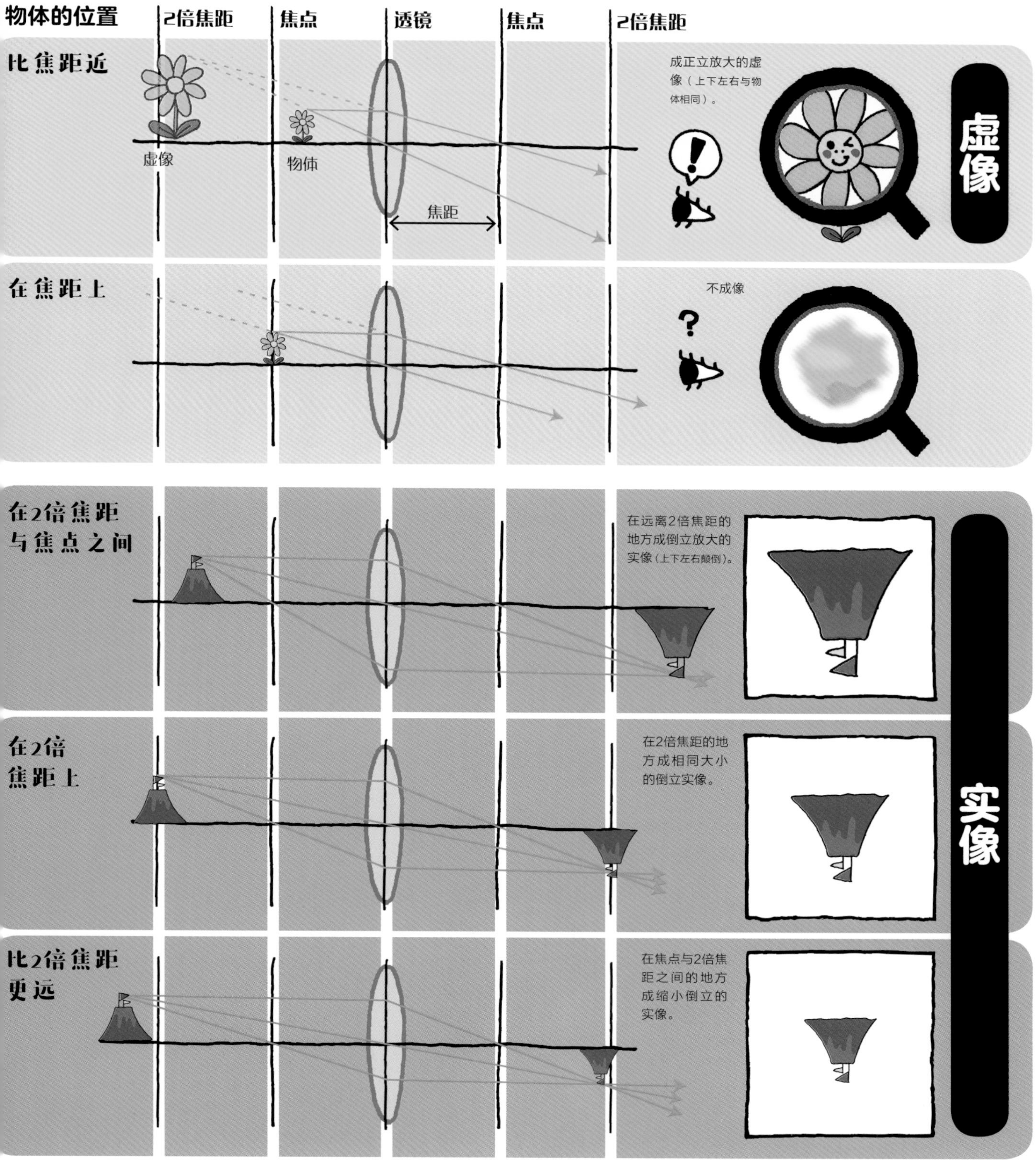

照相机和望远镜的原理是什么?

像照相机、望远镜这样可以观察记录影像的设备使用了透镜和镜面。
那么它们究竟是怎么使用的呢？让我们来看看它们的原理吧。

收集光线的透镜与镜面

光是一种电磁波，拥有能量。所以将光线汇集于一点，可以加热或燃烧物体。

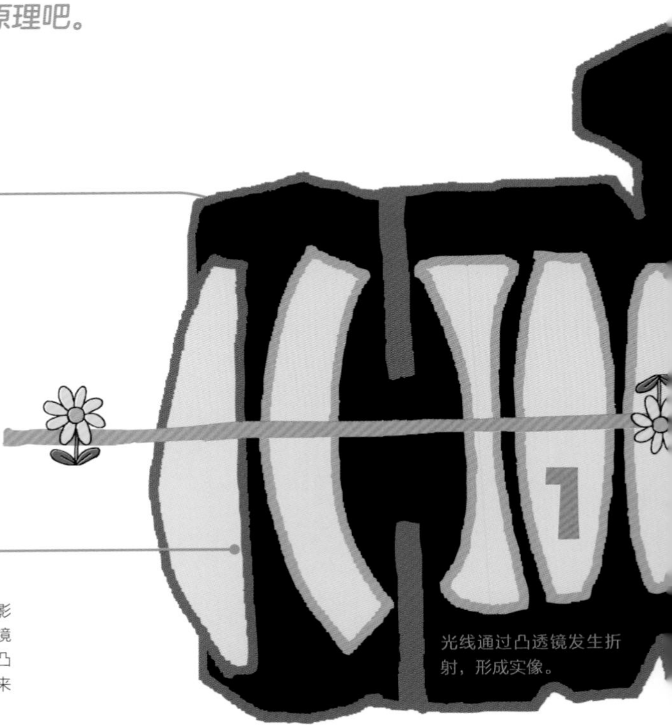

凸透镜

凸透镜可以将太阳光线汇集在一点。凸透镜越大，能够汇聚的光线也越多，也会产生更高的温度。特别是由于黑色物体更易吸收光线，能使温度变高，因此经常用来生火。

凹面镜

凹面镜的镜面中央是凹下去的，反射的光线都聚集在镜子前面的焦点上。太阳灶就是利用这一原理，和凸透镜一样，将光线汇集后产生的高温可以用来烧开水或者煮鸡蛋。

透镜

为了修正颠倒歪斜的影像，需要将很多块透镜组合在一起当成一个凸透镜使用。也可以用来防止光的色散。

光线通过凸透镜发生折射，形成实像。

用来观察物体的各种工具

将几枚透镜和镜面组合可以放大被观测的物体。望远镜可以将距离很远的物体拉近并使它们看上去很大。显微镜可以让极其微小的物体变大从而进行观察。

折射式望远镜（开普勒式）

无论是目镜还是物镜都使用了凸透镜。在物镜的作用下显示出来的实像通过目镜被放大。

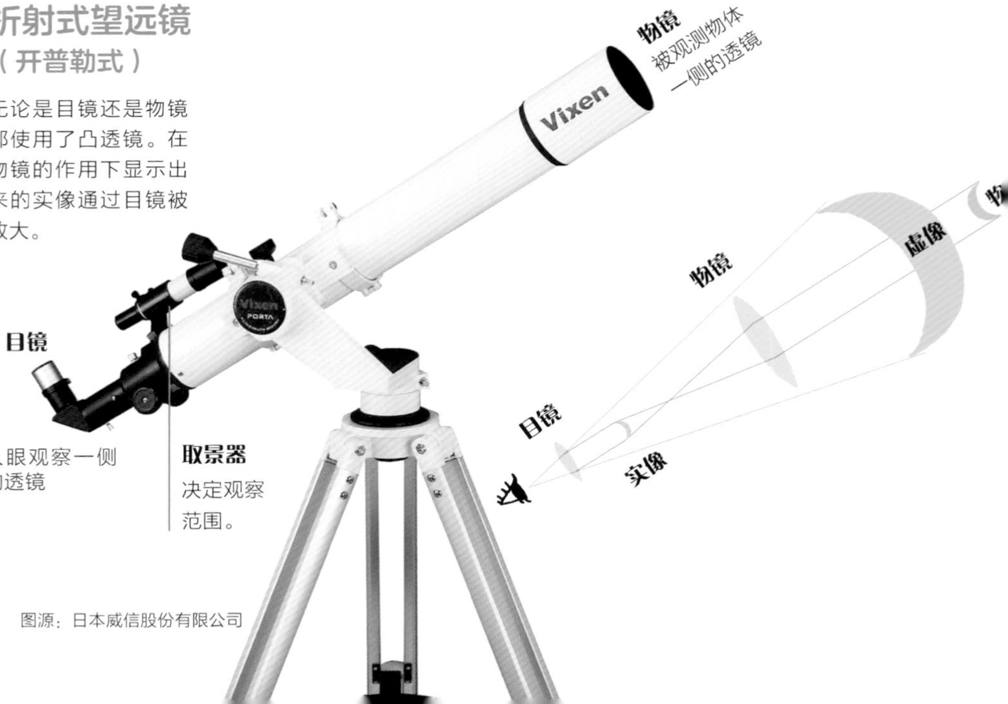

图源：日本威信股份有限公司

照相机的原理

光线通过单反相机形成实像，并被相机记录下来。

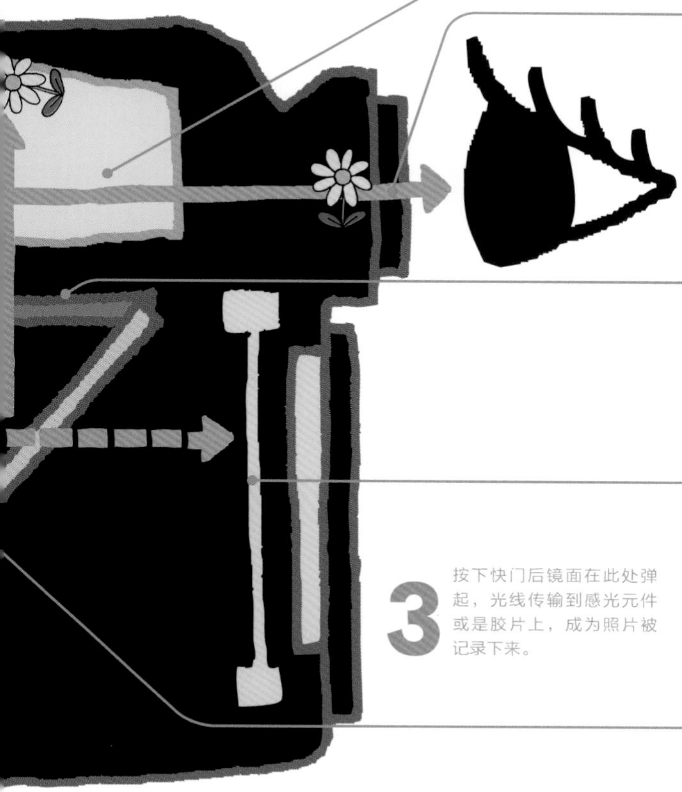

五棱镜

五个棱的透镜。被装置在相机内，通过全反射使取景器看到的图像与直接看到的景物方位完全一致。

取景器

人眼通过取景器确认拍摄物体。

2 除了按下快门的瞬间，镜面和五棱镜通过反射光线，将成像呈现于人眼前。

镜面（处于弹起的状态）

按下快门后镜面在此处弹起，光线传输到感光元件或是胶片上。

感光元件或胶片

实像影像在这里成为照片。

- 感光元件将光线变成电子信息后记录下来。
- 胶片因为光线照射发生化学反应，从而记录下实像。

3 按下快门后镜面在此处弹起，光线传输到感光元件或是胶片上，成为照片被记录下来。

镜面

通常被装置在这个位置。将反射的光线传递到取景器。

利用光线发生全反射的工具

就像空气和水（或是玻璃），光线在两种介质的交界处有时会发生全反射（P285）。观测物体的工具利用了光的这种属性。

光纤

光线在玻璃等纤维中不断重复全反射，从而使光线可以向远处传播。观测人体内的内视镜、电话及网络的通讯电缆都利用了光纤。

三棱镜

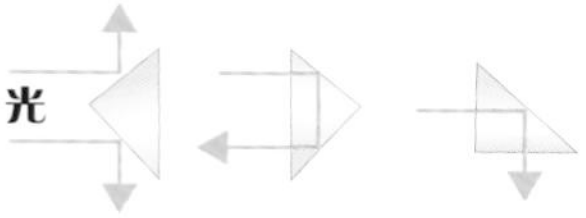

直角三棱镜可以使光线呈直角反射，通过两次反射使光线朝相反方向射出。同时，单反相机一般使用如左图所示的五棱镜。

反射式望远镜（牛顿式）

用凹面镜取代物镜，镜筒中的小镜子将光线反射，形成实像，目镜将实像放大从侧面进行观测。

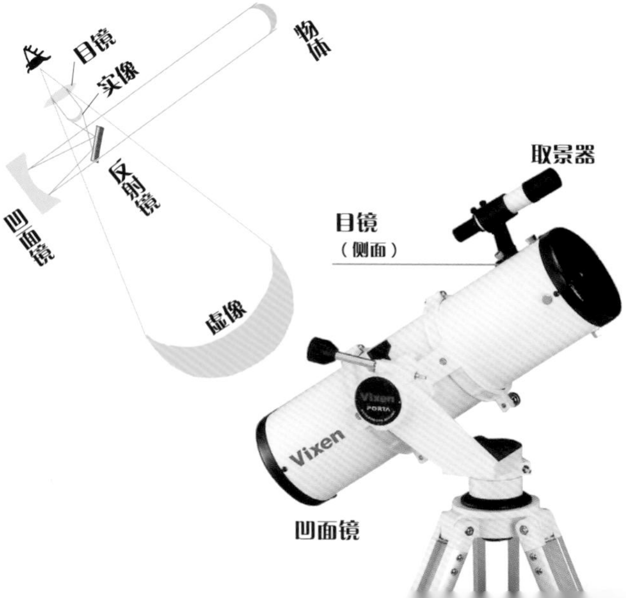

显微镜

通过焦距很短的物镜形成物体的实像，焦距较长的目镜将实像放大进行观察。

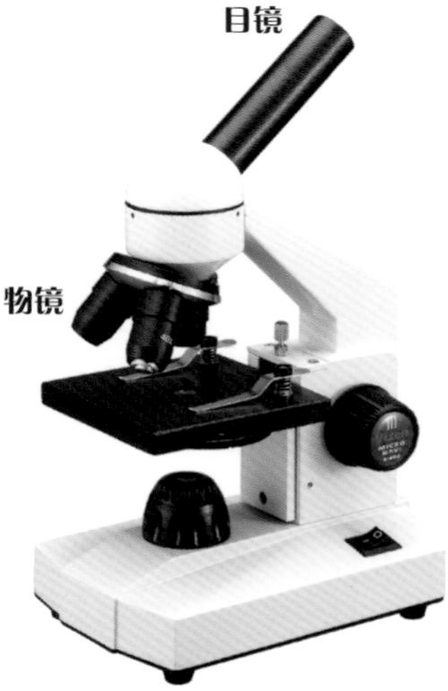

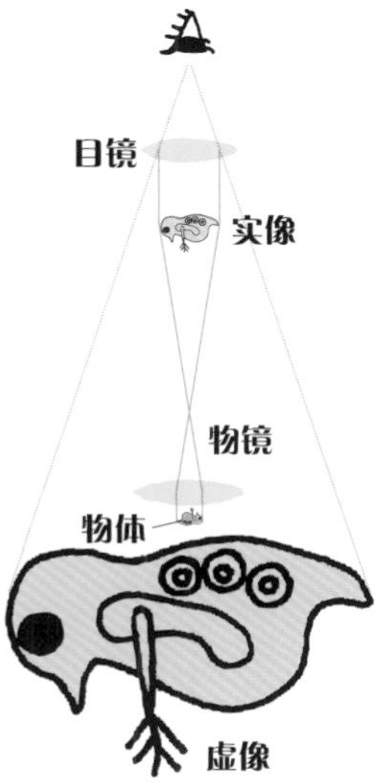

让我们来比较一下生物发出的声音和乐器的声音吧

人不仅能够自己发声，还会通过使用乐器来发声。有些生物除了发出声音，还会通过发出其他的声响与同伴进行交流。让我们来比较一下吧。

小提琴

通过弓与琴弦的摩擦产生声音。琴弦产生的细微振动传到木质的共鸣箱后，声音被放大。

声音是怎么发出来的？

让我们静静地聆听吧。
现在，你的周围回响着怎样的声音呢？
我们每天的生活都被声音所包围。
声音究竟是怎样发出的呢？

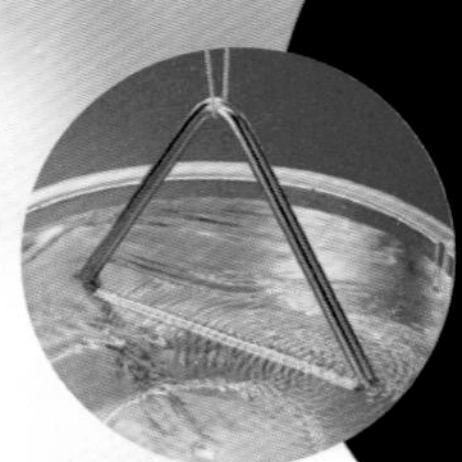

发出声音的时候，声源一定会振动。

当我们击打三脚架时，它会发出声音，将它放入水中的时候，在激起水花的同时也会产生波浪。发出声音的时候，物体都会产生振动。

摩擦就会产生声音！

丁零零……金钟儿、云斑金蟀、蟋蟀等昆虫到了秋天为了求偶都会尽量发出好听的鸣叫声。这些清脆的鸣叫都来自两扇构造复杂的翅膀。根据翅膀的模样和摩擦方式的不同，昆虫会发出独特的声音。

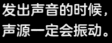

发出声音的东西叫作声源

声音以声源为中心向四周传播。

在太鼓的面前放一排蜡烛，击打太鼓时会发现蜡烛的火焰也摇晃起来；因此我们可以知道太鼓鼓面的振动可在空气中传播。靠近鼓面的蜡烛的火焰发生了剧烈的晃动。

和式太鼓

太鼓是人们很早之前就开始使用的一种乐器。大的太鼓会发出咚咚的声音。小的太鼓会发出当当的声音。当我们击打太鼓的时候会发现鼓面啾啾地振动。

图源：Miki Oishi
日本东山动物园“沙巴尼”

击打后会产生声音！

大猩猩经常会用手掌拍打胸脯，发出嘭嘭的声音。成年雄性猩猩击打的力度较大，雌性及年幼的猩猩也会经常拍打胸脯。这种行为展示了猩猩的不满。“不知为什么就是不开心！”猩猩感到不快就会嘭嘭地拍打自己的胸脯。

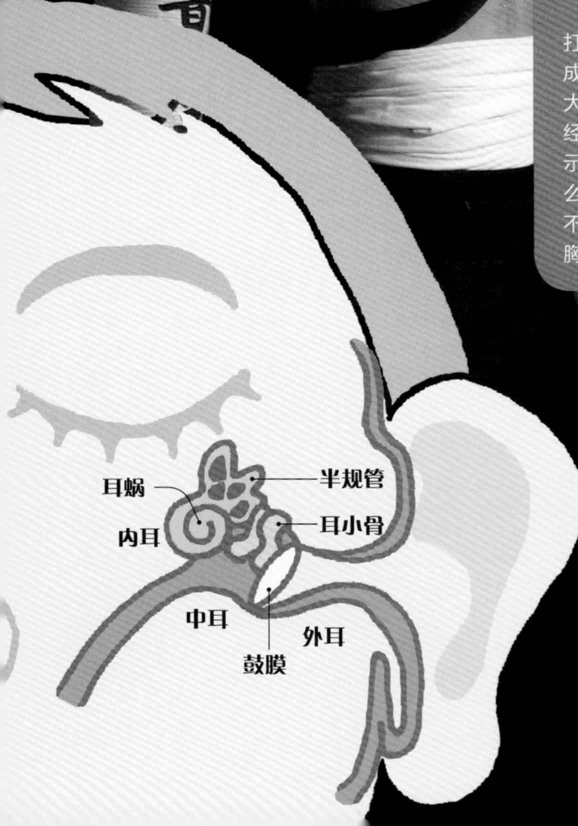

振动传递到耳膜，我们就听到了声音。

空气的振动传递到外耳，使鼓膜发生振动。这些振动经由外耳的听小骨传到内耳，由耳蜗里的淋巴液将振动转化为声音信号传输给大脑。

为什么烟花的声音

升入夜空中的烟花即使绽放，咚咚的声音总是稍迟些才听出。
声音是从哪儿、经历了怎样的过程才传到我们耳朵里的呢?

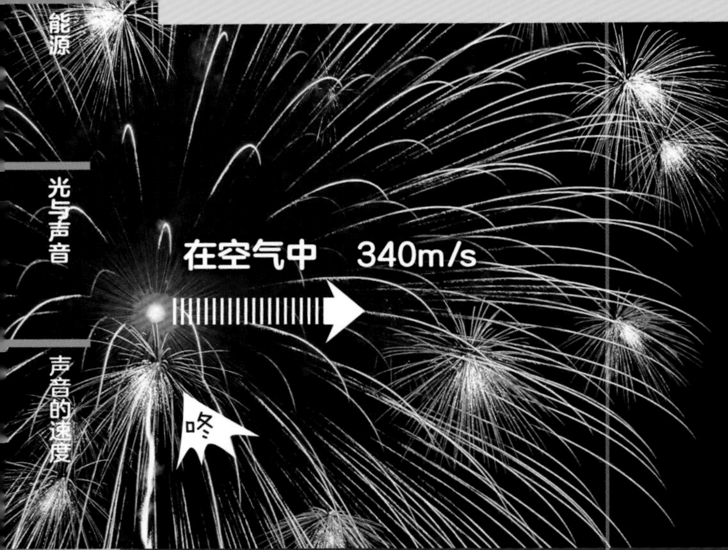

在空气中 340m/s

在水中 1500m/s

喂喂

在尼龙绳中 2620m/s

绳子电话 “绳子电话”的声音通过空气的振动传递到杯子底部连接的线上，通过线传播到“绳子电话”的另一端。绳子的材料——尼龙、棉线中声音会比在空气中传播得更快。

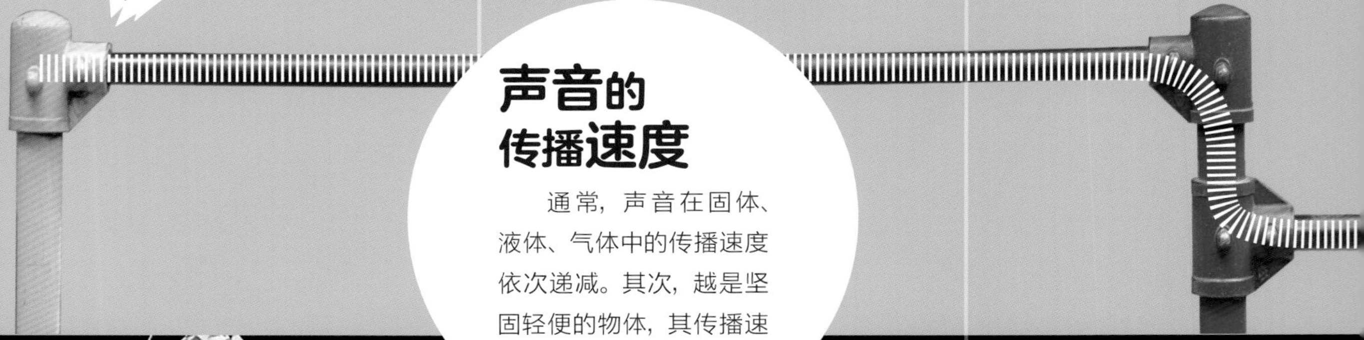

声音的传播速度

通常，声音在固体、液体、气体中的传播速度依次递减。其次，越是坚固轻便的物体，其传播速度越快。

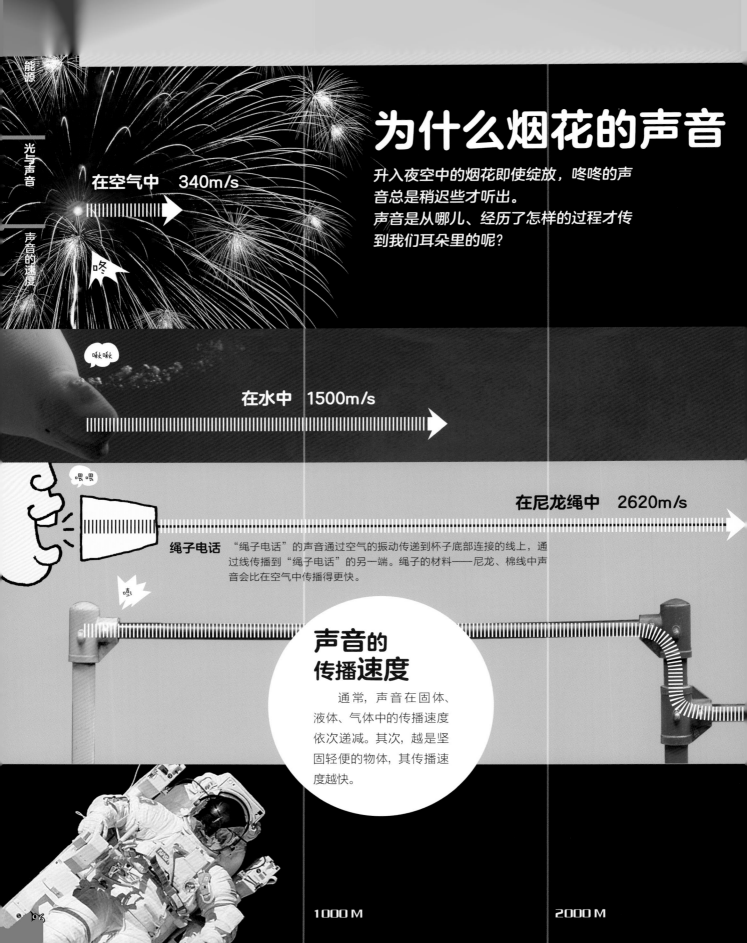

1000 M

2000 M

光的传播速度　300000000m/s

从看到光之后到听到声音之间的时间（秒）× 声音的传播速度（340m/s）= 与声源的距离

光线的传播只需一瞬间，而从烟花绽放到听到烟花爆炸的声音需要以340m／s的速度传播，以此我们可以推断人与烟花的距离。

总是迟些听到？

声音在气体中传播

让我们一起来测算一下烟花从绽放到我们听到咚咚的爆炸声需要几秒。声音在空气中 1 秒钟大约前进 340 米。光线传播只需要一瞬间，如果 3 秒之后听到声音的话，我们可以推算出烟花所在的场所距离我们大约 1 千米。这种方法也可以用来推算与雷的距离。

声音在液体中传播

声音也可以在液体中传播，传播速度比在空气中快，秒速约 1500 米。在水中生活的动物中，有很多像海豚和鲸鱼那样用声音进行交流的动物。白鲸就像“海中的金丝雀”那样不断发出声音，发达的身体构造也让它们能够更好地接收声音。

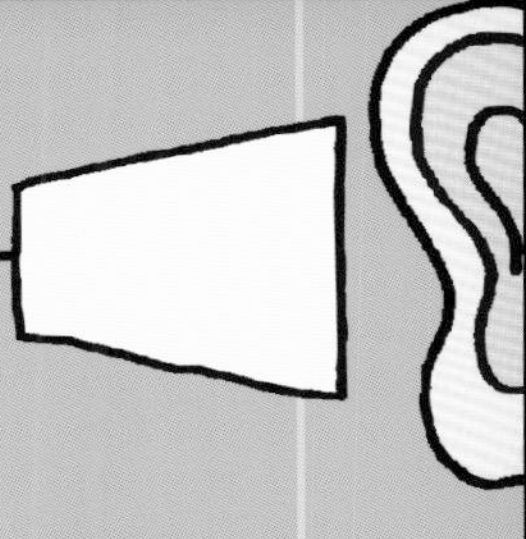

声音在固体中传播

将耳朵靠近铁棒和滑梯或是桥的栏杆并轻轻敲打，耳中会听到很大的咚咚声。将耳朵靠近桌面并敲打桌面，听到的声音会比耳朵远离桌面所听到的声音更大。声音能在铁和木头等固体中很好地传播，比在液体和气体中的传播速度更快。

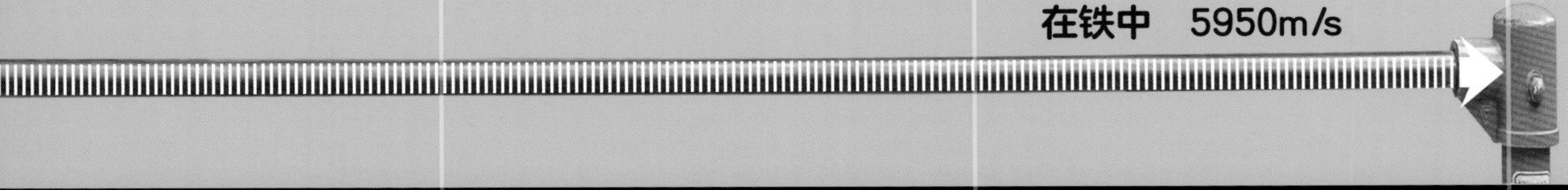

声音不能在宇宙中传播

为了能让声音传播，空气和水的振动是必不可少的。由于宇宙空间是真空的，振动无法被传递，所以宇宙空间是完全没有声音的世界。飘浮在宇宙中能听到的只有直接通过耳部神经传递的自己的声音和身体的声音。

在抽掉空气使其接近真空环境的烧瓶中放入一个铃铛，铃铛的声音几乎不能被听到。

3000 M　4000 M　5000 M　6000 M

大的声音和小的声音有哪里不同？

声音呈波的形式向周围扩散。那么，承载着声音的波究竟是什么东西呢？

大的声音

声音的波纹呈纵波

声源产生振动后，空气会产生密度低的地方（疏）和密度高的地方（密）。如此相互交替，声音呈波的形式向周围传播。这种波的传播方向和振动方向相同的波叫纵波（或者叫疏密波），和地震的P波（P176）相同。

声音较大的波，其在密度低的地方（稀疏的地方）和密度高的地方（密集的地方）的差别很大。

嘭——

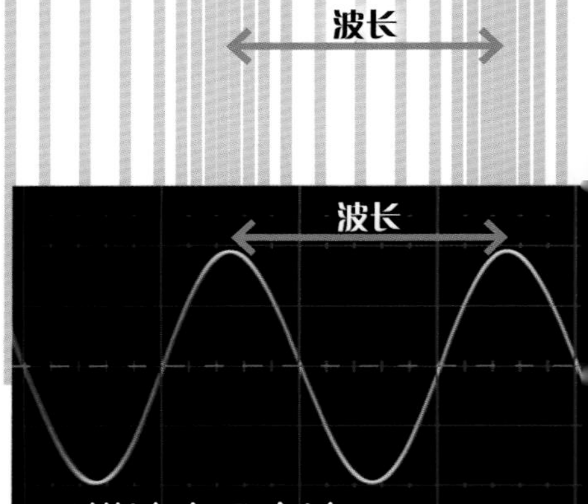

用横波表示音波

利用电脑可以将录音中的声音的纵波转为横波表现出来。变成横波之后，大的声音表示为更高的波，小的声音表示为更低的波。

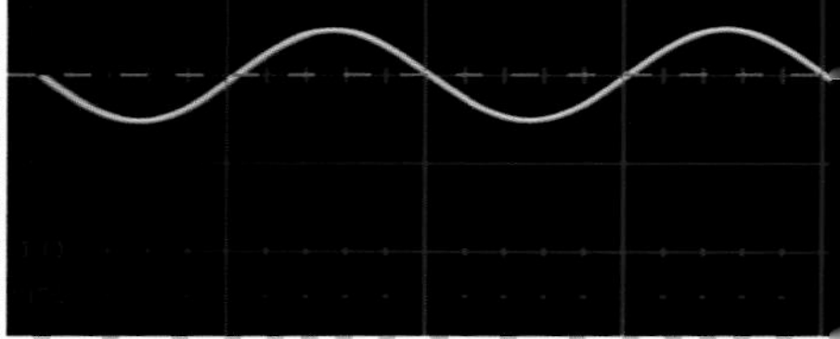

小的声音

很小的声音，其密度的差别较小。

啵——

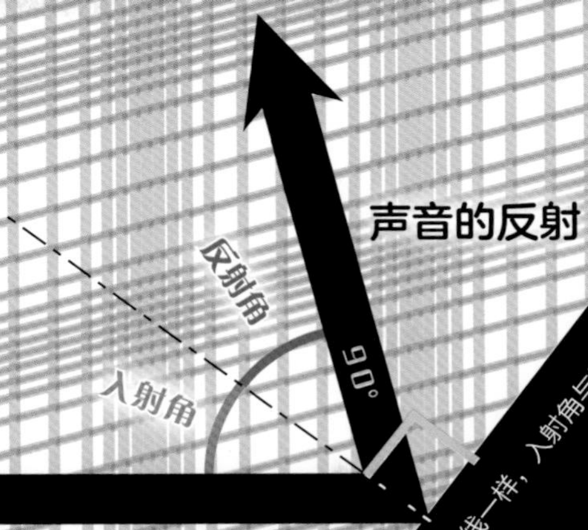

声音遇到坚硬的物体会发生反射。这时，和光线一样，入射角与反射角大小相同。

对着大山大喊一声“呀哦”，从对面也会隔一段时间传来一声“呀哦”。这是传来了回声。这是声音的波从对面的山反射传回这边的现象。

纵波

波的前进方向与振动方向相同。

波的前进方向

振动的方向

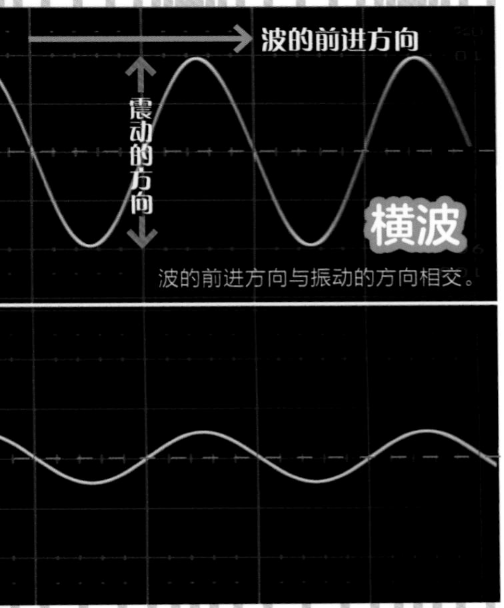

横波

波的前进方向与振动的方向相交。

大的声音和小的声音

用力拨动吉他的弦会发出很大的声音。这时，弦会以较大的振幅振动。如果我们轻轻拨动同样的弦，发出的声音就会很小。这时，弦会以较小的振幅振动。

声音的扩散就是将这样的振动向四周的空气里传播。

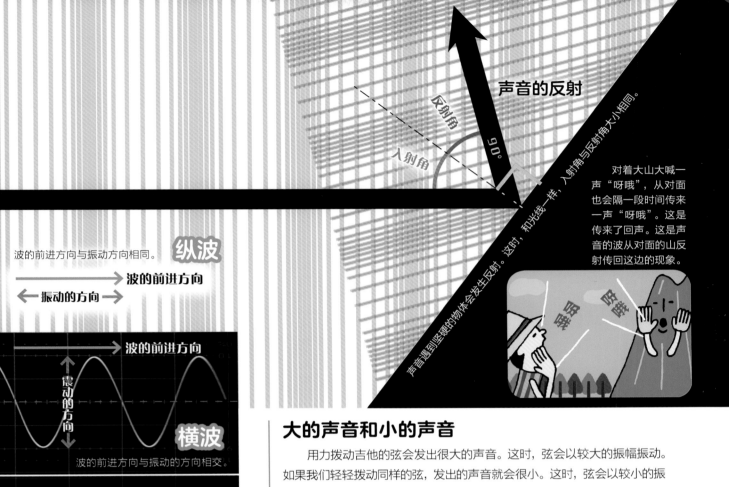

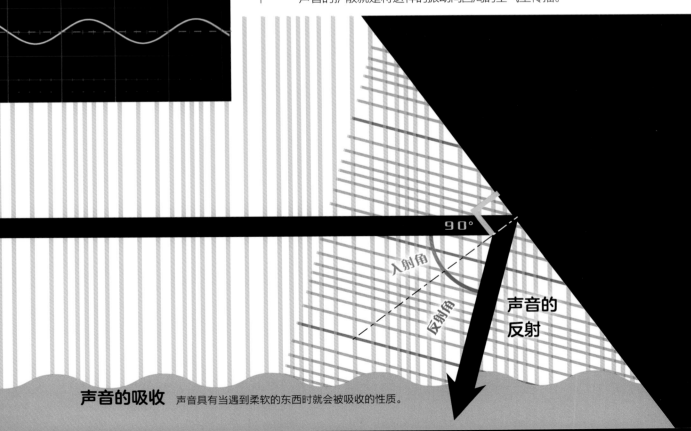

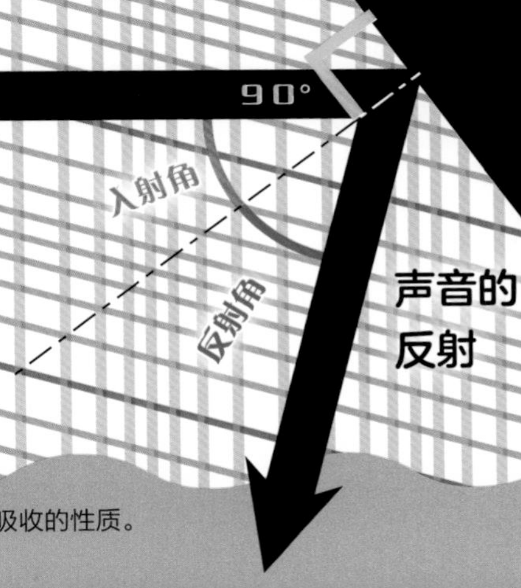

声音的吸收 声音具有当遇到柔软的东西时就会被吸收的性质。

声音的音调高低与频率

高音的声源快速振动，低音的音源慢慢地振动。1 秒钟内声音振动的次数被称为频率，用赫兹（Hz）表示。

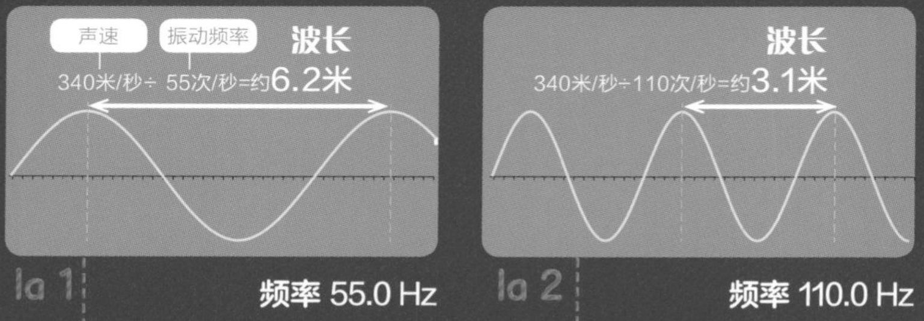

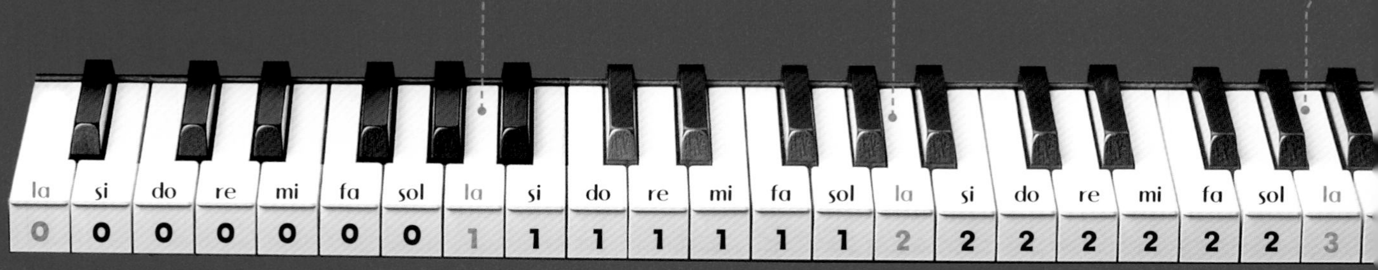

钢琴声音的范围

一般的钢琴有 88 个键，按下琴键后会带动后面的弦振动从而形成声音。从左边开始最低的音“la”的频率是 27.5 Hz，琴键中央的“do”是 261.6 Hz，右边最高的音“do”的频率是 4186 Hz。

高音和低音，有什么不同？

让我们将钢琴和吉他的声音相结合，看看会发出怎样的声音。当我们分别发出高音和低音时，喉咙和胸的振动方式会怎样不同呢？让我们通过高音和低音的波形来一探究竟吧。

吉他声音的范围

一般的吉他有 6 根琴弦。拨动琴弦可发出高低不同的声音。拨动最粗的弦发出的“mi 1”音频率为 82.4 Hz，最细的弦发出的“mi 3”音比它高两个八度，频率为 330 Hz。拨动弦的中央会发出比原先的声音高一个八度的声音。

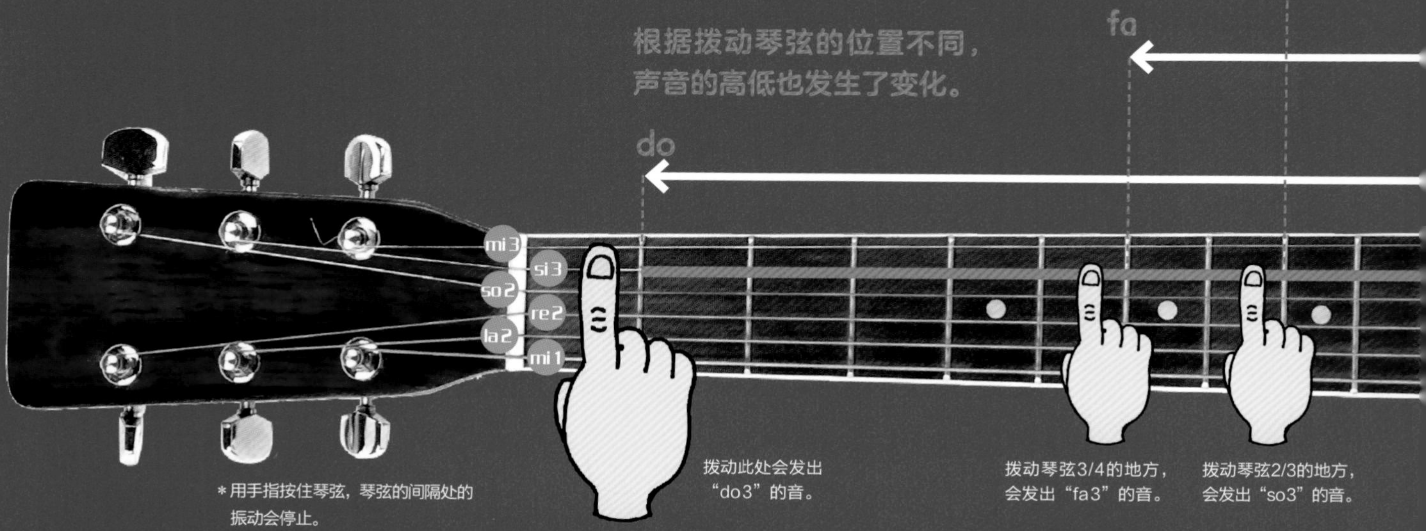

根据拨动琴弦的位置不同，
声音的高低也发生了变化。
fa
do
mi 3
si 3
so 2
re 2
la 2
mi 1
＊用手指按住琴弦，琴弦的间隔处的振动会停止。
拨动此处会发出“do 3”的音。
拨动琴弦3/4的地方，会发出“fa 3”的音。
拨动琴弦2/3的地方，会发出“so 3”的音。

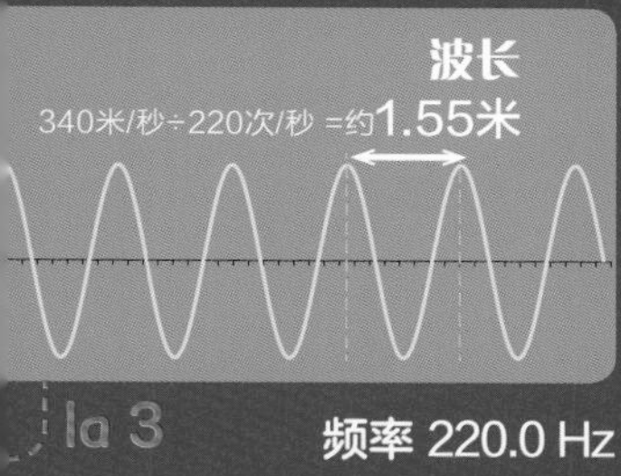

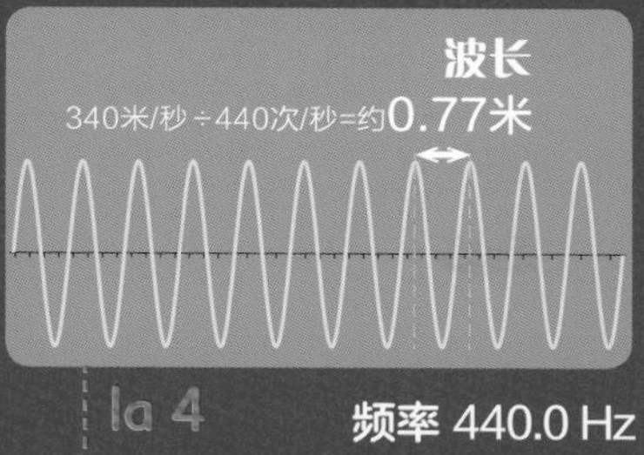

乐器声音的基础频率是440Hz，也就是位于钢琴琴键中央稍偏右的“la 4”的音。比这个音低一个八度的“la 3”为220Hz，比这个音高一个八度的“la 5”是880Hz。

声音每高一个八度，频率变成2倍，波长变成1/2。

音色与波形

人的声音各不相同，乐器的声音也各不相同。这是因为声源的很多地方发生了复杂的振动。例如，从钢琴和吉他的波形中可以看到，同样高度的声音，也混杂着各种各样的声音。

钢琴的波形（440Hz）

吉他的波形（440Hz）

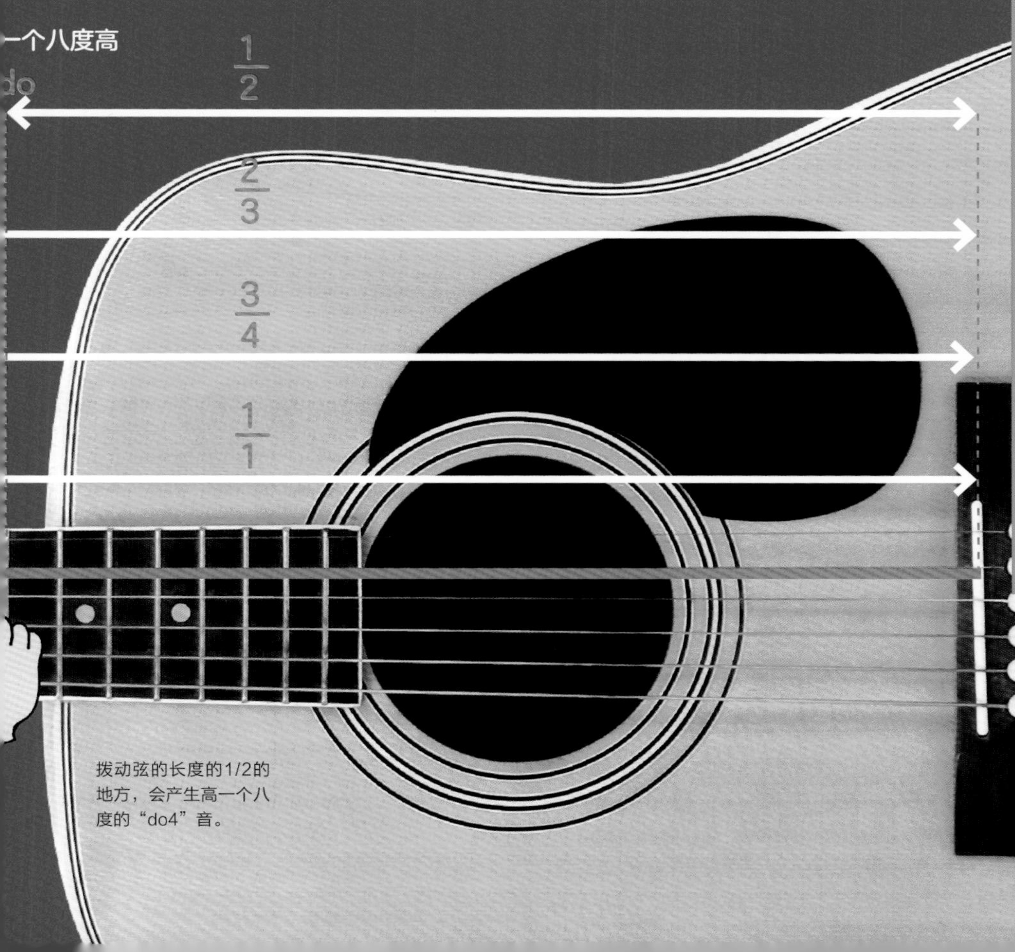

拨动弦的长度的1/2的地方，会产生高一个八度的“do4”音。

音调高低与弦的关系

	低音 ⇔ 高音
弦的长度	长 ⇔ 短
弦的粗细	粗 ⇔ 细
弦的伸展力度	弱 ⇔ 强

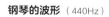

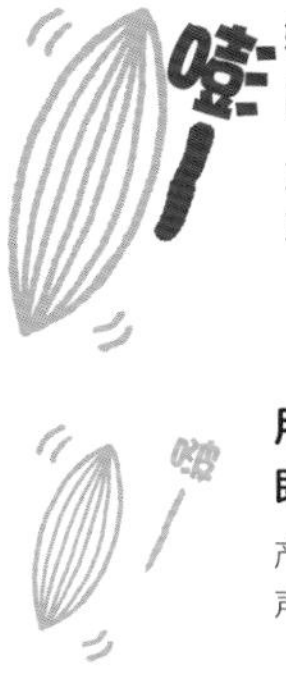

轻轻拨动既长又粗的弦

产生最低的声音

用力拨动既短又细的弦

产生最高的声音

有什么人类无法听到的声音吗？

动物之中，
有些可以听到人类无法听到的声音。
人类听不到的声音是怎样的呢？

动物能听到的声音

人类能听到的声音大概是频率20～20000Hz的声音。人类能听到比钢琴发出的声音频率高很多的声音，但是狗可以比人类听到更高频率的声音。还有像蝙蝠和海豚这样的动物，利用更高频率的声音来探测无法看见的地方的猎物或者确定周围的环境。

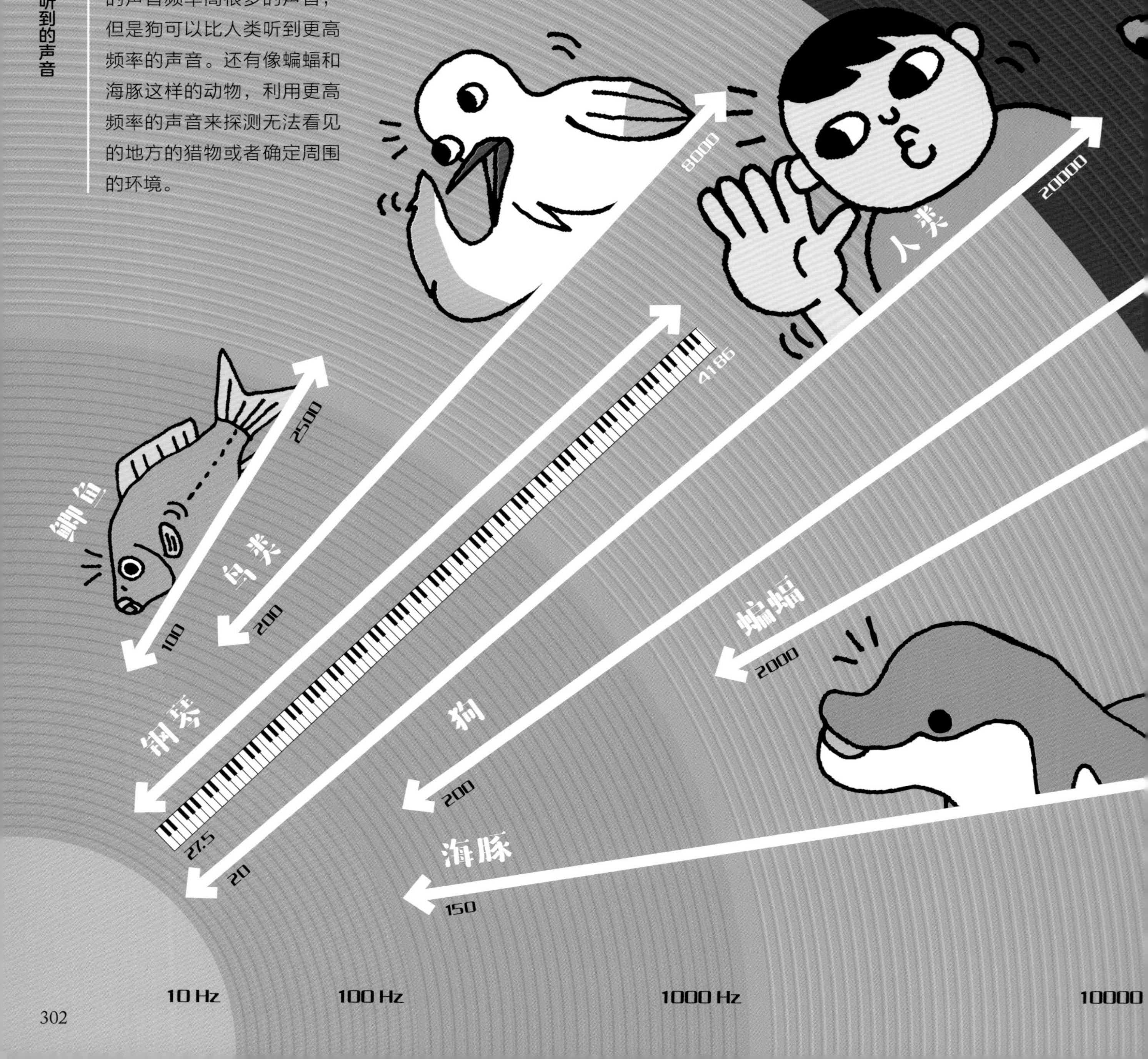

鱼群探测器

渔船用于探测鱼群的鱼群探测器也是利用了与海豚一样的超声波反射原理。

版权 © 日本光电制作所

鱼群探测器

50000

50000

120000

蝙蝠

蝙蝠在白天通常挂在洞穴的上方等昏暗的地方，等到了傍晚才飞出去猎食。这时，蝙蝠会不时发出5万～10万Hz的超声波。通过反射回来的声音避开障碍物，并捕获飞行的昆虫。夜行性的蝙蝠，用声音代替光线来“看东西”。

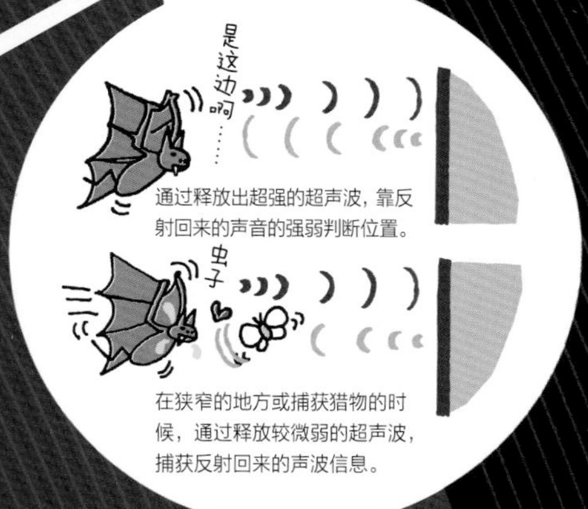

是这边啊……
通过释放出超强的超声波，靠反射回来的声音的强弱判断位置。
虫子
在狭窄的地方或捕获猎物的时候，通过释放较微弱的超声波，捕获反射回来的声波信息。

通过释放超声波来感知周围的情况

人类无法听到的高音调声音被称为超声波。蝙蝠、海豚等生物可以自己发出超声波，通过感知周围的反射来确认自己身处的地方和周围的环境。

超声波

海豚

海豚通过使长在头顶的鼻孔深处发生振动，让额头上的脂肪振动发射出超声波。反射回来的声波被处于下颌深处的内耳所感知，以此来找到猎物，与同伴交流。由于水中声音传播的距离比光线远，即使处于深海也可以感知周围的环境。

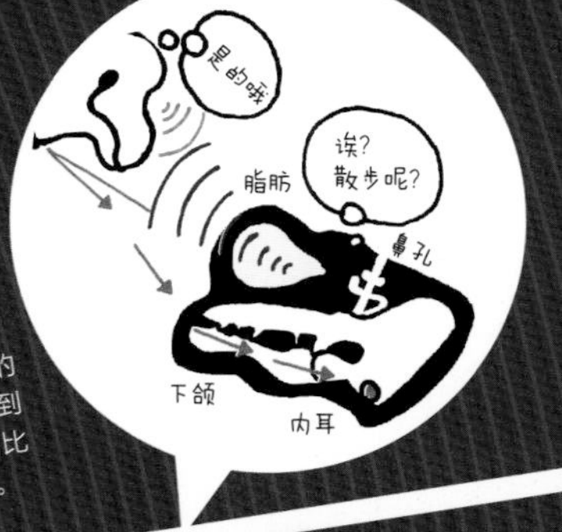

100000

多普勒效应

救护车的警报声会在靠近时高，驶过后变低。这和电车通过道口时的钟声一样。这种现象被称为多普勒效应。将声音的传播想象成波，便可以理解音调的高低变化。

停止的声波

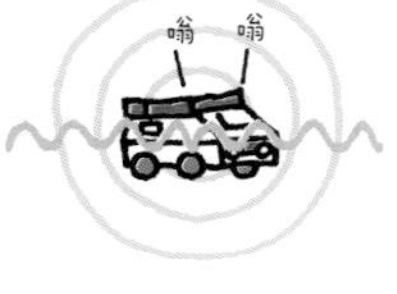

驶过时的警报的波长

声波到达的时间较之前的声波延长，人耳觉得声波波长变长（振动次数更少），听起来音调变低。

靠近时的警报的波长

声波到达的时间较之前缩短，人耳觉得声波波长变短（振动次数更多），听起来音调变高。

＊超声波：频率在 20000Hz 以上的人类无法听到的高音。

100000 Hz

电与磁铁

ISS（国际空间站）在丹麦上空拍摄的夜晚的地球。中央右下明亮的城市是哥本哈根。它的上方是斯堪的纳维亚半岛。淡蓝色是大气反射的太阳光。

这张夜晚地球的照片，展示了我们这章所要学习的电磁的知识。
“电”在这里是指如同网一般纵横交错的橘黄色街灯。
“磁”是指整个地球。
围绕在北极（左上）上空飘浮的绿光带是极光。
它是太阳带电粒子流沿着地球磁场进入极地时呈现的光辉。
这张照片表示整个地球就是一个巨大的磁场。

是什么让头发立了起来？

冬天干燥的时候，当我们脱毛衣或者触碰门把手时会发出啪啦啪啦的声音。当我们用垫子摩擦头发后，头发会竖立起来。这些都是静电造成的。

究竟发生了什么呢？

头发竟然竖起来了。这究竟是发生了什么呢？

当身体聚集了很多的静电时，就会发生这样的现象。一根根头发带上了同样的电荷，由于同种电荷相排斥，头发便竖起来了。

范德格拉夫起电机的构造

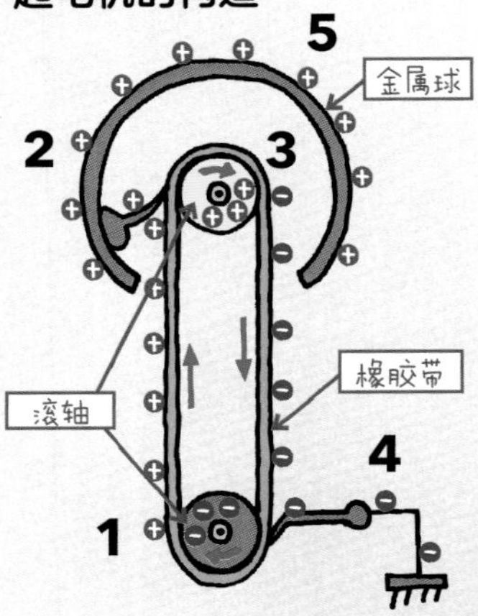

1 下部的滚轴旋转同传送带摩擦，产生正电荷。

2 正电荷随传送带聚集到上部的导体球。

3 上部的滚轴由于材质不同，随着与传送带的摩擦，携带负电荷。

4 传送带转到下部，负电荷也随着储存到下部。

图源：吉泽纯夫

注意：

- 实验中触碰球体的时候，一定要站在不导电的绝缘台上，并不要触碰其他物体。
- 产生的电荷随着导体球和传送带材质的不同，可能发生正电荷与负电荷相反的情况。

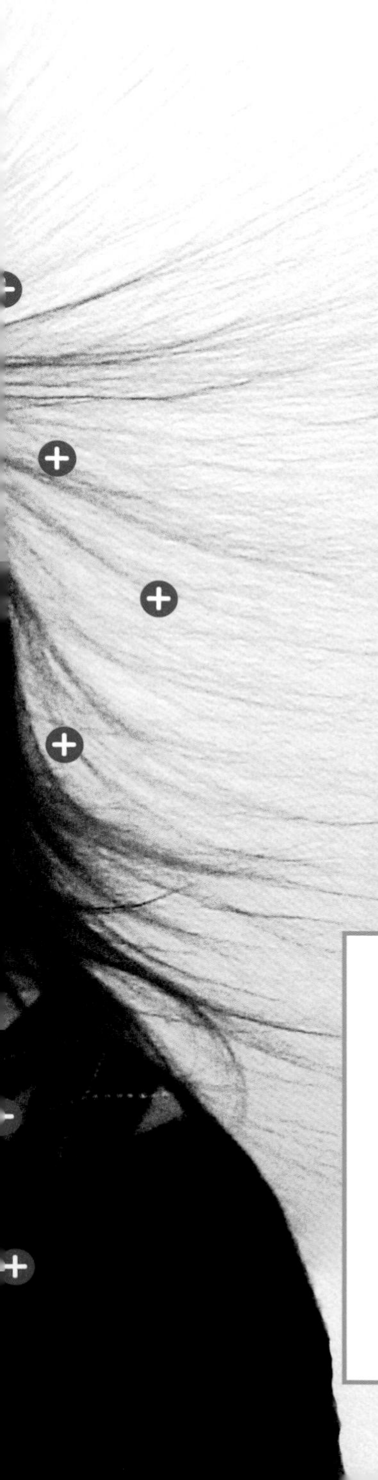

头发带上了正电荷，由
于同种电荷相排斥，头
发便竖了起来。

静电产生的原因

静电是当物体带有正电荷或者负电荷时所产生的。

我们周围的东西一般携带的正电荷和负电荷数量相同，所以对外不显电性。但是当垫子和布两类不一样的东西（注：这里依据得失电子的能力不同划分）摩擦的时候，电子（P308）就会从一方移到另一方。由于电子带负电荷，所以得到电子的物体带负电荷，失去电子的物体带正电荷。

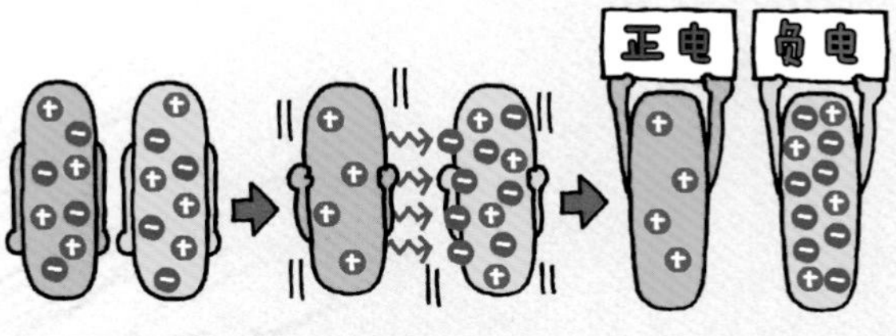

一般，正电荷和负电荷数量相同。

两个物体摩擦，负电荷（电子）发生转移。

得到电子的物质呈负电，失去电子的物质呈正电。

静电的作用

带有同类电子的物质会相排斥，带有不同类电子的物质会相吸引。

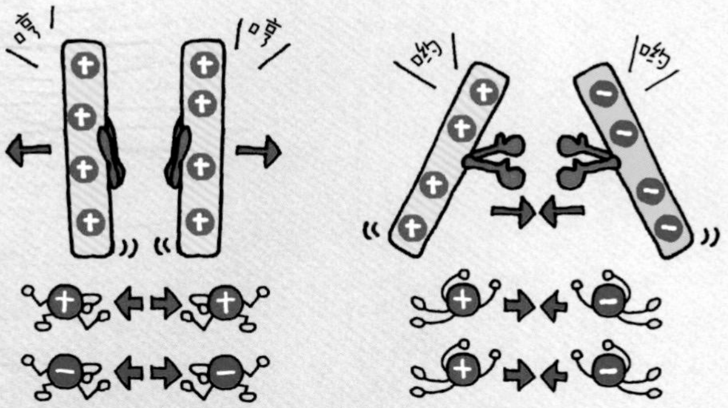

带有同类电子（+和+、-和-）的物质会相排斥。

带有不同类电子（+和-）的物质会相吸引。

放电现象

空气干燥的时候触碰金属门把手，或者仅仅靠近就可能发出啪啦地出现电火花。这是物体中聚集的静电转移到空气中从而使带电物体呈现的现象，被称作放电。雷电（P213）和荧光灯都是由静电的放电现象产生的光。

打雷时看到的耀眼的闪电是云和地面、云和云之间发生的放电现象（P213）。

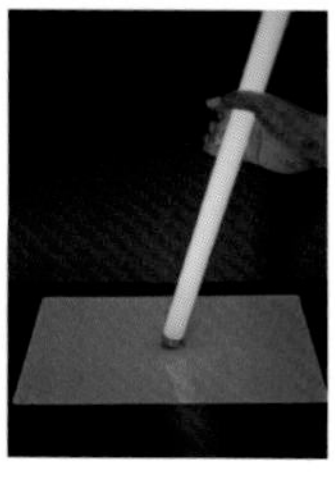

用荧光灯靠近带有静电的垫子，电子击中灯管中水银气体的原子，产生紫外线，让荧光灯内测涂抹的东西发出光亮。（注：这里指的是传统型荧光灯，又叫低压汞灯）

正负电状态谁决定？

摩擦的时候，谁带正电荷，谁带负电荷，这是根据那两样物体来决定的。下图所示的物体任意两个摩擦，靠上的带正电荷，靠下的带负电荷。

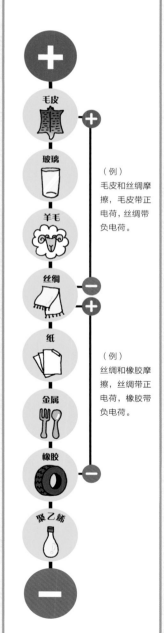

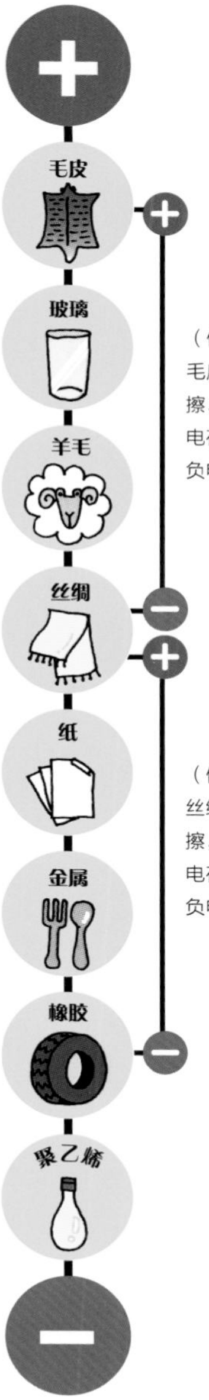

（例）
毛皮和丝绸摩擦，毛皮带正电荷，丝绸带负电荷。

（例）
丝绸和橡胶摩擦，丝绸带正电荷，橡胶带负电荷。

电是如何流动的？

将小电灯泡和电动机用导线和电池连接起来。
通电后小电灯泡亮了起来，
电动机也旋转起来。这个时候，
在连接的导线中发生了什么呢？

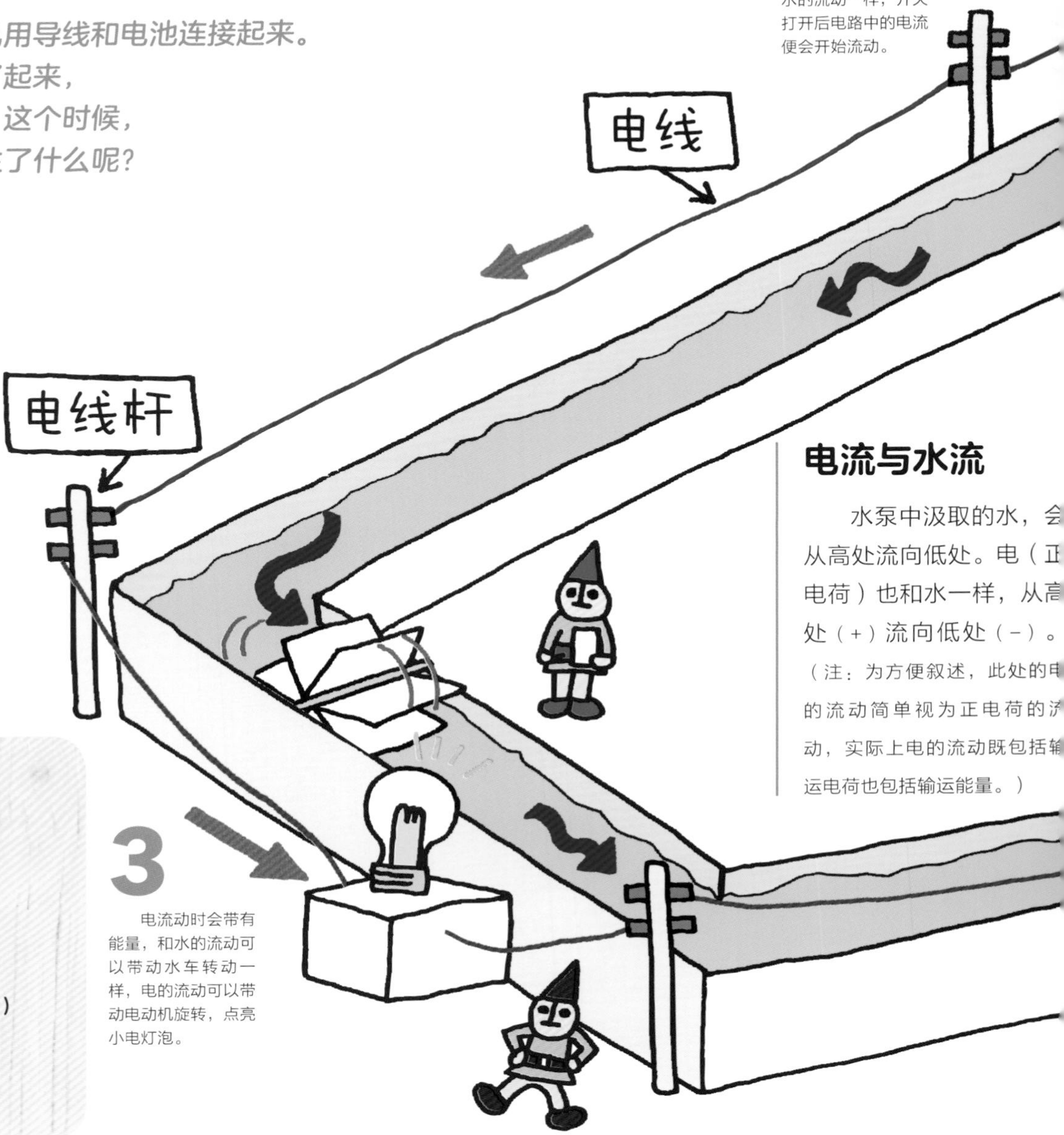

2

如同打开水阀后水的流动一样，开关打开后电路中的电流便会开始流动。

3

电流动时会带有能量，和水的流动可以带动水车转动一样，电的流动可以带动电动机旋转，点亮小电灯泡。

电流与水流

水泵中汲取的水，会从高处流向低处。电（正电荷）也和水一样，从高处（+）流向低处（−）。（注：为方便叙述，此处的电的流动简单视为正电荷的流动，实际上电的流动既包括输运电荷也包括输运能量。）

电阻（*R*）

电流流动的阻碍

实际电路中的

电阻 —▭—

（电动机Ⓜ和

小电灯泡⊗等）

就如同水路中的

水车

原子和电子

原子是由原子核和围绕在周围的电子构成的。原子核带有正电荷，电子带有负电荷，一般情况下正负电荷的数目相等，对外不显电性。随着原子核的大小、内容的不同，化学元素（P234）周围的电子数量也会不同。

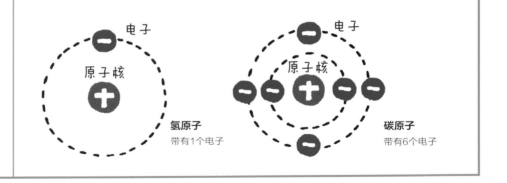

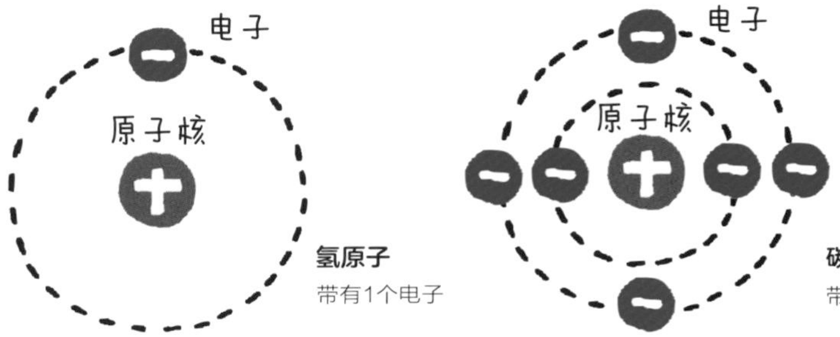

氢原子
带有1个电子

碳原子
带有6个电子

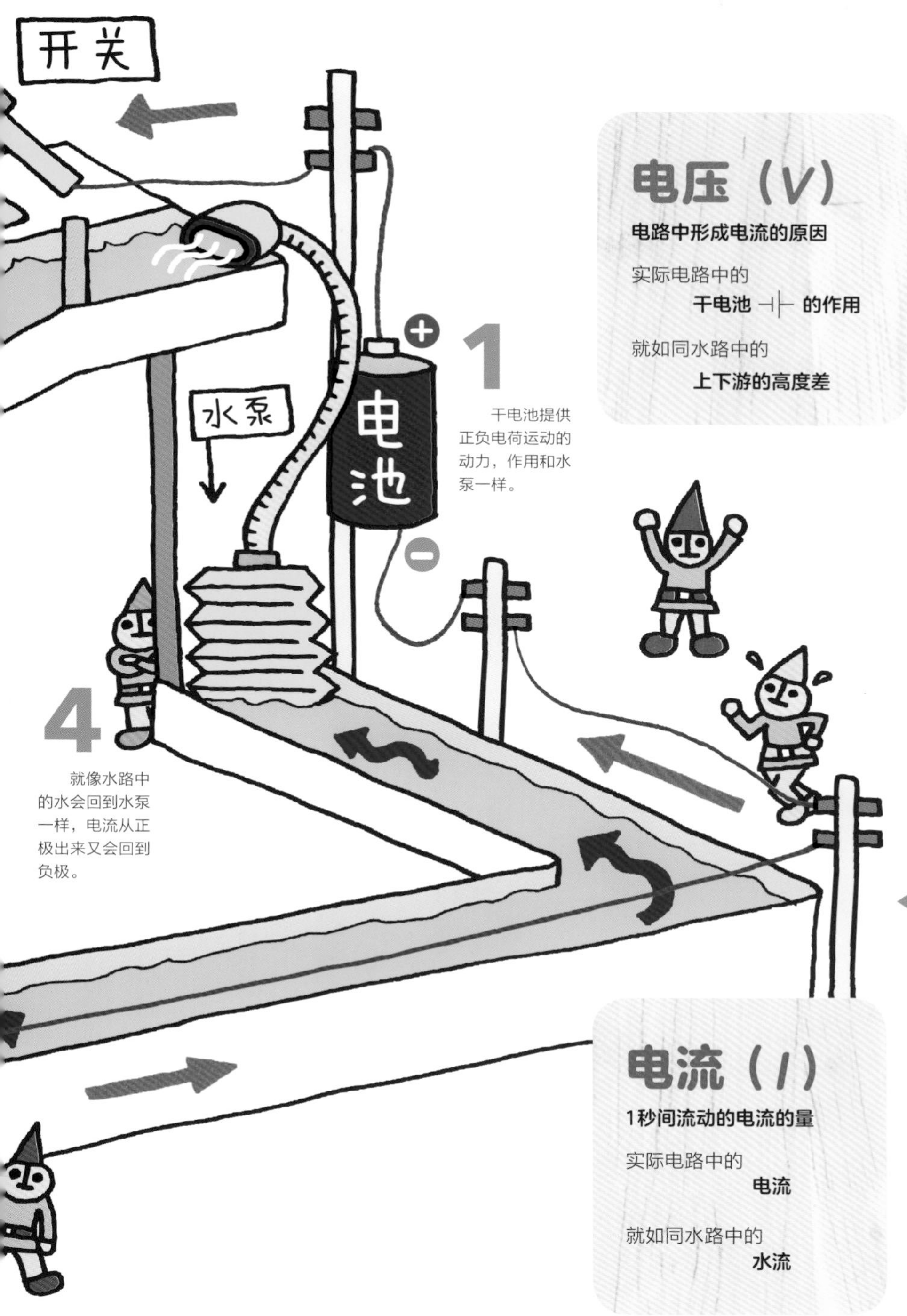

1

干电池提供正负电荷运动的动力，作用和水泵一样。

4

就像水路中的水会回到水泵一样，电流从正极出来又会回到负极。

电压（V）

电路中形成电流的原因

实际电路中的

干电池 ⊣⊢ 的作用

就如同水路中的

上下游的高度差

电流（I）

1秒间流动的电流的量

实际电路中的

电流

就如同水路中的

水流

金属和电流

金属的原子呈规则排列。一部分电子离开原子在中间自由移动。这个时候的金属会发生正负电荷的偏移。负电子同时向正极一侧方向移动，这就是电流的本质。电流虽然是由正极一侧移向负极一侧，但是实际上是向正极一侧移动的电子的作用。（注：这里讲的是外电路的情况，实际上电源内部并非如此。）

没有发生正负电荷的偏移时

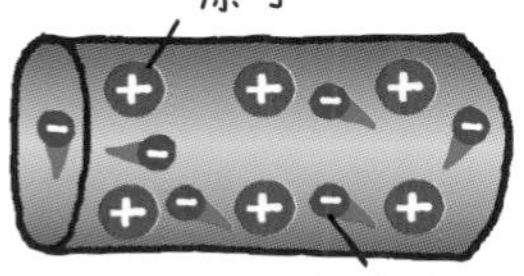

电子是自由移动的。

发生正负电荷的偏移时

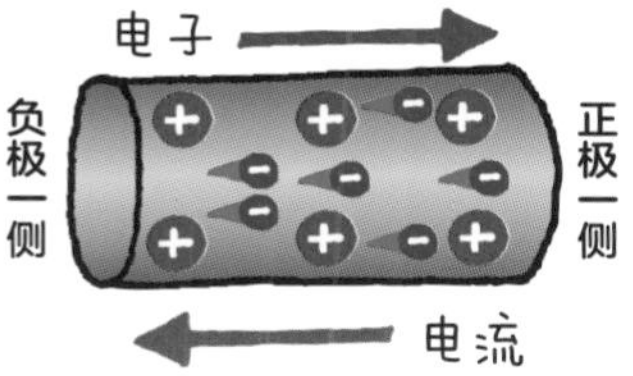

电子向正极一侧流动，电流从正极一侧向负极一侧流动。

不同物体的电阻

小电灯泡和电动机等在电路中的物体都具有电阻。电阻是阻碍电流流动的物体。对电流流通阻碍较小的电阻称作导体，对电流流通阻碍较大的电阻称作绝缘体。

导体 电阻较小，易于导电的物体

银
铜
铝
铁
镍铬合金

半导体（P330） 电阻处于导体和绝缘体之间

硅
锗

绝缘体 电阻较大，难以导电的物体

玻璃
橡胶
油
塑料
云母

* 纯净水（H_2O）是绝缘体因此不导电，但是由于一般的水含有杂质，因而可以导电。
* 空气等气体是绝缘体，但是在雷电等巨大电压下会成为导体。

电是如何测量的？

我们可以通过电流表测量电流，通过电压表测量电压。但是，电流和电压的测量方式稍有不同，需要注意。

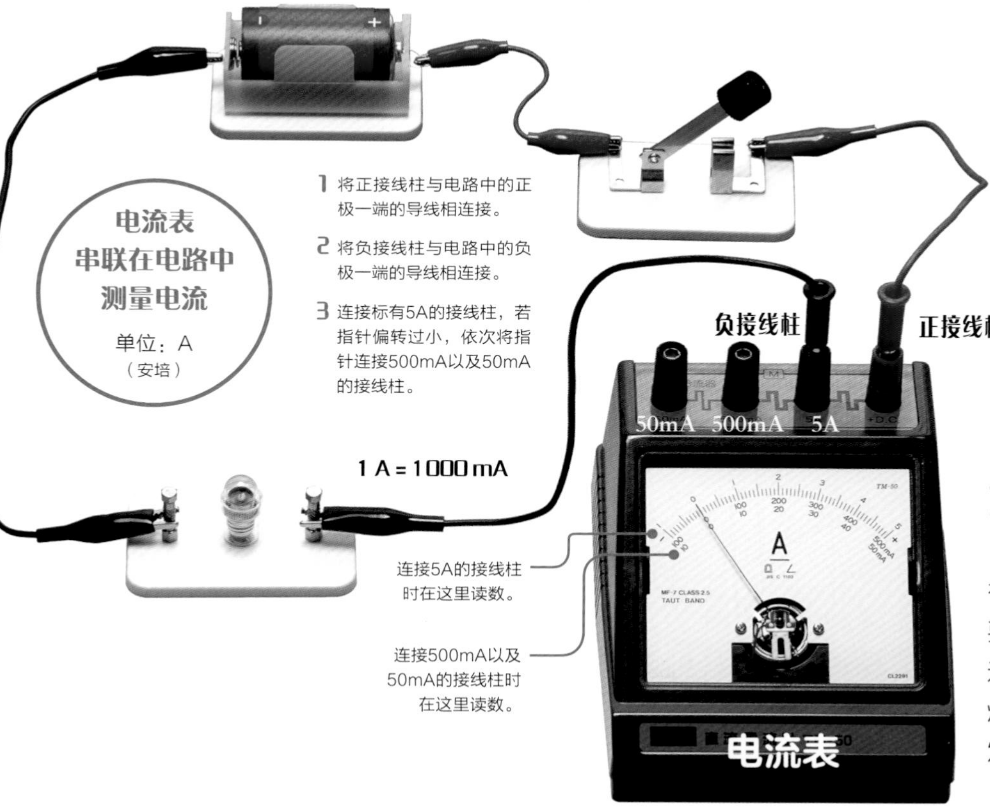

电流的测量方法

若想知道电路中究竟有多少电流流经，我们需要将电流表串联在电路中进行测量。电流在经过小灯泡或电动机的前后不会发生很大的变化。

串联电路的电流

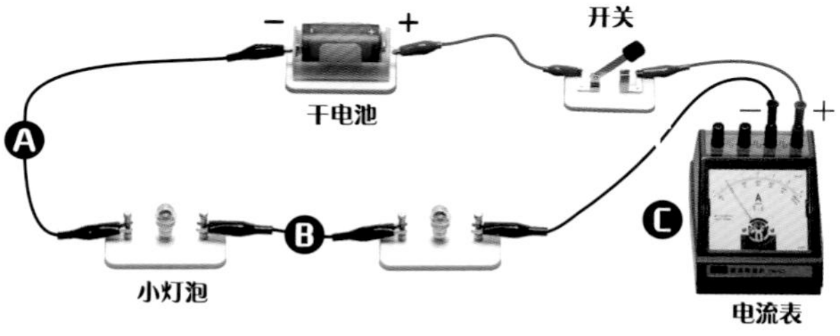

导线不形成分支，只有一圈循环的电路称为串联电路。在串联电路里，无论在哪里测量，电流的大小都是一样的。

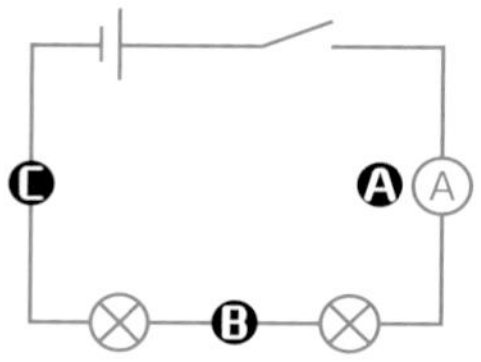

3点处电流大小相同。
A=B=C

并联电路的电流

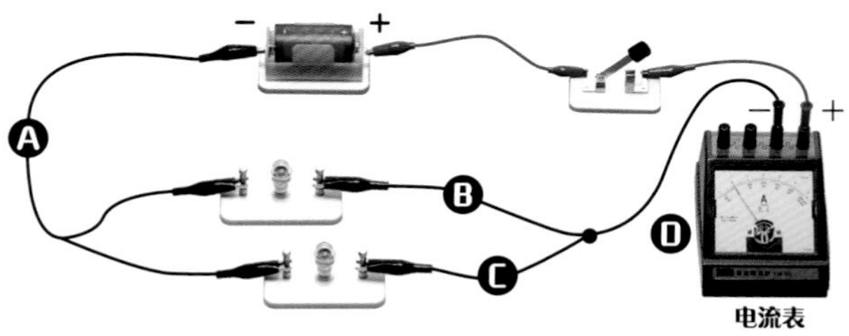

导线形成分支，有两圈及以上循环的电路被称为并联电路。在并联电路中，支路的电流之和等于干路电流的大小。

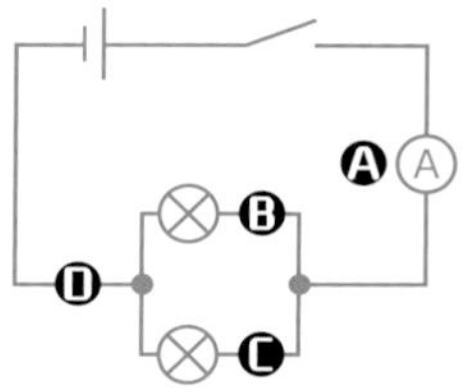

A和D的电流是B和C的电流大小之和。A=D=（B+C）

注：在本节叙述串并联电路时，实际上不考虑电池内阻的影响。

电压的测量方法

电压是导致电流流动的原因。如果电压增大，电流也会相应增大，小灯泡就会变得更亮。测量电压的时候需要将电压表并联在想要测量的电路的两端。

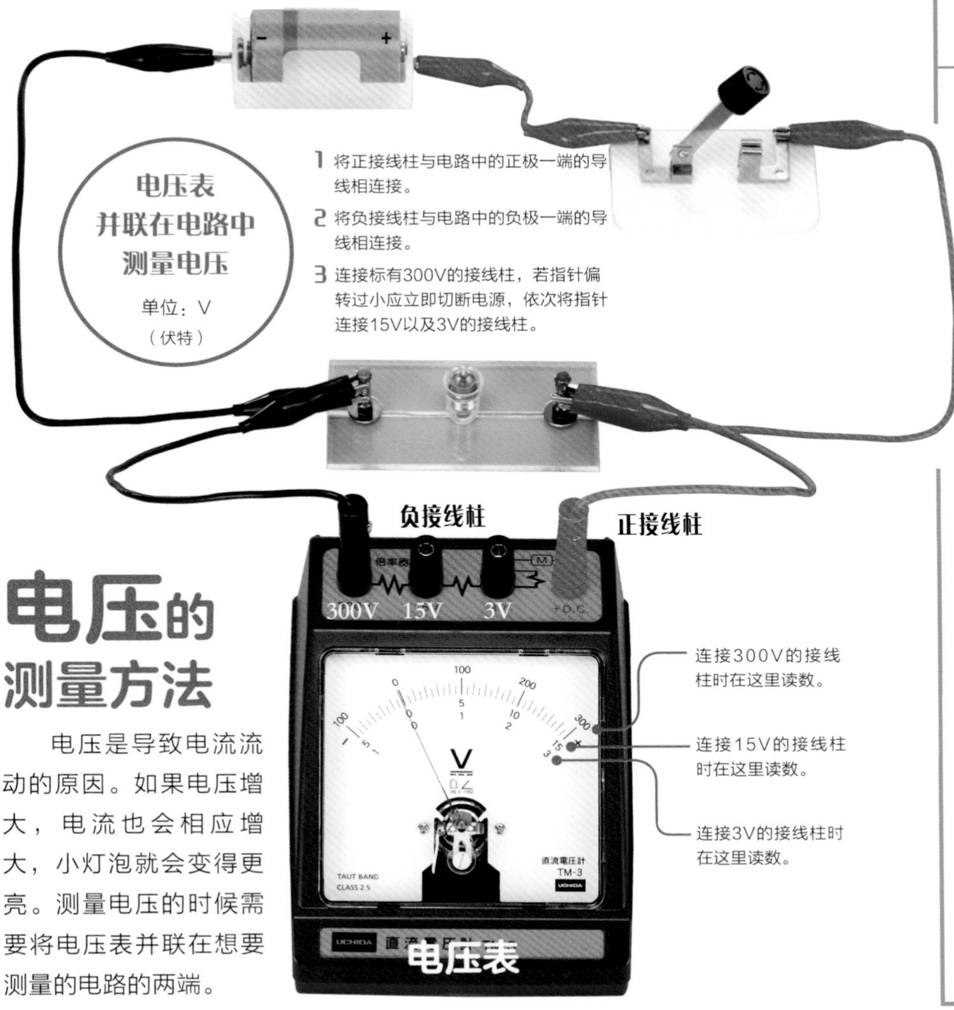

电流的流通方式与电路图

电流从干电池的正极流出，通过小灯泡或电动机，流入干电池的负极。这样的电流流通方式称为“电路”。小灯泡、电动机等除了具备自身发光、旋转的功能外，还有阻碍电流流通的性质，我们称之为“电阻”。

使用下面这些标记，可以将电路图用下面简单的图示表示出来。

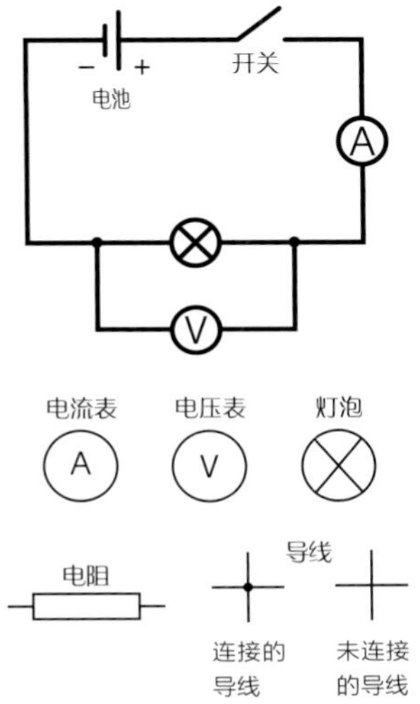

串联电路的电压

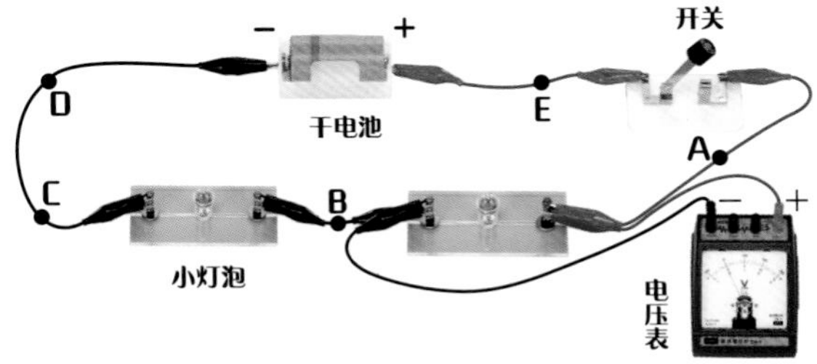

在小灯泡或电动机等电阻串联的电路中，将电压表并联在想要测量的部分的两侧进行测量。

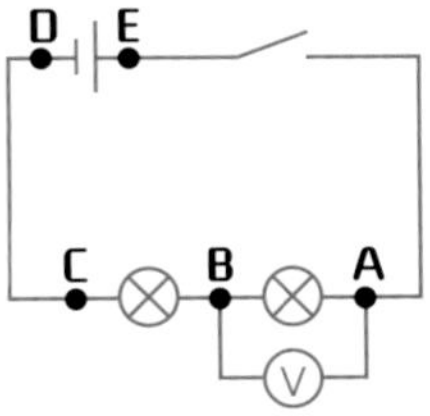

AC的电压是AB的电压与BC的电压之和。此外，AC的电压与电池DE的电压相同。

并联电路的电压

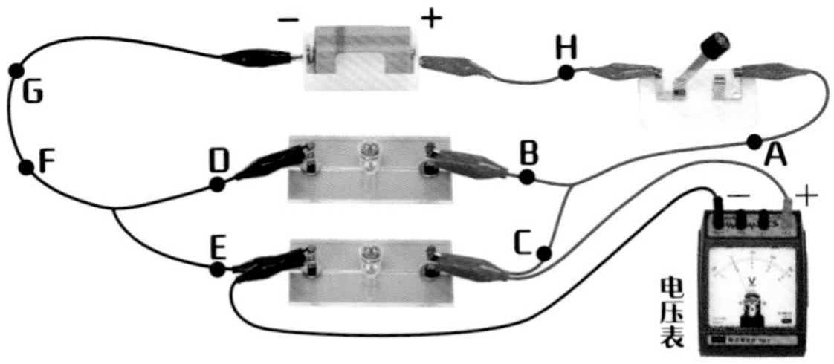

在小灯泡或电动机等电阻并联的电路中，也将电压表并联在想要测量部分的两侧进行测量。

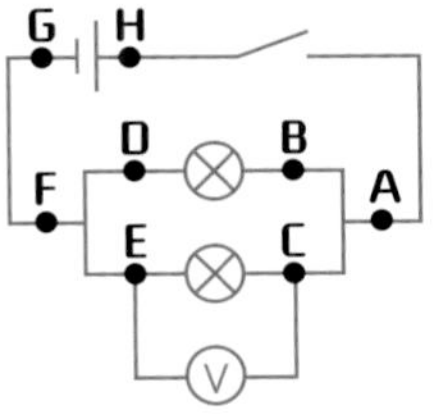

AF的电压与BD及CE处的电压相同。另外，AF处的电压与电池GH处的电压相同。

干电池的串联和并联，哪种方式更亮？

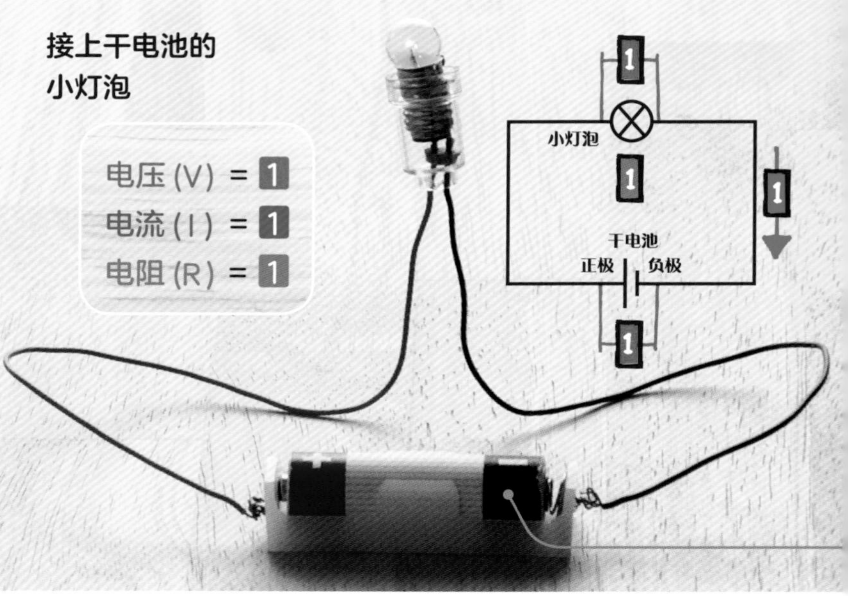

将干电池接在串联电路和并联电路中，电流的流向和小灯泡的发光方式有什么不同呢？

串联

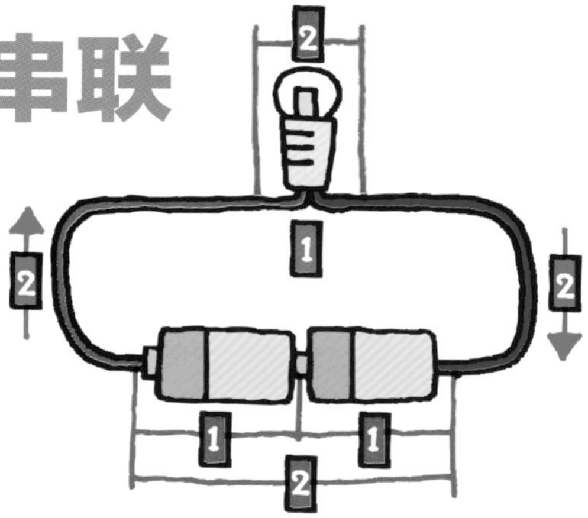

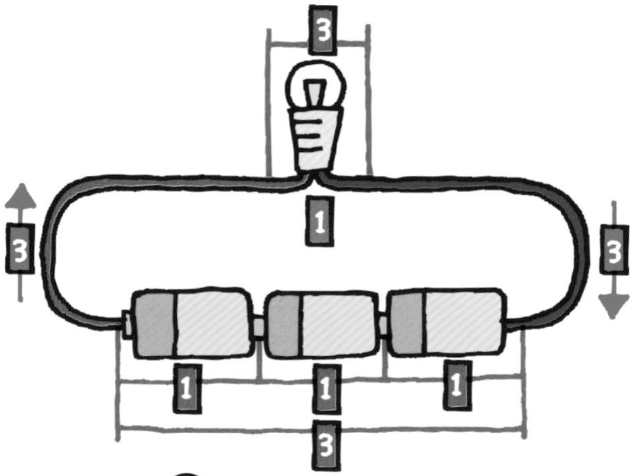

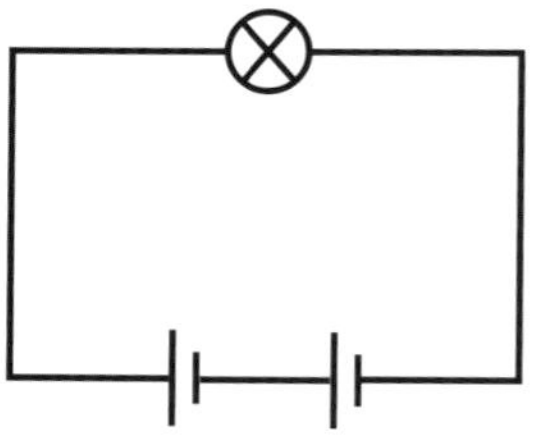

电压 (V) = 2
电流 (I) = 2
电阻 (R) = 1

小灯泡的明暗程度 = 变亮
电动机的转速 = 变快
电池会很快耗尽。

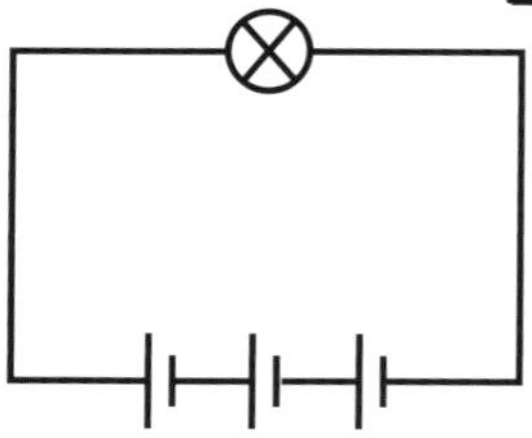

电压 (V) = 3
电流 (I) = 3
电阻 (R) = 1

小灯泡的明暗程度 = 变得更亮
电动机的转速 = 变得更快
电池会更快耗尽。

将干电池接在串联电路中

将干电池的正极与负极首尾相接在串联电路中。串联电路中接上两个电池就会产生2倍的电压，3个电池就会产生3倍电压。由于电压增强电流也会变强，所以小灯泡会变亮，电动机转速变快。但是，电池也会更快耗尽。

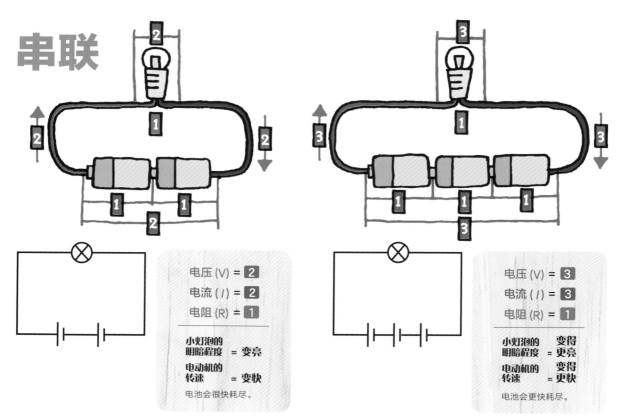

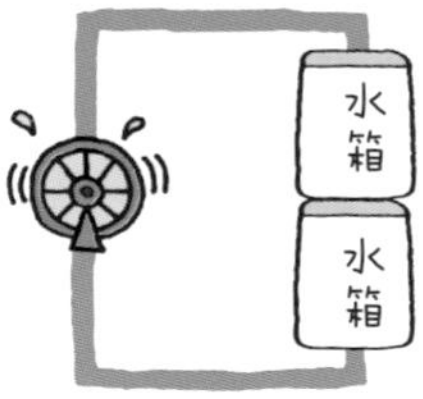

水路的高度增高、水势变强，水车也会快速转动。

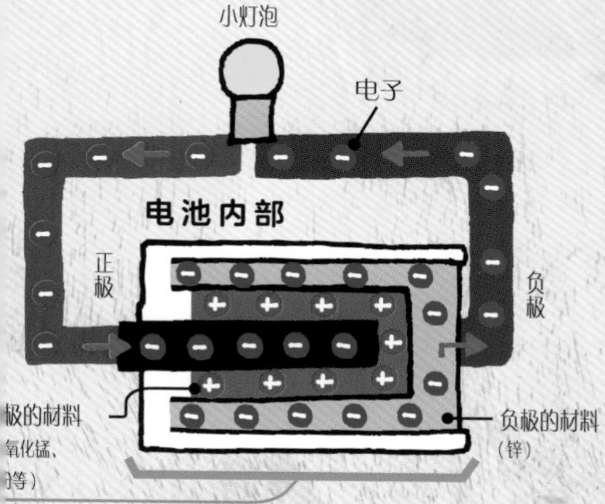

电池的构造
（伏打电池）

电池利用两种不同的金属与硫酸的溶液所形成的电子的定向移动而产生电流。虽然制作材料和形状有所不同，但是我们平常所用的干电池的内部也是利用了同样的化学反应。

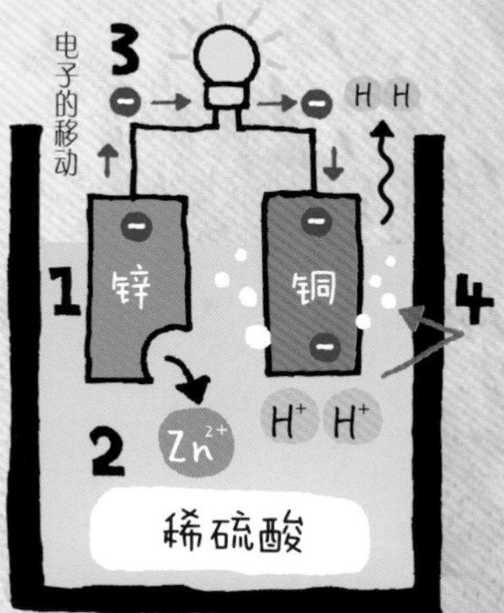

1 将锌板和铜板置于稀盐酸中并连接导线。

2 锌原子（Zn）从电子中分离出锌离子（Zn^{2+}）并溶解于盐酸中。

3 残留在锌板中的电子通过导线流向铜板，形成电流，使小灯泡发光。

4 转移到铜板上的电子遇到稀盐酸中的氢离子（H^+）后形成氢气（H_2）。

*电流的流向与电子的移动方向相反。

让我们一起来总结一下吧。

并联

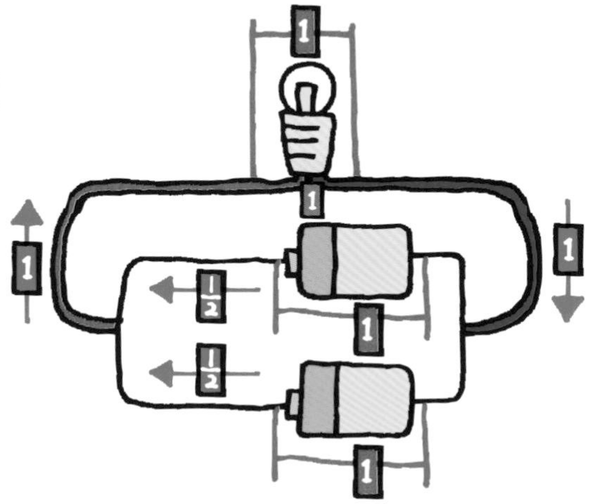

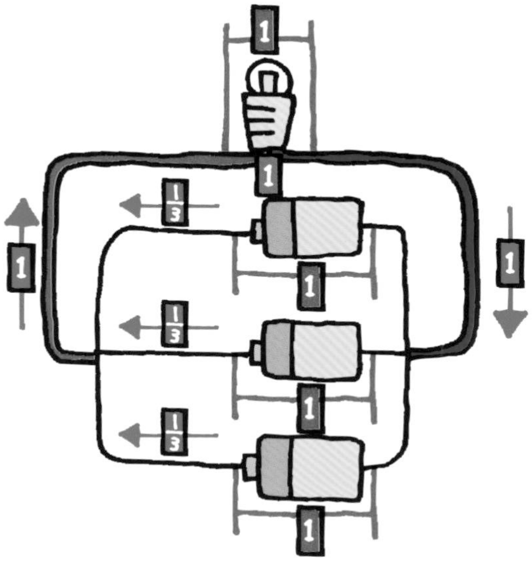

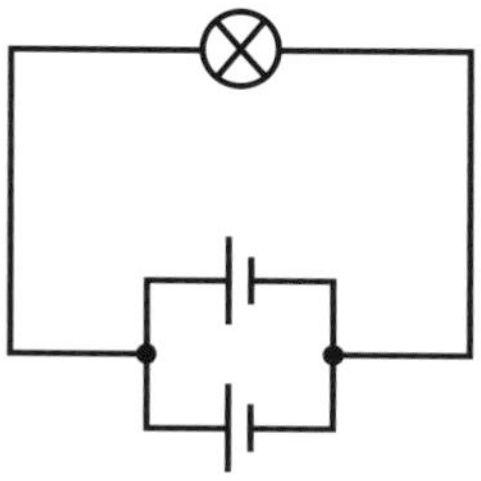

电压 (V) = 1

电流 (I) = 1

电阻 (R) = 1

小灯泡的明暗程度	=	和接入一个灯泡时的明暗程度相同
电动机的转速	=	和接入一个电动机时的转速相同

电池使用时间较长。

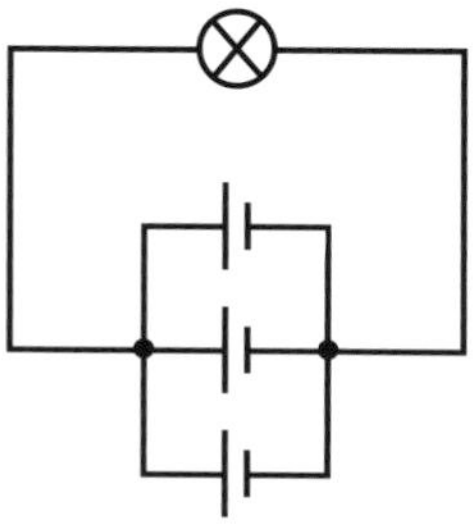

电压 (V) = 1

电流 (I) = 1

电阻 (R) = 1

小灯泡的明暗程度	=	和接入一个灯泡时的明暗程度相同
电动机的转速	=	和接入一个电动机时的转速相同

电池使用时间较长。

将干电池接在并联电路中

将干电池的正负极以相同的方向平行地接在电路中。无论接多少节电池，电压总是和只有一节电池时相同。因此，电流大小相同，小灯泡的明暗程度以及电动机的转速都和仅连接一节电池的情况相同。但是，每节单独的电池的负担减轻，电池使用时间就会变长。

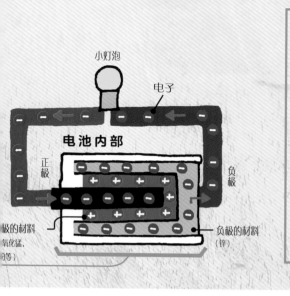

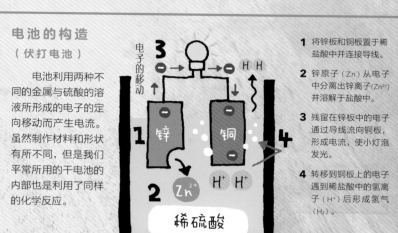

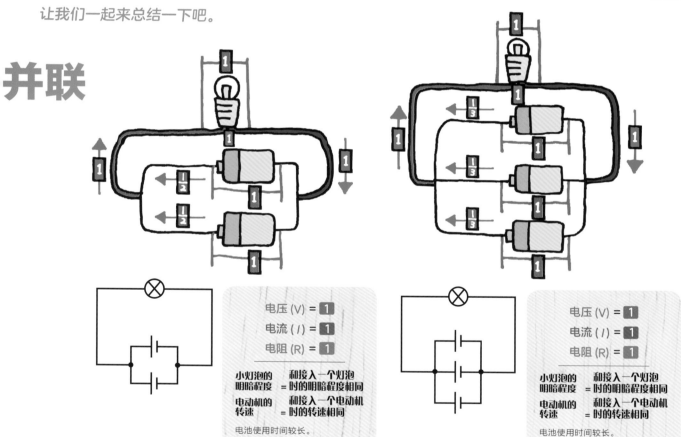

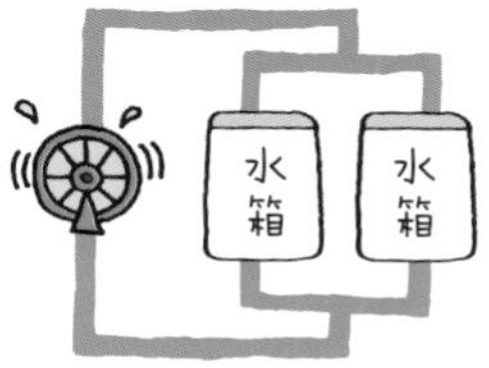

水泵储存的水量增多，但由于水路的高度不变，水势也无明显变化。

小灯泡的串联和并联，哪种方式更亮？

不改变干电池的连接方式，
分别将小灯泡接在串联电路和并联电路中，
小灯泡的亮度会有怎样的变化呢？

电压、电流、电阻之间的关系是？

$$V = R \times I$$

电压（单位 V）　电阻（单位 Ω）　电流（单位 A）

$$I = \frac{V}{R} \quad R = \frac{V}{I}$$

串联

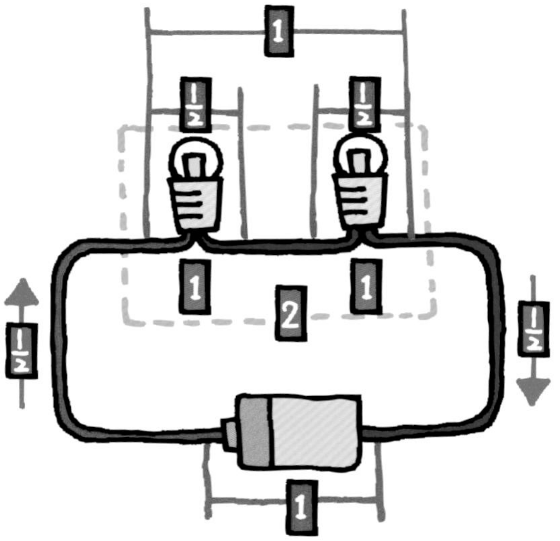

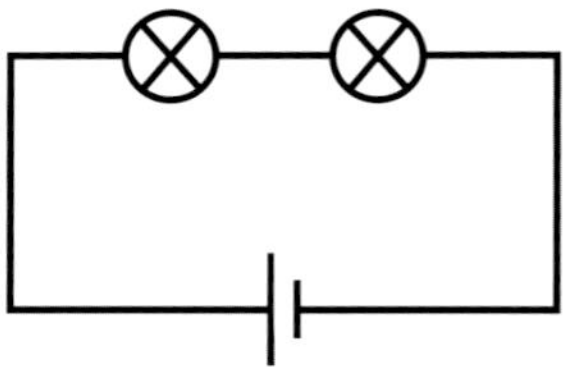

电压 (V) = 1
电流 (I) = 1/2
电阻 (R) = 2

小灯泡的明暗程度 = 变暗
电池使用时间较长。

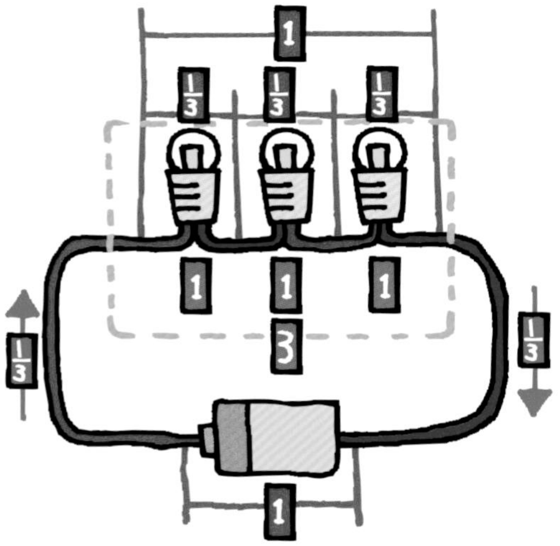

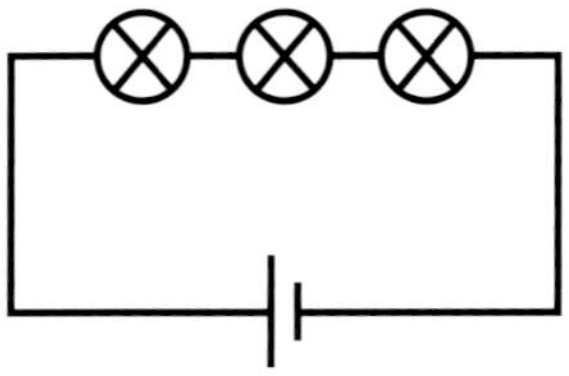

电压 (V) = 1
电流 (I) = 1/3
电阻 (R) = 3

小灯泡的明暗程度 = 变得更暗
电池使用时间更长。

将干电池接在串联电路中

在串联电路中接入两个小灯泡，电路整体的电阻将变成 2 倍，电流将变为 1/2。接入 3 个小灯泡，电路整体的电阻将变成 3 倍，电流将变为 1/3。接入的小灯泡数量越多，灯泡将变得越暗，相反，电池使用时间将变得更长。同时，切断一个小灯泡，其余小灯泡的电源也将被切断。

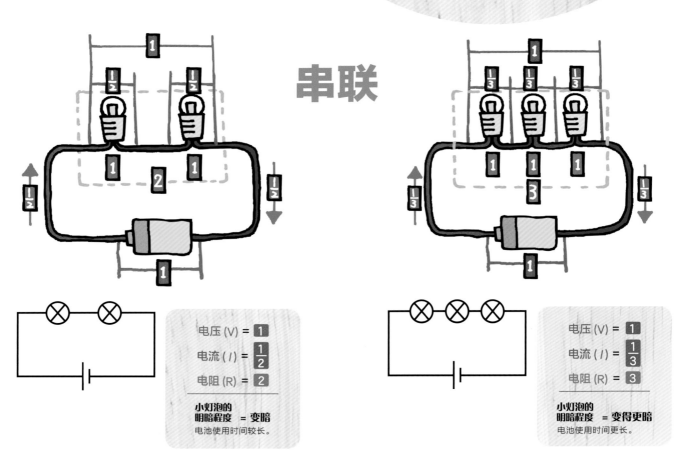

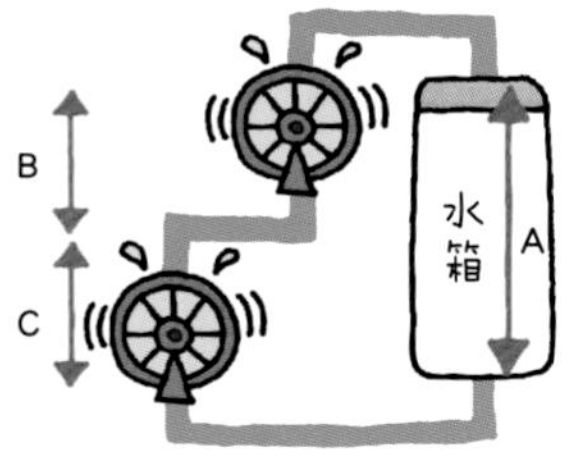

水流的通道只有一条，
所以各处流通的水量
相同。也就是说，电
中电流大小处处相同。
B处和C处的电压之
等于A处的电压大小。

欧姆定律 电路中的电流（I）和电压（V）、电阻（R）总会遵循下面的规律，我们称之为欧姆定律。

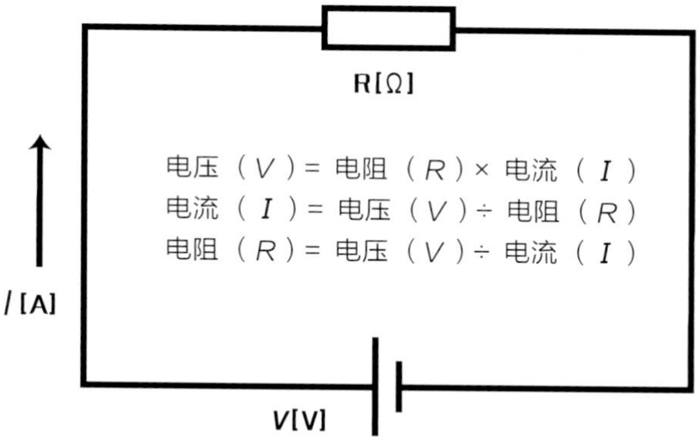

电压（V）= 电阻（R）× 电流（I）
电流（I）= 电压（V）÷ 电阻（R）
电阻（R）= 电压（V）÷ 电流（I）

小灯泡发光的奥秘

小灯泡内部也有电路。电路中连接着一根细钨丝，当电流流经钨丝的时候产生的强大电阻会使温度升高。钨丝由钨制成，当温度升高的时候会发出明亮的光。

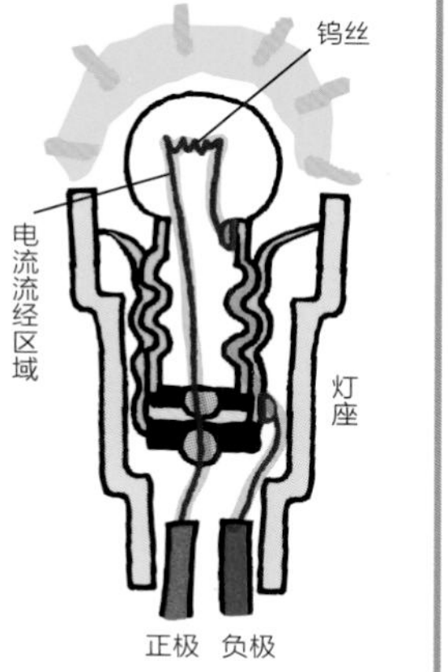

并联

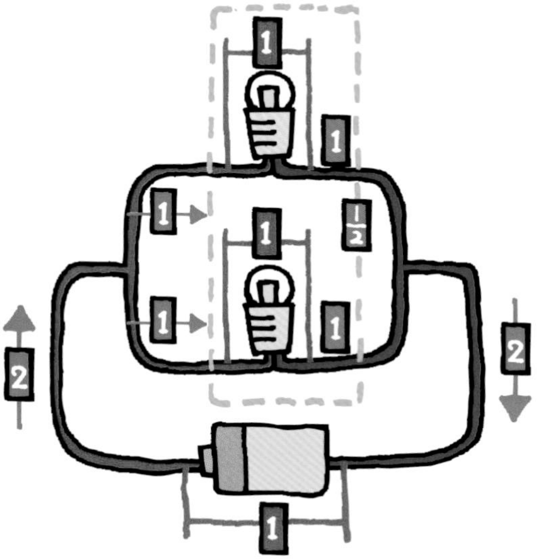

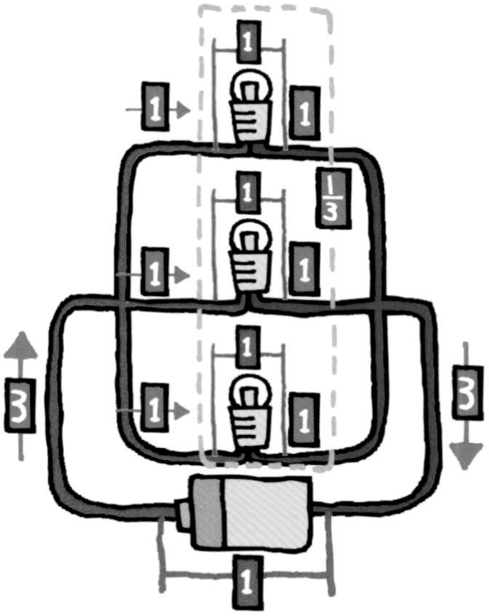

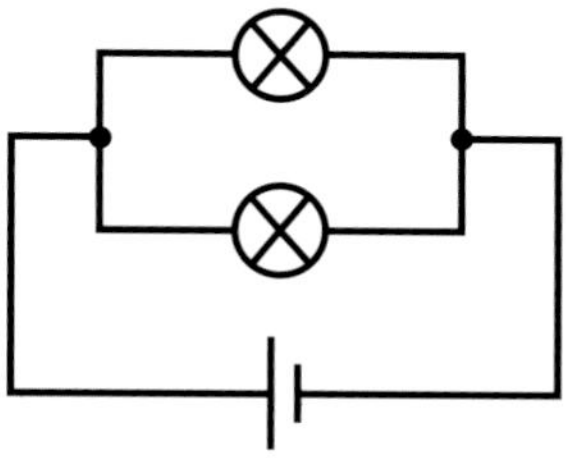

电压 (V) = 1
电流 (I) = 2
电阻 (R) = 1/2

小灯泡的明暗程度 = 不变
电池使用时间较短。

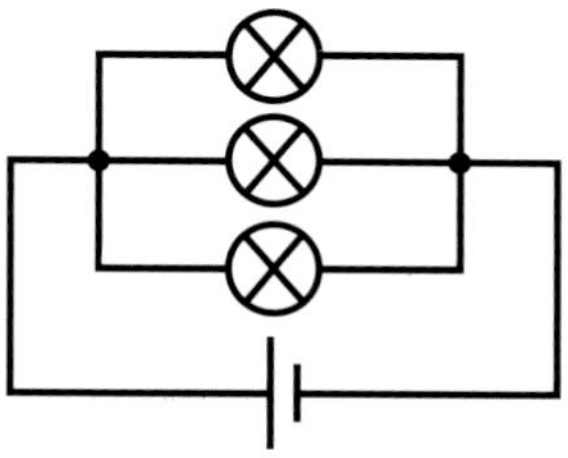

电压 (V) = 1
电流 (I) = 3
电阻 (R) = 1/3

小灯泡的明暗程度 = 不变
电池使用时间更短。

将干电池接在并联电路中

将小灯泡并联在电路中，流经一个小灯泡的电流与单个小灯泡的电路中的电流相同，亮度也不变。将两个小灯泡并联起来，电路整体的电阻会变为 1/2，电流会变成 2 倍。将 3 个小灯泡并联起来，电路整体的电阻会变为 1/3，电流会变成 3 倍。并联的灯泡越多，电流也越大，电池也将更快耗尽。

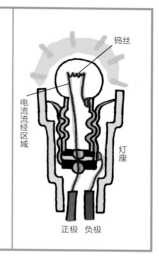

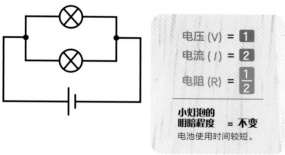

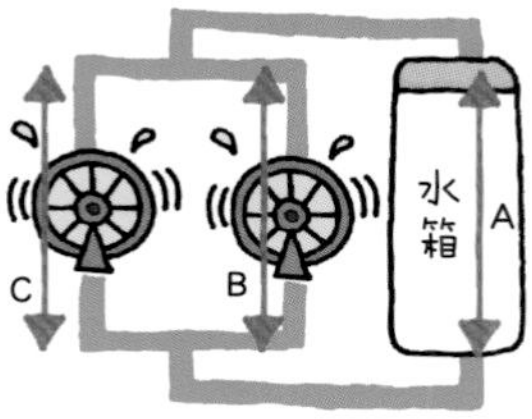

由于水流被分成两路，两个支路的电流之和等于整体电路的电流大小。电压处处相同。

磁铁能够吸起什么东西呢？

⊙ 吸
⊗ 不吸

在我们周围有很多运用磁铁的物品。
磁铁到底具有什么性质呢？
让我们一起来观察一下吧。

能够吸附铁等金属

磁铁能将铁、镍、钴等金属吸附起来。

两端的磁力更强

条形磁铁越靠近两端，磁力越强；越接近中央，磁力逐渐变弱。

被吸附起来的铁也变成了“磁铁”

被磁铁吸附起来的铁也拥有了磁铁的性质，也能将其他的铁吸附起来。

隔着纸或塑料，磁铁也能发挥作用

在铁和磁铁中间放置一张纸或塑料垫子，磁铁也可以发挥作用。

即使分开，磁力也能发挥作用

即使分离开，磁铁也具有将铁吸附起来的性质。

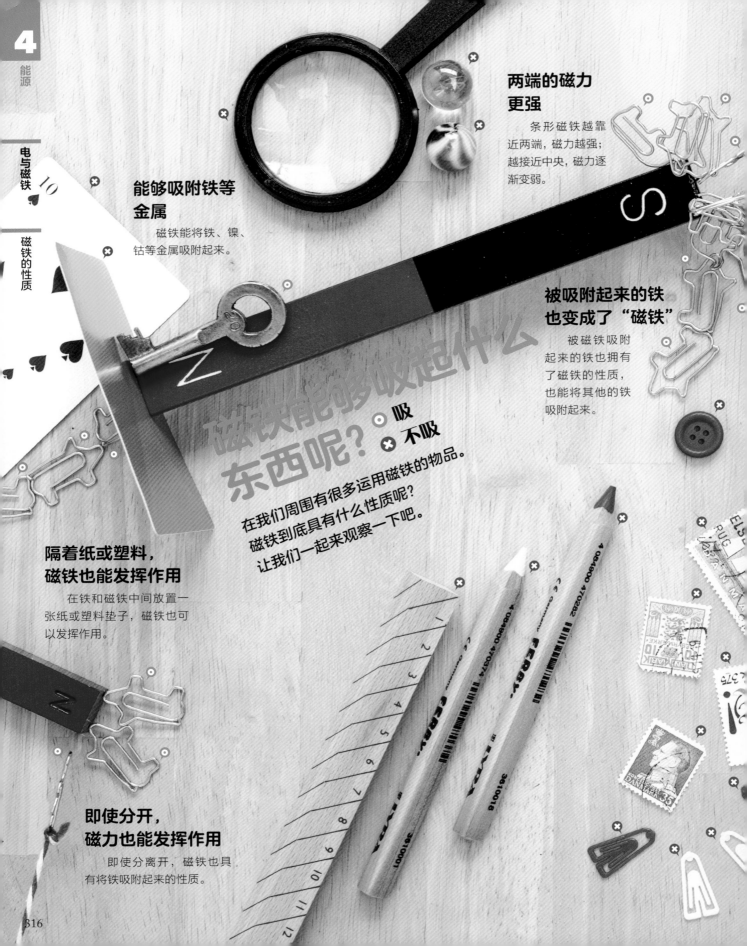

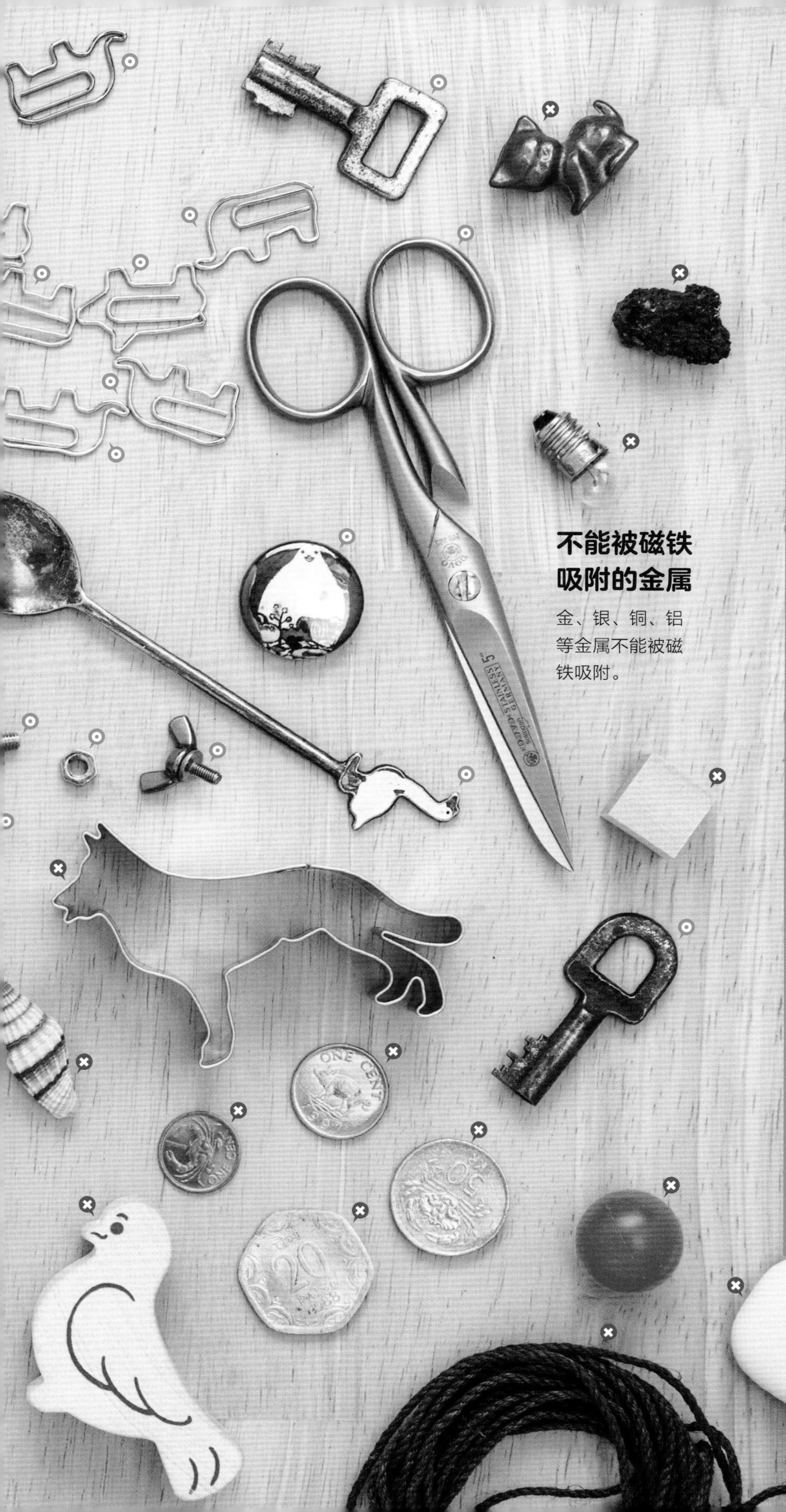

不能被磁铁吸附的金属

金、银、铜、铝等金属不能被磁铁吸附。

身边的磁铁

我们在不知不觉中借用着磁铁的力量。那么我们究竟是怎样利用磁铁的呢?

碗柜和冰箱门

碗柜和冰箱门在关闭时利用磁铁将门紧紧吸附。冰箱门的塑胶里面放入了磁铁。

能够立即拔出的插头

利用磁铁将插头吸入。扯动电线，插头掉出来，开水壶不会倒。

电子卡片

利用材料的磁性可以记录、读取信息。信用卡以及酒店的门卡就是利用了这一性质。

MRI（磁共振成像）

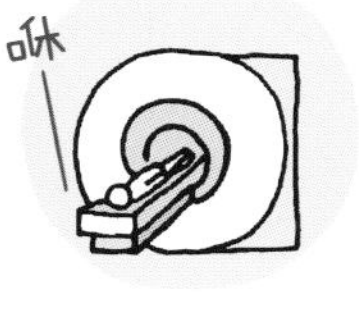

将人的身体置于一个磁场中，体内的氢原子会散发出微弱的电波。通过其形成立体的画面，可以观察身体的内部状况。

磁悬浮列车

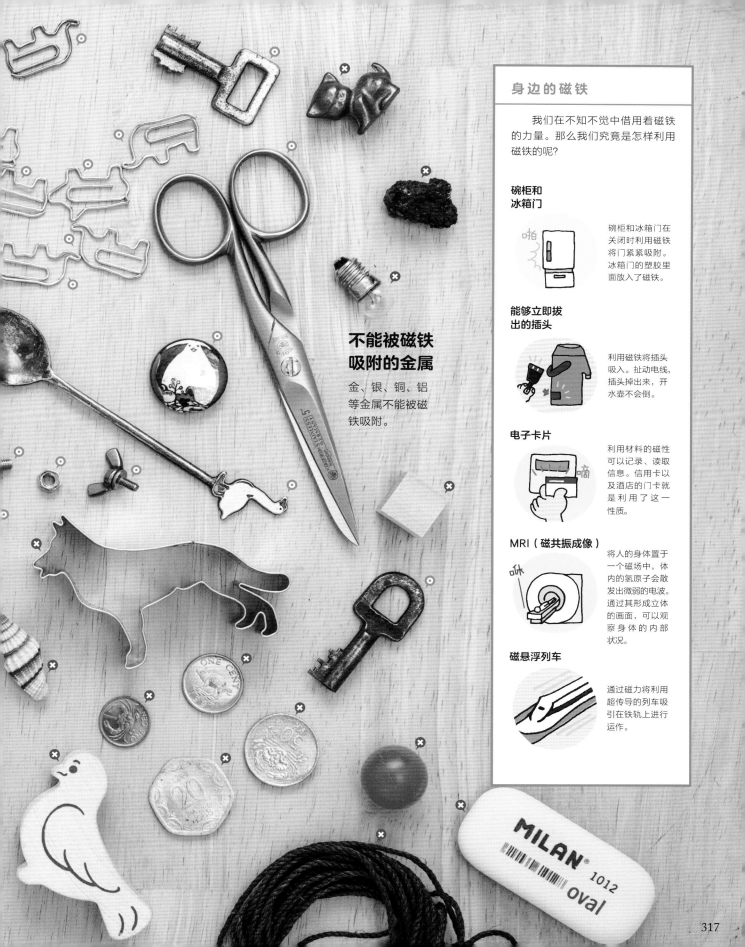

通过磁力将利用超传导的列车吸引在铁轨上进行运作。

磁铁是如何发挥作用的?

磁铁的两端被称为磁极。
这两端也是能将铁吸附起来的吸力最强的地方。
磁铁的两端分别为N极和S极。
而在这中间产生着不可思议的力量。

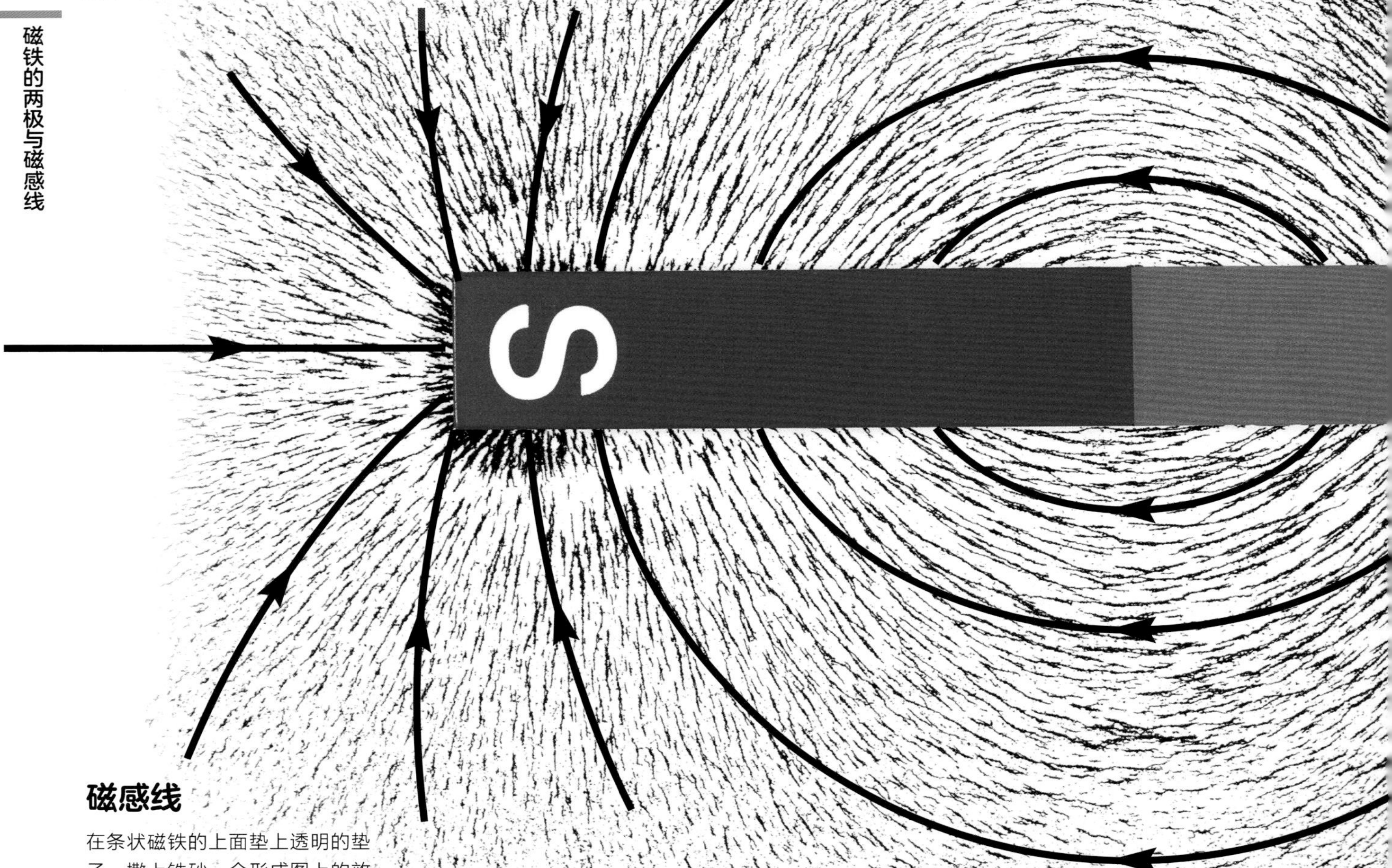

磁感线

在条状磁铁的上面垫上透明的垫子，撒上铁砂，会形成图上的效果。吸引力最强的两端吸附着大量的铁砂。

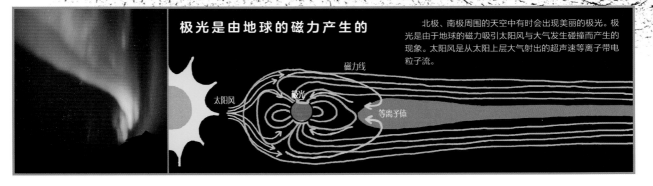

极光是由地球的磁力产生的

北极、南极周围的天空中有时会出现美丽的极光。极光是由于地球的磁力吸引太阳风与大气发生碰撞而产生的现象。太阳风是从太阳上层大气射出的超声速等离子带电粒子流。

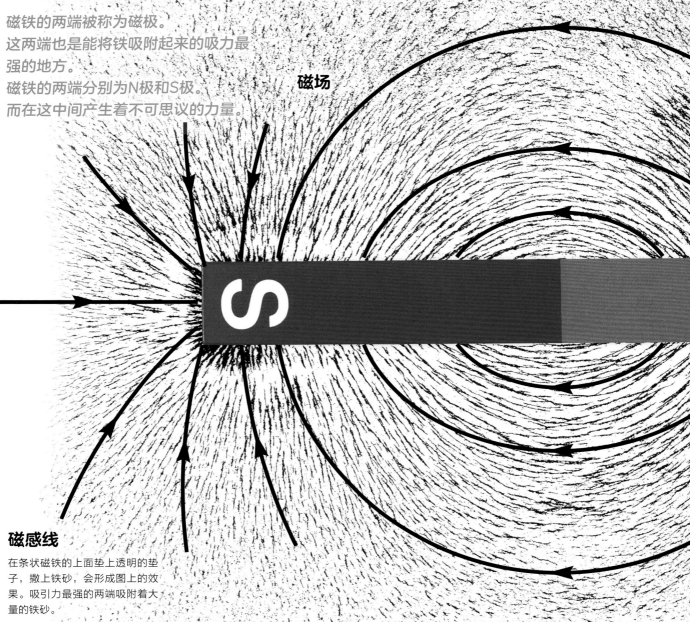

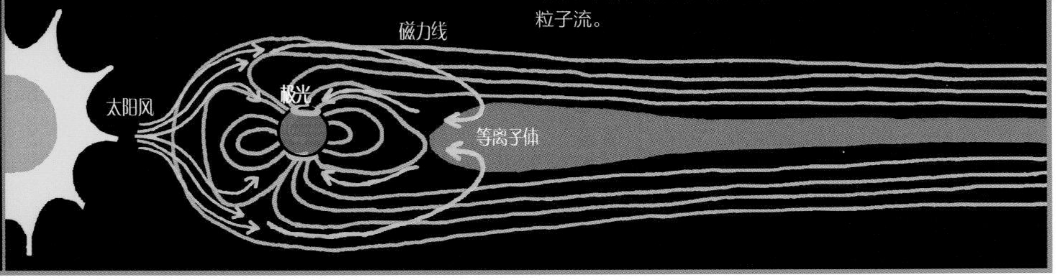

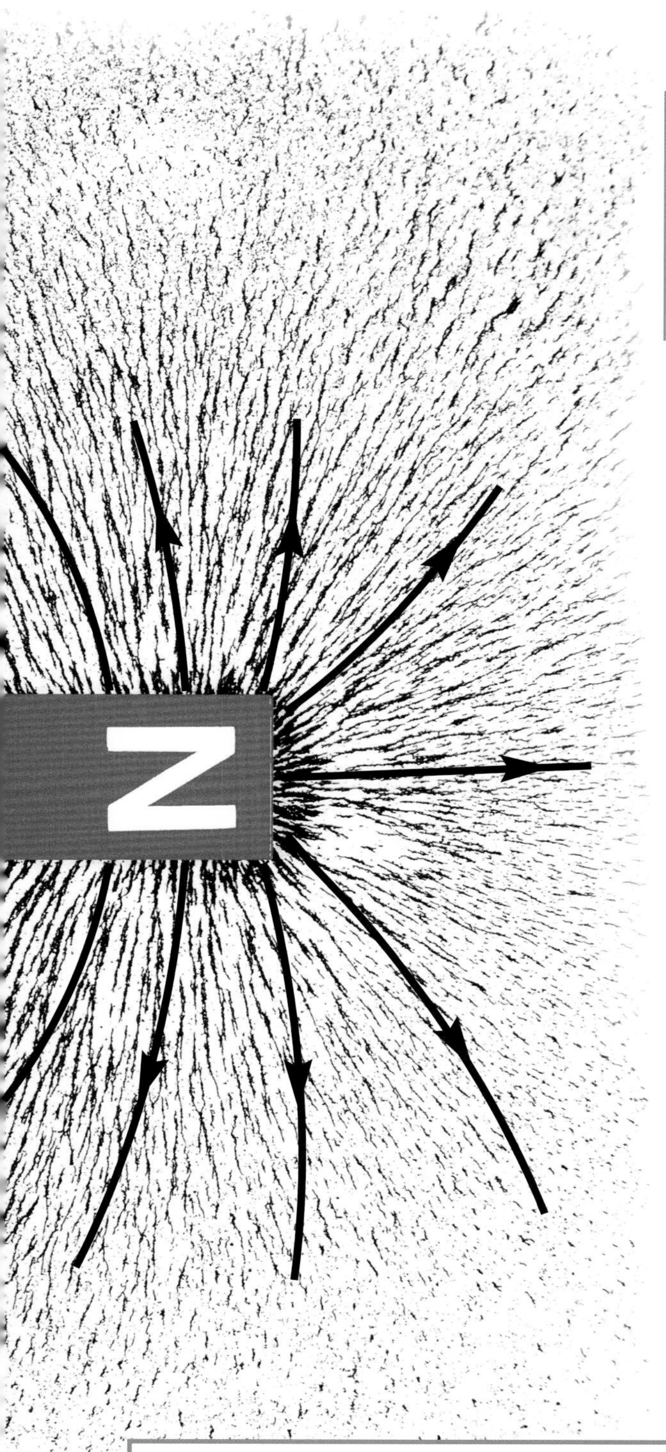

磁石的两极

将磁铁的N极和S极靠近，会发现产生的吸引力将两端吸附在一起。若将N极和N极、S极和S极相互靠近，则会发现产生的相互排斥的力量将两端相分离。像这样在磁石两端和两端中间产生的力被称为“磁力”。这之间起到传递磁力作用的物质被称为“磁场”。

不同磁极的两端靠近会相互吸引

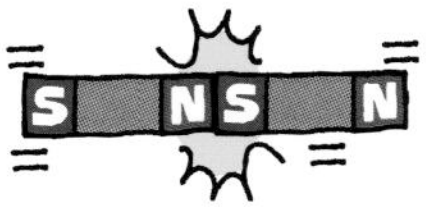

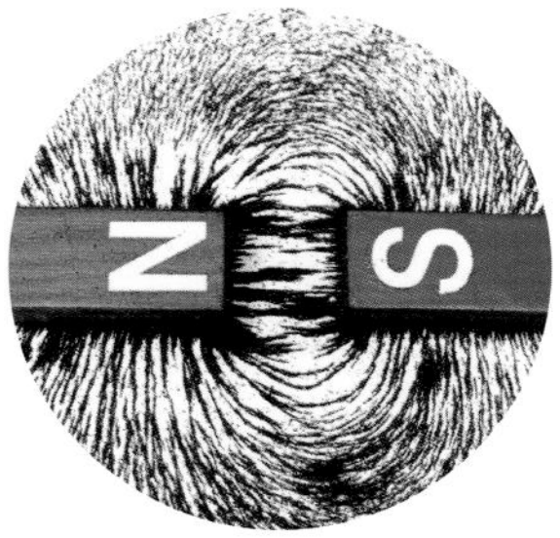

相同磁极的两端靠近会相互排斥

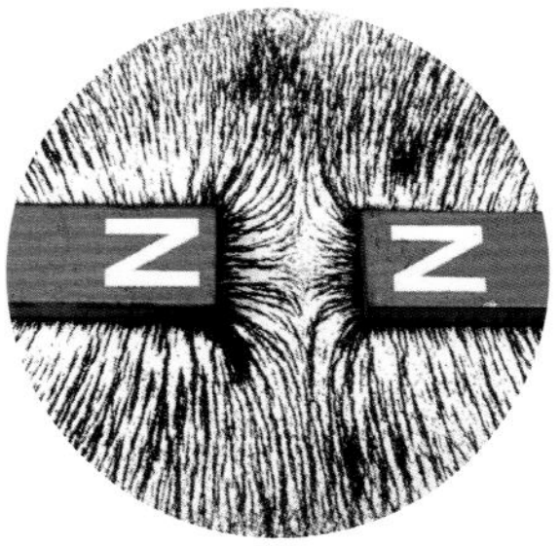

为什么指南针一直指向南北？

指南针的N极一直指向北极，S极一直指向南极。这是因为地球本身就是一个巨大的磁石。地球内部分布的液态铁不断形成对流，因此地球也具有了磁铁的性质。靠近北极的地方是磁铁的S极，靠近南极的地方是磁铁的N极，因此指南针被相反的极牵引，指针一直指向同样的方位。

让我们来试着做一个指南针吧

指南针是利用磁铁的N极和S极的作用指示方向的装置。让我们通过制作指南针来看看磁石的两端究竟具有怎样的性质吧。

1 将磁铁的N极一端与铁丝沿同一方向反复摩擦。

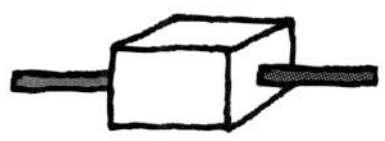

2 将铁丝插进泡沫块中，并将一端涂上颜色。

3 在脸盆中装满水，让泡沫块浮在水面上。

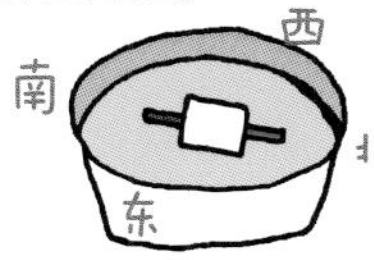

指针一直指向南北。

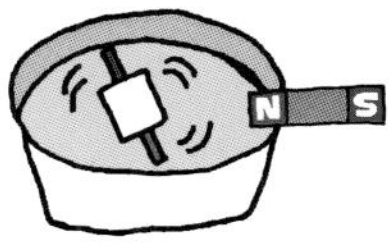

将磁铁N极靠近指针，会发现指针远去。

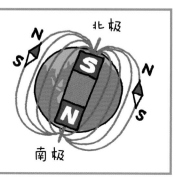

将相反的磁极靠近指针，指针会吸附过来。

磁铁的S极能将指针吸附过来，说明指南针红色的一端为N极。

为什么指南针在电视机旁会运转失常呢?

为什么指南针在电视机旁会运转失常呢?
指南针被放置在电器旁，有时会无法指向正确的方位。
让我们一起来看看电流和磁场之间有怎样不可思议的关系吧。

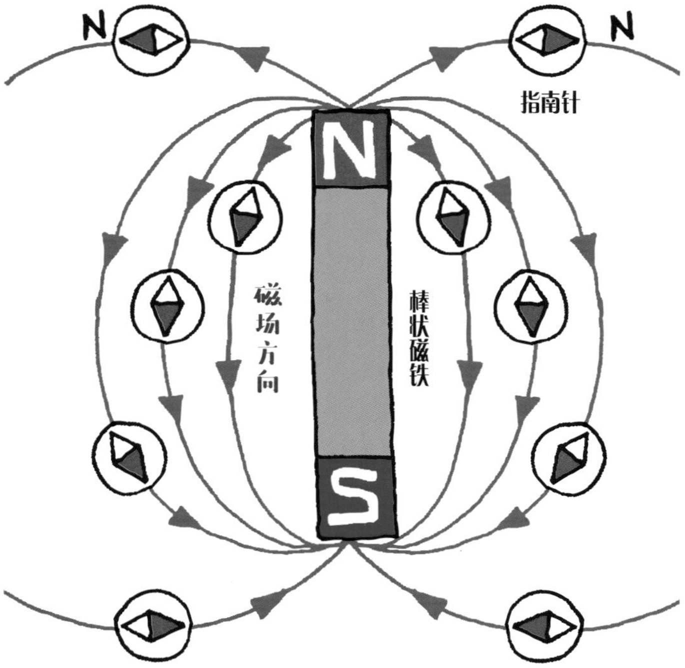

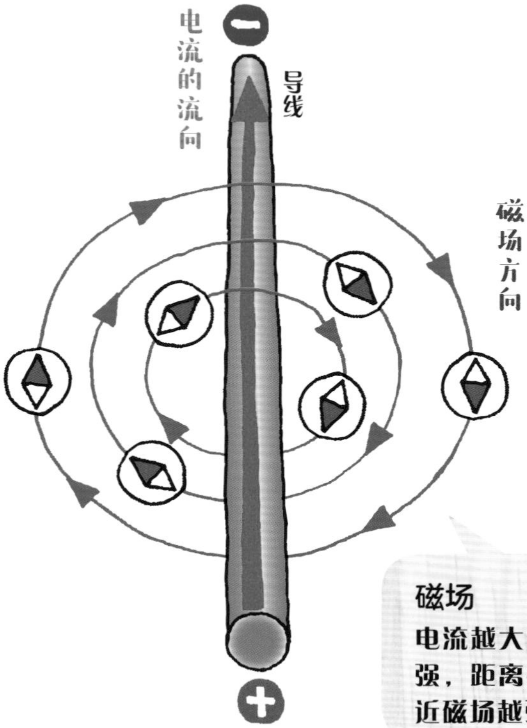

指南针的指针与磁感线平行

将磁力用线表示就形成了磁感线。磁感线从N极流向S极，指南针的小指针永远与磁感线平行。

1 电流产生磁场

电流流通的导线四周会产生磁场。电流越大，磁场越强；距离导线越近，磁场越强。

电流和磁场的方向遵循右手螺旋定则

导线中的电流与磁场的方向关系分别与螺纹的走向和拧螺丝的方向相同（右手螺旋定则）。

电流与磁感线

导线中的电流流通后会产生磁力，从而形成磁场。接通电视等电器的电源，电视内部的许多导线和线圈中会产生电流，从而形成磁力。由于形成了磁场，指南针有时会运转不灵。

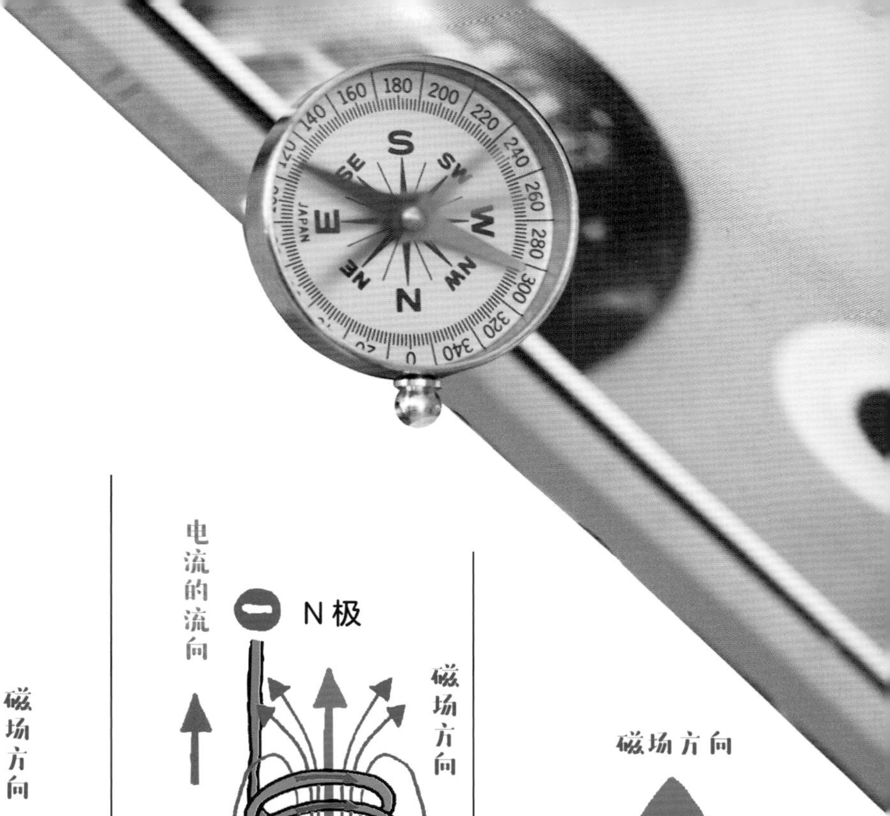

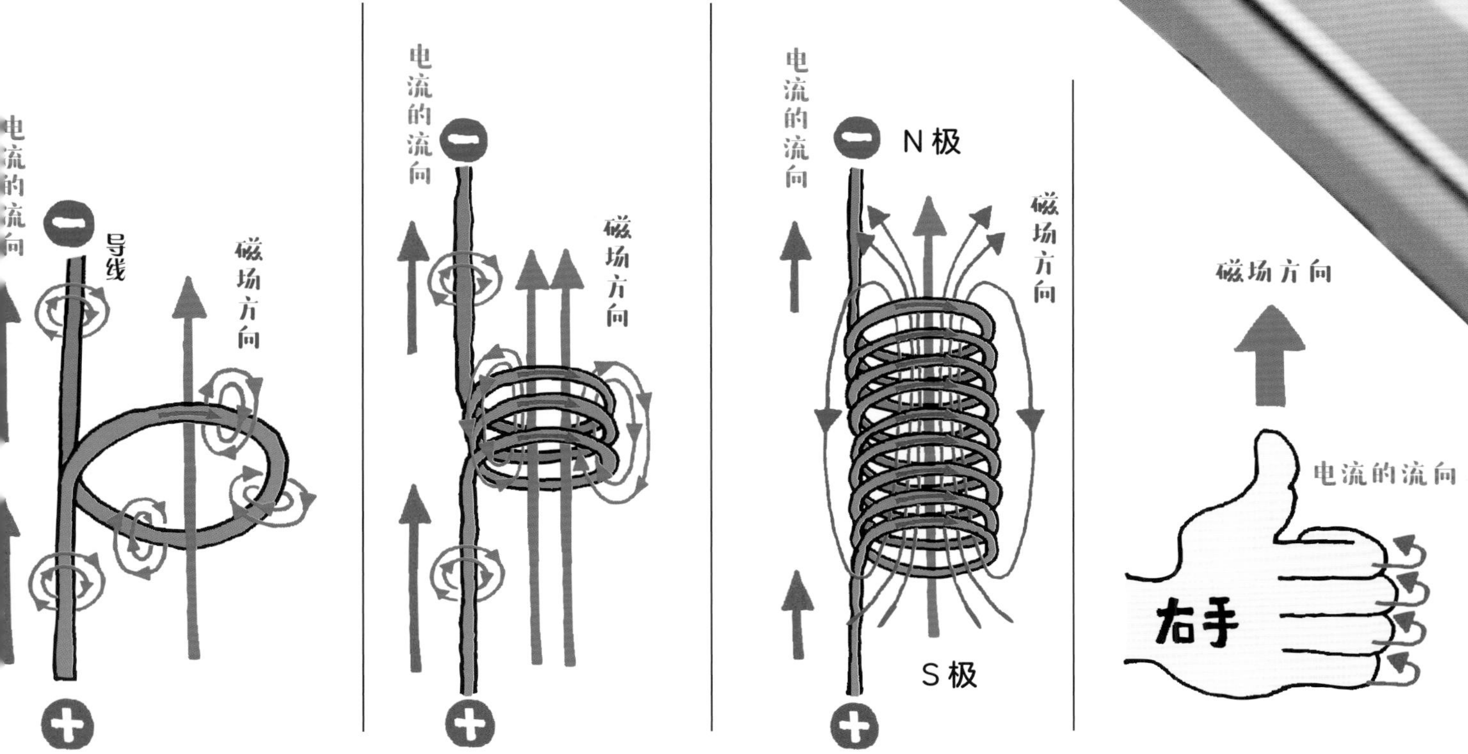

2 环形导线的磁场

环形导线的四周会形成如图所示的磁场。环形内部的磁场方向一致。

3 线圈周围的磁场

多根环形导线重合形成线圈，此时内部方向一致的磁场互相重合，磁场增强。

4 线圈的圈数、电流与磁场

线圈中通过的电流越大，磁场越强；线圈的圈数越多，磁场越强。

5 线圈的电流方向与线圈的两极

从线圈两端来看，电流顺时针流动的是S极，逆时针流动的则为N极。

6 线圈的电流与磁场的方向

竖起大拇指，用右手握住通电的导线，大拇指的方向就是磁场的方向，其余4根手指的方向为电流的方向。

（右手螺旋定则，P323）

电磁铁的原理是什么？

电磁铁通过电流将铁变成磁铁，被广泛应用于我们的生活中。让我们一起来做一个电磁铁，来看看它的力量吧。

电磁铁的性质

线圈中电流流通时会产生磁场（P320）。在线圈中放入一根铁芯后，磁感线增多，磁力也会增强。这就是电磁铁。

电流被切断后，电磁铁将不再具有磁铁的性质。另外，磁力随着电流的增大而变强，随着线圈的圈数增多而变强。

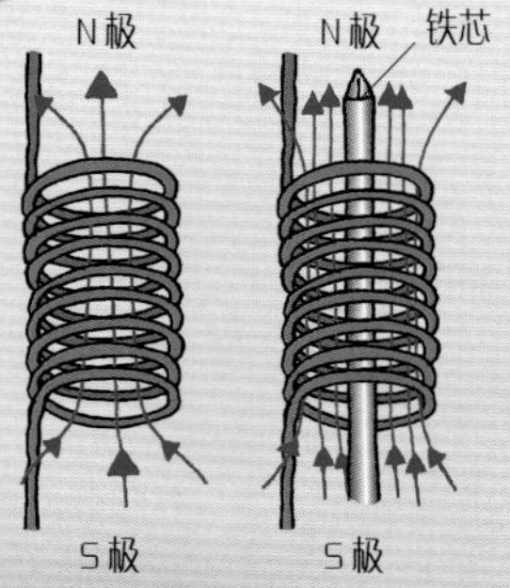

在线圈中放入一根铁芯后，磁感线增多，磁力增强。

装有能将铁吸起的强力电磁铁（举重磁石）的起重机。

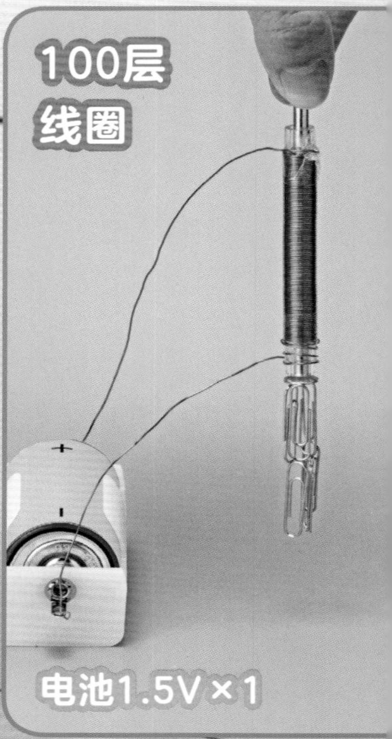

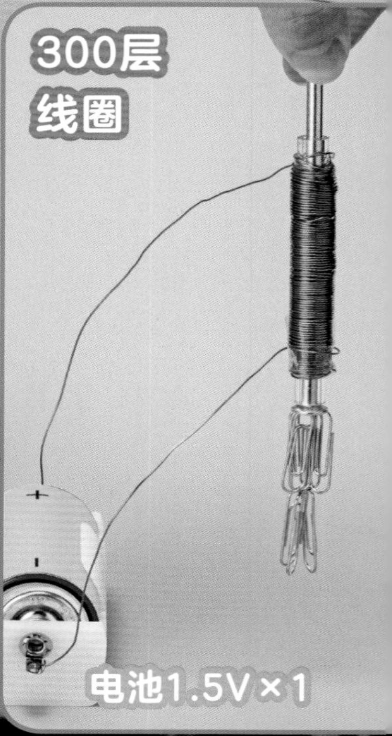

电磁铁的利用

由于能够通过电流决定电磁铁是否具有磁铁的性质，电磁铁被广泛应用于电动机、蜂鸣器、能够举起铁屑的起重机等装置上。

电磁铁的性质

- 只有电流通过时才具有磁铁的性质。
- 磁力和极的性质与永久磁铁相同。
- 电流增强时磁力也相应增强。
- 线圈圈数增多时磁力增强。
- 电流方向发生变化，磁极也会发生改变。

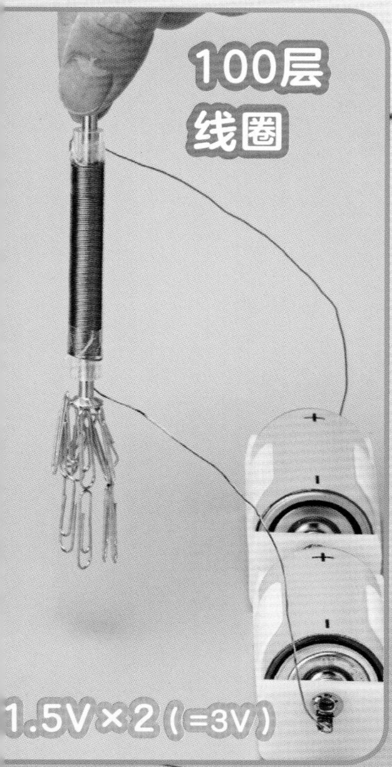

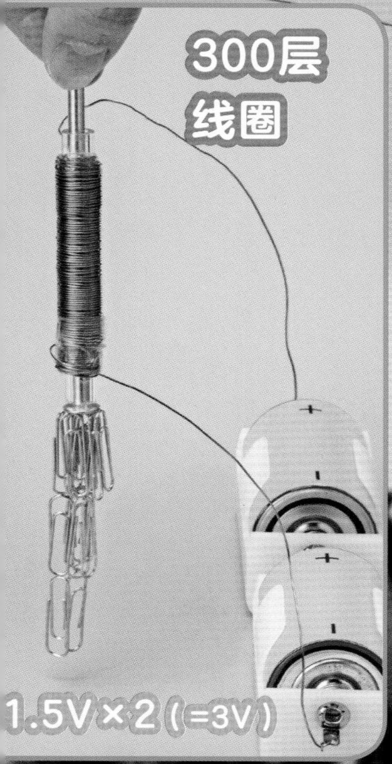

电磁铁的磁极与电流的流向

电流流通后，电磁铁的两端会形成N极和S极，与永久磁铁具有相同的性质。电池的方向转换后，电流的流向也变换方向，根据右手螺旋定则（P321），磁场的方向也会发生变化，N极和S极也会发生改变。

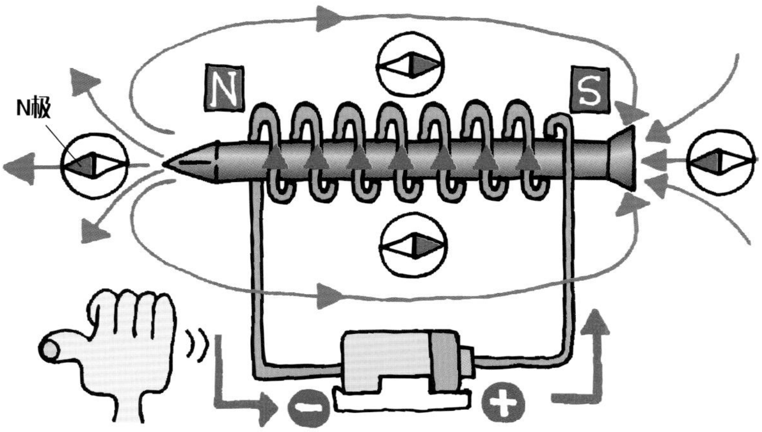

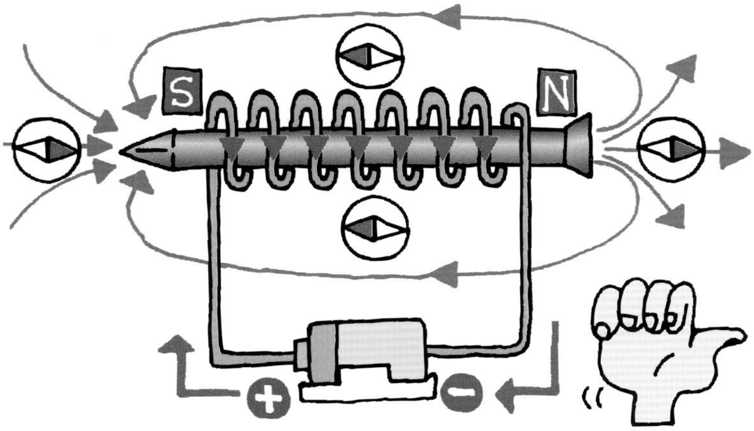

电铃的奥秘

发生火灾时响起的警报铃声利用了电磁铁的性质，从而可以连续发出警报声。

1 电流流通时，铁制的零部件被电磁铁吸附，铁锤敲击铃面。

2 铁锤被牵引过去后，电路的接点被打开，磁力消失。

3 弹簧将铁锤弹开，接点再次被接上，电流流通，重复步骤1。

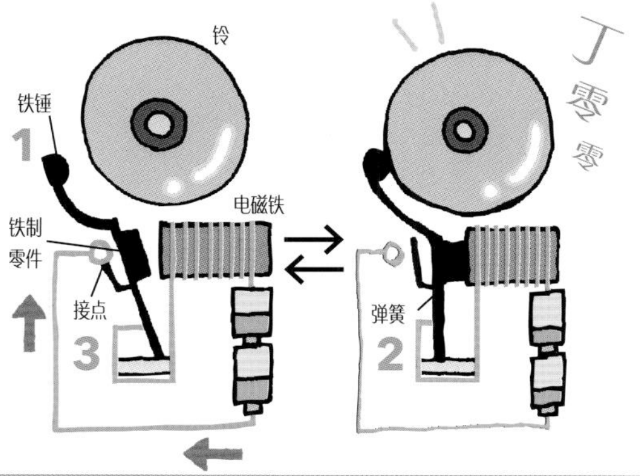

电动机为什么会旋转？

电动机利用电流和磁力进行旋转。
让我们制作一个线圈电动机，一起来确认下电流和磁力是如何让电动机旋转的。

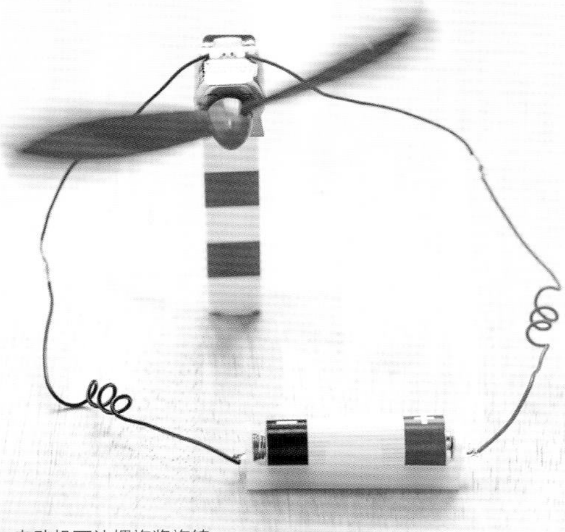

电动机可让螺旋桨旋转。
电动机内部是由导线缠绕而成的线圈构成的。

电磁铁与电动机

电动机是利用电流产生的磁场与磁铁的作用力，使缠绕着线圈的轴承转动的零件。被广泛应用于电动自行车、电冰箱、自动门、电动工具等电器产品中。

线圈的制作方法

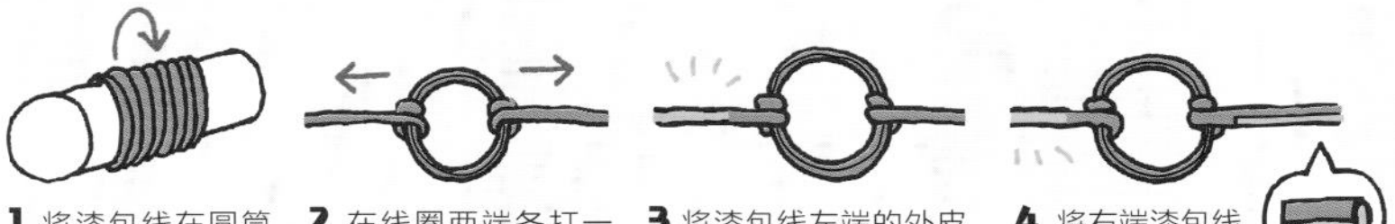

1 将漆包线在圆筒上缠绕约10圈。

2 在线圈两端各打一个结。

3 将漆包线左端的外皮全部撕掉。

4 将右端漆包线的下半部分外皮撕掉。

在磁场中电流流通后会产生力的效果

在磁铁周围形成的磁场当中接上电流，电流中会产生力的作用效果。产生的力对磁场的方向和电流的方向是如何进行作用的，可以用弗莱明左手定则来表示。

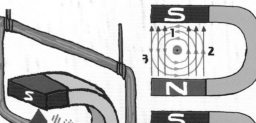

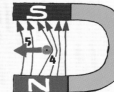

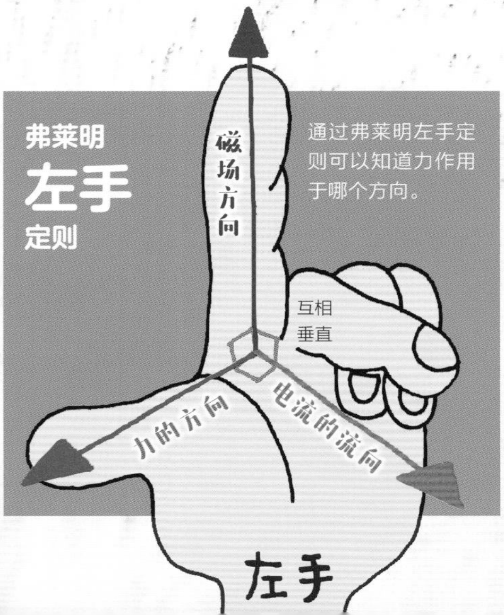

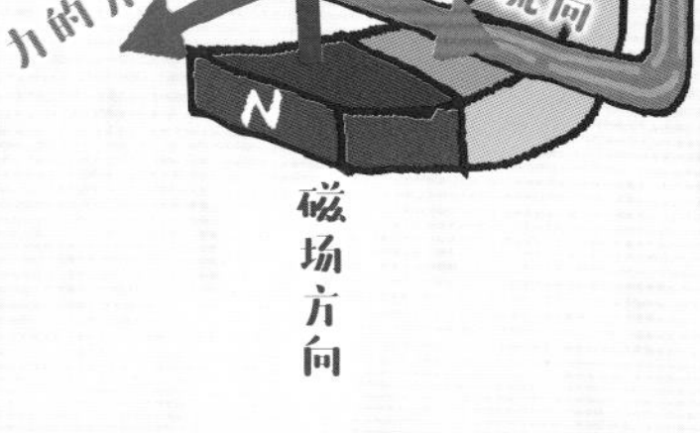

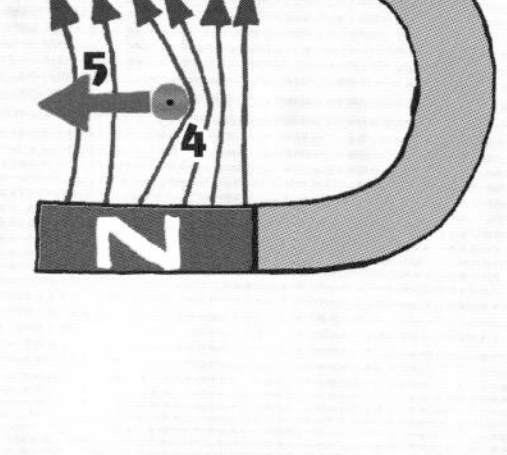

产生力的过程

1 电流从内侧流向手的方向，所以可以知道磁场方向为逆时针。（右手螺旋定则，P320）

2 磁铁和由电流所产生的磁场的方向致时，**磁场会变强**。

3 磁铁和由电流所产生的磁场的方向反时，相互抵消，**磁场会变弱**。

4 磁场变强，**磁感线增多**。

5 不断增多的磁感线像橡皮筋一样，生出**导线使向磁场较弱一面移动的**

线圈电动机发动的过程

1

磁场方向向上，电流接通后，会产生使线圈上方向内、下方向手掌方向运作的力。
这时从右边看，线圈呈顺时针运动。

2

旋转半圈之后，未被剥落的漆包线会发挥整流子的作用，切断电路，防止产生相反的力。

3

线圈以同样的速度旋转，每转半圈就会回到原来的位置重新接通电流，产生和旋转相同方向的力。

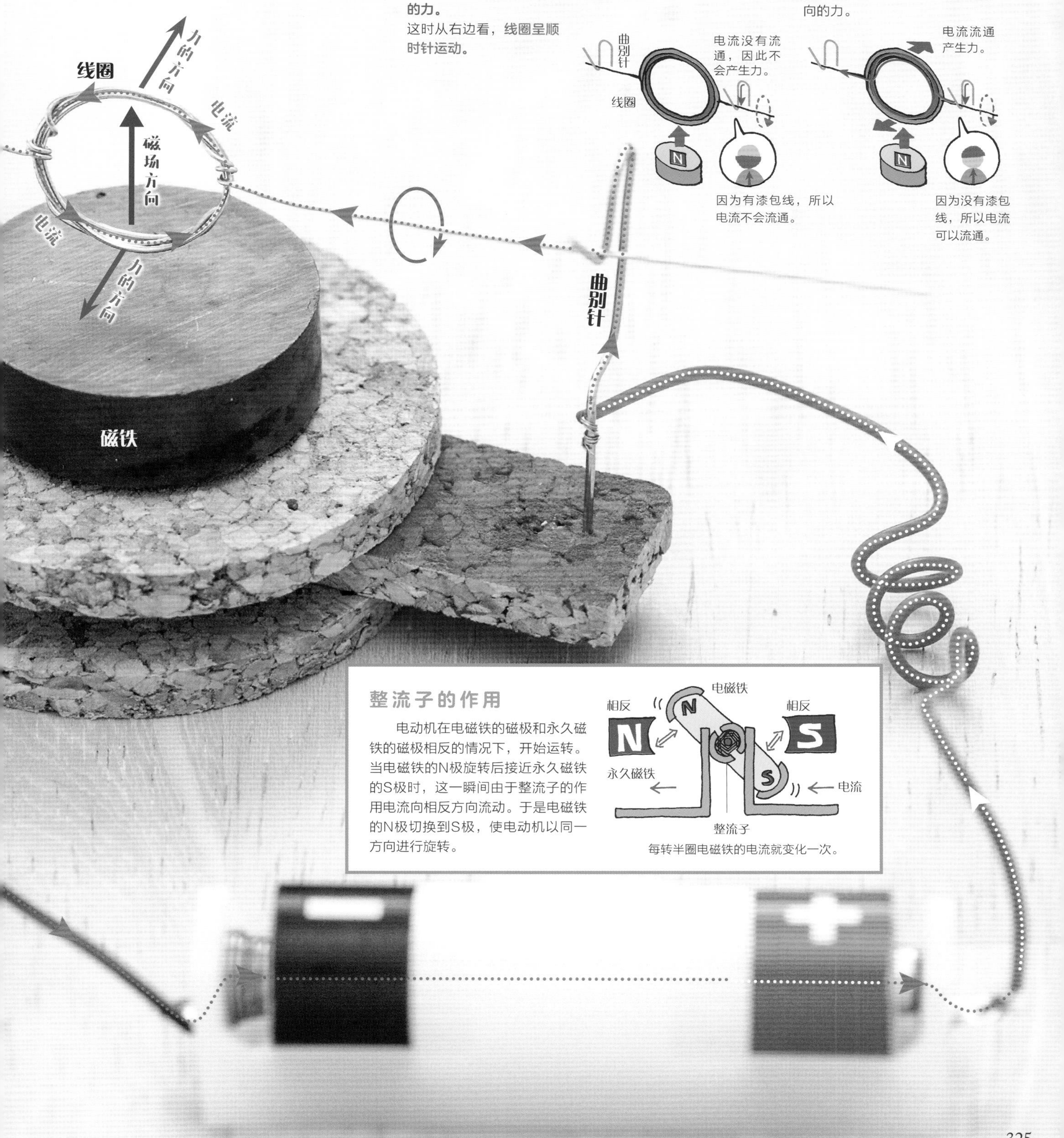

整流子的作用

电动机在电磁铁的磁极和永久磁铁的磁极相反的情况下，开始运转。当电磁铁的N极旋转后接近永久磁铁的S极时，这一瞬间由于整流子的作用电流向相反方向流动。于是电磁铁的N极切换到S极，使电动机以同一方向进行旋转。

每转半圈电磁铁的电流就变化一次。

电动机可以用

通过电力转动的电动机和用来发电的发电机有着相同的构造。让我们一起来看看怎么利用电动机来发电吧

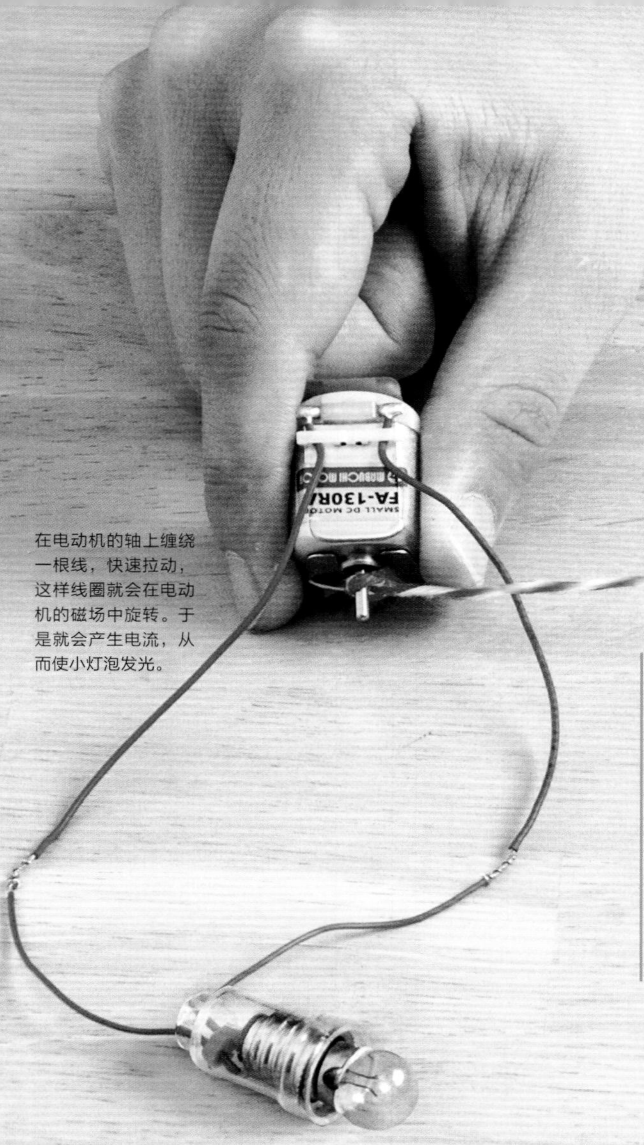

在电动机的轴上缠绕一根线，快速拉动，这样线圈就会在电动机的磁场中旋转。于是就会产生电流，从而使小灯泡发光。

发电机与电磁诱导现象

发电机是使线圈在磁场中央旋转，从而引起电磁感应产生电流的装置。若电动机不利用电，而是利用别的力量转动，那么我们就可以通过电动机获取电能。我们所使用的大部分电能，都是利用了这一原理。

导线在磁场中运动会产生电流

如果让导线在磁场中央运动，则导线内会产生电压，从而产生电流。这种现象被称为电磁感应。发电机就是利用线圈在磁场中央进行旋转，从而引发电磁感应现象进行发电的机械。

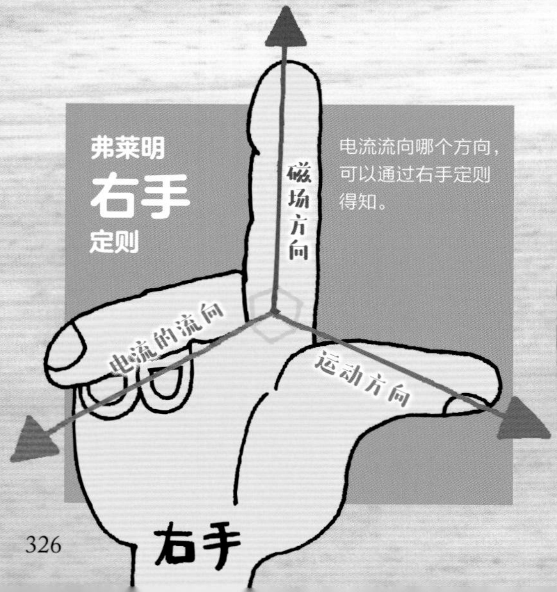

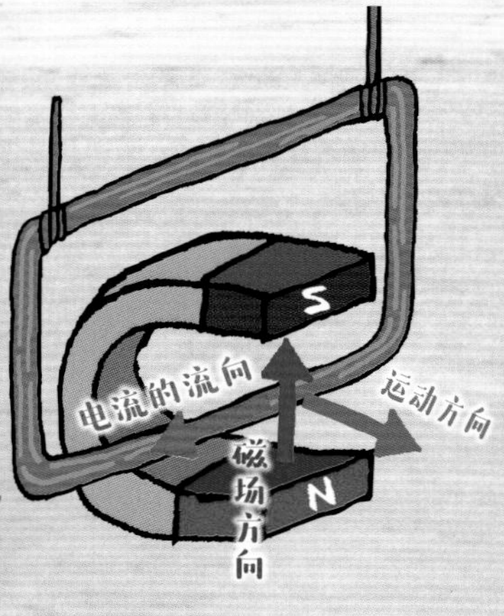

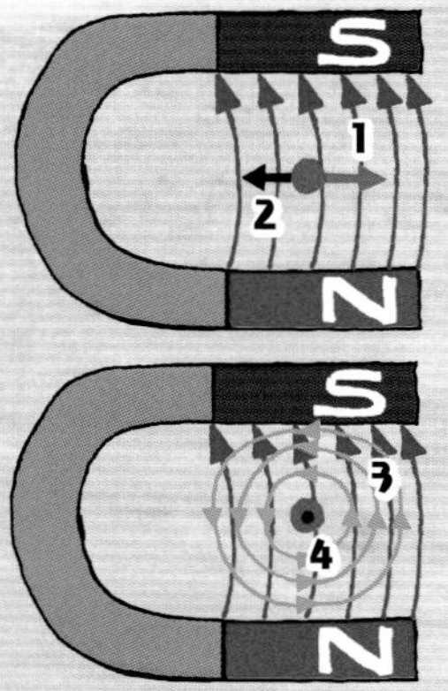

为什么会产生电流

1. 导线在磁场中央运动。
2. 产生导线将向运动方向相反方向推动的力。
3. 在导线周围产生逆时针方向的磁场，导线运动方向一侧（图中是导线右侧）的磁场增强，反方向由于被削弱而产生力的作用。
4. 也就是说在导线之中，电流从内侧流向手掌的方向。（右手螺旋定则，P320）

来发电吗？

手动发电机的原理

手动发电机中有电动机。电动机的盒子内部吸附着永久磁铁，中间装置着线圈。转动发电机的手柄，磁场中的线圈也会旋转，从而使导线中产生电流。

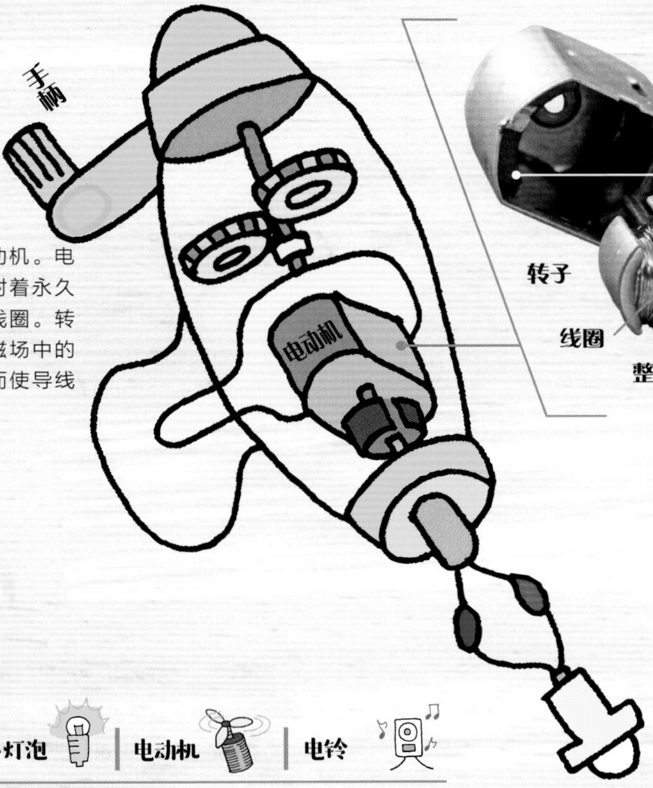

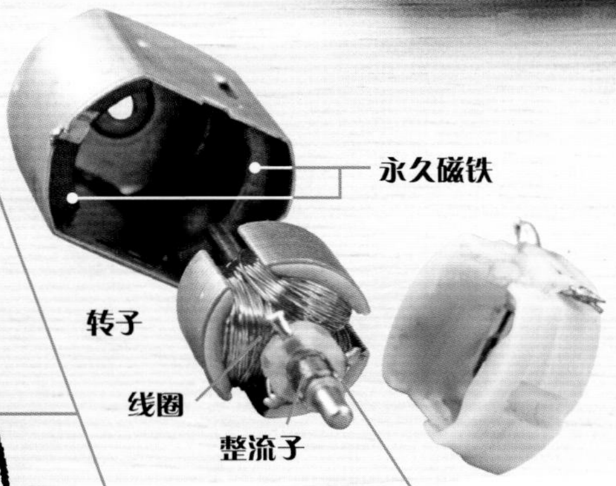

在模型中使用的实际电动机，为了确保可以进行旋转，将线圈分成3个。

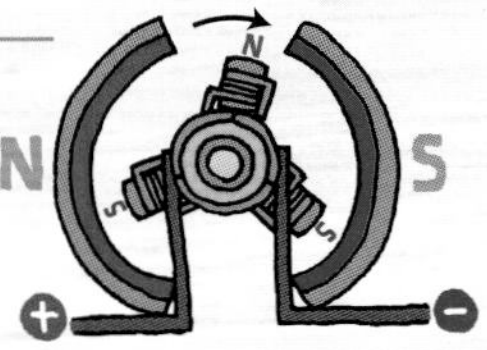

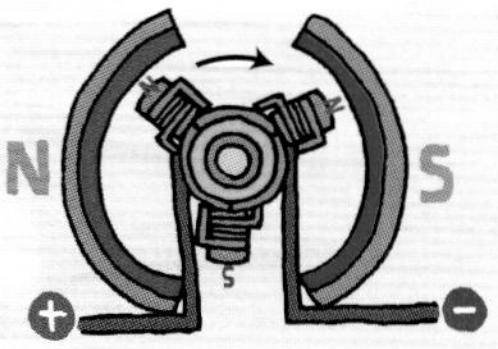

通常上面的线圈是N极，与左边的磁铁的N极相互排斥向右边旋转。

手动发电机的旋转方式与发电

手动发电机的旋转方式与发电		小灯泡	电动机	电铃
必要的电流		大	中等	小
手柄的旋转方式	慢速	光线变暗	慢速旋转	声音变小
	快速	光线变亮	快速旋转	声音变大
	向相反方向慢速	光线暗	向相反方向慢速旋转	不发出声音
快速转动时的手感		大 → 小		

*有手感是因为当通过的电流越大，产生的向相反方向旋转的力就越大，这种力会作用在发电机的电动机上。

于是我们了解到 手柄转动越快，通过的电流会变得越大。电流越大，越有手感。

转动磁铁也会产生电流

在左边的实验中我们采取的是转动导线的方式，其实转动磁铁也会产生同样的效果。将棒状磁铁在线圈中来回抽动，会发现电流表的指针摇晃，说明电路中产生了电流。

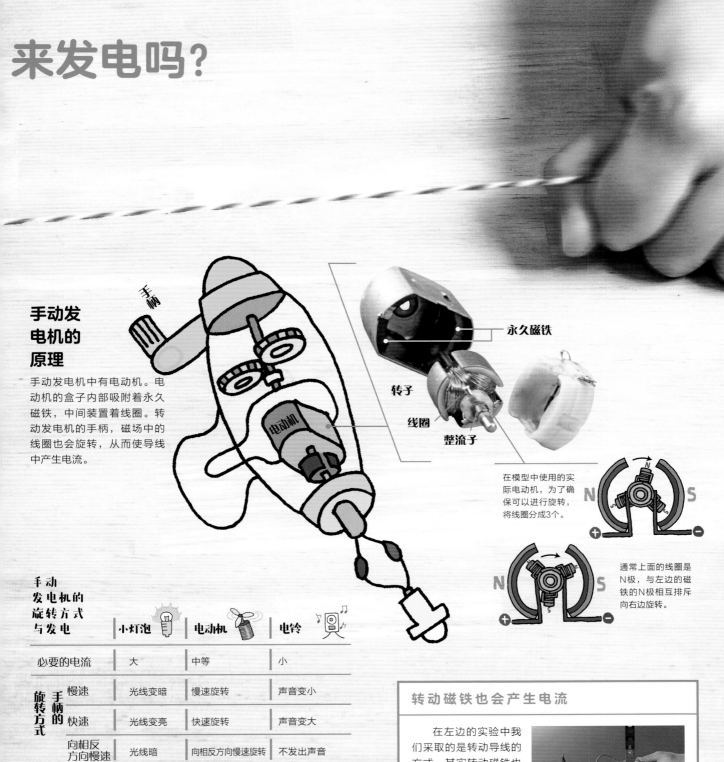

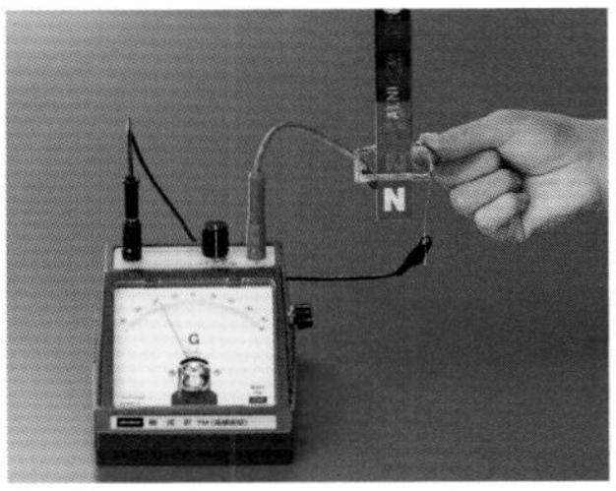

家中使用的电是从哪里来的？

我们的家中每天使用的电基本上是通过涡轮的旋转传递到缠绕着线圈的发电机，然后引发电磁感应而发电。
让我们来看看有哪些发电方式吧。

水力发电

大坝中积蓄的水流下来的时候产生的力使涡轮（水车）旋转从而发电。高处的物体仅因为自己所处的位置就能产生能量。通过这种能量使水流动，带动水车旋转。水车里装着发电机，由线圈产生的电磁感应产生电能。

优势	劣势
·不产生造成温室效应的二氧化碳。 ·由于不产生燃烧现象，所以不会释放出有毒物质。 ·由于使用大坝中的水，所以不需要燃料。	·会破坏大坝周边的包括森林在内的自然环境。

火力发电

什么是化石燃料？

石油、煤炭、天然气是由很久之前死去的植物和动物受到地下的热和压力变成的燃料，这些被称作化石燃料。燃烧化石燃料会释放出二氧化碳等温室气体。化石燃料与核燃料铀等相同，不久之后便会消耗殆尽。

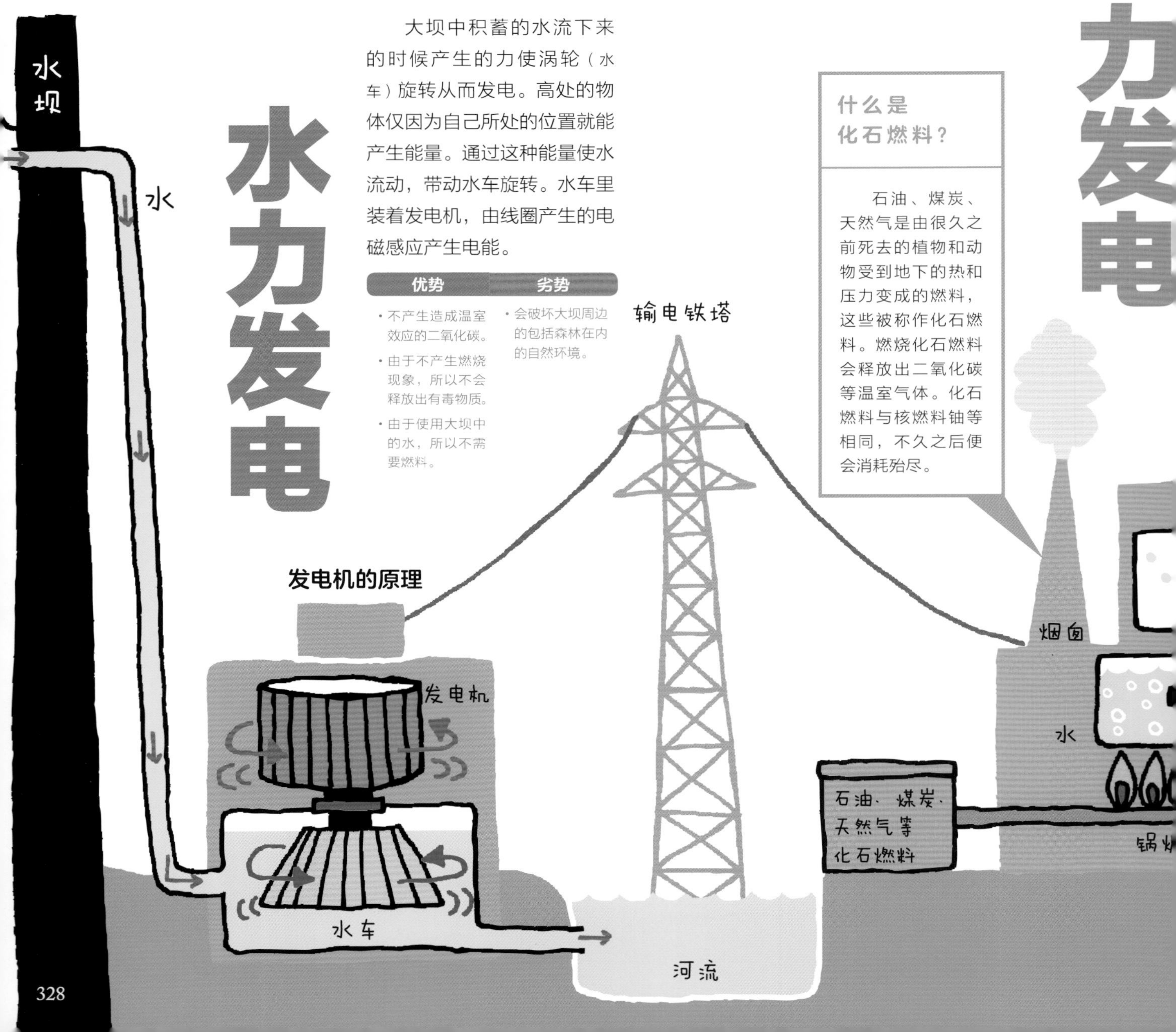

在大型锅炉中用高温燃烧石油、煤炭、天然气，利用热能使水变成高温、高压蒸汽，驱动蒸汽涡轮旋转而带动发电机发电。也可以同时通过燃烧天然气直接带动燃气涡轮运转。

优势	劣势
· 效率高，产生大量电能。 · 发电总量可以根据季节和时间进行调节。	· 会产生导致温室效应的二氧化碳等气体。 · 会产生导致大气污染的硫氧化物和氮氧化物。

核能发电

核能发电与火力发电一样，都是利用水蒸气带动涡轮旋转产生电能。不过，为了产生水蒸气而进行的核裂变是一个完全不同的过程。为其提供能源的是包括铀和钚等在内的核燃料。

优势	劣势
· 利用少量的燃料就可以获取大量的电能。 · 不产生造成温室效应的二氧化碳。	· 由于会释放出放射线，可能会给生命和环境带来重大危险。 · 使用后的核燃料难以安全保存。 · 难以控制核反应的进程。

什么是核裂变？

让我们更加仔细地观察原子结构，会发现原子核的周围环绕着一圈电子。原子核由质子和中子构成。被称作铀235的原子吸收中子后会变得不稳定而分裂成两个。这时会释放出大量的热能。

原子的构成（氦）

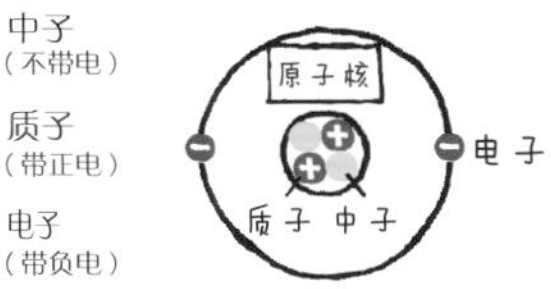

核裂变

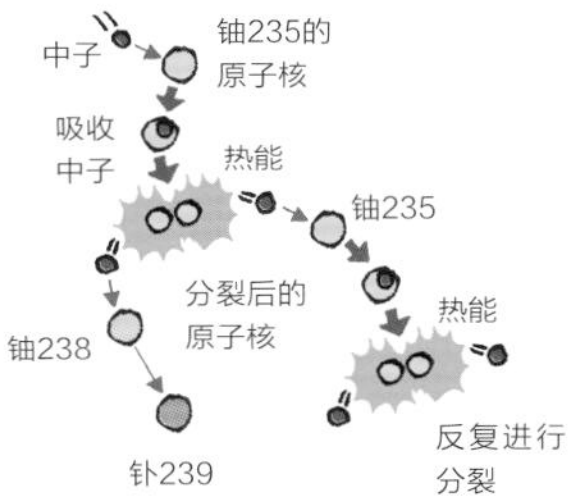

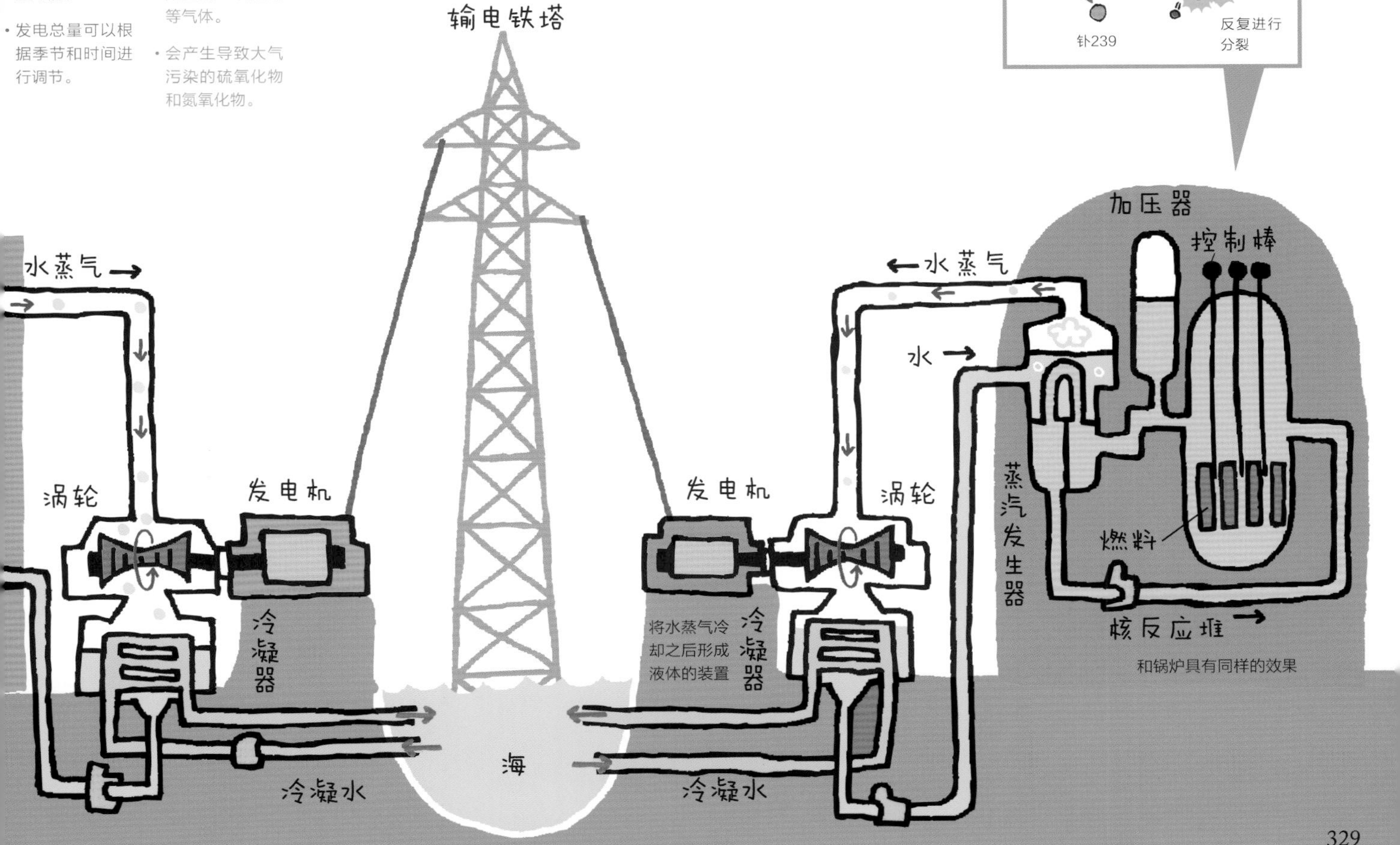

光与电有什么联系吗？

屋顶上的太阳能电池板将光（能）转化成电（能）。黄昏时点缀街道的 LED 灯消耗电（能）来发光。光与电互相变换着姿态，隐藏在其中的秘密是半导体。

半导体的结构

半导体是介于导体（能导电）和绝缘体（不导电）之间的物体（P309）。一般把局部正电荷多于负电荷的半导体称为 P 型半导体，把局部负电荷多于正电荷的半导体称为 N 型半导体。二极管就是由这两类半导体组合而成的只能让电流单向流通的零部件。

1

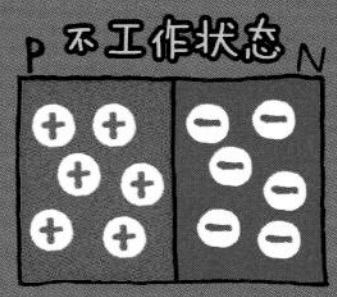

P型半导体是正极，N型半导体是负极。

2

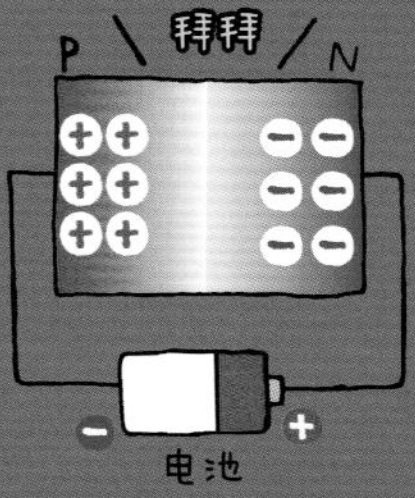

将P型接在电池的负极，N型接在电池的正极，正电和负电被相反的力量吸引，没有电流。

3

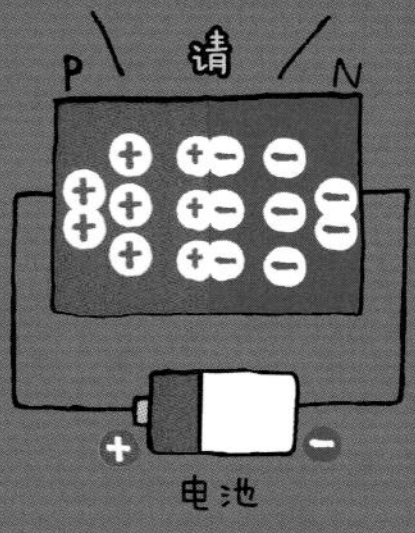

将P型接在电池的正极，N型接在电池的负极，正电和负电在中间汇合、消耗，产生电流。

光电池的结构

光电池也被称为太阳能电池，将半导体组成的电池板正对着太阳，就会产生电流。不经过热能和动能，光能可以直接转化成电能。光电池广泛应用于生产生活中，包括计算器、手表、街灯、电力无法输送到的设置在山上和海上的观测站、人造卫星、空间站和节能住宅等。

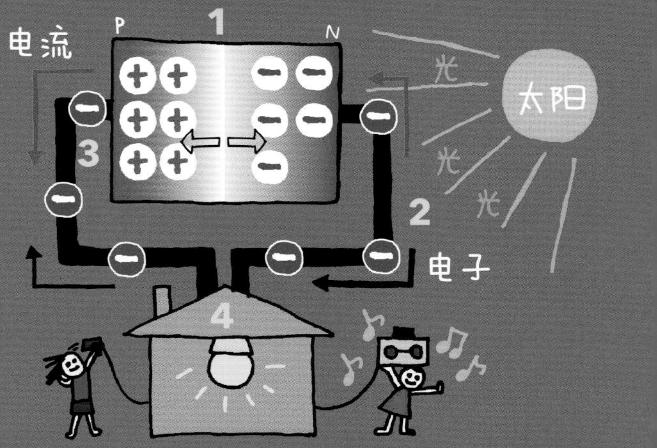

1 将光电池对着太阳，正极和负极在P型和N型半导体的交界处分离。

2 用导线连接两个半导体，负极的电子就从N型半导体移动到P型半导体。此时电流流通。

3 电子进入P型半导体，与游离着的正极结合，形成电力。只要光线照射，这个反应就会持续。

4 光线越强，电池板面积越大，所产生的电流就会越大。

蓝色LED与诺贝尔物理学奖

2014 年的诺贝尔物理学奖授予发明了蓝色 LED 灯的赤崎勇、天野浩和中村修二这 3 名日本学者。

此前只有发出红光和绿光的 LED 被发明出来，加上这次蓝光 LED 发明成功，就可以发出白光了。

这一结果，让世界的照明和投射器材都可以使用 LED。LED 比现在的灯泡和荧光灯使用寿命更长，更节能环保，亮度也更强。

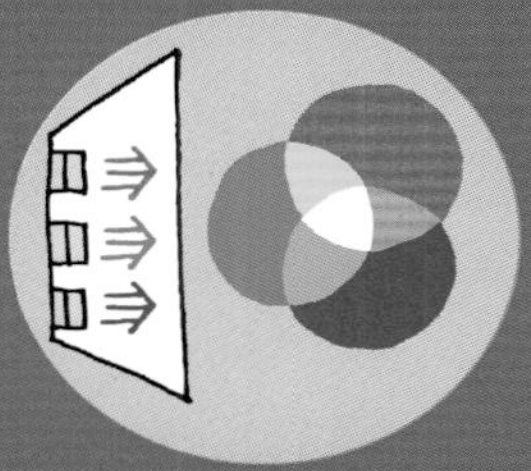

红绿蓝三原色组合成白色

（光的三原色原理，P286）

白色 LED 灯的构成

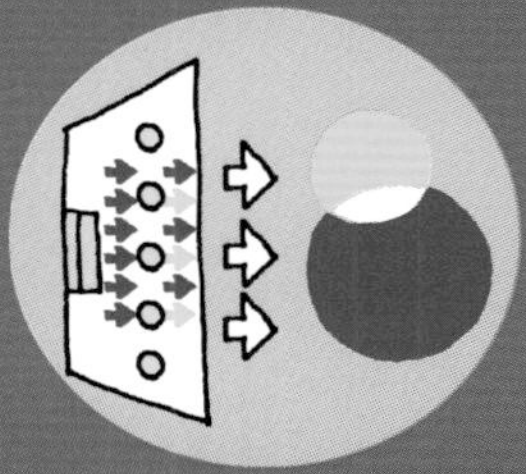

因为蓝光的能量高，所以在实际生活中，将蓝光 LED 的光和黄色荧光灯相组合产生白光。

ED的结构

LED是发光二极管，和光电池相，它是将电能转化为光能的半导。二极管中将正负极相接产生电，再利用特殊材料发出光。不像灯发光的时候会发热，半导体利用流的电能的利用率很高，很低的电池率就能发出很亮的光，产生较少热且很耐用。

类似街边的彩灯和东京晴空塔等照明，信号机、电子展示板、街头影，这些照明器材和银幕很多都使了LED。

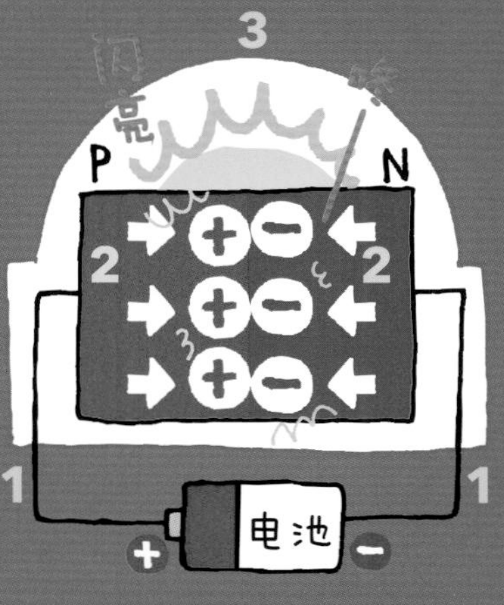

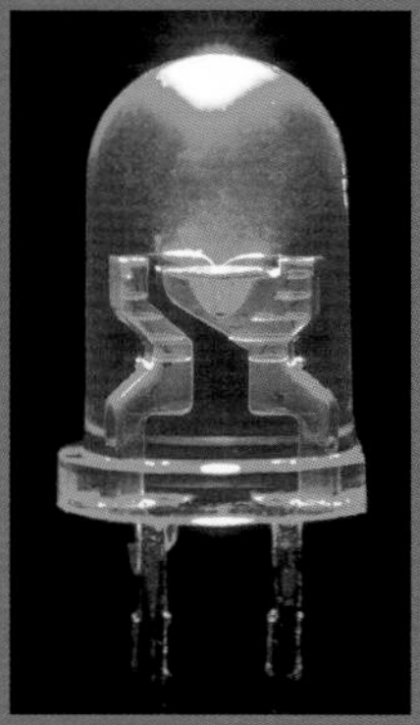

1 P型半导体和干电池的正极、N型半导体和干电池的负极相连。

2 同性相斥，正极电子和负极电子分别向半导体的分界处聚集。

3 在半导体的分界处正负相碰，产生亮光。

能源是什么？

无论做什么都需要力。
力的本质是能。
能可以转化成电、光、热等不同形态。

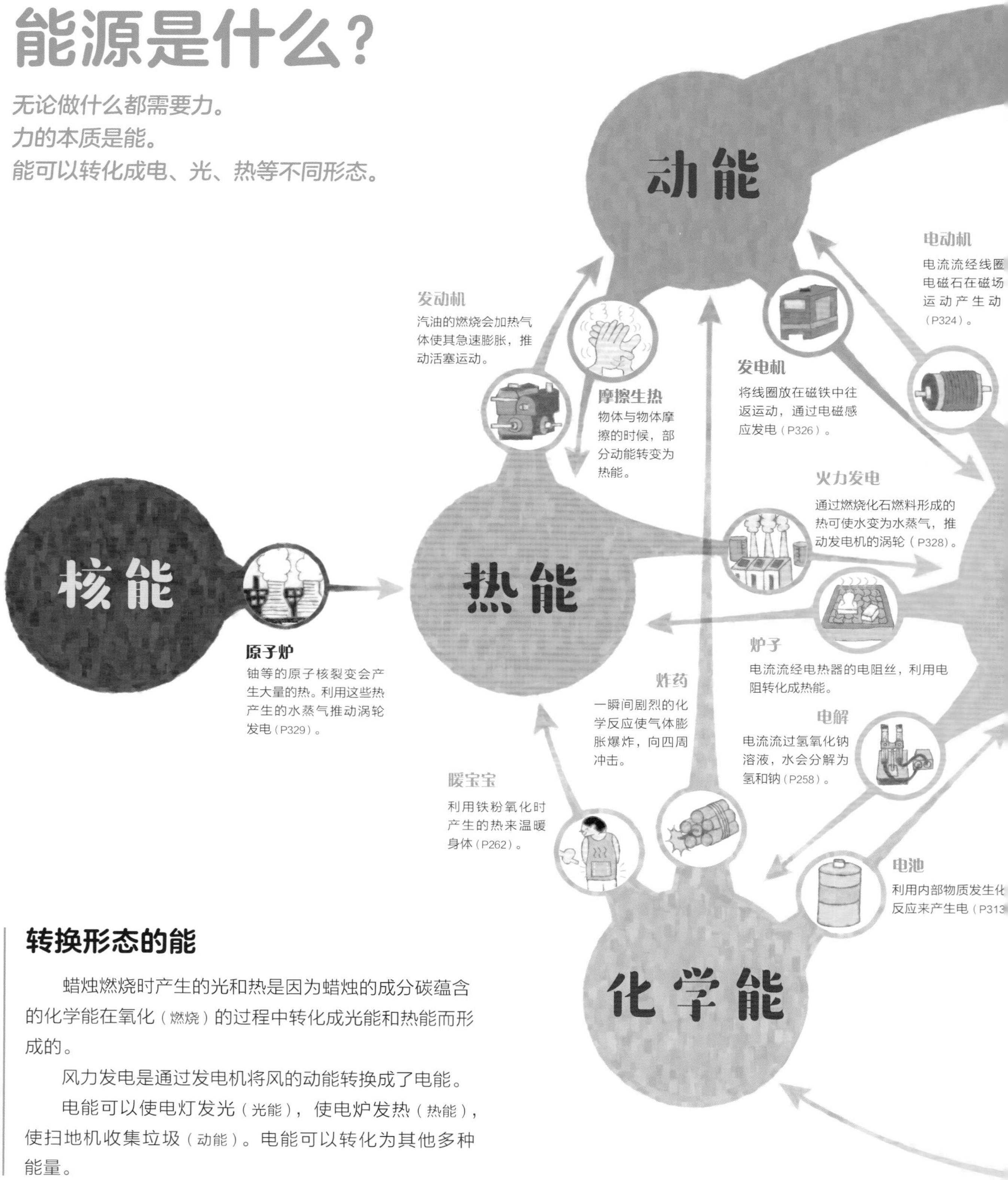

动能
热能
核能
化学能
发动机
汽油的燃烧会加热气体使其急速膨胀，推动活塞运动。
摩擦生热
物体与物体摩擦的时候，部分动能转变为热能。
发电机
将线圈放在磁铁中往返运动，通过电磁感应发电（P326）。
电动机
电流流经线圈
电磁石在磁场
运动产生动
（P324）。
火力发电
通过燃烧化石燃料形成的热可使水变为水蒸气，推动发电机的涡轮（P328）。
原子炉
铀等的原子核裂变会产生大量的热。利用这些热产生的水蒸气推动涡轮发电（P329）。
炉子
电流流经电热器的电阻丝，利用电阻转化成热能。
炸药
一瞬间剧烈的化学反应使气体膨胀爆炸，向四周冲击。
电解
电流流过氢氧化钠溶液，水会分解为氢和钠（P258）。
暖宝宝
利用铁粉氧化时产生的热来温暖身体（P262）。
电池
利用内部物质发生化
反应来产生电（P313

转换形态的能

蜡烛燃烧时产生的光和热是因为蜡烛的成分碳蕴含的化学能在氧化（燃烧）的过程中转化成光能和热能而形成的。

风力发电是通过发电机将风的动能转换成了电能。

电能可以使电灯发光（光能），使电炉发热（热能），使扫地机收集垃圾（动能）。电能可以转化为其他多种能量。

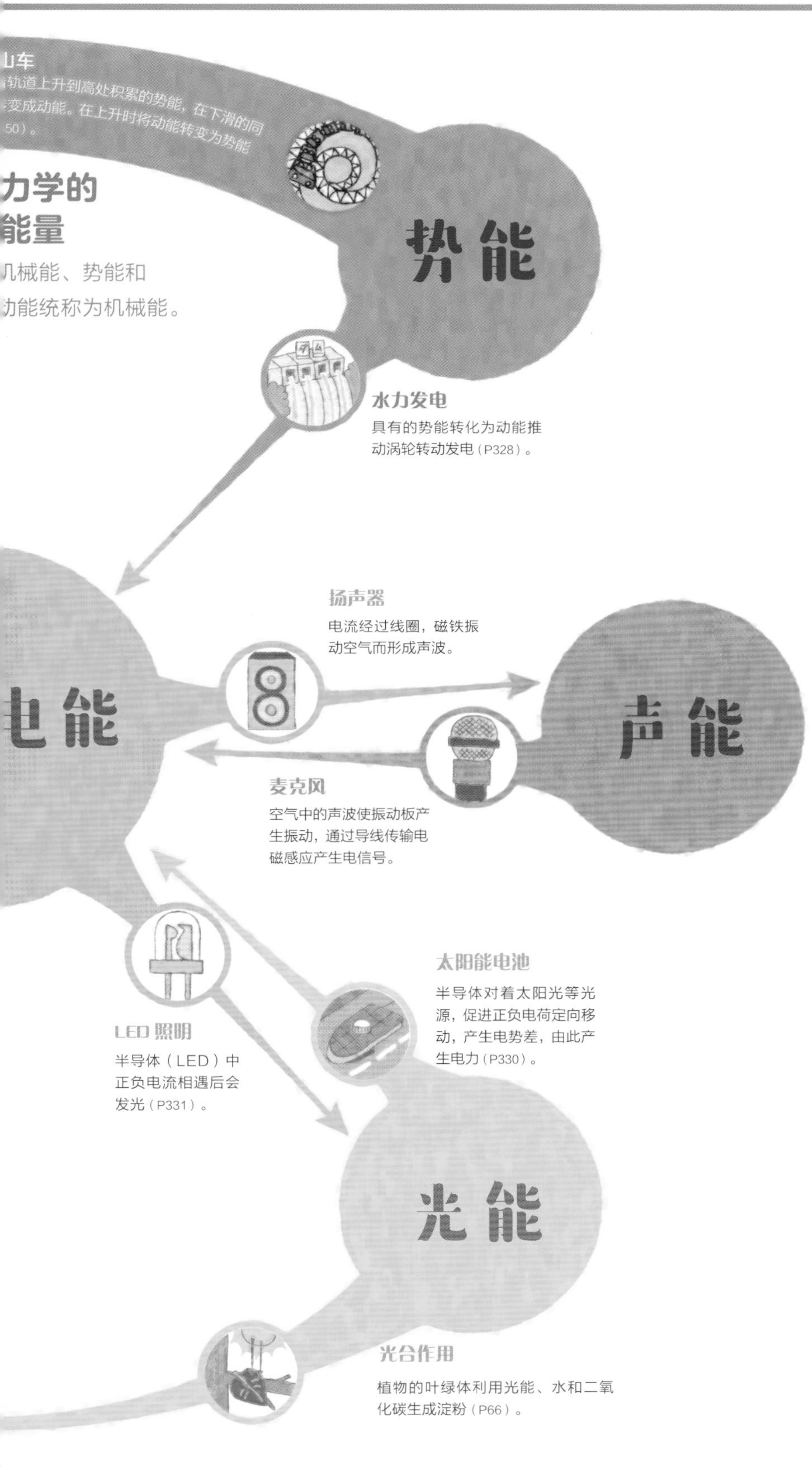

山车
轨道上升到高处积累的势能，在下滑的同
变成动能。在上升时将动能转变为势能
50）。
力学的
能量
几械能、势能和
力能统称为机械能。
势能
水力发电
具有的势能转化为动能推动涡轮转动发电（P328）。
扬声器
电流经过线圈，磁铁振动空气而形成声波。
电能
声能
麦克风
空气中的声波使振动板产生振动，通过导线传输电磁感应产生电信号。
太阳能电池
半导体对着太阳光等光源，促进正负电荷定向移动，产生电势差，由此产生电力（P330）。
LED 照明
半导体（LED）中正负电流相遇后会发光（P331）。
光能
光合作用
植物的叶绿体利用光能、水和二氧化碳生成淀粉（P66）。

利用可再生能源发电

太阳的光和热、风力、水力等，在自然界中循环再生，取之不尽，用之不竭，被称为可再生能源。利用这类能源发电成为世界瞩目的目标。

风力发电

利用风力推动风车转动。

太阳能发电

利用太阳能电池将光能直接转化成电能（P330）。

太阳热发电

利用多面的镜子将光线集中，加热水成水蒸气，推动涡轮发电机。

地热发电

利用地底岩浆的热加热水形成的水蒸气推动地上发电机的涡轮转动。

生物质能发电

树木的根和落叶等，植物直接燃烧或者用乙醇等燃烧，由此发电。

海浪发电

利用波浪能发电。比如波浪上下翻滚将空气压缩并推动涡轮等，具有多种发电形式。

4 力与运动

法国米约桥支撑起桥面的塔架（塔柱）有343米高，比日本东京塔还要高。斜拉桥作为吊桥的一种，利用钢缆吊起主梁的横梁。

我们身边的所有东西，都受到地球重力的作用。
一松开手，物体就会朝着竖直向下的方向下落。
这座美丽的桥，利用高塔和钢缆形成的
与重力相反的力，牵引着桥面。
事实上物体的重量就是重力的大小。
人类为了更好地利用这种力，
设计了杠杆和滑轮等各种各样的工具。
让我们通过观察和实验，
了解这种看不见的力的作用吧。

力的本质到底是什么？

力既没形状，又无颜色。那么力到底是一种怎样的东西呢？

力的表现方式
用箭头表示力作用的地点、大小和方向等。

1 改变运动的方向和速度

观察物体能够看到力的作用

无论用力使劲击球，还是用木棍打西瓜（日本风俗），都是看不到力的。我们可以通过看见球被击飞、西瓜被打开等认识到力发生了作用。

2 改变物体的形状

3 支撑起物体

力的作用

当我们骑自行车、揉黏土、掰手腕的时候，脚和手腕就注入了“力”。于是，通过这种力，就可以骑动自行车、改变黏土的形状、掰倒对方的手腕。图1、2、3所示的便是力的作用。

重力和力

物体静止的时候，受到跟重力相反的力支撑。

例如，网兜里300克重的苹果，受到了牵引向上的300克的力。同样，将苹果放置在桌子上，桌子的表面以300克的力支撑着苹果。力的大小可以像这样用质量的单位表示出来。物体，也可以说是受到如此大的力。

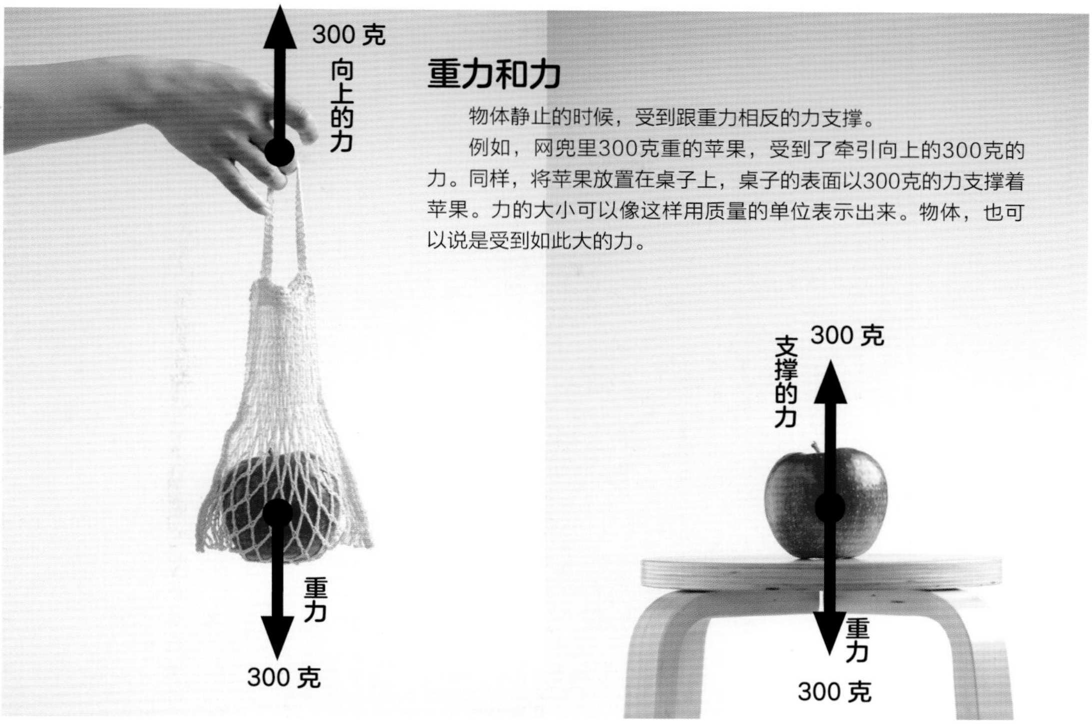

＊“300克的力”，准确地说是“约3N的力”（P338）

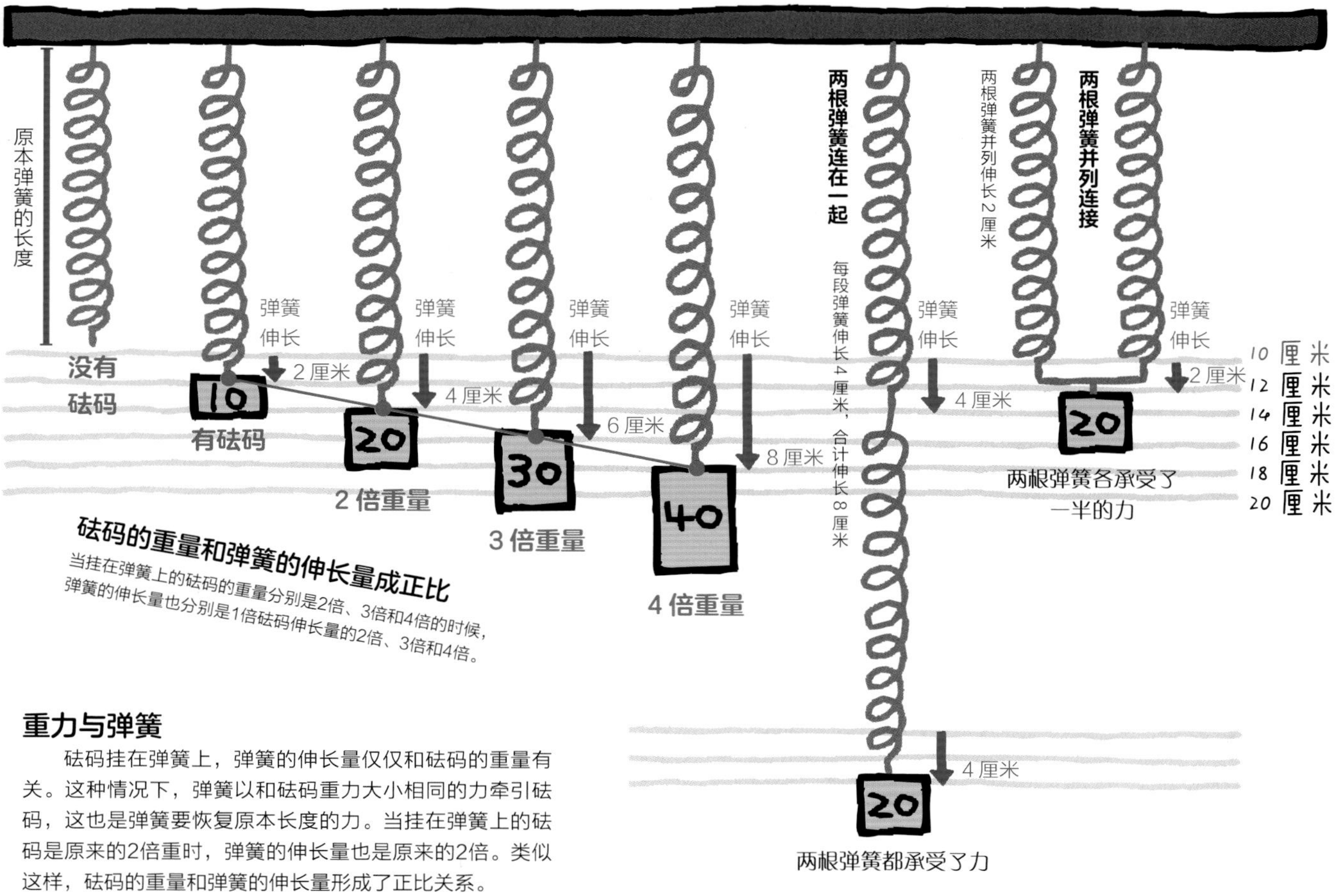

砝码的重量和弹簧的伸长量成正比

当挂在弹簧上的砝码的重量分别是2倍、3倍和4倍的时候，弹簧的伸长量也分别是1倍砝码伸长量的2倍、3倍和4倍。

重力与弹簧

砝码挂在弹簧上，弹簧的伸长量仅仅和砝码的重量有关。这种情况下，弹簧以和砝码重力大小相同的力牵引砝码，这也是弹簧要恢复原本长度的力。当挂在弹簧上的砝码是原来的2倍重时，弹簧的伸长量也是原来的2倍。类似这样，砝码的重量和弹簧的伸长量形成了正比关系。

在月球上重力

重力和重量

明明看起来没有施加任何力，当苹果从手中滑落时却落在了地面上。这是因为地球对苹果施加了重力。重力是竖直向下的力，对地球上所有的物体都有作用。

重力是力的一种，物体

万有引力

事实上，准确地说，苹果也牵引着地球。但是，跟地球相比苹果太小了，所以感觉不到苹果对地球的牵引。与此相类似，所有的物体都受到别的物体的牵引。这就是万有引力定律，由17世纪著名的物理学家艾萨克·牛顿在研究太阳系行星运动的时候发现的。

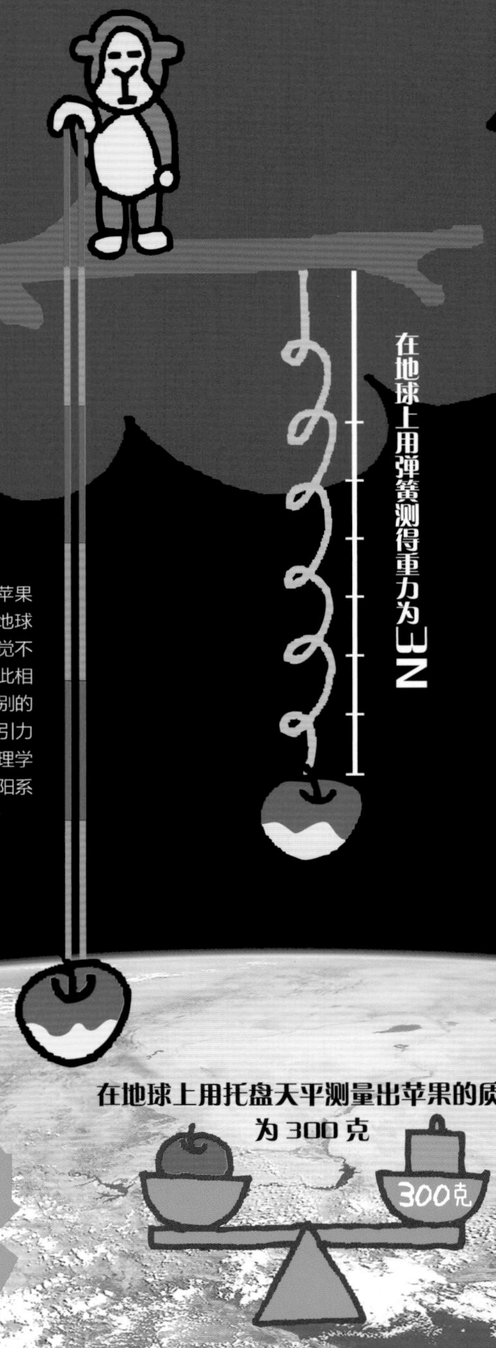
在地球上用弹簧测得重力为3N
在地球上用托盘天平测量出苹果的质量为300克
300克

地球

是怎样的？

力的大小可以用“重量”来表示。
那么“重量”究竟是什么呢？

所受重力的大小叫作重量。

力的大小用“牛顿（记作N）”作为单位来表示。1N大约是100克物体所受到的重力的大小。

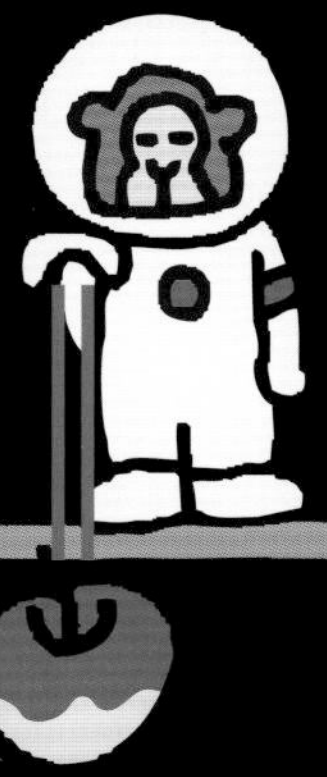

重量

苹果“重量”的本质是地球对苹果施加的牵引力的大小。

弹簧是用来测量挂在它下面的物体受到地球上的重力大小的工具，指出的度数是地球上的重力。

月球跟地球比是一个相当小的卫星，所以它表面的物体所受的重力只是在地面上的1/6。因此，在月球表面使用弹簧，物体的重量会显示为地球的1/6，单位为N。

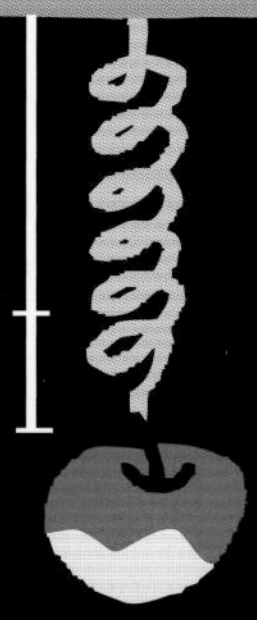

在月球上用弹簧测得重力为0.5N

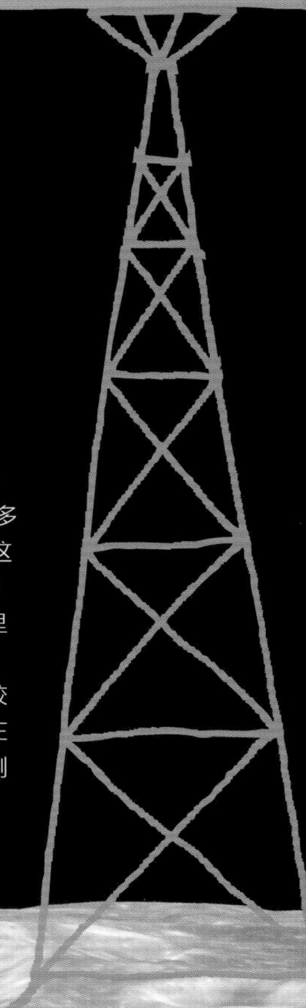

质量

物体都是由原子构成的（P220）。

氢原子包含的物质为1份，碳原子是12，氧原子是16，原子所含物质的多少是根据它的元素（种类）来决定的。这个量叫作“质量”。因为所有的物体都是由原子聚集而成的，所以无论在哪里测量它的质量都是相同的。

托盘天平是通过和砝码质量相比较的方法来测量物体质量的。质量无论在地球还是月球，或者在任何别的地方测量都相同，单位是克。

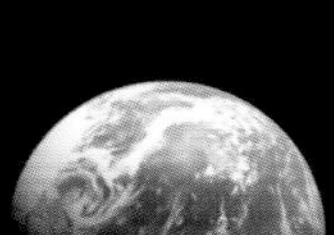

在月球上用托盘天平测量出苹果的质量仍为300克

月球

在月球上用弹簧测得质量为300克的苹果，在地球上是3N，在月球上则变为原重力的1/6，即0.5N。但用托盘天平测量，在地球和月球上质量都为300克。

天平在什么时候会平衡?

物体都有重量，
如果在扁担的两端放
上两个物体，
总可以在某种情况下
取得平衡。
那么什么情况下扁担
会取得平衡呢?

挑着扁担运菜的人，挑夫的肩膀是支点。

扁担平衡的时候

扁担是以某点为支撑点，在棍子两端悬挂物体或砝码并取得两端平衡，从而承载物体或者测量重量的工具。当没有悬挂任何物体，并且在棍子的正中进行支撑的话，棍子能保持水平状态。

平衡

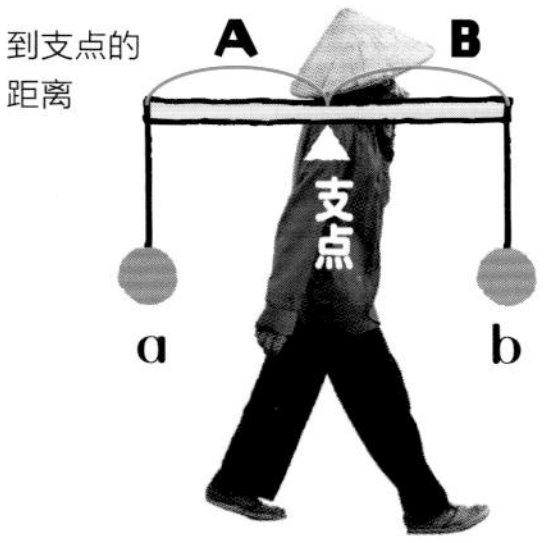

长度 A＝B
重量 a＝b

支点到两端的距离相等，悬挂物体重量相等，扁担保持平衡。（与棍长无关）

不平衡

长度 A＝B
重量 a＜b

支点到两端的距离相等，悬挂物体重量不等，扁担向较重的一端倾斜。

不平衡

长度 A＜B
重量 a＝b

支点到两端的距离不等，悬挂物体重量相等，扁担向距离较大的一端倾斜。

平衡

长度 A＞B
重量 a＜b

尽管物体重量不同，但把支点向较重一端挪动，扁担便取得平衡

托盘天平

托盘天平是在支架的两端放置两个托盘，当托盘上放置的物体和砝码取得平衡时，则能测量出物体质量的工具。移动托盘天平的时候，一定要用手从下面托着。

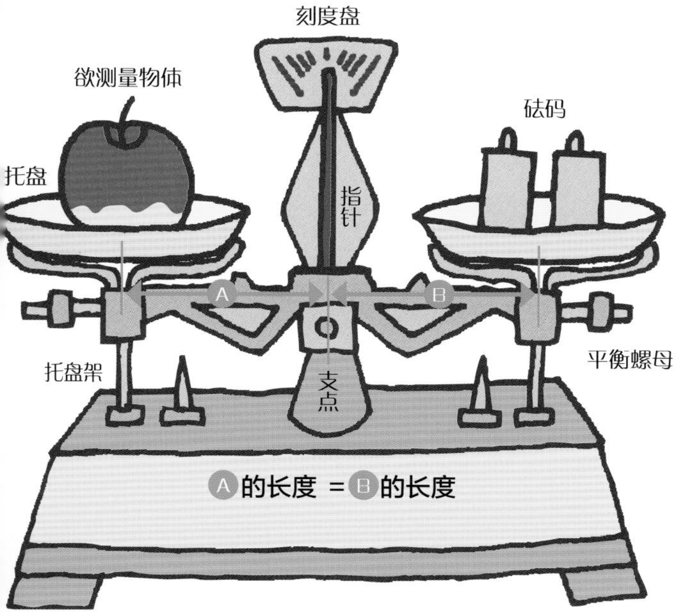

与托盘架相符型的托盘放在托盘上，并保持其水状态。

2 如果使用粉末状药品，请在两边都使用同样的包药纸。

3 调节平衡螺母使指针居中。

4 习惯用右手的人可改变右侧托盘的砝码或测量物的量（习惯用左手的人则相反）。

量物体重量（质量）

在左侧的托盘中放上待测物体。

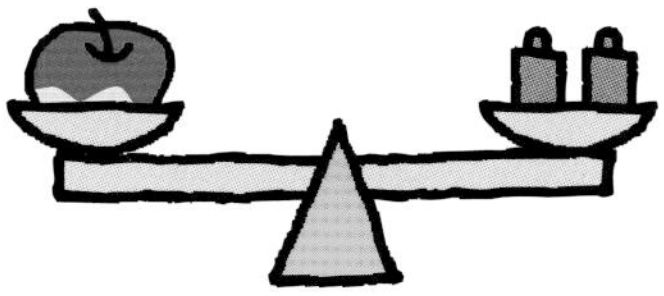

2 往右侧托盘中逐个加上砝码直到平衡。如果加上一个砝码后稍微重了，就换一个轻的砝码添上，不断重复这个步骤。

定质量后测量物体

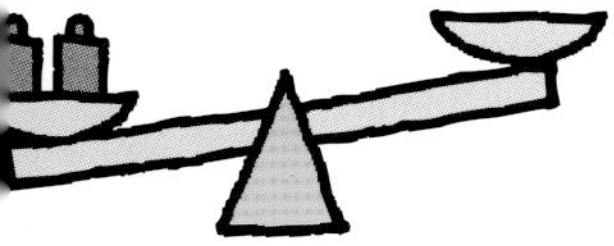

在左侧的托盘中放上给定质量的砝码。

2 在右侧托盘中不断放上物体直到平衡。如果右侧的托盘向下倾斜了，往外取出一点物体。

寻找重心的方法

物体所受重力的作用中心叫重心。一个物体必定有一个重心，物体的重心随着物体形状的改变而改变。在重心处吊一根绳子，物体会保持平衡。

粗细均匀的棍子

测量棍子的长度，
它的正中就是棍子的重心所在。

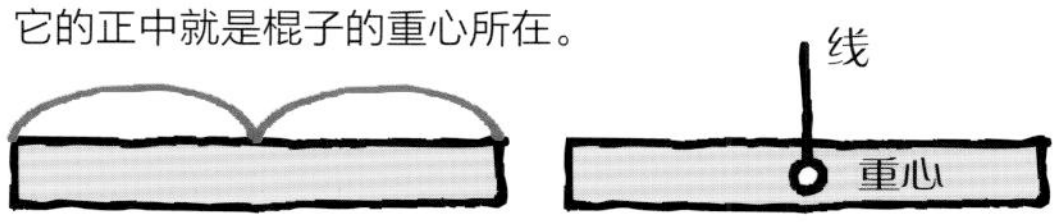

吊起来能保持水平

粗细不一致的棍子

用两根手指支撑起两端，逐渐地将两根手指往中间靠拢，指尖相触并取得平衡的点就是重心。

不规则形状的板

用一条绳子系在板的边缘上，沿着绳子的指向在板上画直线。接着在另一处边缘重复上述步骤。两线的交点就是重心。

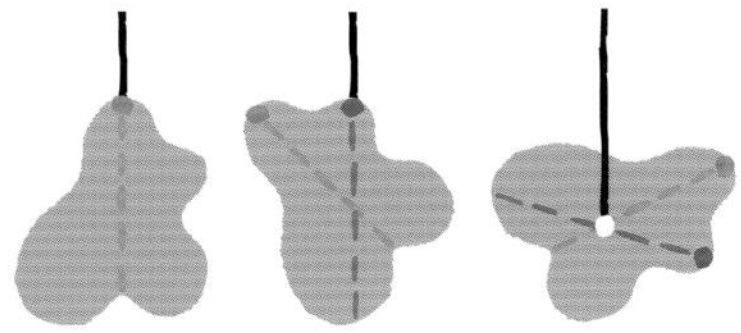

用绳子系着交点所在的地方悬挂，板会保持水平。

平滑滚动的球

球平滑地滚动时，重心在球的中心。当滚动不平滑时，球的重心在中心以外的地方。

飞机模型

用一根手指从模型下面托起，能让飞机保持水平的地方就是重心。根据飞行方式，还可以用曲别针让重心移动。

怎样用较小

杠杆的种类

随着支点、动力作用点、阻力作用点放置位置的不同，杠杆的作用方式也不一样。让我们来看看身边的一些工具吧！

*棍子的重量与重心有关。在此处为了方便使用“克”来表示。

钳子式 阻力作用点 — 支点 — 动力作用点

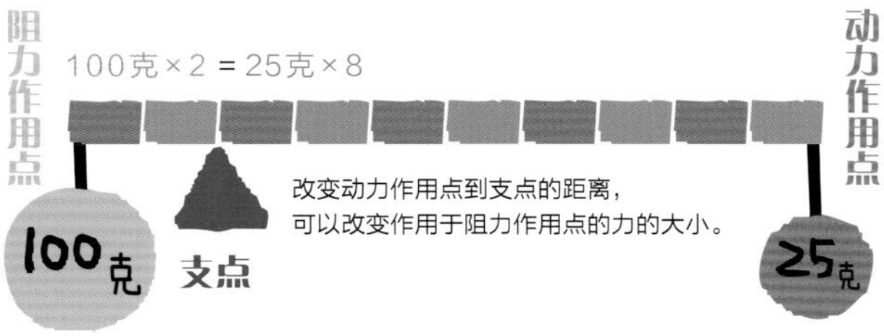

起子式 支点 — 阻力作用点 — 动力作用点

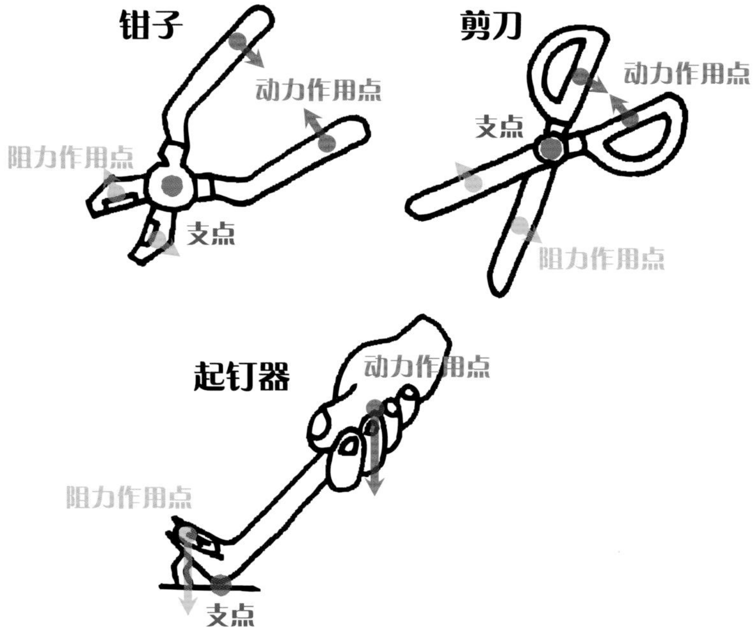

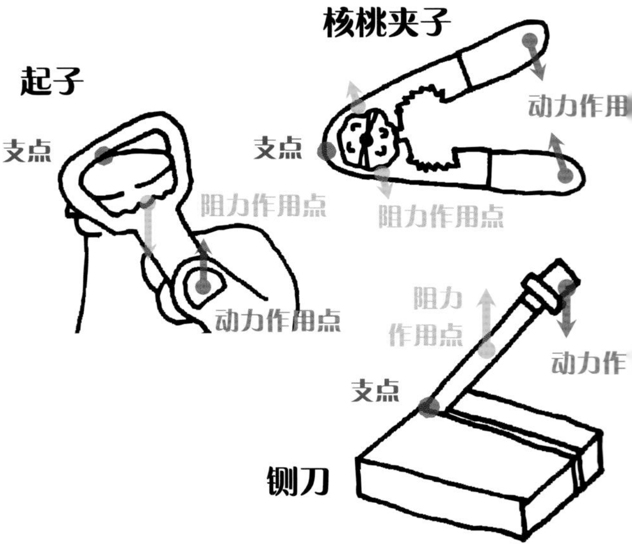

的力抬起重物？

使用杠杆，就能让较小的力变为较大的力。
杠杆在我们不经意时常被使用。让我们来看看杠杆的作用吧！

施加力的位置

杠杆的原理是利用支点的支撑，在棍子的一端施加力来撬起重物。即使又重又大的物体，利用杠杆也可以很容易移动或者撬起来。无论是像跷跷板那样支点在棍子下面，还是像天平那样棍子悬挂在支点上，都是杠杆在发挥着作用。

杠杆可以将在动力作用点施加的力传送到阻力作用点。随着动力作用点和阻力作用点距支点的距离不同，传送到阻力作用点的力也有所不同。

镊子式　阻力作用点 — 动力作用点 — 支点

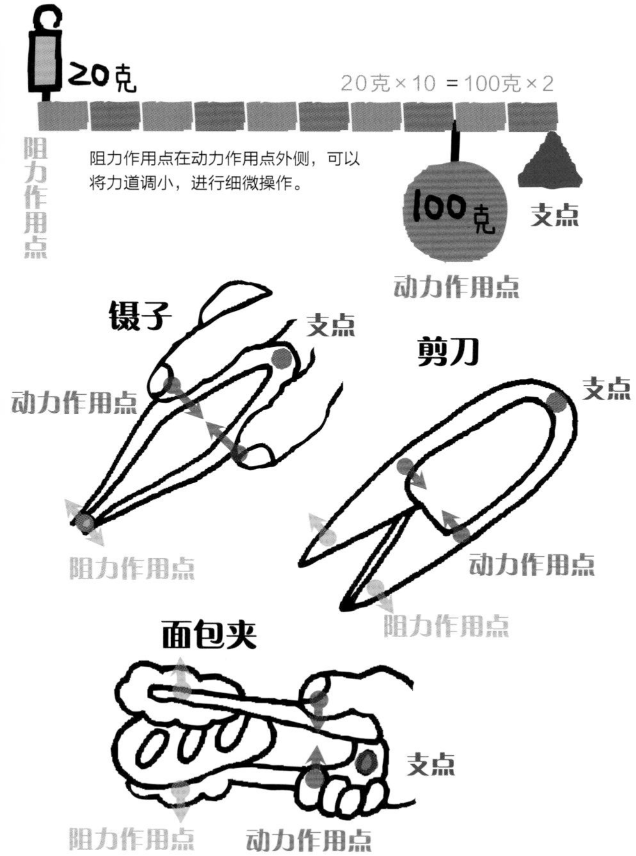

实验用杠杆

和天平一样的构造，在横梁上有刻度。因为可以改变悬挂的砝码的位置，可以确认横梁的长度（动力作用点和阻力作用点与支点的距离）和重力（作用力）的关系。

使其倾斜的作用力的计算

力的大小（砝码的重量）× 与支点的距离（砝码的位置）

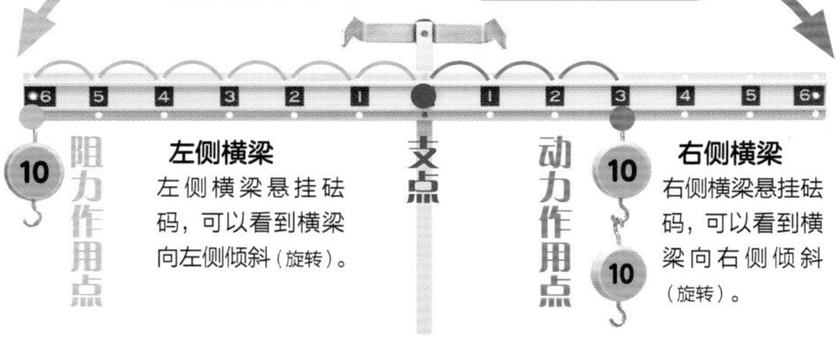

10 × 6 ＝ 60　　20 × 3 ＝ 60

当左右两侧倾斜相同的时候，横梁保持水平。

考虑木棍重量时的计算

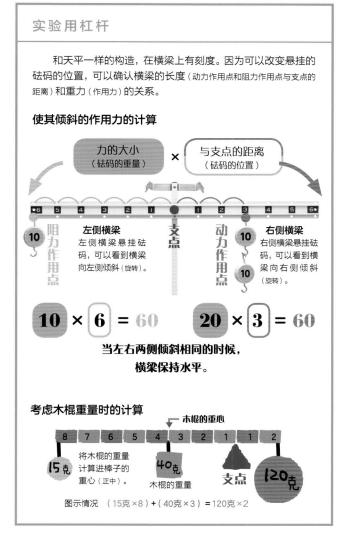

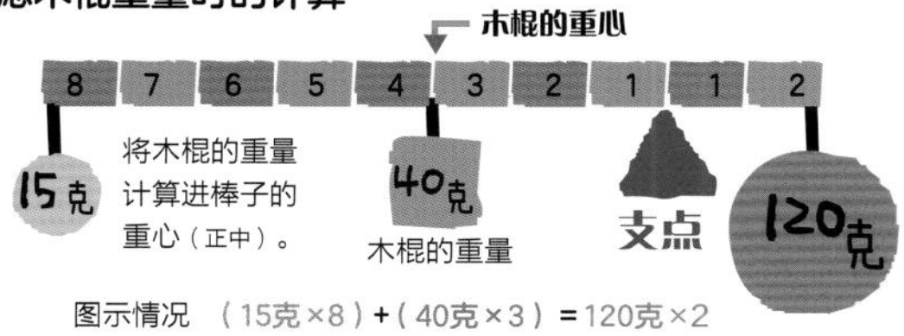

图示情况　（15克×8）+（40克×3）＝120克×2

为什么要转动把手和杆？

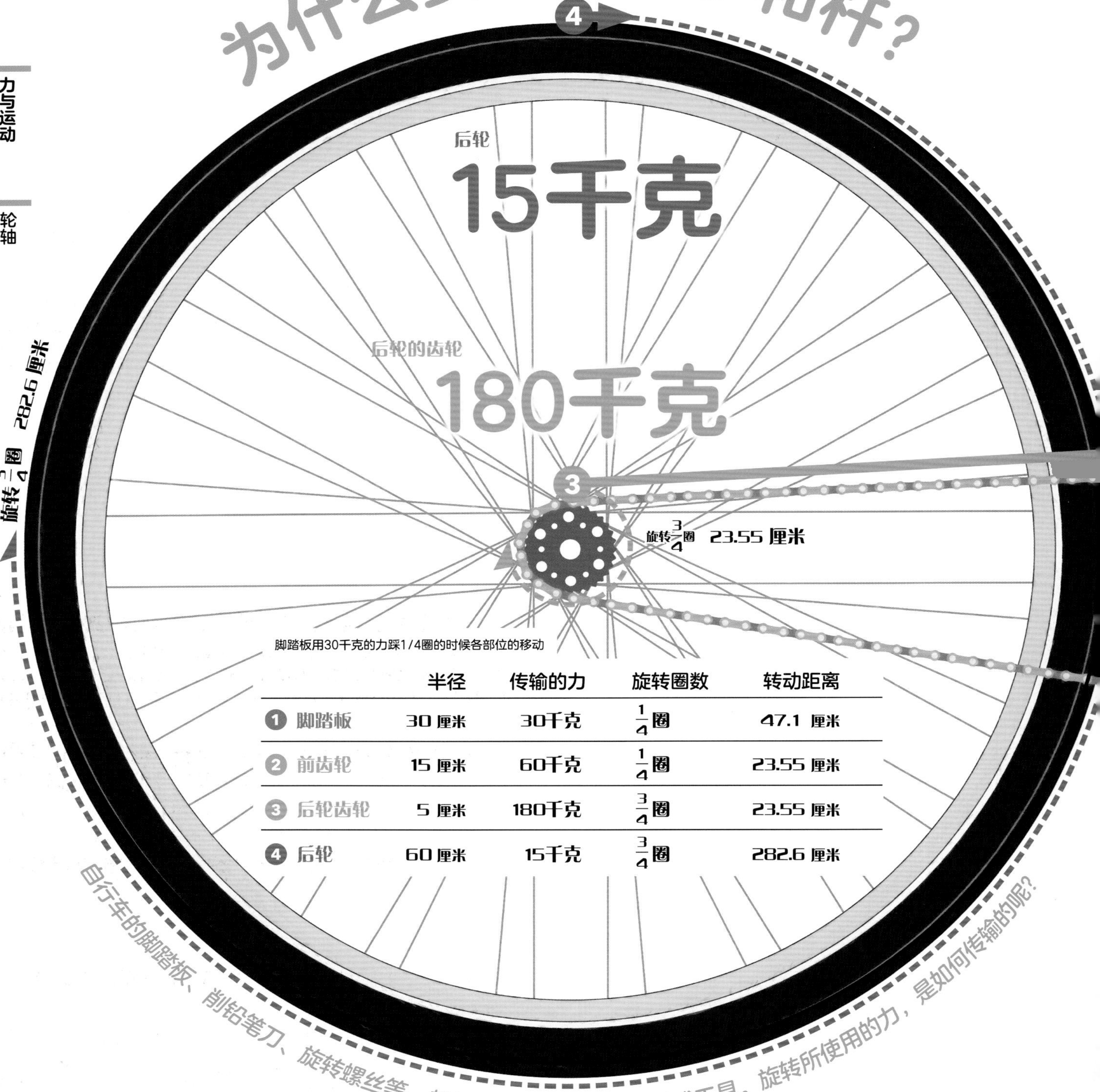

脚踏板用30千克的力踩1/4圈的时候各部位的移动

	半径	传输的力	旋转圈数	转动距离
❶ 脚踏板	30 厘米	30千克	$\frac{1}{4}$圈	47.1 厘米
❷ 前齿轮	15 厘米	60千克	$\frac{1}{4}$圈	23.55 厘米
❸ 后轮齿轮	5 厘米	180千克	$\frac{3}{4}$圈	23.55 厘米
❹ 后轮	60 厘米	15千克	$\frac{3}{4}$圈	282.6 厘米

自行车的脚踏板、削铅笔刀、旋转螺丝等，都是利用旋转作用的机械或工具。旋转所使用的力，是如何传输的呢？

轮轴的作用 将半径较大的圆板同较小的圆板中心并在一起并固定，使两个圆板同时旋转。这样的东西就叫作轮轴。向大的圆板施加旋转的力，传送到小的圆板上则会产生更好的效果。

＊这里的力用“克”来表示。

轮轴的原理

大的圆板叫作轮，小的圆板叫作轴。在轮上面用力，可以传送到轴上产生更好的效果。

轮轴，可以说就是利用旋转的杠杆。

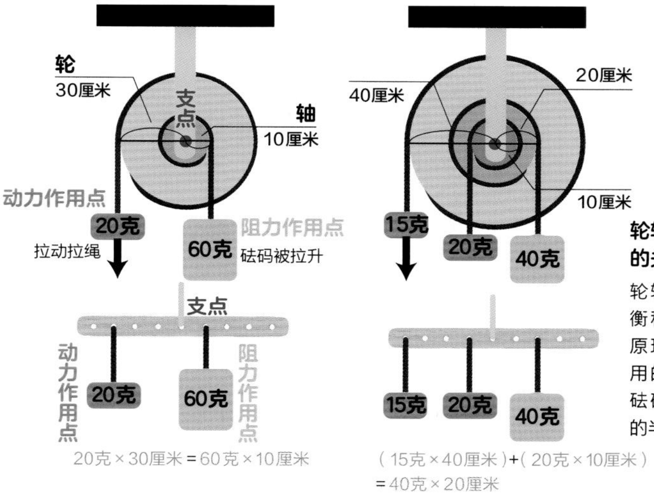

轮轴和杠杆的关系

轮轴的轮与轴的平衡和杠杆是同样的原理。轮轴旋转作用的大小，表现为砝码的重量和圆板的半径。

轮轴达到平衡时

轮上的力 × 轮的半径 ＝ 轴上的力 × 轴的半径
（砝码的重量）　（砝码的重量）

轮轴绳索移动的距离

轮轴的轮和轴会朝着同一个角度旋转。因此，两边绳索和砝码移动距离的比等同于轮和轴的半径比。

20厘米：8厘米＝10厘米：?

?＝8×10÷20＝4（厘米）

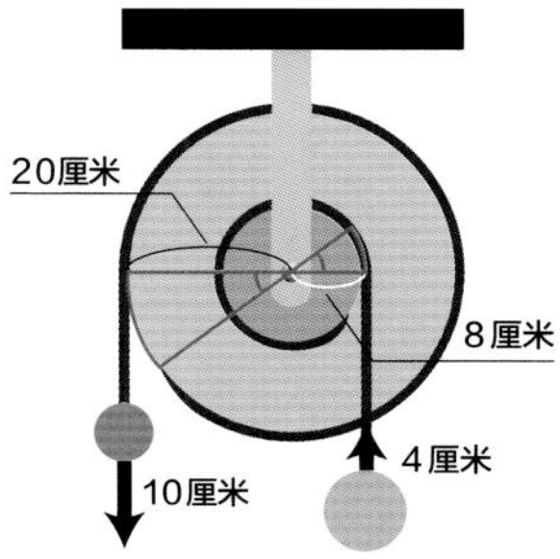

轮的半径：轴的半径＝轮的转动距离：轴的转动距离

自行车的脚踏板

自行车是由轮轴构成的。这个自行车由四个圆板组成，并通过脚踏板将力传导到后方的车轮。

各式各样的轮轴

螺丝刀

握住较粗的一边旋转，便能使更大的力量从轴上传导至螺丝上，由此让螺丝旋转。

钩子

旋转形状凸起的一头，便能传导更大的力到螺丝处，使其钻进木头。

削铅笔刀

旋转把手，力传导至齿轮，刀刃旋转。

水龙头

旋转把手关掉阀门，堵住了水管。

门把手

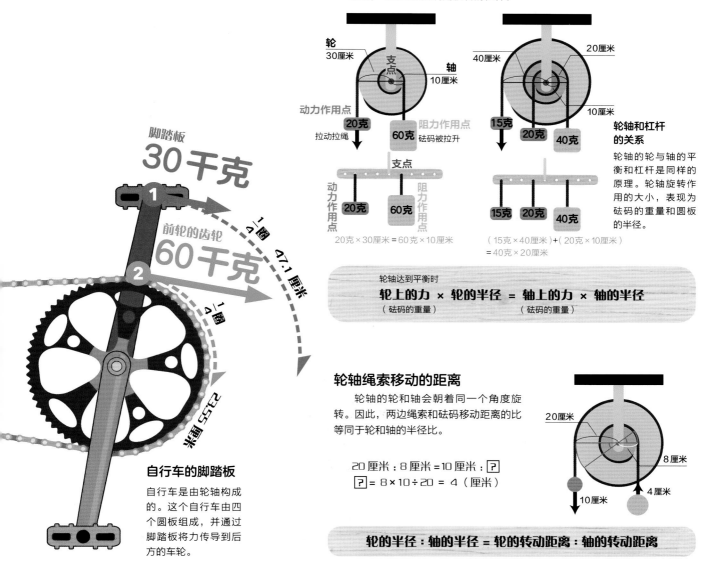

旋转门把手，力传导至轴，变成拉动弹簧销的力量。

用多大的力来拉才能平衡呢？

大家有见过在工厂和舞台的顶棚上使用的滑轮吗？它是一种能够轻松举起重物的很便利的工具。

要用多大的力去牵引右侧装置中的绳索才能够达到平衡呢？让我们看看1~7的情况吧。

（此处暂不考虑滑轮和棒子的重量，所有的力均用“克”表示。）

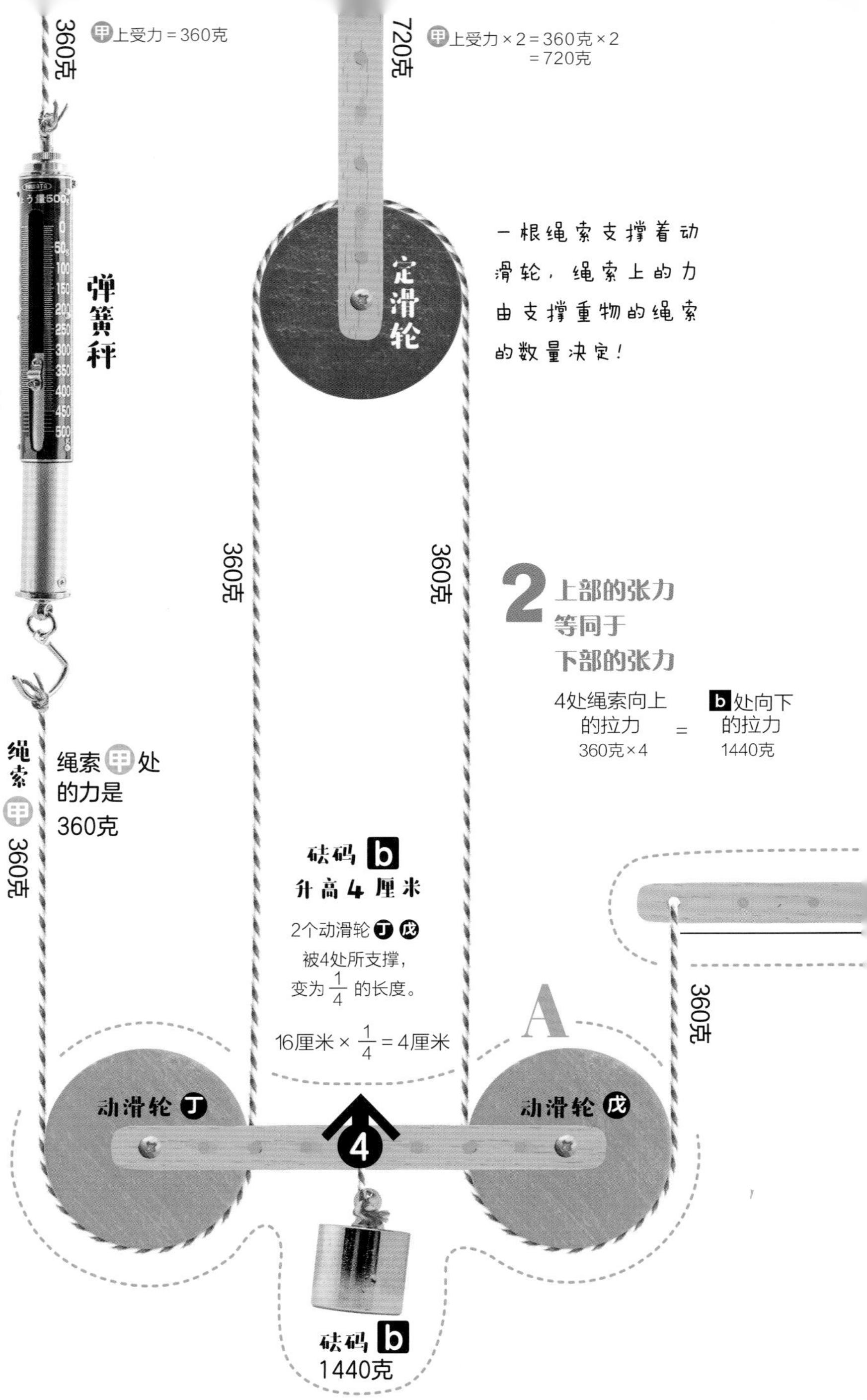

1 所有力大小处处相同

b砝码受到4处的支撑

甲上所用的力 ＝ b的重量÷4（1440克）

＝ 360克

2 上部的张力等同于下部的张力

4处绳索向上的拉力（360克×4） ＝ b处向下的拉力（1440克）

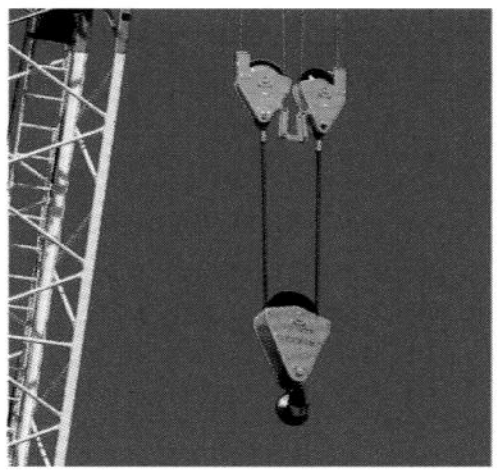

滑轮的种类和作用

滑轮有用绳索固定在顶部的定滑轮和可悬挂砝码的动滑轮。根据它们不同的作用，进行组合使用。

定滑轮 顶部受力100＋100＝200克

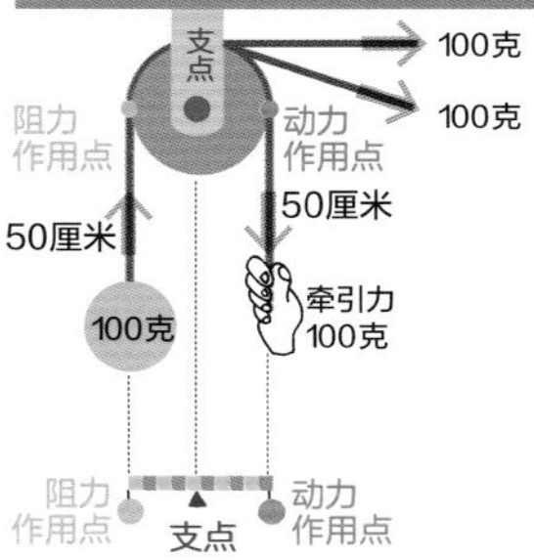

❶中心的轴固定在顶部不动。

❷无论向哪个方向，力的大小都不变。

❸牵引绳索的力和砝码所受重力大小相等。

❹牵引力不受滑轮本身重量影响。

❺牵引绳索的长度的改变量和砝码升高的距离相同。

动滑轮 顶部受力50克

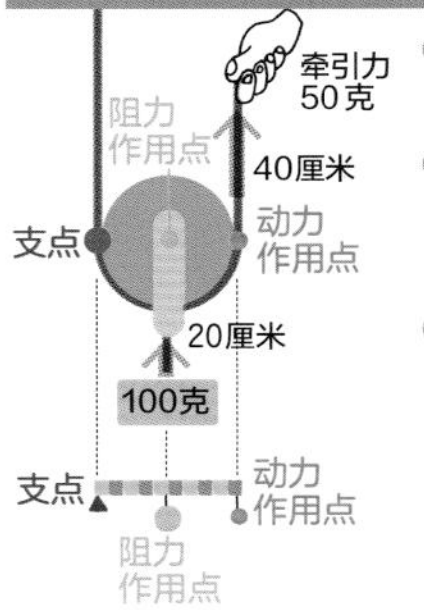

❶将砝码悬挂在滑轮下并将绳索另一端固定在顶部。

❷顶部和手两处牵引，所以用受力为砝码重量的一半就可以拉起来（不考虑滑轮重量）。

❸牵拉绳索的长度为砝码升高距离的两倍。

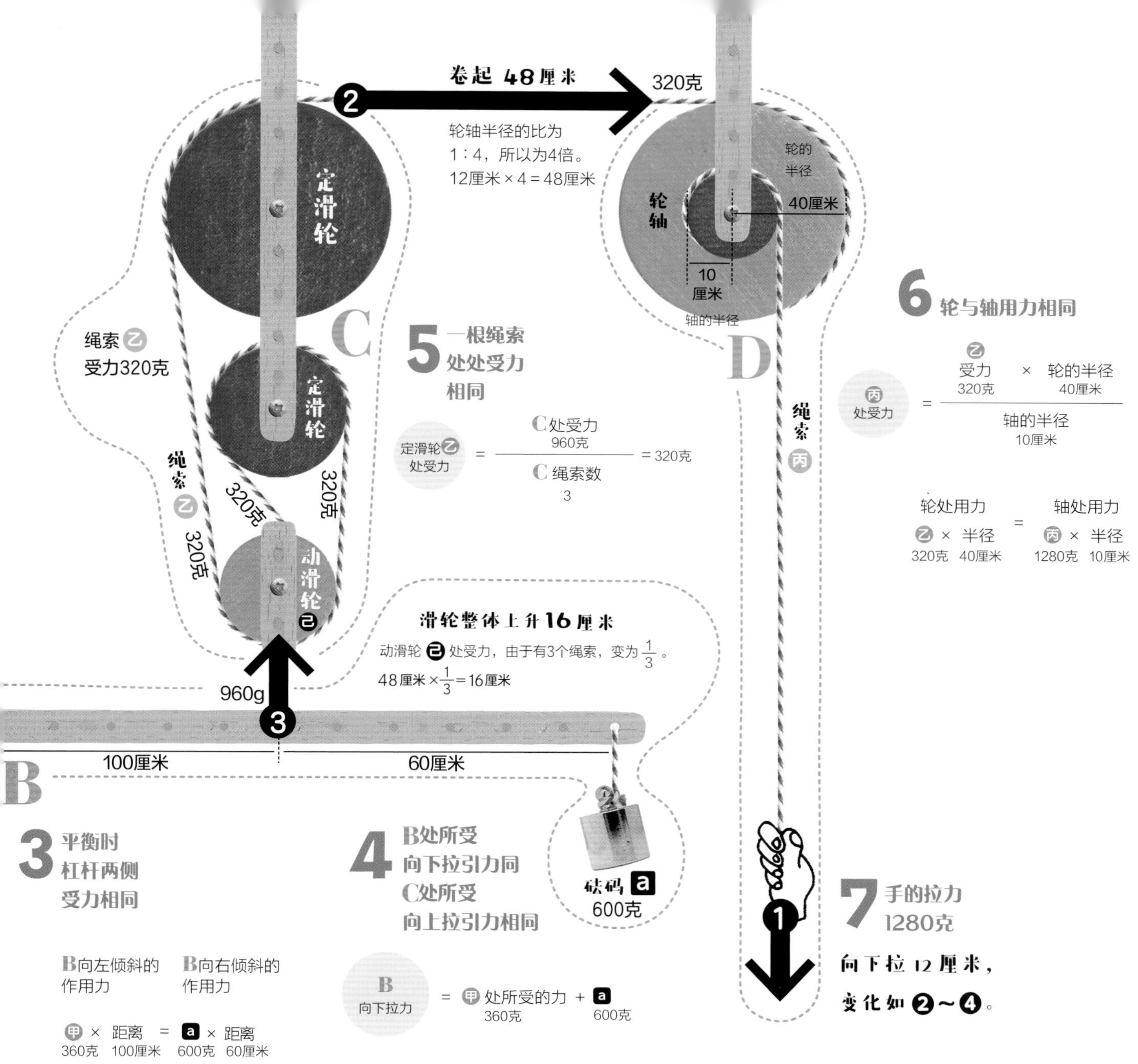

轮轴

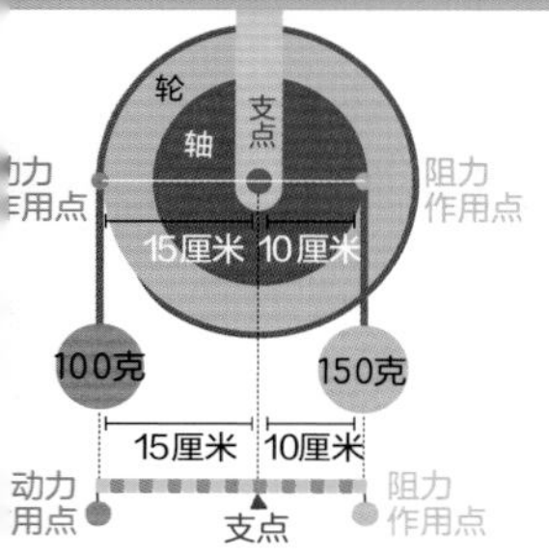

❶轮（大圆板）和轴（小圆板）始终同一角度旋转。

❷轮半径：轴半径
＝轮动的距离：轴动的距离

❸轮处用力×轮半径＝轴处用力×轴半径

滑轮组

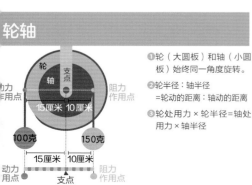

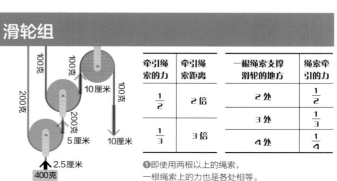

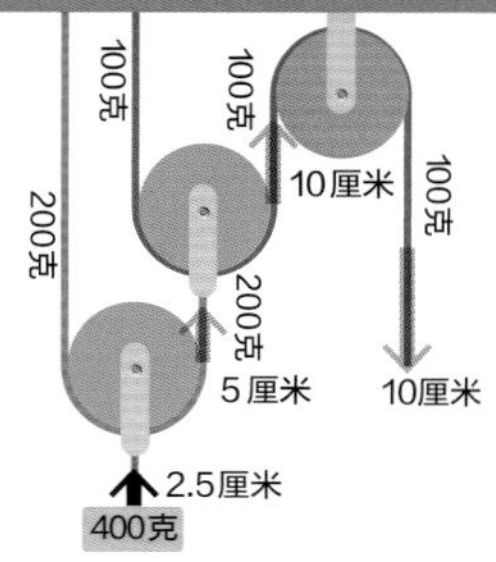

牵引绳索的力	牵引绳索距离
$\frac{1}{2}$	2倍
$\frac{1}{3}$	3倍

一根绳索支撑滑轮的地方	绳索牵引的力
2处	$\frac{1}{2}$
3处	$\frac{1}{3}$
4处	$\frac{1}{4}$

❶即使用两根以上的绳索，
一根绳索上的力也是各处相等。

（不考虑滑轮重量。）

重的物体和轻的物体，哪个先落地？

下落、滚动、滑行……
在物理中，这些随着时间变化而发生的场所变化，我们称之为运动。让我们来揭开各式各样运动的秘密吧！

惯性定律

物体总是保持静止或匀速直线运动的状态不变，直到外力改变它的运动状态，这就是惯性定律。

在球的旋转和冰壶等情况中，由于受到的摩擦力较小，而在没有其他力的加入时，物体会保持开始时的速度一直运动下去。

静止的物体

当用木槌敲击的时候，只有直接受到力的积木发生移动，而其他积木几乎不动。

就这样静止……

用力地敲击达摩玩具，只有施加力的一块积木会飞出去，其他的则保持不动（上面的会笔直落下）。若没有其他力的作用，静止的物体则会一直保持静止状态。

下坡的物体

和下落相同，速度逐渐加快

坐云霄飞车和滑雪的时候，会从一个斜面下滑。重力分别作用为沿着斜面的力与垂直于斜面的力。物体滑落的时候，沿着斜面的力会持续作用。若不考虑摩擦力，沿斜面下滑的物体会逐渐加速。

运动中的物体

保持匀速直线运动

在没有空气的摩擦和重力的太空中投掷一颗球，球则会保持最初的状态往外飞行。若不施加其他的力，运动的物体则会一直保持运动状态。在电车急停的时候之所以身体会向前冲，就是因为身体还在继续运动。

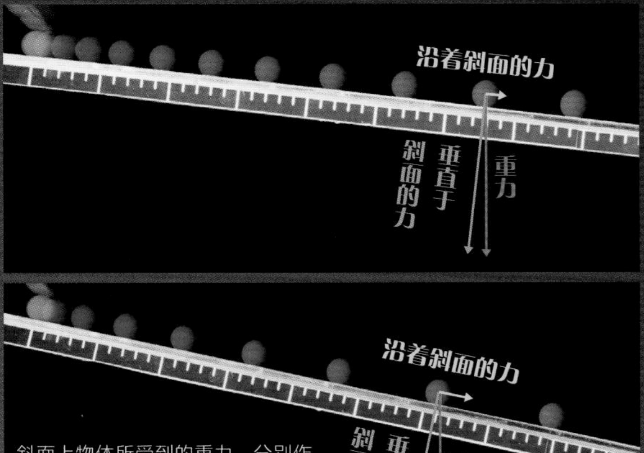

斜面上物体所受到的重力，分别作用为沿着斜面的力和垂直于斜面的力。在重力的持续作用下，速度会按照一定比例持续增加。倾斜角度越大，沿着斜面的力就越大。

下落的物体

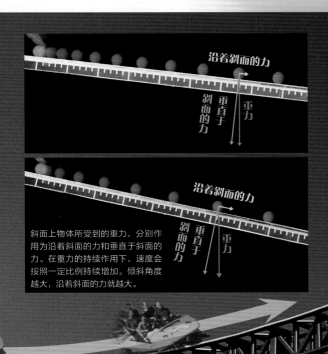

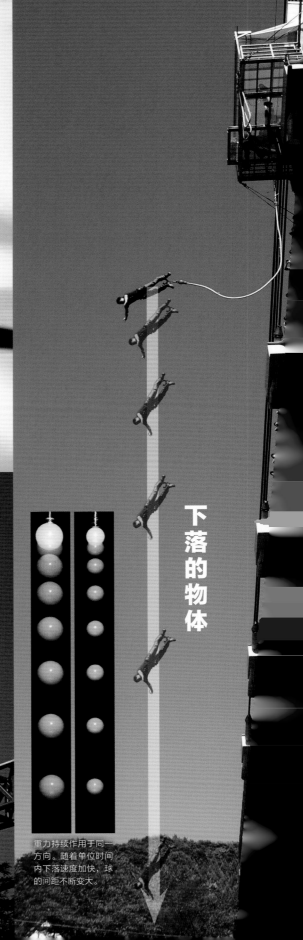

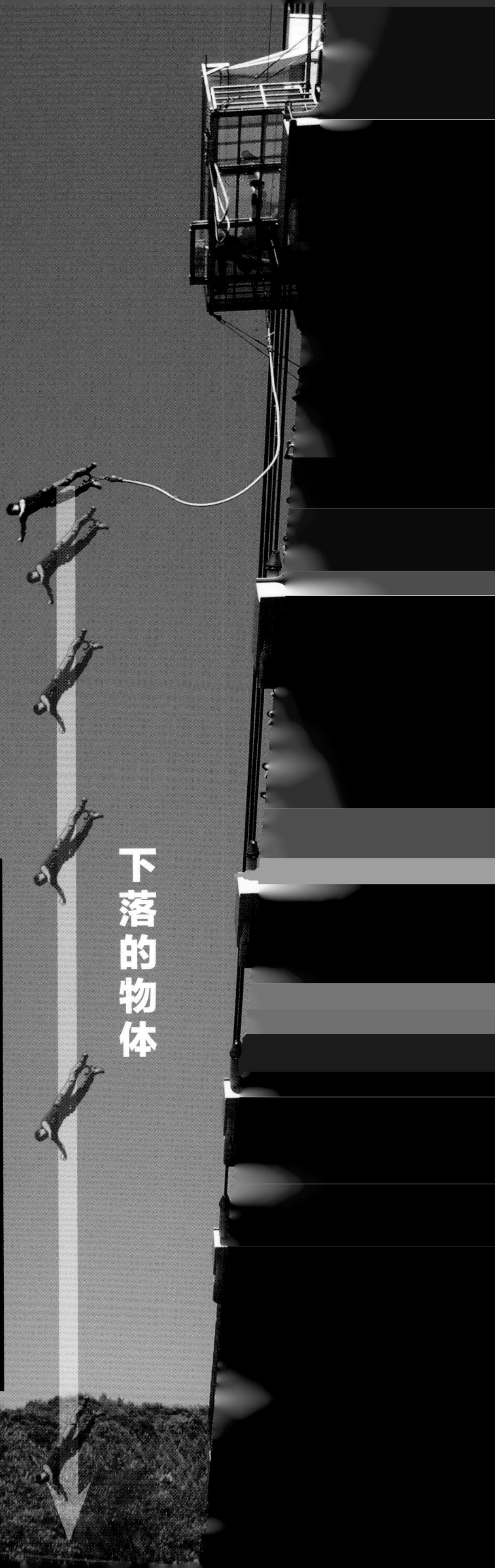

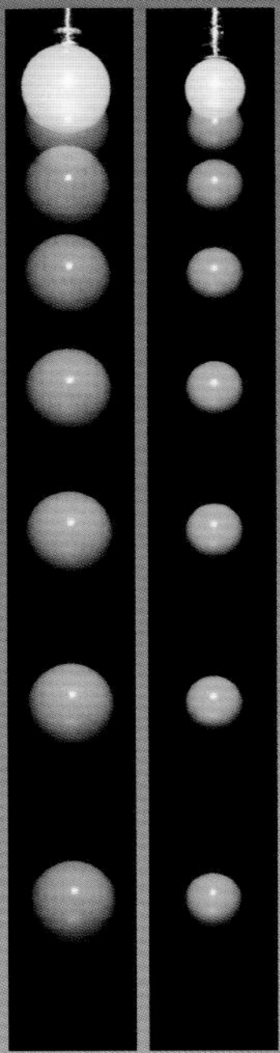

重力持续作用于同一方向。随着单位时间内下落速度加快，球的间距不断变大。

物体下落时，会发生什么？

下落的球会逐渐加速，
向上投掷的球，
达到一定高度后会下落。
这到底是为什么呢？

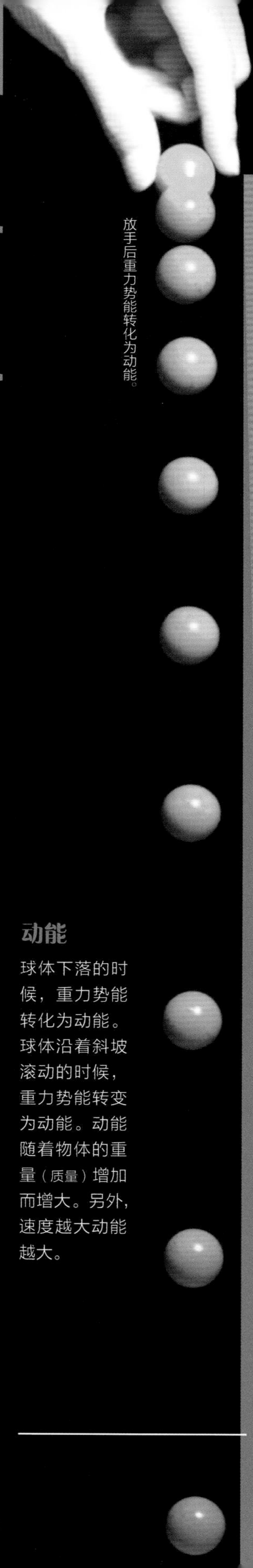

下落运动

从高处释放物体，物体下落、滚动，也可能对其他物体施加力。高处物体比低处物体具有更大的重力势能。

重力势能

随着高度不同而产生的能量被称作重力势能。重力势能与高度和重量（质量）有关。越重的物体在越高的地方，会产生越大的重力势能。就如同水坝发电一样，就是利用水坝的水的重力势能。

动能

球体下落的时候，重力势能转化为动能。球体沿着斜坡滚动的时候，重力势能转变为动能。动能随着物体的重量（质量）增加而增大。另外，速度越大动能越大。

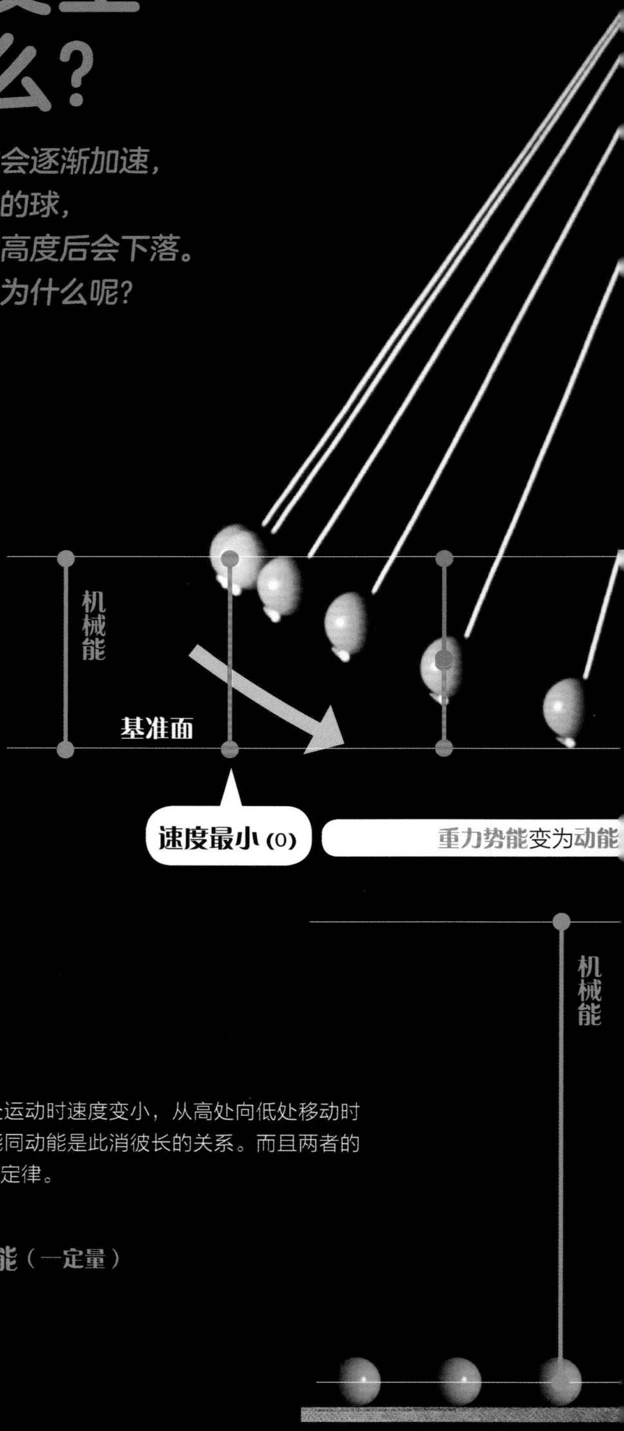

机械能守恒定律

球和单摆的运动情况是，向高处运动时速度变小，从高处向低处移动时速度增快。这样可以看出，重力势能同动能是此消彼长的关系。而且两者的和是一定的数值。这就是机械能守恒定律。

重力势能 ＋ 动能 ＝ 机械能（一定量）

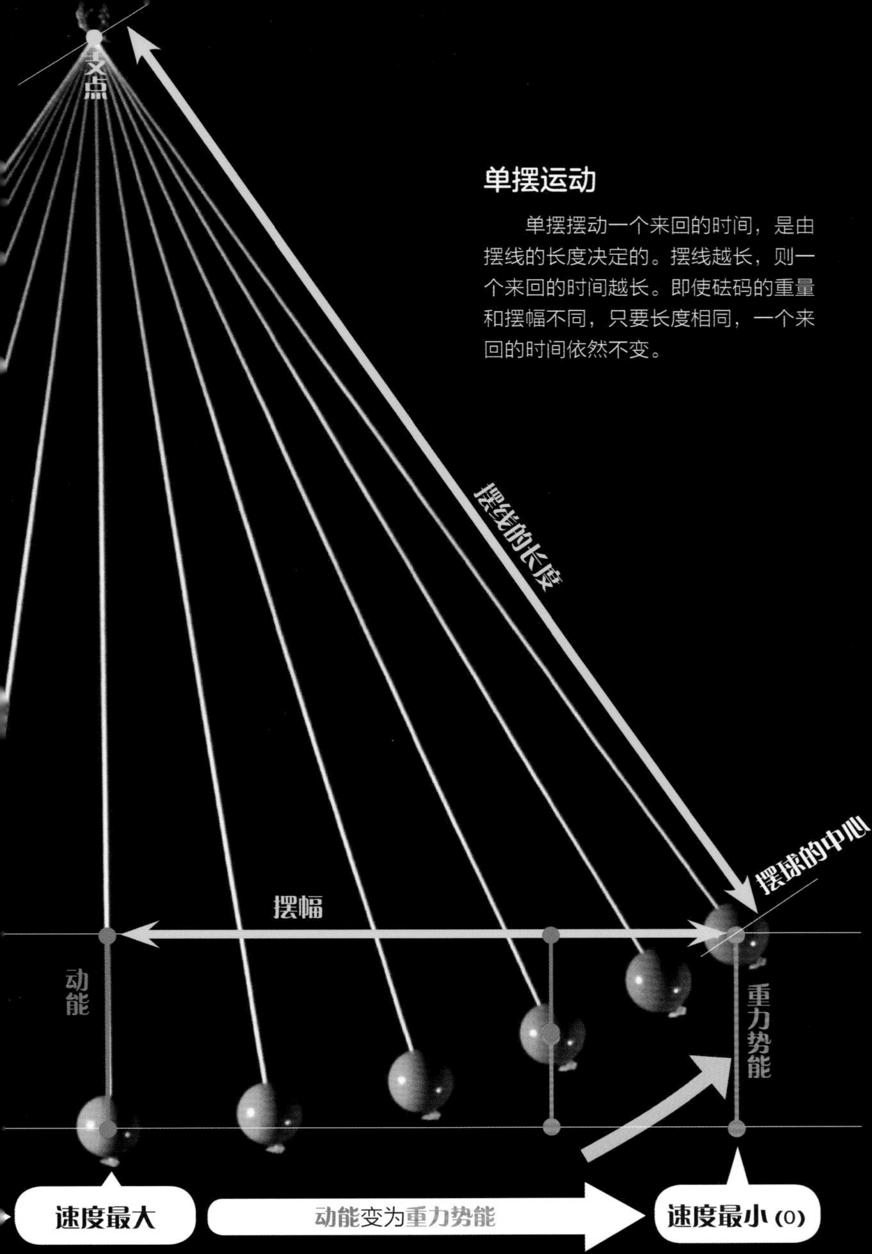

单摆运动

单摆摆动一个来回的时间，是由摆线的长度决定的。摆线越长，则一个来回的时间越长。即使砝码的重量和摆幅不同，只要长度相同，一个来回的时间依然不变。

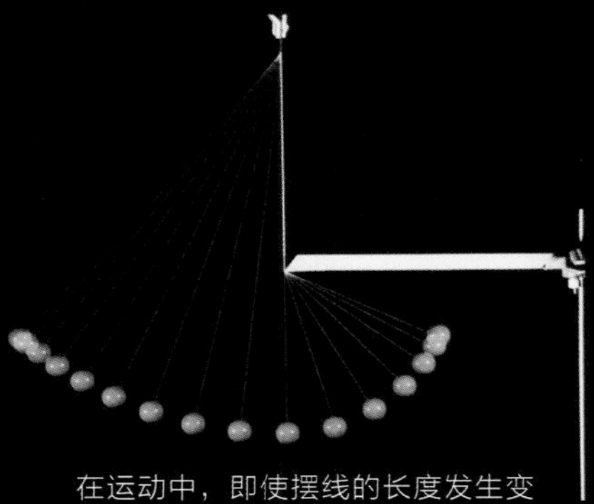

在运动中，即使摆线的长度发生变化，由于机械能不变，动能再次转换为重力势能，摆球重归起初的高度位置。

一个来回的时间由长度决定

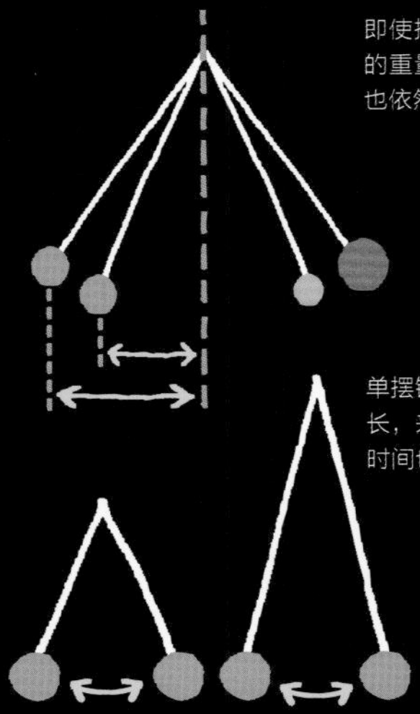

即使摆幅和砝码的重量发生变化也依然不变。

单摆锤的长度越长，来回一次的时间也越长。

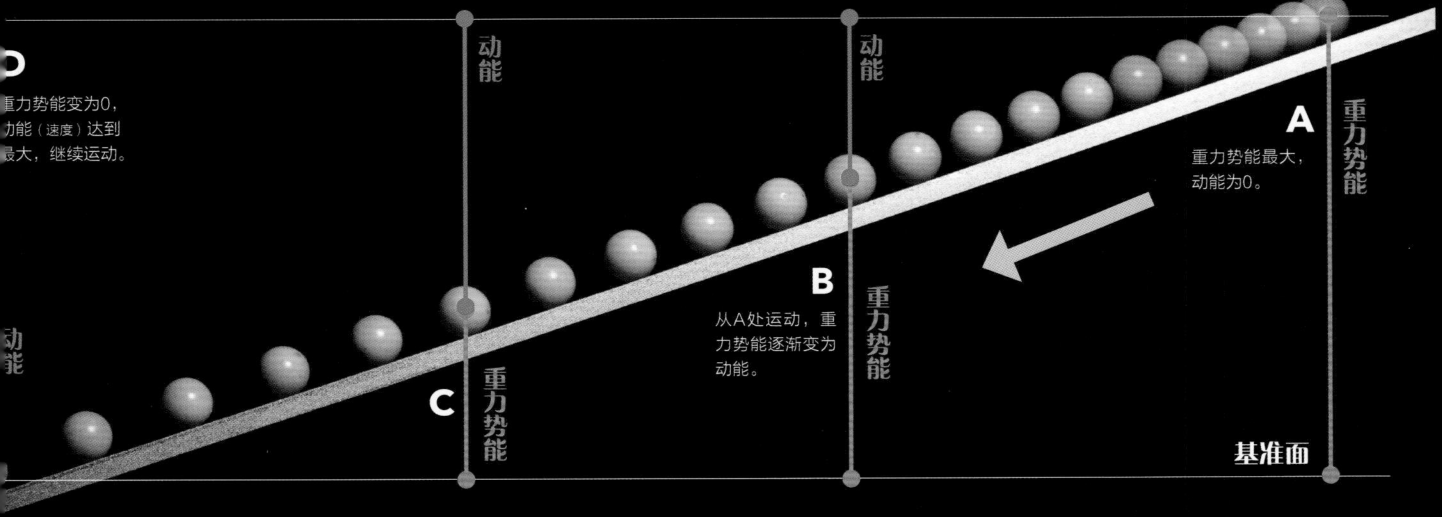

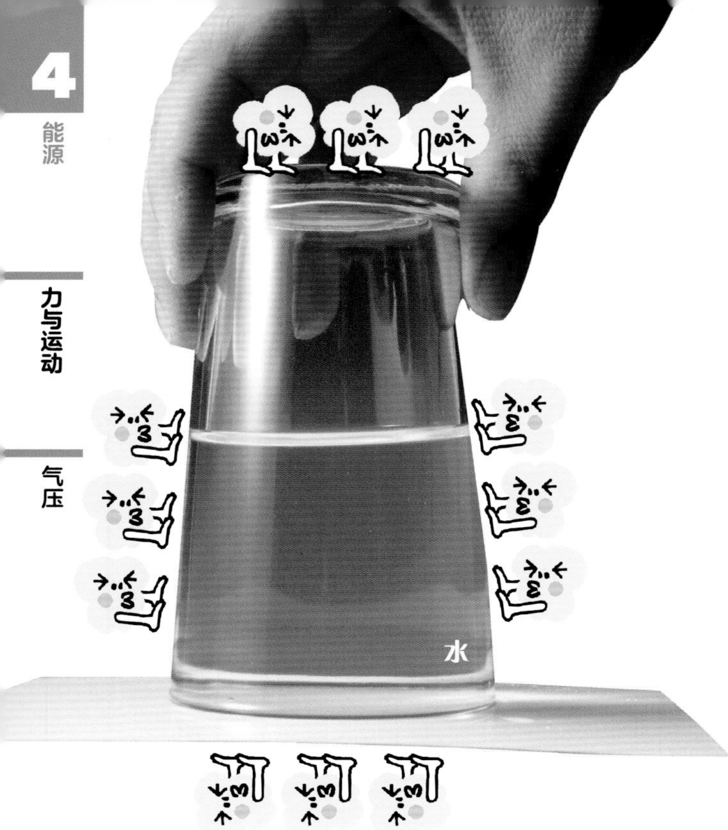

为什么高山上零食的袋子会膨胀？

我们经常听到“压力”一词。
地上的空气也是有压力的。
压力是从哪里来的呢？
让我们看看这种无形的压迫力吧。

杯中的水为何漏不出来？

将装入水的杯子用纸盖住并倒立过来，由下面作用的气压将纸支撑起来，水不会漏出来。

把在平原地区买的袋装零食带到高山上去。

气压是空气对物体的压力

我们称包裹着地球的空气层为大气。大气对于物体的压力即被称为气压（大气压）。海岸或平地等海拔较低的地方，由于空气较多，气压较高，而在山上等海拔较高的地方，气压则较低。

海拔0米（海平面）的平均气压为1，大小为1013hPa。

气压从各个方向发生作用

气体的压力，不仅仅从上方作用，而是从各个方向发生作用。对于作用于一点的力，各个方向均是相同的。

被压扁

高山上
空气稀薄
气压较低

虽然一般感觉不到，但是空气是有重量的。在海拔0米的地方，1平方厘米面积上空的空气质量大约为1千克，1平方米面积上空的空气质量约为10000千克（10吨）。手掌摊开的面积约100平方厘米，其上方的空气重量约为100千克。

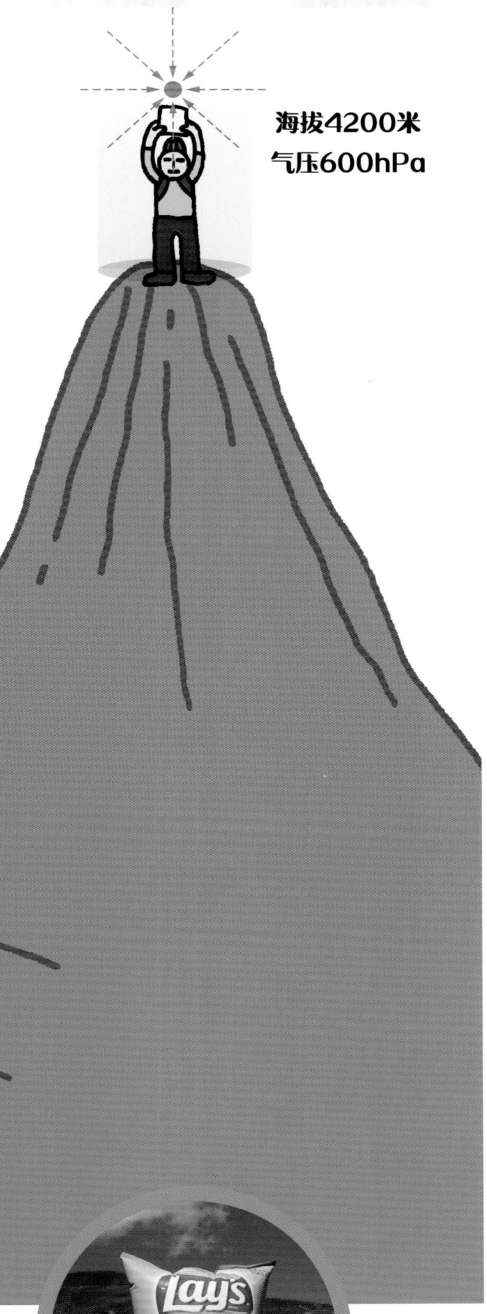

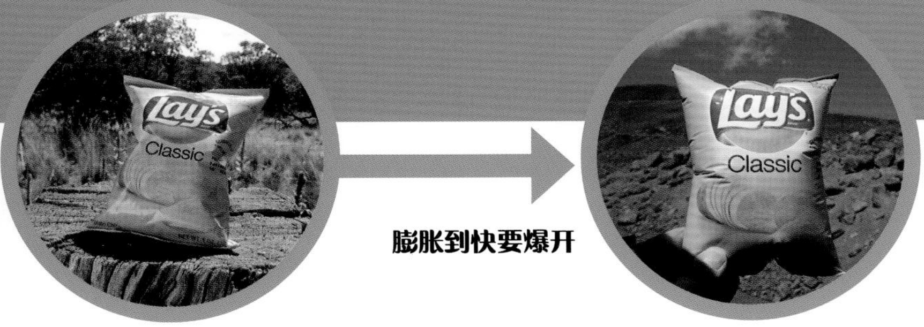

膨胀到快要爆开

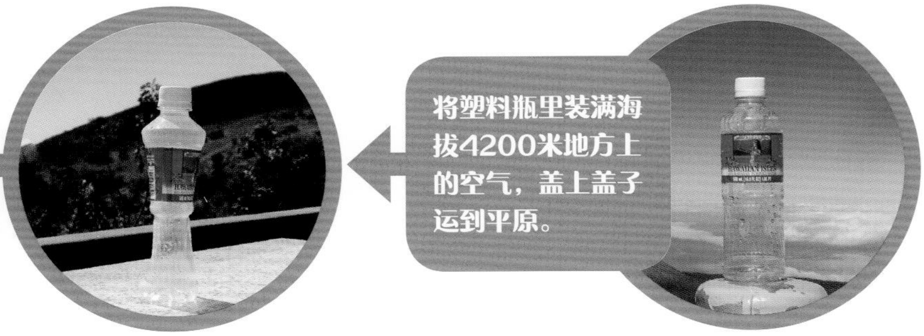

将塑料瓶里装满海拔4200米地方上的空气，盖上盖子运到平原。

压力是压迫表面的力

压力是垂直作用于具有一定面积的表面的力。走在新下的积雪上，靴子会踩进雪中。这是因为身体的重量通过鞋子形成压力作用在雪上。但是如果使用滑雪板则不会沉下去。雪之所以没有塌陷是因为即便是同样的体重，力作用的面积越大，压强越小。

同样的力，作用的面积越大，压强越小。

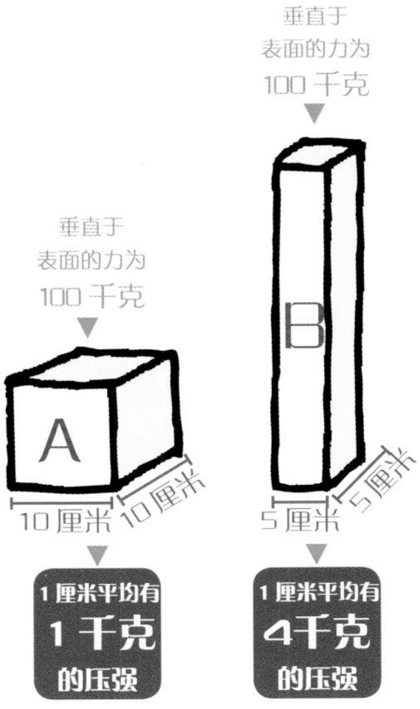

$$\text{压强}=\frac{\text{垂直于表面的力}}{\text{力作用的面积}}$$

A

$$\text{压强}=\frac{100\text{千克}}{10\text{厘米}\times10\text{厘米}=100\text{平方厘米（底面积）}}$$

B

$$\text{压强}=\frac{100\text{千克}}{5\text{厘米}\times5\text{厘米}=25\text{平方厘米（底面积）}}$$

水中的压力是

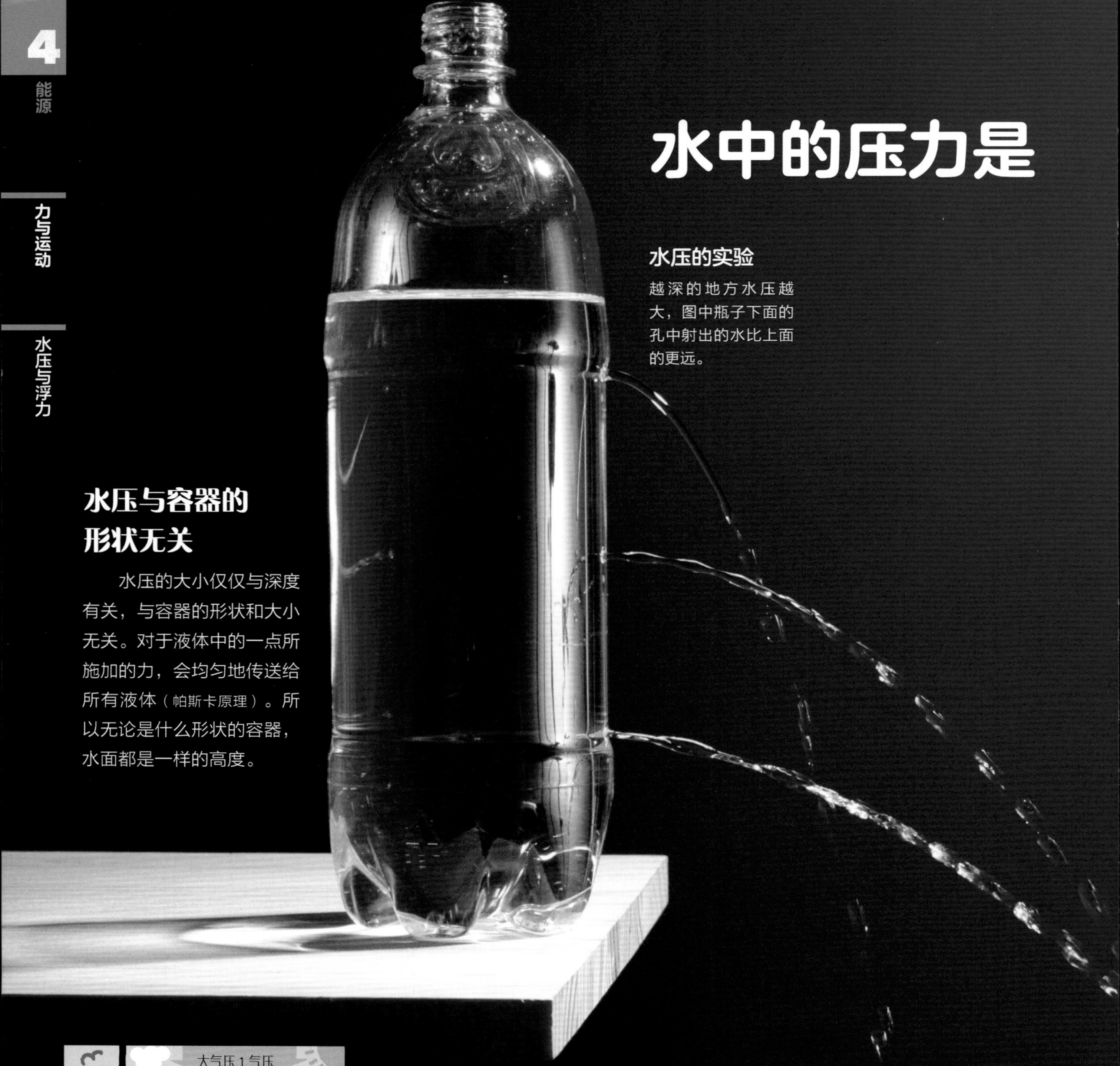

水压的实验

越深的地方水压越大，图中瓶子下面的孔中射出的水比上面的更远。

水压与容器的形状无关

水压的大小仅仅与深度有关，与容器的形状和大小无关。对于液体中的一点所施加的力，会均匀地传送给所有液体（帕斯卡原理）。所以无论是什么形状的容器，水面都是一样的高度。

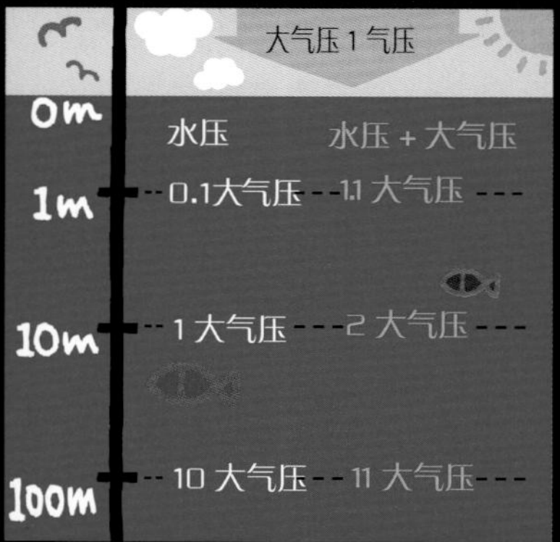

越深的地方水压越大

越深的地方水压越大。水深1米的海中的气压约为0.1标准大气压（简称为大气压），水深10米的海中约为1大气压，100米的海中约为10大气压。由于还有1大气压的大气压作用，所以水深100米的海中约为11大气压。

如何作用的？

潜进泳池时有时会耳朵疼。
这是因为水压作用于耳膜。
水中究竟是什么样的力在作用呢？

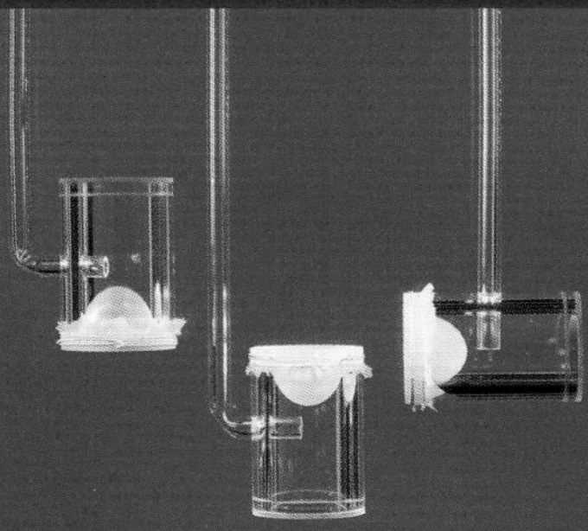

将套上橡胶膜的筒放入水中，由于水压橡胶膜变形。同样深度的话，无论朝向哪边，都是同等的水压在作用。

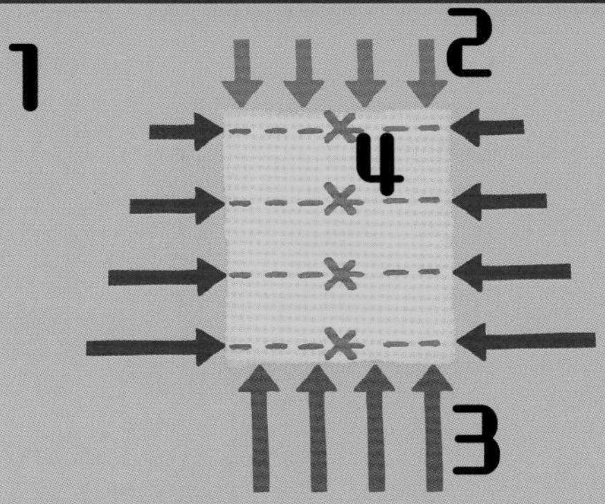

1 水压都垂直作用于表面。

2 作用于上侧的水压由于较浅所以较小。

3 作用于下侧的水压由于较深所以较大。

4 作用于横向的水压，大小相同但方向相反，相互抵消。

5 上下水压的差永远是向上的力，这就是浮力。

水压是来自四面八方的作用力

同空气中的气压一样，水中由于水的重力而产生的压力作用被称为水压。水压同气压一样，作用来自四面八方。一个地方所受的水压，无论从哪个方向来说都是一样的。

水中物体的浮力

在水中的物体一般都具有浮力。浮力随着下沉部分的体积而逐渐变大，并同该物体所排开的水的重量相同（阿基米德定律）。浮力与物体重量、下沉的深度无关。（*物体全在水中的情况）

水压机（油压机）

利用帕斯卡定律，可以将较小的力变为较大的力。汽车的液压制动器便是利用这种原理，通过给脚踏板施力来停止车轮转动。

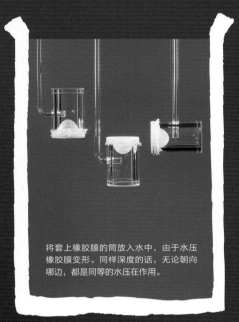

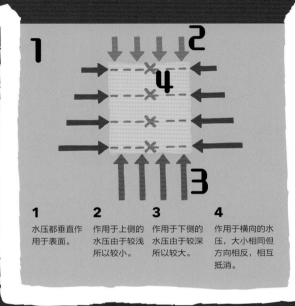

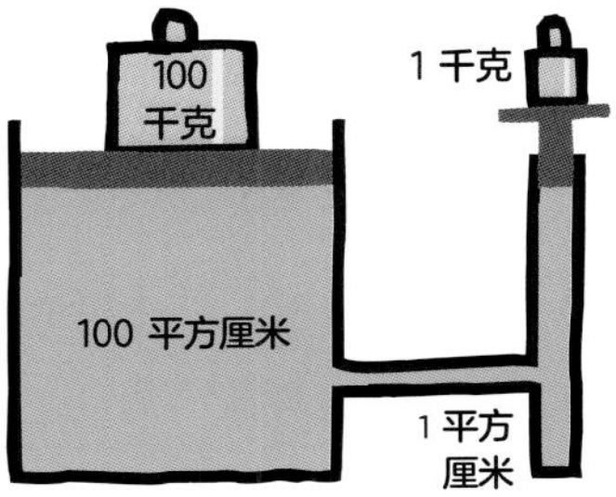

细管上只放1千克的砝码，能支撑起粗管上放100千克的砝码。

100 千克：100 平方厘米 =

1 千克：1 平方厘米

对科学发展作出巨大贡献的人

亚里士多德
● BC384–BC322 ◉ 古希腊 ☺ 哲学家
以逻辑为工具，将所有的学问进行分类，创造了知识的体系。著有大量天文学、物理学、气象学、生物学等各类科学著作。

阿基米德
● BC287–BC212 ◉ 古希腊
☺ 数学家、物理学家、天文学家
以发现了计算圆和球面积的方法、发明了利用杠杆的工具以及确立了浮力的阿基米德定律而闻名。

哥白尼（尼古拉·哥白尼）
● 1473–1543 ◉ 波兰 ☺ 天文学家
提出“日心说”，打破了长期以来认为地球为天体运动中心的“地心说”。对事物的观点发生根本变化也被称为“哥白尼式的转变”。

伽利略（伽利略·伽利雷）
● 1564–1642 ◉ 意大利 ☺ 物理学家、天文学家
发现了单摆和物体下落的相关规律。通过天体观测，发现了木星的卫星、太阳黑子等。支持哥白尼的日心说。

开普勒（约翰尼斯·开普勒）
● 1571–1630 ◉ 德国 ☺ 天文学家
发现了行星围绕太阳公转时的三大定律、开普勒定律。该定律使日心说得到确立。

帕斯卡（布莱士·帕斯卡）
● 1623–1662 ◉ 法国 ☺ 哲学家、数学家
因“帕斯卡定律”而广为人知。他通过深入观察和思考，摸清了事物的规律，总结出理论，得到很多发现。

牛顿（艾萨克·牛顿）
● 1642–1727 ◉ 英国 ☺ 天文学家、数学家
发现了万有引力定律和光谱，为现代天文学和力学开创了新的纪元。

伏特（亚历山德罗·伏特）
● 1745–1827 ◉ 意大利 ☺ 物理学家
最先制作电池的人。提出使用电来通信。电压的单位伏特即是以他的名字命名的。

欧姆（乔治·西蒙·欧姆）
● 1789–1854 ◉ 德国 ☺ 物理学家
发现了可以确定电压、电流、电阻间关系的欧姆定律。

法拉第（迈克尔·法拉第）
● 1791–1867 ◉ 英国 ☺ 化学家、物理学家
小学毕业后，从书本上获得大量知识成为一名科学家。拥有电磁感应等电气化学的大量发现和发明。著有著作《蜡烛的化学史》。

达尔文（查尔斯·达尔文）
● 1809–1882 ◉ 英国 ☺ 自然学家
研究生物的进化，是生物进化论学说的奠基者。在《物种起源》中记载了生物为适应环境而进化的理论。

孟德尔（格里哥·约翰·孟德尔）
● 1822–1884 ◉ 奥地利 ☺ 修道士、生物学家
在修道院自学了科学。通过反复进行豌豆实验，发现了生物遗传的基本规律“孟德尔定律”。

巴斯德（路易·巴斯德）
● 1822–1895 ◉ 法国 ☺ 生物化学家、细菌学家
研究微生物，被称为细菌之父。发明了狂犬病疫苗，开创了接种的预防方式。

诺贝尔（阿尔弗雷德·诺贝尔）
● 1833–1896 ◉ 瑞典 ☺ 化学家、发明家
作为炸药的发明者广为人知。其利用事业所获得的巨额财产立嘱将遗产设立为“诺贝尔奖”。

爱迪生（托马斯·阿尔瓦·爱迪生）
● 1847–1931 ◉ 美国 ☺ 发明家
发明了留声机、电灯泡、电影摄影机等对人们生活有重大影响的东西。将发电和输电等电力系统工业化。

居里（玛丽·居里）
● 1867–1934 ◉ 波兰 ☺ 物理学家
受到法国贝克勒尔发现放射线的影响，和丈夫皮埃尔一同进行放射性物质的分离实验，并从中发现了镭等元素。

爱因斯坦（阿尔伯特·爱因斯坦）
● 1879–1955 ◉ 德国 ☺ 理论物理学家
因提出相对论、光的波粒二象性等而被称为现代物理学之父，对之后的科学发展有重大影响。

● 年代 ◉ 国籍 ☺ 专业

科学史

- B.C. 4000 美索不达米亚地区开始使用铜
- B.C. 2800 埃及人建造金字塔
- B.C. 1100 古希腊开始使用铁器
- B.C.600 毕达哥拉斯确立古希腊数学
- B.C.250 阿基米德定律被提出
- 公元后50 海伦发明蒸汽机：汽转球
- 120 地心说被确立
- 1450 约翰·古腾堡发明活字版印刷
- 1543 哥白尼提出日心说
- 1583 伽利略发现单摆的等时性
- 1590 詹森发明显微镜
- 1608 李波尔赛发明望远镜
- 1608 伽利略等发现了卫星和太阳黑子等
- 1609 开普勒定律被提出（阐明了行星的运动）
- 1616 伽利略为日心说进行公开辩护而遭到宗教打击
- 1643 托里拆利证明大气压和真空
- 1666 奇迹之年。牛顿发现万有引力
- 1765 瓦特改良蒸汽机
- 1766 卡文迪许发现氢气
- 1772 卢瑟福发现氮气
- 1774 普利斯特里等发现氧气
- 1800 伏打发明电池
- 1821 史蒂芬森创立铁路系统
- 1826 欧姆提出欧姆定律
- 1831 法拉第发现电磁感应现象
- 1851 傅科通过单摆实验证明地球自转
- 1857 斯科特发明留声机
- 1866 诺贝尔发明炸药
- 1869 门捷列夫发明元素周期表
- 1876 贝尔发明电话
- 1879 爱迪生发明白炽灯
- 1895 伦琴发现X射线
- 1897 汤姆逊证实电子的存在
- 1898 居里夫妇发现镭
- 1903 莱特兄弟发明飞机
- 1904 弗莱明发明真空管
- 1905 爱因斯坦创立狭义相对论
- 1929 哈勃提出宇宙膨胀理论
- 1934 汤川秀树发表介子理论
- 1941 发明第一台可运转的机械计算机
- 1945 制成原子弹
- 1948 伽莫夫提出大爆炸宇宙模型
- 1953 沃森等提出DNA双螺旋结构学说
- 1957 苏联发射第一颗人造地球卫星
- 1961 苏联发射成功载人宇宙飞船
- 1969 美国阿波罗11号宇宙飞船成功登月
- 1973 伯格和科恩成功证明转基因
- 1986 柏诺兹和缪勒发现了高温超导体
- 1990 美国的哈勃望远镜被送上太空
- 1993 中村修二开发蓝光LED
- 1996 英国培育克隆羊
- 1999 日本开始使用斯巴鲁望远镜
- 2003 完成对人类基因组的解读
- 2006 山中伸弥制成诱导性多能干细胞(iPS 细胞)
- 2012 发现希格斯玻色子

地质年代

年代（万年前）	代	纪	特征	代表生物
	新生代	第四纪	人类诞生。	人类、猛犸象
260	新生代	早第三纪	哺乳动物种类多样化，出现类人猿。	始祖马（马）
2300	新生代	晚第三纪	出现原猴类。	假熊猴（原猴）
6600			大量灭绝	
	中生代	白垩纪	出现种子植物，纪末恐龙灭绝。	暴龙、古果（种子植物）、三角龙
14500	中生代	侏罗纪	恐龙和菊石类动物的繁盛时期，鸟类祖先出现。	菊石类、始祖鸟、剑龙
20000			大量灭绝	
	中生代	三叠纪	小型哺乳动物出现，裸子植物繁荣。	苏铁、针叶树、原兽亚目（哺乳类）
25100			大量灭绝	
	古生代	二叠纪	由于形成大陆以及气候剧烈变化，纪末很多生物灭绝。	腔棘鱼目
29900	古生代	石炭纪	爬行动物和大型飞行昆虫出现。	巨脉蜻蜓（蜻蜓）、芦木（木贼纲）、林蜥（爬行动物）
35900			大量灭绝	
	古生代	泥盆纪	出现大型蕨类植物、裸子植物、两栖生物。	木本蕨类、邓氏鱼（古生鱼类）、鱼石螈（两栖类）
41600	古生代	志留纪	昆虫祖先出现。	广翅鲎（节肢动物）、顶囊蕨（陆生植物）
44400			大量灭绝	
	古生代	奥陶纪	出现有下颌的鱼类。植物开始向陆地发展。	阿兰达鱼（没有下颌的鱼）、海百合、鹦鹉螺
48800	古生代	寒武纪	三叶虫出现。寒武纪生命大爆发，出现最早的脊椎动物。	三叶虫、奇虾
54200		前寒武纪	出现多细胞生物。	狄更逊水母、山月桂、蓝藻
460000			出现原核生物等。大气中出现氧气。	

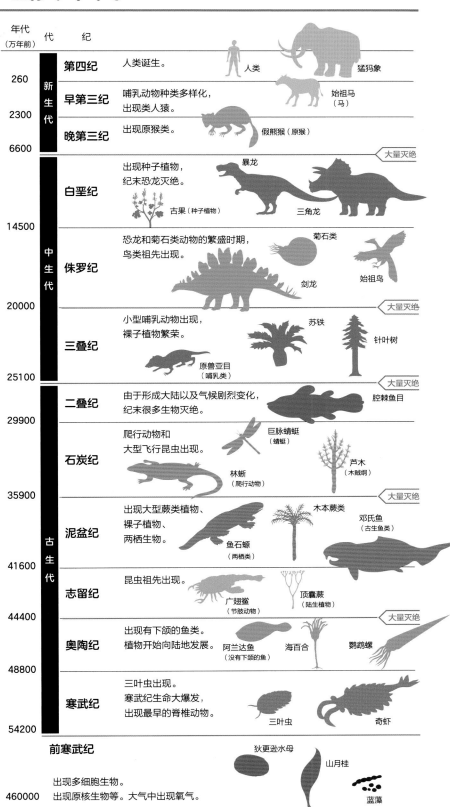

单位

常用单位

长度和距离单位

m	米	1m＝0.001km＝100cm＝1000mm
ly	光年	1光年＝9460730472580800m＝63241au
au	天文单位	1au＝149597870700m

面积单位

m^2	平方米	$1m^2＝10000cm^2＝1000000mm^2$
ha	公顷	$1h＝10000m^2$

质量单位

kg	千克	1kg＝1000g＝1000000mg
t	吨	1t＝1000kg＝1000000g

体积单位

m^3	立方米	$1m^3＝1000000cm^3＝1000000000mm^3$
L	升	$1L＝1000mL＝0.001m^3＝1000cc$
cc	立方厘米	$1cc＝1cm^3＝0.001L$

时间单位

s	秒	1s＝约0.01666min＝约0.00027h
min	分	1min＝60s＝约0.01666h
h	小时	1h＝3600s＝60min＝约0.041666d
d	日	1d＝86400s＝1440min＝24h
mon	月	1mon＝约30d＝约720h ＝约43200min＝约2592000s
y	年	1年平均有365.2422日。一般是365日，闰年为366日。 1y＝365d＝8760h ＝525600min＝31536000s
C	世纪	1C＝100y 21C是2001年1月1日～2100年12月31日。

电的单位

A	安培	电流。1A＝1000mA
V	伏特	电压。1V＝1000mV
Ω	欧姆	电阻。
W	瓦特	电力。1kW＝1000W

声音单位

Hz	赫兹	表示振动数的单位（音波一秒钟振动的次数。频率），表示音高。
dB	分贝	声音的大小。是量度两个相同单位之数量比例的计量单位。

力和运动的单位

N	牛顿	质量约100g的物体所受重力的大小。
J	焦耳	1N的作用力把物体移动1m距离所需的能量为1J。
W	瓦特	功率单位。1秒内1J做功时的功率为1W。
Pa	帕斯卡	压力的单位。1N的力垂直作用于$1m^2$面积的压力为1Pa。$1Pa=1N/m^2$。

*质量和重量　质量是物体中所有物质的总量，在任何地方测量数据不会变化。质量的基本单位是kg（g是kg的1/1000）。重量是物体所受重力的大小。随着测量地点不同，比如在地球和月球上，重力的作用也会变化。单位和力的单位相同，都为N（牛顿）。在地球上，质量100g的物体重力为1N（P338–P339）。

温度单位

℃	度（摄氏度）	摄氏度 0℃＝32° F=273.15K
℉	度（华氏度）	华氏度 0℉＝−17.78℃
K	开氏度	热力学温度 0K＝−273.15℃ 273.15K＝0℃　373.15K＝100℃

气象单位

mm	毫米（降水量）	降水没有经过蒸发、渗透和流失而在水平面上积聚的深度。
气压	气压	1气压＝1013hPa
hPa	百帕	1hPa＝100Pa＝约0.000987气压

角度单位

°	度	1°＝60′（分）＝3600″（秒） 1°＝约0.017rad
rad	弧度	表示圆心角和其所对应的圆弧的比例的单位 180°＝π（约3.14）rad 1rad＝约57.3°

辐射计量单位

Bq	贝克	1秒内放射性物质发生衰变的核的数目。
Gy	戈瑞	辐射物质给被辐射物质的能量。
Sv	希沃特	人体吸收各种射线后产生的效应的评测单位。

单位前缀

将1000米叫作1千米，把位数多的数字简短地表示出来，把单位的分量简单易懂的表示贴在单位的前面。

0^{24}	1000 000 000 000 000 000 000 000	一秭	Y
0^{21}	1000 000 000 000 000 000 000	十垓	Z
0^{18}	1000 000 000 000 000 000	百京	E
0^{15}	1000 000 000 000 000	千兆	P
0^{12}	1000 000 000 000	一兆	T
0^{9}	1000 000 000	十亿	G
0^{6}	1000 000	百万	M
0^{3}	1000	千	k
0^{2}	100	百	h
0^{1}	10	十	da
	1		
0^{-1}	0.1	一分	d
0^{-2}	0.01	一厘	c
0^{-3}	0.001	一毫	m
0^{-6}	0.000 001	一微	μ
0^{-9}	0.000 000 001	一纳	n
0^{-12}	0.000 000 000 001	一皮	p
0^{-15}	0.000 000 000 000 001	一飞	f
0^{-18}	0.000 000 000 000 000 001	一阿	a
0^{-21}	0.000 000 000 000 000 000 001	一仄	z
0^{-24}	0.000 000 000 000 000 000 000 001	一夭	y

组合单位

将基本的单位相乘或相除后得到的组合单位。

表示面积的单位m^2及表示密度的单位g/cm^3都是组合单位。

例如　速度的单位　km/s　千米每秒

距离（km）÷时间（s）=速度（km/s）

二进制和十六进制

在十进制中我们用0～9的数字表示，超过9的数字进一位，变成10。在二进制中，我们只用0和1表示，超过1进一位，变成10。电子信号灯如果没有电流通过就是0，有电流通过就是1，将状态用0和1表示，利用二进制传递信息。十六进制中用0～9的数字和A～F的字母共16个字符来表示。这种标记方式比二进制的位数少，也比二进制简单，经常被运用于电脑的程序中。

二进制	十进制	十六进制
0	0	0
1	1	1
10	2	2
11	3	3
100	4	4
101	5	5
110	6	6
111	7	7
1000	8	8
1001	9	9
1010	10	A
1011	11	B
1100	12	C
1101	13	D
1110	14	E
1111	15	F

将二进制换算为十进制的方法

例如，将二进制中的1001，换算成十进制时，第一位数当作2^3（$=2\times2\times2$）位，接下来的一位数当作2^2（$=2\times2$）位。依次进行计算得出答案。1001即，

$1\times2^3=8$、$0\times2^2=0$、$0\times2^1=0$、$1\times2^0=1$　（$2^0=1$）

$8+0+0+1=9$　**二进制的1001＝十进制的9**

将十进制换算为二进制的方法

如下将数字不断除以2，将得到的余数分别写出来。

9÷2＝4…1

4÷2＝2…0

2÷2＝1…0

1÷2＝0…1

十进制的9＝二进制的1001

基本单位

单位的基本量值遵循国际规定。　（千克的值可能会进行修改。）

长度	m	米	长度单位。米的长度被定义为光在真空中于1/299792458s内行进的距离。
质量	kg	千克	质量单位。国际单位制将千克的大小定义为与一种铂铱合金制成的国际千克原器的质量相等。
时间	s	秒	时间单位。铯133原子基态的两个超精细能阶之间跃迁时所辐射的电磁波的周期的9192631770倍的时间。
力	N	牛顿	力的单位。1N为质量约100g的物体所受重力的大小。（能使1kg质量的物体获得$1m/s^2$的加速度所需的力的大小定义为1N。）
电流	A	安培	电流单位。真空中相距1m的两根无限长且圆截面可忽略的平行直导线内通过一恒定电流，当两根导线每米长度之间产生的力等于2×10^{-7}N时，则规定导线中通过的电流为1A。
热力学温度	K	开尔文	温度单位。当水处于水蒸气（气态）、水（液态）、冰（固态）共存的三相点的时候热力学温度的1/273.16。
光	cd	坎德拉	发光强度单位。一光源在给定方向上的发光强度，该光源发出频率为540×10^{12} Hz的单色辐射，且在此方向上的辐射强度为1/683瓦特/球面度。
物质的量	mol	摩尔	物质的量的单位。0.012kg（12g） C12（碳12）所包含的原子个数就是1mol。

*原子、分子、离子、电子等的粒子。

主要的法则和公式

太阳的高度

春分、秋分时的太阳高度=90°−该地纬度
夏至时的太阳高度=90° −（该地纬度−23.4°）
冬至时的太阳高度=90° −（该地纬度+23.4°）

湿度

$$湿度（\%）=\frac{1m^3的空气中含有水蒸气的质量（g/m^3）}{同等气温中饱和水蒸气的量（g/m^3）}\times 100$$

溶液

溶液的质量（g）=液体质量（g）+溶解物的质量（g）

$$浓度（\%）=\frac{溶解物质量（g）}{溶液整体质量（g）}\times 100$$

密度

$$密度（g/cm^3）=\frac{物质质量（g）}{物质体积（cm^3）}$$

熔点和沸点

“熔点”是固体融化的温度，和凝固点（物体凝固的温度）相同。
“沸点”是液体沸腾成为气体的温度。

	熔点（℃）	沸点（℃）1标准气压时
水	0	100
酒精（乙醛）	−115	78
二氧化碳	−56.6（升华点）	−78.5（升华点）
氨	−77.7	−33.5
氢	−259	−253
氧	−218	−183
氮	−210	−196
碳		3370（升华）
铝	660	2520
铁	1536	2863
铜	1085	2571
银	962	2162
金	1064	2857

化学反应

质量守恒定律

化学反应前后，参加反应的各物质的质量总和不发生改变。

定比定律

化学反应时，相关元素的质量都有一定的比例关系。

盐酸（氯化氢）的电离

盐酸 → 氢离子 + 氯离子
$HCl \rightarrow H^+ + Cl^-$

氢氧化钠的电离

氢氧化钠 → 钠离子 + 氢氧离子
$NaOH \rightarrow Na^+ + OH^-$

氯化钠的电离

氯化钠 → 钠离子 + 氯离子
$NaCl \rightarrow Na^+ + Cl^-$

盐酸和氢氧化钠溶液的中和

盐酸 + 氢氧化钠 → 氯化钠 + 水
$HCl + NaOH \rightarrow NaCl + H_2O$

水的电解

水 → 氢 + 氧
$2H_2O \rightarrow 2H_2 + O_2$

盐酸的电解

盐酸 → 氢 + 氯
$2HCl \rightarrow H_2 + Cl_2$

氯化铜的电解

氯化铜 → 铜 + 氯
$CuCl_2 \rightarrow Cu + Cl_2$

氢和氧的化合（氢的燃烧）

氢 + 氧 → 水
$2H_2 + O_2 \rightarrow 2H_2O$

碳和氧的化合（碳的燃烧）

碳 + 氧 → 二氧化碳
$C + O_2 \rightarrow CO_2$

镁和氧的化合（镁的燃烧）

镁 + 氧 → 氧化镁
$2Mg + O_2 \rightarrow 2MgO$

铜和氧的化合（铜的氧化）

铜 + 氧 → 氧化铜
$2Cu + O_2 \rightarrow 2CuO$

用氢还原氧化铜

氧化铜 + 氢 → 铜 + 水
$CuO + H_2 \rightarrow Cu + H_2O$

用碳还原氧化铜

氧化铜 + 碳 → 铜 + 二氧化碳
$2CuO + C \rightarrow 2Cu + CO_2$

光

反射法则

光线反射到物体上时，入射角=反射角。

速度

$$速度（m/s）=\frac{移动的位移（m）}{时间（s）}$$

$$声音的速度（m/s）=\frac{离声源的距离（m）}{时间（s）}$$

电与磁

欧姆定律

在同一电路中，通过某段导体的电流跟这段导体两端的电压成正比，跟这段导体的电阻成反比。

电压V（V）=电阻R（Ω）×电流I（A）

电功率（W）=电压（V）×电流（A）

电功率是1秒内所消耗的电能。

电压与电流成正比。

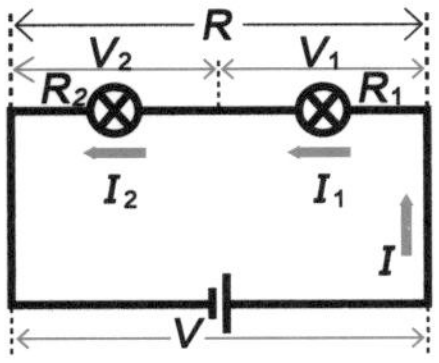

在串联电路中

电流 $I=I_1=I_2$

电压 $V=V_1+V_2$

电阻 $R=R_1+R_2$

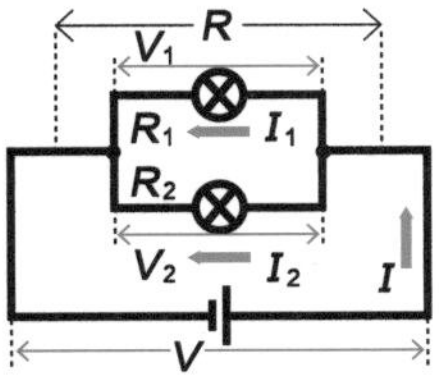

在并联电路中

电流 $I=I_1+I_2$

电压 $V=V_1=V_2$

电阻 $R<R_1$、$R<R_2$

整体电阻小于各部分电阻

$$\frac{1}{R}=\frac{1}{R_1}+\frac{1}{R_2}$$

焦耳定律

电流通过导体产生的热量跟电流的二次方成正比，跟导体的电阻成正比，跟通电的时间成正比。

热量（J）=电压（V）×电流（A）×时间（s）=电功率（W）×时间（s）

右手定则

用右手握螺线管，让四指弯向螺线管的电流方向，大拇指指向电流方向，另外四指弯曲指的方向为磁感线的方向。

弗莱明的左手定则

伸开左手，使大拇指跟其余四指垂直，让磁感线垂直穿入手心的并使伸开的四指指向电流的方向，大拇指指向通电导线在磁场中所受安培力方向。

楞次定律（电磁感应）

在卷成圈的导线（线圈）中将磁铁进行伸缩，线圈中的磁场发生变化并产生电动势，形成电流。

力与运动

- 两个力在合成的时候，大小相等，方向相反，位于同一直线上，相互抵消。

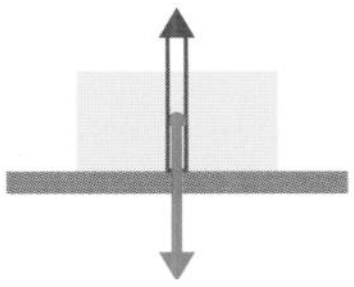

- 在同一直线上，相同方向的力在合成的时候，力的大小为两个力之和，方向不变。

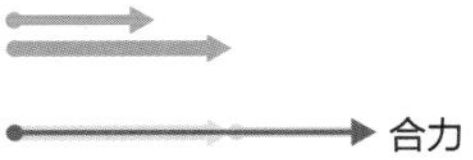

- 在同一直线上，方向相反的力在合成的时候，力的大小为两个力的差，方向与较大的力方向相同。

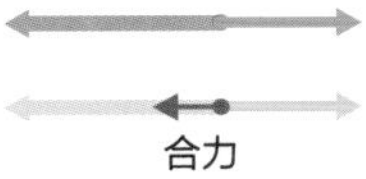

- 不在同一直线上的两个力在合成的时候，表示为以两个力的两边做成的平行四边形的对角线。

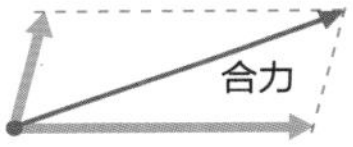

机械能守恒原则

物体的势能与动能之和是一定的。

机械能＝势能＋动能

胡克定律

弹簧在发生弹性形变时，弹簧的弹力F和弹簧的伸长量（或压缩量）x成正比。

力＝根据弹簧的劲度系数×弹簧的形变量

惯性法则

一切物体在没有受到力的作用的时候，运动状态不会发生改变，静止的物体将永远保持静止状态，运动的物体将永远保持匀速直线运动状态。

做功原理

做功时，不管使不使用工具，做功的大小都不会发生改变。

功（J）=力的大小（N）×力的位移（M）

*拉得很慢的时候

$$功率（W）=\frac{功（J）}{时间（s）}$$

阿基米德定律（浮力）

浸入静止流体中的物体受到一个浮力，其大小等于该物体所排开的流体重量。

压力

发生在两个物体的接触表面的作用力。

$$压强（N/m2）=\frac{压力（N）}{受压面积（m^2）}$$

图书在版编目（CIP）数据

科学看世界：小档案，大科学／(日) 市村均，日本学研Plus编著；曹子月，肖亮译. — 北京：中国青年出版社，2020. 7
ISBN 978-7-5153-6026-3

I.①科… II.①市… ②日… ③曹… ④肖…III.①自然科学-青少年读物 Ⅳ. ①N49

中国版本图书馆CIP数据核字(2020)第082781号

主　　编：粉色猫斯拉-王颖　　策划编辑：白　峥
执行编辑：刘　单　周　爽　　营销编辑：刘　然
责任编辑：张　军　　封面设计：麦小朵

科学看世界：小档案，大科学

[日] 市村均，日本学研Plus／编著　曹子月，肖亮／译

出版发行：中国青年出版社
地　　址：北京市东四十二条21号
邮政编码：100708
电　　话：(010) 59231381
传　　真：(010) 59231381
企　　划：北京中青雄狮数码传媒科技有限公司
印　　刷：北京瑞禾彩色印刷有限公司

开　　本：889×1194 1/16
印　　张：22.5
版　　次：2020年8月北京第1版
印　　次：2020年8月第1次印刷
书　　号：ISBN 978-7-5153-6026-3
定　　价：218.00元

本书如有印装质量等问题，请与本社联系
电话：(010) 59231381
读者来信：reader@cypmedia.com
投稿邮箱：author@cypmedia.com
如有其他问题请访问我们的网站：http://www.cypmedia.com